引汉济渭工程
前期关键技术研究

主　编　刘　斌　魏克武
副主编　焦小琦　毛拥政　赵　玮　彭穗萍

中国水利水电出版社
www.waterpub.com.cn
·北京·

内 容 提 要

本书从工程技术的角度，对陕西省引汉济渭工程前期研究的关键技术问题进行了系统的梳理总结。全书分为上、中、下 3 篇共 8 章，主要介绍了陕西省水资源合理配置及省内南水北调问题、引汉济渭工程总体布局方案研究、引汉济渭工程建设规模论证及调入关中水量配置、引汉济渭工程水文及地质条件、引汉济渭工程主要技术问题、引汉济渭工程施工规划等，着重论述了工程规划、项目建议书、可行性研究各阶段重要技术方案的分析论证决策历程与形成过程。此外，对引汉济渭工程移民、环境保护及水土保持、引汉济渭工程经济政策等方面的研究成果做了介绍。

本书真实地记录了引汉济渭工程前期关键技术问题研究的过程，具有很强的实用性和针对性，可供从事水利水电工程尤其是大型引调水工程规划设计技术人员阅读使用，也可作为水利水电工程专业教学、科研的参考书。

图书在版编目（CIP）数据

引汉济渭工程前期关键技术研究 / 刘斌，魏克武主编. -- 北京：中国水利水电出版社，2022.5
ISBN 978-7-5226-0567-8

Ⅰ.①引… Ⅱ.①刘… ②魏… Ⅲ.①跨流域引水－调水工程－工程技术－研究－陕西、湖北 Ⅳ.①TV68

中国版本图书馆CIP数据核字(2022)第047199号

书　　名	**引汉济渭工程前期关键技术研究** YINHAN JIWEI GONGCHENG QIANQI GUANJIAN JISHU YANJIU	
作　　者	主　编　刘　斌　魏克武 副主编　焦小琦　毛拥政　赵　玮　彭穗萍	
出版发行	中国水利水电出版社 （北京市海淀区玉渊潭南路 1 号 D 座　100038） 网址：www.waterpub.com.cn E-mail：sales@mwr.gov.cn 电话：(010) 68545888（营销中心）	
经　　售	北京科水图书销售有限公司 电话：(010) 68545874、63202643 全国各地新华书店和相关出版物销售网点	
排　　版	中国水利水电出版社微机排版中心	
印　　刷	北京印匠彩色印刷有限公司	
规　　格	184mm×260mm　16 开本　28 印张　681 千字	
版　　次	2022 年 5 月第 1 版　2022 年 5 月第 1 次印刷	
印　　数	0001—1000 册	
定　　价	**198.00 元**	

各章编写、审定人员表

章	编 写 人	审定人
第 1 章 陕西省水资源合理配置 及南水北调问题	刘 斌　彭穗萍　金勇睿	魏克武 焦小琦
第 2 章 引汉济渭工程总体布局方案研究	彭穗萍　毛拥政　赵 玮　王文成 朱兴华	刘 斌 焦小琦
第 3 章 引汉济渭工程建设规模论证 及调入关中水量配置	彭穗萍　赵 玮　王文成　朱兴华 马永胜	焦小琦 彭穗萍
第 4 章 引汉济渭工程水文及地质条件	金勇睿　赵 云　王延生　宋文搏 张兴安　蒋 锐	刘 斌 王延生
第 5 章 引汉济渭工程主要技术问题	毛拥政　赵 玮　王文成　王 瑜 郑湘文　党 力　谭迪平　王 栋 李 红　程汉鼎　赵利平　解 豪 孙铁蕾　周景华　张飞儒　张晓晗 毛 敏　蒙小朋	焦小琦 毛拥政 赵 玮 王文成 解新民
第 6 章 引汉济渭工程施工规划	宋永军　王云涛　张 荣	赵 玮 宋永军
第 7 章 引汉济渭工程移民、环境保护 及水土保持	胡永超　赵晓莉　罗文刚　宁勇华	张晓库 农晓英
第 8 章 引汉济渭工程移民政策 及经济研究	胡永超　胡西莉　马永胜	焦小琦 彭穗萍 赵四利

陕西省地处中国大陆腹地,划分为陕北、关中、陕南三个地区。陕北地区北接内蒙古的毛乌素沙漠,东隔黄河相望山西,西接宁夏与甘肃,地势较高,气候比较干旱,是黄土高原的重要组成部分。关中地区北以黄土高原为界,南以秦岭为界,西有陇山,东有黄河,属于渭河平原,为半干旱地区。陕南地区位于秦岭以南,秦岭和巴山之间。秦岭是我国南北地理分界线,地理上已属于我国的南方地区,这里山高林密,河流(汉江流域)密布,气候温润。陕北地区水资源总量40.4亿 m^3,属严重资源型缺水地区。关中地区水资源总量82.3亿 m^3,人均和耕地亩均水资源量分别为 $290m^3$ 和 $297m^3$,为全省平均水平的 26% 和 29%,全国平均水平的 14% 和 17%,属严重资源型缺水地区。陕南地区水资源量300.6亿 m^3,人均和耕地亩均水资源量分别为 $3568m^3$ 和 $3573m^3$,为全省平均水平的 320% 和 349%,属于陕西省水资源较为丰富地区。

早在20世纪90年代,陕西水利工作者就展开了将陕南丰富水资源调往关中地区的前期研究工作。陕西省水利厅1993年成立了考察组,对陕西省境内嘉陵江干流、汉江及主要支流进行了全面的查勘选点选线工作,初步选择了9条调水线路和18个引水站点,包括引嘉济渭、引褒济石、引湑济黑、引子济黑、引洵济涝、引乾入石、引金济灞、引嘉入汉和引汉济渭。1993年年底完成了《陕西省南水北调查勘报告》,为陕西省内南水北调前期工作奠定了基础。

2001年,陕西省水利厅主持编制完成了《陕西省南水北调总体规划》,总体规划选择了简单且易于实施的东、西、中三条调水线路组合方案,即引乾济石、引红济石和引汉济渭工程。其中引乾济石、引红济石工程目前均已建成通水,引汉济渭工程正在紧张有序地建设中。

引汉济渭工程作为陕西省内的"南水北调"工程,对陕西经济发展和水资源优化配置具有决定性的作用。引汉济渭工程同时也是一个非常复杂的水资源配置系统工程,工程难度极大,牵涉面广,影响因素多。如此超常规的工程建设必然存在一系列的技术问题。

1. 第一次从底部横穿了世界级雄峻山脉——秦岭

引汉济渭工程将是人类从底部洞穿世界高大雄峻山脉的首次尝试。在人类历史上，1985 年秘鲁马杰斯—西嘎斯调水工程横穿了世界第一长山脉——安第斯山脉，但穿越点位于海拔 4000m 的山腰（是世界海拔第一高的跨流域调水工程），最长隧洞仅 14.9km。引汉济渭工程的穿越点位于海拔 510～550m 的山脚，整体隧洞长达 98.3km，最大埋深 2012m，工程难度极大。世界单项长度第一的隧洞为芬兰赫尔辛基调水工程隧洞，总长 120km，其最大埋深仅 100m；世界单项埋深最大的隧洞是锦屏二级引水隧洞，最大埋深 2525m，但其长度仅 16.7km。

目前建成的其他输水隧洞埋深绝大多数小于 1000m：辽宁大伙房调水工程隧洞埋深在 60～630m，芬兰赫尔辛基调水工程隧洞埋深 30～100m。

2. 高扬程、大流量泵站——居亚洲前列

黄金峡泵站总装机容量 129.5MW，建成后将超过现有亚洲最大泵站——山西万家寨引黄工程总干一、二级泵站（120MW），单机配套功率也将超过万家寨引黄工程现有最大水泵的单机容量 12MW。

3. 三河口水利枢纽 145m 高碾压混凝土拱坝

三河口水利枢纽碾压混凝土拱坝坝高 145m，坝高在国内碾压混凝土拱坝中排名第二，其碾压混凝土方量超过 100 万 m^3，为国内同类坝第一。三河口水利枢纽为引汉济渭的调蓄中心，具有超高消落水深，供水、抽水、发电功能集于一身，拥有全国第一的分层取水进水口、世界第一的减压调流阀、自主研发的水泵水轮机组等高难技术。

引汉济渭工程从规划到实施历经多次现场选点、探勘、方案比较、专题讨论、技术咨询、审查，项目从初步设想到逐渐清晰一直到变成现实，经过多次优化和调整，国内众多专家、学者都曾为该工程出谋划策。引汉济渭工程的项目立项工作凝聚了我国特别是陕西省水利专家、技术人员的智慧和汗水。本书汇集了引汉济渭工程前期工作的系列成果，内容丰富、观点鲜明，是引汉济渭工程多年理论研究和技术经验的总结，可为类似工程建设提供重要的参考。本书的论证、研究、分析和总结，对促进我国引调水工程技术的发展一定是大有裨益的。

陕西省水利厅总工程师

2021 年 10 月

引汉济渭工程是为解决陕西省关中地区水资源短缺，优化陕西全省水资源配置，统筹陕西经济发展和生态环境建设而兴建的具有全局性、战略性的重大水利基础建设项目。该工程是统筹陕西省三大区域（陕南、关中和陕北），连通汉江、渭河南北两大水系，构建关中地区大水网的关键性调水工程。

工程的建设任务是：向陕西省关中地区渭河沿岸重要城市、县城、工业园区供水，逐步退还挤占的农业与生态用水，促进区域经济社会可持续发展和生态环境改善。

工程的开发方式是：在汉江干流黄金峡河段及支流子午河分别修建调蓄水库、修建一条连通两个蓄水水库并穿越秦岭至渭河流域的输水隧洞，构成一个横跨长江、黄河两大流域，穿越秦岭屏障的人工输水通道，从陕南的汉江流域调水到关中地区的渭河流域。

工程的调水规模是：设计水平年调水量 10 亿 m^3，远期调水量 15 亿 m^3。

引汉济渭工程由调水工程系统、受水区输配水工程系统两大部分组成。工程实施后，通过外调水与受水区当地水源联合调节与配置，不仅可以解决关中地区的渭河流域缺水问题，同时还可以为陕北能源化工基地置换黄河用水指标创造条件，充分发挥陕南地区水资源优势，缓解关中、陕北地区水资源短缺，对维护渭河生命健康、促进生态环境改善，对推动三大地区协调发展，打造陕西经济升级版，促进全省乃至西部地区经济社会可持续发展，具有极为重要而深远的意义。

陕西省水资源分布南北严重不均，全省 71％的水资源分布在长江流域的陕南地区，而土地面积、人口、经济总量分别占全省的 65％、77％和 90％的关中和陕北地区，水资源量仅占全省的 29％。

为解决关中地区日益严重的缺水问题，早在 20 世纪 90 年代初，陕西就组织省内有关单位和专家，开展了从陕南地区向关中地区调水问题的研究工作，经过对陕西省境内嘉陵江干流和汉江及其主要支流进行全面的查勘，提出了引嘉济渭、引褒济石、引湑济黑、引子济黑、引洵济涝、引乾入石、引金济灞、引嘉入汉和引汉济渭等 9 条调水线路和 18 个引水站点，从水源及调水线路的查勘、选点、选线路，以及工程的总体规划、总体布局、规模等工作，经历了二十余年方案比选与论证，认为只有实施从水资源较为丰富的陕南地区向渭河流域关中地区调水，才是解决关中地区水资源短缺问题最有效、最可行、最现实的途径，为项目的决策提供了科学依据。

引汉济渭调水工程是一个非常庞大而复杂的水资源配置系统工程，引水线路横穿秦岭山脉，连通汉江、渭河南北两大水系，工程难度极大，牵涉面广，影响因素多，需要面对和解决一系列的超常规工程建设关键技术问题。

1. 调水规模社会关注度高，水资源配置影响面广

汉江是国家南水北调中线工程的水源，下游在湖北省境内，引汉济渭调水工程的实施难免会对下游地区用水带来影响，因此，如何统筹全局，在兼顾各方利益的原则下，科学、合理地确定调水规模备受各方关注。经水行政主管部门与相关流域管理机构对接协调，并通过对调出区、调入区未来社会经济发展需要对水资源的预测分析，确定在基本不影响国家南水北调工程调水量的原则下，引汉济渭工程年调水规模为近期（2025水平年）10亿 m³，远期（2035水平年）调水量15亿 m³。

受水区范围为关中地区渭河两岸，经对受水区域水资源条件及现状供水情况分析，确定引汉济渭工程受水对象为西安、咸阳、渭南、宝鸡、杨凌等5个重点城市，以及周至、长安等12个县（区）及部分工业园区。调入水量与受水区重要水源工程及区内地表水源、地下水源等多水源联合调节，做到优化配置。

2. 地形地质条件对引水工程总体布置影响大

汉江与渭河近乎平行展布于秦岭山脉南北两侧，秦岭山区峰高坡陡，地质地形条件复杂，给水源点和输水线路选择增加了一定的难度。在初期选定的18个引水站点和9条调水线路的工作基础上，通过对各水源点及调水线路的反复查勘、通过不同阶段多方案的工程总体规划、总体布局、规模等比选工作，最终选择了汉江黄金峡断面及支流子午河三河口断面两个水源点构成的引汉济渭线路方案。

输水方式的选择，在研究过程中提出了3个方案：①黄金峡与三河口两个水源点全部扬水，短洞穿越秦岭的高线输水方案；②两个水源点全部扬水，适当降低隧洞高程的中线输水方案；③黄金峡断面扬水，三河口断面自流，以超长隧洞从较低高程穿越秦岭的低线明流输水方案。通过技术经济综合分析比选，最终推荐采用了低线明流输水方案。

针对复杂地形地质条件下的工程总体布置问题，对水源点分布、地形地质条件、工程区环境条件、工程建设施工条件、运行调度管理、工程投资与

运行成本、节能效果、工程总体布置格局与适应性等方面进行了多方案综合分析评价，最终推荐"低线—洞穿越调水进黄池沟方案"为引汉济渭调水工程总体布局实施方案。推荐方案由黄金峡水利枢纽、三河口水利枢纽和秦岭输水隧洞三大部分组成。工程总体布置格局可概括为"两库、四站、一洞两段、一连通"。"两库"为汉江干流的黄金峡水库和支流子午河的三河口水库，"四站"为黄金峡坝后电站、泵站以及三河口坝后电站、泵站，"一洞两段"为秦岭输水隧洞由黄三段和越岭段两段组成，"一连通"指三河口水库大坝下游右岸连接洞。

3. 建筑物技术参数指标超出常规，对工程设计和施工提出了极大的挑战

引汉济渭工程的秦岭输水隧洞从秦岭底部横穿，隧洞长度98.3km，最大埋深2012m，属深埋超长型，其长度和埋深综合指标、技术难度突破人类现有工程极限，综合排名世界第一。

三河口水库碾压混凝土双曲拱坝最大坝高145m，碾压混凝土工程量超过100万 m^3，其规模位列国内外同类型坝前茅。三河口水库是引汉济渭调水工程的调蓄中枢，蓄水、供水及发电综合利用功能全面，调度运行工况复杂，技术难度要求高于常规工程。

黄金峡泵站总装机容量129.5MW，建成后其总装机容量和单机功率将创造亚洲泵站纪录，位居国内外泵站前列。

4. 工程运行调度极为复杂

黄金峡水库和三河口水库承担着重要的调蓄任务，两座水库均为大型水库，自身防洪标准高，水库地处秦岭南麓的暴雨集中区；工程建成后，其防洪调度和水资源调度任务交叉耦合，调度系统复杂，实时性要求高。同时两座水库与岭北的黑河金盆水库及地表水、地下水联合调度运行，保障关中用水过程，也是一个极为复杂的多参数、多约束、多变量求解问题。

此外，15亿 m^3 汉江水调入岭北后，关中地区现状55亿 m^3 的供水系统格局将面临重大调整，水资源的优化配置问题是工程效益充分发挥的关键。

5. 移民安置、水土保持及生态保护任务繁重

引汉济渭工程区为秦岭山区，山高坡陡，土地资源条件有限，工程需安置移民1万余人，移民及投资规模较大，安置任务重。

项目区不仅是引汉济渭工程水源地，更是国家南水北调中线工程水源地，施工期及运行期水土保持、环境保护工作极为重要。

工程引水线路还经过国家级自然保护区，生态系统保护的压力也比较大。

从以上关键技术难题可以看出，引汉济渭工程是一项世界级的宏伟工程。此种超常规的工程建设，在一些方面已经超出了现有工程设计和施工规范，

无章可循，必须针对性地展开关键技术问题的前期研究，以支撑工程设计，降低施工和运行风险。

为了解决上述技术难题，在陕西省水利厅、陕西省水利发展调查与引汉济渭工程协调中心、陕西省引汉济渭工程建设有限公司及项目所在地政府与相关部门、单位的大力支持下，在中国国际工程咨询公司、江河水利水电工程咨询中心等单位专家的指导下，陕西省水利电力勘测设计研究院牵头，中铁第一勘察设计院、中国水利水电科学研究院、西安理工大学等单位协同参与，组织众多专家、学者、科研技术人员开展了多轮次的研究和论证工作，奠定了引汉济渭工程前期关键技术工作的坚实基础。

历时两年多的努力，本书终于和读者见面了。在编撰过程中，先后有数十位工程技术人员和专家参与了技术资料的收集和整编，付出了艰辛的努力。感谢多年来对引汉济渭工程前期工作给予支持、帮助的专家、学者。感谢为引汉济渭工程前期研究论证辛勤工作、付出智慧和汗水的技术人员。感谢参加本书撰写和为本书撰写收集整编资料的全体人员。

由于引汉济渭工程前期研究工作时间跨度长，随着社会经济、技术的不断发展，规划设计理念也在不断提升，方案也在不断优化，各种方案交织组合，要从众多资料中，完整系统地把过往的工作过程和成果反映在本书中，很多地方难免会有疏漏和瑕疵，敬请广大读者和参与引汉济渭工程前期工作的同志谅解，并请指正。

陕西省工程勘察设计大师
陕西省水利电力勘测设计
研究院原副院长、总工程师

2021 年 10 月

目录

下　篇

上　篇

第1章 陕西省水资源合理配置及南水北调问题

1.1 陕西省水资源情况和分布特点

1.1.1 自然地理

陕西省位于中国西北内陆腹地，跨东经 $105°29'\sim111°15'$、北纬 $31°42'\sim39°35'$。东西宽 $200\sim500km$，南北长 870km，总面积 20.56 万 km^2。周边与八省市相邻，东接山西、河南，南抵湖北、重庆、四川，西依甘肃、宁夏，北邻内蒙古。以秦岭为界，横跨长江、黄河两大水系。秦岭以南，属长江流域，面积 7.23 万 km^2；秦岭以北，属黄河流域，面积 13.33 万 km^2。全省地域南北跨度大，地势南北高、中间低，西部高、东部低。地貌类型多样，以秦岭、北山为界，北部为陕北黄土高原，中部为关中断陷盆地（平原），南部为陕南褶皱断块山地（秦巴山区）。

陕西省属大陆型季风气候。春季气温不稳定，降水较少，陕北多风沙天气；夏季炎热多雨，7—9 月降水集中；秋季凉爽较湿润，关中、陕南多阴雨天气；冬季寒冷干燥，气温低，雨雪稀少。按主要气候特点，全省可以分为三个气候区：陕北温带、暖温带半干旱区，关中暖温带半湿润区，陕南亚热带湿润区。全省年平均气温自南向北、自东向西逐渐降低，汉江谷地最高，秦岭高山区最低。7 月平均气温最高，极端最高气温 45.2℃ 发生在西安（1934 年 7 月 14 日）。1 月平均气温最低，陕北长城沿线和秦岭山地是两个低温中心，极端最低气温 $-32℃$ 发生在榆林（1954 年 12 月 28 日）。

全省多年平均降水量为 656.2mm。其中：陕北为 454.3mm，关中为 647.6mm，陕南为 894.7mm。总的变化规律是由南向北递减，最高值区在陕南米仓山，年降水量在 1400mm 以上；最低区在陕北风沙区西南部，年降水量在 400mm 以下。年水面蒸发量，陕北为 $900\sim1200mm$，关中为 $800\sim1000mm$，陕南为 $700\sim800mm$。蒸发量最大的地方在陕北风沙区，高达 1300mm 以上；最小的是秦巴山地，在 600mm 以下。

陕西省灾害性天气比较多，连续多月不下雨而造成的干旱是第一大灾害。此外，陕南的水涝和秋雨低温，关中的干热风，陕北的暴雨、冰雹等都对农业生产造成一定影响。

1.1.1.1 陕北黄土高原

陕北位于北山以北，海拔 $900\sim1500m$，地势西北高，东南低，总面积 10.06 万 km^2，是西北黄土高原的主要组成部分，是陕西省农牧结合地区。

3

陕北北部风沙滩地区,位于长城沿线以北,是毛乌素沙漠的东南缘,海拔 1200~1400m,面积 1.30 万 km²。以风积波状固定、半固定沙丘地貌为主,湖泊、滩地、梁岗分布其间,在沙海之中常见有碟形洼地、海子和大小不等的沙漠绿洲,绿洲是该区主要农牧基地。

长城以南,主要是塬、梁、峁与沟壑相间的黄土地貌。延安以北为波状起伏的梁峁地形,其中,无定河流域及以北地区和黄河沿岸主要为峁状地形;无定河流域以南以梁状地形为主。这里沟壑深切,沟网密布,水土流失极为严重。延安以南是以塬为主的塬梁沟壑地形,洛川塬、长武塬、宜川塬、临镇塬及姬家塬等塬面较平坦,是高原南部的主要耕作区。在较大河流的沿岸,分布着较为开阔的河流阶地,是陕北重要的农业区;在白于山以北红柳河、芦河、大理河河源地带,黄土梁岗间发育有涧地和掌地,也是当地的主要耕作区。西南部子午岭,海拔 1400~1600m,属侵蚀剥蚀的低山丘陵。

1.1.1.2 关中断陷盆地

关中断陷盆地南倚秦岭,北界北山,西起宝鸡,东至潼关,东西长约 400km,南北宽 30~80km,面积 1.91 万 km²,海拔 325~900m,地势西高东低,自山前向盆地中心,依次分布着洪积扇裙、黄土台塬、河流阶地等地形,盆地中部地势较为平坦,素有"八百里秦川"之称。

秦岭山前洪积扇主要堆积粗粒物质,厚度较大;北山山前洪积扇颗粒较细,大部分被黄土覆盖。

黄土台塬具阶梯状台面。一级黄土台塬,海拔 540~880m,分布连续,塬面宽阔平坦,微向河谷方向倾斜,塬面上有洼地、丘岗分布。二级黄土台塬,海拔 600~950m,零星分布。临潼骊山以南,黄土梁峁地形波状起伏,沟谷发育,海拔 650~1000m。

渭河一、二级阶地较发育,阶面平坦开阔,二级以上阶地主要分布在宝鸡至眉县渭河南岸以及较大支流如千河、洛河、灞河等河流东岸。上覆不同时代的黄土,称为"黄土覆盖阶地"。在渭河、洛河汇流处的一级阶地上,分布着风成沙丘地形——大荔沙苑。

1.1.1.3 陕南褶皱断块山地

陕南褶皱断块山地北属秦岭,南为巴山,其间夹汉江谷地。秦巴山地以高、中山为主,面积 8.59 万 km²,素称"鱼米之乡"。

秦岭山脉在陕西省境内东西延绵长约 400km,海拔一般为 1500~3000m。秦岭主峰太白山为陕西省最高点,海拔 3767m,著名的西岳华山海拔 2160m。秦岭北坡陡峻,溪谷深而短促,素有"七十二峪"之称;南坡稍缓,溪谷源远流长。在太白山、玉皇山的山脉主脊不同高度上,分布有第四纪冰川遗迹及冰缘地貌。

大巴山、米仓山位于四川、重庆、陕西、湖北交界处,山势陡峻,溪谷发育,海拔一般为 1000~2500m。山岭地势南高北低,至汉江谷地南侧已成带状低山丘陵,海拔 1000m 左右。宁强、镇巴一带喀斯特地貌十分发育。

汉江穿流于秦岭巴山之间的峡谷、盆地。峡谷以黄金峡最为著名,深约 300~400m,河槽仅宽数十米,水流湍急,水力资源丰富。盆地以汉中盆地最大,海拔 450~700m,长约 100km,南北宽 5~25km。其次是安康盆地及较大支流的山间盆地,如西乡盆地、凤县盆地、太白盆地、商丹盆地、洛南盆地等。

1.1.2 水资源量

1.1.2.1 降水

根据《陕西省水资源调查评价》报告，全省雨量站点1956—2000年45年同步年降水系列评价结果，全省多年平均年降水总量1349.17亿 m^3、折合降水深656.2mm。其中黄河流域705.16亿 m^3、折合降水深529.0mm，长江流域644.00亿 m^3、折合降水深890.7mm，分别占全省总量的52.3%、47.7%。陕北地区多年平均年降水总量364.79亿 m^3、折合降水深454.3mm，关中地区358.69亿 m^3、折合降水深647.6mm，陕南地区625.69亿 m^3、折合降水深894.7mm，分别占全省总量的27.0%、26.6%、46.4%。

1.1.2.2 地表水

根据《陕西省水资源调查评价》报告，1956—2000年陕西省天然年径流系列评价结果，全省多年平均年地表水资源量396.5亿 m^3，折合径流深192.8mm，其中黄河流域90.7亿 m^3，折合径流深68.0mm；长江流域305.7亿 m^3，折合径流深422.8mm。陕北、关中、陕南三大自然区地表水资源量分别为31.4亿 m^3、65.6亿 m^3 和299.5亿 m^3。多年平均入境水量109.13亿 m^3，其中黄河流域41.19亿 m^3，长江流域67.94亿 m^3。全省自产地表水资源量与入境客水合计为505.53亿 m^3，其中黄河流域131.89亿 m^3，长江流域373.64亿 m^3。黄河北干流过境水量，按龙门水文站多年实测径流资料（1956—2000年，共45年）统计，多年平均径流量272.5亿 m^3，按潼关水文站资料统计为302.4亿 m^3。

1.1.2.3 地下水

根据《陕西省水资源调查评价》报告，全省浅层地下水资源总量130.7亿 m^3。按地形分，平原区地下水资源量49.8亿 m^3，山丘区87.9亿 m^3，平原区与山丘区重复量7.0亿 m^3。按流域分，黄河流域地下水资源量68.0亿 m^3，长江流域62.7亿 m^3。

1.1.2.4 水资源总量

全省多年平均水资源总量423.3亿 m^3。按流域分，黄河流域116.6亿 m^3，长江流域306.7亿 m^3，分别占全省水资源总量的27.5%、72.5%。按自然区分，陕北地区40.4亿 m^3，关中地区82.3亿 m^3，陕南地区300.6亿 m^3，分别占全省水资源总量的9.54%、19.44%、71.01%。1956—2000年陕西省多年平均水资源总量成果见表1.1-1。

表1.1-1　　　　1956—2000年陕西省多年平均水资源总量成果

行政区	计算面积 /km²	地表水资源量 /万 m³	地下水资源量 /万 m³	地下水资源与地表水资源重复计算量/万 m³	水资源总量 /万 m³
西安市	9983	197298	147959	110507	234750
铜川市	3882	19730	10266	7288	22708
宝鸡市	18172	323412	144604	108733	359283
咸阳市	10119	42891	64606	33243	74254

续表

行政区	计算面积/km²	地表水资源量/万 m³	地下水资源量/万 m³	地下水资源与地表水资源重复计算量/万 m³	水资源总量/万 m³
杨凌区	94	441	945	369	1017
渭南市	13134	72244	100358	41352	130250
关中地区	55384	656016	468738	301492	823262
延安市	36712	128975	50858	43505	136328
榆林市	43578	184584	163068	80413	267238
陕北地区	80290	313559	213926	123918	403567
汉中市	27246	1507449	309743	299925	1517267
安康市	23391	1000955	192089	192089	1000955
商洛市	19292	486164	123088	121464	487789
陕南地区	69929	2994568	624920	613478	3006010
全省	205603	3964143	1307584	1038888	4232839

1.1.3　分布特点

1.1.3.1　降水量的地区分布

根据陕西省水文水资源勘测局绘制的 1956—2000 年多年平均年降水深等值线图,陕西省降水量地区分布规律如下。

陕北地区:年均降水深 454.3mm,变化范围大致为 350～600mm,是陕西省年均降水量分布最少地区。区内相对高差小,无大的地形抬升作用,加之南部的北山、东部的山西高原阻滞东南湿热气流北上,自陕北南部至陕北北部降水量呈梯状减少,长城以北沙漠区年降水在 400mm 以下,是陕西省降水量的最低区。

关中地区:年均降水量 647.6mm,变化范围大致为 500～900mm。渭河平原西高东低的地势,与南山、北山共同形成了一个承纳东南水汽的开阔"喇叭口",西部降水量明显大于东部,平原降水量 500～600mm,东部小于 600mm,西部大于 600mm。平原以北的北山抬升地形,形成黄龙山、子午岭两个关中与陕北地区过渡带的降水高值区,降水量大于 600mm。

陕南地区:年均降水量 894.7mm,变化范围大致为 700～1600mm。形成陕西省降水的印度洋和西太平洋暖湿气流,经秦岭、巴山地形的辐合抬升,在米仓山、大巴山和秦岭山麓形成了两条东西向带状降水高值区。米仓山、大巴山北坡降水量 1200～1800mm,秦岭一带 900～1000mm。汉中(安康)盆地、丹江盆地和洵河、白石河河谷地带是陕南山区的降水低值中心区,汉中(安康)盆地小于 900mm,丹江盆地、洵河、白河河谷一带小于 800mm。

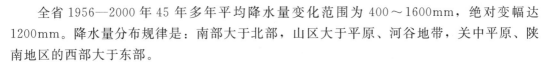

全省1956—2000年45年多年平均降水量变化范围为400～1600mm，绝对变幅达1200mm。降水量分布规律是：南部大于北部，山区大于平原、河谷地带，关中平原、陕南地区的西部大于东部。

1.1.3.2　地表水的地区分布

陕西省年径流深的地区变化与降水量的地区分布极为相似，受地形及下垫面条件的影响，地带性差异更明显。全省径流深分布总的趋势为由南向北递减，关中陕南由西向东递减。

与降水趋势相似，年径流也呈现两个多水带、一个南北过渡带和两个低值分布区。第一个多水带出现在米仓山—大巴山，第二个多水带出现在秦岭南北坡。在这两个多水带之间有一个低值过渡带。关中平原和陕北黄土高原为两个低值区。

全省有窟野河—秃尾河、黄龙山、子午岭、终南山、秦岭西部、凤凰山—草链岭西部、褒河—酉水河中游、米仓山、任河—大巴山等九个径流高值区。窟野河—秃尾河中游高值区径流深为50～150mm，秦岭西部为300～700mm，大于700mm出现在清姜河—石头河上游。终南山径流深为400～500mm，米仓山径流深在600～1400mm甚至以上，为全省之冠。全省最低值出现在定边沙漠闭流区及北洛河上游，径流深仅为15～25mm。

1.1.3.3　地下水的地区分布

全省地下水资源量130.7亿 m^3，其中黄河流域68.0亿 m^3，占全省地下水资源量的52.0%；长江流域62.7亿 m^3，占全省地下水资源量的48.0%。

1.2　关中地区水资源开发利用现状与缺水解决方案

1.2.1　关中地区水资源分布特点

(1) 水资源总量少，属于资源型缺水地区。关中地区水资源总量82.3亿 m^3，人均和耕地亩均水资源量分别为290m^3 和297m^3，为全省平均水平的26%和29%，全国平均水平的14%和17%，属严重资源型缺水地区。

(2) 水资源时空分布不均，水土资源组合不平衡。关中地区水资源的60%～70%集中在汛期，且年径流量南部大于北部，西部大于东部，山区大于平原，年际变化大。渭河以南河流数量占全区河流的2/3，水资源总量占区内的60%，而耕地面积和人口仅占25%和40%。

(3) 河流含沙量高，开发利用难度大。区内河流多为多泥沙型河流，开发利用的难度较大，同时造成河道、库、塘、渠淤积，降低了现有工程的效益。

1.2.2　水资源开发利用现状

1.2.2.1　供水量

根据1980—2010年关中地区供水量资料统计，年供水量基本维持在50亿 m^3 左右，最多53.66亿 m³，最少46.17亿 m³。由于河源来水减少、供水能力衰减等原因地表水供水量呈降低趋势，1980年为26.68亿 m³，2007年为20.46亿 m³；地下水供水量呈现先增后减的趋势，从1980年的23.54亿 m³上升到2003年的31.89亿 m³，以后逐年减少，到2010年为26.5亿 m³。

从不同时期的地表水源供水量结果看，关中地区地表水供水仍以没有调蓄能力的引、提水为主，蓄水工程所占比例不足50%。

1.2.2.2　用水量与用水结构

1980—2010年，关中地区年用水量增长缓慢，但用水结构有较大变化，农业用水量逐年降低，从1980年的41.26亿 m³减少到2010年的26.4亿 m³；生活和工业用水量逐年增加，生活用水量由1980年的5.18亿 m³增加到2010年的10.10亿 m³，工业用水量由1980年的5.73亿 m³增加到2010年的9.69亿 m³。

生态用水量30年间出现了先增后减的趋势，1980年为0.78亿 m³，到2000年为1.65亿 m³，2010年为0.85亿 m³。

关中地区现状各类工程供水量以及各行业用水量结构见图1.2-1。

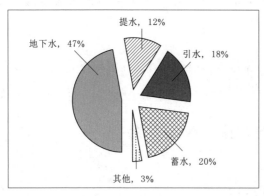
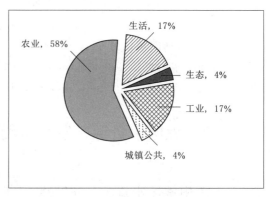

（a）工程供水量　　　　　　　　　　　（b）行业用水量

图1.2-1　关中地区现状各类工程供水量以及各行业用水量结构

1.2.3　水资源开发利用存在的主要问题

（1）地表水开发利用程度高。关中地区地表水资源量51.52亿 m³，在1998—2007年近十年中，地表水实际供水量为20.46亿～24.83亿 m³，平均供水量22.84亿 m³，地表水资源开发利用率为44%，已超过国际公认的40%最高开发利用率，75%和95%代表年地表水消耗率达到100%。

（2）蓄水工程少，缺乏调蓄能力，供水保证率低。现状水源以无调蓄能力的提、引水工程为主，具有调蓄能力的蓄水工程较为缺乏，调蓄调控能力不足，供水保证率低。

（3）地下水超采严重。据统计，多年平均年超采量达4.59亿 m³，其中城市超采2.73亿 m³，大部分集中在西安、宝鸡、咸阳和渭南四城区的十几处超采区，超采区总面积达605km²，其中严重超采区7处，面积308.87km²；还有一部分分布在兴平、华阴及县城水源集中超采区。农灌超采区主要在泾惠渠等 5 个灌区，超采区面积合计 4529km²，年超采量达 1.86 亿 m³。

（4）水资源匮乏，城市用水挤占农业用水严重。随着工业化和城市化进程的加快，城市供水呈大幅增加趋势，特别是 20 世纪 90 年代以后，城市和工业需水量增长明显，一些原来专为农业供水的工程改变供水对象，开始向城市和工业供水，如冯家山水库向宝鸡市供水，石头河水库、石砭峪水库向西安市供水，桃曲坡水库向铜川市供水，薛峰水库向韩城市供水，沈河水库向渭南市供水等，导致关中地区农灌面积每年失灌 300 万～400 万亩，实灌面积中供水也不足。据统计 20 世纪 90 年代以来年均占用农业水量约 3.82 亿 m³。

（5）挤占河道内生态环境水量。20 世纪 80 年代以来，随着关中地区经济发展和用水量增加，加上降水偏少引起的水资源量减少，河流生态环境用水被挤占。根据 1991—2008 年统计，渭河华县（现改名为华州区）断面平均天然径流量 61.67 亿 m³，在长系列中属于偏枯年段（相当于 70% 的频率），按照丰增枯减的原则，1991—2008 年平均下泄量应达到 46.73 亿 m³，而该时段华县断面实测径流量为 42.70 亿 m³，华县断面生态环境用水被挤占 4.03 亿 m³。以枯水年 1997 年为例，华县断面天然径流量 34.86 亿 m³，相当于 95% 的来水，相应要求下泄水量应为 25.65 亿 m³，而华县断面实测径流量仅为 16.82 亿 m³，1997 年生态环境用水被挤占达 8.83 亿 m³。

1.2.4　水资源供需分析

1.2.4.1　现状水资源供需平衡

（1）需水量。根据现状社会生产力发展水平，结合农田有效灌溉面积、工业规模和布局、城市化水平、人口结构等指标，按照各部门的基本需水量，在节约用水和技术可能的基础上，并考虑用水定额的实际情况等，经分析，现状年 50% 代表年需水量为 68.03 亿 m³，75% 代表年为 73.23 亿 m³。

（2）供水量。

1）地表水可供水量。蓄水工程：关中地区地表水大中型蓄水工程共 12 处，50%、75% 代表年可供水量分别为 9.59 亿 m³、8.75 亿 m³。

引水工程：主要引水工程 5 处，50%、75% 代表年可供水量分别为 11.23 亿 m³、10.28 亿 m³，全部为农业供水。

提水工程：主要提水工程 3 处，50%、75% 代表年可供水量分别为 5.15 亿 m³、4.95 亿 m³，全部为农业供水。

其他小型工程：其他小型地表水供水工程 50%、75% 代表年可供水量分别为 0.95 亿 m³、0.79 亿 m³。

地表水总供水量：以计算的地表水允许消耗量为控制指标，退还挤占的河道内生态用水、退还挤占的农业用水后，核算现状关中地区 50%、75% 代表年当地地表水可供水量分别为 23.42 亿 m³ 和 21.24 亿 m³，加上引乾济石和利用黄河干流水后，可供水量总计分别为 26.92 亿 m³、24.74 亿 m³。

2）地下水可供水量。现状关中平原区地下水资源量 33.84 亿 m³，可开采量 28.04

亿 m^3，关中地区 1998—2007 年平均年开采量为 29.2 亿 m^3。为保证地下水的可持续利用，关中地区今后地下水开采遵循总量控制，对沿渭城市集中水源地超采区寻求新的补充水源，对地下水实行限采；对超采灌区积极增大地表水的灌溉，补充、涵养地下水；在平衡区，维持现状开采量；在有开采潜力的洪积扇区和漫滩、阶地区适当加大地下水资源的开采，以达到采补平衡。依据上述地下水开发利用思路及布局，关中地区地下水可供水量为 23.81 亿 m^3，其中向城市和工业可供水量为 5.70 亿 m^3，向农村生活可供水量 2.08 亿 m^3，向农业可供水量为 15.94 亿 m^3，向河道外生态可供水量 0.09 亿 m^3。

3）其他水源工程。其他水源工程包括中水回用和雨水集蓄工程，可供水量为 0.73 亿 m^3，主要用于河道外生态、工业用水和农村人畜用水及少量农业灌溉。

（3）供需平衡。按照现状需水量与可供水量分析，50％代表年关中地区总缺水量 16.57 亿 m^3，75％代表年总缺水量 23.94 亿 m^3。

1.2.4.2　设计水平年缺水分析

根据关中地区社会经济发展规划，按照节约用水模式及当地水资源承载力情况，预测 2020 水平年河道外需水量 81.45 亿 m^3，可供水量 57.33 亿 m^3，缺水 24.12 亿 m^3；2030 水平年河道外需水量 86.24 亿 m^3，可供水量 58.19 亿 m^3，缺水 28.05 亿 m^3。

1.2.5　缺水态势及解决方案

1.2.5.1　缺水态势

由于缺水，关中地区是以"超采地下水、牺牲生态水、挤占农业水"来维持经济社会的发展，已造成一系列严重水环境问题，具体表现如下。

（1）渭河许多支流干涸，近于断流。关中有 12 条河流承担着向城镇供水的任务，枯水期无法满足河道生态基流，甚至断流。渭河干流 2007 年 6 月中旬华县断面最小流量不足 $1.0 m^3/s$。

（2）地下水严重超采，诱发地质灾害。关中地区以沿渭城市为中心，已形成超过 $7000 km^2$ 的地下水严重超采区，形成多处漏斗，漏斗面积最大达到 $595 km^2$，最大深度达到 137m。虽然陕西省政府划定了地下水超采区，制定了一系列限采措施，但因没有替代水源，这些措施还难以完全实现。与地下水超采相关，城市环境地质灾害也相当严重。20 世纪 90 年代，西安、咸阳、渭南、宝鸡相继发生环境地质灾害，以西安最严重。如西安市区的地裂缝 13 条，长度达 67km，其中南郊局部地面沉降达 2.6m。著名的大雁塔、钟楼出现了不同程度的倾斜和沉降。

（3）工业和农业争水问题严重。随着工业化和城市化进程的加快，带来城乡争水、工农业争水等问题。关中地区年平均挤占农业用水 3.82 亿 m^3，失灌面积 400 万亩左右。一些地区因缺水造成许多企业处于停产半停产状态，如 2007 年渭河化肥厂，因缺水停产半个月，限产 4 个月，经济损失达 2 亿元以上。城乡供水出现全面紧张的态势，用水高峰期间，用消防车和洒水车为群众送水的现象时有发生。

（4）水质污染严重，供水安全受到威胁。经对关中地区 24 条河流统计，受污染的河流 13 条，其中Ⅲ类以上水质仅占 48％，Ⅳ类占 14％，Ⅴ类占 38％。尤其是渭河干流咸阳以下河段水质常年处于超 Ⅴ 类状态，丧失了基本的水体功能。在地表水体污染和地下水位下降的共同作用下，地下水污染加剧，目前浅层地下水污染面积已达 $579km^2$。咸阳、渭南、铜川等城市存在水质不达标问题，因水量不足和水质污染尚有 $1/3$ 的县级以上城市供水能力不足；有 400 万乡村人口的饮水不安全，其中 240 万人饮水水质不达标。

（5）能源化工基地的建设加剧了用水的快速增长。关中北部地区能源化工基地建设速度突飞猛进，以煤矿、选煤厂、煤化工、电厂等项目建设为主体的新兴工业园区也落户到关中北部，加剧了关中地区日益严重的缺水矛盾。

1.2.5.2 解决方案

关中地区水资源短缺对当地经济社会发展形成了严重制约，解决关中地区缺水问题需要从开源、节流两方面着手，包括调整产业结构和布局、积极适应水资源特点、节水治污、区内挖潜、提高利用效率、从区外调水等。

（1）调整产业结构和布局。关中地区竭力发展以高科技为主体的节水经济，限制高耗水产业，调整产业结构和布局，但这些措施不能有效缓解其资源性缺水问题。

（2）节水治污，区内挖潜。

1）农业节水：通过采取工程措施、调整种植结构、革新耕作方式、推广节水技术、建立有效的政策和价格机制等，提高节水水平。"十五"期间陕西省利用世界银行贷款 1 亿美元、省财政投入 8 亿元人民币对关中九大灌区进行了改造，大中型灌区的灌溉水利用系数总体接近 0.6，年平均节水量达 2.8 亿 m^3。

2）工业和城市节水：通过调整产业结构、优化工业布局、推广节水技术、推行用水定额管理、完善水价政策，全面提高工业和城市节水水平。陕西省人均和单位 GDP 用水量分别为 $220m^3$ 和 $268m^3$，工业万元增加值用水量 $52m^3$，城市人均生活用水量 90L/d，工业用水重复利用率 50%，管网漏失率 18%。总体节水水平优于全国及黄河流域平均水平，在西北地区属节水领先水平。

3）治污：通过强化政策、法制和管理，全面实现工业废水处理达标排放，加快污水处理和垃圾处理设施建设，逐步实现污水资源化，提高回用水平。

总之，通过"节流"可以解决一些问题，但不可能从根本上改变关中地区的缺水局面，还必须"开源"，通过区外调水才能有效缓解关中地区缺水问题，以保证当地经济社会的正常发展。

（3）区外调水。在 20 世纪 80 年代末 90 年代初，陕西省政府组织专家研究过多种区外调水方案和措施，包括黄河引水、引洮（甘肃洮河）入渭、国家南水北调西线，以及陕西省本省境内的南水北调等，综合各种因素分析后，认为只有本省境内的南水北调是解决关中地区缺水和缓解水环境问题最现实最有效的途径。

通过对陕西省境内嘉陵江干流和汉江干流及其主要支流的全面查勘，省内南水北调工程初步选择了 9 条调水线路及对应的 18 个不同取水点，9 条调水线路分别为：引嘉入汉、引褒济石（引红济石）、引湑济黑、引子济黑、引汉济渭、引洵济涝、引乾济石、引金济灞、引嘉济渭，见图 1.2－2。

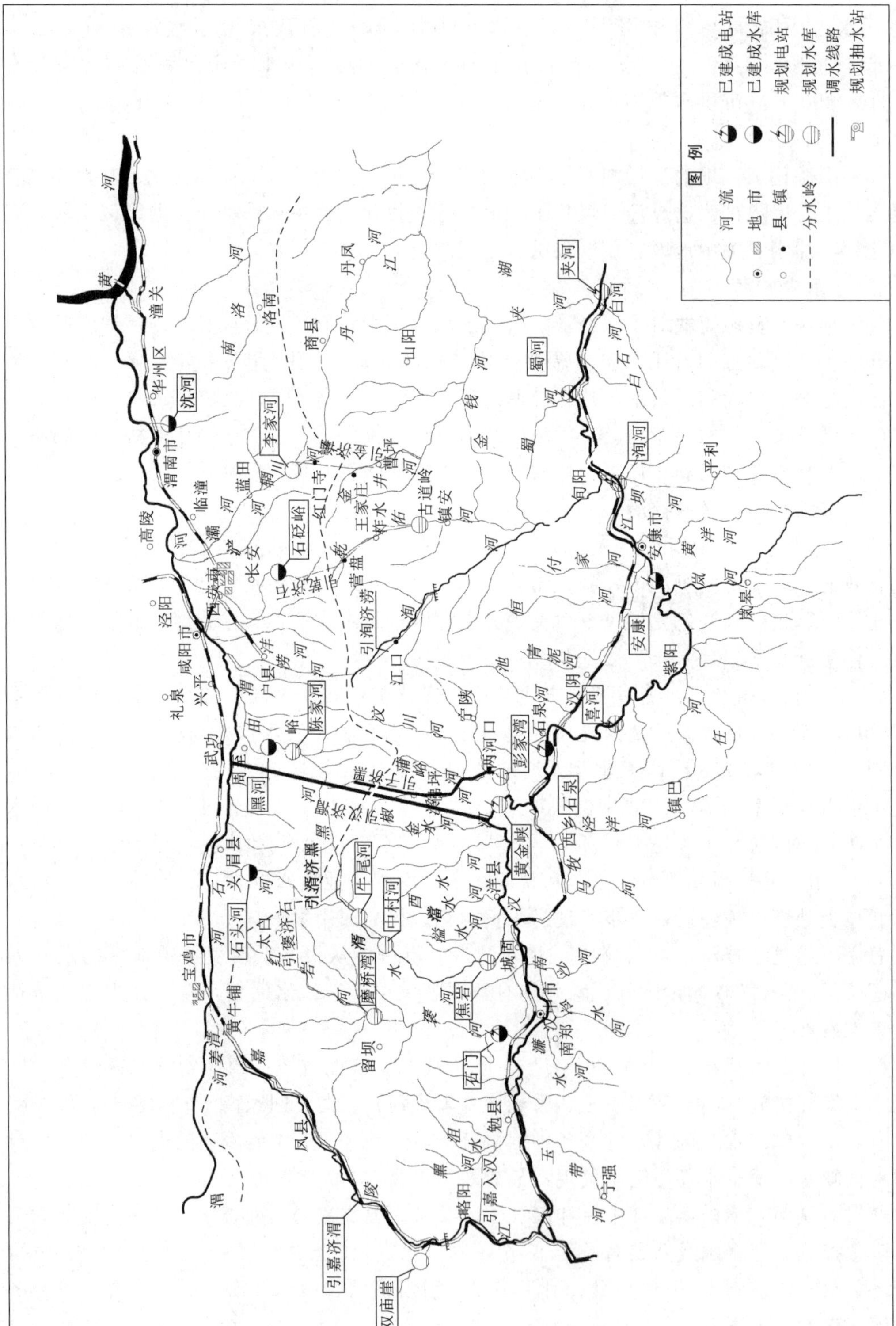

图 1.2-2　陕西省南水北调查勘选线平面示意图

1.3 陕南地区水资源特点与水资源总量控制目标

1.3.1 陕南地区水资源特点

陕南地区从西往东依次是汉中市、安康市、商洛市，该区北靠秦岭，南倚大巴山，汉江自西向东穿流而过，海拔一般为 $500\sim800m$，最高 $2500m$，最低 $187m$，年降水量 $800\sim1200mm$，年蒸发量 $700\sim800mm$。陕南地区多年（1956—2000 年）平均水资源量 300.6 亿 m^3，占全省多年（1956—2000 年）平均水资源量 423.3 亿 m^3 的 71.01%，属于陕西省水资源较为丰富地区，陕南地区多年平均水资源见表 1.3-1。

表 1.3-1   陕南地区多年平均水资源量表

分区名称	评价面积/km²	降水量/mm	地表水资源量/亿 m³	地下水资源量/亿 m³	地表水与地下水重复计算量/亿 m³	水资源总量/亿 m³	2015 年人口/万人	人均水资源量/(m³/人)	2015 年常用耕地面积/万亩	亩均水资源量/(m³/亩)
汉中	27246	968.7	150.74	30.97	29.99	151.73	343	4422	306	4957
安康	23391	900.0	100.10	19.21	19.21	100.10	264	3789	295	3399
商洛	19292	783.9	48.62	12.31	12.15	48.78	235	2075	200	2434
陕南	**69929**	**894.7**	**299.46**	**62.49**	**61.35**	**300.6**	**842**	**3568**	**801**	**3753**

1.3.2 水资源开发利用现状

1.3.2.1 供水量

根据 2000—2015 年陕南地区供水量资料统计，年供水量基本维持在 26 亿 m^3 左右，最多 26.6 亿 m^3，最少 23.4 亿 m^3，地表水供水量呈增加趋势，由 2000 年的 19.2 亿 m^3 上升到 2015 年的 23.2 亿 m^3，地表水供水以引、提水为主，蓄水工程所占比例不足 37%，地下水供水量基本维持在 3.2 亿 m^3 左右。

1.3.2.2 用水量与用水结构

陕南地区 2000—2015 年用水量总体变幅不大，农业用水呈稳定趋势，生活和工业用水呈增加趋势，生活和工业用水比例由 2000 年的 15.1% 增加到 2015 年的 21.6%，其中城镇生活用水量 15 年净增约 0.74 亿 m^3，较 2000 年增加了 1.39 倍，占总用水量的比例从 2000 年的 2.2% 增加到 2015 年的 4.8%。

生态用水量由 2000 年的 730 万 m^3 增加到 2015 年的 2735 万 m^3。

农业用水量基本维持在 20 亿 m^3 左右，占总用水量的 77%。

陕南地区供用水情况见表 1.3-2 及图 1.3-1～图 1.3-3。

1.3.3 水资源开发利用存在的主要问题

（1）用水技术和工艺比较落后，节水仍有潜力。区内的工业企业大多设备陈旧、工艺落后，存在用水浪费现象，水的重复利用率较低。城镇工业水的重复利用率一般约为 35%，

表 1.3-2   陕南地区供用水基本情况表   单位：万 m³

年 份		2000	2005	2010	2011	2012	2013	2014	2015
供水量	蓄水	77389	90328	91169	89201	84539	84207	81945	82148
	引水	101097	91511	106132	125275	123682	125491	127632	131382
	提水	13613	13818	18934	19465	19781	18991	18633	18645
	地下水	34092	38234	31928	36885	34634	35095	34818	33773
	其他	7513	3863	1536	1330	1124	596	474	349
供水量合计		233704	237754	249699	272156	263760	264380	263502	266297
用水量	城镇生活	5308	8069	8519	10884	10839	10900	11443	12699
	农村生活	11511	15657	16652	17405	17025	17151	16709	16496
	农田灌溉	186869	173024	181664	187725	181507	180942	178286	178347
	林牧渔畜	10445	17548	21720	23093	25011	24542	25024	27741
	工业	18039	19662	17194	24077	23405	24553	25752	23914
	城镇公共	802	2824	2726	2813	3802	4016	3995	4365
	生态	730	970	1224	6159	2171	2276	2293	2735
用水量合计		233704	237754	249699	272156	263760	264380	263502	266297

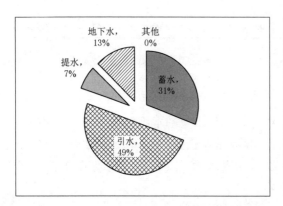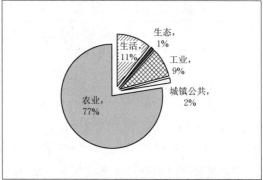

图 1.3-1 陕南地区现状各类工程供水量及各行业用水量结构

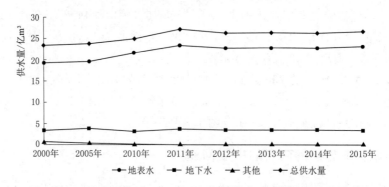

图 1.3-2 陕南地区 2000—2015 年各类供水工程供水量变化趋势

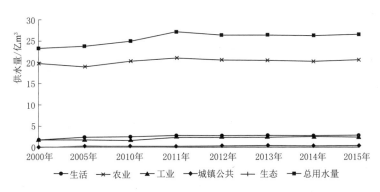

图 1.3-3　陕南地区 2000—2015 年各行业用水量变化趋势

乡村工业更低，该流域工业用水定额比陕西省乃至全国其他先进地区同类工业用水定额偏高。

农田灌溉是陕南地区的用水大户，而水田灌溉又是灌溉用水最主要的组成部分，但灌区多为老灌区，工程年久失修，斗以上渠道衬砌率不足 50%，输水损失大，平均渠系利用系数不高。虽然加强了节水措施，灌溉定额有较大幅度降低，但仍有潜力可挖。

生活用水综合定额平均不高，但在个别地方、部门（如自备水源供水，生产和生活用水没有分开计量的企业），也存在着浪费现象。

（2）存在水源污染。据不完全统计，陕南地区 2005 年工业废水和生活污水排放量约 1.46 亿 t，其中工业废水排放约 1.07 亿 t，排放的污水基本未经处理。存在水源污染问题。

（3）水资源开发利用率低。为农业灌溉和其他供水，在陕西省汉江流域先后完成了一些综合规划、专业规划，修建了一些水利工程；随着时间的推移，水资源条件、社会经济的发展，各部门对水的要求发生了很大变化，总体而言，陕南地区水资源开发利用率仅为 8%左右。

1.3.4　陕南地区水资源总量控制目标

根据《国务院关于实行最严格水资源管理制度的意见》（国发〔2012〕3 号）文件精神，陕西省政府颁发了《陕西省人民政府办公厅关于印发实行最严格水资源管理制度考核办法的通知》（陕政办发〔2013〕77 号），依据该通知陕南地区用水量总值不超过总量控制目标即可。陕南地区用水总量控制目标见表 1.3-3。

表 1.3-3　　　　　　　　　　陕南地区用水总量控制目标表

行政区	用水总量/亿 m³		
	2015 年	2020 年	2030 年
汉中市	16.91	17.66	18.29
安康市	7.30	8.03	8.41
商洛市	3.89	4.52	4.92
合计	28.10	30.21	31.62

1.4　陕西省南水北调工程规划

1.4.1　调水水源

陕西省秦岭以南的长江流域，包括嘉陵江和汉江两大水系，嘉陵江水系在省界以上产水量 95.85 亿 m^3，其中省内产水量 53.64 亿 m^3；汉江水系在省界以上产水量 292.0 亿 m^3，其中省内产水量 265.53 亿 m^3。

由于地形、交通等条件所限，区内工农业生产水平较低，全区工农业生产及城乡生活总耗水量不足 13 亿 m^3，占全区自产河川径流量的 4%，结合陕南地区用水总量控制目标，认为在满足当地河道内、外用水条件下，嘉陵江和汉江两大水系有余水可供外调，即具备从嘉陵江和汉江跨流域向关中调水的水源条件。

1.4.2　总体规划

2001 年陕西省水利厅组织编制完成了《陕西省南水北调工程总体规划》。

陕西省南水北调工程总体规划是通过大、中、小不同规模调水工程的优化组合，以满足关中地区近、中、远不同时期经济社会发展和生态环境保护与改善等方面对水资源的需求为目标。调水工程的供水对象以城市工业、生活用水为主，兼顾生态环境用水和农林牧业用水；近期以增加供水量为主，中远期以增加供水量和提高保证率兼顾。

在查勘选线工作的基础上，通过对初选的 9 条调水线路和 18 个取水点调水量的分析，并进行相应的调水工程布置和投资匡算，包括从嘉陵江干流调水到汉江，再从汉江调水到关中渭河流域的联合运用调水线路的工程布置，对各条调水线路及其组合方案进行经济合理性、技术可行性和环境影响等方面的综合比选后，陕西省内南水北调总体规划推荐选择东、西、中三条调水线路，即：东线引乾（乾佑河）济石（石砭峪）、西线引红（褒河支流红岩河）济石（石头河）和中线引汉济渭。

陕西省南水北调规划的 9 条调水线路和 18 个引水站点汇总见表 1.4 - 1，规划推荐的 3 条调水线路见图 1.4 - 1。

表 1.4 - 1　　陕西省南水北调规划的 9 条调水线路和 18 个引水站点汇总表

调水线路	取水点	主要建筑物	抽水总扬程 /m	分水岭隧洞长 /km	输水线路总长 /km	设计流量 /(m³/s)	总调水量 /亿 m³	匡算工程投资 /亿元	单方调水投资 /(元/m³)
引嘉济渭	凤县	4 级泵站、明渠、隧洞等	440		91	10	2.138	3.585	1.68
	陕甘省界	5 级泵站、明渠、隧洞、过沟建筑物等	478	10.1	96.5	10	2.686	4.270	1.59
	略阳	8 级泵站、明渠、隧洞、渡槽等	814		205	50	14.855	25.015	1.68

续表

调水线路	取水点	主要建筑物	抽水总扬程/m	分水岭隧洞长/km	输水线路总长/km	设计流量/(m³/s)	总调水量/亿m³	匡算工程投资/亿元	单方调水投资/(元/m³)
引褒济石	引红济石	1级泵站、明渠、隧洞等	143	6.5	20.3	5.0	0.768	0.795	1.04
		长隧洞		19.5	19.5			0.830	1.08
	磨桥湾	2级泵站、明渠、隧洞等	574	23.6	65	7.5	2.156	7.660	3.55
引渭济黑	牛尾河	1级泵站、明渠、隧洞、渡槽等	484	16.5	64.1	4.5	0.413	2.185	5.29
	棕树沟	2级泵站、明渠、隧洞等	703		75.1	6.0	0.525	3.395	6.47
引子济黑	佛坪	2级泵站、明渠、隧洞等	459	16.3	37.8	2.0	0.450	1.625	3.61
	三河口	3级泵站、明渠、隧洞等工程	734		61	10.0	2.345	3.925	1.67
	彭家湾	4级泵站、明渠、隧洞等	800		80.8	12.0	2.467	4.605	1.87
引洵济涝	江口	1级泵站、明渠、隧洞等	341	11.6	33.45	2.0	0.402	1.630	4.05
	月河口	3级泵站、明渠、隧洞等	715		84.8	7.5	1.874	4.035	2.15
引乾济石	古道岭	4级泵站、明渠、隧洞等	506	12	60	4.0	0.555	2.405	4.33
引金济灞	王家庄	隧洞		16.5	16.5	1.5	0.277	0.760	2.74
	曹坪	1级泵站、明渠、隧洞等	224	12.25	21.35	2.0	0.406	1.045	2.57
	小河口	2级泵站、明渠、隧洞、渡槽等	473		49.65	2.5	0.551	1.84	3.34
引嘉济汉	略阳	长隧洞		30		50	15	10	0.67
引汉济渭	黄金峡	长隧洞		115		20	35	1.75

东线引乾济石工程：从陕南柞水县境内的乾佑河取水，通过穿越秦岭的输水隧洞自流调水到位于西安市长安区已建成的石砭峪水库，通过水库调节，向西安市补水，引乾济石工程设计年调水 4700 万 m³。

西线引红济石工程：从位于太白县境内秦岭南麓的褒河支流红岩河取水，通过穿越秦岭的输水隧洞自流调水到位于岐山、眉县、太白县三县交界处的石头河水库，通过水库调节，向咸阳市、杨凌区补水，引红济石工程规划年调水 9200 万 m³。

中线引汉济渭工程：总体规划比较了 4 种调水线路方案，分别为黄金峡线路方案、串支线路方案、旬阳线路方案和双线越岭线路方案。经综合分析比较，黄金峡线路方案具有明显的优势，因此，《陕西省南水北调总体规划》选取了引汉济渭黄金峡线路方案。

（1）黄金峡线路方案。该方案是以规划的汉江干流第一个梯级电站黄金峡为主要水源，提水 220m 后，通过 16.2km 长的明渠及隧洞，输水至汉江支流子午河三河口水库，经水库联合调节，再以 63km 穿越秦岭的隧洞自流输水至位于关中周至县境内已建成的黑河金盆水库。总调水量 15.5 亿 m³，其中黄金峡提水约 10.5 亿 m³，三河口水库自流约 5 亿 m³。

（2）串支线路方案。以汉江支流子午河三河口水库为汇流调蓄库，通过隧洞加过沟建筑物，串引子午河以西汉江左岸共 8 条支流及嘉陵江干流水量自流入三河口水库，经水库联合调节，再以 63km 穿越秦岭的隧洞自流输水至位于关中周至县境内已建成的金盆水库。总调水量 15.5 亿 m³，其中三河口水库自流约 5 亿 m³，8 条支流自流约 2.0 亿 m³，嘉陵江干流自流约 8.5 亿 m³。

（3）旬阳线路方案。以规划的汉江干流旬阳梯级电站为主要水源，提水 310m 后，通过总长 78km 的隧洞加过沟建筑物自流输水至位于镇安县境内的洵河柴坪水库，经水库联合调节，再以 75km 穿越秦岭的隧洞自流输水至渭河支流沣河。总调水量 15.5 亿 m³，其中旬阳抽水约 11.0 亿 m³，柴坪水库自流约 4.5 亿 m³。

（4）双线越岭线路方案。为减少黄金峡线路方案的提水量规模，增加柴坪水库自流调水，采用双线穿越秦岭隧洞，分别输水入金盆水库和沣河的组合方案。总调水量 15.5 亿 m³，其中三河口水库自流约 5 亿 m³，柴坪水库自流约 4.5 亿 m³，黄金峡提水约 6.0 亿 m³。

引汉济渭工程线路方案比选见表 1.4-2，规划线路方案见图 1.4-2。

表 1.4-2　　　　　　　　　　　引汉济渭工程线路方案比选

线路方案	黄金峡线路方案	串支线路方案	旬阳线路方案	双线越岭线路方案
主要建筑物组成	黄金峡水库、泵站、黄三隧洞、三河口水库、秦岭隧洞、金盆水库增建工程等 6 部分	子午河以西 8 条支流的隧洞和过沟建筑物、三河口水库、秦岭隧洞、金盆水库增建工程等 11 部分	洵河水库、洵河泵站、洵柴隧洞、柴坪水库、秦岭隧洞等 5 部分	黄金峡水库、泵站、黄三隧洞、三河口水库、秦岭隧洞 1、金盆水库增建工程、柴坪水库、秦岭隧洞 2 等 8 部分
调水量	调水量 15.5 亿 m³，其中黄金峡抽水 10.5 亿 m³，三河口自流 5 亿 m³	调水量 15.5 亿 m³，其中三河口自流 5 亿 m³，8 条支流 2 亿 m³，嘉陵江干流 8.5 亿 m³	调水量 15.5 亿 m³，其中洵河抽水 11 亿 m³，柴坪自流 4.5 亿 m³	调水量 15.5 亿 m³，其中黄金峡抽水 6 亿 m³，柴坪自流 4.5 亿 m³，三河口自流 5 亿 m³
匡算工程总投资/亿元	156.9	417.1	231.4	243.8
抽水耗电量/(亿 kW·h)	7.8	0	12.03	5.0
调水进入关中的位置及高程	金盆水库坝后。高程 510.00m，可控制全部受水区范围	金盆水库坝后。高程 510.00m，可控制全部受水区范围	沣河高程 390.00m，受水区不能控制，需抽水	金盆水库坝后高程 510.00m，可控制受水区；沣河 390m，需抽水
秦岭隧洞长度/km	63.0	63.0	75.0	63.0+75.0
抽水扬程/m	220	0	310	220+310
水源点间输水线路长度/km	16.2	262	78	16.2+78
方案比选	推荐方案	比较方案	比较方案	比较方案

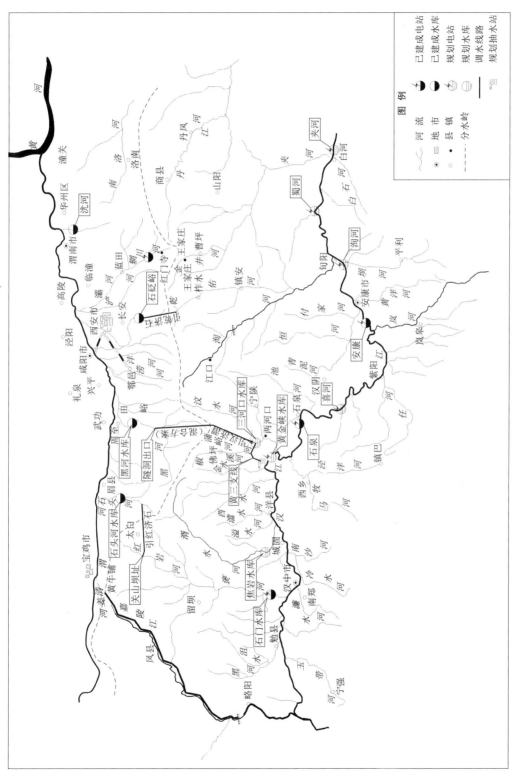

图 1.4 - 1 陕西省南水北调总体规划推荐调水线路图

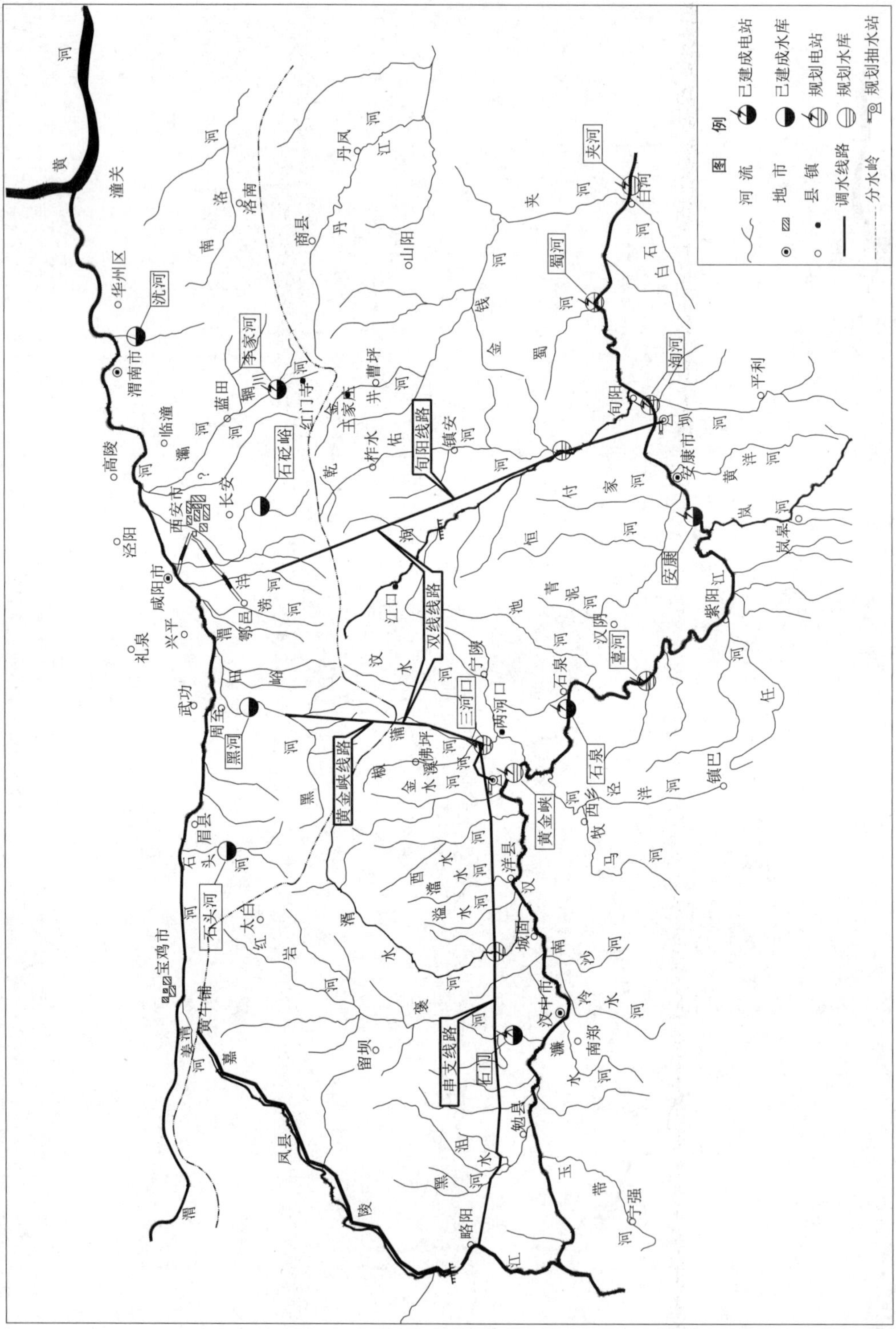

图 1.4 - 2　引汉济渭工程规划线路方案图

鉴于当时西安、咸阳等临渭重点城市严重缺水的客观情况，以及该地区水环境不断恶化的趋势，总体规划选取相对简单易行的引红济石、引乾入石两项规模较小的调水工程，安排为先期建设项目尽快建设，以解决临渭重点城市严重缺水的燃眉之急。

1.5 陕西省引汉济渭调水工程规划

根据《陕西省南水北调总体规划》选择的黄金峡调水线路方案，陕西省水利厅于2004年组织编制完成了《陕西省引汉济渭调水工程规划》，并于2006年对该规划进行了修编。

规划引汉济渭调水工程从汉江干流与渭河水系最近的黄金峡河段取水，考虑到黄金峡河段高程低于关中渭河两岸主要受水区，为减少调水工程的抽水耗能，同时避免集中取水对黄金峡梯级发电的影响，规划在高程较高的汉江支流子午河上增加一个取水点，通过两处分散取水、联合运用的方式调水至关中地区，汉江干流取水点选在规划的黄金峡梯级的库区金水沟口附近，支流子午河取水点选在子午河中游峡谷段的三河口水库。

按照选取的两个分散取水点的位置、高程，结合区域地形地质等条件，以及调水入关中地区的位置、高程等，在"总体规划"拟订的"自流＋抽水"混合调水工程方案基础上，又分别拟订了"抽水"和"自流"调水工程方案进行了进一步的分析比较，经综合分析比较后，推荐采用混合调水工程方案。

（1）抽水方案。在汉江干流规划梯级黄金峡水库和子午河中游规划的三河口水库设泵站提水至840m高程，黄金峡水库提水净扬程400m，三河口水库提水净扬程280m，然后分别以短隧洞加过沟建筑物输水至子午河支流椒溪河右岸案板沟内的钟家院村汇合，再设干渠向北输水至佛坪县城以北约2km处的后沟口附近，由此开凿长约39km的穿越秦岭的隧洞，明流输水，在位于周至县板房子镇虎豹沟口以上约2.5km处入渭河支流黑河，该方案在黑河金盆水库上游规划修建陈家坪水库，对调入的汉江水及本流域来水进行调蓄，坝后电站发电后输水入金盆水库，该方案向关中受水区输水可从金盆水库坝后取水，自流进入关中受水区输配水系统。

（2）自流方案。从三河口水库坝后电站尾水取子午河水，通过17km隧洞输水至黄金峡水库库区金水沟河口，该处设金水沟二级电站，发电后子午河水汇入黄金峡水库，再从黄金峡水库库区设取水口，以100km长隧洞穿越秦岭，输水入黑河支流田峪河，隧洞出口高程412.00m，该方案向关中受水区输水须建泵站提水后才能进入关中受水区输配水系统。

（3）混合方案。汉江干流从黄金峡水库库区设泵站提水，通过总长16.23km的隧洞＋明渠输水入支流子午河三河口水库，与支流来水经水库联合调蓄后，再以63.0km长的穿越秦岭隧洞自流输水进入渭河支流黑河已建成的金盆水库，该方案向关中受水区输水可从金盆水库坝后取水，自流进入关中受水区输配水系统。

引汉济渭工程黄金峡线路不同调水方式方案示意图见图1.5－1；规划阶段推荐方案纵向布置示意见图1.5－2，不同调水方式方案比较见表1.5－1。

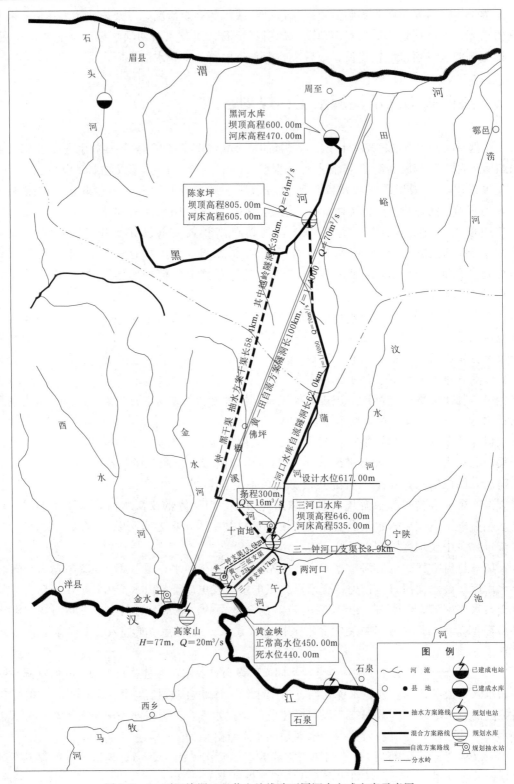

图 1.5-1 引汉济渭工程黄金峡线路不同调水方式方案示意图

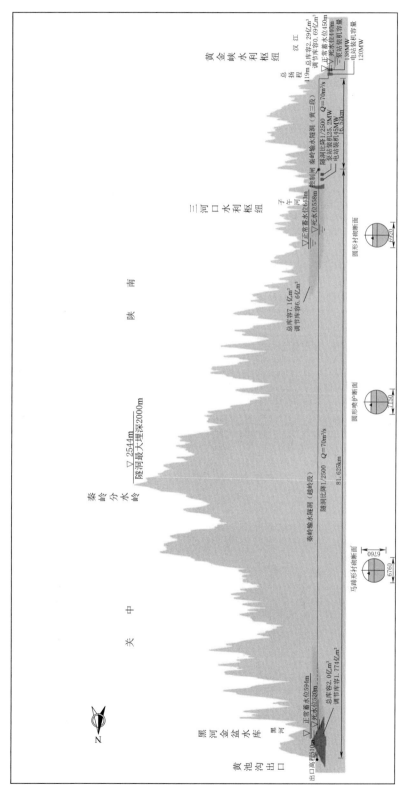

图 1.5-2 引汉济渭工程规划阶段推荐方案纵向布置示意图（尺寸单位：mm）

表 1.5-1   引汉济渭工程黄金峡线路不同调水方式方案比较

调水方案	混合方案	自流方案	抽水方案
主要建筑物组成	黄金峡水库、三河口水库、黄金峡泵站、黄三隧洞、秦岭隧洞、金盆水库增建等6部分	黄金峡水库、三河口水库、黄三引水支渠、秦岭隧洞、电站（2库）等6部分	黄金峡水库、三河口水库、陈家坪水库、黄金峡及三河口泵站、干支输水渠道、秦岭隧洞、电站（2座）等9部分
水源工程主要技术指标	(1) 黄金峡水库：最大坝高63.5m，总库容1.9亿m^3； (2) 三河口水库：最大坝高110m，总库容6.5亿m^3	(1) 黄金峡水库：最大坝高63.5m，总库容1.9亿m^3； (2) 三河口水库：最大坝高80m，总库容2.4亿m^3	(1) 黄金峡水库：最大坝高63.5m，总库容1.9亿m^3； (2) 三河口水库：最大坝高80m，总库容2.4亿m^3； (3) 陈家坪水库：最大坝高185m，总库容2.9亿m^3
主要淹没损失指标	迁移人口：3800人 淹没耕地：3490亩	迁移人口：3200人 淹没耕地：2790亩	迁移人口：3250人 淹没耕地：2860亩
输水线路长度/km	79.23	117	77.1
秦岭隧洞单洞长/km	63.0	100.0	39.0
进入受水区的位置及高程	黑河金盆水库坝后高程510.00m，可控制全部受水区范围	黑河金盆水库坝后高程510.00m，可控制全部受水区范围	田峪河，高程412.00m，受水区不能控制，需提水进受水区供水系统
匡算工程总投资	水源工程：61.3亿元； 输水线路：71.7亿元； 抽水泵站：19.0亿元； 电站及其他：4.9亿元； 合计投资：156.9亿元	水源工程：48.5亿元； 输水线路：155.4亿元； 抽水泵站：6.7亿元； 电站及其他：1.9亿元； 合计投资：212.5亿元	水源工程：98.6亿元； 输水线路：64.6亿元； 抽水泵站：16.6亿元； 电站及其他：16.0亿元； 合计投资：195.8亿元
比较结果	推荐方案	比较方案	比较方案

第 2 章　引汉济渭工程总体布局方案研究

2.1　项目建设必要性及工程建设任务

关中地区是陕西省经济社会的核心地带，也是国家确定的重点经济发展区，其发展对周边地区经济社会的发展具有重要影响及辐射带动作用，而水资源短缺已经成为制约关中地区经济可持续发展的主要因素。在区内进行节水挖潜，提高用水效率情况下，根据供需平衡分析，2020 水平年关中地区缺水 24.12 亿 m^3，2030 水平年关中地区缺水 28.05 亿 m^3，因此，必须进行区外调水以缓解关中地区的缺水问题。引汉济渭调水是缓解关中缺水问题最现实最有效的途径，是有效遏制渭河水生态环境恶化，减轻关中地区环境地质灾害的重点支撑工程，是实现全省水资源优化配置影响长远的永久性措施。建设引汉济渭工程是非常必要和十分紧迫的。

建设引汉济渭跨流域调水工程的目的是向陕西省关中地区渭河流域补水，解决其资源性和水质性缺水问题，工程建设任务是向渭河沿岸重要城市、县城、工业园区供水，逐步退还挤占的农业与生态用水，缓解城市与农业、生态用水矛盾，为陕西省水资源配置提供条件。

按照确定的优先满足汉江中下游河道内、外用水及国家南水北调中线一期工程用水的原则，在遵循水利部长江水利委员会给出的长系列允许调水过程条件下，引汉济渭工程2020 水平年多年平均调水规模为 10 亿 m^3，2030 水平年在国家南水北调中线后期水源工程建设后，引汉济渭工程可达到多年平均 15 亿 m^3 的调水规模。

2.2　项目建议书阶段调水工程总体布局方案

陕西省引汉济渭工程规划过不同水源点及相应调水入关中的线路方案，经过比较，认为黄金峡调水线路方案具有线路短、投资省、实施难度小、运行费用低、有利于受水区水资源配置等优点，推荐黄金峡线路方案。黄金峡调水线路方案采用在汉江干流黄金峡河段及其支流子午河中游河段三河口分别取水，通过两水源联合调度运用，以"自流＋抽水"的方式，由穿越秦岭的输水隧洞将水调至位于关中周至县境内的黑河金盆水库。

引汉济渭工程项目建议书阶段调水工程总体布局方案的研究工作基于规划推荐方案开展。

2.2.1　工程总体布局方案拟订

根据调水区建设条件及关中受水区需求，总体布局方案的拟订遵循以下原则。

（1）满足不同水平年调水量规模需要，向关中受水区各供水对象的供水保证率不低于95％。

（2）调水入关中节点位置便于与关中受水区供水系统连接，出水节点最低水位不低于

510m，满足自流进入关中供水系统需要。

（3）黄金峡水库蓄水后其回水对上游洋县县城不造成淹没，三河口水库蓄水后其回水对上游已建成的西（安）汉（中）高速公路不产生大的影响。

（4）方便调度运行和管理。按照以上原则，在工程总体布局上分别在两个取水点汉江干流黄金峡河段和支流子午河中游峡谷段布置黄金峡水库和三河口水库进行径流调节，由于黄金峡水库水位较低，在库区设泵站提水后输水入三河口水库，再由三河口水库统一调度取水，经穿越秦岭的隧洞输水至关中，调水入关中的出水节点位置有两种选择，按照出水节点位置不同，工程总体布局拟订有两种方案。

1）入金盆水库方案。出水节点水位按不低于金盆水库正常高蓄水位594.00m考虑，由于入金盆水库方案节点水位较高，在三河口水库水位较低时，为保证正常调水，需在秦岭输水隧洞进口前设置泵站提水，另外还需增建金盆水库放水设施，满足调入水量进入关中供水系统需要。

该方案工程组成为：黄金峡水库、黄金峡库区泵站、黄金峡水库—三河口水库输水渠道（隧洞）、三河口水库、三河口库区泵站、穿越秦岭输水隧洞、增建金盆水库放水设施。

2）不入金盆水库方案。出水节点水位按不低于510m考虑，该方案工程组成为：黄金峡水库、黄金峡库区泵站、黄金峡水库—三河口水库输水渠道（隧洞）、三河口水库、穿越秦岭输水隧洞。

2.2.2　工程总体布局方案比选

拟订的两种工程总体布局方案在调水区的工程组成及布局基本相同，包括黄金峡水库、黄金峡库区泵站、黄金峡水库—三河口水库输水渠道（隧洞）、三河口水库。

两种布局方案的主要区别在于调水入关中出水节点位置及出水高程不同，由此带来两方案在工程组成上有所不同，即入金盆水库方案相对于不入金盆水库方案增加了三河口库区泵站工程和金盆水库放水设施增建工程。

2.2.2.1　方案一：入金盆水库方案

对穿越秦岭的秦岭输水隧洞进行了不同进口、出口高程组合以及不同输水方式的工程布置，综合比较后推荐秦岭输水隧洞进口底板高程采用608.00m、出口底板高程采用591.00m，隧洞总长65km，无压明流方式输水，满足自流输水的三河口水库最低水位为614m，其下库水由三河口库区泵站加压扬水入隧洞，泵站设计抽水流量50m³/s；在金盆水库增建1.7km放水隧洞（包括增建电站）与关中地区供水系统连接，放水隧洞设计流量65m³/s。

2.2.2.2　方案二：不入金盆水库方案

按照穿越秦岭的秦岭输水隧洞出口底板高程为510.00m、方便与关中受水区供水系统连接原则，在金盆水库以西的秦岭北麓选择了5处出水节点位置，分别是黄池沟口、就峪口、田峪口、涝峪口、化羊峪口，距金盆水库距离依次为1.5km、7km、13km、31km、43km。

采用无压明流方式输水，经工程布置，对应各出水节点位置的秦岭输水隧洞长度依次为77km、78km、80km、85km、90km，出水节点选在黄池沟口秦岭输水隧洞最短，隧洞沿线设置施工支洞、布置施工道路及架设施工电力线路条件较优，相对工程投资也较省，经综合比较，推荐采用调水入黄池沟线路方案。

调水入黄池沟线路方案比较了秦岭输水隧洞进口底板高程为 580.00m、565.00m、550.00m 三种方案，对应隧洞长度分别为 77km、78.5km、79km，其建设条件基本一致，进口底板高程 580.00m 方案输水隧洞比降较陡，需要的过水断面相对较小，其工程投资比进口高程 565.00m、550.00m 两个方案分别节省投资 3.35 亿元和 6.91 亿元。进口底板高程 580.00m 方案的主要缺点是减少了三河口水库的调节库容，对应的死库容较大。在满足调水要求情况下，从节约投资考虑，推荐采用进口底板高程 580.00m 方案。

2.2.2.3 方案比选

根据入金盆水库、不入金盆水库两种工程总体布局方案各自比选后推荐方案，进行两种不同布局方案的综合比较。

入金盆水库方案秦岭输水隧洞长 65km、最大埋深 1925m，入黄池沟方案秦岭输水隧洞长 77km、最大埋深 1994m，都属于超长大埋深隧洞。其沿线地形、地质及施工条件基本一致，入黄池沟方案输水隧洞较长，相应需要的建设周期稍长；入金盆水库方案须在三河口库区修建加压扬水泵站，不仅在运行调度上不如入黄池沟方案方便，而且每年要比入黄池沟方案增加较多的运行管理费用；入金盆水库方案还须在金盆水库增建放水洞，其实施必须在保证金盆水库向西安市正常供水条件下进行，不仅施工难度大，而且存在对西安市正常供水产生重大不利影响的风险，两方案工程投资基本一致。因此，工程总体布局方案推荐采用入黄池沟方案，工程总体布局方案综合比较见表 2.2-1。入金盆水库方案工程总体布置示意图见图 2.2-1，入黄池沟方案工程总体布置示意图见图 2.2-2。

表 2.2-1 工程总体布局方案综合比较表

项 目		单位	入金盆水库方案	入黄池沟方案
黄金峡水库调节库容		亿 m^3	0.92	0.92
黄金峡抽水流量		m^3/s	75	75
三河口水库调节库容		亿 m^3	5.5	5.5
秦岭隧洞进口高程		m	608.00	580.00
秦岭隧洞出口高程		m	591.00	510.00
2030 水平年 受水区地下水开采量	多年平均	亿 m^3	4.143	4.143
	最小年	亿 m^3	0.234	0.234
	最大年	亿 m^3	9.21	9.21
引汉济渭工程多年平均调水量		亿 m^3	15.05	15.05
供水时段保证率		%	95.05	95.05
95% 调水量		亿 m^3	14.77	14.77
秦岭输水隧洞设计流量		m^3/s	70	70
三河口库区泵站年均抽水量		亿 m^3	1.53	0
三河口库区泵站投资		亿元	4.43	0
秦岭输水隧洞投资		亿元	57.12	61.83
金盆水库增建放水洞		亿元	0.85	0
秦岭输水隧洞施工工期		月	75	80
三河口库区泵站年均消耗电能		万 kW·h	462	0
三河口库区泵站年均抽水电费		万元	277.2	0
方案总投资		亿元	152.55	151.98
平均单位供水量投资		元	11.01	10.97
财务内部收益率（税前）		%	5.67	5.69
投资回收年限（税前）		年	22.63	22.57
年均费用（税前）		万元	118488	118143

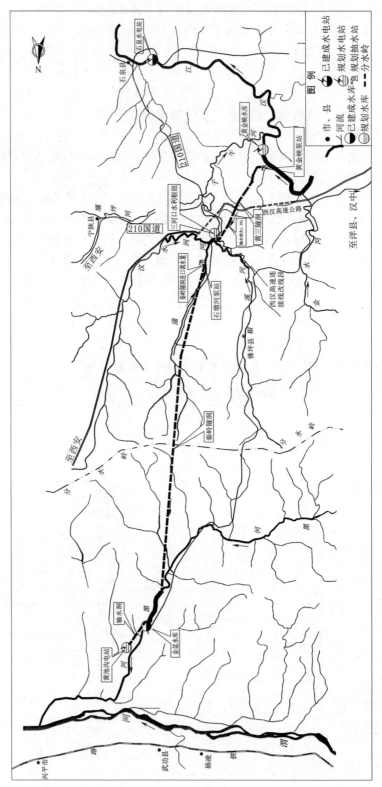

图 2.2－1　入金盆水库方案工程总体布置示意图

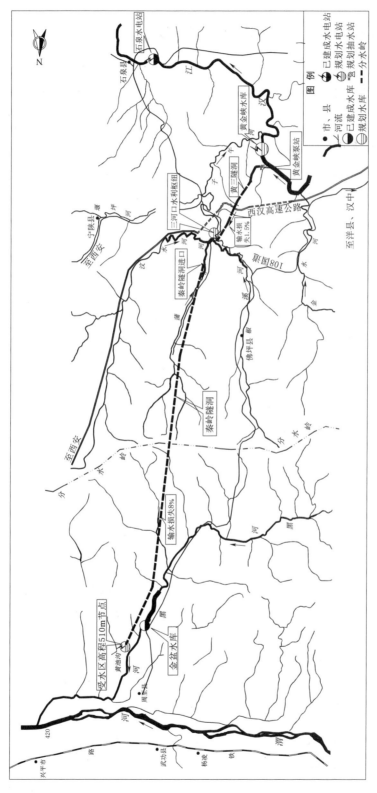

图 2.2-2 入黄池沟方案工程总体布置示意图

2.3　可行性研究阶段工程总体布局方案优化

项目建议书阶段分析比较了调水进入关中地区黑河金盆水库及调水至金盆水库下游右岸黄池沟两大工程总体布局方案，推荐采用相对较优的调水至金盆水库下游右岸黄池沟的布局方案。

2.3.1　工程总体布局方案

可行性研究阶段基于调水至黄池沟的布局方案，从调度运行方式、节能降耗、节约运行费用等方面对工程总体布局方案进行了进一步研究，重点拟订了以下三个方案进行比较。

2.3.1.1　低抽方案

工程组成包括黄金峡水利枢纽、三河口水利枢纽及秦岭输水隧洞工程三部分。

黄金峡水利枢纽由水库工程、泵站工程、电站工程三部分组成。

三河口水利枢纽由水库工程、泵站工程、电站工程、坝后连接洞工程四部分组成。

秦岭输水隧洞由黄金峡—三河口段（黄三段）、控制闸段、穿越秦岭段（越岭段）组成。

该方案中，黄金峡泵站从黄金峡水库取水，抽水入秦岭输水隧洞送至关中黄池沟；当黄金峡泵站抽水流量小于关中需求时，由三河口水库放水补充，所放水通过坝后连接洞经控制闸进入秦岭输水隧洞；当黄金峡泵站抽水流量大于关中需求时，多余部分经控制闸通过三河口坝后连接洞由三河口泵站抽水入三河口水库存蓄。

低抽方案工程总体布局示意图见图 2.3-1。

2.3.1.2　高抽方案一

工程组成包括黄金峡水利枢纽、黄金峡库区泵站（良心河站址为代表）、三河口水利枢纽及黄三段输水隧洞和秦岭段输水隧洞工程五部分。

黄金峡水利枢纽由水库工程、电站工程两部分组成。

三河口水利枢纽由水库工程、电站工程两部分组成。

秦岭段输水隧洞由进口电站及隧洞两部分组成。

该方案中，黄金峡库区泵站从黄金峡水库取水，抽水入黄三段隧洞输水至三河口水库库内；调往关中水量统一由三河口水库供给，通过进口设在三河口水库库区内的秦岭输水隧洞送至关中黄池沟。

高抽方案一工程总体布局示意图见图 2.3-2。

2.3.1.3　高抽方案二

工程组成包括黄金峡水利枢纽、三河口水利枢纽及黄三段输水隧洞和越岭段输水隧洞工程四部分。

黄金峡水利枢纽由水库工程、泵站工程、电站工程三部分组成。

三河口水利枢纽由水库工程、电站工程两部分组成。

秦岭隧洞由进口电站及隧洞两部分组成。

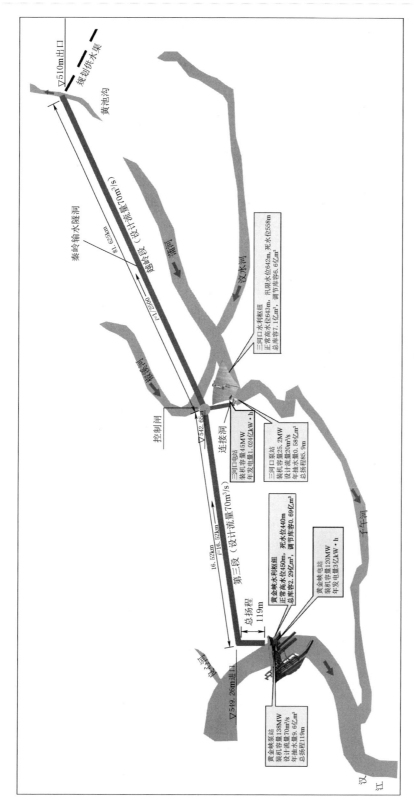

图 2.3-1 低抽方案工程总体布局示意图

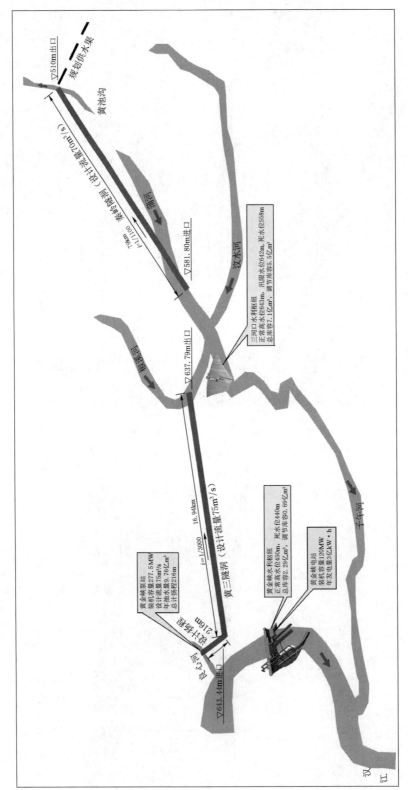

图 2.3-2 高抽方案一工程总体布局示意图

该方案中，黄金峡泵站从黄金峡水库取水，抽水入黄三段输水隧洞送至三河口水库库内；调往关中水量统一由三河口水库供给，通过进口设在三河口水库库区内的越岭输水隧洞送至关中黄池沟。

高抽方案二工程总体布局示意图见图2.3-3。

2.3.2 比选方案的选择

按照黄金峡水库不同特征水位（正常蓄水位445～455m，死水位420～440m）、黄金峡泵站不同抽水流量（50～75m³/s）和扬程、秦岭输水隧洞（或黄三段输水隧洞和越岭段输水隧洞）不同输水流量（50～75m³/s）和比降（1/1500～1/3500）及三河口水库不同特征水位（正常蓄水位640～645m，死水位542～588m）的组合，进行不同组合方案的联合调节计算，并对满足工程任务要求的组合方案进行了水库淤积和回水计算。

工作方案见图2.3-4。

根据计算，当黄金峡水库正常蓄水位超过450m后，其淹没将影响到上游洋县县城，淹没损失及搬迁费用巨大；三河口水库正常蓄水位超过643m后，将影响通过库区内的西汉高速公路龙王潭段及其上游部分路段，因此，确定两水库正常蓄水位不超过450m和643m，基于此标准，低抽方案中有9个组合方案满足2030水平年调水任务要求，高抽方案中有13个组合方案满足2030水平年调水任务要求。

分别按照低抽、高抽方案各部分工程组成及运用要求，对上述各组合方案进行了工程布置。

黄金峡水利枢纽以混凝土重力坝为代表坝型，进行了上、下坝址的枢纽工程布置，其中黄金峡泵站按照不同抽水流量和扬程进行了坝前、库内良心河、瓦滩站址及坝后站址的布置。经比较分析，黄金峡水利枢纽采用相对较优的上坝址方案，其中黄金峡泵站采用坝后站址方案。

三河口水利枢纽以碾压混凝土双曲拱坝为代表坝型，进行了上、下坝址的枢纽工程布置。比较后采用相对较优的上坝址方案。

秦岭输水隧洞（或黄三段输水隧洞和越岭段输水隧洞）结合两个水利枢纽工程及黄金峡泵站工程的布置，进行了不同线路、比降和洞线高程的布置及比较。对于低抽方案，秦岭隧洞比降采用1/2500较优；对于高抽方案，黄三段输水隧洞比降采用1/3000较优，对于高抽方案一，在满足调水要求情况下，越岭段输水隧洞采用可能的最陡比降1/1100较优；对于高抽方案二，越岭段输水隧洞比降采用1/2000较优。

在上述工程布置及比较基础上，低抽方案选择了1个相对较优的方案参与工程总体布局方案的比较，高抽方案选择了项目建议书阶段推荐方案（项建方案）及总费用现值最小的方案（优化方案）共两个方案参与工程总体布局方案的比较，三个比较方案主要技术经济指标见表2.3-1。

2.3.3 总体布局方案比选

高抽方案一供水保证率为93.83%，与要求的95%保证率有差距，特别是其供水破坏深度高达57.6%，从供水保证率及供水安全度考虑，不采用此方案。

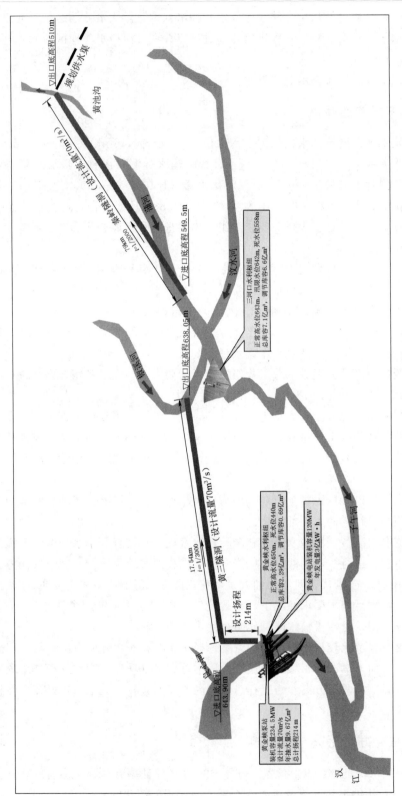

图 2.3 - 3　高抽方案二工程总体布局示意图

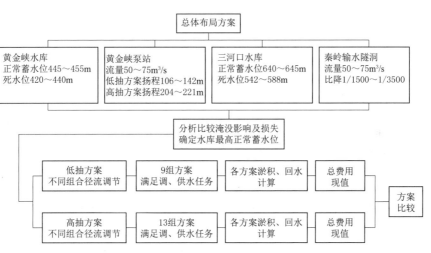

图 2.3-4 工作方案

表 2.3-1 工程总体布局方案技术、经济比选表

项 目		单位	高抽方案一（项建方案）	高抽方案二（优化方案）	低抽方案
黄金峡水利枢纽	正常蓄水位	m	450	450	450
	汛限水位	m		448	448
	死水位	m	440	440	440
	调水量	亿 m³	5.593/9.7	5.577/9.672	5.61/9.66
	泵站流量	m³/s	55/75	52/70	52/70
	泵站设计扬程	m	216	214	117
	泵站装机规模	MW	277.5（良心沟）	234.5（坝后）	129.5（坝后）
	抽水耗电量	亿 kW·h	4.313/7.47	4.278/7.25	2.23/3.84
	年抽水电费	亿元	2.20/3.81	2.18/3.70	1.14/1.96
	调水工程投资	亿元	46.44	44.96	43.4
黄三段输水隧洞	设计流量	m³/s	55/75	52/70	52/70
	隧洞长度	km	16.94	17.54	16.52
	进/出口高程	m	643.44/637.79	643.90/638.05	549.26/542.65
	比降		1/3000	1/3000	1/2500
	投资	亿元	11.35	9.52	8.43
越岭段输水隧洞	流量	m³/s	70	70	70
	进口水量	亿 m³	9.932/14.902	10.002/15.005	10.002/15.005
	隧洞长度	km	77.09	79	81.779
	进/出口高程	m	580.10/510.00	549.50/510.00	542.65/510.00
	比降		1/1100	1/2000	1/2500
	投资	亿元	54.17	60.98	64.06

续表

项　目		单位	高抽方案一 （项建方案）	高抽方案二 （优化方案）	低抽方案
三河口水库	正常蓄水位	m	643	643	643
	汛限水位	m	642	642	642
	正常运行死水位	m	588	558	558
	特枯年运行死水位	m			544
	年均供水量	亿 m³	4.443/5.347	4.507/5.474	4.477/5.49
	泵站流量	m³/s			12/18
	泵站抽水量	亿 m³			0.423/0.585
	抽水耗电量	亿 kW·h			0.14/0.20
	年抽水电费	亿元			0.071/0.102
	调水工程投资	亿元	42.95	42.95	46.47
四水源 调节结果	年平均需水量	亿 m³	20.861	20.861	20.861
	年平均供水量	亿 m³	20.545	20.636	20.640
	时段保证率	%	93.830	95.064	95.373
	旬最大破坏度	%	0.576	0.289	0.289
调水工程总投资		亿元	154.91	158.41	162.36
总费用现值		亿元	198.967	201.915	193.925

注　表中"/"以上为 2020 水平年指标，以下为 2030 水平年指标。

低抽与高抽方案二（以下称高抽方案），对于黄金峡水利枢纽其工程布置并无大的差别，主要不同集中在黄金峡泵站机组的扬程和选型上，低抽方案设计扬程 117m，高抽方案设计扬程 214m，在泵站抽水流量为 70m³/s（布置 7 台水泵机组，6 用 1 备），单机流量 11.7m³/s 情况下，两方案的机组选型均具有一定难度，但高抽方案机组选型的难度要大于低抽方案，另外，高抽方案水泵启动方式也会较为复杂，就泵站运行的安全度而言，低抽方案保障性相对更高一些。

三河口水利枢纽低抽方案相对于高抽方案增加了水库坝后泵站及连接洞工程，由于所增加部分的工程规模均不大，根据三河口水利枢纽工程区地形、地质条件，易于协调布置，基本不增加以水库工程为主的枢纽工程布置难度。两方案相比，高抽方案的运行管理要比低抽方案方便一些。

低抽方案的秦岭输水隧洞总长度 98.3km，其中黄三段输水隧洞长 16.52km，越岭段输水隧洞长 81.779km；高抽方案的黄三段输水隧洞、越岭段输水隧洞合计长度 96.54km，其中黄三段输水隧洞长 17.54km，越岭段输水隧洞长 79km。

低抽方案的黄三段输水隧洞和高抽方案的黄三段输水隧洞线路平面位置基本一直，洞长只差 1.02km，相对于高抽方案，低抽方案洞身高程较低，不再需要绕线避让沿线的过沟浅埋段及其不良的地质段，有条件将洞线顺直优化，因此，低抽方案的洞身条件要好于高抽方案，同时低抽方案洞身高程降低后并未恶化施工条件，因此，相比较，该段隧洞低抽方案相对较优。

低抽方案的越岭段输水隧洞和高抽方案的越岭段输水隧洞的洞线、高程基本一直，只是越岭段在上游增加延长了 2.779km，无论低抽还是高抽方案，该输水隧洞均属超长大埋深隧洞，最大埋深 2200m，其建设条件是一致的，增加延长的 2.799km 洞段，由于具有较好的布置施工支洞条件，因此，低抽方案隧洞的加长并未增加其技术和施工难度。

高抽方案工程投资比低抽方案工程投资少 3.95 亿元，但由于低抽方案中绝大部分抽水量的扬程有所降低，其多年平均抽水电费较高抽方案少 1.64 亿元；节省了运行费用，总费用现值低抽方案较少。

综合比较后认为：低抽方案的运行条件和要求要比高抽方案复杂一些，但借助现代科技手段，通过精心细致的管理，完全可以实现工程的正常运行和安全运行，低抽方案工程投资稍大，但其节约了较多的抽水电费，降低了运行费用和成本，具有较好的经济性，因此，推荐采用低抽方案。

2.4　秦岭输水隧洞输水方式选择

引汉济渭工程推荐采用黄金峡泵站低扬程抽水的总体布局方案，该方案调水运行方式为：黄金峡泵站从黄金峡水库取水，抽水入秦岭输水隧洞黄三段送水至三河口水库坝后秦岭输水隧洞控制闸处，当黄金峡泵站抽水流量小于关中需求时，由三河口水库放水补充，所放水通过三河口水库坝后连接洞送至秦岭输水隧洞控制闸处，两处来水通过控制闸由秦岭输水隧洞越岭段送至关中；当黄金峡泵站抽水流量大于关中需求时，所抽水送至秦岭输水隧洞控制闸处后，通过控制闸调节，由秦岭输水隧洞越岭段向关中输送所需部分，多余部分通过三河口水库坝后连接洞由三河口泵站抽水入三河口水库存蓄。

秦岭隧洞控制闸布置图见图 2.4-1。

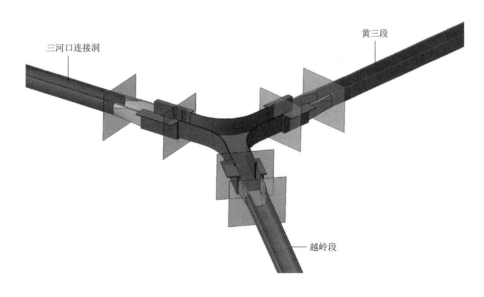

图 2.4-1　秦岭隧洞控制闸布置图

37

工程运行需要黄三段隧洞有向越岭段隧洞及通过三河口水库坝后连接洞向三河口泵站输水的条件，还需要三河口电站尾水具有通过三河口水库坝后连接洞进入越岭段隧洞的条件。由于引汉济渭工程允许调水过程变化剧烈，黄金峡水库及三河口水库调蓄能力有限，两个水源的取水流量过程极不均匀，若秦岭输水隧洞采用压力流方式输水，以秦岭输水隧洞控制闸为节点的隧洞上、下游的水力衔接及过渡条件复杂多变，工程运行调度过程繁杂极不方便，存在较大的安全运行风险，采用明流输水则可极大地简化水力衔接条件，方便工程运行调度，利于工程安全运行，因此，秦岭输水隧洞选择采用明流方式输水。

2.5　秦岭输水隧洞出口高程及隧洞比降比选

2.5.1　秦岭输水隧洞出口高程选择

引汉济渭工程可行性研究阶段结合受水区输配水工程规划，对秦岭输水隧洞出口高程进行了多方案论证，编制完成了《引汉济渭工程秦岭输水隧洞越岭段出口与受水区控制高程论证报告》，主要结论如下。

（1）黄池沟内可选择的隧洞出口附近，沟底高程为 506.00～508.00m，考虑方便出洞以及与受水区输配水工程的连接布置，隧洞出口高程不应低于 510.00m。

（2）隧洞出口高程为 510.00m 时，除了配置给渭河北岸西部受水对象常兴工业园区、绛帐工业园区的 4234 万 m^3 水量（占总水量的 3%）需抽水提升 40m 水头外，其他各受水对象从高程控制上均能实现重力自流供水。

（3）在隧洞出口高程 510.00m 基础上，再抬高隧洞出口高程及出口水位，对受水区输配水工程的布置及输水条件的改变作用不大，而抬高隧洞出口高程意味着调水区黄金峡泵站需要增加扬程或秦岭输水隧洞需要放缓比降等，会造成调水工程的运行费用或工程投资增加。

基于以上结论，可行性研究阶段秦岭输水隧洞出口高程选择采用 510.00m。

2.5.2　秦岭输水隧洞比降比选

基于秦岭输水隧洞出口高程为 510.00m，秦岭输水隧洞进行了 1/1500、1/2000、1/2500、1/3000、1/3500 共 5 个比降方案的比较，在满足调水、供水任务情况下（1/1500 比降时不满足调水任务要求），根据各种比降的工程投资、不同比降对应的黄金峡和三河口泵站不同扬程的抽水电费等，计算总费用现值，通过技术经济综合比较，1/2000 和 1/2500 比降方案总费用现值较低，相对较优，考虑 1/2500 比降方案在特枯年份还可动用三河口水库一部分死库容进行应急供水，因此推荐秦岭输水隧洞比降采用 1/2500，相应隧洞进口底板高程 549.26m、控制闸底板高程 542.65m、出口底板高程 510.00m。秦岭输水隧洞比降综合比较见表 2.5-1。

表 2.5－1　　　　　　　　　　　　秦岭输水隧洞比降综合比较表

项　目		单位	黄三段隧洞比降			
			1/2000	1/2500	1/3000	1/3500
黄金峡水利枢纽	正常蓄水位	m	450			
	汛限水位	m	448			
	死水位	m	440			
	近期 2020 年/远期 2030 年调水量	亿 m³	5.59/9.66			
	设计总扬程	m	128.2	117	111.2	110.7
	装机规模	MW	140	129.5	119	119
	近期 2020 年/远期 2030 年耗电量	亿 kW·h	2.58/4.31	2.203/3.83	2.048/3.56	2.036/3.54
	近期 2020 年/远期 2030 年抽水电费	亿元	2.09/3.49	1.78/3.10	1.66/2.89	1.65/2.87
	调水工程投资	亿元	36.88			
秦岭输水隧洞黄三段	设计流量	m³/s	70			
	隧洞长度	km	16.52			
	黄金峡泵站下水面高程	m	442.00	442.00	442.00	442.00
	断面尺寸（宽×高）	m	6.48×6.48	6.76×6.76	7.0×7.0	7.2×7.2
	黄金峡泵站上水面高程	m	563.95	554.34	547.09	546.46
	进/出口底板高程	m	559.07/550.81	549.26/542.65	541.84/536.33	541.05/536.33
	进/出口设计水位	m	563.85/555.59	554.24/547.63	546.99/541.48	546.36/541.64
	隧洞静态投资	亿元	8.22	8.57	8.85	9.11
秦岭输水隧洞越岭段	设计流量	m³/s	70			
	隧洞长度	km	81.78		81.58	
	比降		1/2000	1/2500	1/3100	1/3100
	断面尺寸　马蹄形	m	6.48×6.48	6.76×6.76	7.04×7.04	7.04×7.04
	断面尺寸　圆形	m	6.63	6.92（TBM 法）/7.52（钻爆法）	7.24	7.24
	进/出口底板高程	m	550.81/510.00	542.65/510.00	536.33/510.00	536.33/510.00
	进/出口设计水位	m	555.49/514.68	547.53/514.88	541.41/515.08	541.41/515.08
	隧洞静态投资	亿元	62.47	64.83	67.56	67.56
三河口水利枢纽	三河口死水位	m	558	544（特枯年运用水位）	544（特枯年运用水位）	544（特枯年运用水位）
	设计扬程	m	77.64	85.60	91.72	91.72
	近期 2020 年/远期 2025 年耗电量	亿 kW·h	0.09/0.14	0.096/0.15	0.102/0.16	0.102/0.16
	近期 2020 年/远期 2025 年抽水电费	亿元	0.073/0.11	0.08/0.12	0.083/0.13	0.083/0.13
	调水工程投资	亿元	45.17			
调水工程静态总投资		亿元	152.74	155.45	158.46	158.72
总费用现值		亿元	179.75	180.08	181.90	182.06

第3章 引汉济渭工程建设规模论证及调入关中水量配置

3.1 引汉济渭工程可调水量

根据 1954 年 7 月至 2010 年 6 月径流资料分析计算，汉江黄金峡水库坝址断面多年平均天然径流量为 75.89 亿 m^3，子午河三河口水库坝址断面多年平均年天然径流量为 8.67 亿 m^3。

在分析调水区汉江干流黄金峡和支流三河口两个水源区域实际用水统计资料基础上，根据当地经济社会发展规划及相关指标，结合《陕西省水资源开发利用规划》，本着科学用水、节约用水的原则，统筹兼顾经济社会发展各方面的用水需求，在扣除上游耗水，下游留够当地河道内、外用水后，经分析预测，黄金峡水源多年平均年可调水量为 59.62 亿 m^3，三河口水源多年平均年可调水量为 7.85 亿 m^3，多年平均年总可调水量为 67.47 亿 m^3。

但考虑到汉江为国家南水北调中线工程水源地，陕西省引汉济渭工程调水还需要统筹兼顾国家南水北调中线工程用水需求。

3.1.1 2020 水平年可（允许）调水量

2008 年，水利部长江水利委员会向水利部报送了《关于陕西省引汉济渭工程调水规模的报告》（长规计〔2008〕577 号），提出 2020 水平年汉江向陕西关中地区调水规模以多年平均每年不超过 10 亿 m^3 为宜。

经多方论证、研判后，确定陕西省引汉济渭工程调水须在优先满足汉江中下游河道内、外用水，以及不影响国家南水北调中线一期工程用水的原则下进行，依据该原则，水利部长江水利委员会给出了 2020 水平年调水 10 亿 m^3 的 1956 年 5 月至 1998 年 4 月 42 年长系列允许调水过程，并由国家发展和改革委员会批复。1956 年 5 月至 1998 年 4 月引汉济渭工程允许调水量年值见表 3.1-1。

表 3.1-1　　　　1956 年 5 月至 1998 年 4 月引汉济渭工程允许调水量年值

序号	时　段	引汉济渭工程允许可调水量/万 m^3	三河口允许可调水量/万 m^3	黄金峡允许可调水量/万 m^3
1	1956 年 5 月—1957 年 4 月	127232.8	61183.7	66049.1
2	1957 年 5 月—1958 年 4 月	51078.4	32749.3	18329.1
3	1958 年 5 月—1959 年 4 月	135142.9	83834.2	51308.7

续表

序号	时　　段	引汉济渭工程允许可调水量/万 m³	三河口允许可调水量/万 m³	黄金峡允许可调水量/万 m³
4	1959 年 5 月—1960 年 4 月	92947.4	47849.0	45098.3
5	1960 年 5 月—1961 年 4 月	117225.0	50146.8	67078.2
6	1961 年 5 月—1962 年 4 月	127256.2	69861.0	57395.2
7	1962 年 5 月—1963 年 4 月	71369.5	40061.2	31308.3
8	1963 年 5 月—1964 年 4 月	161804.3	93002.5	68801.8
9	1964 年 5 月—1965 年 4 月	156996.5	87455.8	69540.7
10	1965 年 5 月—1966 年 4 月	103578.4	42507.6	61070.8
11	1966 年 5 月—1967 年 4 月	20558.0	17180.9	3377.2
12	1967 年 5 月—1968 年 4 月	148106.0	60030.0	88076.0
13	1968 年 5 月—1969 年 4 月	147764.1	71553.1	76211.0
14	1969 年 5 月—1970 年 4 月	97541.0	41843.0	55698.0
15	1970 年 5 月—1971 年 4 月	139875.6	40588.3	99287.3
16	1971 年 5 月—1972 年 4 月	129915.5	54851.9	75063.6
17	1972 年 5 月—1973 年 4 月	54686.0	23791.0	30894.9
18	1973 年 5 月—1974 年 4 月	70982.9	33450.6	37532.4
19	1974 年 5 月—1975 年 4 月	153378.2	69910.2	83468.0
20	1975 年 5 月—1976 年 4 月	160561.1	70878.9	89682.2
21	1976 年 5 月—1977 年 4 月	134336.0	55466.8	78869.2
22	1977 年 5 月—1978 年 4 月	88385.3	38985.0	49400.3
23	1978 年 5 月—1979 年 4 月	20552.5	17458.0	3094.5
24	1979 年 5 月—1980 年 4 月	85082.7	30204.0	54878.7
25	1980 年 5 月—1981 年 4 月	138554.6	79334.2	59220.4
26	1981 年 5 月—1982 年 4 月	128099.5	64093.8	64005.7
27	1982 年 5 月—1983 年 4 月	133454.0	55344.0	78110.0
28	1983 年 5 月—1984 年 4 月	163644.9	87429.5	76215.4
29	1984 年 5 月—1985 年 4 月	149686.6	60770.4	88916.2
30	1985 年 5 月—1986 年 4 月	118892.2	44715.0	74177.2
31	1986 年 5 月—1987 年 4 月	105137.3	33449.4	71687.9
32	1987 年 5 月—1988 年 4 月	98230.6	48376.1	49854.5
33	1988 年 5 月—1989 年 4 月	108207.4	51250.3	56957.1
34	1989 年 5 月—1990 年 4 月	162380.2	62582.9	99797.3
35	1990 年 5 月—1991 年 4 月	112970.8	53330.7	59640.1
36	1991 年 5 月—1992 年 4 月	85232.6	22899.5	62333.1
37	1992 年 5 月—1993 年 4 月	87993.3	44619.9	43373.4

续表

序号	时　　段	引汉济渭工程允许可调水量/万 m³	三河口允许可调水量/万 m³	黄金峡允许可调水量/万 m³
38	1993 年 5 月—1994 年 4 月	102141.3	53875.8	48265.5
39	1994 年 5 月—1995 年 4 月	27963.9	19029.1	8934.7
40	1995 年 5 月—1996 年 4 月	15983.9	13034.0	2949.9
41	1996 年 5 月—1997 年 4 月	89414.3	43678.8	45735.5
42	1997 年 5 月—1998 年 4 月	11298.0	9178.0	2120.0
多年平均调水量		105610.6	49567.5	56043.1

根据给出的 2020 水平年调水 10 亿 m³ 的 1956 年 5 月至 1998 年 4 月 42 年长系列允许调水过程，年最大允许调水量 16.36 亿 m³，最小 1.13 亿 m³；年允许调水量小于 10 亿 m³ 的有 17 年，10 亿~12 亿 m³ 有 7 年。年内过程旬最大允许调水量 1.18 亿 m³，旬最小允许调水量为 0，其中调水量为 0 的时段 106 旬，旬允许调水量小于 200 万 m³ 的有 152 旬，小于 1000 万 m³ 的有 591 旬，小于 3000 万 m³ 的有 793 旬。

在 1956 年 5 月至 1998 年 4 月 42 年长系列允许调水过程基础上，对 42 年系列进行排频，按同频率进行配适，得到 2020 水平年调水 10 亿 m³ 的 1954 年 7 月至 2010 年 6 月 56 年长系列允许调水过程，作为引汉济渭工程建设规模论证的依据，1954 年 7 月至 2010 年 6 月允许调水量年值见表 3.1-2。

表 3.1-2　　　　引汉济渭工程 2020 水平年（1954—2010 年）允许调水量年值

序号	时　　段	允许调水量/万 m³	序号	时　　段	允许调水量/万 m³
1	1954 年 7 月—1955 年 6 月	668617	17	1970 年 7 月—1971 年 6 月	508906
2	1955 年 7 月—1956 年 6 月	1317228	18	1971 年 7 月—1972 年 6 月	456880
3	1956 年 7 月—1957 年 6 月	780539	19	1972 年 7 月—1973 年 6 月	391632
4	1957 年 7 月—1958 年 6 月	547185	20	1973 年 7 月—1974 年 6 月	697519
5	1958 年 7 月—1959 年 6 月	1243723	21	1974 年 7 月—1975 年 6 月	642629
6	1959 年 7 月—1960 年 6 月	342100	22	1975 年 7 月—1976 年 6 月	968898
7	1960 年 7 月—1961 年 6 月	774208	23	1976 年 7 月—1977 年 6 月	601658
8	1961 年 7 月—1962 年 6 月	923342	24	1977 年 7 月—1978 年 6 月	348596
9	1962 年 7 月—1963 年 6 月	1029579	25	1978 年 7 月—1979 年 6 月	482263
10	1963 年 7 月—1964 年 6 月	1115385	26	1979 年 7 月—1980 年 6 月	498169
11	1964 年 7 月—1965 年 6 月	1178175	27	1980 年 7 月—1981 年 6 月	772599
12	1965 年 7 月—1966 年 6 月	503893	28	1981 年 7 月—1982 年 6 月	1687435
13	1966 年 7 月—1967 年 6 月	710251	29	1982 年 7 月—1983 年 6 月	161743
14	1967 年 7 月—1968 年 6 月	793003	30	1983 年 7 月—1984 年 6 月	154722
15	1968 年 7 月—1969 年 6 月	657444	31	1984 年 7 月—1985 年 6 月	145095
16	1969 年 7 月—1970 年 6 月	472773	32	1985 年 7 月—1986 年 6 月	127867

序号	时 段	允许调水量/万 m³	序号	时 段	允许调水量/万 m³
33	1986 年 7 月—1987 年 6 月	74530	45	1998 年 7 月—1999 年 6 月	141255
34	1987 年 7 月—1988 年 6 月	96108	46	1999 年 7 月—2000 年 6 月	76345
35	1988 年 7 月—1989 年 6 月	145804	47	2000 年 7 月—2001 年 6 月	90079
36	1989 年 7 月—1990 年 6 月	144775	48	2001 年 7 月—2002 年 6 月	120265
37	1990 年 7 月—1991 年 6 月	100568	49	2002 年 7 月—2003 年 6 月	33773
38	1991 年 7 月—1992 年 6 月	79680	50	2003 年 7 月—2004 年 6 月	122275
39	1992 年 7 月—1993 年 6 月	91117	51	2004 年 7 月—2005 年 6 月	83297
40	1993 年 7 月—1994 年 6 月	98026	52	2005 年 7 月—2006 年 6 月	126098
41	1994 年 7 月—1995 年 6 月	24244	53	2006 年 7 月—2007 年 6 月	82157
42	1995 年 7 月—1996 年 6 月	21206	54	2007 年 7 月—2008 年 6 月	114932
43	1996 年 7 月—1997 年 6 月	87415	55	2008 年 7 月—2009 年 6 月	96404
44	1997 年 7 月—1998 年 6 月	13881	56	2009 年 7 月—2010 年 6 月	95170
多年平均调水量/亿 m³			10.55		

根据 2020 水平年调水 10 亿 m³ 的 1954 年 7 月至 2010 年 6 月 56 年长系列允许调水过程，年最大允许调水量 17.53 亿 m³，最小 1.39 亿 m³；年允许调水量小于 10 亿 m³ 的有 26 年，10 亿～12 亿 m³ 有 7 年。年内过程旬最大允许调水量 1.22 亿 m³，旬最小允许调水量为 0，其中调水量为 0 的时段 145 旬，旬允许调水量小于 200 万 m³ 的有 215 旬，小于 1000 万 m³ 的有 737 旬，小于 3000 万 m³ 的有 1086 旬。

3.1.2 水平年 2030 年可（允许）调水量

根据国家发展和改革委员会对陕西省引汉济渭工程的批复，2030 水平年在国家南水北调中线后期水源工程建成后，引汉济渭工程多年平均调水量为 15 亿 m³。

根据批复的 2020 水平年 1956 年 5 月至 1998 年 4 月 42 年长系列允许调水过程，将国家南水北调中线后期水源工程建成作为前提，拟定 2030 水平年引汉济渭工程调水 15 亿 m³ 的 1954 年 7 月至 2010 年 6 月长系列允许调水过程，拟定时执行以下原则。

（1）在批复的允许可调水量过程中，允许调水量为 0 的时段（旬）的枯水段，考虑来水的不均匀性，2030 水平年增加可调水流量按 5～16m³/s 控制。

（2）在允许可调水量小于 1000 万 m³ 的时段，2030 水平年该时段的允许调水流量最大按 25m³/s 控制。

（3）各时段增加的允许调水量按不大于黄金峡水库坝址与三河口水库坝址同时段来水量控制；非汛期（11 月至次年 6 月）各时段增加的允许调水量减去 2020 水平年允许调水量后，其流量按不大于 25m³/s 控制。

（4）特枯年份，每年按增加 4 亿～5 亿 m³ 调水量控制。

根据以上原则，通过不同方案的拟合调试，拟定 2030 水平年引汉济渭工程调水 15 亿 m³ 的 1954 年 7 月至 2010 年 6 月长系列允许调水年值，见表 3.1-3。

表 3.1 - 3　　　引汉济渭工程 2030 水平年（1954—2010 年）允许调水量年值

序号	时　　段	允许调水量 /万 m³	序号	时　　段	允许调水量 /万 m³
1	1954 年 7 月—1955 年 6 月	191668	29	1982 年 7 月—1983 年 6 月	211838
2	1955 年 7 月—1956 年 6 月	217031	30	1983 年 7 月—1984 年 6 月	205125
3	1956 年 7 月—1957 年 6 月	167423	31	1984 年 7 月—1985 年 6 月	195960
4	1957 年 7 月—1958 年 6 月	89110	32	1985 年 7 月—1986 年 6 月	177708
5	1958 年 7 月—1959 年 6 月	197623	33	1986 年 7 月—1987 年 6 月	124566
6	1959 年 7 月—1960 年 6 月	127829	34	1987 年 7 月—1988 年 6 月	147208
7	1960 年 7 月—1961 年 6 月	194672	35	1988 年 7 月—1989 年 6 月	196227
8	1961 年 7 月—1962 年 6 月	148278	36	1989 年 7 月—1990 年 6 月	194639
9	1962 年 7 月—1963 年 6 月	155957	37	1990 年 7 月—1991 年 6 月	151966
10	1963 年 7 月—1964 年 6 月	200881	38	1991 年 7 月—1992 年 6 月	130297
11	1964 年 7 月—1965 年 6 月	198479	39	1992 年 7 月—1993 年 6 月	141917
12	1965 年 7 月—1966 年 6 月	141177	40	1993 年 7 月—1994 年 6 月	148445
13	1966 年 7 月—1967 年 6 月	86524	41	1994 年 7 月—1995 年 6 月	74441
14	1967 年 7 月—1968 年 6 月	197234	42	1995 年 7 月—1996 年 6 月	70834
15	1968 年 7 月—1969 年 6 月	184846	43	1996 年 7 月—1997 年 6 月	136988
16	1969 年 7 月—1970 年 6 月	177353	44	1997 年 7 月—1998 年 6 月	87557
17	1970 年 7 月—1971 年 6 月	177226	45	1998 年 7 月—1999 年 6 月	126743
18	1971 年 7 月—1972 年 6 月	167608	46	1999 年 7 月—2000 年 6 月	122069
19	1972 年 7 月—1973 年 6 月	99760	47	2000 年 7 月—2001 年 6 月	120459
20	1973 年 7 月—1974 年 6 月	136982	48	2001 年 7 月—2002 年 6 月	143199
21	1974 年 7 月—1975 年 6 月	212735	49	2002 年 7 月—2003 年 6 月	93525
22	1975 年 7 月—1976 年 6 月	204385	50	2003 年 7 月—2004 年 6 月	193732
23	1976 年 7 月—1977 年 6 月	176377	51	2004 年 7 月—2005 年 6 月	169559
24	1977 年 7 月—1978 年 6 月	127549	52	2005 年 7 月—2006 年 6 月	178211
25	1978 年 7 月—1979 年 6 月	67947	53	2006 年 7 月—2007 年 6 月	134815
26	1979 年 7 月—1980 年 6 月	157897	54	2007 年 7 月—2008 年 6 月	156611
27	1980 年 7 月—1981 年 6 月	163781	55	2008 年 7 月—2009 年 6 月	165100
28	1981 年 7 月—1982 年 6 月	187292	56	2009 年 7 月—2010 年 6 月	157143
	多年平均调水量/亿 m³			15.55	

　　根据拟定的 2030 水平年引汉济渭工程调水 15 亿 m³ 的 1954 年 7 月至 2010 年 6 月长系列允许调水过程，年最大允许调水量 21.70 亿 m³，最小 6.80 亿 m³，允许年调水量小于 10 亿 m³ 的有 8 年，10 亿～15 亿 m³ 有 9 年，15 亿～18 亿 m³ 有 15 年，18 亿～20 亿 m³ 有 11 年，年内过程旬最大允许调水量 1.46 亿 m³，旬最小允许调水量为 0，其中允许旬调水量小于 1000 万 m³ 的时段有 234 旬，小于 3000 万 m³ 的有 887 旬，小于 5000 万 m³ 的有 1133 旬。

3.2 径流调节

3.2.1 黄金峡水库与三河口水库两水源联合调节

根据 2020 和 2030 两个水平年的可（允许）调水量过程，按照黄金峡水库、三河口水库不同的正常蓄水位及汛限水位，以及满足取水工程布置要求的不同的死水位组合，进行了两个水库不同水平年的多种水位组合的联合径流调节，根据调节计算结果，2020 水平年时，满足 95% 保证率要求的最大多年平均调水量只有 7.34 亿 m^3；2030 水平年时，满足 95% 保证率要求的最大多年平均调水量只有 12 亿 m^3，调水区两个水源联合调水不能满足 2020 水平年调水 10 亿 m^3 与 2030 水平年调水 15 亿 m^3 的任务要求。

3.2.2 四水源联合调节

按照 2020 水平年调水 10 亿 m^3 与 2030 水平年调水 15 亿 m^3 的调水规模，通过与受水区水源联合调度运用，共同向受水对象供水，满足供水量及供水保证率要求。

四水源为引汉济渭工程调水区的黄金峡水库和三河口水库，以及受水区的黑河金盆水库和地下水。

按照确定的受水对象，在其受水区范围内，有 5 座具有调蓄功能的地表水源工程，其中较大的 2 座，分别为黑河金盆水库（调节库容 1.774 亿 m^3）和石头河水库（调节库容 1.17 亿 m^3）。根据陕西省水资源配置规划，按照高水高用、近水近用原则，石头河水库在引汉济渭工程建成后，不再向西安市、咸阳市、杨凌区供水，而调整为就近向宝鸡市区域内供水，其他 3 座地表水源工程调蓄能力很小，参与联合调节实际意义不大，因此，确定采用上述四水源进行联合调节。

在考虑受水区各受水对象的其他供水水源供水后，根据其不同水平年缺水量，结合调水区调水量，以及允许调水过程，按照相互补充、尽量使各水源供水过程均匀的原则，结合工程总体布局方案及各部分工程规模的比选论证，进行了调水区两个水源工程不同的正常高水位、汛限水位、死水位等特征水位组合及不同调度运用方式、不同抽水流量、不同输水流量和不同电站装机的多方案四水源联合供水调节计算，经综合比较后，推荐方案的调节计算结果见表 3.2-1。

表 3.2-1　　　　　　　　　　不同水平年四水源联合调节计算结果

项　　目		单位	2020 水平年方案	2030 水平年方案
黄金峡 水利枢纽	正常蓄水位	m	450	450
	汛限水位	m	448	448
	死水位	m	440	440
	调节库容	亿 m^3	0.810	0.688
	下泄生态水量	亿 m^3	7.873	7.863
	黄金峡水库调水量	亿 m^3	5.591	9.660

项　目		单位	2020 水平年方案	2030 水平年方案
黄金峡水利枢纽	泵站设计抽水流量	m³/s	52	70
	电站装机规模	MW	135	135
	电站多年平均发电量	亿 kW·h	3.87	3.51
三河口水利枢纽	正常蓄水位	m	643	643
	汛限水位	m	642	642
	死水位	m	558	558
	调节库容	亿 m³	6.620	6.620
	下泄生态水量	亿 m³	0.86	0.86
	多年平均供水量	亿 m³	4.495	5.490
	泵站设计抽水流量	m³/s	9	18
	泵站抽水量	亿 m³	0.361	0.585
	电站装机规模	MW	45	45
	电站多年平均发电量	亿 kW·h	0.977	1.024
秦岭输水隧洞	黄三段设计流量	m³/s	52	70
	越岭段设计流量	m³/s	50	70
	越岭段进口调水量	亿 m³	10.002	15.005
	出口水量	亿 m³	9.302	13.955
黑河金盆水库	正常蓄水位	m	594	594
	汛限水位	m	591	591
	死水位	m	520	520
	生活、工业供水量	亿 m³	2.416	2.416
	农业供水量	亿 m³	0.968	0.963
	农业供水保证率	%	50.91	50.91
地下水	年平均供水量	亿 m³	4.122	4.271
	年最大供水量	亿 m³	8.044	8.245
	年最小供水量	亿 m³	0.415	0.591
受水区受对象年需水量		亿 m³	16.016	20.861
受水区受对象年供水量		亿 m³	15.841	20.641
联合供水时段（旬）保证率		%	95.00	95.04
联合供水最小旬供水度		%	70.19	71.10

3.3　各部分工程规模论证

引汉济渭工程是由黄金峡水利枢纽、三河口水利枢纽及秦岭输水隧洞三部分工程组成的系统调水工程，其供配水还涉及关中地区的黑河金盆水库及地下水，各部分之间联系紧密、相互影响，涉及因素众多，无法单独取舍，必须在满足 2020 水平年和 2030 水平年调水、供水任务要求的基础上，统一考虑工程各组成部分的规模和布置，使工程在总体上布置协调、规模适宜、技术可行，经济合理。

3.3.1　黄金峡水利枢纽

3.3.1.1　黄金峡水库正常蓄水位及汛限水位

在满足调水、供水任务要求的情况下，影响黄金峡水库正常蓄水位选择的主要因素为：水库的淹没损失及两岸和洋县县城防护工程的投资。根据项目建议书和可行性研究两阶段的计算和复核，当黄金峡水库正常蓄水位超过 455m 时，除淹没损失和防护工程投资有明显增加外，洋县县城有 2.7 万人的常住人口需要搬迁，搬迁费用巨大，因此，认为黄金峡水库正常蓄水位不应高于 455m。

可研阶段在项建阶段工作基础上，按照正常蓄水位不超过 455m，进一步拟订了445m、448m、450m、452m、455m 五个正常蓄水位方案，按照黄金峡水库不同死水位及黄金峡泵站不同抽水流量、秦岭输水隧洞不同输水流量和三河口水库不同特征水位情况，进行了多方案的四水源联合调节计算及黄金峡水库回水等计算，设计水平年 2020 年情况下，黄金峡水库不同正常蓄水位方案的计算结果和对比见表 3.3－1。从表 3.3－1 中可以看出，五个正常蓄水位方案中，445m 方案的联合供水保证率稍低于要求，但也可认为基本满足，445m 和 448m 方案存在的问题是时段供水破坏深度较大，供水安全度稍差；另外三个正常蓄水位方案的调水量、联合供水量、供水保证率以及供水保证程度相同，而450m 方案的淹没损失和堤防工程投资以及枢纽工程投资相对较小，因此，在满足调、供水要求条件下，选择采用较低的正常蓄水位方案，即 450m 方案。

表 3.3－1　　　　设计水平年 2020 年黄金峡水库不同正常蓄水位方案对比表

项　目		单位	方　案				
			Ⅰ	Ⅱ	Ⅲ	Ⅳ	Ⅴ
黄金峡水利枢纽工程	正常蓄水位	m	445	448	450	452	455
	死水位	m	440	440	440	440	440
	调节库容（20 年淤积）	万 m³	3179.3	5801.9	8096.3	10743.8	15354.9
	调水量	亿 m³	5.501	5.569	5.591	5.629	5.643
	黄金峡泵站抽水流量	m³/s	52	52	52	52	52
	回水长度	km	54.107	56.261	60.667	62.192	62.903
	淹没投资	亿元	15.18	15.66	15.98	16.65	17.64
	库尾堤防投资	亿元	4.601	4.923	5.206	5.213	5.235
	建库增加的堤防投资	亿元	0.485	0.807	1.09	1.097	1.119
三河口水利枢纽工程	正常蓄水位	m	643	643	643	643	643
	汛限水位	m	642	642	642	642	642
	死水位	m	558	558	558	558	558
	调节库容	亿 m³	6.62	6.62	6.62	6.62	6.62
	调水量	亿 m³	4.559	4.514	4.495	4.458	4.445

续表

项　　目		单位	方　　案				
			Ⅰ	Ⅱ	Ⅲ	Ⅳ	Ⅴ
受水区黑河金盆水库工程	正常蓄水位	m	594	594	594	594	594
	汛限水位	m	591	591	591	591	591
	死水位	m	520	520	520	520	520
	生活与工业供水量	亿 m³	2.416	2.416	2.416	2.416	2.416
	农业供水量	亿 m³	0.968	0.968	0.968	0.968	0.968
	农业供水保证率	%	50.910	50.910	50.910	50.910	50.910
受水区地下水	多年平均供水量	亿 m³	4.122	4.122	4.122	4.122	4.122
	最小年供水量	亿 m³	0.415	0.415	0.415	0.415	0.415
	最大年供水量	亿 m³	8.044	8.044	8.044	8.044	8.044
受水区受水对象需水量		亿 m³	16.016	16.016	16.016	16.016	16.016
秦岭隧洞进口多年平均调水量		亿 m³	9.978	9.999	10.002	10.003	10.003
秦岭隧洞出口多年平均供水量		亿 m³	9.279·	9.299	9.302	9.303	9.302
调水系统工程多年平均供水量		亿 m³	15.817	15.837	15.841	15.841	15.841
调水系统工程供水时段保证率		%	94.81	95.06	95.06	95.06	95.06
调水系统工程时段最小供水度		%	44.683	56.217	70.085	70.085	70.085
调水系统工程年最小供水度		%	80.75	81.512	81.631	81.631	81.670

在 450m 正常蓄水位方案情况下，为减少水库淹没损失及堤防工程投资，分析比较了 450m、448m、447m 和 445m 四个汛限水位方案，其中 445m 方案联合供水保证率稍差且供水破坏程度较大，而其他汛限水位方案则是随着水位抬高，淹没损失和堤防工程投资增加、黄金峡泵站抽水费用减少及黄金峡电站发电效益增加基本为线型变化，且变化梯度相对很小，在满足调水、供水任务条件下，选择采用较为均衡的 448m 汛限水位方案。不同汛限水位比较见表 3.3 - 2。

表 3.3 - 2　　　　　设计水平年 2020 年黄金峡水库不同汛限水位比较表

项　　目	单位	方　　案			
		Ⅰ	Ⅱ	Ⅲ	Ⅳ
正常蓄水位	m	450	450	450	450
汛限水位	m	445	447	448	450
死水位	m	440	440	440	440
调水量	亿 m³	5.551	5.578	5.591	5.605
泵站抽水流量	m³/s	52	52	52	52
回水歼灭点断面		D61	D61	D61	D62
尖灭点水位高程	m	463.20	463.20	463.20	463.63
回水长度	km	62.19	62.19	62.19	62.9

项　目		单位	方　案			
			Ⅰ	Ⅱ	Ⅲ	Ⅳ
淹没	耕地	亩	4500	4541	4544	4571
	林地	亩	6942	6952	6972	6982
	拆迁房屋	万 m²	24.79	24.89	25.27	25.44
	人口	人	4931	4941	5001	5041
	淹没投资	亿元	15.47	15.74	15.82	15.98
堤防投资		亿元	4.722	4.971	5.042	5.206
坝前校核洪水位		m	453.00	453.05	453.05	453.1
黄金峡泵站年耗电量		亿 kW·h	2.211	2.210	2.203	2.200
黄金峡泵站年运行费		亿元	1.791	1.790	1.784	1.782
工程总投资		亿元	47.32	47.57	47.66	47.81
秦岭隧洞进口多年平均调水量		亿 m³	10.001	10.002	10.002	10.002
秦岭隧洞出口多年平均供水量		亿 m³	9.301	9.302	9.302	9.302
调水系统工程多年平均供水量		亿 m³	15.839	15.841	15.841	15.841
调水系统工程供水时段保证率		%	95.064	95.064	95.064	95.064
调水系统工程时段最小供水度		%	67.670	70.085	70.085	70.085
调水系统工程年最小供水度		%	81.631	81.631	81.631	81.631

3.3.1.2 黄金峡水库死水位

死水位的选择主要考虑水库泥沙淤积、排防沙及黄金峡泵站布置的要求，以及运行期抽水和发电的效益等因素综合确定。

黄金峡泵站选择有干流布置（包括坝后）方案及支流（良心河）布置方案，按照站址处地形（高程）、地质条件，根据工程布置，考虑防沙需要，在满足泵站吸出高度要求情况下，泵站干流布置方案要求的最低死水位为 425m，支流为 440m。

在控制黄金峡水库淹没损失及堤防工程投资较小，正常蓄水位不高于 450m 情况下，按照系统工程各水库不同特征水位组合方案的联合调节计算结果，当黄金峡水库死水位高于 440m 时，则难以完成调水、供水任务。

根据泥沙淤积计算，水库淤积 50 年的坝前淤积高程为 412.46m，对死水位的选择不起控制作用。

可以看出，在满足调水、供水任务，并保证黄金峡泵站正常运行情况下，黄金峡水库死水位宜在 425~440m 选择。

采用较高的死水位时，可降低黄金峡泵站抽水扬程，节省抽水电费，按照 2020 水平年黄金峡泵站多年平均抽水 5.5 亿 m³ 计算，当死水位由 425m 抬高到 440m 时，年平均可节省抽水电费 2263 万元；按照 2030 水平年黄金峡泵站多年平均年抽水 9.6 亿 m³ 计算，当死水位由 425m 抬高到 440m 时，年平均可节省抽水电费 3974 万元。同时，采用较高的死水位，可增加黄金峡电站发电量，增加发电效益。

综上所述，黄金峡水库死水位选择 440m 方案。

3.3.1.3   黄金峡水库特征水位复核

上述黄金峡水库特征水位是基于完成 2020 水平年调水、供水任务情况下论证确定的，按照完成 2030 水平年的调水、供水任务要求，在统筹考虑各部分工程规模、协调各部分工程布置情况下，同样按以上标准对黄金峡水库不同特征水位方案进行了论证及复核，结果表明，对于完成 2030 水平年调水、供水任务，采用以上确定的黄金峡水库特征水位是适宜的。

按照黄金峡水库正常蓄水位 450m、汛限水位 448m、死水位 440m，以及三河口水库正常蓄水位 643m、汛限水位 642m、死水位 558m，在黄金峡泵站抽水流量规模为 70m^3/s 时，四水源联合调节结果为：多年平均年调水量 15.005 亿 m^3，四水源多年平均供水量 20.641 亿 m^3，供水保证率 95.53%，年最小供水度 80.4%。

3.3.1.4   黄金峡泵站抽水流量

根据完成 2020 水平年和 2030 水平年调水、供水任务要求，结合水库特征水位的论证比较，分别拟订了不同的黄金峡泵站抽水流量进行了多方案四水源联合调节计算和比较。

在黄金峡水库正常蓄水位 450m、汛限水位 448m、死水位 440m，以及三河口水库正常蓄水位 643m、汛限水位 642m、死水位 558m 情况下，按照完成 2020 水平年调水、供水任务要求，黄金峡泵站进行了 50m^3/s、52m^3/s、55m^3/s 等抽水流量的比较，当抽水流量为 50m^3/s 时，多年平均调水量为 9.9 亿 m^3，供水保证率 94.53%，时段最小供水度 61.69%；抽水流量为 52m^3/s 和 55m^3/s 时，调水量为 10.0 亿 m^3，供水保证率为 95.06%，时段最小供水度为 70.0%。

抽水流量为 50m^3/s 时，调水量及供水保证率与要求稍有差距，其时段最小供水度偏小；抽水流量为 52m^3/s 和 55m^3/s 时，其完成任务与指标一致，调水量及供水保证率符合要求，时段最小供水度也可行，因此，确定 2020 水平年黄金峡泵站抽水流量按 52m^3/s 控制。

同样，根据两水库上述水位，按照完成 2030 水平年调水、供水任务要求，黄金峡泵站进行了 65m^3/s、70m^3/s、75m^3/s 等抽水流量的比较，其调水量分别为 14.98 亿 m^3、15.01 亿 m^3 和 15.01 亿 m^3，保证率分别为 94.70%、95.53% 和 95.53%，时段最小供水度分别为 48.79%、71.10% 和 71.10%。和上述同样的原因，确定 2030 水平年黄金峡泵站抽水流量按 70m^3/s 控制。

3.3.1.5   黄金峡电站规模

在满足调水任务前提下，修建黄金峡电站，利用水库下泄水量发电。

根据黄金峡水库径流调节计算结果，按照水库 1954 年 7 月至 2010 年 6 月 56 年逐旬下泄流量过程，结合机组选型，分别进行 2020 水平年和 2030 水平年水能计算，结果见表 3.3-3 和表 3.3-4。

在设计水平年 2020 年与 2030 年黄金峡电站水能计算基础上，参照汉中电网目前调峰水电站，装机年利用小时数控制在 2500~3500h 等因素，分别以 2020 水平年调水 10 亿 m^3 和 2030 水平年调水 15 亿 m^3 的动能计算为基础，拟订装机容量 100MW、120MW、135MW、150MW 四个方案进行动能经济比较，各方案动能指标比较见表 3.3-5。

表 3.3－3 **2020 水平年调水 10 亿 m³ 黄金峡电站水能计算成果表**

序号	装机容量/MW	多年平均发电量/(亿 kW·h)	年利用小时数/h
1	75	3.158	4211
2	80	3.255	4069
3	90	3.433	3814
4	100	3.515	3515
5	110	3.743	3403
6	120	3.841	3201
7	135	4.071	3016
8	150	4.201	2801

表 3.3－4 **2030 水平年调水 15 亿 m³ 黄金峡电站水能计算成果表**

序号	装机容量/MW	多年平均发电量/(亿 kW·h)	年利用小时数/h
1	75	2.787	3716
2	80	2.876	3595
3	90	3.043	3381
4	100	3.181	3181
5	110	3.331	3028
6	120	3.456	2880
7	135	3.632	2690
8	150	3.780	2520

表 3.3－5 **黄金峡电站不同装机容量方案动能经济比较表**

项 目	单位	方 案			
		Ⅰ	Ⅱ	Ⅲ	Ⅳ
正常蓄水位	m	450	450	450	450
死水位	m	440	440	440	440
装机容量	MW	100	120	135	150
保证出力（$p=90\%$）	MW	12.3/10.8	12.3/10.8	12.3/10.8	12.3/10.8
多年平均发电量	亿 kW·h	3.515/3.181	3.841/3.456	4.071/3.632	4.201/3.78
装机年利用小时数	h	3515/3181	3201/2880	3016/2690	2801/2520
设计流量	m³/s	290/290	345/345	390/390	430/430
最大水头	m	45.6/45.6	45.6/45.6	45.6/45.6	45.6/45.6
最小水头	m	31.56/31.56	31.52/31.52	31.47/31.47	31.43/31.43
加权平均水头	m	42.92/42.10	42.89/42.11	42.86/42.11	42.84/42.11
电站土建投资	亿元	1.83	1.96	2.05	2.57
电站水机投资	亿元	0.97	1.08	1.15	1.29
电站电气投资	亿元	0.40	0.43	0.44	0.49

续表

项　目	单位	方案			
		Ⅰ	Ⅱ	Ⅲ	Ⅳ
电站投资	亿元	3.20	3.47	3.64	4.35
单位千瓦投资	元/kW	3200	2892	2696	2900
单位电能投资	元/(kW·h)	0.910/1.006	0.903/1.004	0.894/1.002	1.035/1.166
内部收益率	%	12.47	13.06	14.02	12.15
增加装机容量	MW	20	15		15
多年平均发电量差值	万 kW·h	3250/2750	2310/1760		1300/980
增加装机增加年利用小时数	h	1625/1375	1533/1173		867/653
投资差值	亿元	0.27	0.17		0.71
增量电能投资	元/(kW·h)	0.83	0.74		5.46
差额内部收益率	%	22.76	28.23		3.29

注　"/"以上数字为调水 10 亿 m³ 方案指标，以下数字为调水 15 亿 m³ 方案指标。

从表 3.3-5 中可以看出：

（1）调水 15 亿 m³ 方案装机容量由 100MW 增大到 120MW，多年平均年发电量增加 2750 万 kW·h，增加装机增加的年利用小时数为 1375h；装机容量由 120MW 增大到 135MW，多年平均发电量增加 1760 万 kW·h，增加装机增加的年利用小时数为 1173h；装机容量由 135MW 增大到 150MW，多年平均发电量增加 980 万 kW·h，增加装机增加的年利用小时数为 653h，由此可见，随着装机容量的增大，黄金峡电站的年发电量随之增加，但其增值呈递减趋势；同样，随着装机容量增加，增加装机容量的年利用小时数逐渐减少，由于装机容量由 135MW 增大到 150MW 其增加的发电量及增加的装机容量的年利用小时数相比较低，因此考虑黄金峡电站装机以不超过 135MW 较为适宜。

（2）从发电投资的经济指标看，调水 15 亿 m³ 方案装机容量 100MW 的单位电能投资为 1.006 元/(kW·h)，装机容量 120MW 的单位电能投资为 1.004 元/(kW·h)，装机容量 135MW 的单位电能投资为 1.002 元/(kW·h)，装机容量 150MW 的单位电能投资为 1.166 元/(kW·h)，装机容量 135MW 的单位电能投资相对最低。

（3）从方案的内部收益率看，装机容量 100MW 的内部收益率为 12.47%，装机容量 120MW 的内部收益率 13.06%，装机容量 135MW 的内部收益率 14.02%，装机容量 150MW 的内部收益率 12.15%，以装机容量 135MW 的收益率相对较高。

（4）从方案间的差额内部收益率分析，装机容量由 100MW 增大到 120MW 的差额内部收益率为 22.76%，装机容量由 120MW 增大到 135MW 的差额内部收益率为 28.23%，装机容量由 135MW 增大到 150MW 的差额内部收益率为 3.29%，说明装机容量由 120MW 增大到 135MW 较为经济合理。

综合考虑黄金峡电站不同装机容量的动能指标及经济性，确定黄金峡电站装机容量采用 135MW。

3.3.2　三河口水利枢纽

3.3.2.1　三河口水库正常蓄水位及汛限水位

三河口水库除需调蓄本流域子午河的径流外，在统一考虑与黄金峡水库调蓄库容及其他各部分工程规模关系后，三河口水库还必须承担调蓄一部分汉江干流水量的任务，以满足调水、供水要求。

影响三河口水库正常蓄水位选择的主要因素为：水库的淹没损失及通过库区的西汉高速公路的限制。在库区可能淹没范围内，根据调查，各主要淹没实物主要分布在高程630.00m以下，但根据四水源联合调节计算，当三河口水库正常蓄水位低于630.00m时，根本无法满足调水、供水要求；西汉高速公路在库区可能回水范围内的最低点高程位于距坝址24km的龙王潭处，该处填方路基设置了两处泄洪排水涵洞，路基护坡最低高程644.17m，涵洞底高程最低642.28m，洞顶高程646.61m，因此，考虑在满足调水、供水要求前提下，三河口水库正常蓄水位以不超过645m为宜。

在正常蓄水位不超过645m范围内，拟订了645m、643m、642m、641m四个正常蓄水位方案，按照三河口水库不同死水位，以及黄金峡水库不同特征水位及黄金峡泵站不同抽水流量、秦岭输水隧洞不同输水流量情况，进行了多方案的四水源联合调节及回水等计算，设计水平年2020年情况下，三河口水库不同正常蓄水位方案的代表性计算结果和对比情况见表3.3-6。从表3.3-6中可以看出，四个正常蓄水位方案中，641m和642m方案的联合供水保证率稍低于要求，且其时段供水破坏深度较大，相对供水安全度稍差；另外两个正常蓄水位方案的调水量、联合供水量、供水保证率及供水保证程度相同，而643m方案的淹没损失和三河口水利枢纽工程投资相对较小，因此，在满足调水、供水要求条件下，选择较低的正常蓄水位方案，即643m方案。

表3.3-6　三河口水库不同正常蓄水位方案的代表性计算结果和对比情况表

项　　　目		单位	方　　案			
			I	II	III	IV
黄金峡水利枢纽工程	正常蓄水位	m	450	450	450	450
	汛限水位	m	448	448	448	448
	死水位	m	440	440	440	440
	调节库容（20年淤积）	万m³	8096.3	8096.3	8096.3	8096.3
	调水量	亿m³	5.592	5.592	5.592	5.592
	泵站抽水流量	m³/s	52	52	52	52
三河口水利枢纽工程	正常蓄水位	m	641	642	643	645
	死水位	m	558	558	558	558
	调节库容	亿m³	6.29	6.45	6.62	6.89
	调水量	亿m³	4.433	4.475	4.497	4.498
	泵站抽水流量（入水库）	m³/s	9	9	9	9
	泵站抽水量（入水库）	亿m³	0.360	0.361	0.362	0.363

续表

项 目			单位	方案			
				Ⅰ	Ⅱ	Ⅲ	Ⅳ
三河口水利枢纽工程	1%洪水在龙王潭回水高程		m	641.42	642.22	643.3	645.20
	回水长度		km	28.251	28.251	28.251	28.850
	主要淹没指标	耕地	亩	6533.74	6583.82	6633.74	6633.74
		林地	亩	12184.5	12584.42	13087.42	13984.46
		拆迁房屋	万 m²	33.53	34.03	34.55	34.55
		人口	人	4014	4074	4144	4144
		淹没投资	亿元	21.33	21.46	21.56	21.79
	工程投资		亿元	46.26	46.68	47.09	47.47
受水区黑河金盆水库工程	正常蓄水位		m	594	594	594	594
	汛限水位		m	591	591	591	591
	死水位		m	520	520	520	520
	生活与工业供水量		亿 m³	2.416	2.416	2.416	2.416
	农业供水量		亿 m³	0.968	0.968	0.968	0.968
	农业供水保证率		%	50.910	50.910	50.910	50.910
受水区地下水	多年平均供水量		亿 m³	4.122	4.122	4.122	4.122
	最小年供水量		亿 m³	0.415	0.415	0.415	0.415
	最大年供水量		亿 m³	8.044	8.044	8.044	8.044
受水区受水对象需水量			亿 m³	16.016	16.016	16.016	16.016
秦岭隧洞进口调水量			亿 m³	9.941	9.983	10.004	10.005
秦岭隧洞出口供水量			亿 m³	9.245	9.284	9.304	9.305
调水系统工程供水量			亿 m³	15.783	15.822	15.840	15.841
调水系统工程供水时段保证率			%	94.12	94.74	95.064	95.064
调水系统工程时段最小供水度			%	44.683	56.506	70.023	70.023
调水系统工程年最小供水度			%	72.685	78.685	81.803	81.843

在正常蓄水位 643m 时，1‰频率洪水在龙王潭处回水高程高于涵洞底板高程 1.02m，影响涵洞泄洪排水，因此考虑设置汛限水位，以降低回水高程。

为此，拟订了 641m、642m 两个汛限水位方案同正常蓄水位 643m 方案进行了比较，见表 3.3-7。

从表 3.3-7 可以看出，641m 汛限水位时，供水时段保证率稍低于要求，供水破坏深度偏大；汛限水位 642m 时，能满足调水、供水需要，其在龙王潭处回水高程 642.22m，低于该处涵洞底板最低高程 642.28m，不影响该处涵洞泄洪排水，因此，推荐采用 642m 汛限水位方案。

表 3.3－7　　　设计水平年 2020 年三河口水库不同汛限水位方案对比表

项目		单位	方案Ⅰ	方案Ⅱ	方案Ⅲ
三河口水利枢纽工程	正常蓄水位	m	643	643	643
	汛限水位	m	641	642	643
	死水位	m	558	558	558
	调节库容	亿 m³	6.62	6.62	6.62
	调水量	亿 m³	4.483	4.496	4.497
	泵站抽水流量（入库）	m³/s	9.0	9.0	9.0
	泵站抽水量（入库）	亿 m³	0.363	0.361	0.362
	1％洪水在龙王潭回水高程	m	641.42	642.22	643.30
	尖灭点水位高程	m	647.29	647.30	647.33
	回水长度	km	28.251	28.251	28.251
	淹没 耕地	亩	6633.74	6633.74	6633.74
	林地	亩	13087.42	13087.42	13087.42
	拆迁房屋	万 m²	34.55	34.55	34.55
	人口	人	4144	4144	4144
	淹没投资	亿元	21.56	21.56	21.56
工程总投资		亿元	46.39	46.77	47.09
受水区受水对象需水量		亿 m³	16.016	16.016	16.016
秦岭隧洞进口多年平均调水量		亿 m³	9.990	10.003	10.004
秦岭隧洞出口多年平均供水量		亿 m³	9.291	9.303	9.304
调水系统工程供水量		亿 m³	15.829	15.841	15.842
调水系统工程供水时段保证率		％	94.86	95.064	95.064
调水系统工程时段最小供水度		％	67.752	70.023	70.023
调水系统工程年最小供水度		％	78.865	81.803	81.803

3.3.2.2　水库死水位

根据泥沙淤积计算，水库运用 50 年的坝前泥沙淤积高程为 529.10m，按照满足坝后电站压力管道进水口防沙及最小淹没深度要求，经计算，三河口水库死水位不应低于 540m；当三河口水库正常蓄水位为 643m，死水位高于 588m 时，联合调节计算表明无法满足调水、供水要求，因此，三河口水库死水位应在 540～588m 选取。

本阶段拟订了 588m、564m、558m、552m、544m 五个死水位方案，按照 2020 水平年调水、供水任务要求，进行了四水源联合调节计算，方案对比见表 3.3－8。

588m 和 564m 死水位方案时，供水保证率稍低，时段供水破坏深度也较大，供水安全性差，不宜采用；其余死水位方案的调水量、供水量以及供水保证率、供水破坏深度几乎一致，且均能满足要求，因此，就满足 2020 水平年调水、供水要求而言，三河口水库死水位选在 558～540m 均可行，但还需结合满足 2030 水平年调水、供水任务要求，同时考虑各部分工程投资及泵站的抽水耗电费用进行复核，综合比较后确定。

表 3.3 - 8　　　　　设计水平年 2020 年三河口水库不同死水位方案对比表

项　目		单位	方案 Ⅰ	方案 Ⅱ	方案 Ⅲ	方案 Ⅳ	方案 Ⅴ
黄金峡水利枢纽工程	正常蓄水位	m	450	450	450	450	450
	汛限水位	m	448	448	448	448	448
	死水位	m	440	440	440	440	440
	调水量	亿 m³	5.591	5.591	5.591	5.591	5.591
三河口水利枢纽工程	正常蓄水位	m	643	643	643	643	643
	汛限水位	m	642	642	642	642	642
	死水位	m	588	564	558	552	544
	调节库容	亿 m³	5.60	6.48	6.62	6.72	6.79
	调水量	亿 m³	4.427	4.479	4.496	4.498	4.499
	泵站抽水流量（入库）	m³/s	9	9	9	9	9
	泵站抽水量（入库）	亿 m³	0.359	0.361	0.361	0.361	0.361
受水区黑河水库工程	正常蓄水位	m	594	594	594	594	594
	汛限水位	m	591	591	591	591	591
	死水位	m	520	520	520	520	520
	生活与工业供水量	亿 m³	2.416	2.416	2.416	2.416	2.416
	农业供水量	亿 m³	0.968	0.968	0.968	0.968	0.968
	农业供水保证率	%	50.91	50.91	50.91	50.91	50.91
受水区地下水	多年平均供水量	亿 m³	4.122	4.122	4.122	4.122	4.122
	最小年供水量	亿 m³	0.415	0.415	0.415	0.415	0.415
	最大年供水量	亿 m³	8.044	8.044	8.044	8.044	8.044
受水区受水对象需水量		亿 m³	16.016	16.016	16.016	16.016	16.016
秦岭隧洞进口调水量		亿 m³	9.934	9.986	10.003	10.005	10.006
秦岭隧洞出口供水量		亿 m³	9.239	9.287	9.303	9.305	9.306
调水系统工程供水量		亿 m³	15.777	15.825	15.841	15.843	15.844
调水系统工程供水时段保证率		%	94.036	94.563	95.064	95.064	95.064
调水系统工程时段最小供水度		%	44.683	50.067	70.023	70.023	70.023
调水系统工程年最小供水度		%	71.839	75.616	81.803	81.843	81.843

3.3.2.3　三河口水库特征水位复核确定

按照以上确定的黄金峡水库各特征水位及三河口水库正常蓄水位 643m、汛限水位 642m 等，拟订三河口水库 558m、550m、544m 及 542m 四个死水位方案，以 2030 年调水、供水任务为目标，进行四水源联合调节，并考虑工程投资及抽水耗电费用后，比选较优的三河口水库死水位，结果见表 3.3 - 9。

四个死水位均能满足 2030 水平年的调水、供水任务要求，方案 Ⅰ 投资最少，方案 Ⅳ 投资最多，相差 5.98 亿元；方案 Ⅰ 和方案 Ⅱ 总费用现值较低，基本一致，综合考虑工程总投资、总费用现值及在特枯年份动用一部分三河口水库死库容进行应急供水情况后，推荐采用方案 Ⅱ。

表 3.3－9   设计水平年 2030 年三河口水库不同死水位方案比较表

		项　目	单位	方案Ⅰ	方案Ⅱ	方案Ⅲ	方案Ⅳ
黄金峡水利枢纽		正常蓄水位	m	450	450	450	450
		汛限水位	m	448	448	448	448
		死水位	m	440	440	440	440
		泵站抽水流量	m³/s	70	70	70	70
		设计扬程	m	128.2	119	111.2	110.7
		年均耗电量	亿 kW·h	4.19	3.83	3.56	3.54
		年均抽水电费	亿元	3.39	3.10	2.89	2.87
		调水工程投资	亿元	36.88	36.88	36.88	36.88
秦岭输水隧洞	黄三段	设计流量	m³/s	70	70	70	70
		隧洞长度	km	16.52	16.52	16.52	16.52
		进口高程	m	559.07	549.26	541.84	541.05
		出口高程	m	550.81	542.65	536.33	536.33
		比降		1/2000	1/2500	1/3000	1/3500
		投资	亿元	8.22	8.57	8.85	9.11
	越岭段	设计流量	m³/s	70	70	70	70
		进口水量	亿 m³	15.005	15.027	15.037	15.038
		隧洞长度	km	81.779	81.779	81.58	81.58
		进/出口高程	m	550.81/510.00	542.65/510.00	536.33/510.00	536.33/510.00
		比降		1/2000	1/2500	1/3100	1/3100
		投资	亿元	62.47	64.83	67.56	67.56
三河口水利枢纽		正常蓄水位	m	643	643	643	643
		汛限水位	m	642	642	642	642
		死水位		558	550	544	542
		年均供水量	亿 m³	5.490	5.511	5.521	5.522
		泵站流量	m³/s	18	18	18	18
		泵站抽水量	亿 m³	0.581	0.585	0.603	0.603
		年均耗电量	亿 kW·h	0.14	0.15	0.16	0.16
		年均抽水电费	亿元	0.11	0.12	0.13	0.13
		调水工程投资	亿元	45.17	45.17	45.17	45.17
黑河金盆水库		工业供水量	亿 m³	2.416	2.416	2.416	2.416
		农业供水量	亿 m³	0.963	0.963	0.963	0.963
		农业保证率	%	50.91	50.91	50.91	50.91
地下水		年均供水量	亿 m³	4.271	4.271	4.271	4.271
		年最大供水量	亿 m³	8.245	8.245	8.245	8.245
		年最小供水量	亿 m³	0.591	0.591	0.591	0.591

项　　　目		单位	方案Ⅰ	方案Ⅱ	方案Ⅲ	方案Ⅳ
四水源 调节结果	年平均需水量	亿 m³	20.861	20.861	20.861	20.861
	年平均供水量	亿 m³	20.641	20.661	20.67	20.67
	时段保证率	%	95.527	95.73	96.144	96.195
	旬最大破坏度	%	0.289	0.289	0.289	0.289
工程总投资		亿元	152.74	155.45	158.56	158.72
总费用现值		亿元	179.75	180.08	181.90	182.06

三河口水库采用正常蓄水位 643m、汛限水位 642m、死水位 558m 方案能够满足调水、供水要求，同时该水位组合在经济上也是合理的。

3.3.2.4　三河口泵站抽水流量

引汉济渭工程推荐采用低抽方案向关中受水区调水，该方案所调汉江干流黄金峡的水量不能自流进入支流三河口水库。

根据四水源联合调节结果，三河口水库必须调蓄一部分汉江干流水量，才能完成 2020 水平年和 2030 水平年调水、供水任务，因此，有必要设置三河口泵站抽汉江干流黄金峡的一部分水量入三河口水库进行调蓄。

经调节计算，2020 水平年满足调水、供水任务要求的三河口泵站抽水流量为 9m³/s，2030 水平年满足调水、供水任务要求的三河口泵站抽水流量为 18m³/s。

3.3.2.5　三河口电站规模

利用水库下放的供水量、下泄的生态水量及弃水量，修建坝后电站进行发电。

根据三河口水库径流调节计算结果，按照水库 1954 年 7 月至 2010 年 6 月 56 年逐旬下泄流量过程，结合机组选型，分别进行 2020 水平年和 2030 水平年水能计算，结果见表 3.3-10 和表 3.3-11。

表 3.3-10　　　　　　　2020 水平年三河口电站水能计算结果表

序号	装机/MW	年发电量/(亿 kW·h)	年利用小时数/h
1	25	0.819	3278
2	30	0.878	2926
3	36	0.926	2571
4	40	0.952	2379
5	45	0.977	2172
6	50	0.998	1996
7	54	1.010	1870

表 3.3-11　　　　　　　2030 水平年三河口电站水能计算结果表

序号	装机/MW	年发电量/(亿 kW·h)	年利用小时数/h
1	25	0.877	3506
2	30	0.938	3128

序号	装机/MW	年发电量/(亿 kW·h)	年利用小时数/h
3	36	0.984	2732
4	40	1.005	2512
5	45	1.024	2275
6	50	1.039	2078
7	54	1.047	1939

以 2030 水平年动能计算为基础，拟订装机容量 36MW、45MW、54MW 三个方案进行动能经济比较，各方案动能指标比较见表 3.3－12。

表 3.3－12　　　　　三河口水库坝后电站各装机容量方案动能指标经济比较表

项　　目	单位	方案Ⅰ	方案Ⅱ	方案Ⅲ
		2020 年/2030 年	2020 年/2030 年	2020 年/2030 年
正常蓄水位	m	643	643	643
汛限水位	m	642	642	642
死水位	m	558	558	558
装机容量	MW	36	45	54
多年平均发电量	亿 kW·h	0.926/0.984	0.977/1.024	1.010/1.047
装机年利用小时数	h	2571/2732	2172/2275	1870/1939
设计流量	m³/s	73	73	73
加权平均水头	m	79.5/78	79.5/78	79.5/78
电站投资	亿元	1.46	1.61	1.73
内部收益率	%	18.721	17.600	16.700
增加装机容量	MW	9	9	9
多年平均发电量差值	万 kW·h	510/400		330/230
增加装机增加的年利用小时数	h	567/444		367/256
投资差值	万元	1483		1172
差额内部收益率	%	6.278		3.660

由表 3.3－12 可以看出，随着装机容量增大，电站的年发电量随之增加，但增值呈递减趋势，增加的装机容量的年利用小时数逐渐减少，从尽量利用水库下泄流量发电及方案间差额内部收益率考虑，并兼顾装机年利用小时数后，认为三河口电站装机规模采用 45MW 较为适宜。

3.3.3　秦岭输水隧洞

根据四水源联合调节计算结果，满足 2020 水平年调水、供水任务要求的秦岭输水隧洞黄三段（黄金峡—三河口）的流量规模为 52m³/s，越岭段（三河口—关中黄池沟）的流量规模为 50m³/s；满足 2030 水平年调水、供水任务要求的秦岭输水隧洞的流量规模为 70m³/s。

3.4　引汉济渭工程调入关中水量配置

在兼顾上下游、左右岸及国家南水北调工程用水后，引汉济渭工程 2020 水平年多年平均年调水量 10 亿 m³，出秦岭输水隧洞调入关中黄池沟水量 9.30 亿 m³；2030 水平年多年平均年调水量 15 亿 m³，出秦岭输水隧洞调入关中黄池沟水量 13.95 亿 m³。

由于调入关中水量不能完全满足关中地区缺水需要，因此，按照近水近用、优水优用的原则，以及优先生活、协调生产、生态的配置关系，首先选择缺水程度大且当地水源无法解决，以及只有当地地下水可供利用、地下水超采比较严重的地区作为配水首选区；其次选择经济发展速度较快，水资源利用效率较高的地区，并考虑兼顾输配水工程的经济合理性，在配水范围内以自流供水为主，使得投资及运行费相对较低。

根据 2020 水平年和 2030 水平年关中地区水资源供需平衡结果，关中地区缺水主要集中在渭河两岸宝鸡峡至咸阳、咸阳至潼关经济最发达、人口最集中的区域内，占关中地区总缺水量的 91.2%。缺水结构上，2020 水平年渭河两岸经济较发达区域内的城镇生活、生产和河道外生态缺水占其缺水量的 96.6%；2030 年占其缺水量的 99.6%，因此确定引汉济渭工程受水区为关中地区渭河两岸，解决受水对象的城镇生活和工业生产用水。

3.4.1　受水对象选择

根据渭河两岸各受水对象的缺水情况，确定网络图见图 3.4-1。

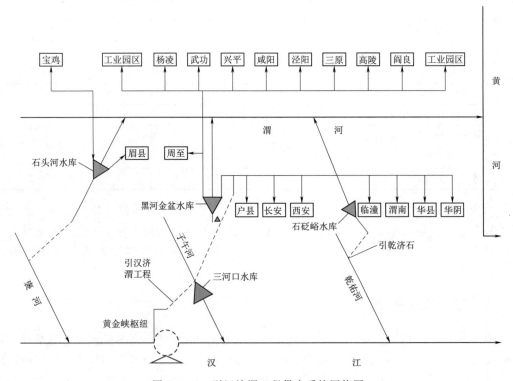

图 3.4-1　引汉济渭工程供水系统网络图

　　考虑当地水资源条件及可供水量、缺水程度及供水对象所在地区高程分布和输配水工程实施的难易程度等因素后，初拟将渭河两岸的 5 个重点城市（区）、13 个县城（区）和 8 个工业园区作为引汉济渭工程的受水对象，各对象 2020 水平年共缺水 12.55 亿 m^3，其中 5 个重点城市（区）缺水 6.60 亿 m^3，13 个县城（区）缺水 3.28 亿 m^3，8 个工业园区缺水 2.66 亿 m^3；2030 水平年共缺水 15.39 亿 m^3，其中 5 个重点城市（区）缺水 7.5 亿 m^3，13 个县城（区）缺水 5.47 亿 m^3，8 个工业园区缺水 2.42 亿 m^3。初拟的引汉济渭工程受水配置对象见表 3.4－1，分布见图 3.4－2。

表 3.4－1　　　　　　　　初拟的引汉济渭工程受水配置对象

行政区	供水城市及县城	工 业 园 区
西安市	西安市 周至县、户县（现鄠邑区）、长安区、临潼县（现临潼区） 阎良区、高陵区	泾河工业园区
宝鸡市	宝鸡市 眉县	阳平工业园区 蔡家坡工业园区 常兴工业园区 绛帐工业园区
咸阳市	咸阳市 武功县、兴平市、泾阳县、三原县	泾阳工业园区
渭南市	渭南市 华县、华阴市	罗敷工业园区 卤阳湖工业园区
杨凌区	杨凌区	

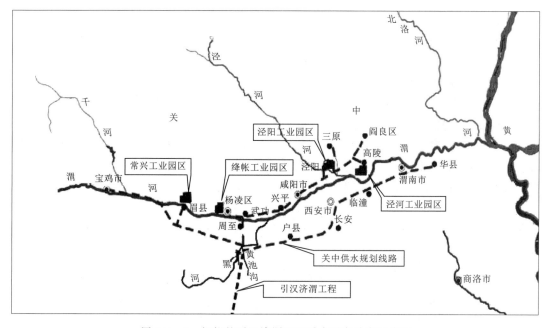

图 3.4－2　初拟的引汉济渭工程受水对象分布示意图

61

3.4.2　不同水平年受水配置对象

2020 水平年引汉济渭工程调入关中水量为 9.30 亿 m³，2030 水平年引汉济渭工程调入关中水量为 13.95 亿 m³，均不能满足上述初拟的全部受水对象相应水平年需水要求，无法向初拟的全部受水对象配水，因此，拟订不同受水配置对象组合方案进行比选。

3.4.2.1　水平年 2020 年受水配置对象

根据初拟的受水对象的缺水情势、地理位置、区域社会经济发展情况等，按照"以供定需"模式，组合了五种配置方案：

配置方案一：考虑城市的重要性及经济发展速度，向 5 个重点城市（区）和 13 个县城（区）配水，优先满足城市生活、生产用水，配水范围内缺水 9.57 亿 m³。

配置方案二：考虑到配套的输配水工程投资，根据备选配水对象距离调水入关中出水节点黄池沟的距离，优先向输水距离较短的对象配水，本方案配水对象包括：5 个重点城市（区），兴平、武功、眉县、周至、户县（现鄠邑区）、长安、临潼、高陵、阎良、泾阳 10 个县城（区），以及泾河和泾阳 2 个工业园区，配水范围内缺水 9.68 亿 m³。

配置方案三：根据备选配水对象当地水源的供水结构，在满足重点城市需水情况下，优先向仅靠地下水供水的中小城市配水，本方案配水对象包括：5 个重点城市（区），兴平、武功、眉县、户县（现鄠邑区）、临潼、高陵、泾阳、三原、华县、华阴 10 个县城（区），配水范围内缺水 8.71 亿 m³。

配置方案四：首先满足重点城市的需水，然后选择向部分县城及现状条件较好的工业园区配水，本方案配水对象包括：5 个重点城市（区），兴平、眉县、户县（现鄠邑区）、长安、临潼、阎良 6 个县城（区），阳平、蔡家坡、泾河、卤阳湖及罗敷 5 个工业园区，配水范围内缺水 10.47 亿 m³。

配置方案五：首先满足重点城市的需水，然后选择向输配水距离较近的县城（区）配水，本方案配水对象包括：5 个重点城市（区），兴平、武功、眉县、周至、户县（现鄠邑区）、长安、临潼、泾阳、三原、高陵、阎良 11 个县城（区），配水范围内缺水 9.34 亿 m³。

不同受水配置方案情况见表 3.4-2。

方案一、方案二、方案四配置水量不满足缺水量需求，且方案一、方案四输配水距离较长，若考虑结合 2030 水平年水量配置将输配水工程一次建成，不但一次性投资较大，还会造成资金沉淀不能及时发挥作用；方案三可配置水量有剩余，没有充分发挥引汉济渭

表 3.4-2　　　　　　　　2020 水平年不同受水配置方案表

方案	配水对象	人口/万人	GDP/亿元	人均 GDP/（万元/人）	缺水量/亿 m³	可配置水量/亿 m³
方案一	5 个重点城市：西安、宝鸡、咸阳、渭南、杨凌 13 个县城（区）：兴平、武功、眉县、周至、户县（现鄠邑区）、长安、临潼、泾阳、三原、高陵、阎良、华县、华阴	1009	8259	8.19	9.57	9.30

方案	配 水 对 象	人口/万人	GDP/亿元	人均 GDP/（万元/人）	缺水量/亿 m³	可配置水量/亿 m³
方案二	5 个重点城市：西安、宝鸡、咸阳、渭南、杨凌	975	8239	8.45	9.68	9.30
	10 个县城（区）：兴平、武功、眉县、周至、户县（现鄠邑区）、长安、临潼、高陵、阎良、泾阳					
	2 个工业园区：泾阳工业园区、泾河工业园区					
方案三	5 个重点城市：西安、宝鸡、咸阳、渭南、杨凌	940	7721	8.21	8.71	9.30
	10 个县城（区）：兴平、武功、眉县、户县（现鄠邑区）、临潼、高陵、三原、泾阳、华县、华阴					
方案四	5 个重点城市：西安、宝鸡、咸阳、渭南、杨凌	962	8384	8.72	10.47	9.30
	6 个县城（区）：兴平、眉县、户县（现鄠邑区）、长安、临潼、阎良					
	5 个工业园区：阳平工业园区、蔡家坡工业园区、泾河工业园区、卤阳湖工业园区、罗敷工业园					
方案五（推荐方案）	5 个重点城市：西安、宝鸡、咸阳、渭南、杨凌	973	8156	8.38	9.34	9.30
	11 个县城（区）：兴平、武功、眉县、周至、户县（现鄠邑区）、长安、临潼、泾阳、三原、高陵、阎良					

工程调水效益，方案五是在方案一基础上，减少了华县县城和华阴市城区两个配水对象，使可配置水量与缺水量基本一致，该方案输配水距离适中，一次性投资相对不大，将其作为 2020 水平年引汉济渭工程调入关中水量配置方案。

3.4.2.2 水平年 2030 年受水配置对象

2030 水平年引汉济渭工程调入关中水量较 2020 水平年增加 4.65 亿 m³，根据增加的调入关中水量，同样按照"以供定需"模式，在选定的 2020 水平年受水配置对象基础上，增加受水配置对象，组合了 3 种配置方案。

配置方案一：维持 2020 水平年选定的配置对象不变基础上，配水对象增加华阴市城和华县县城，满足全部 5 个重点城市（区）和 13 个县城（区）的需水，并增加向基础较好的部分工业园区配水。本方案配水对象包括：5 个重点城市（区）、13 个县城（区），及泾河工业园区和蔡家坡工业园区，配水范围内缺水 13.27 亿 m³。

配置方案二：维持 2020 水平年选定的配置对象不变基础上，配水对象增加杨凌区以西的阳平工业园区、蔡家坡工业园区、常兴工业园区、绛帐工业园区，本方案配水对象包括：5 个重点城市（区）、11 个县城（区）和关中西部 4 个工业园区，配水范围内缺水

13.20 亿 m³。

配置方案三：在方案二基础上，配水对象增加华县县城、泾河工业园区、泾阳工业园区，配水范围内缺水 13.88 亿 m³。

2030 水平年不同受水配置对象方案见表 3.4 - 3。

表 3.4 - 3   2030 水平年不同受水配置对象方案表

方案	配 水 对 象	人口/万人	GDP/亿元	人均 GDP/(万元/人)	缺水量/亿 m³	可配置水量/亿 m³
方案一	5 个重点城市：西安、宝鸡、咸阳、渭南、杨凌	1345	16262	12.09	13.27	13.95
	13 个县城（区）：兴平、武功、眉县、周至、户县（现鄠邑区）、长安、临潼、泾阳、三原、高陵、阎良、华县、华阴					
	2 个工业园区：蔡家坡经济技术开发区、高陵泾河工业园区					
方案二	5 个重点城市：西安、宝鸡、咸阳、渭南、杨凌	1298	16234	12.51	13.20	13.95
	11 个县城（区）：兴平、武功、眉县、周至、户县（现鄠邑区）、长安、临潼、泾阳、三原、高陵、阎良					
	4 个工业园区：阳平工业园区、蔡家坡工业园区、绛帐工业园区、常兴工业园区					
方案三（推荐方案）	5 个重点城市：西安、宝鸡、咸阳、渭南、杨凌	1351	16576	12.26	13.88	13.95
	12 个县城（区）：兴平、武功、眉县、周至、户县（现鄠邑区）、长安、临潼、泾阳、三原、高陵、阎良、华县					
	6 个工业园区：阳平工业园区、蔡家坡工业园区、常兴工业园区、绛帐工业园区、泾阳工业园区、泾河工业园区					

方案一及方案二可配置水量有剩余，方案三可配置水量与缺水量基本一致，且该方案输配水距离较短，与 2020 水平年配置方案结合较好，工程投资省，供水效率高，将其作为 2030 水平年引汉济渭工程调入关中水量配置方案。

3.4.2.3 不同水平年各受水对象配置水量成果

按照陕西省"近水近用，高水高用"的水资源配置原则，引汉济渭工程建成后，石头河水库供给西安市、咸阳市、杨凌区的水量由引汉济渭工程调入关中水量置换，所置换水量配置给宝鸡市和眉县县城，即宝鸡市和眉县县城为引汉济渭工程间接受水对象。不同水平年引汉济渭工程调入关中水量与当地水联合配置成果见表 3.4 - 4 和表 3.4 - 5，不同水平年引汉济渭工程供水配置网络节点见图 3.4 - 3 和图 3.4 - 4。

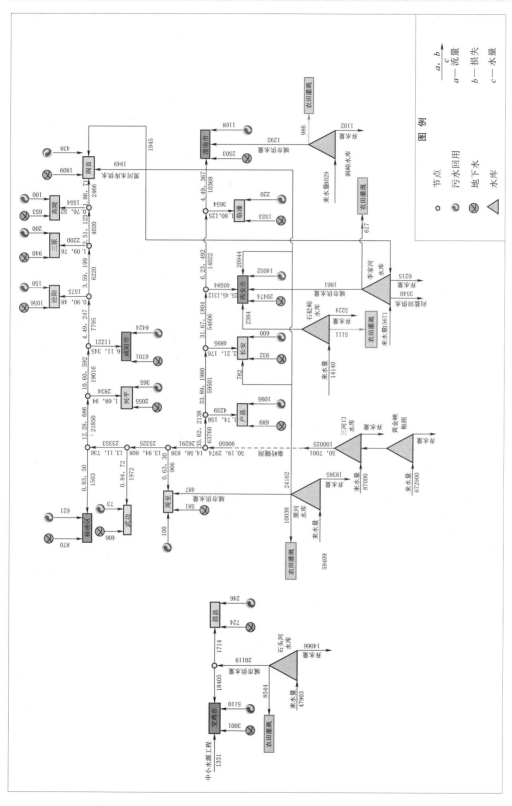

图 3.4-3 引汉济渭工程 2020 水平年供水配置网络节点图（单位：流量 m³/s，其他万 m³）

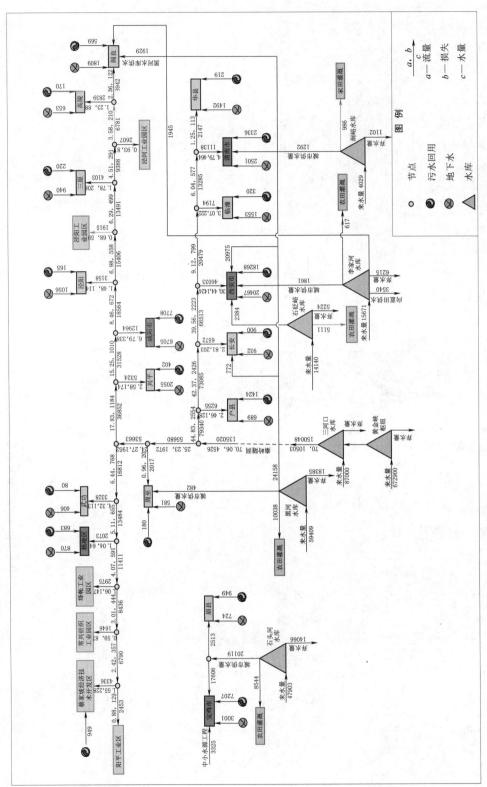

图 3.4-4　引汉济渭工程 2030 水平年供水年配置网络节点图（单位：流量 m³/s，其他万 m³）

表 3.4－4   2020 水平年引汉济渭工程调入关中水量与当地水联合配置成果

城市	供需分析	水源工程类型	水源工程	用 水 量/万 m³			
				城镇生活	生产	河道外生态	合计
5个重点城市（区）	需水			3.42	10.4	1.00	14.82
	供水	当地水	地表水	0.35	2.40	0	2.75
			地下水	0.70	2.16	0	2.86
			再生水	0	1.58	0.93	2.51
		外调水	引汉济渭净配水	2.37	4.21	0.00	6.58
		小计		3.42	10.35	0.93	14.71
	供需平衡			0.00	−0.05	−0.07	−0.11
11个县城（区）	需水			1.03	3.11	0.3	4.44
	供水	当地水	地表水	0.21	0.19	0.00	0.41
			地下水	0.30	0.92	0.04	1.26
			再生水	0	0.13	0.16	0.30
		外调水	引汉济渭净配水	0.52	2.20	0.00	2.72
		小计		1.03	3.44	0.21	4.68
	供需平衡			0.00	0.33	−0.09	0.24
合计	需水			4.45	13.51	1.3	19.25
	供水	当地水	地表水	0.56	2.59	0.00	3.16
			地下水	1.00	3.08	0.04	4.12
			再生水	0.00	1.72	1.09	2.81
		外调水	引汉济渭净配水	2.89	6.12	0.00	9.01
		小计		4.45	13.50	1.14	19.10
	供需平衡			0.00	−0.01	−0.16	−0.15

表 3.4－5   2030 水平年引汉济渭工程调入关中水量与当地水联合配置成果

城市	供需分析	水源工程类型	水源工程	用 水 量/万 m³			
				城镇生活	生产	河道外生态	合计
5个重点城市（区）	需水			4.11	11.17	1.01	16.29
	供水	当地水	地表水	1.52	1.20	0.00	2.72
			地下水	1.21	1.76	0.01	2.97
			再生水	0	2.09	0.93	3.02
		外调水	引汉济渭净配水	1.38	6.06	0	7.45
		小计		4.11	11.11	0.94	16.16
	供需平衡			0.00	−0.06	−0.07	−0.13

城市	供需分析	水源工程类型	水源工程	用　水　量/万 m³			
				城镇生活	生产	河道外生态	合计
12 个县城（区）	需水			1.54	4.18	0.38	6.1
	供水	当地水	地表水	0.27	0.16	0.01	0.44
			地下水	0.38	0.86	0.07	1.30
			再生水	0.00	0.25	0.18	0.43
		外调水	引汉济渭净配水	0.89	3.94	0	4.84
		小计		1.54	5.20	0.25	7.01
	供需平衡			0.00	1.02	−0.13	0.91
6 个工业园区	需水			0.63	1.71	0.15	2.49
	供水	当地水	地表水	0	0	0	0
			地下水	0	0	0	0
			再生水	0	0.26	0	0.26
		外调水	引汉济渭净配水	0.63	0.95	0.08	1.66
		小计		0.63	1.21	0.08	1.92
	供需平衡			0.00	−0.50	−0.07	−0.57
合计	需水			6.28	17.06	1.54	24.87
	供水	当地水	地表水	1.79	1.36	0.01	3.16
			地下水	1.59	2.61	0.07	4.27
			再生水	0.00	2.60	1.11	3.71
		外调水	引汉济渭净配水	2.90	10.51	0.08	13.50
		小计		6.28	17.08	1.27	24.64
	供需平衡			0.00	0.02	−0.27	−0.23

中　篇

第4章 引汉济渭工程水文及地质条件

4.1 工程区水文水资源情况及特点

4.1.1 流域概况

4.1.1.1 调出区

调出区为汉江流域上游区（陕西省境内）。

汉江是长江中游最大的支流，发源于秦岭南麓，汉江干流流经陕西、湖北两省，于武汉市注入长江，干流全长 1577km。襄樊以上河流总体向东流，襄樊以下转向东南，支流延展于甘肃、四川、河南、重庆四省（直辖市）。

汉江流域面积约 15.9 万 km^2，北部以秦岭、外方山与黄河流域分界，东北以伏牛山、桐柏山构成与淮河流域的分水岭，西南以大巴山、荆山与嘉陵江、沮漳河为界，东南为江汉平原、与长江无明显分水界限。流域地势西高东低，由西部的中低山区向东逐渐降至丘陵平原区，西部秦巴山地高程 1000～3000m，中部南襄盆地及周缘丘陵高程在 100～300m，东部江汉平原高程一般在 23～40m。西部最高为太白山主峰，海拔 3767m，东部河口高程 18m，干流总落差 1964m。

汉江流域山地约占 55%，主要分布在西部，为中低山区；丘陵占 21%，主要分布于南襄盆地和江汉平原周缘；平原区占 23%，主要为南襄盆地、江汉平原及汉江河谷阶地；湖泊约占 1%，主要分布于江汉平原。

汉江流域水系发育，集水面积大于 0.1 万 km^2 的一级支流共有 19 条，其中 1 万 km^2 以上的有唐白河与堵河，0.5 万～1 万 km^2 的有洵河、丹江、夹河和南河；0.1 万～0.5 万 km^2 的有褒河、湑水河、酉水河、子午河、池河、天河、月河、玉带河、任河、岚河、牧马河、北河及蛮河等。

汉江干流丹江口以上为上游，长 925km，占汉江总长的 59%，控制流域面积 9.52 万 km^2，落差占汉江总落差的 90%。丹江口至钟祥为中游，长 270km，平均比降 0.19‰，控制流域面积 4.68 万 km^2。钟祥以下为下游，长 382km，河床平均比降为 0.06‰，集水面积 1.7 万 km^2。

汉江在陕西省省界以上流域面积为 66670km^2，其中陕西省内面积 62263km^2。

汉江横贯于秦岭、巴山之间，流域北部自西向东分布秦岭山脉，成为我国南、北方在西段的分界线。秦岭山坡北陡南缓，山势巍峨壮丽。由汉江谷地向秦岭背部展布着低山丘陵、中山、高山地貌，其中以中山地貌为主。山地脊线一般在 2000m 以上，主峰太白山海拔达 3767m。

位于川陕间的大巴山走向为西北东南向，东西长约 300km，通常以汉江支流任河为界，以西称米仓山，以东称大巴山，山地脊线平均海拔 1500～2000m，山势峥嵘，林木繁茂。由大巴山主脊向北地势逐级下降，沿汉江谷地南侧形成带状低山丘陵，海拔多在 1000～1200m。发源于大巴山的汉江支流，上游为峡谷深涧，中、下游迂回开阔，形成许多山间小"坝子"，如关口坝、元坝、红寺坝、牟家坝等，坝子中有两级河流阶地，地面平坦，农田、村镇较多集中。

汉江干流在勉县以上流经低山丘陵区，由勉县武侯镇至洋县龙亭铺为汉中盆地，长约 120km，宽一般为 5～25km，是汉江冲积的平原。

汉江经龙亭铺东流，穿行于深山峡谷之中，河谷窄深，滩险流急，为著名的黄金峡，黄金峡河段长约 10km，河深骤窄，两岸崖壁对峙，高水位时水面宽一般为 200～300m，最窄处仅为 50 余米。

汉江上游河段水系发育，河网密度大。石泉以上流域面积大于 100km² 的汉江一级支流有 22 条，左岸自上而下有大林河、沮河、堰河、外坝河、褒河、汶川河、渭水河、溢水河、党水河、酉水河、金水河、子午河等 12 条；右岸自上而下有玉带河、漾家河、濂水河、冷水河、南沙河、堰沟河、沙河、娘娘庙河、牧马河、白勉峡河等 10 条。

汉江两岸的秦巴山区，土层较薄，森林覆盖率在 80% 以上；浅山丘陵区，草木茂盛，间有小块耕地；川道和盆地是工农业发达地区。

汉江上游属开发性河流，干支流上修建多处引水、蓄水工程。

4.1.1.2 调入区

调入区为关中地区渭河流域。

渭河是黄河第一大支流，发源于甘肃省渭源县西南海拔 3495m 的鸟鼠山北侧，自西向东流经甘肃省的渭源、武山、甘谷、天水后，于凤阁岭进入陕西省，东西横贯宝鸡、杨凌、咸阳、西安、渭南等市（区）后，于潼关的港口注入黄河，全长 818km，流域总面积 13.5 万 km²。陕西省境内河长 502.4km，流域面积 6.71 万 km²。

渭河流域地形特点为西高东低，西部最高处高程 3495m，自西向东，地势逐渐变缓，河谷变宽，入黄口高程与最高处高程相差 3000m 以上。主要山脉北有六盘山、陇山、子午岭、黄龙山，南有秦岭，最高峰太白山，海拔 3767m。流域北部为黄土高原，南部为秦岭山区，地貌主要有黄土丘陵区、黄土塬区、土石山区、黄土阶地区、河谷冲积平原区等。

渭河上游主要为黄土丘陵区，面积占该区面积的 70% 以上，海拔 1200～2400m；河谷川地区面积约占 10%，海拔 900～1700m。渭河中下游北部为陕北黄土高原，海拔 900～2000m；中部为经黄土沉积和渭河干支流冲积而成的河谷冲积平原区——关中盆地（盆地海拔 320～800m，西缘海拔 700～800m，东部海拔 320～500m）；南部为秦岭土石山区，多为海拔 2000m 以上高山。其间北岸加入泾河和北洛河两大支流，其中，泾河北部为黄土丘陵沟壑区，中部为黄土高塬沟壑区，东部子午岭为泾河、北洛河的分水岭，有茂密的次生天然林，西部和西南部为六盘山、关山地区，植被良好；北洛河上游为黄土丘陵沟壑区，中游两侧分水岭为子午岭林区和黄龙山林区，中部为黄土塬区，下游进入关中地区，为黄土阶地与冲积平原区。

关中地区以渭河为主轴，两岸支流呈树枝状分布。渭河自西向东从该区穿流而过，从渭河北岸汇入的支流自西向东依次有通关河、小水河、金陵河、千河、漆水河、泾河、石川河、北洛河等，流向大部分为西北—东南，各自成为水系，其特点是源远流长、水量不丰、比降较小，由于发源于黄土丘陵和黄土高原，泥沙含量大；南岸支流众多，均发源于秦岭北坡，自西向东主要支流有清姜河、清水河、石头河、霸王河、汤峪河、黑河、涝河、沣河、灞河、零河、沈河、罗敷河等，俗称为"峪"，其特点是源短流急、河床比降大，因发源于石质山区，水流清澈，含沙量小，出峪口后进入关中平原，比降变缓。

关中地区地处陕西省中部，地势为南北高、中部低，西部高、东部低，中部是一个由西向东的地堑式构造盆地，渭河自西向东穿过盆地中部，两侧是经黄土沉积和渭河干支流冲积而成的"关中平原"。渭河两岸依次分布的地貌类型是河漫滩—阶地—黄土台塬—山前冲洪积扇—山地。渭河南北台塬高程 600～900m，盆地西缘高程 700～800m，东部高程 400m 左右，最低处潼关高程 325m。渭河北部台塬塬面宽阔平坦，连续分布，南部台塬塬面比较窄小，呈断续分布。

4.1.2 径流时空分布

4.1.2.1 调出区

汉江流域上游区径流特点为：①地域分布不均。流域内西部、南部降水较丰，东部降水较少。②年内分配不均。6—9月约占全年降水量的 60%～65%，插秧期降水稀少，河川径流也多集中在 7—10 月汛期，约占全年径流量的 50%～60%。径流年际变化不大，变差系数 C_V 多为 0.3～0.4。

4.1.2.2 调入区

关中地区的地表径流主要来源于大气降水，其分布与降水基本一致，总的趋势是由南向北递减，山区多，平原少。全区有黄龙山、子午岭、终南山、秦岭凤凰山—草链岭西部等四个径流高值区，其中秦岭西部为 200～700mm，最高区在清姜河上游大于 700mm，为陕西省渭河流域之最；最低区在泾河、洛河源头为 10～25mm。

4.1.3 调入区与调出区径流互补性分析

4.1.3.1 汉江干流与渭河干流径流互补性分析

调出区黄金峡坝址位于汉江干流洋县水文站与石泉水文站之间，调出区径流以洋县站为代表站进行说明。调入区选用渭河华县站为代表站进行说明，对其互补性进行了分析。点绘两站同步年径流量历时曲线，见图 4.1-1。华县站实测多年平均年径流量为 67.46 亿 m³，洋县站实测多年平均径流量为 56.98 亿 m³。

华县站丰水年份为 1954 年、1956 年、1958 年、1961 年、1964 年、1967 年、1968 年、1975 年、1981 年、1983 年、1984 年，洋县站丰水年份为 1956 年、1958 年、1961 年、1964 年、1981 年、1983 年，丰水年份基本相应，其丰水年年径流量见表 4.1-1。

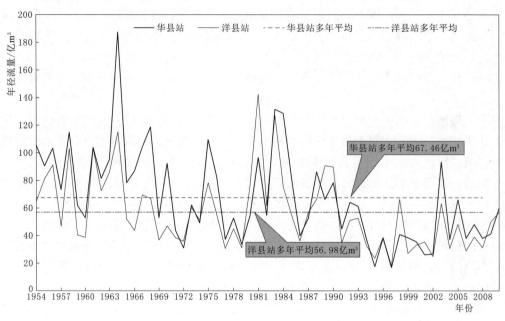

图 4.1-1　渭河华县站、汉江洋县站年径流量与历时关系曲线图

1994—2002 年、2004—2009 年同为枯水段，枯水段逐年年径流量见表 4.1-2。通过以上分析可以看出，汉江与渭河来水量基本上是丰、枯同步。

4.1.3.2　汉江支流子午河与渭河支流黑河径流互补性分析

汉江一级支流子午河以两河口站为代表站，渭河支流黑河以黑峪口站为代表站，点绘两站同步年径流量与历时曲线，见图 4.1-2。两河口站多年平均径流量为 11.3 亿 m³，黑峪口站多年平均径流量为 5.83 亿 m³。

表 4.1-1　　　　　　　　渭河华县站与汉江洋县站丰水年年径流量统计表

年份	华　县　站		洋　县　站	
	年径流量/亿 m³	丰枯程度	年径流量/亿 m³	丰枯程度
1954	105.56	丰水年	64.97	平水年
1956	103.40	丰水年	91.18	丰水年
1958	115.00	丰水年	103.15	丰水年
1961	104.00	丰水年	103.27	丰水年
1964	187.60	丰水年	115.19	丰水年
1967	104.30	丰水年	69.42	平水年
1968	118.80	丰水年	66.75	平水年
1975	109.63	丰水年	78.26	偏丰年
1981	96.60	丰水年	142.53	丰水年
1983	131.51	丰水年	127.30	丰水年
1984	128.57	丰水年	75.17	偏丰年

表 4.1－2 渭河华县站与汉江洋县站枯水段年径流量统计表

年份	华 县 站		洋 县 站	
	年径流量/亿 m³	丰枯程度	年径流量/亿 m³	丰枯程度
1994	37.45	枯水年	32.58	枯水年
1995	17.51	特枯年	23.64	特枯年
1996	38.21	枯水年	38.82	枯水年
1997	16.83	特枯年	17.95	特枯年
1998	40.81	枯水年	66.38	枯水年
1999	38.45	枯水年	27.17	特枯年
2000	35.54	枯水年	33.10	枯水年
2001	26.15	枯水年	35.48	枯水年
2002	26.72	特枯年	24.80	特枯年
2004	37.05	枯水年	30.66	枯水年
2005	66.11	枯水年	48.17	枯水年
2006	37.91	枯水年	28.87	特枯年
2007	48.08	枯水年	39.04	枯水年
2008	38.04	枯水年	31.22	枯水年
2009	41.24	枯水年	49.96	枯水年

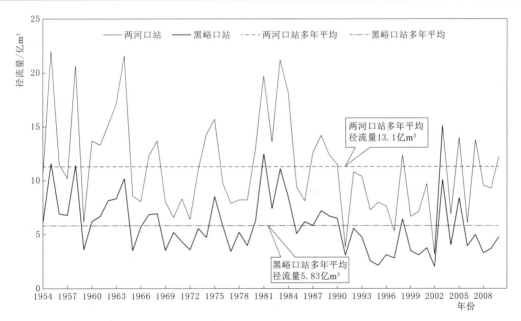

图 4.1－2 两河口、黑峪口站年径流量与历时关系曲线图

黑峪口站丰水年份为 1955 年、1958 年、1964 年、1981 年、1983 年、2003 年，两河口丰水年份为 1955 年、1958 年、1964 年、1981 年、1983 年，丰水年份基本相应，其丰

水年份年径流量见表 4.1-3。1959 年、1965 年、1969 年、1971 年、1972 年、1977 年、1979 年、1991 年、1994—1997 年、1999—2002 年、2006 年、2008 年、2009 年同为枯水年，枯水年年径流量统计见表 4.1-4。通过以上分析可以看出，子午河与黑河来水量基本上是丰、枯同步。

表 4.1-3　　　　　黑河黑峪口站与子午河两河口站丰水年年径流量统计表

年份	黑峪口站		两河口站	
	年径流量/亿 m³	丰枯程度	年径流量/亿 m³	丰枯程度
1955	11.6	丰水年	22.0	丰水年
1958	11.4	丰水年	20.7	丰水年
1964	10.2	丰水年	21.6	丰水年
1981	12.5	丰水年	19.7	丰水年
1983	11.1	丰水年	21.2	丰水年
2003	10.1	丰水年	15.1	偏丰年

表 4.1-4　　　　　黑河黑峪口站与子午河两河口站枯水年年径流量统计表

年份	黑峪口站		两河口站	
	年径流量/亿 m³	丰枯程度	年径流量/亿 m³	丰枯程度
1959	3.60	枯水年	6.15	枯水年
1965	3.51	枯水年	8.59	枯水年
1969	3.52	枯水年	8.06	枯水年
1970	5.21	平水年	6.59	枯水年
1971	4.34	枯水年	8.32	枯水年
1972	3.59	枯水年	6.42	枯水年
1977	3.43	枯水年	7.90	枯水年
1979	3.98	枯水年	8.22	枯水年
1991	3.08	枯水年	3.81	特枯年
1994	2.56	特枯年	7.29	枯水年
1995	2.15	特枯年	8.00	枯水年
1996	3.13	枯水年	7.66	枯水年
1997	2.82	特枯年	5.31	枯水年
1999	3.50	枯水年	6.68	枯水年
2000	3.11	枯水年	7.14	枯水年
2001	3.77	枯水年	9.71	枯水年
2002	2.02	特枯年	3.17	特枯年
2006	3.94	枯水年	6.09	枯水年
2008	3.30	枯水年	9.57	枯水年
2009	3.70	枯水年	9.28	枯水年

4.2 黄金峡水利枢纽水文气象条件

4.2.1 流域概况

汉江是长江中游的重要支流，发源于秦岭南麓，经汉中盆地与褒河汇合后始称汉江，干流流经陕西、湖北两省，于武汉市入汇长江，干流全长 1577km，流域面积约 15.9万 km^2。

汉江流域山地占 55%、丘陵占 21%、河谷盆地（平原）占 24%。其中秦岭山脉平均高程为 2500m，最高峰太白山海拔高程 3767m；大巴山平均高程约为 1500m，最高峰达 2500m。流域内环山壁立、峡谷深切，只有少数盆地、平原，整个地形由西北向东南倾斜。

汉江流域在丹江口以上为上游，丹江口至钟祥为中游，钟祥以下为下游。

汉江上游河段水系发育，河网密度大。石泉以上流域面积大于 $100km^2$ 的汉江一级支流有 22 条，左岸自上而下有大林河、沮河、堰河、外坝河、褒河、汶川河、湑水河、溢水河、党水河、酉水河、金水河、子午河等 12 条；右岸自上而下有玉带河、漾家河、濂水河、冷水河、南沙河、堰沟河、沙河、娘娘庙河、牧马河、白勉峡河等 10 条。汉江石泉以上水系见表 4.2-1。

表 4.2-1 汉江石泉以上水系一览表

汉 江 左 岸		汉 江 右 岸	
一级支流	流域面积/km^2	一级支流	流域面积/km^2
大林河	122	玉带河	831
沮河	1717	漾家河	566
堰河	439	濂水河	683
外坝河	196	冷水河	660
褒河	3908	南沙河	321
汶川河	223	堰沟河	168
湑水河	2340	沙河	120
溢水河	317	娘娘庙河	214
党水河	281	牧马河	2087
酉水河	963	白勉峡河	199
金水河	720		
子午河	3028		

汉江上游属开发性河流，干、支流上修建多处引水、蓄水工程。

黄金峡坝址位于汉江干流上游，上距洋县水文站（朱家村）约 72km，下距石泉水文站约 52km，控制流域面积 17070km^2。

4.2.2　气象

汉江上游属亚热带气候，冬季受西北冷高压控制，寒冷少雨雪；夏季受西南暖低压和西太平洋副热带高压的影响，炎热多雨。气候特点是四季分明，雨量充沛，多年平均年降水量在 800～1000mm。受地形及水汽入流方向的影响，多年平均年降水量西部大于东部，南岸米仓山大于北岸秦岭山区。多年平均气温在 11～15℃，东部高于西部，盆地高于山区。

黄金峡坝址处无气象资料，借用坝址附近约 37km 处的洋县气象站资料进行统计，该站位于洋县东关郊外，东经 107°33′，北纬 33°13′，观测场海拔高度 468.6m。

据洋县气象站 1961—2010 年气象资料统计，工程区多年平均气温 14.6℃，极端最高气温 39.4℃（2006 年 7 月 21 日），极端最低气温 −11.9℃（1991 年 12 月 28 日）；多年平均日照时数 1707.7h；多年平均年降水量 803mm；多年平均风速 1.2m/s，多年平均最大风速 11.2m/s，极端最大风速 16.3m/s；多年平均年蒸发量 1078.5mm（φ20cm 蒸发皿）；最大冻土深度 7cm。

4.2.3　水文基本资料

汉江石泉以上干流设有武侯镇、汉中、洋县和石泉 4 个水文站，支流设有茶店子、江口、马道、升仙村、长滩村、铁锁关、元墩、江西营、红寺坝、三华石、南沙河、石山村、酉水街、白龙塘、西乡、两河口等若干水文站。汉江上游水文站网分布见表 4.2 - 2 及图 4.2 - 1。另黄金峡坝址以上流域现有 90 个雨量站和 7 个气象站。

表 4.2 - 2　　　　　　　　　　汉江上游水文站网一览表

河名	流域	站名	站别	集水面积 /km²	设站日期	
					年	月
汉江	长江	武侯镇	水文	3092	1935	9
汉江	长江	汉中	水文	9329	1971	6
汉江	长江	洋县（朱家村）	水文	14192	1953	6
汉江	长江	石泉（二）	水文	23805	1953	12
沮水	汉江	茶店子	水文	1683	1966	1
褒河	汉江	江口	水文	2501	1971	1
褒河	汉江	马道	水位	3410	1979	8
湑水河	汉江	小河口	水文		1971	1
湑水河	汉江	升仙村	水文	2143	1940	8
溢水河	汉江	长滩村	水文	237	1958	6
党水河	汉江	石山村	水文	239	1955	8
酉水河	汉江	酉水街	水文	911	1958	8
子午河	汉江	两河口	水文	2816	1963	8
玉带河	汉江	铁锁关	水文	433	1960	3

河名	流域	站名	站别	集水面积 /km²	设站日期	
					年	月
漾家河	汉江	元墩	水文	449	1958	8
喜神坝河	濂水河	江西营	水文	84.3	1963	1
红庙河	濂水河	红寺坝	水文	21.4	1963	6
冷水河	汉江	三华石	水文	578	1948	4
南沙河	汉江	南沙河	水文	243	1963	6
牧马河	汉江	西乡	水文	1224	1974	1
牧马河	汉江	白龙塘	水文	2381	1958	7

注 石山村站于 1968 年 1 月撤销；南沙河站于 1996 年撤销。

4.2.3.1 洋县水文站

1953 年 6 月，由陕西省水文总站在汉江干流设立贯溪铺水文站，控制流域面积 14649km²。1967 年 3 月，上迁 9km 至洋县戚氏乡朱家村，改名为洋县（朱家村）水文站，控制流域面积 14192km²。1996 年，下迁至洋县城关镇汉江大桥上游，改名为洋县（二），控制流域面积 14484km²，一直观测至今。观测的项目主要有水位、流量、输沙率、泥沙颗粒级配、水温等。

测验河段较顺直，水流基本顺直。河床由沙、卵石组成，有冲淤变化。断面呈 U 形，两岸陡峭，主流靠左。

4.2.3.2 石泉水文站

1954 年，由武汉水力发电设计院在饶丰河口上游 720m 处的汉江干流设立石泉水文站，1958 年由陕西省水文总站领导。1960 年 1 月，因石泉电站开工，下迁 1600m 至石泉县城，并改名为石泉（二）迄今，控制流域面积 23805km²。观测的项目主要有水位、流量、输沙率、泥沙颗粒级配等。

测验河段基本顺直，右岸为土坎，左岸有石堤。河床系砂、砾、卵石组成，高水位有冲淤变化。断面为复式，主流靠左，低水位右岸边有局部回流，水位在 365m 以上右边漫滩。基本水尺上游 400m 有汉江大桥，800m 有石泉大坝完全控制着本站来水，下游约 300m 有红花滩，中低水位有一定控制作用。

4.2.3.3 黄金峡坝址专用水文站

该站由陕西省水文水资源勘测局于 2010 年 4 月设立，位于陕西省洋县桑溪乡曾家院村，东经 107°52′，北纬 33°16′，集水面积 17070km²。

测验河段内共布设三个断面，自上而下分别为黄金峡上坝址断面、流速仪测流断面兼基本水尺断面和黄金峡下坝址断面。上坝址断面至基本水尺断面间距为 370m，基本水尺断面至下坝址断面间距为 800m。

4.2.4 径流、洪水、泥沙成果

坝址以上汉江流域面积 1.71 万 km²，根据上游洋县水文站 1954—2010 年实测径流系列推算，坝址处天然径流量为 75.41 亿 m³。

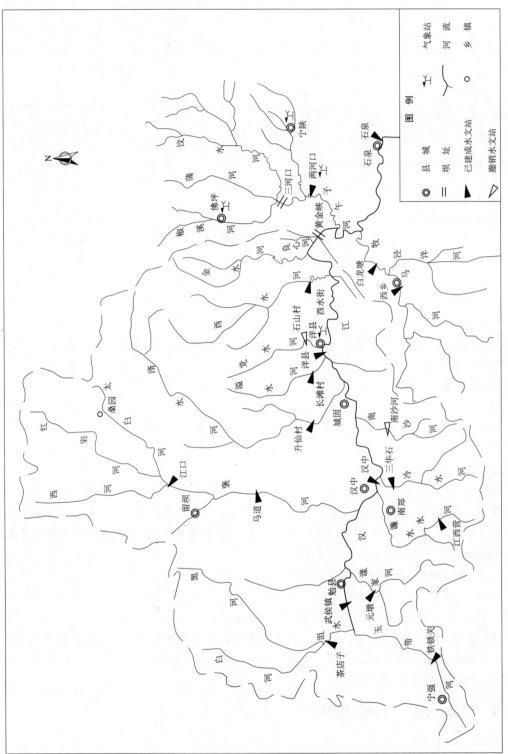

图 4.2-1 汉江上游水文站网图

根据洋县站和石泉站 1954—2010 年洪水系列，加入 1903 年、1949 年调查洪水，以两站不同频率洪水，按面积内插得坝址设计洪水标准（$p=1\%$）洪峰流量为 18800m³/s，校核洪水标准（$p=0.1\%$）洪峰流量为 26400m³/s。

根据洋县水文站 1956—2010 年实测资料，推算得坝址处多年平均悬移质输沙量为 574 万 t，推移质输沙量为 57.4 万 t。

4.3 三河口水利枢纽水文气象条件

4.3.1 流域概况

子午河是汉江上游北岸的一级支流，位于北纬 33°18′～33°44′、东经 107°51′～108°30′之间，分属宁陕县、佛坪县管辖。河流上游由汶水河、蒲河、椒溪河汇合而成，主源汶水河发源于宁陕、周至、鄠邑区（原户县）交界的秦岭南麓，由东北向西南流经宁陕县境内，在宁陕县与佛坪县交界处与蒲河、椒溪河汇合后称子午河，汇合后由北流向南，在两河口附近有堰坪河汇入，继续流向西南，于石泉县三花石乡白沙渡附近入汉江。河流全长 161km，流域面积 3010km²，河道平均比降 5.44‰，流域呈扇形。

子午河流域地势北高南低，主峰秦岭梁海拔 2965m，流域主要为土石山区，植被良好，林木茂密，森林覆盖率达 70%，水土流失轻微。20 世纪 80 年代后，由于经济的发展，佛坪县县城附近局部林木遭到破坏，水土流失增加，造成椒溪河佛坪县城以下河流的含沙量有所增大。

三河口水库坝址位于子午河三河口以下约 2km 处，坝址以上河长 108km，控制流域面积 2186km²，占全流域面积的 72.6%，坝址处河床高程 525.00m（黄海）。

4.3.2 气象

子午河流域属北亚热带湿润、半湿润气候区，四季分明，夏无酷热，冬无严寒，春季升温迅速、间有"倒春寒"现象，秋凉湿润多连阴雨。三河口水库坝址附近无气象观测资料，气象特性借用宁陕县气象站（观测场海拔高度 802.4m）实测资料来说明，据该站 1961—2010 年资料统计，多年平均气温 12.3℃，极端最高气温 37.4℃，最低气温 −16.4℃；多年平均降水量 903mm，多年平均蒸发量 1209mm，多年平均风速 1.2m/s，风向多南西南，多年平均年最大风速 9.1m/s，最大风速 12.3m/s，风向南西南，土层冻结期为 11 月到次年 3 月，最大冻土深度 13cm。

4.3.3 水文基本资料

子午河流域 1963 年 3 月设立两河口水文站，邻近西水河 1958 年 8 月设立西水街水文站，党水河 1955 年 8 月设立石山村水文站，溢水河 1958 年 6 月设立长滩村水文站，湑水河 1940 年 1 月设立升仙村水文站。子午河及邻近流域水文站网分布示意见图 4.3-1。观测项目有水位、流量、泥沙、降水、蒸发等。子午河及邻近流域水文站基本情况见表 4.3-1。另外，为满足三河口水库工程建设需要，2010 年 4 月在水库坝下游设立大河坝水文站，观测项目有水位、流量、降水等。

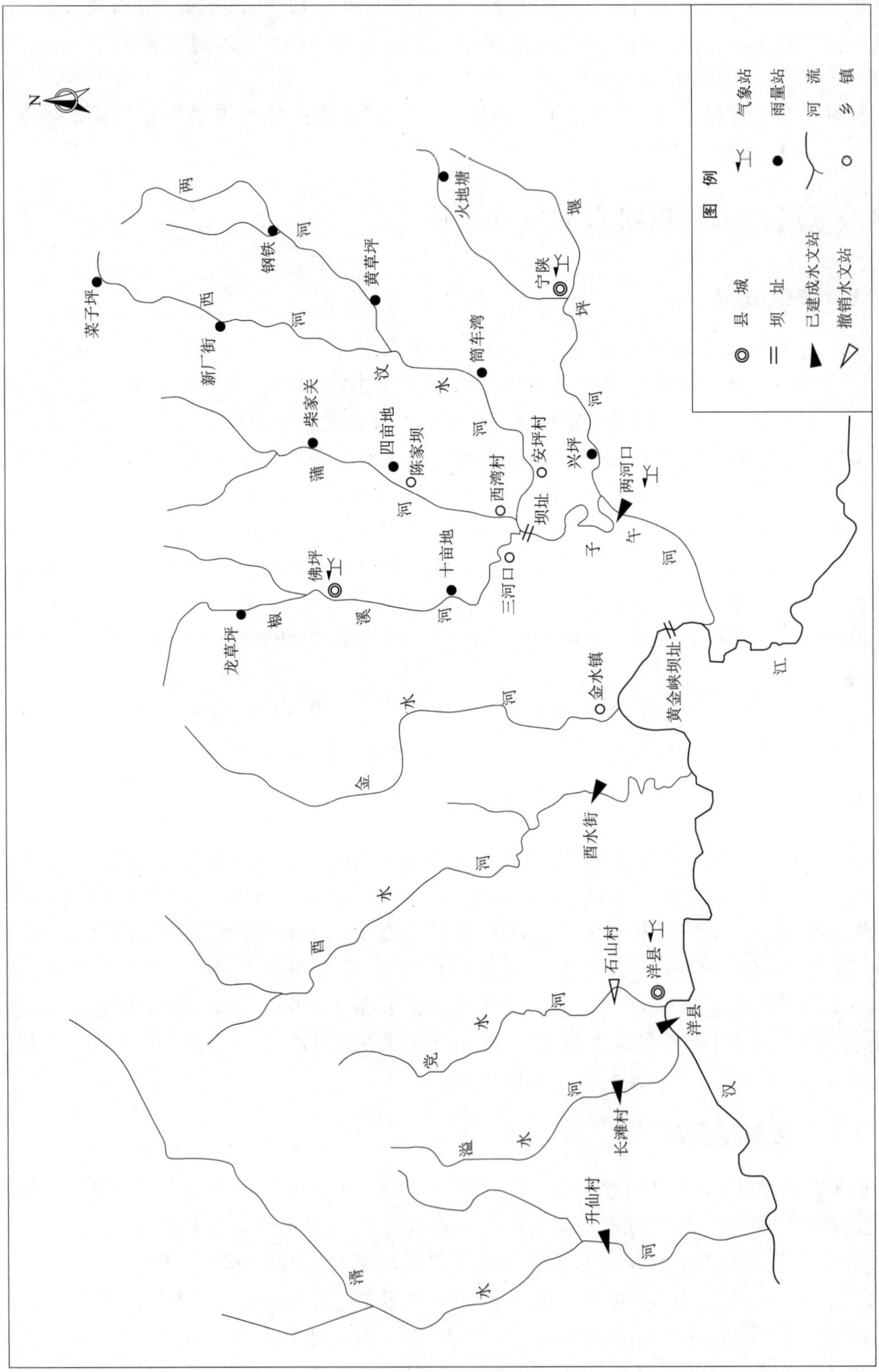

图 4.3 - 1 子午河及邻近流域水文站网分布示意图

表 4.3－1　　　　　　　　　　子午河及邻近流域水文站基本情况一览表

河流	测站	流域面积/km²	地理位置		设站时间	资料年限	观测项目
			东经	北纬			
子午河	两河口	2816	108°04′	33°16′	1963年3月	1964—2010年（1977—1980年仅观测水位）	水位、流量、泥沙、降水、蒸发等
西水河	西水街	911	107°46′	33°17′	1958年8月	1959—2010年	水位、流量、泥沙、降水、蒸发等
湑水河	升仙村	2143	107°16′	33°16′	1940年1月	1950—2010年	水位、流量、泥沙、降水、蒸发等
溢水河	长滩村	237	107°26′	33°16′	1958年6月	1959—2010年	水位、流量、泥沙、降水等
子午河	大河坝	2186	108°03′	33°21′	2010年4月	2011—2012年	水位、流量、降水等

子午河流域自1959年起，先后设立了四亩地、钢铁、筒车湾、龙草坪、火地塘、十亩地、新厂街、菜子坪、黄草坪、兴坪等雨量站，各雨量站的位置见图4.3－1，基本情况见表4.3－2。

表 4.3－2　　　　　　　　　　子午河流域雨量站基本情况一览表

河流	站名	观测地点	地理位置		设站时间	资料年限
			东经	北纬		
蒲河	四亩地	宁陕县四亩地乡四亩地	108°07′	33°29′	1959年	1959—2010年
两河	钢铁	宁陕县钢铁乡上两河	108°23′	33°16′	1965年	1965—2010年
汶水河	筒车湾	宁陕县筒车湾乡筒车湾	108°13′	33°24′	1967年	1967—2010年
椒溪河	龙草坪	佛坪县龙草坪乡龙草坪	107°58′	33°38′	1980年	1980—1989年
长安河	火地塘	宁陕县老城乡火地塘	108°27′	33°26′	1977年	1977—2010年
椒溪河	十亩地	佛坪县十亩地乡十亩地	108°02′	33°23′	1978年	1978—1989年
西河	新厂街	宁陕县新厂街乡新厂街	108°17′	33°39′	1980年	1980—2010年
西河	菜子坪	宁陕县新厂街乡菜子坪	108°19′	33°45′	1980年	1980—1988年
两河	黄草坪	宁陕县皇冠乡黄草坪	108°18′	33°30′	1980年	1980—1997年
堰坪河	兴坪	石泉县兴坪乡斩龙垭	108°10′	33°18′	1980年	1980—2010年

4.3.4　径流、洪水、泥沙成果

坝址以上子午河流域面积2186km²，根据下游两河口水文站1954—2010年径流系列并进行雨量修正后计算得坝址处天然径流量为8.70亿m³。

根据两河口站1963—2010年洪水系列，加入1925年调查洪水，以两河口站不同频率洪水，按面积比拟法得坝址处设计标准洪水设计洪水标准（$p=0.2\%$）洪峰流量为7430m³/s，校核洪水标准（$p=0.05\%$）洪峰流量为9210m³/s。

根据两河口站1954—2010年泥沙资料，推算得坝址处多年平均悬移质输沙量为41.5

万 t，推移质输沙量为 8.3 万 t。

4.4 秦岭输水隧洞水文气象条件

4.4.1 秦岭隧洞黄三段

秦岭输水隧洞黄三段南起汉江黄金峡泵站出水池，沿东北方向到达支流子午河三河口水利枢纽右岸坝后，全长 16.48km。隧洞沿线共布设 4 条施工支洞。其中，1 号支洞进口位于远离支沟的坡地；2 号支洞进口位于良心河支流东沟河左岸，距离东沟河口约1.2km；3 号支洞进口位于子午河支流沙坪河右岸；4 号支洞进口位于子午河右岸，三河口水库坝址下游 1.8km 处。黄三段工程流域水系示意图见图 4.4－1。

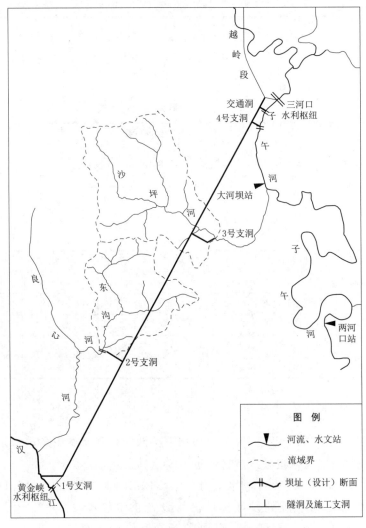

图 4.4－1 黄三段工程流域水系示意图

4.4.1.1　良心河流域概况

良心河是汉江北岸的一级小支流，西邻金水河，东与子午河相接，河流全长13.7km，流域面积46.8km²，河道平均比降43.8‰。东沟河是良心河的一级支洞，2号支洞出口以上全长6.0km，流域面积11.4km²，河道平均比降59‰。

沙坪河为子午河的一级支流，全长11.2km，流域面积26.6km²，在大河坝镇附近汇入子午河。沙坪河3号支洞进口以上全长7.6km，流域面积18.5km²，河道平均比降78‰。

施工支洞涉及河流上游无大、中型水利工程，其中3号支洞沙坪河上游900m处建有沙坪水库，控制面积16.5km²，总库容18万m³，有效库容12万m³，为小（2）型，防洪标准为30年一遇设计，100年一遇校核。

4.4.1.2　气象

工程与三河口水利枢纽位于同一气候区，气象条件相近，气象要素同三河口坝址气象要素。

4.4.1.3　水文基本资料

东沟河、沙坪河无实测水文资料，子午河有两河口站、大河坝站实测水文资料，其基本情况见表4.3-1。

4.4.1.4　洪水及洪水位成果

黄三段为引水隧洞，两端分别为黄金峡、三河口水利枢纽，作为永久工程的隧洞工程本身无防洪要求。位于子午河上的永久交通洞，其进口位于子午河右岸，有防洪要求，其防洪标准为50年一遇设计、200年一遇校核。2号支洞作为运行期永久检修洞，其进口位于东沟河左岸，有防洪要求，其防洪标准为50年一遇设计，200年一遇校核；3号、4号支洞为临时性建筑物，隧洞进口邻近河道，需考虑施工期防洪要求，施工期为全年，防洪标准为20年一遇。各洞口设计洪水及设计洪水位成果见表4.4-1。

表4.4-1　　　　　　　　　各洞口设计洪水及设计洪水位成果表

断面位置	项　　目	各频率的设计值		
		0.5%	2%	5%
2号支洞（检修洞）	流量/(m³/s)	198	135	104
	水位/m	601.89	601.50	601.28
3号支洞	流量/(m³/s)			134
	水位/m			635.04
4号支洞	流量/(m³/s)			3460
	水位/m			531.80
交通洞	流量/(m³/s)	6280	4560	3460
	水位/m	538.03	536.08	534.63

4.4.2　秦岭输水隧洞越岭段

秦岭输水隧洞越岭段南起黄三隧洞出口控制闸，沿东北方向经三河口水利枢纽右岸坝后穿越椒溪河，北上穿越黑河支流王家河最终到达周至县楼观镇黄池沟，全长

81.779km。共布设 10 条施工支洞，涉及的主要河流有蒲河、椒溪河、虎豹河、王家河、黑河、黄池沟。

输水隧洞越岭段所涉及的支洞主要有椒溪河支洞、0 号、0$_{-1}$ 号、1 号、2 号、3 号、4 号、5 号、6 号、7 号支洞，共计 10 个。其中椒溪河支洞、0 号、0$_{-1}$ 号、1 号、2 号、3 号、4 号支洞进口位于秦岭以南。5 号、6 号、7 号支洞进口位于秦岭以北。

越岭段流域水系图见图 4.4 - 2。

4.4.2.1　流域概况

1. 椒溪河、蒲河

椒溪河、蒲河为子午河上游支流，流域属秦岭南麓土石山区，植被良好。椒溪河河流全长 70km，流域面积 596km^2，河道平均比降 18.7‰。蒲河河流全长 58km，流域面积 496km^2，河道平均比降 26.6‰。

椒溪河支洞口位于椒溪河干流，0 号、0$_{-1}$ 号、1 号、2 号、3 号支洞洞口均位于蒲河干流，4 号支洞位于蒲河支流麻河。

2. 黑河、王家河、黄池沟

黑河是渭河一级支流，流域面积 2258km^2，干流总长 125.8km，河道平均比降 8.8‰。流域属秦岭北麓土石山区，流域内山势陡峻，植被良好，水流清澈。

王家河是黑河峪口以上右岸的一级支流，流域面积为 297.6km^2，河长 29.7km，河道平均比降 36.1‰。

黄池沟为黑河峪口段右岸一级支流，流域面积 21.3km^2，全长 10.9km，河床平均比降 80.8‰。

5 号、6 号支洞位于黑河王家河上，7 号支洞位于黑河干流陈河乡上游 2km 处。

秦岭隧洞越岭段出口位于黄池沟。

各施工支洞控制流域面积及防洪标准见表 4.4 - 2。

表 4.4 - 2　　　　　　　　　各施工支洞控制流域面积及防洪标准

支洞	河流	流域面积 /km^2	建筑物级别		防洪标准
椒溪河	椒溪河	596	施工支洞	4 级	20 年一遇
0 号	蒲河	458	施工支洞	4 级	20 年一遇
0$_{-1}$ 号	蒲河	415	施工支洞	4 级	20 年一遇
1 号	蒲河	365	施工支洞	4 级	20 年一遇
2 号	蒲河	325	施工支洞	4 级	20 年一遇
3 号	蒲河	317	永久支洞（检修洞）	3 级	50 年一遇设计、200 年一遇校核
4 号	麻河	88	施工支洞	4 级	20 年一遇
5 号	王家河	102	施工支洞	4 级	20 年一遇
6 号	王家河	297.6	永久支洞（检修洞）	3 级	50 年一遇设计、200 年一遇校核
7 号	黑河.	1377	施工支洞	4 级	20 年一遇
隧洞出口	黄池沟	21.3	隧洞出口		50 年一遇设计、200 年一遇校核

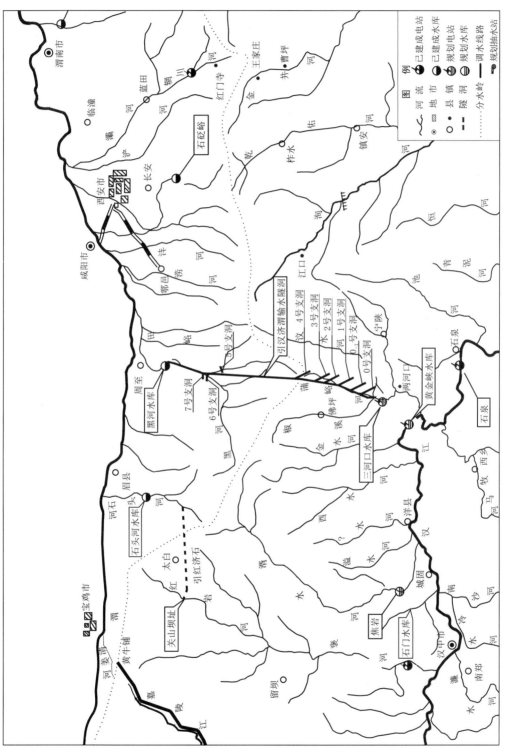

图 4.4-2 越岭段流域水系示意图

4.4.2.2　气象

岭南子午河流域气象情况见 4.3.2 小节。

岭北黑河流域工程区属暖温带半干旱半湿润大陆性季风气候，四季分明，冬夏温差大，具有春暖干燥、夏季燥热、秋季湿润、冬寒少雪的气候特点。据周至县气象站多年资料统计，全年平均风速 1.3m/s，最大风速 20m/s。多年平均气温 13.2℃，多年平均降水量 638.3mm，最大冻土深度 24cm，多年平均蒸发量 1151mm。

4.4.2.3　洪水及洪水位成果

秦岭隧洞越岭段洪水成果表见表 4.4-3。

表 4.4-3　　　　　　　　　　　秦岭隧洞越岭段洪水成果表

断面位置	项　目	不同频率的设计值		
		$p=0.5\%$	$p=2\%$	$p=5\%$
椒溪河	流量/(m³/s)			1450
	水位/m			565.88
蒲河 0 号支洞	流量/(m³/s)			1220
	水位/m			651.75
蒲河 0_{-1} 号支洞	流量/(m³/s)			1140
	水位/m			689.87
蒲河 1 号支洞	流量/(m³/s)			1050
	水位/m			747.87
蒲河 2 号支洞	流量/(m³/s)			970
	水位/m			787.96
蒲河 3 号支洞	流量/(m³/s)	1740	1270	
	水位/m	843.15	842.58	
蒲河 4 号支洞	流量/(m³/s)			410
	水位/m			1140.86
王家河 5 号支洞	流量/(m³/s)			250
	水位/m			975.46
王家河 6 号支洞	流量/(m³/s)	1130	750	
	水位/m	721.49	720.36	
黑河 7 号支洞	流量/(m³/s)			2090
	水位/m			618.90
黄池沟	流量/(m³/s)	154	105	
	水位/m	507.98	507.30	

4.5 工程区区域地质条件

4.5.1 地形地貌

工程区位于秦岭基岩山区，山脉走向近东西向，山体硕大，谷地窄小，主脊偏北侧，北坡陡而短，地形陡峭，又多峡谷，南坡山麓缓长，坡势较缓。地貌总体受构造控制，在新构造作用影响下，经长期水流侵蚀、切割，形成了较为复杂的地貌单元。地势总体呈中间高而南北低，最高峰光秃山位于小王涧以南，高程 2704.60m，调出区最低点位于黄金峡汉江河谷，高程 405m 左右，调入区最低点位于黑河河谷，高程 500m 左右。地貌景观受基底构造特征及其活动性控制，反映了区域基底构造的基本轮廓。按其形态特征和物质组成的不同进一步划分为：秦岭岭南中、低山区，秦岭岭脊中、高山区，秦岭岭北中、低山区三个地貌单元。

1. 秦岭岭南中、低山区

秦岭岭南中低山区位于柴家关以南，海拔标高 500～1500m。河谷总体走向呈北东东向，支沟发育，多呈羽状及树枝状，河谷比较开阔，一般宽度 100～300m，最宽处可达 800m，最窄处仅 50m，纵向比降 14.5‰，两侧斜坡自然坡度 30°～40°，沟谷内多有常年流水，在雨季常洪涝成灾。

2. 秦岭岭脊中、高山区

秦岭岭脊中、高山区位于柴家关以北，小王涧和板房子以南的秦岭西部山脉，包括三十担银梁、光秃山，为区内的南北分水岭，海拔在 1000～2500m。地势陡峻，南缓北陡，山坡坡度一般大于 45°。

3. 秦岭岭北中、低山区

秦岭岭北中低山区位于小王涧和板房子以北，由黑河河谷及其支流王家河、虎豹河河谷组成。黑河河谷总体走向呈北东向，王家河、虎豹河河谷总体呈南北—北西西向，其支沟均较为发育，呈羽状及树枝状，河谷切割深度几十米至数百米不等，沟谷以 V 形谷、峡谷为主，宽度约 30～50m，最窄处仅 20m，河谷纵比降约 80.2‰，两侧斜坡自然坡度 40°～60°，河谷内有常年性河流，水量随季节变化幅度较大。

4.5.2 地层岩性

工程区内除广泛分布第四系冲积、洪积、坡积和风积层外，以中生界白垩系砂岩夹砂砾岩，上古生界石炭系及泥盆系变砂岩、千枚岩、片岩及大理岩，下古生界志留系变砂岩、结晶灰岩及大理岩、片岩、变砂岩、千枚岩及角闪岩，中上元古界变粒岩、大理岩、石英岩及石英片岩，下元古界片麻岩、角闪岩及变粒岩，太古界片麻岩为主，局部出露印支期花岗岩、华力西期闪长岩、加里东晚期花岗岩和闪长岩体，各岩性相互间多呈断层接触、侵入接触或角度不整合接触。

4.5.3 区域地质构造及地震

4.5.3.1 区域大地构造背景

工程区域跨越了秦岭褶皱系和扬子准台地两个一级大地构造单元区，南与松潘-甘孜褶皱系相邻，北与华北准地台相邻（见图4.5-1）。其构造线方向，秦岭褶皱系以北西向为主，东部转为北西西向，扬子准台地以北东向为主，各构造单元的分界均为深大断裂，具有深切割及长期活动的特点。

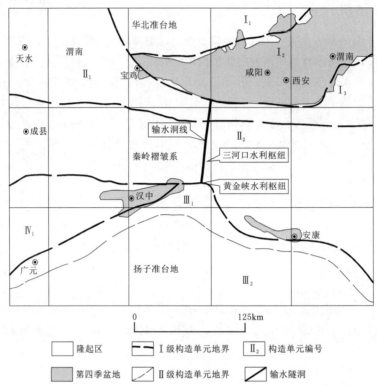

I₁—鄂尔多斯台向斜；I₂—汾渭断陷盆地；I₃—豫西断隆；II₁—北秦岭褶皱系；
II₂—南秦岭褶皱系；III₁—扬地台北缘台缘褶带；III₂—四川台向斜；IV₁—巴斯喀拉褶皱系

图4.5-1　工程区大地构造单元

4.5.3.2　区域主要构造

1. 区域主要断裂

根据断裂构造规模，区域内断裂分为：区域性深大断裂（I级构造）、近场区主要断裂（II级构造）、一般断层（III级构造，一般规模断层）及IV级构造（小规模断层）。主要断裂构造示意如图4.5-2所示。

区域主要发育深大断裂（I级构造）5条：宝鸡-蓝田-华阴断裂带（IF_2），是一级构造单元华北准台地与秦岭褶皱系的分界断裂，地貌上是渭河盆地与秦岭山地的分界断裂，一堵墙-涝峪-草坪断裂带（IF_5）、古脊梁-沙沟街-十五里铺断裂带（IF_7）、紫柏山-山阳-青山断裂带（IF_8）、阳平关-洋县断裂带（IF_{11}）。

近场区主要断裂（II级构造）9条：周至-余下断裂（Fi_1）、岐山-马召断裂（Fi_2）、商县-丹凤断裂（Fi_3）、凤镇-山阳断裂（Fi_4）、西岔河-两河口-狮子坝断裂（Fi_5）、两河口-光头山断裂（Fi_6）、饶峰-麻柳坝-钟宝断裂（Fi_7）、饶峰-石泉断裂（Fi_8）、大河坝-白光山断裂（Fi_9）。

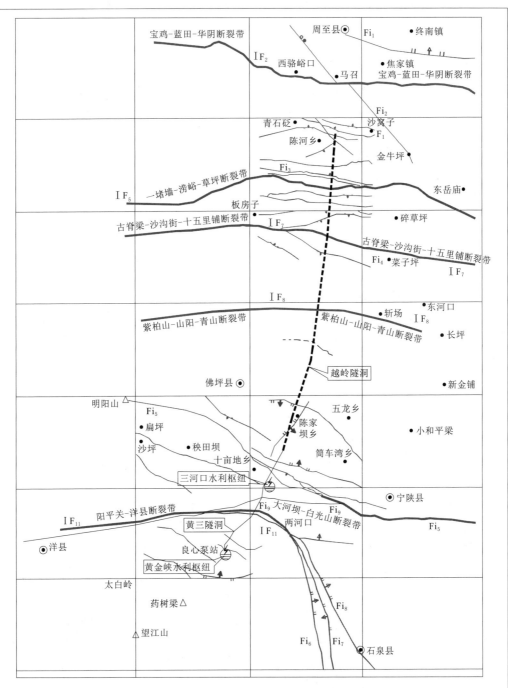

图 4.5－2　工程区主要断裂构造示意图

ⅠF_2—宝鸡-蓝田-华阴断裂带；　ⅠF_5—一堵墙-涝峪-草坪断裂带；　ⅠF_7—古脊梁-沙沟街-十五里铺断裂带；

ⅠF_8—紫柏山-山阳-青山断裂带；　ⅠF_{11}—阳平关-洋县-宁陕-白塔断裂带；

Fi_1—周至-余下断裂；Fi_2—岐山-马召断裂；Fi_3—商县-丹凤断裂；Fi_4—凤镇-山阳断裂；Fi_5—西岔沟-两河-狮子坝断裂；

Fi_6—两河-光头山断裂；Fi_7—饶峰-麻柳坝-钟宝断裂；Fi_8—饶峰-石泉断裂；Fi_9—大河坝-白光山断裂。

91

工程区主要断层（Ⅲ级构造）27 条，Ⅳ级构造（小规模断层）数量较多，规模较小，在此不一一叙述。

2. 区域主要褶皱

区域发育褶皱 12 个：佛坪复背斜、板房子-小王涧复式向斜、黄石板背斜、高桥-黄桶梁复式向斜、大龙山-秧田坝倾伏背斜、黑峡子-阳庄河街倒转倾伏向斜、小龙山-三岔庵倾伏背斜、长许家台-铁炉乡复向斜、汤坪-东河背斜、宁陕-太山庙向斜、佛坪县东复背斜、朝阳庙向斜。

4.5.3.3　区域地震活动性

工程区自有史记载以来共记载 $4\frac{3}{4}$ 以上地震 67 次，其中 $4\frac{3}{4}$～4.9 级地震 13 次，5.0～5.9 级地震 37 次，6.0～6.9 级地震 13 次，7.0～7.9 级地震 2 次，8.0～8.9 级地震 2 次，最大地震为 1556 年陕西华县 $8\frac{1}{4}$ 级地震和 1654 年甘肃天水 8.0 级地震。

区域破坏性地震空间分布不均匀，主要集中在渭河盆地、六盘山—宝鸡一带、甘东南和陕南的汉中—安康一线，另外，北部黄土高原也有零星破坏性地震发生。特别是前三个地区 6 级以上地震较多，最高震级达 8 级。总的看来，在空间上无论是历史地震还是 1970 年来的小地震，多集中在区域北面的关中地区及西北面的西海固和天水成县一带，工程区域附近地震相对较少。

4.5.3.4　区域构造稳定性评价

工程区位于秦岭基岩山区，构造运动以整体上升为主，晚更新世以来断裂不活动，历史和现代震级小，遭受的地震影响烈度低，属构造较稳定地区。

4.5.3.5　工程区地震动参数

2008 年陕西省大地地震工程勘察中心对陕西省引汉济渭工程场地进行了地震安全性评价（陕震安字〔2008〕24 号文批复）。

工程区地震动峰值加速度以板房子—杨家山—老庄子为界，以北地区地震动峰值加速度为 $(0.10～0.15)g$，特征周期为 0.40s，对应地震基本烈度为Ⅶ度；以南地区地震动峰值加速度为 $(0.05～0.09)g$，特征周期为 0.45～0.53s，对应地震基本烈度为Ⅵ度。工程场地地面地震动参数见表 4.5-1。

表 4.5-1　　　　　　　　　工程场地地面地震动参数一览表

工程场地名称	50 年超越概率 10%			100 年超越概率 2%		
	峰值加速度 a_{max}	特征周期 T_g/s	相应地震烈度/度	峰值加速度 a_{max}	特征周期 T_g/s	相应地震烈度/度
黄金峡水利枢纽	0.067g	0.45	Ⅵ	0.178g	0.5	Ⅶ
三河口水利枢纽	0.062g	0.53	Ⅵ	0.146g	0.57	Ⅶ
秦岭输水隧洞黄三段进口段	0.066g	0.46	Ⅵ	0.176g	0.51	Ⅶ
秦岭输水隧洞黄三段出口段	0.062g	0.53	Ⅵ	0.146g	0.58	Ⅶ
秦岭输水隧洞越岭段进口段	0.061g	0.54	Ⅵ	0.141g	0.59	Ⅶ
秦岭输水隧洞越岭段出口段	0.139g	0.39	Ⅶ	0.397g	0.48	Ⅷ

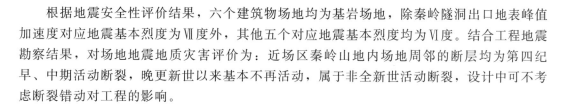

根据地震安全性评价结果，六个建筑物场地均为基岩场地，除秦岭隧洞出口地表峰值加速度对应地震基本烈度为Ⅶ度外，其他五个对应地震基本烈度均为Ⅵ度。结合工程地震勘察结果，对场地地震地质灾害评价为：近场区秦岭山地内场地周邻的断层均为第四纪早、中期活动断裂，晚更新世以来基本不再活动，属于非全新世活动断裂，设计中可不考虑断裂错动对工程的影响。

4.5.4 区域水文地质

工程区各地貌单元在构造作用影响下，长期受水流侵蚀与切割，区域内冲沟发育，冲沟以树枝状展布，各支沟相对独立，多呈 V 形；地形地貌、地质构造、地层岩性相对复杂，对区域水文地质有明显控制作用。

根据工程区出露的地层岩性及地质构造特征，按含水层性质将该区域地下水类型分为第四系孔隙水、基岩裂隙水和碳酸盐岩类岩溶水三大类，且主要以潜水为主，裂隙水局部具弱承压性。枯水期沟谷河流多为山泉汇集，汛期多降雨径流形成。

第四系孔隙水主要为分布于山区沟谷的残坡积层、沟口及河岸的冲洪积层孔隙潜水，分布不连续、狭窄且薄层，受大气降水上游地表水及两岸裂隙水补给，总体流向与地形坡向基本一致，向冲沟或河流排泄，部分下渗补给基岩裂隙水。孔隙水主要受降水补给，水位高程年内变化大。受秦岭南北地势影响，岭南第四系松散层较岭北发育，赋存条件好，水量相对较为丰富，岭南单泉流量一般为 0.2～0.5L/s，岭北单泉流量为 0.1～0.3L/s，区内孔隙水水质多为良好。

基岩裂隙水主要赋存于山体表层风化壳、新鲜基岩层理及构造裂隙中，以潜水为主，局部受构造影响具弱承压性，无统一含水层。基岩多出露地势较高处，风化裂隙相对发育，风化壳厚度一般为 50～70m，总体以大气降水补给为主；在有第四系松散层覆盖地区，下部基岩主要受上覆松散层孔隙水补给，补给程度与地形地貌、岩体裂隙发育程度等关系密切。地下水径流方向与所处沟谷地形趋势基本一致，经基岩裂隙径流汇集遇底部完整基岩后以泉的形式出露排泄。受降水影响，泉水流量季节性变化明显。

碳酸盐岩类岩溶水主要分布于岭南中下元古界的大理岩地层和岭北上元古界的大理岩夹片岩地层，一般以下降泉形式在沟谷出露，泉水水量相对较小，主要受大气降水及上覆松散层潜水补给。

4.6 黄金峡水利枢纽工程地质条件

4.6.1 基本地质条件

4.6.1.1 地形地貌

黄金峡水利枢纽库区总体地势西高东低，汉江总体流向由西向东。按地貌形态水库区河谷可分为中低山峡谷、低山丘陵宽谷和构造盆地河谷三大类型（见图 4.6-1）。

中低山峡谷：河谷为 V 形深切峡谷，河床宽度 50～100m，两岸山坡陡峻，自然坡角多达 45°以上，局部岸段近直立。两岸基岩多裸露，河床以漫滩为主、阶地不发育。

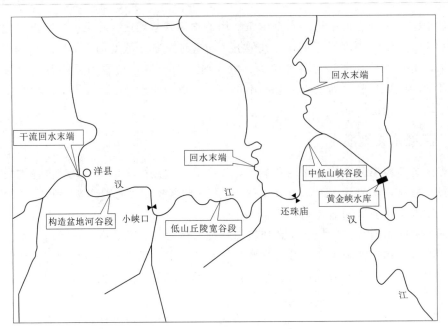

图 4.6-1   黄金峡水利枢纽地貌类型分段示意图

低山丘陵宽谷：河谷形态呈 U 形宽谷，河床宽 100～300m，山坡自然坡角一般在 45°以下。河漫滩较发育，两岸岸坡相对较缓，零星分布一至三级河谷阶地，其中一级阶地多为堆积阶地，二、三级阶地为基座阶地。

构造盆地河谷：河谷呈开阔的 U 形，河床宽度 150～250m。两岸发育有高、低漫滩和一、二级阶地，一级阶地阶面宽度 1000～2500m，二级阶地阶面宽度 1000～3000m。

坝址区位于石泉水库库尾回水末端汉江干流上，在良心沟沟口下游约 2km，地貌形态属中低山峡谷，坝址区河谷呈深切 V 形，左岸山坡地形相对较缓，天然坡度 37°～40°，右岸地形上缓下陡，高程 640.00m 以上天然坡度约 26°，下部天然坡度约 45°，局部达 50°以上。

4.6.1.2   地层岩性

水库区内出露地层有太古至下元古界（Ar～Pt$_1$）、志留系、石炭系的变质岩地层及下元古界（Pt$_1$）、蓟县（现蓟州区）系、青白口系、三叠系的侵入岩和第四系的松散堆积地层，各地层分布明细见表 4.6-1。坝址区主要出露晚元古代青白口纪侵入的碾子沟组竹园沟段（Qn^{zy}）中粒花岗片麻岩。

表 4.6-1   库坝区出露地层分部明细表

地 层 时 代	主 要 岩 性	分 布 特 征
太古～下元古界后河群响洞子岩组（Ar～Pt$_1$）x	黑云角闪斜长片麻岩夹斜长角闪岩	透镜体状出露于懒人床坝址下游 600m 处的汉江右岸，出露面积较小
志留系梅子垭岩组（Sm） 变质砂岩段（Sm^{ss}）	石英片岩、长石片岩夹二云石英片岩	带状出露于金水河简庄村北至沙坑村
志留系梅子垭岩组（Sm） 云母片岩段（Sm^{sch}）	二云石英片岩，石榴二云石英片岩	出露于金水河两岸 F$_1$ 大断裂北侧至简庄村北

续表

地层时代		主要岩性	分布特征
石炭系马平组（Cm）		灰岩、结晶灰岩、片状灰岩	出露于金水街大桥两岸及其北400m处的金水河右岸及周坪村北三处，分布面积较小
下元古界侵入岩	代肖河岩套（Pt_1Dgn）	角闪斜长片麻岩	分布于金水河左岸F_1大断裂以南金水河口以北
	良心河岩套（Pt_1Lgn）	花岗片麻岩	出露于屈家半坡上游至瓦滩上游300m处汉江两岸及金水河口至其上游500m范围内
蓟县（现蓟州区）系白沔峡组袁家沟段（JxY）侵入岩		细粒角闪辉长岩	出露于剪子河口下游至小黑沟口上游的汉江两岸，与Pt_1Lgn交互出露
青白口系侵入岩	西水组	中细粒紫苏辉石闪长岩	分布于子房沟下游600m至F_4断层下游100m处的汉江两岸
		中粒闪长岩	分布于石佛店下游200m至屈家半坡上游200m范围内的汉江两岸，金水河口至金水街段的金水河右岸亦有大面积露头
	碾子沟组	中细粒石英闪长岩	分布于韩庄及赵家河坝至柳树沟沟口和寨沟至子午河口段之间的汉江两岸，出露面积较大
		中粒石英闪长岩	分布于黄家河口下游1km至赵家半坡上游200m及西水河口上游300m至石佛店下游200m及柳树沟至橡树沟三段汉江两岸
		中细粒含角闪英云闪长岩	分布于索家河口至茶坊下游之间的汉江及其下游左右岸至黄家河口下游1km处
	五堵门组	中粒角闪英云闪长岩	分布于索家河沟口至其上游300m汉江右岸和杏亭河口至其下游400m汉江左岸，整体呈条带状分布
		中细粒英云闪长岩	分布于庞家村及其下游汉江两岸至肖拐沟—茶坊一线，面积广泛
		中细粒含白云母英云闪长岩	零星分布于蒙家渡至朱家坝汉江右岸江水边及黄马沟至上河坝下游800m处的汉江右岸
	黄家营组	中粒二长花岗岩	分布于小黑沟及其上游1.5km范围内
三叠系侵入岩		橄榄岩	呈岩脉状分布于剪子河下游汉江右岸，范围较小
		中细粒二长花岗岩	呈脉状分布于金水街金水桥北，出露面积较小
第四系松散堆积		卵石、壤土、碎石土	分布于河流漫滩、阶地及斜坡表面

4.6.1.3 地质构造

水库区内褶皱构造不发育，主要构造形迹为断层和裂隙。

断层主要以Ⅳ级构造（小规模断层）为主，无Ⅱ级构造出露，出露的Ⅰ、Ⅲ级构造特征见表4.6-2。其中坝址区发育小规模断层21条，断层带宽度一般为10~20cm，最大不超过0.5m，坝址区小规模断层特征见表4.6-3。

受构造应力影响，上、下坝址普遍发育三组裂隙，裂隙走向玫瑰图如图4.6-2和图4.6-3所示。

表 4.6－2　　　　　　　　　　　库坝区Ⅰ、Ⅲ级构造发育特征表

断层编号	断层分布位置	断层名称	性质	产状			特征描述
				走向/(°)	倾向/(°)	倾角/(°)	
ⅠF$_{11}$	金水镇北	金水-西水	逆	265	355～15	60	区域性大断裂，断带宽一般为 50～100m，充填物有构造角砾岩、断层泥、炭化泥，地表呈明显的负地形
ⅠF$'_{11}$	金水镇北		逆	近东西向	NW	60～80	区域断裂，与ⅠF$_{11}$断层平行展布，断带宽 50～100m，断带岩石剧烈破碎，有断层角砾岩及糜棱岩分布
F$_{26}$	良心沟口内		逆	260～280	170～190	70～80	断带宽 0.5～1.2m，上盘影响带宽 15～20m，下盘影响带宽 10m 左右，充填碎裂岩、块石及灰色断层泥
F$_{27}$		赵家垭-水磨沟	逆		120	45～78	断带宽 30～40m，出露于长度约 14km，带内充填有断层泥和角砾岩
F$_{28}$	新铺以西	新铺-子午河	逆	94～133	4～43	70	出露长度约 22km，断带在西水河露头宽度 10m，影响带宽度 50m，充填物有断层角砾岩、碎屑岩及断层泥
F$_1$	金水街北		正	91	1	70	位于 F$_{i9}$ 大断裂北侧且平行于 F$_{i9}$，规模较小
F$_2$	瓦滩南		不明	53～67	323～337	60	位于瓦滩南沙泥沟口，断层影响带宽一般为 20～30m，规模较小
F$_3$	菜坝河沟内		逆	155	245	66	分布长约 1.5km；断层影响带宽一般为 10～20m，断层带内充填有断层泥和角砾岩
F$_4$	沙河沟口内		逆	5	275	73	分布长约 1.0km，断层影响带宽约 30～40m，断层带内充填有断层泥和角砾岩

表 4.6－3　　　　　　　　　　　坝址区小规模（Ⅳ级）构造发育特征表

编号	产状			断面特征	位置
	走向/(°)	倾向	倾角/(°)		
f$_1$	329	SW	65	正断层，断距 0.2m，破碎带宽度 0.1～0.25m，影响带宽度 2～3m，充填碎裂岩、断层角砾岩	上坝址左岸上游
f$_2$	40	SE	47	正断层，破碎带宽度 0.1～0.2m，影响带宽度 5～6m，充填断层角砾岩	上坝址右岸
f$_3$	80	SE	28	正断层，断距 0.1m，破碎带宽度 0.2～0.3m，影响带宽度 2～3m，充填角砾岩等，上盘裂隙发育，岩体破碎	上坝址右岸
f$_4$	85	SE	43	正断层，破碎带宽度 0.2～0.5m，局部为 0.8m，影响带宽度 3～5m，充填断层角砾岩，延伸较远	上坝址右岸
f$_5$	27	SE	16	正断层，破碎带宽度 0.1～0.4m，影响带宽度 2～3m，充填碎裂岩及岩屑	下坝址左岸上游
f$_6$	35	SE	27	逆断层，破碎带宽度 0.1～0.2m，影响带宽度 3～5m，充填断层角砾岩及碎裂岩，上盘岩体较破碎	下坝址左岸上游
f$_7$	45	SE	86	逆断层，破碎带宽度 0.2～0.4m，影响带宽度 1～2m，充填断层角砾岩及碎裂岩，上盘岩体裂隙发育，破碎	下坝址左岸上游

编号	产状			断 面 特 征	位置
	走向/(°)	倾向	倾角/(°)		
f_8	51	SE	75	正断层，破碎带宽度 0.15～0.5m，影响带宽度 5m，充填灰黄色碎裂岩块及断层泥，上盘岩体裂隙发育，破碎	下坝址右岸上游
f_9	53～62	SE	61～69	正断层，破碎带宽度 0.1～0.6m，影响带宽度 3～5m，充填碎裂岩，断面起伏、光滑，两盘岩体破碎，延伸远	下坝址右岸上游
f_{10}	21～80	SE、SW	60～77	正断层，断距约 4m，破碎带宽度 0.1～0.2m，影响带宽度 2～3m，充填灰黄色岩屑，断面起伏、光滑	下坝址左岸上游
f_{11}	270	S	86	正断层，破碎带宽度 0.02m，充填方解石，断面起伏、粗糙	上坝址 PD1
f_{12}	295	SW	58	正断层，破碎带宽度 0.1m，充填断层角砾岩、碎裂岩	上坝址 PD1
f_{13}	35	SE	83	逆断层，破碎带宽度 0.03～0.05m，充填断层泥质、岩屑，断面粗糙	下坝址 PD3
f_{14}	295	NE	57	正断层，破碎带宽度 0.05m，充填断层泥、岩屑，断面起伏、粗糙	下坝址 PD3
f_{15}	50	NW	80	逆断层，破碎带宽度 0.05～0.1m，充填锈黄色岩屑，断面起伏、渗水	下坝址 PD4
F_{16}	50	NW	80	逆断层，破碎带宽度 0.2m，影响带宽度 10m，充填黄色断层泥，断面可见擦痕	下坝址 PD4
f_{17}	40	NW	73	逆断层，破碎带宽度 0.05～0.1m，充填断层泥、岩屑，断面平直	下坝址 PD4
f_{18}	315	NE	74	逆断层，破碎带宽度 0.02～0.04m，充填岩屑，断面平直	上坝址 PD5
f_{19}	39	SE	46	逆断层，破碎带宽度 0.1～0.2m，充填断层泥、角砾岩，断面起伏弯曲，起伏较大	上坝址 PD6
f_{20}	350	SW	33	逆断层，破碎带宽度 0.02～0.04m，充填断层泥、角砾岩，断面平直	上坝址 PD8
f_{21}	323	SW	46	逆断层，破碎带宽度 0.01～0.03m，充填断层泥、角砾岩，断面平直	上坝址 PD8
f_{22}	42	SE	75	正断层，宽度约 0.1cm，夹灰绿色～灰白色云母片岩条带	下坝址 PD9
f_{23}	50	SE	25	逆断层，宽度一般为 0.2～0.3cm，夹断层泥及岩石碎屑，沿断层面有滴水	下坝址 PD9
f_{24}	33	SE	47	正断层，宽度约 0.2cm，夹灰绿色～灰白色云母片岩条带	下坝址 PD10

4.6.1.4　水文地质条件

地下水按补给和埋藏条件可分为基岩裂隙水和第四系孔隙潜水。基岩裂隙水主要赋存于上部风化岩体及构造裂隙中，以下降泉形式向河谷排泄，一般较深的沟内均有分布，出露点均高于正常库水位高程。第四系孔隙潜水主要分布于河流漫滩及阶地松散堆积层，地下水主要受大气降水及高处的基岩裂隙水补给，向河道排泄。

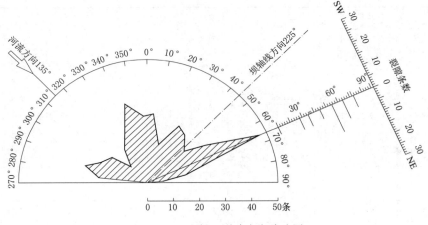

图 4.6-2　上坝址裂隙走向玫瑰图

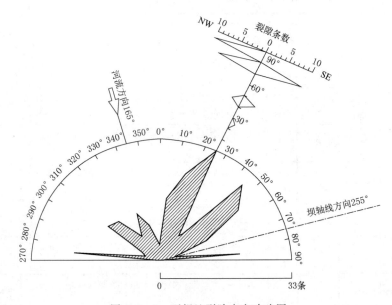

图 4.6-3　下坝址裂隙走向玫瑰图

室内试验显示地下水类型为 $HCO_3^- - Ca^{2+} - K^+ + Na^+$ 型，地表水为 $HCQ_3^- - Ca^{2+} \sim$ $HCQ_3^- - SO_4^{2-} - Ca^{2+}$ 型。依据《水利水电工程地质勘察规范》(GB 50487—2008)环境水腐蚀判定标准，地下水及河水对混凝土无腐蚀性。

通过对坝址区 340 段钻孔孔内压水试验成果的分析，坝基岩体透水率均小于 10Lu，一般上部大、下部小，透水性分级为弱～微透水，其中弱透水岩体约占 78%，微透水约占 22%。

坝址地质勘察表明：表层强风化及弱风化上部岩体透水率一般为 3～7Lu，弱风化中下部及微风化岩体透水率一般为 1～3Lu，微透水的新鲜岩体一般分布在地表 50～90m 甚至以下。

4.6.1.5 物理地质现象

库区物理地质现象主要为滑坡和崩塌,坝址区物理地质现象主要为岩体风化及卸荷,以岩体风化现象表现较为强烈。

1. 库区物理地质现象

库区共发育滑坡 7 处,除 5 号滑坡为基岩滑坡外,其他均为第四系松散层滑坡。3号、4 号滑坡规模较小,其他均属中等规模滑坡。库区滑坡特征统计见表 4.6-4。

表 4.6-4　　　　　　　　　　库区滑坡特征统计表

编号	位置	距坝线距离	估算方量/万 m³			特 征 描 述	简要评价
			水上	水下	总体积		
1	白沙渡村北	坝下游3.7km	64		64	长 220m,宽 340m,高程 410~599m,剪出口高于现河床 10m	坝下游库外稳定性差
2	锅滩村西	坝上游1.6km	35	35	70	浅层碎石质土滑坡,长 314m,宽 162m,高程 430~500m,剪出口高于现河床 15m,低于库水位	蓄水后不稳定
3	良心沟坡底下村对岸	坝上游3.9km	30		30	浅层碎石质土滑坡,长 180m,宽 120m,高程 480m 以上,剪出口高于现河床	高于库水位,现基本稳定
4	小瓦滩村东南	坝上游4.3km	10	37	47	浅层碎石质土滑坡,长 232m,宽 79m,高程 425~465m,剪出口高于现河床 15m,低于库水位	蓄水后基本稳定
5	金水河河口内 1km	坝上游11.6km	51	1	52	浅层基岩滑坡,长 243m,宽 218m,高程 445~600m,剪出口高于现河床 22m,低于库水位	蓄水后基本稳定
6	周家河村北	坝上游18km	70		70	浅层碎石质土滑坡,长 300m,宽 230m 高程 504~600m,剪出口高于现河床	高于库水位,现基本稳定
7	西水河刘家沟对面	坝上游25.1km	130		130	浅层碎石质土滑坡,长 600m,宽 220m,高程 450~530m,剪出口高于现河床 1m	蓄水后基本稳定

库区共发育崩塌体 4 处,分别位于坡底下村、赵家河坝对岸、赵家半坡上游 1km 及上河坝村下游 1.4km。崩塌体由碎块石组成,规模较小,方量一般 10 万~30 万 m³,且多位于库水位以下,对水库安全运行基本无影响。

2. 坝址区物理地质现象

坝址区岩体风化程度受地形、岩性、构造及地下水影响明显,这些因素造成了坝区岩体风化深度及风化特征的差异性。比如在两岸分布的梁状突出地形段,风化厚度一般较大,岩体完整程度差,而相对低洼或凹岸地形段,风化深度相对较浅,岩体完整性较好。粒状结构的各类侵入岩在两岸岸坡风化作用相对强烈,河床部位风化作用相对微弱。

强风化岩体呈碎块状~散体状,矿物大部分变质,岩体平均纵波速度(V_p)1200~2000m/s;弱风化岩体沿裂面矿物风化明显,岩体为块状~碎裂结构,岩体平均纵波速度(V_p)2500~3500m/s;微风化岩体裂隙不发育,岩体呈整体块状结构,沿裂隙面有轻微锈斑,岩体平均纵波速度(V_p)4000~5000m/s。

坝址区卸荷深度主要受岩体风化深度控制,与地形关系密切。上坝址左岸及下坝址右岸卸荷深度较大,上坝址左岸水平宽度一般 10~15m,下坝址右岸为 24m;上坝址右岸及下坝址左岸卸荷深度相对较小，上坝址右岸水平宽度为 7m，下坝址左岸为 13m。

4.6.1.6 岩石（体）工程特性

坝址区岩性为花岗片麻岩，中细粒结构，室内岩石物理力学性质试验成果表明：坝区弱风化岩石饱和抗压强度平均值为 65MPa，软化系数平均值 0.77；微风化饱和抗压强度平均值为 75MPa，软化系数平均值 0.75，均属坚硬岩。

依据《工程岩体分级标准》（GB 50218—94）进行的坝基岩体质量分级见表 4.6-5，坝区弱风化岩体基本质量级别为Ⅲ级，微风化岩体基本质量级别为Ⅱ级；依据《水利水电工程地质勘察规范》（GB 50487—2008）坝基岩体工程地质分类见表 4.6-6；岩石（体）力学指标地质建议值如表 4.6-7。

表 4.6-5   坝基岩体质量分级表

坝址	岩性	风化程度	计算参数		修正系数			质量指标		基本质量级别
			R_c	K_v	K_1	K_2	K_3	BQ	$[BQ]$	
上坝址	花岗片麻岩	弱风化	65	0.59	0.2	0.3	0	432.5	382.5	Ⅲ
		微风化	75	0.68	0.1	0.2	0	485	455	Ⅱ
下坝址		弱风化	60	0.53	0.2	0.3	0	402.5	352.5	Ⅲ
		微风化	74	0.72	0.1	0.2	0	492	462	Ⅱ

注　$BQ=90+3R_c+250K_v$，其中 R_c 为饱和单轴抗压强度，K_v 为完整性指数；$[BQ]=BQ-100(K_1+K_2+K_3)$，其中 $[BQ]$ 为岩体基本质量指标标准值，BQ 为岩体基本质量指标；K_1 为地下水影响修正系数；K_2 为主要软弱结构面产状影响修正系数；K_3 为初始应力状态修正系数。

表 4.6-6   坝基岩体工程地质分类表

风化程度	饱和抗压强度 R_b/MPa	岩 体 特 征	岩体工程性质评价	坝基岩体工程地质分类
强风化	<30	岩体呈碎裂～散体状，结构面极发育，风化裂隙发育，岩石强度低，锤击声哑，镐可挖动	岩体破碎，不能作为高混凝土坝地基	Ⅴ类
弱风化	65	岩体裂隙较发育，主要以结构裂隙为主，裂面出现次生矿物、岩屑及锈斑，多剪性；块状结构，结构面中等发育，一般闭合～微张，夹岩屑，局部夹泥，岩块间嵌合力较好，少见贯穿性结构面，局部充填泥质	岩体较破碎，局部较完整，变形破坏主要受结构面及岩石强度控制	$A_{\text{Ⅲ}_2}$ 类
微风化	75	岩体呈整体块状结构，结构面较发育，延展性差，多闭合，主要为高倾角	岩体较完整，结构面不控制岩体稳定，抗剪、抗变形能力强，为良好高混凝土坝地基	$A_{\text{Ⅱ}}$ 类

表 4.6-7   岩石（体）力学指标地质建议值表

岩性名称	风化程度	岩体基本质量级别	岩石饱和抗压强度 R_b	岩石抗拉强度 R_t	岩 体										
					混凝土与岩体抗剪断强度		抗剪强度	岩体与岩体抗剪断强度		抗剪强度	岩体变形模量 E_0	岩体弹性模量 E_e	泊松比 ν	岩体承载力 f_k
					f'	c'	f	f'	c'	f				
			MPa	MPa	—	MPa	—	—	MPa	—	GPa	GPa	—	MPa
花岗片麻岩	微风化	Ⅱ	75	0.90	1.1	1.15	0.7	1.2	1.6	0.8	10.0	14.0	0.25	3.0
	弱风化	Ⅲ	65	0.75	0.8	0.80	0.6	0.9	1.1	0.7	4.6	7.0	0.28	2.0

4.6.2 水库区主要工程地质问题

4.6.2.1 水库渗漏

水库区位于秦岭中低山区，库盆周边山体雄厚，岩体主要由侵入岩组成，岩性较致密，可视为相对隔水层；库区虽有 F_{27}、F_{28} 横穿库盆，但沿断层带出露的泉水高程远高于库水位，因此不会沿断层带形成渗漏；两岸地下水均向河水排泄，分水岭水位高程远高于库水位；水库最近的深邻谷为坝址右岸的水磨沟，距库周直线距离约 5km，沟内泉水高程高于 470m，两河河间地块沿线岩石大部分为透水性差的岩浆岩，基本不存在向邻谷渗漏。综合分析认为库区不存在永久性渗漏问题。

4.6.2.2 库岸稳定性

（1）水库基岩岸坡占库岸总长的 71.0%，土质岸坡占 29.0%。基岩岸坡组成岩性主要为侵入岩及变质岩，岩体多呈块状结构，且断裂构造不发育，水库蓄水后基岩岸坡整体稳定性较好。

土质岸坡按成因可分为阶地堆积岸坡、崩坡积岸坡、冲洪积岸坡及滑坡堆积岸坡四类。塌岸预测采用图解法。按照组成物质各类岸坡进行塌岸预测的参数见表 4.6 - 8。

表 4.6 - 8 塌 岸 预 测 参 数 表

部　　位	砂质壤土及壤土 （阶地、冲洪积岸坡）	碎石土 （崩坡、积岸坡）
水上	40°～35°	40°～35°
水下	18°	15°

阶地堆积岸坡约占库岸总长度的 19%，主要分布于史家村、沙河铺、王家坪、李家河、陈家沟沟口、万家村等，估算蓄水后坍塌宽度一般为 36～65m，塌岸方量约 210 万 m^3；崩坡积岸坡约占岸坡总长度的 1.2%，主要分布于上河、瓦滩、药树家、王家湾沟口、江树湾对岸等，蓄水后坍塌宽度一般为 26～62m，塌岸方量约 120 万 m^3；冲、洪积岸坡约占岸坡总长度的 7.8%，主要分布于库尾庞家湾以上，属库盆平川段，基本不存在塌岸；滑坡体岸坡约占库岸坡总长度的 1.2%，塌岸方量约 145 万 m^3。

正常蓄水后，估算各类土质岸坡塌岸总方量约 475 万 m^3，一般远离坝址区。

（2）库区内发育的 7 处滑坡。有 6 个位于库盆内，3 号、6 号及 7 号滑坡位于库水位以上，且现状稳定性较好；2 号、4 号、5 号滑坡前缘低于库水位，采用推力传递系数法计算的滑坡稳定性成果见表 4.6 - 9。

根据滑坡计算成果及现场地质条件综合分析认为：2 号滑坡距坝址较近，蓄水后该滑坡不稳定，可结合工程围堰施工对滑坡正常蓄水位以上部分进行削坡减载处理；4 号、5 号滑坡距离坝址较远，蓄水后整体基本稳定，对大坝的安全运行基本无影响。

表 4.6-9   滑坡稳定性计算成果表

滑坡编号	滑坡类型	位置	现 状 工 况			蓄 水 工 况		
			水位/m	稳定系数	稳定状态	水位/m	稳定系数	稳定状态
2 号滑坡	松散层滑坡	锅滩	407.6	1.104	基本稳定	450.0	0.967	不稳定
4 号滑坡	松散层滑坡	瓦滩	409.0	1.044	基本稳定	450	1.027	基本稳定
5 号滑坡	基岩滑坡	金水河口	422.5	1.100	基本稳定	450	1.090	基本稳定

4.6.2.3 水库淹没及浸没

库区主河道及沿岸支流均有居民点，金水镇居民众多，有较大面积农田房屋，蓄水后存在淹浸没外，其他地方均为零散居民。蓄水后将淹没耕地 358 亩（良心沟 131 亩、瓦滩 16 亩、金水镇 159 亩、黄家河坝 52 亩）。

库区以峡谷地形为主，可能产生浸没的范围主要分布在金水河阶地前缘及小峡口以上的干流两侧阶地及高漫滩前缘，全部为农田，无建筑物分布。库区浸没影响范围根据库区壅高水位推求各断面的壅高地下水位，依据《水利水电工程地质勘察规范》（GB 50487—2008）附录 D 规定的浸没地下水临界埋深计算公式 $H_{cr} = H_k + \Delta H$ 进行计算后确定，黄金峡水库库区在金水镇和小峡口两个乡镇浸没总面积共 210 亩，水库浸没影响轻微。

4.6.2.4 水库固体径流及压覆矿产

库区基岩岸坡（约占 71%）稳定性较好。植被覆盖率高，支流多为短小型冲沟，固体径流物质少，径流条件差，淤积物质来源主要为库岸坍塌堆积，故淤积量较少，对水库正常运行影响轻微。

陕西省洋县良心河铁矿矿区南部处于黄金峡水库保护范围之内，其中编号 K3 及 K4 矿体被压覆。

4.6.2.5 水库诱发地震

水库区岩体透水性较差，库盆周围地下水位高于库水位，库盆范围内未有区域性大断裂带通过，库区北侧发育的两条区域断层为中更新世活动断层，晚更新世以来活动性明显降低，且沿断带发生的历史地震震级不高，最大为 1635 年洋县发生的 5.5 级地震。

洋县以东黄金峡水利枢纽基本无历史地震记录，类比邻近且同属汉水地震亚带的石泉水库，安康水库运行多年并未发生过大于 3.0 级以上显著的水库诱发地震，故综合分析多种情况和预测结果认为，水库区发生诱发地震的可能性较小，即便发生水库诱发地震，其震级可能在 4.5 级左右，其活动程度一般不高于当地的天然地震活动水平。建议在水库蓄水前即开始进行地震前期监测。

4.6.3 坝址与泵站站址方案选择的地质评价

4.6.3.1 坝址选择与地质评价

黄金峡水库坝址选择在汉江干流上游的峡谷段，上坝址位于良心沟口下游约 1km 的汉江河段上，下坝址位于良心沟口下游约 3km 的汉江河段上，两坝址相距约 4km。从工程地质角度看，坝址河段呈 V 形，河谷狭窄，岩性为坚硬的花岗片麻岩，河床覆盖层厚度相对较小，具备较好的建坝条件。

1. 上坝址工程地质条件

上坝址河谷呈深切 V 形，谷底宽度约 180m，高程 406～411m。河谷表层分布冲积卵石层厚度一般为 6～12m；坝址区两岸坡大部分基岩裸露，坡面有零星坡积碎石土层分布。坝区基岩岩性为花岗片麻岩，弱风化岩体纵波速度 $V_p = 2500～3500\text{m/s}$，平均值 $V_p = 3238\text{m/s}$，岩体质量分级为Ⅲ级；微风化岩体纵波速度 $V_p = 4000～5000\text{m/s}$，平均值 $V_p = 4257\text{m/s}$，岩体质量分级为Ⅱ级。黄金峡水库上坝址工程地质剖面如图 4.6-4 所示。

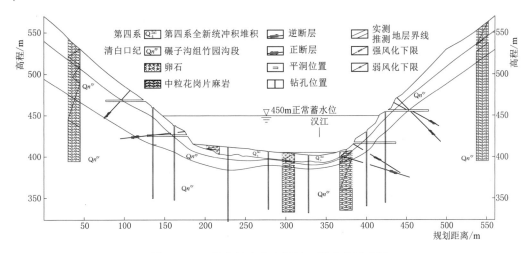

图 4.6-4 黄金峡水库上坝址工程地质剖面图

左坝肩坡面大部分基岩裸露，局部覆盖少量坡积碎石土，边坡自然坡度 38°～40°。强风化垂直厚度 13～28m（水平宽度 17～29m），弱风化下限深度 32～57m。建议坝基置于弱风化岩体中下部。坝基岩体的透水率一般为 1～3Lu，属弱透水岩体，建议防渗帷幕深度 32～52m。

河床段表层覆盖卵石层厚度一般为 6～12m，河床段基岩面起伏不大，最大高差 3～4m。基岩强风化厚度 1～5m，弱风化下限深度 16～28m。建议坝基置于弱风化岩体中部。岩体透水率一般为 1～3Lu，属弱透水，建议防渗帷幕深度 32～47m。

右坝肩边坡呈台阶状起伏，上部较缓段自然坡度约 20°，坡面主要为第四系坡积碎石土层覆盖，局部基岩出露；下部陡坡段自然坡度约 40°，为岩质边坡。岩体强风化垂直厚度 10～22m（水平宽度 12～24m），弱风化垂直深度 23～40m。建议坝基置于弱风化岩体中部。坝肩岩体的透水率一般为 1～10Lu，属弱透水岩体，建议防渗帷幕深度 35～81m。

2. 下坝址工程地质条件

下坝址河谷呈深切 V 形，两岸地形基本对称，天然坡度 35°～45°，谷底宽度约 260m，高程 405～410m。河谷表层分布冲积卵石层厚度一般为 5～14m；两岸坡大部分基岩裸露，坡面有零星坡积碎石土层分布，右坝肩分布有残留三级阶地。坝区基岩岩性为花岗片麻岩，弱风化岩体质量分级属Ⅲ级，岩体纵波速度平均值 $V_p = 3280\text{m/s}$；微风化岩体质量分级属Ⅱ级，纵波速度 $V_p = 4000～5000\text{m/s}$，平均值 $V_p = 4480\text{m/s}$。黄金峡水库下坝址工程地质剖面如图 4.6-5 所示。

左坝肩自然坡度一般为 35°～40°，表层多覆盖有坡积砂质壤土。左岸卸荷带宽度

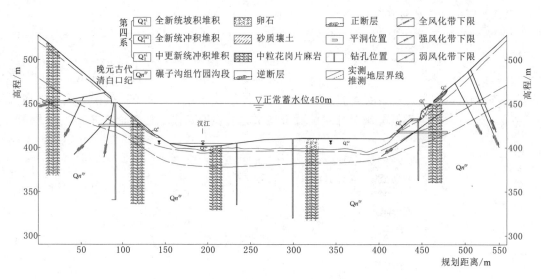

图 4.6 - 5 黄金峡水库下坝址工程地质剖面图

14.0m，强风化带垂直厚度 16～48m（水平宽度 23～56m），弱风化垂直下限深度 23～70m。发育有 f_{13}、f_{14}、f_{22}、f_{23} 断层，均倾向坡内，断层带宽度 3～30cm，夹泥质及岩屑，延伸长度不大。其中 f_{23} 为缓倾角，倾向坡内及下游。建议坝基置于弱风化岩体中下部。坝基岩体透水率一般为 0.5～4Lu，属弱～微透水岩体，建议防渗帷幕深度 35～45m。

河床段宽约 250m，表层卵石层厚度 5.2～11.3m，河床段基岩面起伏不大，最大高差不超过 3m。强风化厚度 2～4m，弱风化发育下限深度 22～29m。建议坝基置于弱风化基岩中下部。弱、微风化岩体均为弱透水层，建议防渗帷幕深度 24～35m。

右坝肩自然地形坡度一般为 40°～45°，坡面覆盖薄层坡积沙壤土，局部三级阶地卵石厚度一般为 5～6m；岩体卸荷带宽度 24.0m，右坝肩岩体风化强烈，强风化带垂直厚度 14～50m（水平宽度 22～52m），弱风化下限深度 25～74m。探洞内发育有 f_{15}、f_{16}、f_{17}、f_{24} 断层，均为高倾角，多倾向坡内，断层延伸长度不大。其中 f_{24} 倾向坡外，倾角稍大于坡角，破碎带宽度 0.2m，影响坝肩稳定。建议坝基置于弱风化基岩中下部。坝基岩体透水率一般为 0.2～5Lu，属弱～微透水，建议防渗帷幕深度 28～35m。

3. 坝址选择地质评价

可行性研究阶段初拟坝型为混凝土重力坝及拱坝，就两坝址的地形条件、工程地质条件及存在的主要工程地质问题综合分析认为：两坝址基本地质条件相当，均具备修建混凝土坝的地形、地质条件。从建坝河谷宽度、岩体风化程度、卸荷、防渗深度等综合比较，上坝址条件明显优于下坝址，坝型以混凝土重力坝的适宜性好。因此，可行性研究阶段地质推荐上坝址为选定坝址，建议坝型以混凝土重力坝为宜。坝址工程地质条件比较见表4.6-10。

4.6.3.2 泵站站址比选与地质评价

可行性研究阶段拟在瓦滩站址、良心沟站址、坝后顺河站址及坝后河床式站址进行比选。经地质工作后综合比较认为：各站址场地均较为开阔，地基条件良好，均具建站的基

表 4.6-10 坝址工程地质条件比较表

比 较 项 目	上坝址（带阳滩）	下坝址（懒人床）
正常蓄水位坝顶长度	270m	370m
河床宽度	180m	260m
两岸边坡	左岸自然边坡 35°～40°，右岸 45°～50°，左岸边坡表层强风化岩体稳定性差，右岸边坡稳定	左坝肩坡、残积范围较大，自然边坡 35°～40°，右岸残留三级阶地，自然边坡 40°～45°
覆盖层岩性及厚度	河床砂卵石层厚度 6～12m	左坝肩覆盖层厚度 1.0～2.5m，右坝肩三级阶地卵石层厚度一般为 5～6m，河床砂卵石层厚度 5～14m
坝基及坝肩岩体及物理力学指标	坝基、肩岩性为花岗片麻岩，岩石饱和抗压强度 R_b=65～75MPa，软化系数 K_r=0.75～0.77	坝基、坝肩岩性为花岗片麻岩，岩石饱和抗压强度 R_b=60～74MPa，软化系数 K_r=0.74
岩体卸荷及风化带厚度	岩体卸荷带宽度 7～15m。左岸强风化带垂直厚度 13～28m（水平宽度 17～29m），弱风化下限深度 32～57m。右岸强风化带垂直厚度 10～22m（水平宽度 12～24m），弱风化下限深度 23～40m	岩体卸荷带宽度 14～24m。左岸强风化带垂直厚度 16～48m（水平宽度 23～56m），弱风化下限深度 23～70m。右岸强风化带垂直厚度 14～50m（水平宽度 22～52m），弱风化下限深度 25～74m
坝基及坝肩断层性质及规模	左坝肩发育 f_{18}、f_{19}。右坝肩发育 f_2、f_3、f_4、f_{20}、f_{21} 断层，其中 f_3 断层产状 120°∠28°，属缓倾角断层，倾向下游，断层规模一般较小，易形成局部不利组合	左坝肩发育 f_{13}、f_{14}、f_{22}、f_{23} 断层，多为高倾角，均倾向坡内侧。其中 f_{23} 为缓倾角，破碎带宽度 0.2～0.3m；右坝肩发育 f_{15}、F_{16}、f_{17}、f_{24} 断层，其中 f_{24} 倾向坡外，倾角稍大于坡角，破碎带宽度 0.2m。断层影响带宽度大，强度低，工程地质性质差
地下水腐蚀性及岩体透水性	两岸裂隙水补给河水，环境水对混凝土无腐蚀性。岩体透水率多小于 3Lu，属弱～微透水岩层	两岸裂隙水补给河水，环境水对混凝土无腐蚀性，岩体透水性较弱
防渗处理深度（q≤3Lu）	坝基河床防渗处理深度一般为 20～45m，左岸 35～50m，右岸 35～45m	坝基河床防渗处理深度一般为 21～25m。左岸 14～17m，右岸 18～20m
适宜的坝型	混凝土重力坝、拱坝	混凝土重力坝

本地形、地质条件。坝后顺河及坝后河床式联合布置泵站的站址、管坡及引水线路方案，地形条件完整，引水线路顺直，构筑物类型简单，工程开挖量及围岩工程地质条件均较其他泵站稍优。地质推荐坝后顺河或坝后河床式泵站。

4.6.4 推荐坝址的主要工程地质问题评价

（1）坝基（肩）抗滑稳定。坝基岩体发育的结构面规模较小，产状不利组合影响较小，故判定坝基岩体中的结构面对坝基抗滑稳定影响不大。

（2）坝基渗漏及绕坝渗漏。以 3Lu 为控制下限时，防渗帷幕左岸深度 35～50m，右岸深度 35～45m，河床深度 20～45m。左坝肩下游代母鸡沟具备形成绕坝渗漏的地形条件，以地下水最不利分布考虑时，防渗岩体水平宽度约 50m；右坝肩岸坡地形完整，地下水位高于正常蓄水位，防渗水平宽度相对较小。

（3）坝肩边坡稳定。右岸坝肩边坡整体稳定，左坝肩局部存在浅层滑塌的可能。左坝肩高程 410～460m 段边坡稳定好，破坏形式以小规模局部掉块为主；高程 460～520m 段边坡整体稳定性较好，破坏形式以小规模滑塌为主；高程 530m 以上强风化厚度较大，现状边坡岩体松弛变形较为明显，表层岩体稳定性较差，局部存在滑塌的可能，破坏形式以浅层滑动为主，应进行工程处理。

4.6.5　天然建筑材料勘察与评价

黄金峡建材种类为砂砾料、土料及石料，主要供黄金峡水利枢纽及秦岭输水隧洞黄三段前段使用。

砂砾料场选择了四个，分别为坝址上游的史家村、坝址下游的史家梁、高白沙及白沙渡料场，地貌单元均为汉江河漫滩。依据《水利水电工程天然建筑材料勘察规程》（SL 251—2000），四个料场粗骨料除软弱颗粒含量、含泥量偏大外，其余指标基本符合要求；细骨料除孔隙率、含泥量、平均粒径偏大外其余指标基本符合规范要求。经试验分析计算粗骨料总储量 291.1 万 m³，细骨料总储量 211.4 万 m³，满足规范及设计要求用量。

土料场选择汉江右岸的史家村料场，依据《水利水电工程天然建筑材料勘察规程》（SL 251—2000），料场土料除黏粒含量偏大外，其余指标满足规范要求。土料储量 24 万 m³，满足规范及设计要求用量。

石料场选择锅滩、郭家沟两个石料场，岩性均为花岗岩。料场除软化系数偏低（郭滩 0.67、郭家沟 0.74）外，其余各项指标均符合《水利水电工程天然建筑材料勘察规程》（SL 251—2000）要求。两个料场储量分别为 70 万 m³、72 万 m³，满足规范及设计要求用量。

建议史家村、史家梁砂砾料场、郭家沟石料场为首选开采料场，高白沙、白沙渡砂砾料场、锅滩石料场为备用料场。

4.7　三河口水利枢纽工程地质条件

4.7.1　基本地质条件

4.7.1.1　地形地貌

三河口水利枢纽水库区位于秦岭南部的中低山区，为 V 形峡谷地貌，总体趋势为北高南低。水库区由子午河三条支流椒溪河、蒲河及汶水河组成，各支流在坝址上游约 2.0km 的三河口处交汇，按正常蓄水位 643m 计，三条河回水长度分别为 21.37km、17.67km、29.65km。

库区河流蜿蜒曲折，河谷呈不对称的 U 形，谷底宽度 50～100m，凹岸边坡陡峻，基岩裸露，凸岸下部边坡相对平缓，河流发育有不连续的一至四级堆积基座阶地。

坝址区河谷均呈 V 形发育，两岸基岩裸露，阶地不发育，上坝址局部有二级基座阶地的残留堆积物，下坝址两岸分布有残留三、四级基座阶地。

4.7.1.2　地层岩性

区内岩性为变质岩、岩浆岩及第四系松散堆积物，库坝区出露地层分布见表4.7-1。上坝址主要出露志留系下统梅子垭组（Sm^{ss}）变质砂岩、结晶灰岩，局部有大理岩及印支期侵入花岗伟晶岩脉、石英脉；下坝址主要出露奥陶系～志留系斑鸠关组（O～S)b 硅质板岩、硅质岩及二云石英片岩。

表4.7-1　　　　　　　　　　　库坝区出露地层表

地层时代	主要岩性	分布特征
奥陶系～志留系斑鸠关组（O～S)b	二云母石英片岩、硅质岩和硅质板岩	子午河上游段及下坝址区
奥陶系上统～志留系（O_3～S）	云母片岩为主，夹条带状薄层结晶灰岩和大理岩	主要分布于椒溪河上游谭家沟—三河口下游的蒲家沟和汶水河上游黑虚垭—三河口下游蒲家沟及蒲河西湾一带
志留系下统梅子垭组（Sm^{ss}）	变质砂岩、二云片岩和含炭片岩	主要分布于三河口以下的子午河谷
泥盆系中统公馆组（D_2gn）	结晶灰岩夹大理岩	主要分布于三河口下游约500m处蒲家沟口至上游椒溪河，汶水河及蒲河西湾一带
印支期侵入岩（γ_5^1）	花岗岩、花岗伟晶岩	主要分布于蒲河西湾以上游河流段及汶水河上游张家梁以北库尾区
第四系松散堆积	壤土、卵石、碎石土	堆积于河床、漫滩及残留阶地部位，岸坡平缓地带及坡脚多有崩坡堆积体分布

4.7.1.3　地质构造

区内主要构造形迹为褶皱、断层和裂隙。

1. 褶皱

上坝址区发育一小型倾伏背斜，该褶曲为一小型倾伏穹隆背斜构造，轴向315°～332°，与河流方向近垂直，两翼产状近于对称，北东翼地层产状45°～80°∠25°～75°，且靠近核部倾角较缓，翼部倾角变陡；南西翼地层产状220°～255°∠30°～56°，向北西倾伏，倾伏角5°～9°，两翼岩性由志留系下统梅子垭组变质砂岩及结晶灰岩组成，局部有伟晶岩脉及石英脉侵入，在背斜轴部发育纵向剪性裂隙及横向张性裂隙，产状230°～240°∠40°～65°，140°∠65°～75°。

下坝址坝轴线上游200m处发育一小型背斜。轴面走向290°，北翼产状走向南西，倾向北东，倾角58°～60°，南翼产状走向南西，倾向南西，倾角30°～63°，受背斜的影响，岩体较为破碎。

2. 断层

断层主要以Ⅳ级构造（小规模断层）为主，无Ⅰ级构造出露。通过库区的主要断裂有：西岔河-三河口-狮子坝断裂（F_{i5-1}、F_{i5-2}），四亩地-十亩地乡断层（F_{19}），西岔河-三河口（西湾）-老人寨断层（F_{3-1}、F_{3-2}、F_{3-3}、F_{3-4}、F_{3-5}、F_{3-6}）。小规模断层库区发育30条，上坝址发育40条，下坝址发育34条，断层带一般宽度0.3～0.8m。

上坝址断层走向玫瑰图如图4.7-1所示，断层按走向可分为4组：①走向280°～290°，力学性质为压性；②走向310°～350°，力学性质为压扭性为主，该组断层最为发育，破碎带宽度 0.3～1.5m；③走向 0°～20°，力学性质为张性、张扭性为主；④走向 40°～60°，力学性质以张扭性为主。

下坝址区断层走向玫瑰图见图 4.7-2。断层按走向可分为 4 组：①走向 290°～300°力学性质为压性；②走向 320°～330°力学性质为压扭性；③走向 30°～40°力学性质为张性；④为坝区的主要走向断层，其走向 60°～70°，力学性质属张扭性。

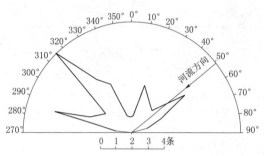

图 4.7-1　上坝址断层走向玫瑰图

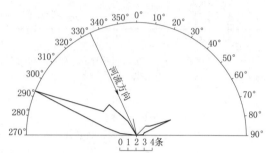

图 4.7-2　下坝址断层走向玫瑰图

3. 裂隙

坝址区裂隙走向玫瑰图见图 4.7-3 和图 4.7-4，两坝址裂隙均以剪性裂隙为主，一般长度小于 10m，按走向均可划分为 4 组。

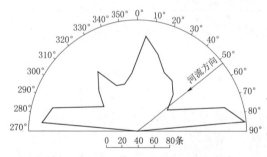

图 4.7-3　上坝址裂隙走向玫瑰图

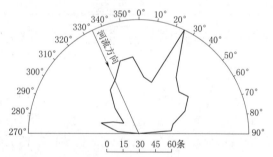

图 4.7-4　下坝址裂隙走向玫瑰图

4.7.1.4　水文地质条件

地下水按补给和埋藏条件可分为基岩裂隙水、溶蚀裂隙水和第四系孔隙潜水三种类型。

基岩裂隙水主要赋存于风化岩体及构造裂隙中，以下降泉形式向河谷排泄，一般较深的沟内均有分布，泉水出露点较多，其出露点均高于正常库水位高程；溶蚀裂隙水主要赋存于为奥陶系～志留系、泥盆系的结晶灰岩、大理岩，地下水的分布特征受裂隙及岩溶发育程度控制，连通性较差，富水性小且不均一；第四系孔隙潜水主要分布于河流漫滩及阶地松散层，地下水主要受大气降水及基岩裂隙水补给，向河道排泄。

室内试验显示地下水类型以 $HCO_3^- - Ca^{2+}$ 型或 $HCO_3^- - Ca^{2+} - Mg^2$ 型为主，局部为 $HCO_3^- - SO_4^{2-} - Ca^{2+} - Mg^{2+}$、$SO_4^{2-} - Ca^{2+} - Mg^{2+}$ 或 $SO_4^{2-} - Ca^{2+}$ 型。依据《水利水电工程地质勘察规范》（GB 50487—2008）环境水腐蚀判定标准，地下水及河水对混凝土无腐

蚀性。

钻孔压水试验统计上坝址强风化及弱风化上部岩体透水率一般大于 10Lu，多为强～中等透水性，弱风化岩体下部及微风化上部岩体透水率一般为 1.5～9.5Lu，多为弱透水性，微风化岩体下部多为微透水性，微透水层埋深一般在 75～130m。

下坝址左坝肩上部岩体透水性较强，存在厚 13m 的强透水性段及 20m 厚的中等透水性段，以下为弱透水性；河床及右坝肩岩体均为弱透水性。

4.7.1.5　物理地质现象

库区物理地质现象主要为滑坡和崩塌，坝址区物理地质主要为岩体风化、卸荷及溶蚀现象，以岩体风化现象表现较为强烈。

1. 库区物理地质现象

库区共发育滑坡有 4 处，分别位于椒溪河上的黄泥咀（1 号滑坡）、三河口（2 号滑坡）及子午河上的柳树沟口对岸（3 号滑坡）、柜子岩下部（4 号滑坡），均为第四系松散堆积物滑坡。库区滑坡特征统计见表 4.7－2。崩塌体普遍分布于陡峻岸坡脚处，一般低于正常库水位，岸坡局部零星分布危岩体，分布高程一般低于 700m，规模较小。

表 4.7－2　　　　　　　　　　　库区滑坡特征统计表

编号	位置	距离坝址 /km	规模			方量 /万 m³	分布高程 /m	特征
			长/m	宽/m	厚/m			
1 号	黄泥咀	距上坝址 7.0	220	218	7～16	28.3	570.00～663.50	壤土夹碎石组成，稍密～中密，自然坡角 20°～25°，滑坡后缘有多处裂缝，裂缝宽 10～20cm，长 10～20m，分布不连续
2 号	三河口	距上坝址 2.1	144	76.6	15～25	14.7	542.00～622.20	滑体由夹壤土夹碎、块石组成，碎块石含量一般为 20%～30%，块石粒径一般 10～30cm，最大 40cm，属浅层滑坡，滑体方量约 14.7 万 m³
3 号	柳树沟口对岸	距上坝址 0.6	45	110	5～7	2.3	539.00～570.00	由碎块石夹壤土组成，粒径一般为 5～10cm，最大 30cm。滑体方量约 2.3 万 m³
4 号	柜子岩下部	距上坝址 2.0，距下坝址 0.8	172	170	12～22	33.8	530.00～621.70	滑体由碎块石夹壤土组成，松散～稍密，粒径一般为 10～30cm，最大 50cm，滑体后缘有泉水渗出

2. 坝址区物理地质现象

坝址区岩体风化程度受地形、岩性、构造及地下水影响明显。坝址区以片状结构的变质岩为主，片理结构与风化程度关系密切，当片理发育时，表层风化深度就大。两岸地形较陡的岸坡部位表层风化作用相对强烈，强风化层较厚，河床部位风化作用明显微弱，强风化层较薄。

上坝址河谷基本对称，两岸风化厚度基本相当，两坝肩强风化垂直厚度 5～14m，弱风化垂直厚度 20～39m；河床强风化垂直厚度一般为 1.5～2.5m，弱风化岩体垂直厚度一般为 8～17m。两岸卸荷带水平宽度一般为 11～20m，与强风化下限比较接近。主要发育两组卸荷裂隙。

下坝址岸坡地形陡峻，右岸较左岸地形坡度大，左坝肩强风化垂直厚度 8～16m，右坝肩强风化垂直厚度 15～20m，河床无强风化分布，弱风化垂直厚度为 5.5～8.0m。两岸卸荷带水平宽度小于强风化下限，左岸为 3～13m，右岸为 10～16m。

下坝址岩溶较为轻微，小溶洞呈条带状发育在硅质板岩之间的大理岩夹层中，规模一般较小，连通性差，溶槽、溶隙多沿层面、裂隙面发育；按高程可分为两层，上层高于现河床 40m，下层高于现河床 2～10m。

4.7.1.6　岩石（体）物理力学指标建议值

依据《工程岩体分级标准》（GB 50218—94）坝基岩体质量分级见表 4.7 - 3；依据《水利水电工程地质勘察规范》（GB 50487—2008）坝基岩体工程地质分类见表 4.7 - 4，坝址区岩石（体）力学指标地质建议值见表 4.7 - 5。

表 4.7 - 3　　　　　　　　　　　　坝基岩体质量分级表

岩性	风化程度	计算参数		修正系数			质量指标		基本质量级别
		R_c	K_v	K_1	K_2	K_3	BQ	$[BQ]$	
大理岩	强风化	62.3	0.18	0.3	0.2	0	321.9	271.9	Ⅳ
结晶灰岩		43.9	0.10	0.4	0.2	0	246.7	186.7	Ⅴ
变质砂岩		30.3	0.12	0.4	0.2	0	210.9	150.9	Ⅴ
大理岩	弱风化	67.6	0.44	0.2	0.2	0	402.8	362.8	Ⅲ
结晶灰岩		68.4	0.40	0.2	0.2	0	395.2	355.2	Ⅲ
变质砂岩		76.0	0.30	0.2	0.2	0	393.0	353.0	Ⅲ
大理岩	微风化	79.7	0.65	0.1	0.2	0	491.6	461.6	Ⅱ
结晶灰岩		82.4	0.63	0.1	0.2	0	494.7	464.7	Ⅱ
变质砂岩		85.0	0.57	0.1	0.2	0	487.5	457.5	Ⅱ
硅质板岩	弱风化	63.2	0.47	0.2	0.2	0	397.1	367.1	Ⅲ
硅质板岩	微风化	85.3	0.65	0.1	0.2	0	508.4	468.4	Ⅱ
硅质岩	微风化	76.1	0.67	0.1	0.2	0	485.8	455.8	Ⅱ
二云石英片岩	弱风化	48.0	0.26	0.2	0.2	0	299.0	259.0	Ⅳ

注　$BQ=90+3R_c+250K_v$，其中 BQ 为岩体基本质量指标，R_c 为饱和抗压强度，K_v 为完整性系数；$[BQ]=BQ-100(K_1+K_2+K_3)$，其中 $[BQ]$ 为岩体基本质量指标标准值，K_1 为地下水影响修正系数，K_2 为主要结构面产状修正系数，K_3 为初始应力状态修正系数。

表 4.7 - 4　　　　　　　　　　　　坝基岩体工程地质分类表

岩性名称	风化程度	岩体主要特征值	岩 体 特 征	岩体工程性质评价	坝基岩体工程地质分类
大理岩	强风化	$R_b=62.3MPa$ $V_p=2133m/s$ $K_v=0.18$	岩体呈镶嵌或碎裂结构，裂隙发育，多张开或夹岩屑和泥质，岩石强度较低	岩体较破碎，抗滑、抗变形性能差不能作为高混凝土坝地基	$A_{Ⅳ2}$ 类

续表

岩性名称	风化程度	岩体主要特征值	岩 体 特 征	岩体工程性质评价	坝基岩体工程地质分类
大理岩	弱风化	$R_b=67.6MPa$ $V_p=3333m/s$ $K_v=0.44$	岩体呈镶嵌状结构，裂隙发育，主要以构造裂隙为主，裂面多出现次生矿物、岩屑及锈斑，剪性裂隙居多，一般闭合～微张，夹岩屑，局部夹泥，岩块间嵌合力较好，少见贯穿性结构面	岩体强度较高，但完整性差，变形破坏主要受结构面及岩石强度控制。坝基处理以提高岩体的整体性为重点	A_{III2}类
	微风化	$R_b=79.7MPa$ $V_p=4500m/s$ $K_v=0.65$	岩体呈中厚层状结构，结构面较发育，延展性差，多闭合，主要为高倾角	岩体较完整，强度高，结构面不控制岩体稳定，抗剪、抗变形能力较强，为良好高混凝土坝地基	A_{II}类
结晶灰岩	强风化	$R_b=43.9MPa$ $V_p=1608m/s$ $K_v=0.10$	岩体呈碎裂～散体状，风化卸荷裂隙极其发育，岩石强度低，锤击声哑，镐可挖动	岩体破碎，不能作为高混凝土坝地基	A_V类
	弱风化	$R_b=68.4MPa$ $V_p=3274m/s$ $K_v=0.40$	岩体呈厚层状结构，裂隙发育，主要以构造裂隙为主，裂面多出现次生矿物、岩屑及锈斑，剪性裂隙居多，一般闭合～微张，夹岩屑，局部夹泥，岩块间嵌合力较好，少见贯穿性结构面	岩体强度较高，但完整性差，变形破坏主要受结构面及岩石强度控制。坝基处理以提高岩体的整体性为重点	A_{III2}类
	微风化	$R_b=82.4MPa$ $V_p=4375～$ $5500m/s$ $K_v=0.70$	岩体呈中厚层状结构，结构面较发育，延展性差，多闭合，主要为高倾角	岩体较完整，强度高，结构面不控制岩体稳定，抗剪、抗变形能力较强，为良好高混凝土坝地基	A_{II}类
变质砂岩	强风化	$R_b=30.3MPa$ $V_p=1738m/s$ $K_v=0.11$	岩体呈碎裂～散体状，风化裂隙极其发育，岩石强度低，锤击声哑，镐可挖动	岩体破碎，不能作为高混凝土坝地基	A_V类
	弱风化	$R_b=76MPa$ $V_p=3257m/s$ $K_v=0.37$	岩体呈中厚层状结构，裂隙较发育，主要以构造裂隙为主，裂面多出现次生矿物、岩屑及锈斑，剪性裂隙居多，一般闭合～微张，夹岩屑，局部夹泥，岩块间嵌合力较好，少见贯穿性结构面	岩体强度较高，但完整性差，变形破坏主要受结构面及岩石强度控制。坝基处理以提高岩体的整体性为重点	A_{III2}类
	微风化	$R_b=85MPa$ $V_p=4356～$ $5000m/s$ $K_v=0.58$	岩体呈中厚层状结构，结构面较发育，延展性差，多闭合，主要为高倾角	岩体较完整，强度高，结构面不控制岩体稳定，抗剪、抗变形能力较强，为良好高混凝土坝地基	A_{II}类
硅质板岩	强风化	$V_p=2500m/s$ $K_v=0.25$	岩体呈碎裂～散体状，风化卸荷裂隙极其发育，岩石强度低，锤击声哑，镐可挖动	岩体破碎，不能作为高混凝土坝地基	A_V类
	弱风化	$R_b=63.2MPa$ $V_p=3600m/s$ $K_v=0.47$	岩体呈镶嵌状结构，裂隙较发育，主要以构造裂隙为主，裂面多出现次生矿物、岩屑及锈斑，剪性裂隙居多，一般闭合～微张，夹岩屑，局部夹泥，岩块间嵌合力较好，少见贯穿性结构面	岩体强度较高，但完整性差，变形破坏主要受结构面及岩石强度控制。坝基处理以提高岩体的整体性为重点	A_{III2}类

续表

岩性名称	风化程度	岩体主要特征值	岩体特征	岩体工程性质评价	坝基岩体工程地质分类
硅质板岩	微风化	$R_b=85.3MPa$ $V_p=4500m/s$ $K_v=0.65$	岩体呈中层状结构，结构面较发育，延展性差，多闭合，主要为高倾角	岩体较完整，强度高，结构面不控制岩体稳定，抗剪、抗变形能力较强，为良好高混凝土坝地基	A_{II} 类
硅质岩	强风化	$V_p=2300m/s$ $K_v=0.25$	岩体呈碎裂～散体状，风化卸荷裂隙极其发育，岩石强度低，锤击声哑，镐可挖动	岩体破碎，不能作为高混凝土坝地基	A_V 类
硅质岩	弱风化	$V_p=3600m/s$ $K_v=0.43$	岩体呈中厚层状结构，裂隙发育，主要以构造裂隙为主，裂面多出现次生矿物、岩屑与锈斑，剪性裂隙居多，一般闭合～微张，夹岩屑，局部夹泥，岩块间嵌合力较好，少见贯穿性结构面	岩体强度较高，但完整性差，变形破坏主要受结构面及岩石强度控制。坝基处理以提高岩体的整体性为重点	A_{III2} 类
硅质岩	微风化	$R_b=76.1MPa$ $V_p=4200\sim$ $5500m/s$ $K_v=0.67$	岩体呈厚层状结构，结构面较发育，延展性差，多闭合，主要为高倾角	岩体较完整，强度高，结构面不控制岩体稳定，抗剪、抗变形能力较强，为良好高混凝土坝地基	A_{II} 类
二云石英片岩	强风化	$V_p=1867m/s$ $K_v=0.18$	岩体呈散体状，风化裂隙极其发育，岩石强度低，锤击声哑，镐可挖动	岩体破碎，不能作为高混凝土坝地基	B_V 类
二云石英片岩	弱风化	$R_b=48MPa$ $V_p=2461m/s$ $K_v=0.26$	岩体呈互层状。层间结合较差，存在不利于坝肩稳定的软弱结构面	岩体强度较低，完整性差，变形破坏明显受结构面控制	B_{IV1} 类
二云石英片岩	微风化	$V_p=3000\sim$ $3500m/s$ $K_v=0.4$	岩体呈中层状结构，结构面较发育，多闭合，岩块间嵌合力较好，少见贯穿性结构面	岩体较完整，局部完整性差，变形破坏主要受结构面及岩石强度控制	B_{III2} 类

表 4.7-5   岩石（体）力学指标建议值表

岩性名称	风化程度	岩体基本质量级别	岩石饱和抗压强度 R_b /MPa	岩石抗拉强度 R_t /MPa	混凝土与岩体			岩体与岩体			岩体变形模量 E_0 /GPa	岩体弹性模量 E_e /GPa	泊松比 μ	承载力 f_k /MPa
					抗剪断强度		抗剪强度	抗剪断强度		抗剪强度				
					f'	c' /MPa	f	f'	c' /MPa	f				
大理岩	弱风化	III	67.6	0.8	0.85	0.95	0.65	0.95	1.10	0.70	10.0	13.0	0.27	4.0
大理岩	强风化	IV	62.3	0.6	0.65	0.40	0.50	0.75	0.50	0.60	3.0	5.0	0.32	0.8
结晶灰岩	微风化	II	82.4	1.2	1.10	1.15	0.70	1.20	1.70	0.75	15.0	18.0	0.23	5.0
结晶灰岩	弱风化	III	68.4	0.9	0.95	0.90	0.65	1.00	1.20	0.70	9.0	12.0	0.27	4.0
结晶灰岩	强风化	IV	43.9	0.6	0.65	0.35	0.50	0.70	0.50	0.60	3.0	5.0	0.31	0.8
变质砂岩	微风化	II	85.0	1.4	1.15	1.20	0.70	1.20	1.80	0.75	13.0	16.0	0.25	5.5
变质砂岩	弱风化	III	76.0	1.2	1.00	1.00	0.70	1.00	1.10	0.70	9.0	12.0	0.28	4.5
变质砂岩	强风化	IV	30.3	0.6	0.65	0.40	0.55	0.75	0.50	0.60	3.0	5.0	0.32	0.5

续表

岩性名称	风化程度	岩体基本质量级别	岩石饱和抗压强度 R_b /MPa	岩石抗拉强度 R_t /MPa	混凝土与岩体			岩体与岩体			岩体变形模量 E_0 /GPa	岩体弹性模量 E_e /GPa	泊松比 μ	承载力 f_k /MPa
					抗剪断强度		抗剪强度	抗剪断强度		抗剪强度				
					f'	c' /MPa	f	f'	c' /MPa	f				
硅质板岩	弱风化	Ⅲ	63.2	1.0	0.95	0.90	0.60	1.00	1.20	0.65	10.0	13.0	0.29	4.0
硅质岩	微风化	Ⅱ	76.1	1.2	1.10	1.20	0.70	1.30	1.60	0.70	12.0	15.0	0.21	5.0
二云石英片岩	弱风化	Ⅳ	55.9	0.5	0.60	0.30	0.40	0.65	0.40	0.50	2.0	3.0	0.31	3.0
岩脉	弱风化	Ⅲ	85.0	2.0	0.90	1.00	0.65	0.60	0.40	0.70	5.0	8.0	0.26	4.0

4.7.2 水库区主要工程地质问题评价

4.7.2.1 水库渗漏

库区属于秦岭中部山间盆地，四面环山，各支沟一般均有地表流水，地下水位分布较高，地形和水文地质条件均有利于修建水库，库区不存在永久性渗漏问题，原因如下。

（1）库盆地形封闭，周边山体雄厚，无单薄分水岭存在，亦无与外界连通的沟谷凹地；库盆主要由弱风化～微风化基岩构成，岩体较完整，属弱透水性～微透水性，无强透水层分布。

（2）库区河谷两岸地下水出露高程高于正常蓄水位 643m，地下水以下降泉形式补给河水。

（3）库区为横向谷，结晶灰岩多垂直库岸向展布，没有与下游邻谷连通的结晶灰岩岩层，大理岩呈透镜体状分布，对外不连续，加之岩溶发育轻微，连通性差，无可溶岩形成的连续通道，且地下水位出露高程高于水库正常蓄水位高程。

（4）库区周边邻谷河床高程虽低于水库正常蓄水位，但间部有地下水分水岭，泉水出露高程远高于水库正常蓄水位，且岩层和构造均不利于渗漏。

（5）通过库区的 F_{i5-1}、F_{i5-2} 断层，在库外出露高程为 $850 \sim 900m$，无低谷地形，且断层带上的泉水出露高程高于水库正常蓄水位，不存在沿断层带向库外渗漏。

4.7.2.2 库岸稳定性

（1）水库区回水岸坡总长度 151.89km，基岩岸坡约占岸坡总长度的 83%，基岩岸坡稳定性较好，第四系地层库岸约占总长度的 17%，是易产生塌岸的主要地段。塌岸预测采用图解法，塌岸预测参数见表 4.7-6。

表 4.7-6　　　　　塌 岸 预 测 参 数 表

地层时代	岩性	近 期		永 久	
		水下稳定坡角	水上稳定坡角	水下稳定坡角	水上稳定坡角
Q_4^{col+dl} Q_4^{dl+pl}	壤土夹碎石	20°	50°	15°	40°
Q_4^{del}	碎石土及碎块石			20°	40°

水库塌岸预测的一般宽度 18.2～89.9m，最大 125.8m，最终塌岸方量约为 223.3 万 m^3。塌岸主要发生在汶水河的黑虎垭、梅子乡、大坪及椒溪河的山王庙一带。

（2）库区分布有 4 个滑坡，天然状态下基本稳定。采用推力传递系数法计算的滑坡稳定性成果见表 4.7-7，根据滑坡计算成果及现场地质条件综合分析认为：水库蓄水条件下 1 号处于临界状态，2 号、4 号不稳定；由于各滑坡距坝址较远，滑坡方量较小，对水库大坝的运行安全基本无影响。

表 4.7-7 滑坡稳定性计算成果表

滑坡编号	滑坡类型	位置	天然容重/(kN/m³)	原状快剪		饱和容重/(kN/m³)	原状饱和快剪		计算工况	稳定系数	稳定性状态
				黏聚力/(kN/m)	内摩擦角/(°)		黏聚力/(kN/m)	内摩擦角/(°)			
1 号	第四系坡体型	黄泥咀	18.5	23	20.0	20.0	20	16.0	现状	1.129	基本稳定
									蓄水至高程 643.00m	1.022	临界状态
2 号		三河口	18.5	30	20.0	20.0	25	17.0	现状	1.132	基本稳定
									蓄水至高程 643.00m	0.923	不稳定
4 号		瓦房村下部	18.5	15	25.0	20.0	10	20.0	现状	1.076	基本稳定
									蓄水至高程 643.00m	0.811	不稳定

4.7.2.3 库区浸没及淤积

水库正常蓄水位附近无平缓台地及村庄，库区不存在浸没问题；库区岸坡以基岩边坡为主，植被覆盖率较高，淤积物来源少，水库淤积对水库的使用寿命影响甚微。

4.7.2.4 水库诱发地震

库区分布的可溶岩岩溶发育程度弱，多以溶孔、溶隙为主，连通性差，没有大型溶洞，且岩体透水性差，不存在水库诱发地震的地质条件。

工程区断裂的活动性主要表现在晚更新世以前，晚更新世以来断裂基本不活动，从库区经过的西岔河-狮子坝断裂（F_{i5-1} 及 F_{i5-2}）和四亩地-十亩地断层（F_{19}），虽在库区交汇，但属压扭性断层，且沿断裂带没有历史地震记录，同时库坝区两岸地下水高于正常蓄水位，水库蓄水不会改变原构造的水文地质条件，因而不会产生水库诱发地震。

综合分析认为水库工程区无论从构造型和非构造型来看，不具备水库诱发地震的基本地质条件，水库诱发地震的可能性小。即使发生水库诱发地震，其影响烈度也不会高于工程区基本地震烈度Ⅵ度。

4.7.3 坝址选择的地质评价

可行性研究阶段在三河口至大河坝 5.8km 的子午河基岩峡谷段初选上、下两个坝址进行了比选，岩性多为坚硬的变质岩，河床覆盖的卵石层厚度一般小于 10m。

4.7.3.1 上坝址工程地质条件

上坝址河谷呈 V 形发育，两岸地形基本对称，自然边坡坡度 35°～50°，大部分区域基岩裸露，岩性主要为结晶灰岩及变质砂岩，局部夹有大理岩及印支期侵入伟晶岩脉、石英岩脉，其中大理岩与变质砂岩及结晶灰岩多呈切层分布或断层接触；伟晶岩脉、石英岩脉与围岩（结晶灰岩及变质砂岩）一般多呈紧密接触关系。三河口水库上坝址工程地质剖面图见图 4.7-5。

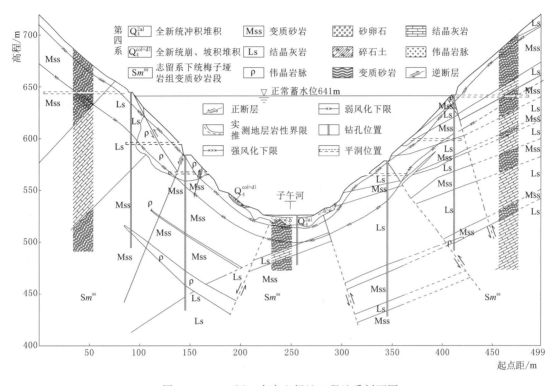

图 4.7-5　三河口水库上坝址工程地质剖面图

左坝肩边坡坡度 35°～55°，斜坡坡脚有 3.0～5.0m 的碎石土覆盖，主要岩性为结晶灰岩、变质砂岩和侵入伟晶岩脉。左坝肩地表发育 3 条断层，另外平洞内发育 4 条逆断层，断层倾角均为大于 45°的高倾角断层，对坝肩稳定影响较小，但受其影响坝肩表层岩体较破碎，完整性较差。斜坡表面强风化垂直厚度 5～14m，水平宽度 6～15m，右坝肩斜坡强风化垂直厚度 6～14.5m，水平宽度 6～12m，强风化岩体基本质量级别 V 级，属 A_V 类坝基岩体；弱风化岩体质量分级为 Ⅲ 级，属 $A_{Ⅲ2}$ 类坝基岩体；微风化岩体质量分级为 Ⅱ 级，属 $A_Ⅱ$ 类坝基岩体。

坝基河床砂卵石覆盖层一般厚 6.5～7.2m，最大厚度 11.0m，下伏基岩主要为变质砂岩夹薄层结晶灰岩，岩体强风化垂直厚度 1～2m，弱风化垂直厚度 7～10m。强风化岩体基本质量级别 V 级，属 A_V 类坝基岩体；弱风化岩体质量分级为 Ⅲ 级，属 $A_{Ⅲ2}$ 类坝基岩体；微风化岩体质量分级为 Ⅱ 级，属 $A_Ⅱ$ 类坝基岩体。坝基分布有 1 条断层，断层走向与坝轴线斜交，坝基无软弱夹层，发育的断层 f_{14} 与岩层产状没有形成不利于坝基抗滑稳定的组合，但断层破碎带和影响带岩体质量较差，属 A_V 类坝基岩体。

右坝肩边坡坡度 45°～50°，基岩裸露，岩性主要为结晶灰岩夹变质砂岩，地面发育 2 条断层，平洞发育 10 条小规模逆断层，断层倾角均为大于 45°的高倾角，与坝轴线近正交或大角度斜角，对坝肩稳定影响较小，但受其影响坝肩表层岩体较破碎，完整性较差。岸坡强风化带垂直厚度 6～14.5m，水平宽度 6～12m，强风化岩体基本质量级别Ⅴ级，属 A_V 类坝基岩体；弱风化岩体质量分级为Ⅲ级，属 $A_{Ⅲ2}$ 类坝基岩体；微风化岩体质量分级为Ⅱ级，属 $A_Ⅱ$ 类坝基岩体。

4.7.3.2　下坝址工程地质条件

下坝址河谷呈 V 形发育，两岸基岩裸露，边坡陡峻，出露岩性主要为硅质板岩、硅质岩、二云石英片岩、大理岩及伟晶岩脉。三河口水库下坝址工程地质剖面图见图 4.7-6。

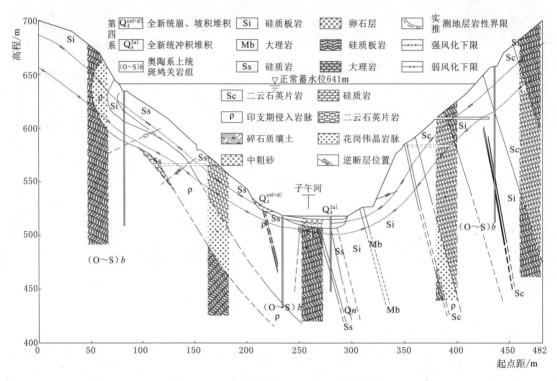

图 4.7-6　三河口水库下坝址工程地质剖面图

左坝肩高程 630.00m 以下自然坡角约 40°，高程 630.00m 以上约 57°，近谷底段 60°。大部分基岩裸露，岩性以硅质板岩、硅质岩为主，上部夹有花岗伟晶岩脉，岩体较完整，无断层发育，强风化垂直厚度 8.2～16.5m（水平宽度 9.5～21.6m），弱风化垂直深度为 13～25m；强风化岩体基本质量级别Ⅴ级，属 A_V 类坝基岩体；弱风化岩体质量分级为Ⅲ级，属 $A_{Ⅲ2}$ 类坝基岩体；微风化岩体质量分级为Ⅱ级，属 $A_Ⅱ$ 类坝基岩体。

河床漫滩宽 70～100m，上覆中粗砂及卵石层，上部砂层厚度 2～4.0m，卵石层厚 3.5～4.6m。下伏基岩以硅质板岩为主，岩体完整，无断层发育。弱风化垂直厚度 17.7～27.0m。弱风化岩体质量分级为Ⅲ级，属 $A_{Ⅲ2}$ 类坝基岩体；微风化岩体质量分级为Ⅱ级，属 $A_Ⅱ$ 类坝基岩体。

右坝肩边坡上陡下缓，高程 576.00m 以下坡角 65°左右，以上 40°左右，基岩裸露，岩性以硅质板岩、硅质岩及二云石英片岩为主，局部夹有花岗伟晶岩脉，岩体较完整，无断层发育。强风化垂直厚度 3.5～20.0m（水平宽度 10.0～21.0m），弱风化垂直厚度 15～30m。强风化岩体基本质量级别Ⅴ级，属 A_V～B_V 类坝基岩体；弱风化硅质板岩、硅质岩岩体质量分级为Ⅲ级，属 $A_{Ⅲ2}$ 类坝基岩体；弱风化二云石英片岩岩体质量分级为Ⅳ级，属 $B_{Ⅳ1}$ 类坝基岩体；微风化硅质板岩、硅质岩岩体质量分级为Ⅱ级，属 $A_Ⅱ$ 类坝基岩体；微风化二云石英片岩岩体质量分级为Ⅲ级，属 $B_{Ⅲ2}$ 类坝基岩体。

4.7.3.3 坝址选择地质评价

上、下坝址均不存在对工程影响较大的区域性断裂，均具有建高坝的地形地质条件。上坝址河谷顺直，岸坡基本对称，两岸地形完整，岩体比较完整，工程场地开阔，施工方便。下坝址两岸沟谷发育，地形破碎，地层陡倾，地质构造发育，存在崩塌、强卸荷现象，风化较深，同时坝基溶隙型岩溶较发育，河床覆盖层较厚，在同等库水位情况下较上坝址高 5m 左右，工程量较大。因此，地质上推荐坝址为选定坝址。两坝址工程地质条件比较见表 4.7-8。

表 4.7-8   两坝址工程地质条件比较表

比较项目	上 坝 址	下 坝 址
正常蓄水位及坝顶长度	正常蓄水位 641.0m 时，谷宽 312m	正常蓄水位 641.0m 时，谷宽 340m
河床漫滩宽度	河谷呈 V 形，河床漫滩宽 79～87m	河谷呈 V 形，河床漫滩宽 100m
两岸边坡坡度	两岸基本对称，基岩裸露；左岸自然坡角 35°～55°；右岸自然坡角 45°～50°	两岸基本对称，基岩裸露；左岸高程 630.00m 以下自然坡角 40°，其上部 57°；右岸高程 630.00m 以下自然坡角 65°，以上 40°
覆盖层岩性及厚度	坝基覆盖层为卵石层，厚度 6.5～7.2m	坝基覆盖中粗砂，下部为卵石层，厚度 3.5～8.8m，最大厚度 15.5m
坝基及坝肩岩体力学指标	坝基岩石以结晶灰岩、变质砂岩为主，弱风化～微风化岩石饱和抗压强度均大于 60MPa，弱风化岩体变形模量为 9.0GPa，岩体基本质量级别为Ⅲ级	坝基岩石主要为硅质板岩、硅质岩，弱风化～微风化岩石饱和抗压强度均大于 60MPa，弱风化岩体的变形模量为 10.0GPa，岩体基本质量级别为Ⅲ级
岩体卸荷及风化带厚度	左岸强风化垂直厚度 5.0～14m；河床 1.5～2.5m；右岸 6～14.5m。左岸弱风化垂直深度为 33.5～41.6m；河床 8.0～17.2m；右岸 35.5～46.3m。两岸卸荷带水平宽度小于弱风化下限	左岸强风化垂直厚度 8.2～16.5m；右岸 3.5～2.0m。左岸弱风化垂直深度为 21.8～41.7m；河床 5.5～8.2m；右岸 18.6～53.5m。两岸卸荷带水平宽度小于强风化下限
坝肩及坝基有无断裂及构造	左、右坝肩岩体稳定，因裂隙切割，存在局部崩塌破坏可能性。坝基岩体强度高，不存在不利的断裂结构面，坝基稳定，岩溶不发育	左、右坝肩地形完整性差，岩层陡倾，因断层裂隙切割，易发生崩塌或形成潜在不稳定块体，对坝肩稳定不利。坝基风化较厚，发育小的溶槽溶洞，坝基处理量较大
水文地质及防渗	地下水补给河水，以 $q \leqslant 1.0$Lu 作为防渗控制标准，左坝肩垂直深度 120～130m，水平宽度 280m；河床垂直深度 80～85m，水平宽度 80m；右坝肩垂直深度 110～150m，水平宽度 250m；防渗帷幕面积 3569m^2	地下水补给河水，以 $q \leqslant 1.0$Lu 作为防渗控制标准，左坝肩垂直深度 137m，水平宽度 370m；河床垂直深度 18～23m，水平宽度 90m；右坝肩垂直深度 139m，水平宽度 363m；防渗帷幕面积 4178m^2
适宜的坝型	当地材料坝、混凝土重力坝、拱坝	当地材料坝、混凝土重力坝、拱坝

4.7.4　推荐坝址的主要工程地质问题评价

推荐上坝址河谷较狭窄，两岸基本对称，山体雄厚；坝基岩性为坚硬的变质砂岩及结晶灰岩，两者的力学性质及变形模量差别不大；坝基、左坝肩无整体抗滑稳定问题，右坝肩存在抗滑稳定问题，需进行工程处理。具有建拱坝、重力坝和当地材料坝的基本工程地质条件。考虑天然建材等因素，地质建议以混凝土拱坝为宜，但应对两坝肩进行工程处理，以提高岩体的整体性。

（1）建基面选择。地质建议拱坝及重力坝坝基建基面可选择微风化的 A_{II} 类坝基岩体，如选择弱风化的 A_{III2} 类坝基岩体应进行工程处理；$A_{IV2} \sim B_{IV2}$ 类坝基岩体，不宜作为坝基，应予以清除。

（2）坝基（肩）抗滑稳定问题。河谷坝基无不利于坝基抗滑稳定的组合体，坝基基本不存在抗滑稳定问题。

左坝肩结构面形成的抗滑稳定不利组合体较小，对左岸抗滑整体稳定影响较小，左坝肩整体抗滑稳定性较好，局部抗滑稳定性较差。

右坝肩结构面形成的抗滑稳定不利组合体规模较大，对右岸抗滑整体稳定影响较大，右坝肩存在抗滑稳定问题，应采取工程处理措施。

（3）坝基渗漏及绕坝渗漏。河谷坝基岩体结构较完整，产生渗透破坏的可能性小；两坝肩也不存在大的绕坝渗漏问题；但一些小规模断层贯穿大坝上下游，蓄水条件下断层将产生渗透破坏，破坏形式为混合型。应针对上述断层加强防渗处理措施。

根据《混凝土拱坝设计规范》（SL 282—2003）的有关规定，防渗控制标准 $q \leqslant 1Lu$ 时，左坝肩垂直深度 $120 \sim 130m$，水平宽度 $280m$；河床垂直深度 $80 \sim 85m$，水平宽度 $80m$；右坝肩垂直深度 $110 \sim 150m$，水平宽度 $250m$。

（4）坝基压缩及不均匀变形。两坝肩岩体在大坝荷载作用下，不会因岩性差异而产生较大压缩变形及不均匀变形，但两坝肩发育的断层破碎带及影响带可能产生压缩变形，导致坝肩局部不均匀变形，应采取相应处理措施。

（5）坝肩边坡稳定。两坝肩发育有断层及四组裂隙，断层的组合大部分倾向与自然边坡相反，对自然边坡整体稳定有利，边坡整体稳定性较好；但断层与裂隙的组合易形成对自然边坡局部稳定不利的块体，建议开挖时对这些局部稳定差的块体采取喷锚措施。

4.7.5　天然建筑材料勘察与评价

三河口天然建材类型为砂砾料、土料、石料，主要供三河口水利枢纽、秦岭输水隧洞黄三段后段及越岭段首端使用。

天然砂砾料场选择了六个，分别位于蒲河、椒溪河及子午河河漫滩。其中 I_1 号、I_2 号、I_3 号、I_4 号、I_6 号料场位于坝址上游，I_5 号料场位于坝址下游。依据《水利水电工程天然建筑材料勘察规程》（SL 251—2000），六个料场粗骨料除含泥量偏大、粒度模数偏小外，其余指标基本符合要求；细骨料除堆积密度偏小、含泥量偏大外，其余指标基本符合要求。料场细骨料储量 477.62 万 m^3，粗骨料储量 788.40 万 m^3，满足规范及设计要求用量。

土料场选择Ⅲ₁号、Ⅲ₂号两个土料场，Ⅲ₁号料场选在三河口村北，Ⅲ₂号料场位于蒲河的枣树岭村。依据《水利水电工程天然建筑材料勘察规程》（SL 251—2000），料场土料除黏粒含量、天然密度偏大外，其余指标满足规范要求。土料储量分别为 48 万 m^3、36 万 m^3，满足规范及设计要求用量。

石料场选择Ⅱ₁号、Ⅱ₂号、Ⅱ₃号、Ⅱ₄号四个料场。Ⅱ₁号料场位于坝址上游的蒲河右岸黄草坡山梁上，岩性为结晶灰岩和大理岩互层，石料储量 1104 万 m^3，该阶段推荐为主料场；Ⅱ₂号料场位于坝址上游的蒲河右岸立船沟对面山梁，岩性为花岗岩，石料储量 760 万 m^3，可行性研究阶段推荐为备用料场；Ⅱ₃号、Ⅱ₄号料场位于坝址下游子午河的左、右岸，大河坝上游二郎砭山梁，岩性为硅质岩，石料储量为 285 万 m^3。石料的各项技术指标均符合《水利水电工程天然建筑材料勘察规程》（SL 251—2000）要求，四个料场总计可用储量 2149 万 m^3，满足规范及设计要求用量。

后期增加了柳木沟Ⅱ₆号人工骨料场，该料场位于坝址上游蒲河左岸，岩性为花岗岩，为非碱活性骨料，各项质量指标基本满足《水利水电工程天然建筑材料勘察规程》（SL 251—2000）对混凝土骨料的要求，石料净储量约 870 万 m^3，可满足黄金峡水利枢纽、三河口水利枢纽以及黄三隧洞的用量。

4.8 秦岭输水隧洞工程地质条件

4.8.1 黄三段隧洞工程地质

4.8.1.1 基本地质条件

1. 地形地貌及地层岩性

（1）地形地貌特征。黄三段隧洞位于南秦岭中段、汉江以北的中低山区，局部为中山区，地势北高南低。南秦岭总体呈东西向展布，山峰林立，沿线沟壑纵横，切割强烈，基岩裸露程度较高，多呈剥蚀山地地貌形态。沿线冲沟发育，沟内多有溪流，沟谷阶地不甚发育。

（2）地层岩性。工程区受多期构造运动影响，变质作用复杂，岩浆活动频繁，主要为变质岩、侵入岩两大类，其分布受区域构造控制。其中，扬子陆块出露地层为太古～下元古界（Ar～PtB₁ᵦ）基底地层，南秦岭槽褶带为古生代强变形变质地层，在两者结合带（石泉-饶峰构造杂岩带）为中晚元古代～中生代构造岩石地层。另外沿山坡零星分布或沿河沟呈带状分布冲洪积、坡积、残积、崩积等第四系堆积物。各地层分布特征如表 4.8-1。

2. 地质构造

（1）工程区构造特征。黄三段隧洞工程区位于扬子陆块北部边缘，北部跨及南秦岭槽褶带，以区域性一级断裂扬子北缘断裂带（ⅠF₁₁）及二级断裂大河坝-白光山断裂（Fi₉）为界，可分为三个区段。区域性断裂扬子北缘主边断裂带以南属扬子陆块区（南区段），北缘主边断裂带（ⅠF₁₁）与大河坝-白光山断裂（Fi₉）之间（中北区段）为石泉-饶峰构造杂岩带，白光山断裂（Fi₉）以北（北区段）属南秦岭槽褶带，各区表现出不同的构造特征。

表 4.8-1   黄三段隧洞地层岩性简表

地层时代		主要岩性	分布特征
中元古界耀岭河群（Pt_1D^{gn}）		角闪斜长片麻岩	出露于东沟河至水田坪一带，沿洞线大面积分布
中元古界耀岭河群（Pt_3y^L）		绿泥片岩	出露于漆树沟至大坪一带的 $F_2 \sim F_4$ 两大断裂之间，宽度600m
奥陶系～志留系斑鸠关组 $[（O\sim S）b]$		变硅质岩为主	主要分布于工程区北部高家院子至蒲家沟一带
志留系下统梅子垭岩组（S_1m）	变质砂岩段（Sm^{ss}）	石英片岩、长英质片岩夹二云石英片岩	带状出露于谭家湾、沙坪水库至和尚包一带
	云母片岩段（Sm^{sch}）	二云石英片岩，石榴二云石英片岩	分布于碾子沟至隧洞出口
泥盆系中统（大风沟组 Dd）		黑云母斜长变粒岩夹条带状大理岩，大理岩及灰岩	近东西向分布，主要分布于工程区中偏北柳家河坝、站房乡、铁瓦寨一带
石炭系马平组（Cm）		灰色灰岩、白云岩夹砂质板岩	近东西向分布，在工程区中偏北大坪一带小面积出露
早元古代侵入岩（片麻岩套）		基性岩和酸性岩	分布于工程区西南部
中元古代蓟县（现蓟州区）纪侵入岩（高位岩体）（JxT）		中粒角闪辉长岩、闪长岩	呈东西向星散分布
晚元古代清白口纪侵入岩（汉南超单元组合）（QnD）		花岗片麻岩	出露于工程区南部隧洞进口段
晚元古代清白口纪侵入岩（竹园沟单元）（QnZy）		中粒花岗片麻岩	出露于工程区南部隧洞进口段
晚元古代清白口纪侵入岩（牟家坝单元组合）（QnMj）		中粒二长花岗岩	出露于工程区中南部隧洞中段
晚元古代清白口纪侵入岩（新铺单元组合）（QnXP）		中粗粒花岗岩	零星出露于工程区中部隧洞中段
中生代三叠纪侵入岩（T）		花岗岩	岩体规模小但分布范围较广
第四系松散堆积		壤土、卵石、碎石土	堆积于河床、漫滩及残留阶地部位，岸坡平缓地带及坡脚多有崩坡积分布

  南区段属扬子陆块区北缘，地质构造活动较弱，断层发育相对较少，规模也相对较小；中北区段受扬子北缘主边断裂带及二级断裂的控制，属边缘结合带。断裂、褶皱构造发育，地层变质、变形作用十分复杂，除较大规模断层外，小断层发育密度较大，局部甚至以断层束的形式表现；北区段属南秦岭槽褶带南缘，该区主要造山期为印支期，产生了区域上最明显的轴向面理及形成多条韧性～脆韧性剪切糜棱岩带。

  （2）构造类型。

  1）断层。隧洞沿线横穿1条Ⅰ级构造断裂带（ⅠF$_{11}$）、1条Ⅱ级构造断裂带（Fi$_9$）及8条一般性断层，这10条较大规模的断层均与洞线成大角度相交，倾角较陡，主断层带一般由断层糜棱岩、岩屑及碎裂岩组成，宽度一般为2～15m，部分断层影响带宽度达20～100m，是围岩稳定需要重点考虑的部位。沿线主要断层构造特征见表4.8-2。

表 4.8-2   黄三隧洞主要断层构造特征表

编号	产状/(°)			性质	断层带宽度/m	主要特征	出露位置
	走向	倾向	倾角				
f_{25}	280～300	170～180	70～80	逆断层	0.5～1.2	断面弯曲，有明显擦痕，以碎裂岩、块石及灰色断层泥（厚0.1～0.3cm），上盘影响带宽0.5～1.2m，下盘影响宽10m左右。延伸大于3km	东线低抽1+050，东线高抽0+960处
f_{24}	300～310	30～40	70～80	逆断层	3～4	断面弯曲，以角砾岩为主，影响带宽30m左右	东线低抽2+748，东线高抽2+657处
f'_{24}	80	350	75～85	逆断层	2～3	断面弯曲，有明显擦痕，断带为角砾岩，影响带宽10m	东线低抽2+867，东线高抽2+772处
f_{32}	50～60	320～330	40～50	平移断层	10～20	断面弯曲粗糙，断带为碎裂岩块，影响带宽度30m左右	在5+155处与东1线近平行
IF_{11}	289	199	70～80	逆断裂	100～700	断面弯曲粗糙，为糜棱岩、碎裂岩块，夹黑褐色条带，上盘可见拖曳现象，有泉水流出	东线低抽9+553，东线高抽9+476，东1线7+400处
f_{33}	305	35	70～80	逆断层	4～6	断面弯曲粗糙，以碎裂岩角砾岩块为主，夹黑褐色条带，影响带宽度40～60m，延伸长度大于5km	东线低抽9+963，东线高抽9+949，东1线7+871处
F'_{11}	305	215	60～80	逆断裂	50～100	断面较平直，可见擦痕，破碎带以碎粉岩为主，粉末状，褐色，碎粉岩深灰色～灰黑色	东线低抽10+472，东线高抽10+244，东1线9+465处
f_{31}	271	181	50	正断裂	20～30	断面较平直，断带为角砾岩。影响带宽一般为20～30m	东线低抽11+987，东线高抽11+924，东1线11+088处
Fi_9	287	197	73	逆断层	200	东西延伸大于50km断带最宽200m。影响带宽度100m，破碎带以糜棱岩为主	东线低抽13+538，东线高抽13+500，东1线13+275处
f_{30}	283	13	40～50	正断层	3.0～5.0	断面较平直，可见擦痕，破碎带以碎裂岩为主，延伸长度大于5km	东线低抽15+966，东线高抽15+983，东1线16+206处

2）褶皱。工程区域的主要褶皱为大龙山-秧田坝倾伏背斜、长许家台-铁炉乡倒转倾伏向斜，对工程区地层结构、产状产生一定影响。

3）节理裂隙。工程区北部以层状～似层状岩体为主，硅质岩、片岩、变质砂岩一般都有较为明显的层面（或片理面），受层面控制，并发育多组垂直层面的节理裂隙，一般岩体的优势节理面往往垂直层面；南部以块状～似层状岩体为主，岩体的节理主要受位叶理、构造叶理、卸荷及构造运动控制，裂隙发育规律性差。

3. 物理地质现象

工程区发育滑坡三处，均属浅层滑坡，规模较小，稳定性较差，距隧洞进出口较远，对洞室的稳定安全无影响；崩塌体、不稳定体（危岩）分布于陡峻岸坡处，一般规模较小。

沿线岩体全风化厚度一般小于5m，强风化厚度一般小于10m，弱风化厚度一般小于60m。

4. 水文地质条件

工程区地下水类型主要有第四系松散层孔隙潜水、基岩裂隙水、灰岩溶隙裂隙水三大类。地下水主要受大气降水补给，向河谷排泄。

根据水质分析成果地下水类型为 $HCQ_3^- - Ca^{2+}$ 型及 $HCQ_3^- - Ca^{2+} - Mg^{2+}$ 型，依据《水利水电工程地质勘察规范》（GB 50487—2008）附录 G 环境水腐蚀性判定标准评判，环境水对混凝土无腐蚀性、对混凝土中钢筋无腐蚀性、对钢结构具弱腐蚀性。

5. 地应力特征

工程区应力场是以水平构造应力为主导的地应力场，最大主应力方向为近东西向、近水平。最大水平主应力在 200m 埋深处及 500m 埋深处分别为 15MPa、24MPa。

6. 岩石（体）物理力学指标建议值

依据《水利水电工程地质勘察规范》（GB 50487—2008），对隧洞沿线的岩体进行了洞室围岩分类，依据室内试验成果并结合同类工程经验，岩石（体）围岩类别及力学指标地质建议值见表 4.8-3。

表 4.8-3　　　　　　　　黄三段隧洞围岩力学指标建议值表

岩石名称	风化程度	密度 ρ_d /(g/cm³)	单轴饱和抗压强度 R_c /MPa	饱和抗拉强度 R_t /MPa	围岩变形模量 E_0 /GPa	坚固系数 f	单位弹性抗力系数 K_0 /(MPa/cm)	围岩类别
花岗片麻岩	强风化～破碎带				0.4	0.8	1	V
	弱风化浅埋段	2.40	35		4.0	2.0	5	IV
	弱风化	2.70	68	0.75	10.0	3.0	12	III
	微风化	2.87	75	0.9	14.0	4.0	18	II
角闪辉长岩	强风化～破碎带		32		0.4	0.8	1	V
	弱风化浅埋段	2.40	35		4.0	2.0	5	IV
	弱风化	2.60	42	0.6	8.0	3.0	12	III
	微风化	2.85	55	0.8	12.0	4.0	18	II
二长花岗岩	强风化～破碎带		≤30		0.4	0.8	1	V
	弱风化浅埋段	2.40	34		4.0	2.0	5	IV
	弱风化	2.70	70	0.8	10.0	3.0	12	III
	微风化	2.70	90	1.0	14.0	4.0	18	II
斜长花岗岩	强风化～破碎带		≤30		0.4	0.8	1	V
	弱风化浅埋段	2.40	34		4.0	2.0	5	IV
	弱风化	2.50	70	1.0	10.0	3.0	12	III
灰岩	强风化～破碎带		58		0.4	0.8	1	V
	弱风化浅埋段	2.40	118	0.8	4.0	2.0	5	IV
	弱风化		120	0.9	10.0	3.0	12	III
二云石英片岩	强风化～破碎带	2.30	3		0.3	0.5	0.5	V
	弱风化浅埋段	2.45	10		2.0	2.0	2	IV
	弱风化～微风化	2.76	30	0.6	6.0	3.0	8	III

续表

岩石名称	风化程度	密度 ρ_d /(g/cm³)	单轴饱和抗压强度 R_c /MPa	饱和抗拉强度 R_t /MPa	围岩变形模量 E_0 /GPa	坚固系数 f	单位弹性抗力系数 K_0 /(MPa/cm)	围岩类别
绿泥片岩	强风化~破碎带		30		0.4	0.8	1	V
	弱风化浅埋段	2.50	32		3.0	2.0	4	IV
	弱风化	2.74	42	0.6	8.0	3.0	10	III
变质砂岩	强风化~破碎带		30		0.4	0.8	1	V
	弱风化浅埋段	2.35	42		3.0	2.0	4	IV
	弱风化	2.80	55	1.2	8.0	3.0	10	III
	微风化	2.84	60	1.4	12.0	4.0	18	II
变硅质岩	强风化~破碎带		30		0.4	0.8	1	V
	弱风化浅埋段	2.62	42		3.0	2.0	4	IV
	弱风化		60	1.0	8.0	3.0	10	III
	微风化	2.73	98	1.2	12.0	4.0	18	II
辉长岩	强风化~破碎带		30		0.4	0.8	1	V
	弱风化浅埋段	2.40	60		3.0	2.0	4	IV
	弱风化	2.66	90	1.0	8.0	3.0	10	III

4.8.1.2 隧洞方案选择的地质评价

黄三隧洞位于南秦岭中段中低山区，洞线和构造展布方向近于直角相交，有利于隧洞布置，同时区内支流众多，地表水相对丰富，地下水呈山高水高的特点，断裂带和软弱岩土分布及涌水突水问题不仅影响洞线布置，更重要的是影响工期和造价。

在项目建议阶段初选了三条输水洞线进行比选。分别为东线低抽方案、东线高抽方案和东1线方案。东线低抽方案和东1线比较优选后的线路再与东线高抽方案进行比选。

三个方案隧洞沿线穿越古生代的变质岩及沉积岩、元古代及古生代的侵入岩，另外沿山坡零星分布或沿河沟呈带状分布冲洪积、坡积、残积、崩积等第四系堆积物。隧洞沿线横穿14条较大规模断层，断层与洞线总体上成大角度相交，是围岩稳定需要重点考虑的部位，另外洞线还穿越多条小断层。褶皱主要为大龙山-秧田坝倾伏背斜、长许家台-铁炉乡倒转倾伏向斜，以及多处小型揉皱、褶皱。

隧洞洞身附近基岩透水率 q 一般为 $0.1\sim14.4Lu$，平均值为 $2.01Lu$。隧洞围岩总体属弱透水或微透水，局部为中等透水，围岩富水性可划分为中等富水区、弱富水区、贫水区三个区。

输水隧洞的三个方案工程地质剖面示意如图 4.8-1~图 4.8-3 所示。

东线低抽和东1线方案比较见表 4.8-4，由表 4.8-4 可知：两条引水线路均具备基本的成洞条件，东1线埋施工及交通不方便，同时东1线断层穿越洞室段，有两条断层与洞室走向近于平行，对洞室稳定不利。东1线施工支洞较长。因此地质认为：东线低抽方案引水洞线路条件优于东1线引水洞线方案。

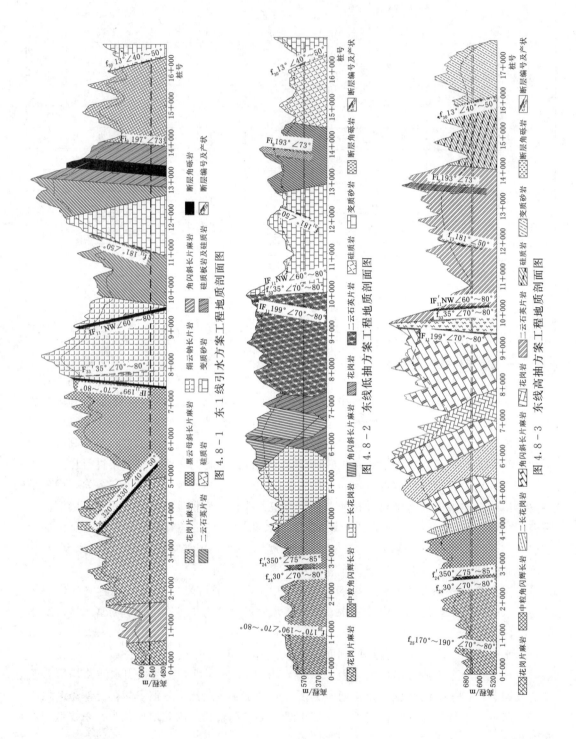

图 4.8-1　东 1 线引水方案工程地质剖面图

图 4.8-2　东线低抽方案工程地质剖面图

图 4.8-3　东线高抽方案工程地质剖面图

表 4.8-4 东线低抽与东1线方案比较表

特 征		东 线 低 抽 方 案		东 1 线 方 案	
引水隧洞长度		16.52km		16.49km	
隧洞埋深	<300m	11.192km		5.15km	
	300~500m	4.307km		9.52km	
	>500m	1.021km		1.82km	
隧洞岩性		10 种		10 种	
围岩类别	Ⅱ	7.07km	42.8%	6.92km	41.9%
	Ⅲ	7.48km	45.3%	7.69km	48.3%
	Ⅳ	1.07km	6.47%	0.78km	3.13%
	Ⅴ	0.90km	5.43%	1.10km	6.67%
通过断层次数及与洞线交角		穿越断层9次，8次交角较大		穿越断层7次，5次交角较大，2次近于平行	
地下水影响		地下水位以下		地下水位以下	
岩溶发育情况		较发育		不发育	
浅埋段		无		无	
交通条件		较方便		不方便	
施工支洞围岩类别	支洞长度	4条，总长度2577.615m		4条，总长度4520.46m	
	Ⅱ	760m	29.48%	140m	3.09%
	Ⅲ	1489.115m	57.77%	3082m	68.17%
	Ⅳ	280m	10.86%	1298.46m	28.74%
	Ⅴ	48.5m	1.89%		

东线低抽和东线高抽方案比较见表 4.8-5，由表 4.8-5 可知：两条引水线路均具备基本的成洞条件，东线高抽方案线路长，浅埋段较多，Ⅴ类围岩段较长，施工较为困难；东线高抽方案施工支洞线路总长虽然比东线低抽方案支洞线路短 827m，但Ⅳ类、Ⅴ类围岩段的长度（721.97m）较低抽方案（328.5m）长约 396m。综合分析地质认为：东线低抽方案地质条件优于高抽方案，可研阶段结合泵站地质条件推荐东线低抽方案。

表 4.8-5 东线低抽与东线高抽方案比较表

特 征		东 线 低 抽		东 线 高 抽	
引水隧洞长度		16.52km		17.546km	
隧洞埋深	<300m	9.77km		12.709km	
	300~500m	2.43km		4.837km	
	>500m	4.32km		0	
隧洞岩性		10 种		10 种	
围岩类别	Ⅱ	7.07km	42.8%	4.445km	25.91%
	Ⅲ	7.48km	45.3%	10.23km	58.3%
	Ⅳ	1.07km	6.47%	1.324km	7.54%
	Ⅴ	0.9km	5.43%	1.447km	8.25%

特 征		东线 低 抽		东线 高 抽	
通过断层次数及与洞线交角		穿越断层 9 次，8 次交角较大		穿越断层 9 次，交角较大	
地下水影响		地下水位以下		地下水位以下	
岩溶发育情况		较发育		较发育	
浅埋段		无		约 320m	
出口边坡		无		坡面倾角 35°，边坡岩体较破碎，风化强烈，卸荷裂隙发育，岩体完整性较差，自然边坡基本稳定，在整坡处理后具备进洞条件	
交通条件		稍方便		稍方便	
施工支洞围岩类别	支洞长度	4 条，总长度 2577.615m		4 条，总长度 1750.97m	
	Ⅱ	760m	29.48%	555m	31.69%
	Ⅲ	1489.115m	57.77%	474m	27.0%
	Ⅳ	280m	10.86%	234m	13.36%
	Ⅴ	48.5m	1.89%	487.97m	27.95%

4.8.1.3 推荐方案隧洞的主要工程地质问题评价

1. 隧洞涌水问题

可行性研究阶段先采用大气降水入渗估算法、裘布依法两种方法对隧洞的可能涌水量进行了初步估算。

大气降水入渗估算法中，大气降水入渗系数 α 的取值原则如下：洞室穿越的花岗片麻岩、二长花岗岩等硬质脆性岩，入渗系数 α 取 0.18；二云母石英片岩、结晶灰岩、变质砂岩及硅质岩等，入渗系数 α 取 0.15；断层破碎带，入渗系数 α 取 0.25。年平均降水量采用 850mm。经计算隧洞涌水量为 9226.9m³/d。

裘布依法中，渗透系数平均值取 0.022m/d；含水体厚度 25～212m，补给半径 150～250m。经计算隧洞涌水量为 22133.26m³/d。

大气降水入渗估算法预测值偏小，裘布依法偏大，根据工程经验，类比引红济石引水隧洞施工资料，可行性研究阶段采用裘布依法计算结果作为预测的隧洞涌水量，即隧洞的总涌水量为 22133.26m³/d。

洞线穿越的片麻岩、变质砂岩和花岗岩Ⅱ～Ⅲ类围岩的洞段，富水性差，不会产生较大涌水；Ⅳ类围岩可能在高水头作用下影响围岩稳定，Ⅴ类围岩中断层破碎带极易产生涌水、突泥，发生塌方，应加强超前排水和支护措施。

灰岩段、断层破碎带及影响带为溶隙水富水区，因此，IF_{11}、IF_{11}'、F_{i9} 断层破碎带及影响带附近，施工期可能出现较大的突发涌水突泥，建议加强施工超前预测预报工作。

2. 软岩变形、岩爆问题

隧洞中分布的云母片岩、炭质片岩强度低，若不及时采取支护措施，将产生较大的径向变形，需要采取适当的处理措施。

隧洞大部分埋深 80～572m，其中 3＋300～6＋400 段、6＋600～9＋772 段及 16＋

218～16＋520 段洞室埋深 200～575m，最深达 575m。隧洞有多处属深埋隧洞，工程区属中等构造应力区，隧洞围岩中花岗岩、角闪斜长片麻岩、石英闪长岩、硅质岩等岩质硬脆具备产生岩爆的基本条件。预测分析认为，施工期间隧洞埋深小于 185m 时，均不会产生岩爆，洞室埋深在 185～350m 范围，有可能产生轻微岩爆，埋深 350m 以上时，会发生中等规模的岩爆。

3. 地温、放射性及有害气体

参考既有的西康铁路秦岭特长隧道和包茂线秦岭终南山特长隧道的工程实践，结合野外调查结果，估算隧道埋深最大处原岩温度为 22.7～23.6℃。

通过地质调查，并借鉴已有资料分析，隧洞区天然放射性物质的背景值一般为（20～50）γ，隧洞通过段不会有较大的放射性影响，但不排除局部有放射性异常的存在；隧洞具备较好的储存封闭条件，有利于地下有害气体的储存富集。

4. TBM 施工适宜性评价

隧洞沿线岩性变化大，构造复杂，涌水、突泥、软岩变形等问题突出，TBM 可钻性及适宜性极差，相较而言钻爆法的适宜性较强、方便、快捷。

4.8.1.4 天然建筑材料

黄三段隧洞所需的天然建筑材料：前段采用黄金峡水利枢纽料场，后段采用三河口水利枢纽的料场，各料场情况如前述章节，此处不再一一叙述。

4.8.2 越岭段隧洞工程地质

4.8.2.1 基本地质条件

1. 地形地貌及地层岩性

（1）地形地貌特征。秦岭隧洞越岭段位于秦岭西部山区，主要包括秦岭岭南中低山区、秦岭岭脊高中山区、秦岭岭北中低山区三个大的地貌单元。隧洞通过地段的地面最大高程 2551m，最大埋深约 2000m，其中埋深不大于 100m 洞段长约 0.6km，埋深 100～500m 洞段长约 19.9km，500～1000m 洞段长约 34.1km，埋深 1000～1500m 洞段长约 23.0km，埋深大于 1500m 洞段长约 4.2km。

（2）地层岩性。秦岭隧洞区主要分布中生界白垩系、晚古生界石炭系及泥盆系，下古生界、中元古界、中—上元古界、下元古界、上太古界等地层，并伴有燕山期花岗闪长岩、印支期花岗岩、花岗闪长岩、华力西期闪长岩、加里东晚期花岗岩、花岗斑岩、花岗闪长岩、闪长岩体的侵入，相互间多呈断层接触、侵入接触及角度不整合接触，为秦岭隧洞通过的主要地层。另外沿山坡零星分布或沿河沟呈带状分布冲洪积、坡积、残积、崩积等第四系堆积物。越岭隧洞地层岩性特征见表 4.8－6。

表 4.8－6 越岭隧洞地层岩性特征表

地层时代	主要岩性	分布特征
上太古界佛坪岩群（Ar_3F）	片麻岩	分布于秦岭岭南蒲河内四面地一带
上太古界龙草坪片麻岩组（Ar_3l）	片麻岩	分布于秦岭岭南蒲河五根树、古里沟一带

续表

地层时代	主要岩性	分布特征
下元古界长角坝岩群低庄沟岩组（Pt_1d）	石英片岩、变粒岩、片麻岩	分布于秦岭岭南，在枸园沟的西沟一带
下元古界长角坝岩群黑龙潭岩组（Pt_1h）	石英岩、石英片岩	分布于秦岭岭南大面积出露老安山至萝卜峪沟口一带及三郎沟、龙窝沟段
下元古界长角坝岩群沙坝岩组（Pt_1s）	大理岩	分布于秦岭岭南蒲河内枸园沟和古里沟之间
下元古界秦岭群郭庄岩组（Pt_1g）	片麻岩	要分布于秦岭岭北 f_{22} 与 f_{23} 两断层之间
中元古界宽坪岩群四岔口岩组（Pt_2SC）	云母石英片岩、绿泥片岩	分布于秦岭岭北隧洞出口段
中元古界宽坪岩群广东坪岩组（Pt_2g）	云母片岩、石英片岩、绿泥片岩、大理岩	分布于秦岭岭北 f_{26} 断层以北及隧洞出口段
下古生界丹凤岩群（Pz_1D）	角闪石英片岩	分布于秦岭岭北王家河沟内黑沟滩至黄草坡一带
下古生界罗汉寺岩组（Pz_1l）	千枚岩、角闪石英片岩	分布于秦岭岭北王家河沟内下沙坝至黑沟滩一带
下古生界二郎坪群安坪组（Pz_1E）	角闪石英片岩、千枚岩、变砂岩	分布于秦岭岭北隧洞出口一带
下古生界志留系中统斑鸠关组（S_2b-m）	石英片岩、大理岩	分布于隧洞起点和 fs_5 断层之间
古生界余家庄岩段（Pz^Y）	石英片岩	呈条带状分布于蒲河左岸 fs_6 与 fs_8 断层之间
古生界土地岭岩段（Pz^T）	糜棱岩化大理岩	呈线状分布于秦岭岭南
古生界泥盆系罗汉寺岩组（Dlh）	千枚岩、变砂岩	分布于秦岭岭北 f_{15} 和 QF_3 断层之间
古生界泥盆系中统刘岭群池沟组（D_2c）	变砂岩	分布于秦岭岭北虎豹河内龙王沟、碾子沟沟口至秦岭岭脊之间
古生界泥盆系中上统刘岭群青石垭组（$D_{2-3}q$）	千枚岩、变砂岩	分布于秦岭岭北 f_{10} 和 f_{12} 断层之间
古生界泥盆系上统刘岭群桐峪寺组（D_3ty）	千枚岩、变砂岩	分布于秦岭岭北王家河沟内北沟、小西沟，f_9 断层以北
古生界石炭系下统二峪河组（C_1er）	千枚岩	分布于秦岭岭北 f_{12} 和 f_{15} 断层之间
古生界石炭系中统草凉驿组（C_2c）	变砂岩	分布于秦岭岭北 QF_2 断层以北党家阳坡附近
古生界二叠系石盒子组（$P^{Ss}sh$）	砂岩	分布于秦岭岭北 QF_2 和 f_{25} 断层之间
古生界石炭系中统草凉驿组（C_2c）	变砂岩	分布于秦岭岭北 QF_2 断层以北党家阳坡附近
中生界三叠系上统五里川组（$T_3^{Ss}w$）	砂岩	布于秦岭岭北 f_{23} 和 QF_2 断层之间
中生界白垩系下统田家坝组（K_1t）	砂岩	分布于秦岭岭北 f_{12} 和 f_{13} 断层之间
加里东期侵入岩	花岗岩、花岗斑岩、花岗闪长岩、闪长岩	分布于秦岭岭北王家河内黄草坡以北及黑河两岸

地 层 时 代	主 要 岩 性	分 布 特 征
华力西期侵入岩	闪长岩	分布于秦岭岭南金砖沟至枸园沟一带、岭北虎豹河内松桦坪至岭脊一带
印支期侵入岩	花岗岩、花岗闪长岩	大面积分布于秦岭岭南垭子沟至金砖沟、岭脊至萝卜峪沟之间
燕山期侵入岩	花岗闪长岩	分布于秦岭隧洞岭北出口段
第四系松散堆积	黏土、粉土、细砂、角砾、沙砾土、碎石、卵石土和块石	堆积于河床、漫滩及残留阶地部位，岸坡平缓地带及坡脚多有崩坡积分布

2. 地质构造

(1) 工程区构造特征。秦岭隧洞区在大地构造单元上属于秦岭褶皱系，沿线横穿南秦岭印支褶皱带（Ⅱ₄）、礼县-柞水华力西褶皱带（Ⅱ₃）和北秦岭加里东褶皱带（Ⅱ₂）中的三个二级构造单元。经历加里东、华力西和印支三期构造运动，断裂、褶皱发育。

(2) 构造类型。

1) 断层。隧洞沿线区域性Ⅱ级大断裂主要发育有 3 条：①山阳-凤镇断裂（QF_4），走向为北西西向，表现为压性；②商州区-丹凤断裂及其分支断裂（QF_3 及 QF_{3-1}、QF_{3-2}、QF_{3-3}、QF_{3-4}），走向为近东西向，表现为压性，具有切割深、延伸长、规模大的特点；③黄台断裂（QF_2），走向为近东西向，表现为压性。另外，有 37 条地区性一般性断裂，走向多为近东西向，少量为北东向、北西向，多数表现为压性，少数表现为张性及平移性质，规模相对较小，多为较窄的破碎带，断带物质主要由碎裂岩、糜棱岩、断层角砾岩、断层泥砾组成。秦岭隧洞主要断层构造特征见表 4.8-7。

表 4.8-7 秦岭隧洞主要断层构造特征表

断层编号	断层产状	断层性质	断层带主要物质组成	K 方案 通过洞身位置	长度/m
f_{s1}	N40°~60°W/55°S	右旋旋平移逆断层	碎裂岩	K1+800~K1+830	30
f_{s2}	N60°~70°W/60°N	右旋旋平移逆断层	碎裂岩	K2+980~K3+050	70
f_{s3}	N60°~70°W/60°~80°S	逆断层	断层泥砾、碎裂岩	K2+845~K2+860	15
f_{s4}	N75°W/65°S	逆断层	碎裂岩、断层泥砾	K3+290~K3+320	30
f_{s5}	N75°W/80°S	逆断层	碎裂岩	K3+485~K3+515	30
f_{s6}	N85°W/75°S	逆断层	碎裂岩、断层泥砾	K3+620~K3+650	30
f_{s7}	N75°W/50°S	逆断层	碎裂岩	K3+900~K3+950	50
f_{s8}	N70°W/50°N	逆断层	碎裂岩	K5+010~K5+060	50
f_{2-1}	N70°~85°E/30°~50°S	逆断层	碎裂岩	K12+020~K12+060	40
f_{2-2}	N70°~85°E/30°~50°S	逆断层	碎裂岩	K12+060~K12+100	40
f_{3-1}	N70°~85°E/30°~50°S	逆断层	碎裂岩	K13+070~K13+120	50

断层编号	断层产状	断层性质	断层带主要物质组成	K方案	
				通过洞身位置	长度/m
f_{3-2}	N70°~85°E/30°~50°S	逆断层	碎裂岩	K13+240~K13+290	50
f_{3-3}	N70°~85°E/30°~50°S	逆断层	碎裂岩	K13+400~K13+450	50
f_4	N80°E/30°~50°S	逆断层	碎裂岩	K15+720~K15+770	50
f_5	N75°~80°W/70°S	正断层	碎裂岩、断层泥砾	K16+560~K16+660	100
f_7	N80°~85°W/70°~85°N	走滑剪切	碎裂岩	K35+450~K35+480	30
QF_4	N60°~80°W/70°~80°N	逆断层	糜棱岩	K45+180~K45+370	190
f_8	N85°W/65°~75°S	逆断层	碎裂岩	K47+480~K47+530	50
f_9	N70°~85°W/65°~75°S	逆断层	碎裂岩、糜棱岩	K50+930~K51+020	90
f_{10}	N60°~70°E/60°~70°S	逆断层	碎裂岩	K54+240~K54+320	80
f_{11}	N75°~85°E/70°~80°S	逆断层	碎裂岩	K54+800~K54+860	60
f_{12}	N80°~85°E/70°~80°S	逆断层	碎裂岩	K55+875~K55+945	70
f_{13}	N80°~85°W/50°~70°S	逆断层	碎裂岩	K56+305~K56+345	40
f_{14}	N75°~80°W/60°S	逆断层	碎裂岩	K56+715~K56+775	60
f_{15}	EW~N70°W/50°~75°S	逆断层	糜棱岩、碎裂岩	K57+530~K57+570	40
f_{16}	N85°E~EW/60°~70°S	逆断层	碎裂岩	K57+645~K57+675	30
f_{17}	N85°E~EW/60°~70°S	逆断层	糜棱岩、碎裂岩	K58+800~K58+860	60
QF_3	N80°E/60°~70°N	逆断层	碎裂岩、断层泥砾	K60+990~K63+600	2610
QF_{3-1}	N75°~85°E/60°~80°N	逆断层	碎裂岩及断层角砾	K61+600~K61+650	50
QF_{3-2}	N75°~85°E/60°~80°N	逆断层	糜棱岩、碎裂岩	K62+070~K62+130	60
QF_{3-3}	N75°~85°E/60°~80°N	逆断层	断层泥砾、碎裂岩	K62+340~K62+380	40
QF_{3-4}	N50°~70°W/65°N	逆断层	糜棱岩、碎裂岩	K63+550~K63+600	50
f_{18}	N88°E/55°~65°S	逆断层	碎裂岩	K64+590~K64+640	50
f_{19}	N80°W~EW/70°~80°S	逆断层	断层泥砾、碎裂岩	K64+785~K64+840	55
f_{21}	N40°~60°W/80°~85°N	剪切走滑逆断层	碎裂岩	K69+905~K69+995	90
f_{22}	N65°~80°W/50°~65°N	逆断层	碎裂岩	K71+820~K71+920	100
f_{23}	N60°~70°W/50°~65°N	逆断层	碎裂岩	K72+260~K72+335	75
QF_2	N55°~75°W/50°~70°N	逆断层	碎裂岩、断层泥砾	K72+450~K72+620	170
f_{25}	N70°~80°W/65°~75°N	逆断层	碎裂岩	K73+180~K73+255	75
f_{26}	N70°~80°W/65°~75°N	逆断层	碎裂岩	K73+570~K73+660	90

2）褶皱。秦岭褶皱系的次一级褶皱带内，褶皱带总体呈近东西向展布，褶皱构造较为发育，主要褶皱为佛坪复背斜、板房子-小王涧复式向斜、黄石板背斜、高桥-黄桶梁复式向斜等。

3）节理裂隙。由于秦岭隧洞区褶皱和断裂较发育，岩体受构造作用影响，节理发育～较发育，主要节理方向为北西及北东向，以密闭节理为主，节理面较平直，延长数米至数十米。

3. 物理地质现象及岩体风化卸荷特征

隧洞沿线物理地质现象主要为崩塌、滑坡、不稳定体及岩溶，崩塌、滑坡、不稳定体规模较小，对隧洞影响不大；岩溶主要发育在隧洞里程 29＋310～35＋710 及隧洞里程 92＋210～93＋890 区域，前者发育有溶蚀小沟槽、钟乳石、溶洞及岩溶泉水，后者仅发育溶蚀小沟槽。

全风化厚度一般小于 5m，强风化厚度一般小于 10m，弱风化厚度一般小于 60m，整体受地形控制，山坡风化卸荷深度大于沟谷底部，局部受构造影响表现出明显的异常。卸荷裂隙一般到达弱风化的底部就比较少见，位于山梁的钻孔深度一般不超过 60m，位于沟底的钻孔一般不超过 30m。

4. 水文地质条件

隧洞沿线地下水分为第四系松散岩类孔隙水、碳酸盐岩类岩溶水和基岩裂隙水三大类。环境水中侵蚀性 CO_2 基本不含或含量很低，不具侵蚀性。

隧洞围岩富水性可划分为强富水区、中等富水区、弱富水区和贫水区 4 个区，其中强富水区长度 6099m，约占 7.4%；中等富水区长度 38351m，约占 46.9%；弱富水区长度 22209m，约占 27.2%；贫水区长度 15120m，约占 18.5%。大理岩地层，岩溶水发育，属强富水区，断裂带和影响带及岭南的印支期花岗闪长岩、华力西期闪长岩，岭北的加里东晚期花岗岩、下元古界片麻岩、下古生界片岩地层中地下水较发育，属中等富水区，其余地段多为弱富水及贫水区。

5. 地应力特征

工程区的地应力问题非常复杂，与区域构造应力场也不完全一致。总体上工程区现代构造应力场主压应力方向为北东东向或近东西向，隧洞区内现今最大水平主应力的优势作用方向为北西向。

6. 岩石（体）物理力学指标建议值

依据《水利水电工程地质勘察规范》（GB 50487—2008），对隧洞沿线的岩体进行了洞室围岩分类，依据室内试验成果并结合同类工程经验，越岭段隧洞围岩力学指标建议值见表 4.8－8。

表 4.8－8　　　　　　　　越岭段隧洞围岩力学指标建议值表

岩石名称	风化程度	密度 ρ_d /(g/cm³)	单轴饱和抗压强度 R_c/MPa	饱和抗拉强度 R_t /MPa	围岩变形模量 E_0 /GPa	坚固系数 f	单位弹性抗力系数 K_0 /(MPa/cm)	围岩类别
花岗岩	未风化	2.63	160	3.3	18	5	25	Ⅰ
	微风化	2.62	127	2.7	14	4	18	Ⅱ
	弱风化	2.63	114	2.1	10	3	12	Ⅲ
	弱风化	2.60	63		4	2	5	Ⅳ
	强风化		30		0.5	0.8	1	Ⅴ

续表

岩石名称	风化程度	密度 ρ_d /(g/cm³)	单轴饱和抗压强度 R_c/MPa	饱和抗拉强度 R_t /MPa	围岩变形模量 E_0 /GPa	坚固系数 f	单位弹性抗力系数 K_0 /(MPa/cm)	围岩类别
石英闪长岩	未风化	2.80	127	5.7	14	4	18	Ⅱ
	微风化	2.77	100	4.0	10	3	12	Ⅲ
	弱风化	2.71	75		4	2	5	Ⅳ
	强风化		18		0.4	1	1	Ⅴ
大理岩	未风化	2.81	70	3.0	14	4	18	Ⅱ
	微风化	2.83	65	2.0	10	3	12	Ⅲ
	弱风化	2.75	54		4	2	5	Ⅳ
	强风化		16		0.4	0.8	1	Ⅴ
石英岩	微风化	2.83	115	4.0	10	3	12	Ⅲ
	弱风化	2.78	75		4	2	5	Ⅳ
片麻岩	微风化	2.70	55	2.2	10	3	12	Ⅲ
	弱风化	2.67	40		4	2	5	Ⅳ
变粒岩	弱风化	2.79	67	1.5	10	3	12	Ⅲ
	强风化	2.74	27		4	2	5	Ⅳ
片岩	微风化	2.80	82	2.5	10	3	12	Ⅲ
	弱风化	2.77	59		4	2	5	Ⅳ
	强风化		43		0.4	1	1	Ⅴ
千枚岩	微风化	2.80	64	3.4	10	3	12	Ⅲ
	弱风化	2.79	46		4	2	4	Ⅳ
	强风化		20		0.4	0.5	0.5	Ⅴ
变砂岩	微风化	2.69	74	2.0	10	3	12	Ⅲ
	弱风化	2.68	56		4	2	5	Ⅳ
	强风化		30		0.4	0.8	1	Ⅴ

4.8.2.2　隧洞地质条件评价

越岭隧洞受多期构造运动影响，断裂构造发育，岩浆活动强烈，变质作用多样，隧洞地质条件极为复杂。沿线主要分布变质岩、侵入岩两大类，岩性主要以变砂岩、千枚岩、片岩、石英岩、变粒岩、大理岩、片麻岩和花岗岩、花岗闪长岩、闪长岩等为主，地层岩性分布复杂，既有块状的坚硬岩，也有较软的千枚岩、云母片岩等。沿线穿越 3 条区域性二级大断层和 37 条一般性断层，断层走向多与洞线成大角度相交，倾角较陡，多数表现为压性，少数表现为张性及平移性质；区域性大断层具有切割深、延伸长、规模大的特点，主断带物质主要由碎裂岩、糜棱岩、断层角砾岩及断层泥组成，宽度一般为 15～100m，部分断层带宽度达 170～190m。越岭隧洞段地下水具有“山高水高”的特点，洞室位于地下水位以下，在断层破碎带、侵入岩接触带及软岩段，地下水对隧洞地质条件影响较为显著。

洞室围岩类别分为Ⅰ～Ⅴ类，围岩以Ⅱ类、Ⅲ类为主，成洞条件较好。其中Ⅰ类围岩，通过长度3050m，约占3.7%；Ⅱ类围岩，通过长度21695m，约占26.5%；Ⅲ类围岩，通过长度35770m，约占43.8%；Ⅳ类围岩，通过长度18645m，约占22.8%；Ⅴ类围岩，通过长度2619m，约占3.2%。其中Ⅳ类、Ⅴ类围岩洞段为不稳定—极不稳定，可能产生较大范围塌方，应及时采取适当的支护措施。越岭段隧洞地质剖面示意图见图4.8－4。

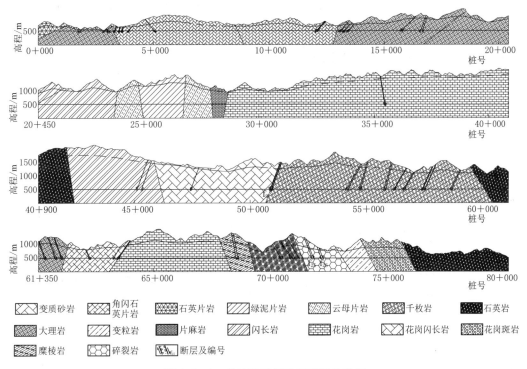

图4.8－4　越岭段隧洞地质剖面示意图

4.8.2.3　隧洞的主要工程地质问题评价

越岭隧洞地形、地质条件复杂，地壳经历了漫长的地质时期，在强烈的构造应力和外应力作用下，形成了一个复杂的地质环境，修建秦岭隧洞时往往会遇到多种工程地质问题，如高地应力与岩爆、施工涌水、高地温、有害气体等。可以说隧洞工程常遇到的地质问题越岭隧洞都可能遇到，同时还有一些特有的地质问题。

1. 隧洞施工涌水问题及可能涌水量评价

隧洞围岩富水性可划分为强富水区、中等富水区、弱富水区、贫水区四个区。沿线强富水区有3段，主要分布在区域性断裂带附近，总长度约8225m，占隧洞全长的10%，施工时出水形式主要为股状出水及涌水；中等富水性有6段，总的长度30680m，占隧洞全长的37.5%，施工时出水形式主要为线状流水及股状出水为主；弱富水区有5段，总长度26574m，占隧洞全长的32.5%，施工时出水形式主要为滴水、渗水、线状流水；贫水区有1段，总长度16300m，占隧洞全长的20%，出水形式主要为滴水、渗水、线状流水。

预测隧洞通过 f_5、QF_2、QF_3、QF_4、f_9、f_{25}、f_{26} 等断层、岭南及岭北岩溶溶隙发育带及节理密集带时，可能出现较大突然涌水突泥。

结合秦岭山区已建成的铁路、公路长大隧道的水文地质资料，通过对比分析，可行性研究阶段总体以地下径流模数法、大气降水入渗法、地下水动力学裘布依法三种方法综合计算的涌水量作为秦岭隧洞预测涌水量。而贫水区用地下径流模数法及地下水动力学裘布依法计算的涌水量过于偏小，考虑这类洞段较长，且隧洞涌水量有较多的不可预见性，故贫水区的涌水量推荐大气降水入渗法进行计算。

根据上述方法，按照透水性分区分段预测隧洞正常涌水量及最大涌水量，计算成果见表4.8-9。其中最大涌水量按正常涌水量的2倍估算。

表4.8-9　　隧洞分段正常涌水量、最大涌水量及总涌水量预测成果表

分区段落	段长/m	富水性分区	隧洞单位涌水量/[m³/(d·m)]		预测隧洞正常涌水量/(m³/d)		预测隧洞最大涌水量/(m³/d)	
			正常	最大	分段正常涌水量	总正常涌水量	分段最大涌水量	总最大涌水量
K0+000～K1+750	1750		1.53	3.06	2678		5356	
K1+750～K3+650	1900	II	2.53	5.06	4807		9614	
K3+650～K12+780	9130		1.53	3.06	13969		27938	
K12+780～K17+080	4300	I	17.06	34.12	73358		146716	
K17+080～K19+280	2200		6.44	12.88	14172		28344	
K19+280～K28+880	9600	III	0.44	0.89	4264		8528	
K28+880～K45+180	16300	IV	0.22	0.44	3620	153320	7240	306640
K45+180～K54+240	9060	III	0.35	0.70	3170		6340	
K54+240～K64+940	10700	II	1.10	2.20	11749		23498	
K64+940～K69+530	4590	III	0.29	0.59	1351		2702	
K69+530～K73+660	4130	II	1.10	2.20	4535		9070	
K73+660～K75+705	2045	III	0.35	0.70	716		1432	
K75+705～K77+430	1725	I	6.44	12.88	11112		22224	
K77+430～K80+500	3070	II	1.10	2.20	3371		6742	
K80+500～K81+779	1279	III	0.35	0.70	448		896	

2. 围岩失稳问题

越岭隧洞穿越3条区域性大断层、37条一般性断层及次级小断层，断层破碎带物质多由断层泥砾、角砾岩、糜棱岩、碎裂岩等组成，松散、破碎，地下水富集。另外，在岩浆岩侵入接触带，岩体中节理裂隙发育，岩体破碎，富水性强。预测围岩失稳主要发生在断层破碎带及其影响带、软弱结构面、长大节理和节理密集带地段。断层破碎带，隧洞拱部岩体常会发生滑移和坠落，其坍塌规模一般较小。而在断层带、岩性接触带等受地质构造影响严重地段，易形成规模较大的坍塌。坍塌多发生在拱部，多形成三角形或锅底形塌腔，少数发生在左右边墙位置，多形成楔形塌腔。

3. 软岩变形

隧洞通过各断层泥、云母片岩及炭质片岩、炭质千枚岩等地段，由于岩质软弱，洞室

埋深较大，地应力值相对较高，施工中有可能产生软岩塑性变形现象。根据地表调查及钻探揭示，断层泥砾带主要分布于 f_{S4}、f_{S6}、f_5、QF_2、QF_3、QF_4 等断层带内；云母片岩及炭质片岩呈透镜体状分布于隧洞出口段，分布规律性差；炭质千枚岩呈透镜体状分布于千枚岩地层中，分布规律性差。

分析认为隧洞通过软岩地段时，在大埋深条件下地层存在高地应力，隧洞开挖后围岩中应力释放，可能发生围岩塑性变形，造成片帮剥落、掉块、断面收敛变形大等成洞困难问题。

4. 高地应力及岩爆

地应力实测结果一致表明，三项主应力的关系为：$S_H>S_h>S_V$，具有较为明显的水平构造应力的作用，地应力值较大。根据岩石的极限抗压强度（R_c）与垂直隧洞轴线的最大主应力（σ_{max}）之比对岩体初始应力场作出评估，在隧洞埋深段 $R_c/\sigma_{max}<4$，这说明岩体中均存在极高初始应力。根据巴顿的切向应力准则，将围岩的切向应力（σ_θ）与岩石的极限抗压强度（R_c）之比作为判断岩爆的等级。在隧洞埋深部位处 $\sigma_\theta/R_c>0.7$，在相应的埋深条件下，由于隧洞的开挖，洞室附近产生应力集中，具备发生岩爆的应力条件。

根据隧洞埋深条件分析，隧洞高地应力区主要分布在埋深大于 500m 的洞段。而在隧洞浅埋段斜坡应力集中带内，存在局部应力集中，也有发生岩爆的可能性。岩爆等级以中等～轻微为主，局部可能发生强烈岩爆。

5. 高地温及热害问题

秦岭隧洞通过地段最大高程 2551m，隧洞最大埋深约 2000m，根据区域地质资料和地质调查，隧洞区无活动性断裂及近代火山岩浆活动，也未发现温泉、热泉等，故该区应处于"正常增温区"。该区年平均气温为 13℃。参考铁一院秦岭地区长大深埋隧道地温计算模型及计算公式，区内地下水活跃带地温梯度为 16.7℃/1000m，地下水滞留带地温梯度为 22.3℃/1000m。结合秦岭隧洞 7 个深钻孔测井资料的实测地温梯度，经综合分析计算，在隧洞埋深大于 1000m 的地段，预测岩温超过 28℃，最高可达 42℃，为高温施工地段，对隧洞施工有一定影响，必须保证工作面施工所需的足够通风量，并采取防热措施。

6. 有害气体及放射性问题

隧洞施工中，预测可能产生的有害气体主要有甲烷、二氧化碳、硫化氢及施工爆破产生的一氧化碳、氮氧化物及二氧化硫、粉尘等，施工时应做好有害气体实时监测、预报工作。

隧洞的深孔自然伽马测井表明，在局部地段有异常出现，分析认为这与花岗岩脉侵入有关。通过对隧洞区的地面测量及测井资料分析，隧洞区地层岩性天然放射性的背景值一般为 20～50Bq/L。根据这一客观情况，借鉴既有西康铁路秦岭特长隧道的资料，预测隧洞通过段不会有较大的放射性岩体存在，但不排除局部放射性异常。

4.8.2.4 天然建筑材料

岭南段的砂砾石主要分布在工程沿线的蒲河河滩上，主要料点有四亩地、魏家院子、萝卜峪附近的蒲河河滩内；岭南段的石料主要选择隧洞沿线的四亩地、魏家院子、萝卜峪附近蒲河河滩的卵石、漂石。

岭北段的砂砂砾主要来源于马召附近的黑河和周至附近的渭河；岭北石料主要选择工程沿线王家河河滩的卵石、漂石。

另外，隧洞开挖的花岗岩、闪长岩、石英岩等也可以经过加工作为建筑材料。

第5章 引汉济渭工程主要技术问题

5.1 工程设计概况

引汉济渭工程在汉江干流黄金峡和支流子午河分别修建水源工程黄金峡水利枢纽和三河口水利枢纽蓄水，在黄金峡水利枢纽左岸布置黄金峡泵站和电站，抽干流水通过黄三隧洞输水至三河口水利枢纽坝后右岸汇流池，所抽水通过汇流池直接进入秦岭输水隧洞送至关中地区，多余水量根据三河口水库的蓄水需要经汇流池由三河口泵站抽水入三河口水库存蓄，当黄金峡泵站抽水流量不满足关中地区用水需要时，由三河口水库放水补充，所放水经汇流池进入秦岭输水隧洞送至关中地区。

黄金峡水利枢纽：坝址位于汉江干流黄金峡锅滩下游 2km 处，枢纽由拦河坝、泄洪建筑物、泵站、水电站及升船机等组成。拦河坝为混凝土重力坝，最大坝高 64.3m，总库容 2.21 亿 m^3，调节库容 0.98 亿 m^3，正常蓄水位 450m，死水位 440m，泵站设计抽水流量 70m^3/s，电站装机容量 135MW，多年平均发电量 3.5 亿 kW·h。

三河口水利枢纽：坝址位于佛坪县大河坝镇三河口村下游 2km 处，枢纽由拦河坝、泄洪放空建筑物、坝后泵站及电站等组成。拦河坝为碾压混凝土双曲拱坝，最大坝高 145m，总库容 7.1 亿 m^3，调节库容 6.6 亿 m^3，正常蓄水位 643m，汛限水位 641m，死水位 558m，坝后泵站设计抽水流量 18m^3/s，设计扬程 93.1m，安装两台水泵水轮机组，装机容量 24MW，两台水轮机发电机组，装机容量 40MW，多年平均发电量 1.185 亿 kW·h。

秦岭输水隧洞：进口位于黄金峡水利枢纽左岸泵站出水口，出口位于渭河一级支流黑河右侧支沟黄池沟内，全长 98.3km，设计流量 70m^3/s，纵坡 1/2500，钻爆法施工横断面为马蹄形，断面尺寸 6.76m×6.76m，TBM 法施工断面为圆形，断面直径 6.92m/7.76m。

5.1.1 工程任务及规模

建设引汉济渭工程的任务是向渭河沿岸重要城市、县城、工业园区供水，逐步退还挤占的农业与生态用水，促进区域经济社会可持续发展和生态环境改善。受水对象为沿渭河两岸的 4 个重点城市、11 个县城、6 个工业园区。

根据设计水平年 2030 年受水区供需平衡分析，在满足 95% 供水保证率条件下，引汉济渭工程需要调入关中水量 15 亿 m^3。考虑关中地区用水量逐步增长过程，进行分期调水，2020 年调水 10 亿 m^3，2030 年调水 15 亿 m^3。

5.1.2 工程等级划分

引汉济渭工程设计调水流量为 $70m^3/s$，年调水量 15 亿 m^3，为特别重要的调水工程，属 I 等工程。黄金峡水利枢纽河床式泵站、电站厂房为一级建筑物，大坝、泄洪、通航建筑物挡水部分为 2 级建筑物，非挡水部分为 3 级建筑物；三河口水利枢纽主要建筑物大坝因坝高大于 130m，挡水建筑物为 1 级建筑物，引水系统为 1 级建筑物，泵站、电站联合布置厂房按 1 级泵站建筑物标准设计；秦岭输水隧洞为 1 级建筑物。

5.1.3 黄金峡水利枢纽

黄金峡水利枢纽为引汉济渭工程两个水源工程之一，枢纽位于洋县境内汉江干流黄金峡峡谷中，枢纽由挡水大坝、泄洪建筑物、泵站、电站、通航建筑物等组成。

黄金峡水利枢纽水库总库容 2.29 亿 m^3，调节库容 0.98 亿 m^3；泵站设计抽水流量 $70m^3/s$，总装机功率 129.5MW；坝后电站总装机容量 135MW；通航建筑物通航吨位为 100t 级。

枢纽大坝等挡水建筑物为 2 级建筑物；坝后泵站建筑物为 1 级建筑物；坝后电站厂房为 3 级建筑物，通航建筑物与大坝结合布置具有挡水功能部分按 2 级建筑物设计，上、下游垂直升降段为 3 级建筑物，下游引航道为 4 级建筑物；枢纽次要建筑物级别为 3 级；枢纽临时建筑物级别为 4 级。

混凝土坝等主要建筑物按 100 年一遇洪水标准设计，1000 年一遇洪水标准校核；泄洪消能防冲建筑物按 50 年一遇洪水标准设计；泵站按 100 年一遇洪水标准设计，300 年一遇洪水标准校核；电站和过船设施按 50 年一遇洪水标准设计，200 年一遇洪水标准校核；通航建筑物按 5 年一遇洪水标准设计。

黄金峡水利枢纽工程场地地震基本烈度为Ⅵ度，枢纽建筑物抗震设防类别为乙类，设防地震烈度采用Ⅵ度。

5.1.4 三河口水利枢纽

三河口水利枢纽为引汉济渭工程两个水源工程之一，枢纽地处汉中市佛坪县与安康市宁陕县交界处的子午河中游峡谷段，枢纽由大坝、坝身泄洪放空系统、坝后泵站、电站和连接洞等组成。

三河口水利枢纽水库总库容为 7.1 亿 m^3，调节库容 6.6 亿 m^3，坝后泵站设计抽水流量 $18m^3/s$，装机容量 24MW，发电装机容量为 60MW，引水（送入秦岭隧洞）设计最大流量 $70m^3/s$，下游生态放水设计流量 $2.71m^3/s$，拦河大坝为碾压混凝土拱坝，最大坝高 145m。

枢纽大坝等挡水建筑物为 1 级建筑物（因坝高超过 130m，按照规定，其级别提高 1 级，按 1 级建筑物设计）；泄水消能防冲建筑物级别为 2 级；泵站建筑物级别为 2 级；坝后电站厂房按枢纽次要建筑物考虑，建筑物级别为 3 级；枢纽次要建筑物级别为 3 级；枢纽临时建筑物级别为 4 级。

混凝土坝主要建筑物按 500 年一遇洪水标准设计，2000 年一遇洪水标准校核；混凝土面板堆石坝主要建筑物按 500 年一遇洪水标准设计，5000 年一遇洪水标准校核；泵站、电站及连接洞按 50 年一遇洪水标准设计，200 年一遇洪水标准校核；泄水建筑物下游消能防冲建筑物按 50 年一遇洪水设计，考虑到电站及泵站均紧邻大坝下游山坡布置，为确保电站、泵站正常安全运行，下游消能防冲建筑物按 200 年一遇洪水进行校核。

三河口水利枢纽工程场地地震动峰值加速度为 0.062g，地震动反应谱特征周期为 0.53s，相应地震基本烈度为Ⅵ度。依据《水电工程防震抗震研究设计及专题报告编制暂行规定》（2008 年），枢纽大坝属重点设防类的 1 级建筑物，设防地震烈度采用Ⅶ度，枢纽其他建筑物抗震设防类别为乙类，设防地震烈度采用Ⅵ度。

5.1.5　秦岭输水隧洞

秦岭输水隧洞是连接黄金峡水利枢纽与三河口水利枢纽，将汉江干流水输送到关中地区的重要输水工程，隧洞全长 98.3km，由黄三段和越岭段组成，设计流量 70.0m³/s，主要建筑物隧洞、控制闸级别为 1 级，次要建筑物退水洞为 3 级，施工临时建筑物等级为 4 级。

黄三段进口接黄金峡泵站出水池，高程较高，出口接三河口水利枢纽坝后右岸控制闸（地下洞室），无防洪问题；施工支洞、退水洞设计洪水标准为 20 年一遇。

越岭段进口接控制闸（地下洞室），无防洪问题；出口黄池沟设计洪水标准为 50 年一遇设计，200 年一遇洪水校核。除越岭段 3 号、6 号施工支洞永久保留按 1 级建筑物考虑，设计洪水标准为 50 年一遇设计，其余施工支洞设计洪水标准为 20 年一遇。

参照《中国地震动参数区划图》（GB 18306—2001，2008 年版）国标 1 号修改单，以及《陕西省引汉济渭工程地震安全性评价工作报告》和《陕西省引汉济渭工程地震安全性评价地震动参数复核报告》的结论分析，工程区以北地区地震动峰值加速度为（0.10~0.15）g 区，特征周期为 0.40s。以南地区为（0.05~0.10）g 区，特征周期为 0.45~0.53s。

5.2　四水源联合调度研究

以满足调水、供水任务为目标，选择调水区黄金峡水库、三河口水库与关中受水区的黑河金盆水库、地下水四水源，以引汉济渭工程调水入关中的黄池沟为节点，进行水资源供需配置，按照四水源长系列联合调度运行方式确定各水源的调度运行规则。

5.2.1　调度运行方式

调度运行方式Ⅰ——优先使用引汉济渭工程调入关中水量，再用受水区水量（黑河金盆、地下水），不改变黑河金盆水库原调度运行方式。

调度运行方式Ⅱ——设置调水区水库调度水位分界值，黄池沟节点四水源等流量调节。

对于两种调度运行方式，分别进行了调水 10 亿 m³、调水 15 亿 m³ 的调度计算，以调水 10 亿 m³ 为代表，两种调度运行方式调度计算结果见表 5.2-1。

表 5.2-1　　　　　　引汉济渭工程四水源不同运行方式调节结果对比表

项　　目	单位	方　式　Ⅰ	方　式　Ⅱ
调度运行方式		优先使用引汉济渭调入水量，再用受水区水量（不改变黑河金盆水库原调度运行方式）	在黄池沟节点进行四水源等流量调节，调度线以上以引汉济渭调入水供水为主，以下四水源联合供水（改变黑河金盆水库调度运行方式）
三河口水库调度水位分界值	m		634
受水区黄池沟节点缺水	亿 m³	15.99	15.99
受水区地下水供水	亿 m³	4.12	4.12
秦岭输水隧洞进口调水量	亿 m³	10.00	10.00
引汉济渭调入黄池沟水量	亿 m³	9.30	9.30
四水源黄池沟节点供水量	亿 m³	15.69	15.84
联合供水时段保证率	%	87.3	95.0
旬最小供水度	%	27.3	70.2
年最小供水度	%	46.8	81.6

　　调度运行方式Ⅰ联合供水时段保证率只有 87.3%，且年最小供水度很低，不能满足供水任务要求；调度运行方式Ⅱ调、供水均能满足任务要求，因此，四水源联合调度运行方式推荐方式Ⅱ。

5.2.2　四水源联合原则和标准

　　（1）采用 1954 年 7 月至 2010 年 6 月长系列径流系列，按照 2020 水平年调水 10 亿 m³、2030 水平年调水 15 亿 m³ 的允许调水过程进行长系列调度计算。

　　（2）受水区地下水利用量不超过可开采量的 85%，为 8.08 亿 m³，2020 水平年旬最大利用量不超过 2643 万 m³；2030 水平年旬最大利用量不超过 2950 万 m³。

　　（3）以引汉济渭工程调水入关中的位置黄池沟为节点进行供需配置，满足工程 2020 和 2030 两个水平年调水、供水任务要求，供水历时设计保证率不低于 95%，供水度最低不低于 70%。

　　（4）采用确定的工程规模，即黄金峡水库正常蓄水位 450m，汛限水位 448m，死水位 440m；三河口水库正常蓄水位 643m，汛限水位 642m，正常运行死水位 558m，特枯年运行死水位 544m；黑河金盆水库正常蓄水位 594m，汛限水位 591m，死水位 520m；黄金峡泵站单机抽水流量 11.67m³/s，总抽水流量 70m³/s；三河口泵站单机抽水流量 9m³/s，总抽水流量 18m³/s；黑河金盆水库最大供水流量 15m³/s。

　　（5）三河口水库 544～558m 死库容（1740 万 m³）用作增加特枯年份供水量。

5.2.3　调度线确定

5.2.3.1　调水区水库调度线

　　（1）防弃水线：选择 1954 年 7 月至 2010 年 6 月 56 年系列中出现弃水的年份，每年对应的各月初水位值的外包线定为防弃水线，以达到充分利用三河口水库所在流域的水量，减少因使用三河口泵站过多抽水而导致三河口水库弃水。

（2）控制供水调度线：控制供水调度线与防弃水线之间区域主要以引汉济渭工程调水区供水为主。

（3）四水源联调保证供水线：选择 1954 年 7 月至 2010 年 6 月 56 年系列中满足四水源供水后受水区保证率满足的年份，每年对应的各月初水位值的外包线定为四库联调供水保证线，四库联调供水保证线以下为四库联调供水破坏时段。

5.2.3.2 受水区黑河金盆水库调度线

（1）防弃水线：选择 1954 年 7 月至 2010 年 6 月 56 年长系列中出现弃水的年份，每年对应的各月末水位值的外包线初定为防弃水线，防弃水线之上加大黑河金盆水库的工业供水量至最大供水流量运行，减少弃水。

（2）农业灌溉供水保证线：选择 1954 年 7 月至 2010 年 6 月 56 年系列中农业供水满足需水要求的年份，每年对应的各月末水位值的外包线定为农业供水保证线。

（3）城市工业供水保证线：选择 1954 年 7 月至 2010 年 6 月 56 年系列中城市工业供水满足需水要求的年份，每年对应的各月末水位值的外包线初定为工业供水保证线。

5.2.3.3 调度线确定

根据调度原则和调度线拟定方法，对调水 10 亿 m³ 和调水 15 亿 m³ 分别通过不同方案试算，分类统计黄金峡水库、三河口水库、黑河金盆水库各种调度线之间的关系，据此确定出引汉济渭调水工程四水源三个水库各自调度线。以调水 10 亿 m³ 为代表的水库调度线为：三河口水库、黄金峡水库和黑河水库调度线各月月初水位见表 5.2-2、表 5.2-3 和表 5.2-4，调度线分别见图 5.2-1、图 5.2-2 和图 5.2-3。

表 5.2-2　　　　　调水 10 亿 m³ 三河口水库调度线各月月初水位表

月份	7	8	9	10	11	12	1	2	3	4	5	6
防弃水线水位/m	637	638	639	640	641	641	639	638	637	637	637	637
控制供水调度线水位/m	635	636	638	639	637	634	633	633	633	633	633	633
联调保证供水线水位/m	619	620	620	621	620	618	615	614	614	614	614	614

表 5.2-3　　　　　调水 10 亿 m³ 黄金峡水库调度线各月月初水位表

月份	7	8	9	10	11	12	1	2	3	4	5	6
正常运行线水位/m	448	448	448	450	450	450	450	450	450	450	450	448
限制供水线水位/m	440	441	442	442	443	442	441	441	441	441	441	440

表 5.2-4　　　　　调水 10 亿 m³ 黑河金盆水库调度线各月月初水位表

月份	7	8	9	10	11	12	1	2	3	4	5	6
防弃水线水位/m	572	573	576	580	584	585	586	587	583	580	577	572
农业灌溉供水保证线水位/m	527	528	530	533	534	534	533	532	531	530	529	528
城市工业供水保证线水位/m	522	524	525	529	529	530	531	530	527	524	523	522

5.2.4 四水源联合运用调度规则

基于引汉济渭调水入关中节点黄池沟供需配置的四水源联合运用调度规则为：

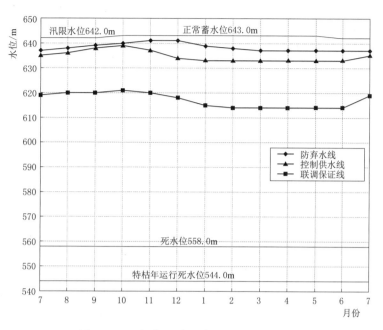

图 5.2-1 调水 10 亿 m³ 三河口水库调度线

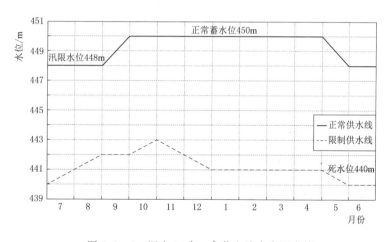

图 5.2-2 调水 10 亿 m³ 黄金峡水库调度线

（1）三河口水库防弃水线之上优先利用调水区水源进行供水，且在调水区的两水源中，优先利用三河口水库供水，黄金峡水库作为补充，越岭段隧洞进口供水流量 50m³/s，受水区水源作为调水区水源的补充，联合供水后满足受水区需水要求。

（2）防弃水线与控制供水调度线区间内仍优先利用调水区水源供水，此时黄金峡水库优先供水，三河口水库作为补充，越岭段隧洞进口供水流量 50m³/s，受水区水源作为调水区水源的补充，联合供水后满足受水区需水要求。

（3）控制供水调度线与联调供水保证线区间调水区水源和受水区水源共同供水，越岭

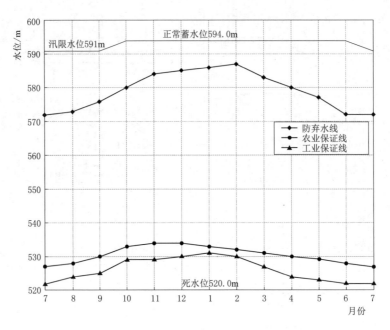

图 5.2-3　调水 10 亿 m³ 黑河金盆水库调度线

段隧洞进口供水流量 21.2m³/s，在此区间黑河金盆水库最大供水流量达到 15m³/s，地下水供水流量最小 10m³/s，最大接近地下水的旬最大开采能力，供水流量为 33m³/s，联合供水后满足受水区需水要求。

（4）联调供水保证线之下调水区两水源越岭段隧洞进口供水流量 12.8m³/s，为使时段受水区最低供水度不低于 70%，受水区水源黑河金盆水库按最大供水流量达到 15m³/s，地下水供水流量最小 17m³/s，达到地下水的旬最大开采能力，供水流量为 35m³/s，联合供水后不能满足受水区需水要求。

（5）三河口水库死库容运用区，调水区两水源最大可提供越岭段隧洞进口供水流量 9.8m³/s，为使时段受水区最低供水度不低于 70%，受水区水源黑河金盆水库最大供水流量达到 15m³/s，地下水供水流量最小 20m³/s，最大达到地下水的旬最大开采能力，供水流量为 35m³/s，联合供水后不能满足受水区需水要求。

四水源联合运用调度规则见表 5.2-5。

表 5.2-5　　　　　　　　　　四水源联合运用调度规则　　　　　　　　　单位：m³/s

三河口水库调度区间	越岭段隧洞进口流量	黑河水库供水流量	地下水供水	调度运用结果	系统运用原则
防弃水线之上	50	4	3	满足受水区需水要求	优先利用调水区水源，且三河口水库优先供水
防弃水线—控制供水调度线	50	4	3	满足受水区需水要求	优先利用调水区水源，且黄金峡水库优先供水
控制供水调度线—联调供水保证线	21.2	0~15	10~33	满足受水区需水要求	调水区和受水区水源同时运用

三河口水库调度区间	越岭段隧洞进口流量	黑河水库供水流量	地下水供水	调度运用结果	系统运用原则
联调供水保证线之下	12.8	0～15	17～35	不满足受水区需水要求，满足受水区供水度要求	受水区水源为主要利用水源，地下水为主要水源
死库容运用区	9.8	0～15	20～35	不满足受水区需水要求，满足受水区供水度要求	受水区水源为主要利用水源，地下水为主要水源

5.3 发电自用方案研究

引汉济渭调水区工程布置有 2 座发电站和 2 座抽水泵站，发电站和抽水泵站存在同时运行的工况，有利用电站发电直接向泵站供电，降低工程运行成本的条件，即电站、泵站同时运行时，同时段发电量先供泵站抽水用，不足电量从电力系统采购，多余电量上网出售。

5.3.1 电站发电、泵站耗电平衡分析

黄金峡水利枢纽坝后电站装机容量为 135MW，2030 水平年调水 15 亿 m^3 情况下，多年平均年发电量 3.51 亿 kW·h，最大年发电量为 6.04 亿 kW·h，最小年发电量为 0.89 亿 kW·h。

三河口水利枢纽坝后电站装机容量为 45MW，2030 水平年调水 15 亿 m^3 情况下，多年平均年发电量 1.18 亿 kW·h，最大年发电量为 1.81 亿 kW·h，最小年发电量为 0.65 亿 kW·h。

黄金峡水利枢纽坝后泵站装机容量为 126MW，2030 水平年调水 15 亿 m^3 情况下，多年平均年抽水耗电量 3.32 亿 kW·h，最大年耗电量为 4.61 亿 kW·h，最小年耗电量为 1.48 亿 kW·h。

三河口水利枢纽坝后泵站装机容量为 24MW，2030 水平年调水 15 亿 m^3 情况下，多年平均年耗电量 0.365 亿 kW·h，最大年耗电量为 1.02 亿 kW·h，最小年耗电量为 0 亿 kW·h。

泵站、电站多年平均发电与耗电量平衡结果见表 5.3-1，不同典型年逐时段耗电、发电量平衡结果见表 5.3-2。

表 5.3-1　　2030 水平年调水 15 亿 m^3 多年平均发电与耗电量平衡结果　　单位：万 kW·h

月份	多年平均耗电量	多年平均发电量	多年平均购电量	多年平均上网电量
7	2480	7041	1006	5790
8	2898	5737	1135	4033
9	3660	7180	1449	5035
10	4106	5783	1730	3390
11	4645	2828	2543	755

续表

月份	多年平均耗电量	多年平均发电量	多年平均购电量	多年平均上网电量
12	2777	2701	1038	779
1	2703	1905	1183	272
2	2099	1616	869	247
3	2815	1708	1537	421
4	3744	2655	2237	1299
5	2750	3936	1127	2289
6	2174	3809	773	2375
年合计	36850	46900	16626	26687

表 5.3 - 2　　2030 水平年调水 15 亿 m³ 不同典型年逐时段耗电、发电量平衡表　单位：亿 kW·h

月份	旬	15%典型年 平衡前 泵站耗电量	15%典型年 平衡前 电站发电量	15%典型年 平衡后 购买电量	15%典型年 平衡后 上网电量	15%典型年 泵站耗用发电量	50%典型年 平衡前 泵站耗电量	50%典型年 平衡前 电站发电量	50%典型年 平衡后 购买电量	50%典型年 平衡后 上网电量	50%典型年 泵站耗用发电量	85%典型年 平衡前 泵站耗电量	85%典型年 平衡前 电站发电量	85%典型年 平衡后 购买电量	85%典型年 平衡后 上网电量	85%典型年 泵站耗用发电量
7	上	0.03	0.14	0	0.1	0.03	0.27	0.05	0.22	0	0.05	0	0.3	0	0.3	0
7	中	0	0.34	0	0.3	0	0	0.38	0	0.3	0	0	0.3	0	0.3	0
7	下	0	0.34	0	0.3	0	0.03	0.37	0	0.33	0.03	0.04	0.17	0	0.13	0.04
8	上	0.11	0.19	0	0.1	0.11	0.16	0.06	0.1	0	0.06	0.02	0.14	0	0.12	0.02
8	中	0.12	0.29	0	0.2	0.12	0.14	0.15	0	0.01	0.14	0	0.26	0	0.26	0
8	下	0	0.34	0	0.3	0	0.16	0.11	0.05	0	0.11	0	0.3	0	0.3	0
9	上	0.22	0.19	0	0	0.19	0	0.39	0	0.39	0	0.26	0.12	0.13	0	0.12
9	中	0.22	0.15	0.1	0	0.15	0.16	0.1	0.06	0	0.1	0.3	0.16	0.15	0	0.16
9	下	0.11	0.27	0	0.2	0.11	0.18	0.06	0.13	0	0.06	0.29	0.11	0.19	0	0.11
10	上	0	0.35	0	0.4	0	0.18	0.2	0	0.01	0.18	0.27	0.05	0.23	0	0.05
10	中	0.1	0.31	0	0.1	0.1	0.22	0.08	0.14	0	0.08	0.27	0.04	0.22	0	0.0
10	下	0.2	0.1	0.1	0	0.1	0.25	0.15	0.11	0	0.15	0.32	0.02	0.3	0	0.02
11	上	0.22	0.14	0.1	0	0.14	0.24	0.04	0.2	0	0.04	0.24	0.02	0.2	0	0.02
11	中	0.17	0.1	0.1	0	0.1	0.23	0.02	0.21	0	0.02	0.16	0.02	0.14	0	0.02
11	下	0.15	0.16	0	0	0.15	0.17	0.04	0.13	0	0.04	0.14	0.02	0.13	0	0.02
12	上	0.05	0.16	0	0.1	0.05	0.07	0.11	0	0.04	0.07	0.09	0.04	0.05	0	0.04
12	中	0.05	0.15	0	0.1	0.05	0.07	0.1	0	0.03	0.07	0.09	0.03	0.06	0	0.03
12	下	0.06	0.1	0	0	0.06	0.09	0.09	0	0	0.09	0.1	0.04	0.06	0	0.04
1	上	0.12	0.02	0.1	0	0.05	0.09	0.05	0.04	0	0.03	0.09	0.03	0.07	0	0.03
1	中	0.07	0.05	0	0	0.05	0.03	0.1	0	0.07	0.03	0.09	0.03	0.07	0	0.03
1	下	0.07	0.05	0	0	0.05	0.05	0.1	0	0.05	0.05	0.1	0.03	0.07	0	0.03

续表

月份	旬	15%典型年					50%典型年					85%典型年				
		平衡前		平衡后		泵站耗用发电量	平衡前		平衡后		泵站耗用发电量	平衡前		平衡后		泵站耗用发电量
		泵站耗电量	电站发电量	购买电量	上网电量		泵站耗电量	电站发电量	购买电量	上网电量		泵站耗电量	电站发电量	购买电量	上网电量	
2	上	0.06	0.05	0	0	0.05	0.05	0.08	0	0.03	0.05	0.09	0.02	0.07	0	0.02
	中	0.06	0.05	0	0	0.05	0.08	0.05	0.03	0	0.05	0.09	0.02	0.08	0	0.02
	下	0.04	0.02	0	0	0.02	0.06	0.03	0.03	0	0.03	0.12	0	0.12	0	0
3	上	0.04	0.05	0	0	0	0.11	0.03	0.09	0	0.03	0.1	0	0.1	0	0.03
	中	0.08	0.03	0.1	0	0	0.11	0.06	0.05	0	0.06	0.1	0	0.09	0	0
	下	0.07	0.05	0	0	0.1	0.11	0.04	0.07	0	0.04	0.2	0	0.21	0	0
4	上	0.03	0.06	0	0	0	0.08	0.04	0.04	0	0.04	0.4	0	0.41	0	0
	中	0	0.14	0	0.1	0	0.08	0.04	0.04	0	0.04	0.3	0	0.28	0	0
	下	0	0.19	0	0.2	0	0.02	0.19	0	0.2	0.02	0.4	0	0.35	0	0
5	上	0	0.17	0	0	0	0.06	0.07	0	0	0.06	0.1	0	0.09	0	0.03
	中	0.14	0.29	0	0.2	0.1	0.09	0.03	0.06	0	0.03	0.1	0.1	0	0	0.09
	下	0	0.35	0	0.4	0	0.06	0.05	0	0	0.05	0.1	0.1	0	0	0.05
6	上	0.09	0.17	0	0	0	0.03	0.02	0	0	0.02	0.1	0	0.09	0	0.04
	中	0.16	0.04	0.1	0	0	0.03	0.02	0.01	0	0.02	0.1	0.1	0.02	0	0.08
	下	0.17	0.03	0.1	0	0	0.04	0.06	0	0	0.04	0.1	0.1	0.08	0	0.05
丰水期		1.66	3.42	0.4	2.1	1.3	2.42	2.2	1.35	1.1	1.07	2.3	2	1.7	1.4	0.6
枯水期		1.36	2.22	0.5	1.4	0.9	1.4	1.4	0.45	0.5	0.95	2.8	0.7	2.21	0	0.63
年合计		3.02	5.65	0.8	3.5	2.2	3.81	3.6	1.79	1.6	2.02	5.2	2.7	3.91	1.4	1.23

5.3.2　发电自用电气方案研究

5.3.2.1　工程发电自用接入系统方案

引汉济渭工程所在的地理位置，结合当地电网的现状，分析确定的引汉济渭工程黄金峡水利枢纽电站、泵站以两回110kV接入洋县330kV变电站运行，三河口水利枢纽电站、泵站主供一回以110kV电压接入大河坝110kV变电站运行，备供一回接入黄金峡110kV变电站运行。黄金峡、三河口水利枢纽电站、泵站接入系统图见图5.3－1。

系统接线中确定的黄金峡至三河口水利枢纽之间的备供线路，为引汉济渭两大枢纽之间电力的流动搭建了沟通的桥梁，为发电自用创造了条件。

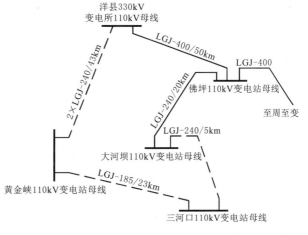

图5.3－1　黄金峡、三河口水利枢纽电站、泵站接入系统图

5.3.2.2　黄金峡水利枢纽发电自用方案研究

黄金峡电站、泵站位于枢纽坝后，电站、泵站依次紧邻布置，两站高压 110kV 电压设备共用一条母线，这些特点为电站、泵站之间的电力交换提供了最短的途径。

第一种电力交换途径是：电站的 3 台发电机采用 3 个 1 机 1 变的单元接线，3 台变压器容量均为 63MVA；泵站的 7 台泵站电动机，经过 3 台变压器容量均为 63MVA 的变压器分别与 2 台、2 台、3 台机相连接，电站、泵站共设 6 台变压器，变压器的 110kV 高压侧均与变电站 110kV 母线相连接。

第二种电力交换途径是：电站 1 台发电机采用 1 机 1 变的单元接线，主变容量 63MVA，另两台机组采用 2 机 1 变的扩大单元接线，主变容量 120MVA，3 台发电机经 2 台变压器将电压升压至 110kV，再通过 2 台 125MVA 的 110kV 变压器分别与泵站 3 台或 4 台相连接，形成两段母线接线。

第三种电力交换途径是：电站的 3 台发电机采用 3 个 1 机 1 变的单元接线，3 台变压器容量均为 63MVA；泵站的 7 台同步电动机分别与 2 台、2 台、3 台或 3 台、1 台、3 台发电机出口直接连接，3 台变压器的 110kV 高压侧均与变电站 110kV 母线连接。

以上三种电力交换途径，均能实现电力的交换，达到自发自用的目的。

第一种电力交换方案，泵站电站分开运行，互不影响，运行灵活，电站、泵站低压侧短路电流水平低，选择开段电流为 31.5kA 的常规设备即可满足要求，可靠性最高。但需要的主变压器台数多达 6 台，布置场地面积大，土建工程量大，发电机电力需两次经过变压器，故损耗较大。

第二种电力交换方案，与第一交换方案出发点基本相同，主要以减少变压器布置场地面积，电站泵站互不影响为出发点，需要的主变压器台数由 6 台减为 4 台，需要的布置场地较第一种交换方案小，土建工程量小。由于挂在同一母线运行的电动机多达 6 台，因而泵站电动机母线短路电流水平高，故需采用提高变压器阻抗（提高约 30%）可使电动机母线短路水平降低至 50kA 以下，故电气设备的选择虽有一定的困难，但较为可行。

第三种电力交换方案，以最大限度减少场地布置面积简化接线为出发点，将需要的主变压器台数由 6 台减为 3 台，1 台发电机最多与 3 台同步电动机挂在同一母线运行，不需提高变压器短路阻断路阻抗，发电机、电动机母线短路电流水平可保持在 50kA 以下，电气设备的选择有一定的困难，较为可行，但电动机、发电机接在同一母线，发电、抽水之间的稳定运行问题需进一步研究。

前期研究阶段，推荐采用第二种电力交换方案，对于第三种电力交换方案，后续可进一步研究，若无影响稳定运行问题的存在，可优先推荐此方案。

5.3.2.3　三河口水利枢纽发电自用方案

三河口水利枢纽电站泵站不同时运行，故三河口电站的电力，在枢纽内部只能自用少量，大部分多余电力，可通过黄金峡至三河口两大枢纽之间的联络线输送至黄金峡泵站使用，达到工程发电自用的目的。

5.3.2.4　发电自用需要与电力系统协商解决的问题

（1）三河口水利枢纽主供电源问题。按照电力部门批复，三河口水利枢纽接入系统在距枢纽最近的大河坝110kV变电所上网，只有在大河坝不供电的情况下，才接入黄金峡变电站运行，因此，要实现工程的自发自用，须与电力主管部门沟通，将三河口水利枢纽接入系统主供电源点改为110kV黄金峡变电站。

（2）电力系统考核点及贸易结算点的设置问题。三河口电站备用供电电源改在大河坝110kV变电站后，三河口电站110kV出口设电力考核点，110kV大河坝变电所设贸易计量点。

三河口电站主供改在黄金峡110kV变电站后，三河口电站110kV出口仅设电力考核点，计量点与黄金峡水利枢纽统一设置。

（3）三河口作为引汉济渭工程一部分，与黄金峡水利枢纽上网统一考虑。两枢纽统一在黄金峡水利枢纽两回110kV出线开关处设置电力考核点，计量点设置在洋县330kV变电站110kV出线开关处。

5.3.2.5　结论

（1）引汉济渭工程黄金峡水利枢纽、三河口水利枢纽正常情况下，统一由黄金峡变电站两回110kV路接入洋县330kV变电站运行，实现自发自用，方案可行。

（2）黄金峡发电自用方案可通过后续进一步的研究优化确定。

（3）三河口主供电源的变更需经过电力主管部门的批准方可实现。

（4）工程整体自发自用，余电上网与耗发单独计算相比较，丰水年工程可实现经济效益0.69亿元，平水年可减少0.52亿元的运行费用，枯水年可减少0.3亿元的运行费用，对降低供水成本，减少调水工程的运行费用较为有利，条件具备时建议实施。

5.4　管理调度自动化研究

引汉济渭工程管理调度自动化系统以数据采集、数据传输、数据存储和管理为基础，以基础支撑、应用组件、公共服务、应用交互为平台，以智能调水业务为核心，运用先进的通信与计算机网络技术、信息采集技术、自动监控技术、数据管理技术和信息应用技术，建设服务于信息采集、监测监视、预测预警、调度控制、工程管理等业务的信息化作业平台和调度会商决策支撑环境，实现"信息技术标准化，信息采集自动化，运行监控网络化，信息管理集成化，功能结构模块化，分析处理智能化，决策支持科学化，日常办公电子化"的目标；保障引汉济渭工程安全、可靠、长期、稳定的经济运行，实现安全调水、精细配水、准确量水；为合理调配区域内水资源，充分发挥引汉济渭工程的经济和社会效益起到技术支撑作用。

建成后的系统实现三大功能：①为工程运行管理提供安全、可靠、经济、科学、先进的管理技术手段；②为科学的输水、配水、发电、防洪、工程安全运行提供实时数据和专家决策支持功能；③为系统的服务消费对象提供稳定、全面、适用、实用、可定制的软硬一体综合化服务。

5.4.1　系统构架研究

结合工程实际和目前国际国内先进的技术及系统构架，通过系统需求分析，根据系统总体设计思路，系统开发建设采用成熟的服务导向架构（service‑oriented architecture，SOA架构），结合云计算、大数据、移动互联网等先进技术，采用服务开发、服务提供和服务消费模式搭建系统总体框架。

工程管理调度自动化系统主要由应用系统、应用支撑平台、数据资源管理中心、云计算中心、信息采集系统、计算机监控系统、综合通信与计算机网络系统、实体运行环境、信息安全体系、标准规范体系、管理保障体系等组成。

（1）应用系统。应用系统包括6类业务应用系统和3类应用交互系统。6类业务应用系统包括：监测预警管理、智能调水管理、水库综合管理、综合服务管理、工程管理、决策会商与应急处置；3类应用交互系统是：内部业务门户、外部信息网站以及移动应用门户。

（2）应用支撑平台。基于SOA架构的应用支撑平台提供了一个管理、监测并协调所有服务请求的环境，既是开发也是运行环境。

（3）数据资源管理中心。数据资源管理中心是基于SOA架构各类服务访问的数据库、文件和应用整合外部系统资源。

（4）云计算中心。采用云计算技术为数据服务中心、应用支撑平台和业务应用系统平台及提供弹性计算服务和按需存储空间。

（5）信息采集系统。信息采集系统主要完成水情、水质、工程安全、工程运行等监测信息和视频安防信息的采集。

（6）计算机监控系统。计算机监控系统包括泵站监控系统和闸（阀）门监控系统。分为远程计算机监控系统和现地计算机监控系统。

（7）综合通信与计算机网络系统。综合通信与计算机网络系统为工程调度运行管理所涉及的各级管理机构之间提供语音、数据、图像等信息的传输通道，其包括通信网络系统和计算机网络系统。

（8）实体运行环境。实体运行环境完成机房配套工程和指挥场所实体环境建设。

（9）信息安全体系。信息安全体系以策略为指导，以管理为核心，以技术为手段，通过构建技术体系、管理体系、服务体系，实现集防护、检测、响应、恢复于一体的整体安全防护体系。

（10）标准规范体系。本系统的标准规范体系框架由总体标准规范、技术标准规范、业务标准规范、管理标准规范、运营标准规范等部分组成。

（11）管理保障体系。管理保障体系的建设主要是实现组织机构保障、运行经费保障和管理制度保障。

5.4.2 通信网络方案研究

5.4.2.1 通信传输系统

引汉济渭工程是陕西省内重大的跨流域调水工程，工程地跨长江、黄河两大流域，工程的调度中心和调度分中心之间信息传输量大，距离跨度长，根据业务网的信息流量、流向，为提高网络运行效率，增强网络的灵活性和可扩展性，引汉济渭工程的通信传输系统按骨干传输网和区域传输网两层结构组建。

（1）骨干传输网主要由西安总调度中心、黄池沟管理站、三河口管理站、黄金峡管理站构成，其特点是通信节点少，网络容量大，要求具有提供大容量的业务调度能力和多业务传送能力，需要较高的网络安全性和可靠性，主要采用环形结构。工程采用大容量、基于 SDH 技术的 MSTP 设备组网，负责完成业务节点之间大容量信息的长距离传输和交换。

（2）区域传输网主要由秦岭隧洞、黄三隧洞的支洞通信节点，三河口水利枢纽和黄金峡水利枢纽地区的泵站、管理站、水库等通信节点组建的网络构成，负责一定区域内业务的汇聚和疏导，承担转接和区域内业务接入电路，要求提供较强的接入能力和汇聚能力，区域传输网主要采用环形网络和树形网络结构。

（3）光缆路由。光缆沿黄池沟、秦岭隧洞、黄三隧洞敷设，西安总调度中心—黄池沟，西安总调度中心—三河口管理站的光缆接入采取租用（自建或合建）光纤的方式。光缆路由如图 5.4-1 所示。

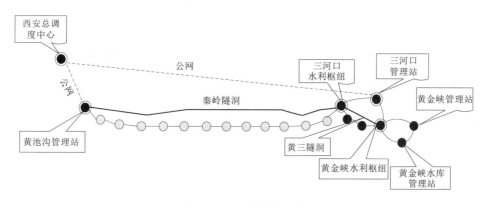

图 5.4-1　光缆路由图

5.4.2.2　计算机网络系统

引汉济渭工程应用系统较多，业务重要性差别较大，对网络性能要求不同，计算机网络系统对各应用系统进行分析整合，分类处理，在保证应用系统数据信息传递安全可靠前提下，以资源共享、带宽共享、节省投资为原则进行计算机网络规划。

（1）对"计算机监控应用"来说，由于需要传送用于控制的各个现地站闸门、泵、阀的启闭相关信息，要求实时性最强、安全要求也最高，需要与外界网络物理隔离，采取专网专用的方式，建设一张独立的计算机监控专用的网络系统（简称"控制专网"）来承载这类应用。

（2）对"内部业务管理应用"来说，其实时性和安全性要求要稍弱于"计算机监控"，但是这类服务属于企业内部应用系统，且所需网络带宽较大，需要与外界公众互联网隔离，建设一张各业务共享的计算机网络系统（简称"业务内网"）来承载这类应用。

（3）对"外部信息服务应用"来说，由于这部分服务需要与外界建立直接连接，可能会受到来自 Internet 的网络攻击，因而存在一定的安全攻击风险，不能与上述两类应用共用计算机网络系统，而应该与上述两类应用的计算机网络系统进行有效隔离，即业务外网。

计算机网络系统体系结构见图 5.4-2。

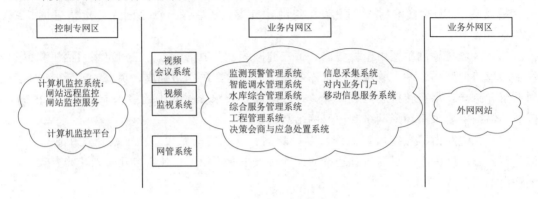

图 5.4-2　计算机网络系统体系结构图

控制专网是整个网络安全级别最高的网络，主要承载计算机监控系统的应用，其带宽需求较小，但对网络安全可靠及时延要求较高。从安全角度考虑，控制专网的拓扑采用环形网，见图 5.4-3。

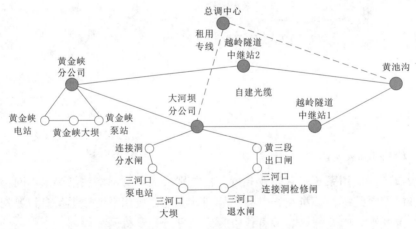

图 5.4-3　控制专网图

业务内网节点设置的选择与控制专网相同，采用环形拓扑，通过以太网交换机，组建工业以太环网。连接黄金峡分公司、大河坝分公司、黄池沟。由于越岭段隧洞长度较大，增加中继站（双节点）。业务内网见图 5.4-4。

5.4.3　监控系统研究

5.4.3.1　系统组成

计算机监控系统由总调中心、调度分中心远程监控和闸（阀）现地监控构成，覆盖 1 个总调中心、1 个调度分中心（岭南调度分中心部署在大河坝分公司）。计算机监控系统采用 2 层架构，底层是现地站级监控系统，上层是总调中心级、调度分中心级计算机监控

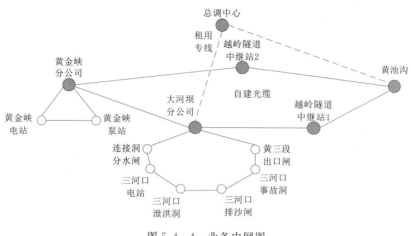

图 5.4-4 业务内网图

系统。

（1）总调中心。总调中心具有系统最高的调度权限，通过远程数据采集方式，从现地及调度分中心工作站监控软件中获取数据，控制指令分别下发到现地站及调度分中心上位监控系统。

（2）调度分中心。调度分中心接收来自总调中心的控制和调度执行指令，获取现地站回复信息，组织监督现地站命令执行情况，在获得总调中心授权的情况下具有远程控制功能。

（3）现地监控。现地监控接收来自总调中心的控制和调度执行指令，由现地站负责指令的确认、执行回复。

由于总调中心（调度分中心）和现地站两级的自控系统均对现场设备有控制权，为了避免重复控制，总调中心设置统一的用户与权限管理平台，对总调中心、调度分中心和现地站的所有用户和权限进行统一规划和管理。

5.4.3.2 系统结构

系统结构如图 5.4-5 所示。

总调中心通过控制软件对现地站进行远程控制，通过位于总调中心的仿真软件，利用现地站上报的数据来模拟各个现地站目前的运行状态，对整个工程进行合理优化。各个现地站和调度分中心的生产数据实时发往总调中心。

调度分中心从各个现地站获得生产数据后，通过控制软件实时切换到每个现地站的运行画面，通过现地站上传的生产数据来模拟仿真现地站的运行情况。同时调度分中心可对远程 LCU 进行遥信，获得各种水力数据，在调度中心授权情况下对现地站和关键性设备实现远程控制。

管理站执行现地的控制，实时监视所辖的现地站的运行状态。

5.4.3.3 系统网络

计算机监控系统采用开放的控制系统，考虑工程的重要性，综合考虑系统安全性、实时性、操控性等，计算机监控系统网络（控制专网）采用实时的自愈型光纤冗余环网，现

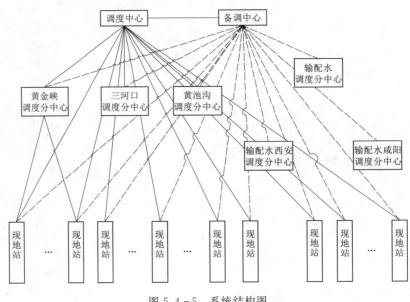

图 5.4-5　系统结构图

地站均通过工业级交换机接入网络，保证各节点之间互不干扰。在出现故障时，在线增加或删除任意一个节点，都不会影响到其他站点系统的运行和通信。它除了具有良好的网络通信能力外，还具有与其他控制系统通信功能和标准的对外通信接口，以后可以任意扩展。

泵站、电站现地监控系统也采用自愈型光纤以太网络，上位机系统及现地控制单元均通过工业级交换机接入网络。

5.4.4　信息安全研究

引汉济渭工程从网络层面可分为业务外网、业务内网和控制专网，其中业务外网按照等级保护二级进行建设，业务内网和控制专网按照等级保护三级进行建设，网络的防护应符合有关等级保护要求。各网络之间逻辑隔离，其中业务内网与业务外网之间采用防火墙实现逻辑隔离，控制专网与业务内网采用物理网闸方式实现物理隔离，与业务外网无任何连接。部署在总调中心。

引汉济渭工程安全体系按照控制专网、业务内网、业务外网三张网的安全要求分别提出安全要求。

5.4.4.1　控制专网

控制专网仅承载控制系统，与业务内网采用物理网闸方式连接，与业务外网无任何连接。在建设安全系统时主要考虑与业务内网间的安全防护及数据访问控制，实现对控制系统的安全审计。

网络安全建设主要设如下内容。

安全审计：通过安全审计设备，实现对控制专网控制系统的安全审计。

入侵检测：通过软硬件，对网络、系统的运行状况进行监视，尽可能发现各种攻击企

152

图、攻击行为或者攻击结果，以保证网络系统资源的机密性、完整性和可用性。

入侵防御：能够监视网络或网络设备的网络资料传输行为，能够即时地中断、调整或隔离一些不正常或是具有伤害性的网络资料传输行为。

安全网关：主要用以保护网络内进出数据的安全。

防病毒系统：通过防病毒软件，实现对控制专网的终端、服务器等设备的病毒防护。

网闸：是控制专网与业务内网全网之间唯一交互的安全通道。通过网闸设备保障控制专网和业务内网之间的通信安全。

准入控制系统：该系统应能够检测内部网络中出现的内部用户未通过准许私自联到外部网络的行为。

数据库审计：能够实时记录网络上的数据库活动，对数据库操作进行细粒度审计的合规性管理，对数据库遭受到的风险行为进行告警，对攻击行为进行阻断。

安全管理平台：实现对网络设备、安全设备、主机、数据库、中间件以及各种应用系统的综合管理。

5.4.4.2　业务内网

业务内网承载引汉济渭工程除了控制系统（控制专网）及对外 WEB 信息系统（业务外网）外的其他信息化应用系统，与控制专网、业务外网都需要通信。

网络安全建设主要设如下内容。

防火墙：业务内网与业务外网之间采用防火墙实现逻辑隔离。

安全审计：通过安全审计设备，实现对业务内网应用系统的安全审计。

入侵检测 IDS：通过软硬件，对网络、系统的运行状况进行监视，尽可能发现各种攻击企图、攻击行为或者攻击结果，以保证网络系统资源的机密性、完整性和可用性。

入侵防御 IPS：能够监视网络或网络设备的网络资料传输行为，能够即时地中断、调整或隔离一些不正常或是具有伤害性的网络资料传输行为。

安全网关：主要用以保护网络内进出数据的安全。

防病毒系统：通过防病毒设备，实现对业务内网全网的终端、服务器等设备的病毒防护。

流量监控分析：业务内网承载有大量视频信息，流量需求较大，为合理分配带宽，部署 1 套流量监控系统，实现对终端流量控制和统计。

数据库审计：能够实时记录网络上的数据库活动，对数据库操作进行细粒度审计的合规性管理，对数据库遭受到的风险行为进行告警，对攻击行为进行阻断。

VPN 网关：实现业务内网与业务外网之间加密通信，通过对数据包加密和数据包目标地址转换，实现远程访问、身份认证、访问控制、NAT 地址转换等功能。

漏洞扫描：实现能够快速发现、准确识别网络资产及属性，实现安全漏洞扫描、分析评估安全风险、审核风险控制策略与管理。

堡垒机：对业务内网用户运维操作进行控制与合规性管控审计。实现资源统一授权、操作行为监管、运维操作记录、分析、展现，以及事前规划预防、事中实时监控、违规行为响应、事后合规报告、事故追踪回放等功能。

安全管理平台：全天候全方位感知网络安全态势，实现行为建模、态势分析、预警通报、线索挖掘等功能，以及对网络设备、安全设备、主机、数据库、中间件、各种应用系统的综合管理。

5.4.4.3　业务外网

业务外网实现对外互联，并需要实现与省水利厅等相关机构的信息交互，因此，针对业务外网的安全建设亦十分重要。

网络安全主要建设内容如下。

防火墙：通过防火墙实现与互联网之间的防护。

安全审计：通过安全审计设备，实现对业务外网应用系统的安全审计。

安全网关：主要对业务外网全网的终端、服务器等设备的病毒防护。

上网行为管理系统：在业务外网出口部署上网行为管理系统，实现对员工上网行为管理和监控。

流量监控分析：合理分配带宽，实现对终端流量分析和统计。

抗 DDoS 设备：提供分布式拒绝服务攻击（DDoS）、清洗，支持自动防 DDoS 攻击能力。

网页防篡改：防止入侵者或病毒等对网页、电子文档、图片、数据库等任何类型的文件进行非法篡改和破坏。

5.5　黄金峡水利枢纽技术问题研究

5.5.1　枢纽布置研究

5.5.1.1　概况

黄金峡水利枢纽为汉江梯级开发的第一级，工程位于汉中市洋县境内的汉江黄金峡河段。水库回水至洋县东村，全长 69.5km，为峡谷型水库。水库两岸山体雄厚，出露岩层以火成岩为主，透水性微弱，不存邻谷渗漏，库区有众多泉水高于水库正常蓄水位，水库成库条件良好，库岸稳定，渗漏问题不突出，淹没相对比较少，移民安置相对简单，具备良好的建库条件。

黄金峡坝址位于基本对称的 V 形河谷，河谷宽 200m，坝址两岸地形基本对称，左右岸坡自然边坡均在 20°～40°，大部分基岩裸露，地层主要为花岗片麻岩。左岸岩石强风化厚度 10～13m，弱风化厚度 20～27m；河床覆盖层厚 6～12m，强风化厚度 1～5m，弱风化厚度 5～13m；右岸岩石强风化厚度 8～9m，弱风化厚度 25～27m。坝基共发育有 7 条小断层，对于重力坝，除倾向山体内的顺河向 f₃ 断层会对局部岩体的抗滑稳定产生影响外，其余断层对坝基抗滑稳定影响不大，具备修建重力坝条件。

黄金峡水利枢纽开发以供水为主，兼顾发电和航运。汉江洪水峰高量大，导流设计复杂、风险高，低水头、大流量泄洪是枢纽布置要解决的重点问题。

5.5.1.2　枢纽布置的原则和要求

一般来说，在水利枢纽中合理地选择各建筑物的平面布置，对于枢纽的使用效能、施工的难易及工程造价等有着重要的意义，枢纽中各建筑物的布置直接影响到整个枢纽的应用。因此枢纽的布置应结合工程的特点，按河流来水来沙、地质地形条件以及各建筑物的安全可靠、运用方便、经济合理等要求因地制宜地进行方案的选择。根据黄金峡水利枢纽河道狭窄、泄洪量大、兴利建筑物多的特点，拟定枢纽布置主要原则如下。

（1）应满足枢纽各个建筑物在布置上的要求，保证在设计标准的条件下正常运行。要避免枢纽的各个建筑物在运行期间相互干扰。

（2）尽量使一个建筑物发挥多种用途或临时建筑物和永久建筑物相结合，充分发挥综合效益。

（3）取水、输水建筑物应布置在输水侧，方便引水，同时要保证运行可靠，取水水质良好。

（4）泵站、电站靠近挡水建筑物布置以减少连接建筑物长度，从而减少水头损失和工程投资。进水口、泵站出水应水流平顺，电站尾水出流通畅。

（5）枢纽布置应结合施工导流统一规划，满足工程导流要求。

以上几条很难同时满足，尤其是泵站、电站、船闸对水流和泥沙都有很严格的要求，因此，在枢纽布置时要抓住重点因素处理好相互之间的矛盾，以保证发挥较好综合效益。

5.5.1.3 枢纽布置方案及特点

黄金峡水利枢纽建筑物由大坝（含泄水建筑物）、泵站、电站、通航等建筑物组成。黄金峡水利枢纽是一个综合利用枢纽工程，水库的泄洪、冲沙对抽水、发电、航运都有不同程度的影响。如何在保证水库大坝安全运行，满足河道冲沙及泵站抽水含沙量的要求，协调好抽水、发电、航运的综合利用要求，是一个非常复杂的多项目规划问题。为此，枢纽总布置的选择进行了多方案的比较，最终选择了3个方案进行详细的分析比较。这些重点方案的区别在于电站与泵站的位置关系以及导流方案的不同，泄水建筑物的布置不同。

1. 枢纽平面布置方案一

枢纽主要建筑物由混凝土坝、坝身5个表孔与坝后消力庐、坝身2个底孔与消力池、河床式泵站电站及垂直式升船机组成，见图5.5-1。

该方案采用分期导流，充分利用合理的洪水分期，利用初期枯水期围堰建成大导墙、导流泄洪底孔、电站小导墙，使泵站、电站形成小基坑达到全年施工条件。泵站采用河床式兼作挡水建筑物，电站布置到泵站下游采用坝后式，充分利用河道宽度，减少进水口前沿宽度，为泄洪布置留下空间。

2. 枢纽平面布置方案二

枢纽主要建筑物由混凝土坝、坝身4个表孔与坝后消力庐、坝身2个底孔与消力池、导流泄洪洞、河床式泵站电站及垂直式升船机组成，见图5.5-2。

该方案利用隧洞导流，主要目的是减少河床部位枢纽布置宽度，减少两岸开挖量，导流洞施工期导流，运行期作为泄洪洞进行运用。泵站、电站、升船机布置方案基本与方案一相同。

3. 枢纽平面布置方案三

枢纽主要建筑物由混凝土坝、坝身5个表孔与坝后消力庐、坝身2个底孔与消力池、坝前泵站、河床式电站及垂直式升船机组成，见图5.5-3。

泵站顺河布置于上游坝肩与右坝肩成L形。如此则泵站厂房基础无须回填混凝土，

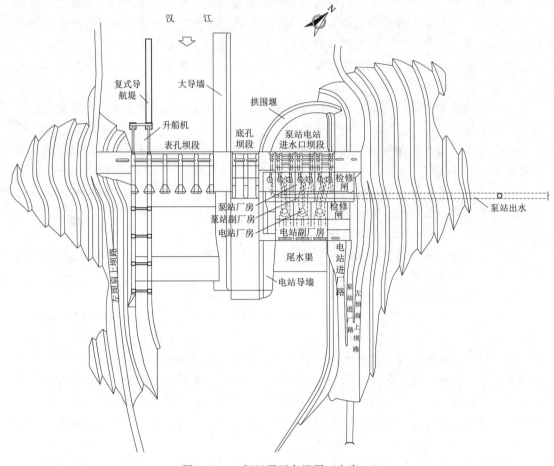

图 5.5-1 枢纽平面布置图（方案一）

泵站进水正进正出，电站和泵站进水口互不干扰，泵站进出水条件好。电站采用河床布置，电站坝段长度相对缩短，枢纽开挖量减少。

5.5.1.4 枢纽布置方案的比较

上述三种枢纽布置方案，方案一、方案三均采用两期导流方案，主要差异在于泵站布置位置不同；方案二采用过水围堰、一条隧洞导流方案，考虑将导流洞改建为泄洪洞，表孔减为 4 孔，其他布置基本与方案一相同。三种方案均有可行性，特点各不相同，选择枢纽布置方案主要从主要建筑物布置、施工条件、工期、工程投资等方面进行综合比较。

1. 主要建筑物布置比较

方案一泄水建筑物集中布置于河床，泄洪调度比较方便；泵站、电站前后布置，工程量及投资较小，运行管理方便，因泵站、电站安装高程差异，混凝土回填量大，泵站电站布置紧凑，结构复杂。

方案二大坝泄洪建筑物表孔减为 4 孔，整个坝长变短，可减少坝肩开挖工程量，大坝工程量也相对较小，但增加了一个导流泄洪建筑物，枢纽总体工程量增加；泄洪洞下游水位变幅大且水位较高，泄洪洞内流速高，运行条件比较复杂，通航水流条件稍差。

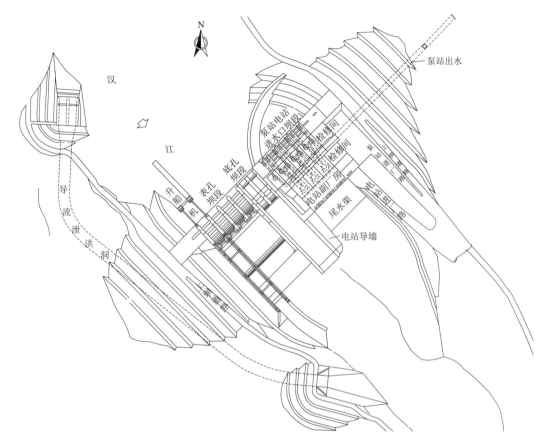

图 5.5-2　枢纽平面布置图（方案二）

方案三电站引水流道短，泵站进水正进正出，泵站、电站取水条件较好，水头损失减小；泵站布置场地由开挖山体形成，开挖量较大；泵站布置于大坝上游，需增加单独的泵站进水口，受水库蓄水位影响，泵站采光、通风条件差，运行管理便捷性降低，成本增加。

2. 工程施工比较

方案一、方案三采用分期导流方式，方案二采用隧洞导流方式，施工导流方案在技术上都是可行的，都不存在大的技术难题。

由于坝址处河床宽度有限，分期导流方案导流程序相对复杂，河床内需布置厂坝导墙、混凝土纵向围堰、一期低土石围堰纵向段三道建筑物，要求工程必须按进度计划施工，一个环节出现问题容易对下一个环节造成较大影响。隧洞导流、过水围堰方案大坝基坑在两个汛期均要过水，风险相对较大。从三个方案的导流工程量来看，方案二隧洞导流、过水围堰方案工程量最大，分期导流的方案一和方案三工程量小。

三个方案在施工方案上均属于常规施工方法，其中，方案一和方案三二期施工在第一个汛前大导墙要浇筑至高程 425.50m，难度较大；方案二大坝施工受洪水影响较大，在汛前机械设备拆除、汛期的工程保护和汛后施工的恢复工序较多。三个方案工期均为 54

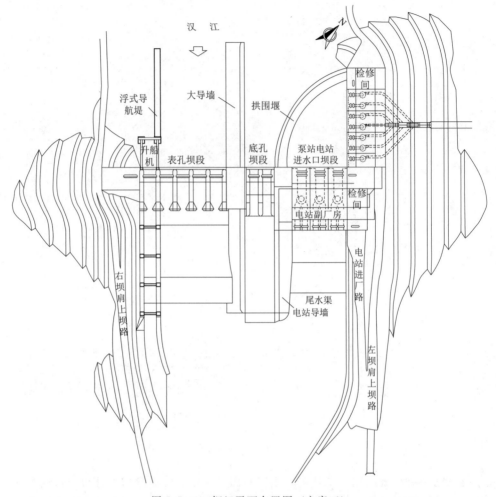

图 5.5-3　枢纽平面布置图 （方案三）

个月，发电工期和泵站投产工期时间差别不大。从施工总进度上看，三个方案基本相当。

3. 工程投资比较

三个枢纽布置方案工程投资比较：方案一工程直接费总投资 21.45 亿元，投资最小；方案三总投资 21.91 亿元，居中；方案二总投资 22.75 亿元，投资最大。

5.5.1.5　小结

经综合比选结论意见如下：

(1) 三个方案都较好地解决了本工程大流量的泄洪问题，最大单宽流量不超过 $270 \text{m}^3/\text{s}$ ，单宽流量在可接受的范围以内，消能问题可得到妥善解决。

(2) 从施工来看，方案一、方案三施工工序多衔接紧凑；方案二施工干扰少，度汛处理工作量大，临时工程量大。从施工条件来看方案一，方案三略优。

(3) 方案一、方案三采用分期导流，方案二为隧洞导流，由于导流流量大因此隧洞规模大，虽采用隧洞导流减少了两岸的开挖，减少了纵向大导墙，使枢纽的布置较为灵活，但导流洞工程规模大，致使该方案整体工程量偏大。

（4）河床式泵站电站前后布置方案较坝上岸边式泵站河床式电站方案布置紧凑，工程量少，采光通风条件好，但坝上岸边式泵站河床式电站方案进水条件好。

综上所述，方案一主体建筑物布局合理，较好协调了泄洪、抽水、发电、生态、航运的关系，泵站、电站联合布置节约工程投资，工程管理方便。因此，选择方案一为工程推荐总体布置方案。

5.5.2 坝址选择研究

黄金峡水利枢纽可在汉江洋县以下、石泉水库以上的河段选择坝址（图5.5－4）。在良心沟以上的黄金峡河段，汉江峡谷岸坡陡峻，河谷狭窄，交通不便，难以满足枢纽泄洪和兴利建筑物协调布置、施工交通及场地要求。因此，不宜在良心沟以上的黄金峡峡谷段选择坝址。

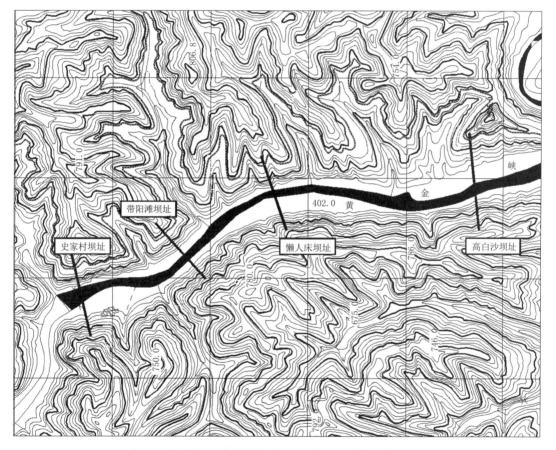

图5.5－4 黄金峡水利枢纽坝址比选示意图（单位：m）

从发电和航运角度看，汉江干流各梯级电站水位衔接方式均为上级电站尾水与下级电站正常蓄水位衔接的方式，这样即可在满足发电的前提下同时使上下游航运得以衔接。黄金峡下游石泉水电站正常蓄水位为410.0m，所以从河道高程看，良心沟断面以上由于河床高程已接近410.0m，与石泉电站库尾回水无法衔接不满足通航要求，也不利于电站水位的衔接，而下游高白沙断面以下河床高程在 400.0m 以下已进入石泉水电站死水位以下，工程施工难度和投资都会显著增大。

故坝址选址范围在综合考虑工程布置、发电和航运等因素的基础上，最终确定在良心沟以下至高白沙河段长约 6km 范围内。其选址河段范围与汉江上游干流梯级水电开发规划确定的选址范围基本一致。故此，在良心沟至高白沙河段范围内自上而下选择了史家村、带阳滩、懒人床、高白沙四个坝址。

其中史家村、带阳滩、懒人床三个坝址岩性单一（花岗片麻岩），完整性良好，构造简单。高白沙坝址为混合岩，岩性复杂，完整性差，构造相对发育。史家村坝址河谷宽度 240m，上距良心沟 400m，下距史家沟约 260m。河道顺直呈较平直开阔的 V 形河谷，坝趾距史家村较近，施工场地布置条件较好，从地形条件看具备建坝条件。但其上游有一较大洪积扇，右坝肩处有一小冲沟发育，从地质条件看其覆盖层深厚，地质条件复杂，建坝条件较差。而自懒人床断面以下至高白沙段，河道均处于中低山区，沿河能建坝的地方较多，但多数河谷宽度过宽，没有理想的建坝条件。

因此，重点选择了带阳滩（上坝址）和懒人床（下坝址）两个坝址进行比选（两方案的正常蓄水位均为 450.0m），两坝址相距约 1.4km。地质条件、枢纽布置形式及施工条件都基本相同，坝址比选中采用混凝土重力坝为设计代表坝型进行比选。

5.5.2.1　上坝址地质、地形条件

上坝址位于良心沟口下游约 1km 的汉江河段上，地貌单元属中低山区，两岸冲沟发育且切割深度较大，河谷呈深切 V 形，谷底宽度约 180m，河床高程 406～411m。

左坝肩基岩边坡相对高差约 280m，坡面大部分基岩裸露，局部覆盖少量坡积碎石土，边坡整体形态较为完整，自然坡度 38°～40°。岩性为花岗片麻岩，强风化带水平宽度 16～27.5m，垂直深度 10～13m，弱风化带水平宽度 65～70m，垂直深度 20～27m。

河床段地形平坦，表层覆盖河床冲积卵石层，夹薄层砂砾石层，厚度一般 6～12m，河床段基岩面起伏不大，最大高差 3～4m，无大的深河槽分布。下伏基岩岩性为中粒花岗片麻岩，强风化厚度 1～5m，弱风化厚度 5～13m，下部微风化岩体完整。

右坝肩边坡相对高差约 350m，边坡整体形态完整，台阶状起伏，上部较缓段自然坡度约 20°，坡面主要为第四系坡积碎石土层覆盖，局部基岩出露；下部陡坡段自然坡度约 40°，均为岩质边坡。岩体卸荷轻微，整体稳定性良好。岩性为花岗片麻岩，强风化带水平宽度 7～8m，垂直深度 8～9m，弱风化带水平宽度 18～20m，垂直深度 25～27m。

5.5.2.2　下坝址地质、地形条件

下坝址位于良心沟口下游约 3km 的汉江河段上，地貌单元属中低山区，河谷呈深切 V 形，两岸地形基本对称，天然坡度 35°～45°，谷底宽度约 260m，高程 405～410m。

左坝肩基岩斜坡，自然坡度 35°～40°。表层覆盖坡积砂质壤土，厚度 1～2m；下部为中粒花岗片麻岩，表部风化剧烈，卸荷带宽度 14.0m，强风化铅直深度 17～24m，水平厚度 20～46m，弱风化垂直深度 26～32m。

河床段地形平坦，表层为卵石层，厚度 5.2～11.3m，下伏基岩为中粒花岗片麻岩，根据钻孔及物探测试成果，河床段基岩面起伏不大，最大高差不超过 3m，无大的深河槽分布。岩体裂隙较发育，强风化带铅直厚度 2～4m，弱风化带厚度 15～21m。

右坝肩基岩斜坡，自然地形坡度 40°～45°。坡面覆盖薄层坡积沙壤土，厚度 1～2m，坝肩局部残留三级阶地卵石层，厚度 5～6m；下部为中粒花岗片麻岩，卸荷带宽度 24.0m，岩体较破碎，风化强烈，钻孔揭示强风化垂直深度 17～45m，水平厚度 25～38m，弱风化垂直深度 25～52m。探洞内发育有 f_{15}、f_{16}、f_{17}、f_{24} 断层，均为高倾角，多倾向坡里，断层延伸长度不大。其中 f_{24} 倾向坡外，倾角稍大于坡角，破碎带宽度 0.2m，影响坝肩稳定。

5.5.2.3 上坝址枢纽布置型式

枢纽建筑物由左至右依次为左挡水坝段、泵站电站厂房坝段、左中挡水坝段（电站纵向导墙）、泄洪冲沙底孔、右中挡水坝段（纵向大导墙）、泄洪表孔坝段，岸边表孔结合布置过船设施，右侧接右挡水坝段。大坝最低建基面高程 387.00m，坝顶高程 455.00m，最大坝高 68.0m，坝顶长 324.5m。坝顶设 4.5m 宽的交通桥沟通两岸交通。

挡水坝段采用混凝土重力坝，其基本断面为三角形，挡水坝段由于需要满足门机通过要求，因此坝顶宽度取 25.0m。坝顶高程 455.00m，上游设 1：0.2 的反坡，下游坡比为 1：0.75。左挡水坝段桩号坝左 0－126.0 至坝左 0－158.0 长 32.0m，左中挡水坝段桩号坝左 0－034.0 至坝左 0－054.0 长 20.0m，建基面高程 390.00m。右挡水坝段桩号坝右 0＋122.5 至坝右 0＋166.5 长 44.0m，右中挡水坝段桩号坝左 0－001.5 至坝右 0＋021.5 长 23.0m，建基面高程 392.00m，结合电站导墙布置。泵站、电站坝段采用河床式布置于大坝河床左岸，桩号坝左 0－054.0 至坝左 0－126.0 长 72.0m。泵站、电站厂房按泵站在前，电站在后依次布置，都采用单机单管从上游侧直接取水。泵站厂房与电站厂房之间设纵缝。泵站厂房本身是挡水建筑物，直接承受上游水压力。厂区建筑物主要包括：进水口、泵站、电站厂房、副厂房、GIS 楼、进厂道路。

泄洪冲沙底孔坝段桩号坝左 0－001.5 至坝左 0－034.0 长 32.5m，设 2 孔兼顾泄洪与排沙，孔口尺寸 10m×10m，进口坎底高程 406.00m，同时在施工中兼作导流之用。

泄流表孔布置于右岸主河槽，坝段桩号坝右 0＋021.5 至坝右 0＋122.5 长 101.0m，共 5 孔，孔口尺寸 15m×24m（宽×高），堰顶高程 426.00m，低于正常蓄水位 24.0m，每孔设弧形工作闸门一扇，共 5 扇，采用 5 台 QHLY2×3600kN－12.2m 液压启闭机启闭，5 孔共用一扇叠梁检修闸门，和底孔共用 2×3600kN－52m 坝顶门机启闭。闸墩顶部高程 455.00m，与坝顶齐平。溢流堰长 75.0m，设两个边墩和 4 个中墩，闸墩厚度中墩为 4.5m，边墩为 4.0m，闸墩混凝土采用 C40。表孔下游消能方式采用宽尾墩戽式消力池联合消能。在溢流表孔左侧边闸墩纵向大导墙顺水流方向纵向穿过。

因施工分期导流需要，在电站、泵站厂房坝段桩号坝左 0－052.0 处和泄洪冲沙底孔与泄洪表孔间桩号坝左 0＋000.0 处分别设置两条导水墙，永临结合在施工完成后作为电站、泵站进口拦沙坎及导水墙使用。

纵向大导墙长度 440.0m，其中坝轴线以上 175.0m，以下 265.0m，上、下游段的顶部高程分别为 425.50m 及 421.00m，建基面高程 392.00m，最大高度 33.50m。电站、泵站纵向导墙长度 140.0m，顶部高程为 425.00m，建基面高程 390.0m，最大高度 35.00m。

5.5.2.4　下坝址枢纽布置型式

下坝址枢纽由于河谷宽度大，因此各建筑物的布置空间较为充裕，其枢纽布置有两种思路来利用河床宽度，一种为泵站电站布置不变，增加泄洪孔口减少单宽流量，加大泄流规模减小坝高。另一种为泄流规模与上坝址相同，泵站电站一字排开布置减少实体坝段长度，减少工程量的布置方案。现将两种枢纽布置形式简述如下。

1. 一字布置方案

一字布置方案各建筑物沿坝轴线布置，其具体布置由左到右依次为：左挡水坝段、泵站厂房坝段、电站厂房坝段，中挡水坝段，泄洪底孔2孔，泄流表孔5孔及右挡水坝段，泄流表孔一孔结合布置过船设施。大坝最低建基面高程385.00m，坝顶高程454.50m，最大坝高69.50m，坝顶长465.25m。下坝址一字布置方案示意图见图5.5-5。

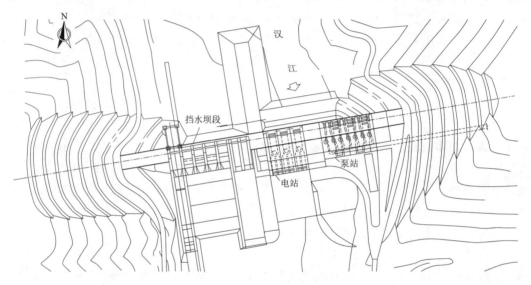

图5.5-5　下坝址一字布置方案示意图

2. 联合布置方案

联合布置方案由于泵站电站前后布置因此节省了大量的河床空间，因此在充分利用河床宽度的基础上，可加大泄流规模，达到相同蓄水位前提下降低坝高减小施工导流规模的目的，并在布置中以尽量沿河床布置的原则减少开挖工程量。其具体布置由左到右依次为：左挡水坝段，泵站、电站厂房坝段（泵站、电站厂房按泵站在前，电站在后依次布置）、中挡水坝段、泄洪底孔2孔、泄流表孔7孔及右挡水坝段，泄流表孔一孔结合布置过船设施。大坝最低建基面高程385.00m，坝顶高程452.50m，最大坝高67.5m，坝顶长461.67m。下坝址联合布置方案示意图见图5.5-6。

3. 下坝址枢纽布置方案比选

从图5.5-5和图5.5-6中可以看出，下坝址河谷较宽两种布置形式均不存在制约因素，联合布置方案由于泵站、电站布置紧凑，因此可充分利用河床宽度布置泄洪建筑物，泄洪建筑物单宽流量较小，对下游消能有利，坝顶高程及坝高较低。但由于河谷宽度宽，其挡水坝段长度长，且泵站、电站布置位于河床，导致混凝土回填量大。

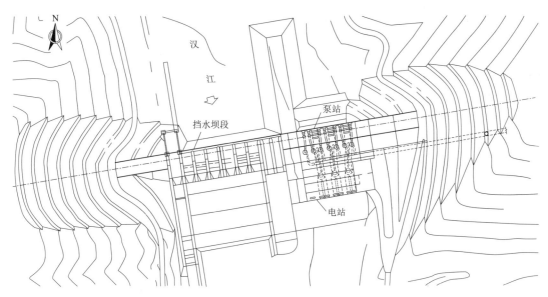

图 5.5-6 下坝址联合布置方案示意图

一字布置方案泵站、电站两建筑物均采用河床式厂房沿坝轴线并列布置，泄洪建筑物布置宽度相对受限，因此坝顶高程及坝高均较联合布置方案高，但由于泵站、电站两建筑物兼做挡水建筑物替换了部分挡水坝段，且泵站厂房基础较高靠近岸坡布置可减少基础混凝土回填量，因此从整体看一字布置方案虽然坝高较高，但整体工程量较联合布置方案节省。

而从施工条件看，两布置方案施工条件及导流方式基本相当，但一字布置方案导流工程量相对较小，施工干扰小，因此施工条件整体相对较优。

联合布置方案土石方开挖量 231.2 万 m³，混凝土 128.5 万 m³，钢筋制作与安装 3.6 万 t；一字布置方案土石方开挖量 227.1 万 m³，混凝土 123.1 万 m³，钢筋制作与安装 3.3 万 t。经计算联合布置方案的主体工程投资合计为 23.96 亿元，一字布置方案的主体工程投资合计为 22.99 亿元。一字布置方案投资比联合布置方案少 0.97 亿元，相对较优。

因此，下坝址枢纽采用一字布置方案作为下坝址代表方案。

4. 下坝址枢纽布置

挡水坝段采用混凝土重力坝，其基本断面为三角形，坝顶宽与上坝址相同为 25.0m，坝顶高程 454.50m，上游设 1:0.2 的反坡，下游坡比为 1:0.75。右挡水坝段桩号坝右 0+137.50 至坝右 0+215.54 长 78.04m。左挡水坝段桩号坝左 0+200.20 至坝左 0+249.73 长 49.53m。中挡水坝段桩号坝右 0+004.00 至坝左 0+021.00 长 25.00m，建基面高程 387.00m，结合电站导墙布置。

泵站与电站均采用河床式厂房并列布置，泵站坝段桩号坝左 0+114.2～坝左 0+200.20 长 86m，电站坝段桩号坝左 0+021.00 至坝左 0+114.20 长 93.20m，都采用单机单管从上游侧直接取水。厂房本身是挡水建筑物，直接承受上游水压力。厂区建筑物主要包括：进水口、泵站、电站厂房、副厂房、GIS 楼、进厂道路。泄洪冲沙底孔坝段桩号坝右 0＋004.00 至坝右 0＋036.50 长 32.50m，设 2 孔兼顾泄洪与排沙，孔口尺寸 10m×10m，进口坎底高程 404.00m，同时在施工中兼作导流之用。

泄流表孔坝段布置于右岸河漫滩桩号坝右 0＋036.50 至坝右 0＋135.50 长 99.00m，设 5 孔泄洪表孔，孔口尺寸 15m×24m（宽×高），堰顶高程 426.00m。

因施工分期导流需要，在泵站、电站厂房坝段和泄洪冲沙底孔设置导水墙（坝左 0＋021.00 至坝右 0＋004.00），在施工完成后作为电站、泵站进口拦沙坎及导水墙使用。

纵向大导墙长度 341.07m，其中坝轴线以上 185.84m，以下 155.23m，上、下游段的顶部高程为 427.50m，建基面高程 387.00m，最大高度 40.50m。

5.5.2.5　上、下坝址比较

1. 地形地质条件比较

从地形条件看，上坝址河谷较窄，上坝址坝顶全长约 324.5m，枢纽布置紧凑，在右岸上游 400m 处的史家村有阶地有利于施工场地布设。而下坝址坝顶全长约 465.25m，两坝址基本地质条件相当，均具备修建混凝土坝的地形、地质条件。从建坝河谷宽度、岩体风化程度、卸荷等综合进行比较，上坝址条件明显优于下坝址。

2. 枢纽布置、运行条件比较

从枢纽布置条件上看，上、下坝址均满足坝基、坝肩稳定和泄洪消能要求。上坝址枢纽较下坝址管理道路长 1.4km，枢纽布置较为紧凑，便于运行管理。枢纽布置、运行条件上、下坝址相当。

3. 施工条件

根据两坝址处的地形条件和所处的位置，目前两坝址均无公路通过需要修建永久及临时道路，由于受地理位置影响下坝址道路线路更长；施工用电可从大河坝镇接引，距上坝址大约 20km，距下坝址大约 21.4km，比较来看上坝址施工用电线路更短；施工布置：下坝址两岸陡立无合适施工场地，施工布置较上坝址困难。而上坝址距离史家村较近，有利于施工辅助企业就近布置，材料运输距离短。

上、下坝址施工布置条件基本相当，对外交通上坝址交通条件好，下坝址河谷比上坝址宽 100 多米，便于导墙等导流建筑物布置，下坝址导流工程量省，但施工工期长，电站在二期施工，施工条件比上坝址差，下坝址施工场地离枢纽施工区远，运距长。施工总工期上坝址为 52 个月，下坝址为 61 个月，上坝址工期较短。因此，综合考虑以上因素从施工条件方面上坝址较优。

4. 水库淹没损失

由于上、下坝址仅相距 1.4km，经水库淹没损失调查，下坝址移民人数、淹没林地、淹没耕地、林地等均有所增加。另外，下坝址道路线路长工程占地也较上坝址大。因此上坝址淹没补偿总投资 15.53 亿元，下坝址淹没补偿总投资 15.59 亿元，上坝址比下坝址淹没补偿总投资少 600 万元。

5. 引水、发电条件比较

两坝址相距约 1.4km，控制的流域面积相近，其间没有较大支流汇入，入库水量基本相同，年平均发电量不受影响。从引水角度看，上、下坝址的位置直接影响了秦岭输水隧洞（黄三段）的长度及投资，其中上坝址方案秦岭输水隧洞（黄三段）长度为

16.52km，主体工程投资 6.39 亿元。下坝址方案秦岭输水隧洞（黄三段）长度为17.54km，主体工程投资 6.80 亿元。下坝址方案秦岭输水隧洞（黄三段）投资增加约0.41 亿元。引水条件上坝址优。

6. 节能降耗分析

本工程能耗主要为大坝开挖、混凝土、钢筋等原材料及其施工消耗，原材料消耗主要有水泥及钢筋，施工消耗主要是耗油量和电量。下坝址由于坝体方量大，水泥、钢筋及钢材消耗量大于上坝址，下坝址施工期耗油量和耗电量大于上坝址方案，所以上坝址枢纽方案节能降耗方面较优。

7. 水土保持与环境影响比较

上坝址枢纽边坡开挖面积与弃渣量均较下坝址枢纽大，因此其对环境的破坏影响大于下坝址枢纽，与此同时由于弃渣量大对弃渣场防护工程量大。从水土保持及环境影响来讲，上下坝址条件相当，下坝址稍优。

8. 工程量及投资比较

根据枢纽布置，上坝址土石方开挖量282.9 万 m^3，混凝土 104.89 万 m^3，钢筋制安2.93 万 t；下坝址土石方开挖量269.98 万 m^3，混凝土 125.62 万 m^3，钢筋制安 3.23 万 t。经投资估算，上坝址方案的工程部分投资费用为 21.75 亿元，下坝址方案的工程部分投资费用为 22.99 亿元，上坝址方案比下坝址方案投资少 1.24 亿元，相对较优。

9. 比较结论

两坝址基本地质条件相当，均具备修建混凝土坝的地形、地质条件。从地形条件看，上坝址河谷较窄，枢纽布置紧凑。在相同调节库容下，由于下坝址河谷较宽混凝土工程量较大。

两坝址入库水量基本相同，年平均发电量不受影响。从引水角度看，下坝址方案秦岭输水隧洞（黄三段）投资高于上坝址。

此外，从对外交通工程与工程淹没损失方面比较，下坝址均较上坝址略高。从水土保持及环境影响来讲，上下坝址条件相当，下坝址稍优。

综合以上因素最终选择上坝址作为选定坝址。

5.5.3　高扬程、大流量的水泵选型研究

5.5.3.1　引汉济渭工程黄金峡泵站特点

黄金峡泵站前期设计良心河站址拟安装水泵机组 15 台，设计扬程216m，泵站设计流量 $75m^3/s$，总装机功率277.5MW。在前期评估时及可行性研究阶段，黄金峡泵站由高抽方案改为低抽方案，联合布置站址安装水泵机组 7 台，设计扬程降低为117m，泵站设计流量 $70m^3/s$，总装机功率129.5MW。黄金峡泵站均具有高扬程、大流量的特点，如此大的泵站规模在国内外都是极为罕见的，有许多关键性技术问题需要解决。

5.5.3.2　国内外大型泵站工程实例

从制造能力等方面看，当时我国低扬程、大流量大型水泵机组无论是在生产能力还是在使用规模上，都居世界前列。国产单吸单级离心泵最大口径为 1200mm，双吸单级离心泵最大口径为 1350mm，离心泵单机功率达 8000kW。但在高扬程、大功率水泵制造及其

装备水平方面，仍然处于比较落后的地位。

国外的离心泵，以日本荏原株式会社生产的单吸单级离心泵最多，其次为美国内务部开发局制造的离心泵，口径 2400mm，功率 6000kW；国外双吸泵最大口径为 2500mm，最大配套功率为 14.9MW。

我国生产的大型泵与国外的差距主要表现在能量和汽蚀特性、机组结构和装置水平上，国外泵的性能明显优于国内泵。国内泵的效率一般比国外同类产品低 5%～8%，汽蚀性能和产品可靠性普遍相差一个档次。国外大型生产企业的泵，一般具有高转速、体积小、重量轻等优点，其流量是我国同口径水泵的 1.5～2 倍。如荷兰 1800mm 的水泵和我国的 2800mm 水泵性能相同，但前者的重量为 23.1t，后者的重量为 48t。国外机组的高速化，不仅使机组的体积减小，重量变轻，而且使厂房土建工程投资大幅度降低。

陕西省水利电力勘测设计研究院搜集了以下国内外已建、在建类似泵站工程水泵机组相关资料。

1. 陕西省东雷抽黄工程

陕西省东雷抽黄东雷二级站建设于 1978 年，水泵采用的是沈阳水泵厂研制的"黄河2 号"泵。该泵为单吸双级水平中开离心泵，是当时国内扬程高、流量大的高参数水泵，也是当时国内单机扬程最高，单机功率居第二的水泵机组。单泵设计流量为 2.2m³/s，扬程 225m，转速 750r/min，单机配套功率 8000kW。

2. 山西省万家寨引黄工程

山西省万家寨引黄工程是一项跨流域大规模引水工程，从黄河干流万家寨水库取水，沿线共设五座大型泵站，水泵均采用单吸单级立式离心泵。其中总干一、二级泵站总装机容量均为 120MW，是我国目前设计装机容量最大的泵站。水泵设计流量 6.5m³/s，设计扬程为 140m，机组运行方式为变频启动，定速运行。

3. 南水北调中线工程

惠南庄泵站是南水北调中线总干渠上唯一一座大型加压泵站，泵站设计流量 60m³/s，选用 8 台卧式双吸单级离心泵机组，6 台工作 2 台备用，单机流量 10m³/s，扬程 58.6m，水泵轴功率 6320kW，配套电机容量 7300kW，总装机容量 58.4MW，采用机组并联运行及变频调速相结合的运行方式。目前工程正在建设中。

4. 美国大古力工程

美国大古力工程的泵站据称为安装的是美国国内最大的泵，采用单吸单级立式结构，共 12 台，单机流量 38.3m³/s，扬程 95m，转速 200r/min，单机功率 48MW，叶轮直径 4.250m。

5.5.3.3   与国内外知名水泵厂家交流情况

由于涉及高扬程、大流量水泵制造，陕西省水利电力勘测设计研究院技术骨干同奥地利安德里茨股份公司多次进行了交流，表示如果不考虑调节调度，仅采用一台泵他们都可以完成制造实现调水功能，我国南水北调中线惠南庄泵站就选用了该公司的水泵产品。

另外，还与日本荏原株式会社技术代表进行多次座谈，山西万家寨引黄工程采用了该公司的产品。还针对日本日立公司、耐荷泵业等提供的水泵方案进行了座谈讨论。国内和合资企业方面，分别与上海凯士比、东方泵业、凯泉泵业、沈鼓集团核电泵业、中国通用机械工程总公司等单位就水泵技术问题进行了多次座谈交流。

5.5.3.4 大型泵站需要解决的重大技术问题

项目建议书阶段引汉济渭黄金峡泵站设计流量 $75\,m^3/s$，扬程 216m，总装机功率 227.5MW，建成后将是当时乃至全亚洲最大规模的抽水站。由于机组功率大，采用常规的水泵制造技术，就需要安装 10 多台机组，泵站工程投资较高。经陕西省水利电力勘测设计研究院分析研究，黄金峡泵站可以采用抽水蓄能机组技术进行抽水，以减少机组台数，节约工程投资。为便于后期工作开展，经梳理需要解决以下技术问题：

（1）利用水泵水轮机的生产制造技术，能生产满足黄金峡泵站要求的立式单级混流泵的可行性。水泵扬程 160～220m，流量 $15.6～20.8\,m^3/s$。

（2）水泵（水轮机）的加压注水方法，主要应该考虑的技术问题，存在的主要技术难点。

（3）水泵机组（水轮机）的启动方式，各种启动方式的适用条件、优缺点。

（4）变频启动方式的应用可行性。

（5）计算机监控系统和信息化技术在大泵站中的实际应用。

（6）水泵（水轮机）适应扬程（水头）变化的能力，导叶调节的适应能力，变频调节适应扬程变化的能力，变频设施的成本等。

5.5.3.5 国内相近工程实例调研及成果

1. 技术调研

为解决引汉济渭工程高扬程、大流量泵站设计中存在的上述技术问题，2009 年 5 月，陕西省水利电力勘测设计研究院组织水工、水机和电气信息化专业技术人员，先后到中国水电顾问集团北京勘测设计研究院、中水北方水利勘测设计院、水利部东北勘测设计研究院、白山水电站、哈尔滨电机厂等处进行了调研。通过调研收获如下：

（1）利用抽水蓄能机组的生产制造技术，生产出满足黄金峡泵站要求的水泵机组是完全可以的，并且比采用水泵技术生产出来的机组效率要高，运行性能要好，工程造价也在可以接受的范围内。

（2）一般抽水蓄能机组（单机 4 万 kW 以上）为减少阻力，采用空压启动，变频启动的容量一般为机组容量的 8%～10%。而水泵机组由于功率相对较小，一般采用直接启动或变频启动，不需空压启动。

（3）一般说的变频是指定子变频，还可采用转子变频的方法，且其费用会大大降低，但考虑到转子变频技术还没有大面积推广应用，在引汉济渭工程中暂不推荐。

（4）黄金峡泵站出水管道上宜安装球阀。参照抽水蓄能电站的经验，一般压力在 220m 水头以下可选用蝶阀，220m 水头以上的就用球阀。

2. 山西万家寨引黄工程调研

2009 年 6 月，陕西省水利电力勘测设计研究院又组织人员到山西万家寨引黄工程进行考察调研，通过与专家座谈有以下结论：

（1）调水工程的机电设备一般占不到工程总投资的 10%，设备节约的费用对整体工程来说不多，工程效益的发挥主要靠机电设备，因此要尽量应选用运行稳定、节能的设备，从机电设备上节省投资方向不可取。

（2）建议进行系统仿真试验。万家寨工程水工（包括水力过渡过程）、机电、信息化等所有项目，共请了5家单位进行了仿真试验，对工程设计有着重要的指导意义。

（3）建议进行大量的调研工作。除设计单位外，需要厂家配合的工作由业主单位牵头会更有效，厂家更会重视。万家寨引黄工程仅和知名厂家的技术交流会议达56次以上，国际大型泵站工程实地考察达12次。

5.5.3.6 水泵结构型式研究

1. 高抽方案水泵结构型式

根据黄金峡泵站的特点，结合当时国内外水泵生产制造技术发展现状，项目建议书阶段水泵选型提出了立式单级单吸离心泵、立式多级单吸离心泵和立式单级双吸离心泵等3种水泵结构型式。

从生产厂家提供的水泵参数得知，立式单吸单级离心泵单机流量 $6.25\text{m}^3/\text{s}$，扬程216m，水泵转速为750r/min，叶轮直径 $D=1.665\text{m}$，叶轮圆周速度为65.4m/s；立式单吸三级离心泵单机流量 $6.25\text{m}^3/\text{s}$，扬程215m，水泵转速为500r/min，叶轮直径1.375m，叶轮圆周速度为36m/s。根据陕西及甘肃、内蒙古、山西沿黄河设置的大型泵站的运行资料分析，当叶轮圆周速度等于或大于45m/s时，叶轮的磨蚀量和磨蚀速度剧增（过流部件磨蚀量与水流速度的2.8次方成正比），陕西省东雷抽黄工程安装的黄河2号、3号、4号单吸双级离心水泵，其叶轮圆周速度分别为50.24m/s、56.0m/s、52.0m/s，大修周期分别为 $500\sim800\text{h}$、$800\sim1000\text{h}$、$1000\sim1200\text{h}$，其他圆周速度为28.2m/s（32sh-19水泵）、37.16m/s（24sh-19水泵），其大修周期都分别大于3000h和2500h。2005年对东雷二级站的黄河2号水泵进行了技术改造，水泵结构由单吸双级离心泵改为双吸三级离心泵，叶轮圆周速度由原来50.24m/s降低到39.27m/s，现已运行超过1200h，叶轮的磨蚀量很小，同样的水源，同一泵站由于叶轮圆周速度降低，过流部件磨蚀速度会有很大程度减小，这充分说明降低的叶轮圆周速度是延长水泵叶轮使用寿命的有效措施。

虽然黄河泥沙远比黄金峡水库泥沙要大很多倍，其泥沙粒径也比黄金峡水库来砂粒径大，但根据黄金峡水库泥沙资料分析，其水源多年平均含沙量为 0.8kg/m^3，汛期平均沙量 1.5kg/m^3，虽经水库沉淀，估计仍有含量较高的泥沙水进入水泵，将对圆周速度大于45m/s的水泵叶轮寿命构成潜在的威胁。

由于泵站是黄金峡和三河口两个水利枢纽工程的连接纽带，其供水保证率要求高，为了确保水泵安全可靠地长时间保持在高效率下运转，延长大修周期，为水泵运行管理提供良好的条件，项目建议书阶段将立式单吸三级离心泵作为代表水泵结构型式。

另外，在抽水蓄能电站工程中，同样具有抽水功能的水泵水轮机组，单机流量可达 $170\text{m}^3/\text{s}$，扬程达700m，单机容量已达到 $300\sim400\text{MW}$。这种水泵水轮机采用一级叶轮的可逆式混流机组形式。

抽水蓄能电站水泵水轮机机组均向大流量、高扬程、大容量趋势发展。目前国内已建、在建的抽水蓄能电站工程已有几十座，如：

（1）广东广蓄抽水蓄能电站，安装 4 台水泵水轮机，单机流量 40.5m³/s，扬程 550m，配套电机功率 300MW。

（2）浙江溪口抽水蓄能电站，安装 2 台水泵水轮机，单机流量 11.8m³/s，扬程 276.3m，配套电机功率 44MW。

（3）安徽琅琊山抽水蓄能电站，安装 4 台水泵水轮机，单机流量 76m³/s，扬程 121～149.8m，配套电机功率 150MW。

（4）浙江桐柏抽水蓄能电站，安装 4 台水泵水轮机，单机流量 157m³/s，扬程 110～141.17m，配套电机功率 300MW。

以上抽水蓄能电站工程实例给黄金峡泵站设计提出新的设计思路，即能否采用水泵水轮机的设计制造技术，生产出大功率的单级混流水泵机组，使泵站机组台数减少。

2. 低抽方案水泵结构型式

项目建议书评估后，根据专家意见，补充完成的低抽方案黄金峡泵站设计扬程核准为117.0m。该阶段根据设计单位联系的多家国内外知名水泵企业所提供的水泵技术资料和相似已成工程实例，水泵结构型式推荐选用立式单级单吸离心泵。

在项目建议书编制过程中，曾提出采用水泵水轮机的制造技术，生产出大功率的单级混流水泵机组。经两年来的进一步调研，认为从水泵的制造技术角度来讲，这种大型水泵国内外企业是完全可以做到。该次方案调整后配套电机功率为 18.5MW，与原高抽方案水泵 216m 扬程时的配套电机功率 42MW 相比，水泵机组的设计制造难度更是减小了很多。国内外类似已建成、在建或正处于设计阶段的高扬程大功率泵站工程实例如下：

（1）美国 1982 年建成的哈巴斯泵站，安装 5 台单机流量 14.17m³/s、扬程 251m 的水泵机组。配套 5 台功率 44.8MW 同步电动机，泵站总装机功率 224MW。

（2）印度 2006 年建成的某泵站，安装 3 台单机流量 18.4m³/s、扬程 48.5m 的水泵机组。配套 3 台功率 12.0MW 的同步电动机，泵站总装机功率 36MW。

（3）印度 2007 年抽水灌溉项目泵站安装 5 台单机流量 22.0m³/s、扬程 91m 的水泵机组。配套 5 台功率 25.0MW 的同步电动机，泵站总装机功率 125MW。

（4）山西省万家寨总干一、二泵站，设计各安装 10 台单机流量 6.45m³/s、扬程 145m 的水泵机组。配套 10 台功率 12.0MW 的同步电动机，泵站总装机功率 120MW。

（5）陕西省东雷抽黄北干二级泵站，设计安装 12 台单机流量 4.4m³/s、扬程 60m 的水泵机组，配套 12 台功率 3.55MW 的同步电动机，泵站总装机功率 42.6MW。

（6）云南牛栏江滇池补水工程泵站，设计安装 4 台单机流量 7.67m³/s、扬程 219.2m 水泵，配套 4 台功率 22MW 同步电动机，泵站总装机功率 88MW。

以上泵站均采用了立式单级单吸离心泵，故可行性研究阶段初选黄金峡泵站水泵结构型式为立式单级单吸离心泵。

5.5.3.7 水泵台数选择

1. 高抽方案台数选择

依据引汉济渭工程项目建议书总报告确定的汉江干流调水过程线，黄金峡泵站设计流量75.0m³/s，平均调水流量 30.76m³/s。各流量区间多年平均运行天数和比率见表 5.5-1。

表 5.5 - 1　　　　　　　　　黄金峡泵站不同流量区间多年平均运行天数

流量区间/(m³/s)	0	0~10	10~20	20~30	30~40	40~50	50~60	60~75	75
运行天数/d	39.56	26.04	85.09	59.64	33.00	31.81	38.37	31.81	19.68
运行比率/%	10.84	7.14	23.31	16.34	9.04	8.71	10.51	8.71	5.39

由表 5.5 - 1可见，黄金峡泵站各流量分段多年平均运行天数比较均衡，依据《泵站设计规范》（GB/T 50265—97），安装机组台数宜多一些，且需要设置两台备用泵，使泵站运行流量级差相对小一些，以保证供水的可靠性，提高管理运行的灵活性。结合目前水泵机组设计、生产制造发展水平的调研情况，参考陕西省东雷抽黄续建工程北干二级站装机功率 42.6MW，安装 12 台机组，山西省万家寨总干一、二级站装机 120MW，安装 10台机组。为适当减小机组单机功率，该阶段拟订 15 台和 12 台两个台数方案进行比较。

（1）15 台方案。泵站共安装机组 15 台，12 台工作，3 台备用，水泵单机流量 6.25m³/s，总扬程 216m，效率约 82%，水泵轴功率约 16.46MW，配套电机功率 18.5MW，总装机功率 277.5MW。厂内机组采用一列式布置，机组中心间距 9.0m，厂房两端均布置检修间。厂房采用地面式厂房，主厂房跨度 18m，开间 9.0m，共设 19 间，厂房总长 171.48m，建筑面积 3172m²。厂房从上到下分为电机层、电机安装层、水泵层及底板层。地面以上厂房高 19.5m，地面以下厂房高 25m。

（2）12 台方案。泵站共安装机组 12 台，10 台工作，2 台备用，水泵单机流量 7.5m³/s，总扬程 216.5m，效率约 82%，水泵轴功率约 19.80MW，配套电机功率 22MW，总装机功率 264MW。厂内机组采用一列式布置，机组中心间距 12.0m，厂房两端均布置检修间。厂房采用地面式厂房，主厂房跨度 18m，机组段开间 12.0m，检修间开间 9.0m，共设 16 间，厂房总长 180.88m，建筑面积 3343m²。厂房从上到下分为电机层、电机安装层、水泵层及底板层。地面以上厂房高 19.5m，地面以下厂房高 25m。

（3）机组台数方案比较。15 台方案与 12 台方案工程总投资相当。15 台方案机组台数相对较多，工程投资稍大，但单机流量小，适应各种调水流量的能力强，管理运行灵活。为降低水泵机组和其他机电设备生产制造的技术难度，提高黄金峡泵站调水运行的灵活性，高抽方案选 15 台机组方案为代表方案。

2. 低抽方案台数选择

依据引汉济渭工程可行性研究阶段确定的汉江干流调水过程线，黄金峡泵站设计流量为 70.0m³/s，平均调水流量为 30.59m³/s。根据工程规划专业调节计算成果，对 1954—2008 年以旬为单位进行的统计资料各流量区间运行天数和比率进行分析，认为黄金峡泵站各流量分段多年平均运行天数比较均衡，依据《泵站设计规范》（GB 50265—2010），安装机组台数宜多一些，且需要设置 1~2 台备用泵，使泵站运行流量级差相对小一些，以保证供水的可靠性，提高管理运行的灵活性。

该工程在项目建议书阶段对黄金峡泵站进行了 15 台和 12 台较多台数方案比选，当时设计考虑到高扬程、大流量水泵的设计制造难度，以及大功率电机的启动问题，初选 15台方案，该方案对应地形开阔的良心河站址。泵站拟安装机组 15 台（12 台工作，3 台备用）。可行性研究阶段前期设计过程中，通过对有关大型泵站工程的设计、制造、管理单位的座谈交流和考察调研，了解到依靠当前国际生产技术水平，制造出黄金峡泵站（6～8台机组）少台数规模的机组是完全可行的，结合推荐黄金峡坝后泵站电站联合布置方案较紧凑的布置特点，因此可行性研究阶段黄金峡泵站机组选型台数方案将主要针对（6～8台机组）较少台数规模进行论证，不再考虑15台和12台多台数方案。

可行性研究阶段前期，结合泵站站址比选，曾进行了3台、6台、7台及8台机组方案布置比较。首先，3台机组方案泵站电站结合布置，采用泵站前电站后的布置方式，泵站设计下水位442.00m，出水闸闸前设计水位554.35m，设计净扬程112.35m，总扬程117.0m。泵站拟安装3台立式离心泵机组，其中2台运行1台备用，单机流量35m³/s，配套电机功率56MW。泵站设计流量70.0m³/s，总装机功率168MW。该方案虽泵站机组台数最少、布置方便，但单机流量过大，导致设备制造技术难度较其余方案大得多，结合目前国内外水泵企业制造能力、已建成高扬程大流量泵站的运行情况等，该方案在设备制造、安全稳定运行方面风险较大。其次，3台方案调节过程复杂，运行灵活性差，机组备用容量大。根据调水过程分析，黄三隧洞0～70m³/s流量分布均匀，如何结合三河口泵站运行情况适应流量需要确定黄金峡泵站的开机台数，将是建成后泵站运行管理的课题。

8台方案仅适应地形较开阔的良心河站址，泵站拟安装水泵机组8台，设计工况为7用1备。水泵单机流量10m³/s，总扬程116.50m，水泵效率89.60%，计算水泵轴功率14.44MW，配套电机功率16MW，总装机功率128MW。该方案设备制造难度与6台、7台方案相当，但由于机组台数较多，泵房纵向长度大，泵站与电站联合布置难度大，若泵站与电站单独布置，泵站与枢纽总投资远大于联合布置方案总投资。

综上所述，可行性研究阶段重点选取6台和7台水泵机组进行同深度机组台数方案比较。

6台方案对应有瓦滩站址、坝后站址，坝后站址（包括泵站河床式布置方案和岸坡式布置方案），以河床式泵站布置作为6台代表方案。泵站共安装机组6台，设计工况5用1备，单泵流量14m³/s。

7台方案为在电站轴流式水轮机、泵站布置6台联合布置方案的基础上增加1台水泵机组，与6台方案相同，布置在黄金峡水利枢纽左侧坝段内，采用泵站前电站后的布置方式。泵站共安装机组7台，设计工况6用1备，单泵流量11.67m³/s。

经对6台和7台方案进行比较，认为：

（1）制造能力及运行安全方面：由于该输水工程规模大，水泵、电机机组均为大型设备，首先从设备制造技术能力方面看，经过一系列调研了解到，6台和7台水泵机组方案的生产制造均没有问题，但是从安全稳定运行角度看，7台方案略优。

（2）厂房布置情况：主厂房机组安装段，7台方案较6台方案长6.0m以上，由于坝后联合布置方案厂房布置场地有限，7台方案布置时取消了厂房副检修间的设置，否则将造成左坝肩较大的开挖。所以同等情况下，6台方案比7台方案厂房布置紧凑，减少了黄金峡坝体对左侧山体土石方的开挖量，土建工程量小。

（3）运行配水灵活性：7台方案在通过开启不同水泵台数调配输水量的灵活性上较6台方案优越。

（4）运行管理方面：6 台方案少 1 台机组及附属设备，泵站的运行管理方面略优于 7 台机组方案。

（5）工程投资方面：经计算 6 台机组方案泵站建筑、机电及金属结构工程费 44433 万元，7 台机组方案泵站建筑、机电及金属结构工程费 45714 万元。

因此结合水泵机组制造能力、工程布置、运行安全性、运行管理、配水灵活性、工程投资等多方面、多角度对两种台数选型方案进行综合比较，6 台方案在工程布置、运行管理、工程投资等方面占优，但是 7 台方案的运行配水略灵活，机组设备生产制造技术难度较 6 台方案小。因此选择 7 台机组方案作为推荐方案。

5.5.3.8 高扬程、大流量水泵启动方式

国内抽水蓄能机组水泵工况的启动，大部分采用压水启动，即启动前先用高压压气系统向水泵蜗壳充气，将转轮室的水压到叶轮以下 800mm 左右，以减小转轮启动阻力，当水泵转速到额定速度后排气，通过这种启动方法可大大降低变频器的容量，减少变频器投资。直接启动的容量为机组容量的 100%，变频启动的容量可降至 40%～50%，压水启动的变频容量则可降到 10%～20%。根据调研山西万家寨水泵机组采用不压水变频启动的方式，考虑到目前国内抽水蓄能机组在容量大于 50MW 左右一般采用压水变频启动，又因为大型水泵的运行特点和自身结构上与抽水蓄能还是有一定差异，并且存在气液两相转化的复杂过程，还需增加空压机及其管路等，所以黄金峡泵站采用变频启动方案。

5.5.4 泄洪消能方式研究

黄金峡水利枢纽大坝按 100 年一遇洪水设计，1000 年一遇洪水校核，水库正常蓄水位 450.0m，从工程总体布置合理及工程投资较省的原则出发，通过洪水调节计算布置相应规模合理的泄洪设施。水工建筑物洪水标准及相应流量见表 5.5-2。

表 5.5-2 水工建筑物洪水标准及相应流量表

水工建筑物	建筑物级别	设 计 洪 水		校 核 洪 水	
		重现期/年	洪峰流量/(m³/s)	重现期/年	洪峰流量/(m³/s)
大坝	2	100	18800	1000	26400
泵站	1	100	18800	300	22400
电站	3	50	16400	200	21100
升船机	3	5	8290		
泄水建筑物消能防冲		50	16400		

枢纽总体布置沿坝轴线从左至右由电站坝段、电站大导墙、底孔坝段、表孔坝段、右挡水坝段等主要建筑物组成。坝轴线处谷底宽度仅 180.0m，从地形条件看，两岸山坡陡峻，为避免高边坡大开挖，不适宜修建岸边开敞式溢洪道，因此泄水建筑物全布置于坝身。

5.5.4.1 黄金峡水利枢纽泄洪建筑物的特点

黄金峡坝址处 100 年一遇设计洪水洪峰流量 18840m³/s，1000 年一遇校核洪水洪峰流量 26430m³/s，由于洪峰流量大，水库调蓄能力小，水库需要布置较大的泄洪设施来下

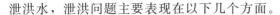

泄洪水，泄洪问题主要表现在以下几个方面。

1. 河床狭窄建筑物布置困难

黄金峡水库坝址两岸山坡超过 400m，基岩裸露，为典型 V 形河谷。两岸冲沟发育且切割深度较大，谷底宽度仅约 180m，正常蓄水位 450m 处河谷宽约 260m。

而枢纽建筑物由左至右依次为左挡水坝段、泵站电站厂房坝段、中挡水坝段（电站纵向导墙）、泄洪冲沙底孔（纵向大导墙）、泄洪表孔坝段，其 1 孔结合布置过船设施，右侧接右挡水坝段，左右岸挡水坝段与两岸岸坡相接坝顶长 318.95m。

由此看出由于洪峰流量大，水库调蓄能力小，加之河谷宽度所限，因此枢纽布置必须以泄洪为主兼顾其他，合理布置厂房、过船设施，以达到互相协调、施工方便、运行安全和经济合理的目的。

2. 单宽流量大消能问题突出

参考汉江干流上游已成各梯级水电站单宽流量为：石泉混凝土重力坝坝高 65m，表孔孔口尺寸 13.5m×17.2m（宽×高），最大单宽泄流量为 141m³/(s·m)；旬阳混凝土重力坝坝高 54m，泄洪闸 7 孔孔口尺寸 16m×22m（宽×高）；蜀河为混凝土闸坝结构，高 72m，6 孔孔口尺寸 12m×21.3m（宽×高），在汉江干流上游梯级水电站中是单宽泄流量最大的，最大单宽泄流量为 233.3m³/(s·m)。

该工程表孔最大单宽泄流量为 260.8m³/(s·m)，在汉江梯级中是最高的，从国内类似工程经验看也属于单宽泄流量大的工程，盐滩水电站混凝土重力坝坝高 100m，表孔孔口尺寸 15m×21m（宽×高），下泄最大单宽流量 307.8m³/(s·m)；五强溪水电站混凝土重力坝坝高 85.83m，表孔孔口尺寸 19m×23.3m（宽×高），下泄最大单宽流量 295m³/(s·m)；彭水水电站弧形碾压混凝土重力坝坝高 113.5m，表孔孔口尺寸 14m×24.5m（宽×高），下泄最大单宽流量 332m³/(s·m)；漫湾水电站混凝土重力坝坝高 132m，表孔孔口尺寸 13m×20m（宽×高），下泄最大单宽流量 262m³/(s·m)。

5.5.4.2 泄洪建筑物布置

1. 泄洪冲沙底孔布置

该河段汉江河流含沙量较小，汉江洋县站实测多年平均悬移质年输沙量 515 万 t，多年平均含沙量 0.88kg/m³，泄洪底孔的布置兼顾水库冲沙、泄洪及施工导流要求确定。

因汉江泥沙含量较小，冲沙要求容易满足，泄洪冲沙底孔的布置主要从满足施工导流需要出发，底孔采用 2 孔 10m×10m 方案，兼作泄洪、冲沙及放空水库之用，施工期用作导流底孔，均布置于紧靠电站进水口右侧，以保证电站引取清水需要。为保证冲沙效果及施工导流的要求，底板高程取为 406.00m，较河床高程高 1~2m，低于正常蓄水位 44.0m。闸室长 52.73m，设两个边墩和一个中墩，闸墩厚度中墩为 4.5m、边墩为 4.0m。每孔各布置 1 扇弧形工作闸门，采用 QHSY2×3000kN/−16.3m 深孔弧门液压启闭机启闭，2 孔共用 1 扇事故检修闸门，采用 2×3600kN−52m 坝顶门机启闭。2 个底孔下游均采用底流消能，设置消力池。

弧形工作闸门承受的水推力达到 48800kN，根据《水工预应力锚固设计规范》（SL 212—98）的规定，当弧形闸门承受的水推力达到 40000kN 以上，闸墩中混凝土出现较大拉应力，因此采用预应力闸墩。在大型弧门的支撑结构中采用预应力锚索，对改善闸墩的应力状态，限制闸墩的变形、降低工程造价、保证工程安全运行，是最为合理的技术措施之一。

2. 泄洪表孔布置

泄流表孔布置于右岸主河槽，共 5 孔，孔口尺寸 15m×24m（宽×高），堰顶高程 426.00m，低于正常蓄水位 24.0m，每孔设弧形工作闸门一扇，共 5 扇，采用 5 台 QHLY2×3600kN－12.2m 液压启闭机启闭，5 孔共用一扇叠梁检修闸门，和底孔共用 2×3600kN－52m 坝顶门机启闭。闸墩顶部高程 455.00m，与坝顶齐平。溢流堰长 60.06m，设两个边墩和 4 个中墩，闸墩厚度中墩为 4.5m，边墩为 4.0m。弧形工作闸门 承受的水推力达到 46875kN，超过规范规定的 40000kN，闸墩中混凝土出现较大拉应力，采用预应力闸墩，闸墩中的预应力锚索采用后张法进行张拉，闸墩混凝土采用 C40。表孔 下游消能方式采用宽尾墩戽式消力池联合消能。

5.5.4.3 消能方案选择

下游消能防冲洪水标准按 50 年一遇洪水设计。消能型式的选择，根据工程实际情况，进行技术、经济、安全等各方面综合比较分析。该枢纽处于汉江干流上游黄金峡处，洪水 流量大，水库调节库容小，因而具有设计泄流规模大，枢纽下游河道水深大，下游水位较 高的特点。在遭遇 1000 年一遇、100 年一遇、50 年一遇洪水时，枢纽下泄流量分别为 24165m³/s、18672m³/s、16370m³/s，下游水位分别为 427.24m、424.20m、422.88m。

下面分别对表孔、底孔下游消能型式进行论述。

1. 表孔泄流下游消能

表孔布置 5 孔，孔口尺寸 15m×24m（宽×高），堰顶高程 426.00m。其下游消能型 式直接关系到建筑物安全，工程造价等。挑流消能虽然结构简单，下游地质条件较好时此 消能方式比较经济合理，但缺点是水流雾化大，尾水波动大，雾化水流对下游的生态环境 及高压开关站、输电线路的正常运转有较大影响。而且根据石泉水电站研究成果，由于洪 水期下游水位高，水舌挑不出去，直接冲入下游尾水中，起不到扩散消能作用，使下游河 床冲刷坑较深，且冲坑离坝脚较近，威胁坝的安全。底流消能方式坝下游需做消力池，开 挖量及消力池池身工程量大，施工工期长，工程费用高。面流消能由于尾水变幅大，除校 核洪水外，尾水深度不够，很难形成完全的面流消能条件，而形成远趋急流及坝脚底滚，造成坝址及河床冲刷严重。

消力戽是利用淹没挑水坎将水流挑向水面，形成旋滚和涌浪，产生强烈的紊动摩擦和 扩散作用，以达到消能防冲的目的。参考石泉研究成果，消力戽其优点是能适应汉江尾水 变幅大的特点，在各种流量及尾水的情况下，只要选择适当的底板高程并限制闸门开启程 序，就能起到较好的消能效果；并且消力戽长度较短，可节省石方开挖等工程量，有利于 加快施工进度。经综合比较分析，认为消能戽消能效果好，且体积小，工程量省，施工方 便，针对该工程坝下游基础较为坚实和水深较大的特点，消力戽消能是比较适合的，设计 初步选用连续式消力戽型式进行消能计算。连续式消力戽挑角为 45°，反弧半径为 20m，戽唇高度 5.86m。

经计算结果（见表 5.5－3）知，闸孔下游虽能形成淹没戽流的流态衔接方式，但由 于采用的消能工型式对下游水位变化的适应性较差，坝下容易产生不良的衔接流态，造成危害。同时，由于过坝单宽流量大 [50 年一遇、设计、校核洪水单宽流量分别达 $160.8m^3/(s \cdot m)$、$191.4m^3/(s \cdot m)$、$260.8m^3/(s \cdot m)$]，弗劳德数低（宣泄 50 年一遇洪水时的弗劳德数 4.03）和高尾水等因素，坝下消能显得不够充分，校核洪水时消力庎下游冲刷坑深度达 24.8m，庎末端与冲坑最深点的长度 135.5m，这表明原设计消力庎的消能效果欠佳，应进行进一步的改善。

表 5.5－3　　　　　表孔下游消力庎消能计算结果表

序号	工况	冲坑深度/m	庎末端与冲坑最深点距离/m
1	50 年一遇洪水	11.1	90.3
2	设计洪水	19.2	107.3
3	校核洪水	24.8	135.5

设计中对近年来发展的窄缝挑坎、宽尾墩等新型消能工进行了大量查阅与分析，新型消能工已应用于多个大中型水利水电工程中，已经成为一项比较成熟的技术，岩滩水电站、巴江口水电站采用宽尾墩庎式消力池，取得了很好的消能效果。宽尾墩消能工在高坝中应用较多。通过查阅，巴江口水电站坝高 34.5m，孔口尺寸 13m×16m，原设计消力庎消能方案尾坎处最大底流流速达 11m/s，面流流速达 8m/s，坎后涌浪较高，最大波高达 3.6m，且衰减缓慢，无法满足船闸下游的通航要求，坝下河床冲刷也较深，冲坑最大深度达 11.83m，应用宽尾墩庎式消力池后，对下游水位变化的适应性较好，坝下产生良好、稳定的水流衔接（三元淹没庎跃），消能效果得到有效提高，下游波浪有了明显的减弱，满足了船闸下游的通航要求，较好地解决了巴江口水电站的大单宽流量、低弗劳德数的泄洪消能问题，对黄金峡工程具有很好的参考价值。

黄金峡水利枢纽表孔消能工的设计在原设计消力庎的基础上，进一步进行优化，拟采用宽尾墩庎式消力池联合消能的新型消能工。即由原来的平直式闸墩改为向下游逐渐加宽的宽尾式闸墩，设计主要体型参数为：溢流坝孔口净宽由 15m 收缩为 7.5m，孔口收缩比 0.5。墩尾扩宽部分顺水流方向逐渐升高，从坝面算起的最小高度 9.48m，最大高度 14.55m，水平长度 10m。庎式消力池反弧半径为 30m，池底高程为 395.50m，平直段长度 28.94m，尾坎反坡段坡比 1:2.5，尾坎顶高程 405.00m。

2. 底孔泄流下游消能

泄洪底孔布置 2 孔，孔口尺寸 10m×10m（宽×高），底板高程 406.00m，低于正常蓄水位 44.0m，紧挨电站进水口右侧布置。因底孔底板高程较低，较河床高程仅高 1～2m，采用底流消能方式较为合理，在底孔下游设置消力池。

5.5.5　厂房设计方案研究

5.5.5.1　厂房方案布置

该工程为闸坝枢纽，协调布置供水泵站及电站，对工程成败意义重大。黄金峡水利枢纽坝址处河道狭窄，两岸岸坡陡峭，枢纽泄洪流量大，泵站机组台数较多。同时，引汉济渭工程输水隧洞布置在汉江左岸，因此泵站、电站宜布置在左岸。

泵站设计站前水位取 442.00m，泵站最低站前水位取黄金峡水库死水位 440.0m。泵站安装 6 台水泵机组，设计流量 $70.0 \mathrm{m}^3/\mathrm{s}$，单机容量 23MW，单机抽水流量 $14 \mathrm{m}^3/\mathrm{s}$，泵站总装机容量 138MW。电站安装 3 台机组，单机容量 40MW，单机流量 $150 \mathrm{m}^3/\mathrm{s}$，总装机容量 120MW。

泵站电站可根据该工程的特点选择：方案 1，泵站坝前岸边，电站河床布置；方案 2，泵站坝后岸边，电站河床布置；方案 3，泵站在前电站在后，河床式布置方案。三个方案进行布置研究。

5.5.5.2　厂房布置方案分析

(1) 将泵站置于坝前或坝后岸边，都将大大增加边坡开挖量，高边坡问题突出，经济性差，而将泵站、电站联合布置合理地安排了各个建筑物的位置，充分利用了泵站、电站安装高程的阶梯性，使得建筑物错层布置，共用了 GIS 楼及主控室，统一出线，厂区布置枢纽紧凑，有效利用空间，节省投资。

(2) 三个方案泵站安装高程一致，电站安装高程方案 1、方案 2 一致，而方案 3 为结合布置将电站安装高程人为降低将近 10m，从直观上讲似乎方案 3 建筑物基坑的开挖量会增加较多，施工难度也会增加。但是泵站、电站联合布置方案恰好有效利用了大坝的坝基开挖，使得建筑物的基坑开挖工程量较少，施工难度降低。

(3) 进水口的布置是设计的一个难点。方案 1 泵站、电站独立进水口，进水条件优，但方案 1 坝前库内布置泵站，需要满足校核洪水位时的厂房稳定，混凝土的浇筑量是必不可少的。方案 2 泵站一个母管分 7 个支管与泵站进水侧相接，泵站母管需从电站安装间底板以下穿越，造成了泵站进水母管中心线先下降至电站安装间底板以下，再上升至泵站进水肘管中心线高程。使得进水侧母管布置略显复杂，而且进水条件不优。方案 3 则充分利用了坝段前缘宽度，上下错层，一列式布置了 10 个进水口，布置紧凑，节约投资。

(4) 从交通条件来比较，方案 1 与方案 3 基本相当，而方案 2 交通条件较差。方案 1 采用二次起吊设计，厂房顶高程与上坝道路高程一致，泵站进场道路不需要重新修建。室外厂房顶平台布置开关站，上坝道路旁，不做过多的边坡开挖。电站修建进场道路与进尾水平台 2 条道路，对边坡也没有过度开挖，设计合理。方案 2 因为泵站是地面厂房，为满足交通、消防、进线、出线、排水等要求，需要开挖出泵站厂区平台，泵站进场道路。电站仍需 2 条交通，上坝道路也必不可少。厂区平台与交通都是依靠边坡的大量开挖实现的。而施工时泵站、电站施工道路交错布置，施工交通干扰更大。

经以上综合分析比较，方案 3 有效利用坝基开挖，共用了 GIS 室、中控室，统一出线。施工及交通问题都能妥善解决。这种枢纽布置型式合理、投资较少。最终枢纽布置方案推荐方案 3 的泵站、电站联合布置方案。

5.5.5.3　泵站、电站厂房关键尺寸的确定

水泵机组根据上游库水位确定安装高程，水轮发电机组根据下游尾水位确定安装高程，吸出高度差异较大，可以利用高程差进行主厂房、进水口，进场道路与副厂房的布置，尽量做到合理利用空间，减少工程量。

为满足泵站、电站进出水方便，结合电站、泵的机组安装高程，设计泵站在前、电站在后的布置型式，泵站的出水管道独立布置于泵站厂房出水侧与电站厂房进水侧之间。泵站共安装 6 台水泵机组，单机容量 23MW，单机抽水流量 $14 \mathrm{m}^3/\mathrm{s}$。泵站总装机容量

138MW，6 台水泵机组在站内呈一列式布置。电站安装 3 台机组，初选 3 台 ZZA315 - LH - 450 水轮机，3 台 SF40 - 36/6500 发电机。单机容量 40MW，单机流量 150m³/s，总装机容量 120MW。3 台机组一列式布置。

1．泵站、电站各层高程确定

根据黄金峡水库死水位 440.0m，参考厂家设备资料，根据水泵吸出高度的要求，确定泵站安装高程为 419.00m，结合水泵电动机外形尺寸，考虑安装检修便利，确定水泵层、电机层分别是 421.80m、429.71m。电站根据下游最低尾水位及机组特性，确定安装高程 396.77m，对应的水轮机层，发电机层分别是 401.27m、408.96m。考虑下游防洪，尾水平台高程为 427.00m，电站厂房顶高程 429.00m，根据以上布置，两个厂房对外交通需在 429.71m、427.00m、408.96 设置三条交通道路。鉴于高程 429.71m 和 427.00m 相差不多，为减少岸坡开挖将电站厂房厂顶高程以及尾水平台高程抬至 429.71m，使之一条交通便可到达泵站安装间。在高程 429.71m 处形成一个大平台，另一条到电站发电机层即可。这样使高程衔接紧凑，平面布置更加有利。

2．泵站、电站厂房的宽度与高度

泵站厂房的宽度确定：根据初选机组轮廓最大安装尺寸，将泵站上游侧墙至距机组中心线按 8.0m 布置，能满足机墩与进水侧墙之间电气、交通、起吊等要求，下游侧墙体根据出水缓闭止回蝶阀、检修蝶阀的安装、起吊、交通等要求确定距机组中心线为 13.0m 布置，泵站厂房的总宽度确定为 21m。

电站上游侧距机组中心线 10.0m，下游侧距机组中心线 8.5m，满足蜗壳、电气、交通、起吊的布置要求。

泵站、电站厂房的高度根据所有设备能够满足运输吊运先确定轨顶高程，再根据吊车设备的尺寸定出泵站、电站的厂顶高程。

3．泵站、电站机组间距的确定

根据水泵、电动机厂家所提供水泵蜗壳座环尺寸为 8.97m、电机风罩内径为 6.2m，考虑水泵厂房各层布置要求，泵站厂房机组间距主要应由水泵蜗壳尺寸控制，考虑水泵机组安装、检修起吊以及各层机组之间交通要求，确定机组间距为 13m。

电站发电机风罩内径为 10.6m，水轮机蜗壳座环尺寸 13.1m，尾水管每孔净宽 6.0m，根据厂房各层布置要求，电站厂房机组间距主要由蜗壳尺寸控制，其机组间距为 20.0m。考虑到进水口和泵站厂房统一分缝，为了使泵站、电站进水口能协调布置，满足进水口闸墩的结构尺寸，将电站进水口的间距调至 20.5m。故而电站的机组间距相应调至 20.5m。

5.5.5.4 泵站、电站联合布置的特点和优势

（1）充分利用了坝段前缘宽度，上下布置了 10 个进水口，布置紧凑。在泵站、电站坝段挡水前缘一字排开上下错层布置 10 个进水口，充分利用了挡水前缘的空间，节约投资。但该方案泵站电站进水口布置复杂。当泵站、电站同时运行工况，两个建筑物必须满足进水口水流顺畅，流态平稳；在低水位运行保证泵站、电站进水流量，进水口避免产生漩涡。对于如此复杂的进水口布置，当泵站、电站同时运行时，流量、流态、水力条件能否满足要求，需要水工模型试验进一步验证、优化。

（2）整体结构简单，受力明确。泵站与电站厂房之间纵缝分割，对于泵站与电站单体建筑物而言，两个建筑物独立受力，分单元运行。但电站机组流道从泵站厂房基础穿过，且泵站与电站机组震动频率不同，泵站机组流量大、扬程高、转速高。需要研究不同工况下的厂房震动以及相互之间的影响。

（3）利用导墙布置 1 台机组，减少了非泄流坝段的长度，有利于泄洪建筑。泵站共 7 台机组，对于有限的河床宽度来讲，机组台数越多，造成边坡开挖越大，在设计中将 1 号机组设置在厂坝导流墙坝段，合理利用了空间，减少了边坡开挖量。

（4）电站进水流道间隔布置，合理弯转，充分利用空间。使得机组间距不因进水口尺寸控制而增加厂房长度，没有因联合布置而增加各个厂房工程量，设计电站厂房平屋顶，与泵站、尾水平台同高，使泵站进场回车平台可以有效利用电站厂房屋顶空间。所以即使在下游左岸布置 3 条道路（左岸上坝道路、泵站进厂道路、电站进厂道路）的情况下，坝肩开挖依然合理，节约投资。

（5）泵站、电站共用 GIS 楼、中控室，节约投资。

5.6　三河口水利枢纽技术问题研究

三河口水利枢纽是引汉济渭工程的两个水源工程之一，也是整个调水工程的调蓄中枢。枢纽地处陕西省汉中市佛坪县与安康市宁陕县交界的子午河中游峡谷段，公路里程北距佛坪县城约 36km，东距宁陕县城约 55km，南距安康市石泉县城约 53km，西距洋县县城约 60km，距离西安市约 170km，距离汉中市约 120km，距离安康市约 140km。

枢纽坝址位于佛坪县大河坝镇上游约 3.8km 处，枢纽主要由大坝、坝身泄洪放空系统、坝后泵站、电站和连接洞等组成。枢纽水库总库容为 7.1 亿 m³，调节库容 6.6 亿 m³，坝后泵站设计抽水流量为 18m³/s，总装机功率 24MW，坝后电站装机容量为 60MW，引水（送入秦岭输水隧洞）设计最大流量 70m³/s，下游生态放水设计流量 2.71m³/s，拦河大坝初选为碾压混凝土拱坝，最大坝高 145m。

坝址处多年平均流量 34.5m³/s，多年平均径流量 8.7 亿 m³，设计（$p=0.2\%$）和校核（$p=0.05\%$）入库洪水分别为 7430m³/s 和 9210m³/s。

5.6.1　枢纽布置研究

坝址区两岸地形陡峻，谷坡基本对称，呈宽阔的 V 形横向河谷，自然边坡坡度 35°～50°，坝址处河床高程 526m 左右，河谷底宽 40～65m，从河床面起算的河谷宽高比为 2.7～3.2，覆盖层 5～8.5m。坝址区出露以变质砂岩、结晶灰岩为主，局部夹有大理岩及花岗伟晶岩脉，岩体坚硬，较完整。

2003 年就对三河口坝址进行了研究，当时进行了上、下游两个坝址的研究，上、下坝址间距 2.5km，下坝址右岸地质条件较差，上坝址布置条件选择余地较大，经对地形地质、枢纽布置等综合分析选定上坝址。

坝址处河道顺直，左岸坝址上下游 1km 范围内都有冲沟发育，因此，在此区间坝线选择了上、中、下三条坝线。三条坝线岩性主要以变质砂岩和结晶灰岩为主，但上坝线分布有大面积大理岩，下坝线存在多条伟晶岩脉，大理岩与伟晶岩脉的变形模量偏低，存在因岩性差异而产生的压缩变形及不均匀变形，而中坝线岩脉相对较少，岩性相对单一。从地形地质条件、工程量等综合比较选定中坝线。

5.6.1.1 泄洪建筑布置研究

三河口水利枢纽具有高坝、大泄量、窄河谷的特点，泄洪规模在同类工程中属于适中水平，大坝泄流采用分层布孔，分散泄洪的布置方案可以满足泄流消能的要求，无须专设岸边分流泄洪设施。考虑到检修和工程安全需要，设表底孔联合泄流的方式，结合该工程的特点和类似工程经验，底孔泄流分配按 20%～30% 考虑。

坝身泄洪布置比较了 4 个表孔 1 个底孔方案和 3 个表孔 2 个底孔方案，两种泄洪方案均能满足泄洪消能要求。考虑该工程泄洪消能的特点及坝址区的地形地质条件、枢纽总体布置、洪水流量、水库调度运行方式等因素，兼顾施工中、后期导流，综合考虑后拟订表、底孔泄洪孔口尺寸组合布置方案。

4 个表孔方案泄流宽度为 84m，3 个表孔 2 个底孔方案为 71m，3 表孔方案布置更为紧凑，可以更好地满足导流度汛要求，减少了水流对岸坡的冲击影响，投资减少 829 万元。经综合比选，工程泄洪采用 3 个表孔加 2 个底孔的泄洪布置方案。

三河口水利枢纽河床覆盖层浅、下游水位低，宜设二道坝增加水垫深度，采用消力塘进行消能。高拱坝消力塘可选用平底板消力塘、反拱消力塘和护坡不护底消力塘三种型式，鉴于三河口拱坝泄洪流量大、泄洪功率高，地质条件不适宜选择护坡不护底消力塘，故选择平底板消力塘、反拱消力塘进行方案比选。经分析比选，两种消力塘都能满足消能要求，反拱消力塘结构受力条件好，但投资大，施工复杂，设计推荐平底消力塘方案。

5.6.1.2 供水系统（含抽水、发电）布置研究

三河口水利枢纽根据供水和综合利用要求，进行了泵站、电站分离方案和泵站、电站联合布置方案。

泵站、电站分离方案根据三河口枢纽设计参数分别确定安装高程，沿河道对称布置泵站、电站厂房，泵站抽水前池和电站尾水池共用一个水池，与连接洞相接。该方案的特点是工程为常规设计，机组选型简单，对三河口宽水头变幅适应性较差，而且占地面积较大。泵站、电站合并布置方案根据三河口水利枢纽具有抽水时不发电，发电时不抽水的特点，在同一厂房中安装可逆式水泵水轮机组和常规水轮发电机组。利用抽水蓄能的技术选用水泵水轮机机组来适应抽水和发电两种功能，减少设备投入和土建工程量。经综合比较，联合布置方案较泵站、电站分离方案土建投资节省 4256 万元，整体工程直接费节省 3352 万元。联合布置方案布置紧凑，占地面积小，厂区开挖面积小，开挖范围没有进入坝肩的应力影响区。而分离布置方案需同时设置泵站、电站厂房，对坝后山坡开挖大，整体布置不易，可能存在对坝肩稳定的影响。为更好适应三河口水头、流量变化，减少工程投资，方便运行管理，减少对坝肩的影响，选定泵站、电站联合布置方案。

根据抽水机组和水轮机组的特点和三河口水利枢纽的地形地质条件，三河口水利枢纽进行了地面岸边厂房方案、地面远离厂房方案和地下厂房方案的比较。地面岸边方案引水流道短，布置紧凑，可不设调压井，但受雾化的影响。地面远离方案引水流道变长，要设

调压井，可避开雾化影响。地下厂房布置于右岸山体，厂房不受雾化影响，也可不设调压井，但工程量大，投资多。经综合比选，考虑到三河口水利枢纽河谷上部较宽，风向与河谷走向基本一致，雾化影响有限，同时地面岸边厂房方案投资最省，最终选择地面岸边厂房方案。

5.6.1.3 枢纽布置方案选择

经过枢纽建筑物的布置研究，三河口水利枢纽选定的枢纽布置方案为：大坝采用碾压混凝土双曲拱坝，坝顶高程 646.00m，最大坝高 145m，坝体下部布置 2 个 4m×5m（宽×高）、进出口高程为 550.00m 的底孔和 3 个净跨 15m、堰顶高程为 628.00m 的表孔。坝下设二道坝，采用平底水垫塘消能。供水厂房布置于右岸，主要建筑物由坝身分层取水进水口、压力钢管、主厂房、副厂房、供水阀室、尾水洞、连接洞、退水闸等组成。选定的枢纽布置见图 5.6-1。

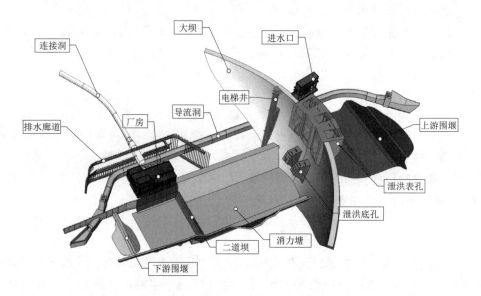

图 5.6-1 三河口水利枢纽布置示意图

5.6.1.4 小结

(1) 三河口水库泄洪流量最高为 7580m³/s，加之泄洪水流落差大，泄洪功率高达 735 万 kW，供水系统厂房也布置在右岸消能区内，泄洪消能设施布置受到很大限制。为此，经过多方案的分析比较和模型试验，采用坝身表孔、底孔联合泄洪的方式，确保枢纽泄洪安全；坝身泄洪按照纵向分层拉开、横向单体扩散、总体分散归槽的原则和方法，达到较为理想的消能效果。

(2) 在同一厂房中装设可逆式水泵水轮机组和常规水轮发电机组。利用抽水蓄能技术选用水泵水轮机组来适应抽水和发电两种功能，减少土建工程量，方便工程管理运行。

(3) 导流洞、供水系统（含泵站、电站）都集中布置在右岸，将导流洞后期改为泵站的下池以及电站的尾水，在原导流洞的出口增设泄水闸，很好地协调了导流、供水、放空的布置困难，节约了工程投资。

5.6.2 坝型选择研究

5.6.2.1 坝型及枢纽布置方案拟订

初选坝址位于子午河佛坪县大河坝镇上游约 3.8km 处的子午河中游峡谷段下游，距离三河口约 1.0km。从地形地质条件上看，上坝址同时具有修建当地材料坝和混凝土坝的条件，根据勘察，工程区附近无可用防渗土料，但石料却相对丰富，因此当地材料坝适宜修建混凝土面板堆石坝。对于混凝土坝，考虑到碾压混凝土因其掺用粉煤灰和采用碾压施工，其投资较省和能有效缩短工期，且百米以上的碾压混凝土坝，国内已有较为成熟的设计、施工技术和经验，因此，混凝土坝确定采用碾压混凝土作为筑坝材料。

按照以上所述，结合枢纽功能使用要求，前期设计拟订上坝址枢纽布置比较方案为：

方案一：碾压混凝土拱坝＋坝身泄洪系统＋坝后右岸引水系统减压阀、泵站、电站＋连接洞。

方案二：碾压混凝土重力坝＋坝身泄洪系统＋坝后右岸引水系统减压阀、电站＋坝内泵站＋连接洞。

方案三：混凝土面板堆石坝＋左岸开敞式溢洪道＋左岸泄洪放空洞＋右岸引水系统减压阀、泵站、电站＋连接洞。

5.6.2.2 各坝型枢纽布置方案

1. 碾压混凝土拱坝方案

碾压混凝土拱坝方案的主要建筑物由碾压混凝土坝、坝身泄洪系统、坝后右岸引水系统减压阀、泵站、电站和连接洞等组成。

(1) 坝体。上坝址处地形较对称，所以设计采用单心圆等厚度碾压混凝土双曲拱坝，经计算坝顶高程确定为 646.00m，坝基置于微风化基岩上部，坝基最低高程 501.00m，最大坝高 145.0m；考虑坝顶结构布置，结合交通要求及施工需要等，初定坝顶宽为 10.0m，相应坝底最大厚度为 42.0m。坝顶上游弧长 476.272m，最大中心角 105°37′5″，位于高程 602.00m；最小中心角 42°38′54″，位于高程 501.00m。坝体基本上呈对称布置，中心线方位 NE 52°34′10″。拱圈中心轴线最大半径 262.00m，最小半径 120.00m，大坝宽高比 2.81，厚高比 0.29，柔度系数 10.70，上游面最大倒悬度 0.19。碾压混凝土拱坝标准剖面见图 5.6-2。

(2) 坝内廊道及交通系统。坝内共布置三层纵向廊道：分布高程为 520.00m、565.00m 和 610.00m，各高程廊道分别与两岸灌浆隧洞相接，各层廊道分别满足灌浆、观测和交通的需要，通向下游坝面的盲肠廊道和坝后交通桥连接，考虑到枢纽垂直交通要求，设计在坝后泄洪坝段右侧设一部电梯通至坝顶。高程 520.00m 廊道断面为 3.5m×4.0m（宽×高），中层廊道两岸灌浆部分断面为 3.0m×4.0m（宽×高），中间交通及观测需要部分断面为 2.5m×3.0m（宽×高）。

(3) 坝体分缝及止水。三河口水利枢纽大坝共设置六条诱导缝和两条横缝，均为径向布置，大坝不设纵缝。大坝横缝面设置键槽，并埋设灌浆系统，诱导缝埋设诱导板并预埋灌浆系统。

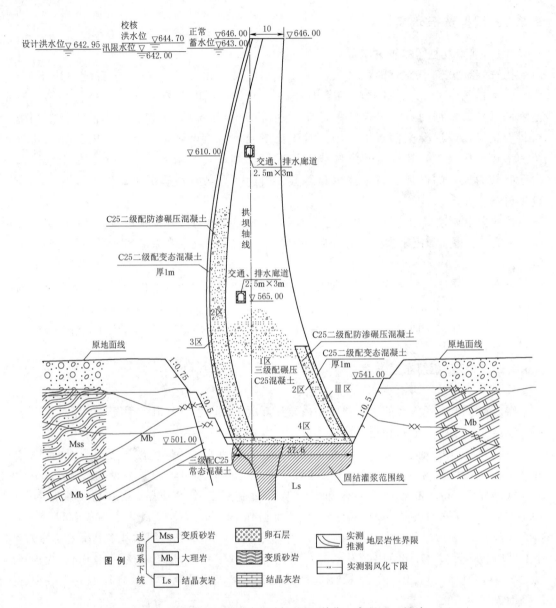

图 5.6 - 2 碾压混凝土拱坝标准剖面图（单位：高程 m，尺寸 mm）

大坝上游坝面缝内设置二道止水，第一道止水为 U 形紫铜片、距上游坝面 0.5m，第二道止水为橡胶止水，两道止水之间相距 0.5m。泄洪坝段下游溢流面缝内设置一道铜片止水，止水片距坝面 0.5m。坝下游面设一道橡胶止水。大坝各层廊道的排水沟与埋设的竖向排水管连接，排水管间距 20m，在底部廊道内设有集水井，并布置有水泵抽排集水。

（4）坝基处理。大坝建基面置于微风化基岩上部，以上部分予以清除，建基面以下坝基进行固结灌浆和帷幕灌浆处理。岸坡固结灌浆孔采用垂直坡面的布置方式。坝基面固结灌浆孔的间距、排距均为 3m，呈梅花形布置，深入基岩 5.0m。

为减轻泄洪水流对下游护坦底板的冲击和脉动、抬动、掀起底板，对底板地基进行固结灌浆加固处理。灌浆孔的间距、排距均为3m，呈梅花形布置，孔深入基岩5m。

坝基及两坝肩部位帷幕灌浆均布置为双排孔，孔距2.0m，排距1.0m，帷幕底高程为434.00m，帷幕防渗标准为1Lu。

（5）坝身泄洪建筑物。碾压混凝土拱坝泄洪建筑物为坝顶中部的开敞式溢流堰和底部的2孔泄洪放空底孔，顶部溢流堰设3孔开敞式泄洪闸，每孔净宽15m，总宽45m，孔口各设一道尺寸15m×19m弧形工作闸门，闸中墩厚度为5m，采用C25常态混凝土浇筑，泄洪表孔由堰顶上游段堰面曲线、堰顶下游段堰面曲线、直线段及反弧段组成。堰面采用WES曲线，末点与斜率为1∶1的直线相切连接，后再接反弧段，反弧半径为25m，挑射角10°，挑坎高程607.36m。溢流面上分别浇筑1.0m厚的C50高强混凝土和3.0m厚的C25常态混凝土作为保护层。

在泄洪坝段下部两侧，各布置有一孔泄洪放空底孔，进口底板高程550.00m，水平布置，出口断面为4m×5m的方形。在坝体上游面设一检修平门，坝体下游面设一工作弧门，其后接出口明流段。底孔出口采用带跌坎的窄缝消能工，挑坎出口高程为545.92m，出口宽度为2.0m，在出口跌坎下设置掺气孔。泄洪放空底孔表面均分别浇筑1.0m厚的C50高强混凝土和3.0m厚的C25常态混凝土作为保护层。

为降低坝体泄水时对下游河床的冲刷影响，在下游坝脚设200m长的消力塘，末端设溢流堰，使消力塘内形成水垫，利于消能。消力塘设施采用C25钢筋混凝土浇筑，底板厚度4m。

（6）减压调流阀。减压阀进水口布置于坝身右岸侧坝体中，进水口为竖井式，由直立式拦污栅、喇叭口、隧洞、钢管等组成，设计引水流量72.71m³/s。进水口下游侧接压力主管道，主管道"卜"字形分岔，分别接电站机组和减压阀，主管道设计流量72.71m³/s，为明管铺设，外包2.0m厚的外包混凝土。减压阀压力岔管布置于主管道末端，设4台减压阀，减压阀阀前压力管道直径为1.8m，阀后管道直径3.4m。

（7）电站。电站布置于坝后右岸，与减压调流阀共用一个进水口和主管。

厂区主要建筑物包括：主厂房（含安装间、主机间）、减压阀室、尾水建筑物、电气副厂房、变压器、GIS室、进厂公路。

厂房由主机间、安装间、上游副厂房、减压阀室组成。机组间距12.0m，机组安装高程545.90m，主厂房底板高程539.21m，主厂房顶高程573.64m，室外地坪高程554.29m，厂房尺寸（含安装间）62.8m×19.0m×34.43m（长×宽×高）；安装间设在主机间右侧，安装间门前平台为回车场。

厂房安装3台15MW混流式水轮发电机组，根据主接线方案，发电机电压采用单元及扩大单元接线。110kV升高电压采用单母线接线一回出线。主变室设在主厂房上游侧，电气副厂房的高程554.54m，放置2台主变压器。主变室尺寸40.8m×12m×10m。

GIS开关室布置于电气副厂房高程568.04m处。尺寸40.8m×12m×10m（长×宽×高），出线采用电缆出线，电缆埋置于室外地坪之下。

电气中控室布置于电气副厂房高程568.04m处，尺寸22m×12.0m×10.0m（长×宽×高）。

尾水管出口高程 541.21m，尾水平台高程 554.29m，设置一台 2×160kN 门机。尾水池布置于尾水平台下游侧，尾水池底高程 540.21m，尾水池也是下游侧泵站的前池。

（8）泵站。泵站设计流量为 18m³/s，站下设计水位 546.33m，站下最低运行水位 544.15m，站上设计水位 639.49m，站上最低运行水位 620.18m，站上最高运行水位 642.26m，设计净扬程 93.16m，设计扬程 97.7m。泵站共安装 3 台卧式双吸离心水泵电动机组，单台机组设计流量 6m³/s，配套电机功率 9MW，泵站总装机功率 27MW。

泵站厂房垂直河道布置在坝后消力池右岸电站下游侧，从上游至下游依次布置电站副厂房、电站主厂房、电站尾闸、泵站进水池（电站尾水池）、泵站检修闸、泵站主厂房、副厂房等。泵站由控制闸经长 293.34m 连接洞引水侧向接入泵站进水池。

进水池呈矩形，宽 22m，长 30.4m，沿坝后消力池端设冲沙闸和 15m 长溢流堰，堰顶高程 538.15m。进水池底布置为阶梯状，沿宽度方向在电站尾水闸侧底板高程 540.21m，泵站进水口侧底板高程 532.65m，中间设 1∶0.4 陡坡过渡。冲沙闸布置在溢流堰靠近河道下游侧，闸底高程 532.65m，安装 2.0m×2.0m 闸门 1 扇，配套液压启闭机 1 台。泵站进水侧垂直河道布置 3 孔进水检修闸槽，配套共用检修闸门 1 扇和单向门机 1 台，为便于闸门检修及交通管理，设计启闭机平台高程 554.29m 同电站室外地坪高程。

主厂房垂直河道布置于拱坝下游消力池右岸，采用地面干室型钢筋混凝土结构，主厂房尺寸 61.80m×22.40m×31.40m（长×宽×高），总建筑面积 1384.3m²。厂内共安装 3 台卧式水泵机组，采取一列式布置，机组中心间距 13.28m，机组安装高程 537.46m。厂房靠近山体侧设检修间，地面以下设一层水机辅助设备室及消防设备。电气副厂房布置于主厂房出水侧，副厂房尺寸 49.2m×13.20m×14.5m（长×宽×高），地坪层以下电缆夹层深 2.5m，地坪层以上 2 层高共 11m，地坪层以上建筑面积 1300m²。

泵站出水母管平行厂房轴线布置在电气副厂房下，出副厂房后拐弯向上游基本平行河道穿过电站安装间至拱坝下，再沿拱坝背坡面垂直坝轴线在高程 620.18m 穿过坝体将水送入库内。

（9）连接洞。连接洞为泵站引水至前池、坝后电站尾水至控制闸的共用无压水流通道，总长度 293.34m，平底，无压洞设计，底部高程 542.65m，过流能力按三河口水库坝后电站发电后最大下放流量 70.0m³/s 设计，初选横断面型式为马蹄形，断面尺寸 6.94m×6.94m，钢筋混凝土衬砌厚度 0.4m，在洞顶 120°进行回填灌浆，对洞室围岩进行固结灌浆，灌浆孔间距 2m，排距 3m，矩形布置，深入围岩 4m。

2. 碾压混凝土重力坝方案

碾压混凝土重力坝方案主要建筑物由碾压混凝土重力坝、坝身泄洪系统、坝后右岸电站、泵站和连接洞等五部分组成。

（1）坝体。碾压混凝土重力坝坝顶高程同拱坝方案，均为 646.0m，坝顶上游侧设防浪墙，墙顶高程为 647.2m，坝基置于微风化基岩上部，坝基最低高程 501.00m，相应最大坝高为 145m，坝顶长度 369.5m，其中非泄洪坝段长度为 290.5m（左岸 140m，右岸 150.5m），泄洪坝段长度为 79m。非泄洪坝段上游坝坡在高程 545.00m 以下为 1∶0.2，以上铅直，下游坝坡为 1∶0.70，坝基最大宽度 111.6m。

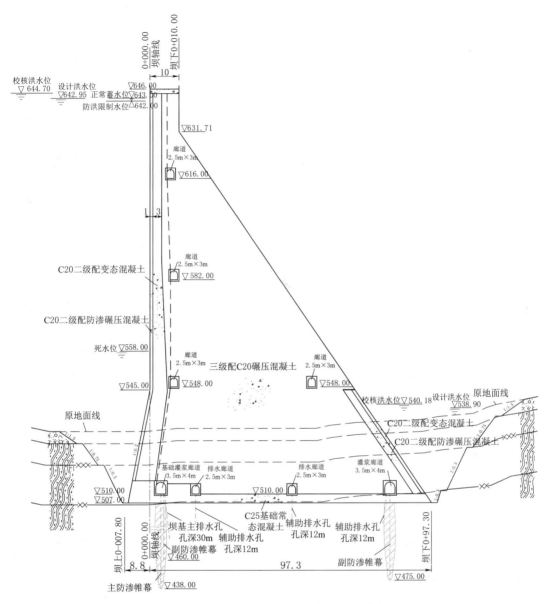

图 5.6-3 碾压混凝土重力坝标准剖面图（单位：m）

碾压混凝土重力坝坝顶宽度主要考虑碾压混凝土施工的需要和坝顶结构布置、交通等要求，初定为 10m。

（2）坝内廊道及交通系统。考虑该工程为碾压混凝土重力坝，在坝内廊道及垂直交通布置上采取尽可能简单的原则。坝内共布置四层纵向廊道：504m 基础灌浆（排水）廊道和 548m、582m 和 616m 中层灌浆廊道，各高程廊道分别与两岸灌浆隧洞相接。坝内中层灌浆廊道有灌浆、观测和交通的需要，通向下游坝面的横向盲肠廊道和坝后交通桥连接，另外，由于大坝级别高、坝高大，考虑需设置坝体垂直交通，设计在坝后泄洪坝段右侧设一个电梯井通至坝顶，井内安装电梯。

为便于坝肩灌浆的施工，在左右坝肩也设有 5 层灌浆隧洞，其和廊道的尺寸及布置均与拱坝方案一致。

大坝各层廊道的排水沟由埋设的竖向排水管连接，排水管间距 20m，在底部廊道内设有集水井，并布置有水泵排水。

（3）坝体分缝及止水。大坝混凝土分缝根据坝基条件、结构布置、施工浇筑条件以及混凝土温度控制等因素要求确定。根据大坝结构布置情况，每隔 30m 的距离设置一条横缝，大坝坝体不设置纵缝，大坝横缝面设置止水及填缝材料。

大坝上游坝面缝内均设置二道 U 形紫铜止水片，第一道紫铜止水距上游坝面 0.5m，第二道紫铜止水距第一道铜止水 0.5m。泄洪坝段下游溢流面缝内设置一道铜片止水，止水片距坝面 0.5m。坝下游面最高尾水位以下设一道橡胶止水。止水片在坝基接头处埋入基岩面以下 0.5m。

穿过坝身中部分缝的廊道周边均设置两道橡胶止水，并在大坝两岸上游侧坝基与基岩基础部位设置排水。

（4）大坝混凝土分区。大坝采用 C20 三级配碾压混凝土为主要材料，上游面采用 1m 厚的 C20 二级配变态混凝土和 3m 厚的 C20 二级配防渗碾压混凝土，河床坝基垫层采用 3m 厚的 C25 三级配常态混凝土，坝体采用三级配 C20 碾压混凝土，在坝体不便施工处均采用相应强度等级的变态混凝土。泄洪面采用 C50 二级配常态抗冲磨混凝土。坝内灌浆、排水及观测廊道采用 C20 预制混凝土廊道。下游护坦为 C25 混凝土。除大坝内部 C20 三级配碾压混凝土的防渗等级标准要求为 W6，临水防渗混凝土要求防渗等级为 W8。

（5）坝基处理。大坝建基面置于微风化基岩上部，以上部分予以清除，建基面以下坝基进行固结灌浆和帷幕灌浆，并对坝基范围内的断层进行处理。

固结灌浆在坝基范围内进行，灌浆孔采用梅花形布置，在断层及其两侧一定范围加密布孔，防渗帷幕上游区孔深采用 15m，孔排距 2m，以下区域采用 10m，孔排距 3m。

大坝帷幕灌浆上游共设置两道，一道主帷幕，一道副帷幕，副帷幕孔深为主帷幕的 2/3。坝基岩体相对隔水层透水率标准采用 1Lu，主帷幕最大孔深 76m，副帷幕最大孔深 51m，孔距 2.0m，排距 1.0m，在两岸坝头延伸到正常蓄水位与地下水位相交处。第一道副防渗帷幕的下游设一道主排水孔，孔距 2m，孔深 30m。大坝下游水位 540.18m 以下河床和岸坡坝段，设第二道副防渗帷幕，深度为主帷幕的 1/2，最大深度为 38m。

坝基范围内发育有 2 条逆断层，倾角均为 75°，断层带宽度 20～30cm，对断层采用挖槽、回填混凝土塞进行加固处理，塞深按宽度的 1.5 倍控制，并且在上、下游坝基范围外适当扩挖填塞。

坝基可溶岩地层中岩溶发育程度微弱，连通性差，对工程影响不大，考虑已有防渗帷幕灌浆，因此不再专门处理。

（6）坝身泄洪建筑物。碾压重力坝泄洪建筑物为坝顶中部的开敞式溢流堰和底部的 2 孔泄洪放空底孔，顶部溢流堰设 3 孔开敞式泄洪闸，每孔净宽 15m，总宽 45m，孔口各设一道尺寸 15m×19m 弧形工作闸门，采用 2×3000kN 液压式启闭机启闭，共用一套钢叠梁检修闸门，采用 2×800kN 单向门机启闭。闸中墩厚度为 5m，采用 C25 常态混凝土浇筑，溢流堰顶高程 628.00m，堰面采用 WES 曲线，下接 1:07 的斜坡，尾部为反弧段，反弧半径 65m，采用挑流方式消能，挑流鼻坎挑射角 20°，鼻坎高程 560.00m，溢流面上分别浇筑 1.0m 厚的 C50 高强混凝土和 3.0m 厚的 C25 常态混凝土作为保护层。泄洪坝段坝基最大宽度为 140m。

在泄洪坝段下部两侧，各布置有一孔泄洪放空底孔，按压力底孔设计，进口底板高程 550.00m，水平布置，出口断面为 4m×5m 的矩形。在坝体上游面设一检修平门，坝体下游面设一工作弧门，弧门后设挑流鼻坎，挑鼻反弧半径 25m，挑射角 20°，鼻坎高程 551.50m，泄洪洞表面均分别浇筑 1.0m 厚的 C50 高强混凝土和 3.0m 厚的 C25 常态混凝土作为保护层。

为降低坝体泄水时对下游河床的冲刷，在下游坝脚设 200m 长消力塘，末端设溢流堰，使消力塘内形成水垫，利于消能。消力塘设施采用 C20 混凝土浇筑，底板厚度 4m。

（7）减压调流阀。减压阀进水口布置于坝身右岸侧坝体中，进水口为竖井式，由直立式拦污栅、喇叭口、隧洞、钢管等组成，设计引水流量 72.71m³/s。进水口下游侧接压力主管道，主管道"卜"字形分岔，分别接电站机组和减压阀，主管道设计流量 72.71m³/s，为明管铺设，外包 2.0m 厚的外包混凝土。减压阀压力岔管接主管道，设 4 台减压阀，减压阀阀前压力管道直径为 1.8m，阀后管道直径 3.4m。

（8）电站厂房。电站布置于坝后右岸，与减压调流阀共用一个进水口和主管。

厂区主要建筑物包括：主厂房（含安装间、主机间）、减压阀室、尾水建筑物、电气副厂房、变压器、GIS 室、进厂公路。

厂房由主机间、安装间、上游副厂房、减压阀室组成。机组间距 12.0m，机组安装高程 545.90m，主厂房底板高程 539.21m，主厂房顶高程 573.64m，室外地坪高程 554.29m，厂房尺寸（含安装间）62.8m×19.0m×34.43m（长×宽×高）；安装间设在主机间右侧，安装间门前平台为回车场。

厂房安装 3 台 15MW 混流式水轮发电机组，根据主接线方案，发电机电压采用单元及扩大单元接线。110kV 升高电压采用单母线接线一回出线。主变室设在主厂房上游侧，电气副厂房高程 554.54m，放置 2 台主变压器。主变室尺寸 40.8m×12m×10m。

GIS 室布置于电气副厂房高程 568.04m 处。尺寸 40.8m×12m×10m（长×宽×高），出线采用电缆出线，电缆埋置于室外地坪之下。

电气中控室布置于电气副厂房高程 568.04m 处，尺寸 22m×12.0m×10.0m（长×宽×高）。

尾水管出口高程 541.21m，尾水平台高程 554.29m，设置一台 2×160kN 门机。尾水池布置于尾水平台下游侧，尾水池底高程 540.21m，尾水池也是下游侧泵站的前池。

（9）泵站。三河口泵站设计抽水量 18m³/s，泵站设计扬程为 96.3m。

泵站采用坝内布置方案，厂房布置于大坝挑流鼻坎下混凝土坝体内，主厂房中心线距坝轴线 110m。泵站采用侧向母管进水，侧向母管出水。主要建筑物包括进水建筑物、主厂房、副厂房、压力管道等 4 部分。

泵站进水池（与坝后电站尾水池共用）布置于右坝段坝后，由连接控制闸的连接洞引水。在进水池靠近坝后消力池侧设泄水冲沙闸门 1 扇，配液压启闭机 1 台，泄水冲沙水直接泄入大坝后消力池。在进水池下游侧（尾水管平台对面）设置宽 15m 的侧向溢流堰，堰顶高程 548.15m，将溢水泄至坝后消力池，作为泵站事故情况下的安全泄水设施。

泵站进水口后设检修闸门 1 扇，配套 2×160kN 固定卷扬机 1 台。进水母管布置在坝体内厂房下游侧，直径 3.8m，长 64.7m，从泵站前池（电站尾水池）取水，经 90°三通岔管分水进入各水泵进水支管。

主厂房尺寸 43.0m×17.0m×33.9m（长×宽×高），建筑面积为 2193m²，分为检修层、电机层、水泵层和蝶阀层，厂房内一列式安装 3 台立式水泵电动机组，水泵安装高程 522.10m。副厂房布置在主厂房出水侧，分为配电装置层、GIS 层及电缆夹层，副厂房尺寸 43.0m×16.0m×22.6m（长×宽×高），建筑面积为 2064m²。

出水母管布置在副厂房下，直径 3.2m，水泵出水支管通过三通与出水母管相连，出水母管水平段长 66.7m，伸入左岸非泄洪坝段 28.4m 后转 90°沿坝背水面布置，至高程 627.50m 处穿过坝体将水送入水库内，背管及穿坝段管道长度 156m，出水管道长度 231.50m。

（10）连接洞。连接洞布置型式及断面尺寸与碾压混凝土拱坝方案基本相同，连接洞长度 313.0m，此处不再赘述。

3. 混凝土面板堆石坝方案

混凝土面板堆石坝方案的主要建筑物由混凝土面板堆石坝、左岸开敞式溢洪道、左岸泄洪放空洞、右岸引水发电系统、坝后右岸泵站和连接洞组成。

（1）坝体。经计算，面板堆石坝坝顶高程确定为 648.00m，坝顶设 1.2m 高防浪墙，墙顶高程 649.20m，坝顶长 325m，坝顶宽取 10m，趾板至于弱风化基岩上，最大坝高 136m。上、下游坝坡坡比均为 1∶1.4，下游坝面在高程 612.00m、576.00m 和 540.50m 设三级马道，第一、第二级马道宽 2m，第三级马道宽 5m。坝体从上游向下游依次分为：砾石盖重区、壤土铺盖区、防渗面板、垫层区、过渡区、主堆石区、次堆石区以及干砌石护坡和下游堆石棱体。大坝主要采用爆破堆石料填筑，同时由于该方案的石料开挖量较大，因此次堆石区采用建筑物开挖石料填筑，垫层区和过渡区水平宽度为 4m，等厚布置，下游干砌石护坡厚度为 0.6m，下游堆石棱体顶高程 540.50m，顶宽 10m，上下游坡比都是 1∶1.4。

1）趾板和防渗面板。C30 钢筋混凝土趾板坐落在弱风化基岩上，河床部位趾板底高程为 512.00m。趾板宽度的确定一方面要考虑灌浆施工的要求，另一方面要适应水力梯度的要求。设计 580.00m 高程以下趾板宽度 10m，高程 580.00m 以上趾板宽度 6m，趾板厚度均为 0.8m，沿趾板展开线每 12m 设一道伸缩缝。

防渗面板采用 C30 钢筋混凝土，根据规范规定，面板厚度采用由顶部到底部逐渐增加，顶部厚度取 0.3m，底部厚度为 0.7m。面板沿坝轴线方向在靠近两岸部分每隔 6m 设一条变形缝，中间部分每隔 12m 设一条变形缝。面板与趾板之间设有周边缝，面板与防浪墙之间设置水平缝。混凝土面板堆石坝标准剖面见图 5.6-4。

2）基础处理。趾板基础坐落在弱风化基岩上，河床部位趾板底高程 512.00m，基坑深 15m。堆石坝体基础置于强风化岩石上，对基础开挖遇到的断层破碎带采用 C20 混凝土进行刻槽置换。

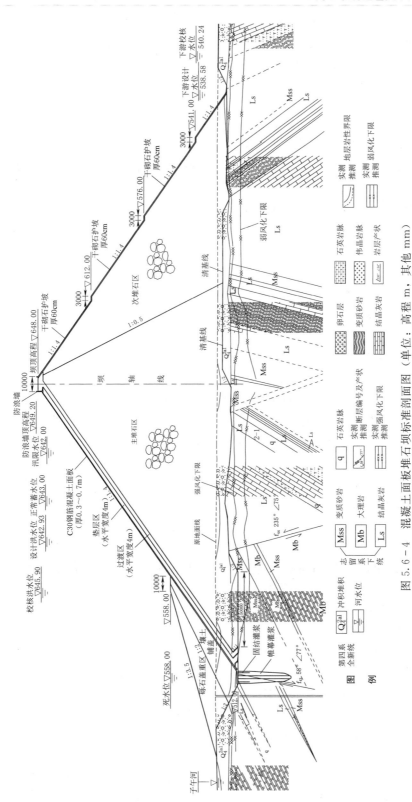

图 5.6-4 混凝土面板堆石坝标准剖面图 (单位：高程 m，其他 mm)

为增强地基岩体完整性，对趾板地基进行固结灌浆处理，设计间排距 2.5m，孔深 8m。为增加趾板和坝基连接整体性，承受灌浆压力，趾板下设 Φ28 锚筋，间排距 2m，锚筋伸入基岩 5.3m。面板堆石坝透水率宜控制在 $q \leqslant 3Lu$，设置两排防渗帷幕，孔距 2m，排距 1.5m，上游排为深帷幕，最大深度为 70m，下游排为浅帷幕，浅帷幕深度按 0.6 倍深帷幕计。

（2）泄洪放空洞。泄洪放空洞位于大坝左岸，由于地形条件限制，洞轴线为折线。泄洪放空洞由进口引渠段、压力洞段、放空泄洪塔、无压洞段、明渠段和挑流鼻坎段组成，长 704.24m，进水口高程 550.00m，孔口尺寸为 8m×9m（宽×高），设计洪水位时下泄流量 2525m³/s，校核洪水位时下泄流量 2570m³/s。

进口引渠段长 60m，为 16m×15m（宽×高）的平底矩形断面，底板高程 550.00m。引渠段后接直径 13.5m 的圆形压力洞段，长 101.17m，底坡 $i=0$，洞底高程 550.00m，压力洞段设有一水平弯道，弯道半径 65m，压力洞采用 C25 钢筋混凝土衬砌，厚度为 1.0~1.2m。

压力洞后接泄洪放空塔，长 42m，塔高 102m，塔顶高程 648.00m，底板高程 550.00m，内设 8m×10.5m 检修闸门和 8m×9m 工作弧门各一扇，塔顶设有交通桥与岸边道路相连。

泄洪塔放空后为圆拱直墙式的无压洞段，长 451.83m，底坡 $i=0.0265$，无压洞采用圆拱直墙断面，底宽 9m，高 12.5m，其中直墙高 10m，顶拱半径 5.3m，衬砌厚度为 0.8~1.0m，顶拱采用 C25 钢筋混凝土，侧墙和底板采用高强 C50 钢筋混凝土。

无压洞出口接 20m 长的矩形明渠段，断面尺寸 9m×14.6m（宽×高），底坡 $i=0.0265$。出口采用挑流消能，挑射角 18°，反弧半径 80m，长度 29.24m，挑流鼻坎顶高程为 541.00m。

（3）溢洪道。溢洪道布置在左岸坝端，由于地形条件限制，溢洪道轴线为两折线，其引渠段和控制段轴线与坝轴线交角为 90°。溢洪道由引渠段、控制段、泄槽段、消能段和出水渠段组成，总长 525m，堰顶高程 628.00m，溢流堰净宽 3m×12m，设计洪水位下泄流量 4036m³/s，校核洪水位下泄流量 5260m³/s，最大单宽流量 150.3m³/(s·m)。

控制段采用开敞式实用正堰，总宽 50m，闸墩顶高程与坝顶高程均为 648.00m。控制段长 31.5m，设有工作弧门和检修闸门各一道。控制段上游开挖引水渠，长度 30m，底板高程 620.00m。

控制段后接泄槽段，泄槽段由渐变段、一级陡坡段、二级陡坡段组成。渐变段长 45m，泄槽宽度由 44m 渐变为 35m，底坡 1:200。一级陡坡段长 135m，宽 35m，底坡 1:200，设有一水平弯道，弯道半径 300m。二级陡坡段投影长 158.1m，宽 35m，底坡 1:2，与一级陡坡段采用抛物线相连。

出口布置挑流鼻坎进行消能，挑射角 25°，反弧半径 45m，长度 35.4m，鼻坎顶高程为 543.00m。挑流鼻坎后为出水渠段，长 90m，宽 35m，底坡 1:100。

溢洪道最大开挖边坡达 154m，强风化以下按 1:0.5 开挖，强风化以上按 1:0.75 开挖，并每隔 25m 设一马道，高程 648.00m 马道宽为 5m，其他马道宽 3m。设计考虑对边坡进行喷锚支护，挂 Φ6.5@200×200 钢筋网喷 C20 混凝土厚 100mm，设置 Φ25 砂浆锚杆长 6m，Φ32 砂浆锚杆长 12m，间排距均为 3m；同时考虑边坡太高，布设 1000kN 预应力锚索，入岩 40m，间距 9m，倾角 15°，梅花形布置。

（4）减压调流阀。减压调流阀采用隧洞引水，隧洞布置于大坝右岸山体内，采用塔式进水口，进水口高程为 543.65m。塔内设有拦污栅一道和事故检修闸门一道，放水塔后接压力洞，洞段总长 360m，内径 4.5m，平面上有一个弯道，弯道转角 135°，钢筋混凝土衬砌。隧洞段末接长 30m 压力钢管段，在压力管道上分别设电站和减压调流阀岔管，引水隧洞设计引水流量 72.71m³/s，系统共设 4 台减压阀。

（5）电站。电站与减压阀共用一个进水口和主隧洞，在隧洞段末压力钢管 5m 管道处设三岔型岔管，水流经岔管进入电站厂房。

电站厂房布置于大坝下游右岸边坡上，厂房轴线垂直河道布置，与泵站厂房成"丁"字形。主要建筑物包括：主副厂房、尾水建筑物、GIS 楼、出线平台以及进厂公路。

厂房由主机间、安装间、减压阀室上游副厂房组成。机组间距 12.0m，机组安装高程 545.90m，主厂房底板高程 539.21m，主厂房顶高程 573.64m，厂房尺寸（含安装间）62.8m×19.0m×34.43m（长×宽×高）；安装间设在主机间左侧，安装间门前平台为回车场。

GIS 开关站布置于主厂房上游侧，尺寸 13m×12m×13.5m（长×宽×高）。主厂房上游左侧布置电气副厂房，尺寸 40.8m×12.0m×16.44m（长×宽×高）。

尾水管出口高程 541.21m，尾水平台高程 554.29m，设置 1 台 2×160kN 门机。尾水池布置于尾水平台下游侧，尾水池底高程 541.22m，尾水池也是下游侧泵站的前池。

电站厂房交通从进厂公路引至电站厂房，电站厂房与边坡开挖起坡点之间预留 8m 宽的交通道路，车可以行至安装间与主变室、GIS 楼。厂内交通通过楼梯沟通主副厂房及各层的交通。

（6）泵站。泵站设计流量为 18m³/s，站下设计水位 546.33m，站下最低运行水位 544.15m，站上设计水位 639.49m，站上最低运行水位 620.18m，站上最高运行水位 642.26m，设计净扬程 93.16m，设计扬程 97.7m。泵站共安装 3 台卧式双吸离心水泵电动机组，单台机组设计流量 6m³/s，配套电机功率 9MW，泵站总装机功率 27MW。

泵站厂房垂直河道布置在坝后消力池右岸电站下游侧，泵站主厂房中心线距混凝土面板坝坝轴线 305.26m。从上游至下游依次布置电站副厂房、电站主厂房、电站尾闸、泵站进水池（电站尾水池）、泵站检修闸、泵站主副厂房等。泵站由控制闸经长 242.50m 的连接洞引水侧向接入泵站进水池。

该方案泵站与电站的布置形式及泵站进水部分、主副厂房布置基本同碾压混凝土拱坝方案该部分布置，此处不再赘述。

泵站出水母管平行厂房轴线布置在距主厂房下游侧 19.72m 处，3 根水泵出水管垂直出水母管布置，出水母管选用 DN3200 洞埋钢管，高压平洞段长 159.14m，之后接 88.15m 深竖井将水流升至高程 620.00m，然后沿垂直坝轴线向上游布置的平洞穿过坝轴线将水送入库内。该方案共布置 DN3200 出水管道，平洞总长 868.63m。

（7）连接洞。根据泵站与秦岭输水隧洞相对位置，该方案三河口控制闸位置与拱坝方案控制闸位置相比需沿秦岭输水隧洞黄三段洞线向上游侧移动约 110m。该方案连接洞长度 242.50m，布置型式及尺寸与碾压混凝土拱坝方案基本一致，此处不再赘述。

5.6.2.3 不同坝型方案条件比较

根据三种不同坝型的枢纽布置，根据坝址处的地形地质条件、施工、建筑材料和工程投资等，进行综合比较分析，以选出相对较优的坝型。

1. 工程地质条件

坝基覆盖层为卵石层，厚度 6.5～7.2m。坝基岩石以结晶灰岩、变质砂岩为主，弱～微风化岩石饱和抗压强度均大于 60MPa，弱风化结晶灰岩及变质砂岩变形模量为 9GPa，岩体基本质量级别为Ⅲ级。左坝肩斜坡表面强风化带厚度 5～14m；右坝肩斜坡表面强风化带厚度 6～14.5m；河床 1.0～3.0m，两岸卸荷带水平宽度小于强风化下限。左、右坝肩岩体稳定，因裂隙切割，存在局部崩塌破坏可能性。坝基岩体强度高，不存在不利的断裂结构面，坝基稳定，岩溶不发育。

从地质条件上看，上坝址河段具备兴建拱坝、混凝土重力坝、面板堆石坝的基本地质条件。但又由于各种坝型本身的特点，地质条件对其影响也不相同，其中面板堆石坝对地质要求最低，其次是重力坝，而拱坝对地质的要求最高，受坝址处断层、不利结构面的影响也最大，相应的处理工程量也是最大的。

2. 坝址区地形及工程布置条件

坝址河谷呈 V 形发育，河床漫滩宽 79～87m。两岸基本对称，山体雄厚，基岩裸露；左岸自然坡角 35°～55°；右岸自然坡角 45°～50°，设计坝顶高程河谷宽 325m，从地形条件上看，最适合修建拱坝，其次是重力坝和面板堆石坝；从工程布置上看，由于拱坝和重力坝均采用相同的坝身泄洪的布置型式，因此结构相对紧凑，布置简单，而面板堆石坝方案由于建筑物较多，也无有利的地形条件，因此布置相对困难，对施工及今后的管理运行均带来一定的不便。

3. 施工条件

该工程枢纽布置相对集中，坝区无集中布置临时施工场地的位置，但相对来说，由于面板堆石坝方案的建筑物较多，且坝体施工要求施工场面较大，因此施工布置安排最为不利。另外，几种坝型的施工导流方案均为隧洞导流全年围堰，但面板堆石坝方案的导流洞最长。根据施工进度安排，碾压混凝土拱坝方案施工总工期需 58 个月，碾压混凝土重力坝方案施工总工期需 60 个月，混凝土面板堆石坝方案施工总工期需 55 个月。碾压混凝土拱坝施工工期较混凝土面板堆石坝方案长，较碾压混凝土拱坝方案短。

由于碾压混凝土拱坝和碾压混凝土重力坝方案主要用料为水泥、粉煤灰等，需外运采购，但坝址区交通运输可以得到保证，相对碾压混凝土重力坝对外依赖最大。三种坝型的施工技术均成熟，无技术难点。

4. 建筑材料

根据地质勘查报告，该阶段共选择了六个砂砾石料场、两个土料场和四个石料场。其中六个料场中砂砾料的各项质量指标基本符合要求。六个料场中总储量 1325.44 万 m³，混凝土细骨料（砂）的储量 477.58 万 m³（其中水上 124.74 万 m³，水下 352.84 万 m³），混凝土粗骨料（砾石）的储量 1228.98 万 m³（其中水上 322.52 万 m³，水下 906.46 万 m³）。可以满足混凝土坝对天然建材的需求。六个砂砾石料场均有简易公路相通，运输条件较好。

石料场共选四个，总计可用储量 2149 万 m³，可满足设计用料要求。且位于简易公路边，运输条件良好，开采场地较为开阔。同时混凝土面板坝方案的开挖弃料相对丰富，可直接作为坝体填筑料源。

5. 建筑工程投资

根据投资估算，上坝址 3 种坝型的建筑工程投资分别为：碾压混凝土拱坝方案124324.26 万元，碾压混凝土重力坝方案 137684.38 万元，混凝土面板堆石坝方案131771.65 万元。由此可以看出碾压混凝土拱坝方案建筑工程投资分别比碾压混凝土重力坝方案、面板堆石坝方案少了 13360.12 万元和 7447.39 万元，具有一定的优势。各方案主要建筑物工程投资详见表 5.6-1。

表 5.6-1 各方案主要建筑物工程投资表

建筑物名称	各方案建筑物工程投资/万元		
	碾压混凝土拱坝	混凝土面板坝	碾压混凝土重力坝
大坝坝体	86234.49	47233.20	98902.59
泄洪放空洞工程		14746.66	
溢洪道工程		27931.05	
电站厂房	9335.72	11770.80	6284.04
泵站	6444.07	7404.30	7754.12
升压变电工程	258.28	295.35	258.28
交通工程	3706.00	3706.00	5462.60
下游雾化防护处理工程	1353.23	1353.23	1454.70
房屋工程	6299.94	6395.56	6468.92
供电设施工程	4820.49	4833.41	4820.49
其他建筑工程	5872.04	6102.09	6278.64
合计	124324.26	131771.65	137684.38

5.6.2.4 坝型选择

将 3 种不同坝型方案的地形条件、地质条件、枢纽布置、施工条件、工程投资等方面汇总于表 5.6-2。

表 5.6-2 上坝址不同坝型方案经济技术综合比较表

项目	碾压混凝土拱坝方案	碾压混凝土重力坝方案	混凝土面板堆石坝方案
地形条件	河谷呈不对称的 V 形发育，谷底宽度 50～100m，岸边坡陡峻，基岩裸露，对拱坝的修建无不利影响	河谷呈不对称的 V 形发育，谷底宽度 50～100m，岸边坡陡峻，基岩裸露，对重力坝的修建无不利影响	河谷呈不对称的 V 形发育，谷底宽度 50～100m，岸边坡陡峻，基岩裸露，两岸无有利布置泄洪设施的地形条件
地质条件	坝址处基础、边坡整体稳定，河床砂卵石覆盖层厚 6.5～7.2m，岩石主要岩性为结晶灰岩及变质砂岩，河床及左右坝肩均发现有断层，其对拱坝具有一定影响	坝址处基础、边坡整体稳定，河床砂卵石覆盖层厚 6.5～7.2m，岩石主要岩性为结晶灰岩及变质砂岩，河床及左右坝肩断层相对拱坝方案来说，影响较弱	坝址处基础、边坡整体稳定，河床砂卵石覆盖层厚 6.5～7.2m，岩石主要岩性为结晶灰岩及变质砂岩，河床及左右坝肩断层相对拱坝和重力坝方案来说，影响最弱

续表

项目	碾压混凝土拱坝方案	碾压混凝土重力坝方案	混凝土面板堆石坝方案
枢纽布置	枢纽建筑物由碾压混凝土拱坝、泄洪系统、电泵站组成，坝体本身布置简洁、紧凑	枢纽建筑物由碾压混凝土重力坝、泄洪系统、电泵站组成，电站布于坝后、泵站布于挑坎下，总体布置相对最为简洁、紧凑	枢纽建筑物由混凝土面板堆石坝、溢洪道、泄洪洞、电泵站组成，独立建筑物相对较多，整体结构最为复杂，相对别的坝型最难布置
施工条件	坝区附近无集中布置条件，但拱坝工程方量相对较少，影响最小。工程所需原材料也均有保证，且该方案施工工期较短，为58个月	坝区附近无集中布置条件，施工布置基本同拱坝方案，但其工程方量较拱坝方案大。工程所需原材料也均有保证，施工工期为60个月	坝区附近无集中布置条件，由于建筑物最多，布置更加困难。施工干扰最大，且由于坝体施工要大量利用其他建筑物开挖的弃料，彼此制约更大，施工工期为55个月
环境影响	工程量最小，环境影响也最小	工程量次之，环境影响也较小	工程量及建筑物开挖量最大，虽能利用部分开挖石料，但弃料仍较大，对环境影响也较大
节能	坝体方量最小，施工期能耗最小	坝体方量较大，施工期能耗较大	坝体填筑方量最大，施工期能耗最大
工程部分投资比较	建筑工程：124324.25万元； 机电设备及安装工程：36825.93万元； 金属结构设备及安装工程：9984.69万元； 临时工程：20332.86万元； 独立费用：32607.12万元； 基本预备费：24648.23万元； 合计：248723.09万元	建筑工程：131771.64万元； 机电设备及安装工程：36825.93万元； 金属结构设备及安装工程：10625.35万元； 临时工程：26166.55万元； 独立费用：34334.81万元； 基本预备费：26369.67万元； 合计：266093.95万元	建筑工程：137684.38万元； 机电设备及安装工程：36825.93万元； 金属结构设备及安装工程：9984.69万元； 临时工程：23392.34万元； 独立费用：34885.26万元； 基本预备费：26704.98万元； 合计：269477.58万元

由以上比较可以看出，坝址地质、地形条件对各坝型无明显制约，在枢纽布置上拱坝和重力坝的结构均相对紧凑，施工上各有优缺点，但由于拱坝的工程量最小，所以在施工干扰、环境影响、节能方面占有优势，特别是拱坝的工程部分投资相对碾压混凝土重力坝方案和面板堆石坝方案少20754.50万元、17370.87万元，明显较优，故推荐碾压混凝土拱坝作为坝址坝型。

5.6.3　枢纽拱坝体型选择研究

5.6.3.1　坝址特点

三河口拱坝坝高145m，为世界第二高碾压混凝土拱坝，其突出特点是河谷宽（达405m），宽高比为2.80。三河口拱坝是目前世界上已建和在建碾压混凝土拱坝中坝顶弧长最长、河谷宽高比最大的一座高拱坝，同时坝体方量和承受水推力也排在世界前列。

在宽河谷地形条件下修建碾压混凝土拱坝，由于悬臂作用的增加与拱作用的削弱同时发生，其梁向拉应力必然增大，从而导致相应部分的主拉应力很容易超过设计允许标准。同时，考虑筑坝材料碾压混凝土的施工特点，不能采用较大的倒悬度。故拱坝体型设计难度较大。

5.6.3.2 材料参数

1. 基岩

坝轴线附近河床高程 524.80～526.50m，谷底宽 79～87m，河床覆盖层厚度 5.8～11.8m。坝址区基岩为志留系下统梅子垭组变质砂岩段变质砂岩、结晶灰岩，局部夹有大理岩及印支期侵入花岗伟晶岩脉、石英岩脉。根据推荐的拱坝建基面及地质建议的坝区各类岩体力学指标，经过分析后，确定坝基各高程综合变形模量和相应泊松比见表 5.6-3。

表 5.6-3　　　　　　　　　　　　　　基 岩 力 学 指 标 表

高程/m	左岸基岩参数		右岸基岩参数	
	综合变形模量/GPa	泊松比	综合变形模量/GPa	泊松比
646.00	9.0	0.27	9.0	0.27
623.00	9.0	0.27	9.0	0.27
602.00	15.0	0.23	15.0	0.23
581.00	15.0	0.23	15.0	0.23
561.00	15.0	0.23	15.0	0.23
541.00	15.0	0.23	15.0	0.23
521.00	15.0	0.23	15.0	0.23
501.00	15.0	0.23	15.0	0.23

注 河谷底部变形模量为 15.0GPa，泊松比为 0.23。

2. 坝体混凝土（$C_{90}25$ 碾压混凝土）

容重为 24.0kN/m³；弹性模量为 20.0GPa；泊松比为 0.179；线胀系数为 $0.96 \times 10^{-5}/℃$；导温系数为 2.14m²/月。

5.6.3.3 荷载参数

1. 特征水位

正常蓄水位：上游 643.00m，下游无水。

设计洪水位：上游 642.95m，下游 538.90m。

校核洪水位：上游 644.70m，下游 540.18m。

死水位：上游 558.00m，下游无水。

2. 泥沙压力

淤沙高程：529.10m；浮容重：8.0kN/m³；内摩擦角：14.0°。

3. 温度荷载参数

多年平均气温：13.1℃。

气温年变幅（温降）：11.2℃。

气温年变幅（温升）：10.7℃。

日照对年平均气温的影响：2.0℃。

日照对气温年变幅的影响：1.0℃。

库水表面多年平均温度（考虑日照影响后）：15.1℃。

库水表面水温年变幅：11.0℃；库底水温：7.0℃。

下游水垫塘水温：11.0℃。

在综合考虑了温控冷却措施、封拱灌浆时间及相应月平均气温等因素后确定的封拱温度见表 5.6-4。

表 5.6-4 封 拱 温 度 表

高程/m	646.00	623.00	602.00	581.00	561.00	541.00	521.00	501.00
温度/℃	15	15	14	14	13	13	12	12

4. 地震荷载

根据《陕西省引汉济渭工程地震安全评价地震动参数复核报告》结论，三河口水利枢纽工程场地，地震动峰值加速度 $a=0.062g$，相应地震基本烈度为Ⅵ度；三河口水库大坝属重点设防类 1 级建筑物，需要提高设防标准，设防标准应按 100 年超越概率 2% 的标准进行设防，以此确定的地震峰值加速度为 $a=0.146g$，地震动反应谱特征周期为 0.57s，相应地震烈度为Ⅶ度。设计采用振型分解反应谱法计算地震作用效应。

5.6.3.4　计算工况

1. 基本组合

工况 1：正常蓄水位＋泥沙压力＋设计温降＋自重（以下简称正常＋温降）

工况 2：正常蓄水位＋泥沙压力＋设计温升＋自重（以下简称正常＋温升）

工况 3：死水位＋泥沙压力＋设计温升＋自重（以下简称死水位＋温升）

2. 特殊组合

工况 1：校核洪水位＋泥沙压力＋设计温升＋自重（以下简称校核＋温升）

工况 2：地震荷载＋正常蓄水位＋泥沙压力＋温降＋自重（以下简称地震＋正常＋温降）

工况 3：地震荷载＋正常蓄水位＋泥沙压力＋温升＋自重（以下简称地震＋正常＋温升）

5.6.3.5　拱梁分载法应力控制标准

依据《混凝土拱坝设计规范》（SL 282—2003），用拱梁分载法计算时，对于基本荷载组合，1、2 级拱坝的抗压强度安全系数采用 4.0，对于非地震情况特殊荷载组合，1、2 级拱坝的抗压强度安全系数采用 3.5。坝体应力控制标准如下：

（1）基本荷载组合：主压应力不大于 6.25MPa；主拉应力不大于 1.2MPa。

（2）特殊荷载组合（非地震工况）：主压应力不大于 7.14MPa；主拉应力不大于 1.5MPa。

（3）特殊荷载组合（地震工况）：应力控制指标参照《水工建筑物抗震设计规范》（SL 203—97）中的承载能力极限状态抗震设计式进行计算：

$$\gamma_0 \psi S(\gamma_G G_k, \gamma_Q Q_k, \gamma_E E_k, \alpha_k) \leqslant \frac{1}{\gamma_d} R\left(\frac{f_k}{\gamma_m}, \alpha_k\right) \tag{5.6-1}$$

式中　　　γ_0——结构重要系数，该工程取 1.1；

　　　　　ψ——设计状况系数，取 0.85；

$$S(\cdot)——结构的作用效应函数；$$

G_k、Q_k、E_k——永久、可变、地震作用的标准值；

γ_G、γ_Q、γ_E——永久、可变、地震作用的分项系数；

α_k——几何参数的标准值；

γ_d——承载能力极限状态的结构系数；对于坝体抗压、抗拉强度分别规定为 2.0、0.85；

γ_m——材料性能的分项系数，取 1.4；

$R(\cdot)$——结构的抗力函数；

f_k——材料性能的标准值。

经计算容许主压应力不大于 16.39MPa，容许主拉应力不大于 3.08MPa。

5.6.3.6 拱坝拱圈线型比选

拱坝应力分析及体型优化程序 ADASO 是由中国水利水电科学研究院结构材料研究所自主研制开发的软件，针对三河口拱坝拱圈线型，共进行了抛物线、对数螺线、椭圆、二次曲线、三心圆、双曲线六种线型的拱坝体形优化，从拱坝坝体体积、坝体厚度、位移与应力、推力与推力角等方面进行分析比较。限于篇幅，除特别说明外，以下就正常+温降工况进行比较，其余工况类同。

1. 坝体体积

表 5.6-6 列出了不同拱圈线型的拱坝坝体体积。从表 5.6-5 中可看出，坝体体积从大到小的排序为双曲线、抛物线、三心圆、对数螺线、椭圆和二次曲线。

表 5.6-5　　　　　　　　　　　不同拱圈线型的拱坝体积

线型	双曲线	抛物线	三心圆	对数螺线	椭圆	二次曲线
坝体体积/万 m³	105.163	105.101	95.152	95.028	94.636	94.468
百分比/%	111.32	111.26	100.72	100.59	100.18	100.00

2. 坝体厚度

表 5.6-6 列出了不同拱圈线型的拱坝最大厚度及坝肩处厚度超过 35m 的拱梁节点数，厚度愈大坝体的开挖量愈大并且对混凝土施工浇筑能力要求愈高，我们希望坝体不要过厚。从表 5.6-6 中可看出，除双曲线和抛物线明显偏厚外，其他几种线型的最大坝厚差别很小，坝体厚度从优到劣的排序为双曲线、抛物线、三心圆、对数螺线、椭圆和二次曲线。

表 5.6-6　　　　　　　　　　　不同拱圈线型的坝体厚度

线　型	双曲线	抛物线	三心圆	对数螺线	椭圆	二次曲线
最大厚度/m	40.0	40.0	40.0	40.0	40.0	40.0
坝厚大于 35m 的拱梁节点数	11	10	6	6	6	6

由于双曲线拱坝坝体体积最大、坝体厚度最厚，拱圈线型方程复杂，且国内外高拱坝中未查到双曲线拱坝的工程实例，因此，对三河口拱坝，双曲线拱圈线型舍去，以下不再比较双曲线拱坝。

3. 位移

表 5.6-7 表示了不同拱圈线型的拱坝在不同高程的最大径向位移。从表 5.6-7 中可以看出，径向位移从小到大坝型的排序为抛物线、椭圆、对数螺线、二次曲线、三心圆。另外，从位移分布而言，各种拱圈线型拱坝的径向位移分布都是基本对称的。

表 5.6-7 拱坝不同高程最大径向位移

工况	高程/m	抛物线拱坝最大位移/cm	三心圆拱坝最大位移/cm	对数螺线拱坝最大位移/cm	椭圆拱坝最大位移/cm	二次曲线拱坝最大位移/cm
正常＋温降	646.00	5.680	9.420	7.923	7.107	8.694
	623.00	5.693	8.826	7.644	7.102	8.319
	602.00	5.655	7.952	7.127	6.855	7.631
	581.00	5.222	6.706	6.206	6.150	6.515
	561.00	4.416	5.306	5.011	5.044	5.189
	541.00	3.339	3.840	3.665	3.685	3.773
	521.00	2.164	2.416	2.325	2.311	2.388
	501.00	1.084	1.151	1.143	1.126	1.157
正常＋温升	646.00	3.272	6.322	5.087	4.367	5.617
	623.00	4.172	6.927	5.888	5.387	6.418
	602.00	4.700	6.823	6.055	5.788	6.489
	581.00	4.626	6.061	5.568	5.500	5.855
	561.00	4.052	4.952	4.642	4.660	4.820
	541.00	3.138	3.667	3.472	3.483	3.587
	521.00	2.067	2.344	2.237	2.219	2.307
	501.00	1.032	1.116	1.097	1.078	1.116

注 位移向下游方向为正。

4. 应力

不同拱圈线型的体型是在坝体最大应力满足约束条件下进行设计的，因此坝体的最大应力值都是接近或等于规范允许值。对应力，主要比较不同拱圈线型坝体的拉应力范围。

图 5.6-5 和图 5.6-6 表示各种拱圈线型拱坝下游和上游面拉应力区范围。从图 5.6-5 和图 5.6-6 可看出：各种线型拱坝上下游面的拉应力区分布规律相同，上游面仅在左右拱端附近有很小范围的拉应力区，下游面在拱坝的底部有很小范围的拉应力区，是拱坝理想的上下游面拉应力区分布；各种拱圈线型拱坝上下游面拉应力区范围差别不明显，从总体上看，拉应力区范围从小到大的坝型排序为对数螺线、抛物线、椭圆、二次曲线和三心圆；从坝体下部的拉应力范围看，抛物线要优于对数螺线。

5. 推力与推力角

已经计算出了三河口拱坝各种不同线型拱坝在不同高程处左右拱端的推力角，为了从整体上评价不同拱圈线型拱坝对坝肩稳定的影响，需要求出三河口拱坝在高程 521～646m

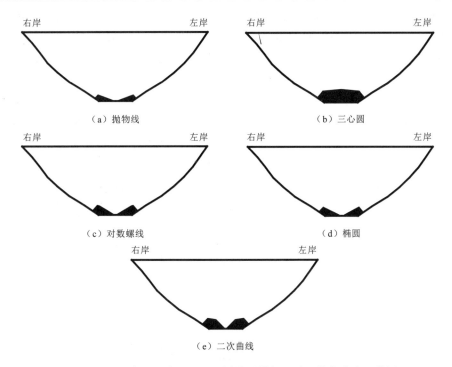

图 5.6-5　正常＋温降工况下不同线型拱坝下游面的拉应力区范围
（注：图中黑色阴影部分为拉应力区）

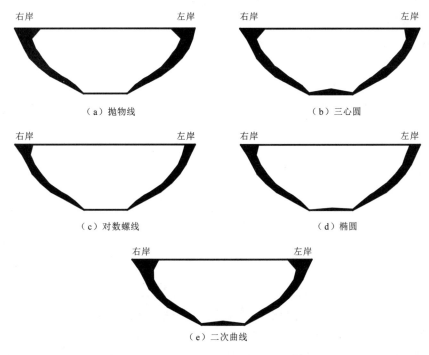

图 5.6-6　正常＋温降工况下不同线型拱坝上游面的拉应力区范围
（注：图中黑色阴影部分为拉应力区）

范围内左右拱端 X 方向和 Y 方向的合力（高程 501.00m 为坝底高程，此高程坝肩推力需考虑坝底建基面影响，此处不列入），从而求出总推力，总推力与 X 轴的夹角称为总推力角，显然，总推力和总推力角在整体上能较好地反映拱坝对坝肩稳定的影响。这里，计算工况取最常见的正常＋温降工况与正常＋温升工况。

从表 5.6-8 可看出，在左拱端，总推力由大到小为抛物线、三心圆、二次曲线、对数螺线和椭圆，总推力角由大到小为抛物线、椭圆、对数螺线、二次曲线和三心圆；在右拱端，总推力由大到小为抛物线、三心圆、对数螺线、椭圆和二次曲线，总推力角由大到小为抛物线、椭圆、对数螺线、二次曲线和三心圆。

表 5.6-8　　　　　拱坝高程 521.00～646.00m 范围内左右拱端总推力和总推力角

工况		推　力	抛物线型	三心圆型	对数螺线型	椭圆型	二次曲线型
正常＋温降	左拱端	总推力/1000kN	9246.282	9111.843	9080.883	9031.911	9086.63
		总推力角/(°)	82.997	76.615	77.876	78.960	76.821
	右拱端	总推力/1000kN	9195.653	9082.275	9062.302	9062.263	9054.155
		总推力角/(°)	82.980	76.267	77.873	79.700	76.119
正常＋温升	左拱端	总推力/1000kN	9398.256	9324.515	9285.258	9228.394	9301.687
		总推力角/(°)	80.696	73.866	75.425	76.553	74.184
	右拱端	总推力/1000kN	9371.919	9308.150	9275.98	9265.468	9278.988
		总推力角/(°)	80.607	73.470	75.381	77.291	73.453

从力的平衡条件来看，拱坝整体顺河向（Y 方向）的合力应该等于总水压的 Y 向分力，不同线型拱坝的顺河向（Y 方向）总的合力都应该相等，因此拱坝 X 向的合力愈大，推力方向就愈指向山里，对稳定愈有利。表 5.6-9 列出了拱坝高程 521.00～646.00m 范围内 X 向的总合力。

表 5.6-9　　　　　拱坝高程 521.00～646.00m 范围内 X 向总合力　　　　单位：1000kN

工况	部位	抛物线型	三心圆型	对数螺线型	椭圆型	二次曲线型
正常＋温降	左拱端	1127.329	2109.299	1907.255	1729.541	2071.661
		100.00%	187.11%	169.18%	153.42%	183.77%
	右拱端	1123.84	2156.182	1903.825	1620.391	2172.077
		100.00%	191.86%	169.40%	144.18%	193.27%
正常＋温升	左拱端	1519.518	2591.102	2336.617	2146.015	2535.227
		100.00%	170.52%	153.77%	141.23%	166.84%
	右拱端	1529.554	2648.293	2341.107	2038.459	2642.638
		100.00%	173.14%	153.06%	133.27%	172.77%

从表 5.6-8 和表 5.6-9 可看出，抛物线的稳定条件明显较差，其他几种线型的稳定条件差别相对较小，坝肩抗滑稳定性能从优到劣的顺序大致为三心圆、二次曲线、对数螺线、椭圆和抛物线；当然，判断坝肩稳定是否满足要求，最终应通过坝肩抗滑稳定分析来确定。

6. 拱圈线型比选

以上从五个方面对不同拱圈线型的三河口拱坝进行了比较，其结果从优到劣地排序汇总于表 5.6 - 10，用 A、B、C、D、E 来表示从优到劣的排序。从表 5.6 - 10 中可以看出，在所列出的五个方面，各种线型互有优劣，没有一明显的排序，必须要具体情况具体分析。

表 5.6 - 10　　　　　　　　　　不同线型的拱坝排序

编号	项　　目	抛物线型	三心圆型	对数螺线型	椭圆型	二次曲线型
1	坝体体积	E	D	C	B	A
2	坝体厚度	A	B	C	D	E
3	位移	A	E	C	B	D
4	应力	B	E	A	C	D
5	推力与推力角	E	A	C	D	B

注　A、B、C、D、E 表示从优到劣的排序。

对抛物线拱坝而言，坝体厚度和位移都是最优的，坝体拉应力范围总体来看排在第 2 位，但从坝体下部拉应力范围看则是最优的；同时就大坝应力水平相比，抛物线拱坝比对数螺线拱坝整体偏小。抛物线坝体体积尽管是最大的，但与最小坝体体积相比，增大 10 万 m³ 左右，投资增加幅度可以接受。

结合"八五"和"九五"国家科技攻关成果、国内外高拱坝的工程经验和现状以及三河口坝址的实际情况和不同拱圈线型拱坝排序成果，推荐三河口水利枢纽拱坝拱圈线型采用抛物线。

抛物线双曲拱坝设计技术先进，但线型方程（仅一个变量）简单，自 1954 年 Emosson 坝（坝高 51m）在世界上首次采用后，得到了快速迅猛发展，目前抛物线拱坝已成为水利水电工程混凝土拱坝的首选坝型之一。万家口子、象鼻岭碾压混凝土拱坝均采用抛物线拱坝，我国在建及完建的坝高超过 200m 的常态混凝土拱坝中，二滩拱坝（坝高 240m）、小湾拱坝（坝高 294.5m）、溪洛渡拱坝（坝高 285.5m）、锦屏一级拱坝（坝高 305m）、构皮滩拱坝（坝高 232.5m）全部采用抛物线拱坝，其中二滩拱坝已安全运行多年，经历了工程实践的考验，其余高拱坝及特高拱坝也未出现严重的安全问题。因此，三河口拱坝拱圈线型采用抛物线具有可靠的技术保证。

5.6.3.7　三河口拱坝推荐体型分析

1. 体型设计

在确定最终的拱坝体型时，除拱圈比选的约束条件外，还必须根据实际情况增加计算工况中的荷载组合，调整坝肩嵌深和拱座位置等，相对收紧约束，从而设计出最终的推荐拱坝体型。推荐拱坝在设计中优化坝型参数，尽量使坝体应力、拱端推力方向及泄洪建筑物布置趋于合理。

推荐碾压混凝土拱坝体型采用抛物线双曲拱坝，拱坝坝顶高程为 646.00m，坝底高程 501.00m，最大坝高 145m，坝顶宽 9m，拱冠坝底厚 37m，坝顶上游弧长 500.900m，最大中心角 94.84°，位于高程 623.00m；最小中心角 46.72°，位于高程 501.00m。拱圈中心轴线在拱冠处最大曲率半径在左岸为 203.193m，在右岸为 201.586m，最小曲率半径在左岸为 101.7840m，在右岸为 94.264m；大坝宽高比 2.93，厚高比 0.26，上游面最大倒悬度 0.18，下游面最大倒悬度 0.20，坝体混凝土方量 99.74 万 m^3。大坝控制高程几何参数见表 5.6-11。抛物线拱坝体型平面图见图 5.6-7，拱坝体型立视图见图 5.6-8。

表 5.6-11　　　　　　　　　　大坝控制高程几何参数表

高程/m	拱冠梁中心线 Y 坐标/m	拱冠处厚度/m	拱端厚度/m		拱冠处曲率半径/m		半中心角/(°)	
			左岸	右岸	左岸	右岸	左岸	右岸
646.00	0.000	9.000	9.000	9.000	203.193	201.586	46.788	45.999
623.00	7.006	14.663	14.781	15.703	184.720	176.013	47.766	47.078
602.00	10.980	19.589	20.281	21.222	168.174	156.005	47.807	46.908
581.00	12.826	24.183	25.668	26.145	152.219	138.862	46.488	45.403
561.00	12.767	28.166	30.405	30.261	137.829	124.914	44.329	42.449
541.00	11.090	31.683	34.482	33.798	124.467	113.012	40.765	38.376
521.00	7.950	34.655	37.627	36.738	112.372	102.885	35.058	33.099
501.00	3.500	37.000	39.569	39.063	101.784	94.264	23.324	23.397

图 5.6-7　抛物线拱坝推荐体型平面图

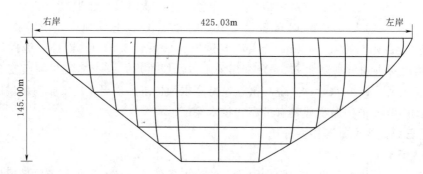

图 5.6-8　抛物线拱坝推荐体型立视图

2. 应力计算结果

拱梁分载法坝体应力计算汇总表见表 5.6-12。表 5.6-12 列出了七种工况下上下游面最大主应力。从表 5.6-12 中可看出，七种工况的最大主应力都小于允许应力，全面满足要求。在荷载基本组合下，最大拉应力 1.14MPa，发生在正常＋温降工况的上游面，最大压应力为 5.58MPa，发生在正常＋温升工况的下游面；在荷载特殊组合下，不考虑地震时，最大拉应力 1.24MPa、发生在上游面，最大压应力 5.70MPa、发生在下游面；考虑地震时，最大拉应力 2.61MPa、发生在地震＋正常＋温降工况的上游面，最大压应力为 7.41MPa，发生在地震＋正常＋温升工况的下游面。拱梁分载法计算成果分析表明：坝体应力满足《混凝土拱坝设计规范》及《水工建筑物抗震设计规范》的应力控制标准。

表 5.6－12 拱梁分载法坝体应力计算汇总表

计算荷载组合		应 力	上 游 面		下 游 面	
			拉应力	压应力	拉应力	压应力
基本组合	正常＋温降	应力值/MPa	−1.14	4.51	−0.40	5.36
		位置（高程）/m	501.00 (CR)	623.00 (LF)	521.00 (RT)	541.00 (LF)
	正常＋温升	应力值/MPa	−1.17	3.89	0.00	5.58
		位置（高程）/m	541.00 (LF)	646.00 (LF)	646.00 (LF)	541.00 (LF)
	设计＋温升	应力值/MPa	−1.15	3.88	0.00	5.52
		位置（高程）/m	541.00 (LF)	646.00 (LF)	646.00 (LF)	541.00 (LF)
	死水位＋温升	应力值/MPa	−0.51	4.64	−0.54	2.23
		位置（高程）/m	521.00 (LF)	501.00 (RT)	561.00 (LF)	581.00 (CR)
特殊组合	校核＋温升	应力值/MPa	−1.24	4.06	0.00	5.70
		位置（高程）/m	541.00 (LF)	646.00 (LF)	646.00 (LF)	541.00 (LF)
	地震＋正常＋温降	应力值/MPa	−2.61	6.57	−2.01	7.15
		位置（高程）/m	501.00 (CR)	602.00 (CR)	581.00 (LF)	561.00 (LF)
	地震＋正常＋温升	应力值/MPa	−2.56	5.74	−1.32	7.41
		位置（高程）/m	501.00 (CR)	646.00 (RT)	602.00 (LF)	561.00 (RT)

注 LF 表示拱冠左侧，RT 表示拱冠右侧，CR 表示拱冠中部。

5.6.4 枢纽泄洪消能方式研究

5.6.4.1 枢纽泄洪方式研究

泄洪建筑物是枢纽的重要组成部分，是保障枢纽工程安全的关键性建筑物。三河口水利枢纽坝址处属峡谷区，河谷呈基本对称的 V 形发育，谷底宽度 50～100m。根据工程设计标准，泄洪建筑物设计洪水标准为 500 年一遇（$p＝0.2\%$），相应洪峰流量 7430m³/s；校核洪水标准为 2000 年一遇（$p＝0.05\%$），相应洪峰流量 9210m³/s。水库枢纽的洪峰流量相对较大。

1. 泄洪建筑物型式的选择

首先从泄洪建筑物的布置条件，来确定泄洪建筑物采用的布置型式。

（1）地形条件：枢纽主要建筑物区河谷狭窄、岸坡陡峻。因此泄洪建筑物的落水区宜沿着河道纵向拉开，又有横向的扩散，采用分散泄洪，分区消能的布置型式。

（2）地质条件：坝址处河谷呈 V 形，两岸地形基本对称，山体雄厚，岸坡岩石出露。坝基岩体主要为变质砂岩夹薄层结晶灰岩，河床砂卵石覆盖层厚 6.5～7.2m，汛期水深较深，采用挑流消能具有良好的地质条件和水垫厚度。

（3）枢纽其他主要建筑物布置型式：拦河大坝为碾压混凝土拱坝，采用坝身泄洪具备充分的布置条件，枢纽其他建筑物布置与坝身泄洪消能建筑物布置无大的干扰和冲突。而采用岸坡泄洪消能型式，大坝下游已经布置抽水发电站以及输水洞等建筑物，干扰较大，布置较为困难。

由以上分析可以看出，选定的碾压混凝土拦河坝本身具备坝身过流的条件，虽然在坝体上布置泄洪设施会影响到坝体的应力分布，同时给坝体的大面积碾压施工带来不便，但是坝身泄洪方式布置紧凑，管理操作方便。对于岸坡泄洪方式，由于大坝两岸没有布置岸边泄洪建筑物的有利地形条件，同时布置上要考虑与大坝下游抽水发电站以及输水洞等建筑物相互影响，并且设置岸边泄洪建筑物的投资比较高。因此，综合考虑采用坝体布置泄洪设施的方案较为合适。

三河口水利枢纽大坝坝身泄洪水头高，参照国内工程经验，宜采用"坝身分层出流、水垫塘消能"的布置型式。根据大坝体型以及坝址处的实际地形、河床宽度，结合下游河床的承受能力，并考虑工程运行的需要和便捷，坝身泄洪采用表孔＋底孔泄洪布置。

考虑到底孔水头较高，流速较大，高速水流会带来振动、冲刷磨蚀等诸多不利因素，参考已建类似工程实际运行情况，初步拟定三河口水库泄洪建筑物运行方式为：常遇洪水时采用表孔泄洪，在大洪水时，采用表底孔联合泄洪，泄洪时底孔为全开。底孔除承担泄洪任务外，还承担工程建成后大坝检修时放空水库及施工期度汛的任务。

2. 泄洪建筑物尺寸选择

表孔、底孔孔口尺寸选择根据坝址地形地质条件、拱坝坝身泄洪特点和枢纽布置及泄量分配原则等确定。主要考虑因素如下。

（1）泄洪建筑物的布置应有利于水库运行的合理调度，充分发挥水库调洪削峰能力，减小下泄流量及下游消能难度。

（2）各泄洪设施的泄量分配，应考虑在宣泄经常性洪水时，多套泄洪设施均能单独承担，互为备用，以增加泄洪设施的运行灵活性及安全性。

（3）坝身孔口布置应尽量减少对拱坝结构的不利影响，水流不能危及拱坝坝肩及岸坡稳定。

（4）考虑水库运行时放空的要求。

（5）消能要求：拱坝采用坝身泄洪方式，为防止对下游两岸坡的冲刷，泄洪前沿应尽量缩小，并结合碾压混凝土快速施工的特点，应尽量采用泄洪表孔，以降低施工干扰。

（6）结构要求：三河口拱坝顶部厚度（10～18m）较小，应尽量减小孔口对坝顶拱圈的破坏和上下游悬臂长度，所以表孔堰顶高程选择不宜过低。底孔布置应尽量满足放空泄洪和金属结构尺寸要求。

3. 放空泄洪底孔比选

三河口水利枢纽坝高145m，高坝考虑设置放空底孔是有必要的。在承担放空任务时，需将水库水位由正常蓄水位643m降至死水位558m，其中正常蓄水位643m至表孔堰顶高程628.00m间采用表孔放空，表孔堰顶高程至死水位间采用底孔放空。要求底孔放空时间尽可能短，并且控制最大下泄流量不超过常遇洪水洪量，以避免造成人为洪水和对下游的冲刷破坏。

考虑到底孔有放空水库和施工度汛的工程任务，底孔高程应布置在死水位 558m 以下，并且选择的底孔高程越低，泄流能力越强，但是会引起金属结构设备投资增大。另外从结构上讲，底孔位于坝体的下部，是坝体应力较大的部位，孔口高程较低、孔口较大以及开孔较多对坝体应力影响就较大。综合考虑后选定底孔洞底高程为 550.00m，其对应库容 952 万 m^3，位于坝体高度 49m 处，坝基宽度 40m，这时坝体结构相对稳定，不会对拱坝结构安全构成威胁。

在底孔孔口个数的选择上，底孔个数以 1～2 孔布置为宜，底孔孔口高程选用 550.00m。方案一设置 1 孔底孔，孔口尺寸 5m×6m（宽×高）；方案二设置 2 孔底孔，孔口尺寸 4m×5m（宽×高）；方案三设置 2 孔底孔，孔口尺寸 3m×4m（宽×高）。三个方案在放空时间、最大泄量、施工度汛导流对应坝前挡水位以及金属结构设备投资方面进行比较。方案比较见表 5.6-13。

表 5.6-13　　　　　　　　　　　放空泄洪底孔尺寸比选方案

方案	孔口尺寸 （宽×高）/m	孔数 /孔	底板高程 /m	水库放空 时间/d	正常蓄水位时 最大泄量/（m^3/s）	施工度汛导流对应 坝体挡水位/m	金属结构设备 投资概算/万元
方案一	5×6	1	550.00	9.44	1147	604.96	3100.55
方案二	4×5	2	550.00	6.9	1540	599.21	4115.46
方案三	3×4	2	550.00	11.3	930	610.00	3836.50

三个方案在水库放空时间上均少于 14 天，均是合适的。方案一单孔布置的金属结构设备投资最小，但是与两孔布置相比，单孔布置在工程运行灵活性与安全可靠性上较差。参照国内外已成工程，多采用 2 孔左右对称布置，三河口大坝坝高较高，从运行灵活和安全可靠上考虑，该工程底孔宜选择两孔布置。方案三两孔布置方案，孔口尺寸较小，虽然金属结构投资小，但泄洪能力较差，其方案能效比低，同时在施工期间承担度汛任务时，所分摊的泄洪量较小，度汛导流对应坝体挡水位较高。方案二两孔布置在水库放空时间和承担度汛任务时坝前水位均比较适宜，同时能有效地分散表孔的泄流压力，故选择方案二为推荐方案。

4. 泄洪表孔比选

子午河洪峰流量较大，应尽可能利用河床段宽度布置泄洪表孔。在表孔孔数设置上，根据下游河谷地形条件，由于河面较为狭窄，因此孔口不宜太小太多，同时还需综合考虑孔口对坝顶拱圈的破坏和金属结构设备的安全可靠性及经济性。在表孔堰顶高程选择上，考虑到三河口拱坝顶部厚度（10～18m）较小，应尽量减少上下游悬臂长度，堰顶高程也不宜过低，堰顶高程选在 625.00～630.00m 为宜。

在表孔的选择上，主要从表孔设置的孔数以及溢流堰顶高程两个方面进行比较。

首先初步选择表孔堰顶高程 628.00m，拱坝对应下游河床段宽度 60m 左右，表孔分别选用 2 孔、3 孔、4 孔和 5 孔，在此基础上进行孔口尺寸选择、布置及体型设计，同时根据调洪计算确定的坝顶高程及投资来进行比较。

表孔孔口布置尺寸比较见表 5.6-14。

表 5.6 - 14　　　　　　　　　　　　　　表孔孔口布置尺寸比较表

项　目	单位	方案一	方案二	方案三	方案四
表孔孔数	孔	2	3	4	5
孔口尺寸（宽×高）	m×m	24×15	15×15	11×15	8×15
溢流堰净宽	m	48	45	44	40
闸墩个数	个	3	4	5	6
闸墩均宽	m	5	4	3.8	3.5
计算坝顶高程	m	645.60	646.00	646.30	646.60
建筑工程投资概算（大坝部分）	万元	109442	110000	110679	111226
金属结构设备（表孔）投资概算	万元	3670	2709	2293	2129
投资概算合计	万元	113112	112709	112972	113355

根据以上比较可以看出，考虑下游河谷地形及拱坝坝体布置的要求限制和金属结构启闭设备安全的情况下，表孔布置孔口越少，溢流堰净宽越大，泄洪能力越大，对应大坝挡水高度越低。

虽然方案一布置简单，泄流净宽最大，坝顶高程最低，但闸门尺寸大，受到水推力大，需选用预应力闸墩，而且金属结构需要的启闭设备大，总体投资并不占优，运行安全可靠性也较差。方案二的 3 孔布置和方案三的 4 孔布置均充分利用下游河床允许的泄洪宽度，布置紧凑，其闸孔数少，闸墩数亦少，金属结构布置也比较合理，特别是方案二布置总体投资最优，施工较为方便。方案四的 5 孔布置，虽然金属结构投资最小，但泄流净宽小，坝体高度较高，未能充分合理利用泄流宽度，且总体投资不经济，同时由于闸孔数量多，闸墩数量多，施工亦复杂。因此，方案二在运行灵活性及安全性、对坝体结构影响方面均能满足要求，合理利用了表孔泄流净宽，而且投资较经济，故表孔设置 3 孔是较为合理的。

在确定表孔孔口宽度和孔数的基础上，先初步选择表孔为 3 孔，净宽 45m，底孔为 2 孔，孔口尺寸 4m×5m，分别拟定堰顶高程为 626.00m、628.00m 及 630.00m，三个堰顶高程均取正常蓄水位为 643.0m，汛限水位为 642.0m，进行方案布置比较，见表 5.6 - 15。

表 5.6 - 15　　　　　　　　　　　　　　表孔各堰顶高程方案比较表

方　案	单位	方案一		方案二		方案三	
孔口尺寸（宽×高）	m×m	15×17		15×15		15×13	
孔数	孔	3		3		3	
堰顶高程	m	626.00		628.00		630.00	
洪水频率		$p=0.2\%$	$p=0.05\%$	$p=0.2\%$	$p=0.05\%$	$p=0.2\%$	$p=0.05\%$
坝前最高水位	m	642	643.49	642.95	644.7	644.07	645.85
下泄流量	m³/s	7180	8016	6610	7580	6150	7120
总库容	万 m³	69000		71000		72900	

方　　案	单位	方案一	方案二	方案三
坝顶高程	m	644.80	646.00	647.20
建筑工程投资概算（大坝部分）	万元	108985	110000	111101
金属结构设备（表孔）投资概算	万元	3617	2709	2141
投资概算合计	万元	112602	112709	113242
与方案二投资差值	万元	−107		533

三个方案中，方案一泄洪表孔泄洪能力最强，大坝坝顶高程低，坝体工程量较省，但表孔为窄深型布置，对坝体结构不利，且不能有效进行洪水削峰，金属结构设备和下游消能设施工程量大，总体投资与方案二比无明显优势。方案二和方案三都能够有效地削减洪峰且集中解决了消能问题，但是方案三相应的泄流能力小，大坝滞洪库容大，大坝高度高，其大坝主体工程投资最大，虽金属结构设备投资较为省，但总体投资较方案二大。

通过以上方案的比较可以看出：取堰顶高程628.00m，3孔孔口尺寸为15m×15m（宽×高）的表孔布置方案，在投资上是经济的，在坝体结构要求上是安全的，在泄洪上也是安全可靠的。

5. 泄洪方案布置及选择

（1）泄洪方案布置。在对底孔尺寸及泄洪表孔尺寸比选的基础上，考虑该工程泄洪消能的特点及坝址区的地形地质条件、枢纽总体布置、洪水流量、水库调度运行方式等因素，兼顾施工中期、后期导流，综合考虑拟订以下两种表孔、底孔泄洪孔口尺寸组合布置方案，见表5.6-16，布置简图见图5.6-9和图5.6-10。

表5.6-16　　　　　　　　各泄洪布置方案

方案	表　　孔			底　　孔		
	孔口尺寸（宽×高）	孔数/孔	堰顶高程/m	孔口尺寸（宽×高）	孔数/孔	底板高程/m
方案一	12m×15m	4	628.00	5m×6m	1	550.00
方案二	15m×15m	3	628.00	4m×5m	2	550.00

1）方案一（4表孔+1底孔）。一个泄洪底孔布置在高程550.00m，进口设置检修闸门，进口孔口尺寸5m×7m（宽×高），出口设置弧形工作闸门，孔口尺寸5m×6m（宽×高），最大下泄流量1180m³/s。溢流表孔两两对称布置在底孔两侧，孔口尺寸12m×15m（宽×高），堰顶高程628.00m，溢流表孔最大下泄流量6450m³/s。

下游消能区采用消力塘底板宽70m，长200m，厚度为3.0m，底板顶面高程514.0m，为确保消力塘有足够的水垫厚度，在消力塘末端设置二道坝，坝顶高程533.00m，坝底高程511.00m，坝高22m，坝顶宽4m，坝底宽20.4m。

2）方案二（3表孔+2底孔）。溢流表孔布置于拱坝中心线附近，孔口尺寸15m×15m（宽×高），堰顶高程628.00m，溢流表孔最大下泄流量6020m³/s。两个泄洪底孔布置在高程550.00m，相间布置在三个溢流表孔之间，进口设置检修闸门，孔口尺寸4m×6m（宽×高），出口设置弧形工作闸门，孔口尺寸4m×5m（宽×高），最大下泄流量

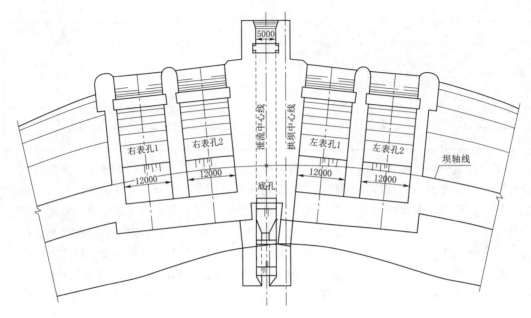

图 5.6-9　4 表孔+1 底孔泄洪系统平面布置图（单位：mm）

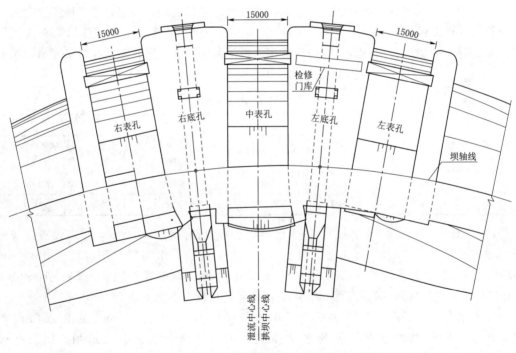

图 5.6-10　3 表孔+2 底孔泄洪系统平面布置图（单位：mm）

1560m³/s。

下游消能区防护处理同方案一。

各泄洪布置方案比较见表 5.6-17。

表 5.6－17 各泄洪布置方案比较表

方 案	单位	方 案 一		方 案 二	
表孔孔口尺寸（宽×高）	m×m	12×15		15×15	
孔数	孔	4		3	
堰顶高程	m	628.00		628.00	
底孔孔口尺寸（宽×高）	m×m	5×6		4×5	
孔数	孔	1		2	
底板高程	m	550.00		550.00	
洪水频率	%	0.2	0.05	0.2	0.05
坝前最高水位	m	643.02	644.75	642.95	644.70
下泄流量	m³/s	6602	7630	6610	7580
总库容	万 m³	71040		71000	
建筑工程投资概算（大坝部分）	万元	110847		110000	
金属结构设备投资概算	万元	6277		6295	
投资概算合计	万元	117124		116295	
与方案二投资差值	万元	829			

（2）泄洪方案选择。在泄洪建筑物布置方案选择上，主要从各方案泄量分配、坝身开孔影响、泄洪消能、施工工期及影响、后期施工期度汛及投资等方面综合分析。

1）坝身开孔影响：方案一底孔开孔较大，相应穿坝体洞身断面尺寸较大，对坝体结构应力影响较大，但总体来讲方案一、方案二对大坝结构影响差别不大，泄流建筑物的布置均能有效合理利用下游河道宽度。

2）泄洪消能：方案二由水工模型试验表明，底孔水流采用纵向拉开，落点位于 32～140m 范围内，且位于消力池中间；左表孔水流纵向拉开，落点位于 41～93m 范围内，横向拉伸宽度 30m；中表孔水流纵向拉开，落点位于 113～131m 范围内，横向拉伸宽度 66m；右表孔水流纵向拉开，落点位于 55～107m 范围内，横向拉伸宽度 32m。各孔水舌落水位置互相错开，减少碰撞和交汇，使水垫塘得到充分的利用，增加其消能率，减小底板受到的冲击压力，并且没有对两岸山体冲刷。方案一表孔泄流宽度宽，泄量较大，泄流比较集中，底板受到的冲击压力大，相应下游消能工规模要求较高，投资增加，而且可能存在对两岸山体冲刷的问题。所以泄洪消能方面方案二相对较优。

3）施工影响：方案一布置一孔底孔，前期对大坝施工干扰小，进度较快，但方案一表孔施工较方案二复杂，后期施工干扰大，工期长。总体来说，方案一、方案二对大坝施工影响基本一致。

4）金属结构：方案一为 1 个底孔，相对方案二 2 个底孔来讲金属结构部分投资少，但方案一表孔金属结构投资相对较大，从总体投资来看方案一较方案二经济。

5）运行条件：方案一和方案二总体泄流能力相当。方案二底孔两孔布置，在运行期灵活性和可靠性较好，而底孔单孔布置的方案一运行灵活性差，安全可靠性差。

6）施工度汛：通过对各方案后期导流调洪演算，方案二两底孔泄量大，度汛导流对应坝体挡水位较低，方案一泄量小，度汛导流对应坝体挡水位较高，总体来说，方案一、方案二对大坝施工度汛影响不大。

7）投资方面：从投资上看，方案二最优，比方案一少 829 万元。

综合以上分析，三河口水利枢纽泄洪建筑物布置采用 3 表孔＋2 底孔方案是适宜的。

6. 泄洪布置方案合理性分析

根据三河口水利枢纽坝址处的地形地质情况，挡水建筑物采用碾压混凝土拱坝形式，将泄水建筑物布置在坝身是合理和经济的。国内一些工程均采用了坝身分层出流、分区消能的泄洪消能方案。泄洪布置利用表孔的大差动齿坎，底孔窄缝扩散，表孔、底孔分层出流，使得水舌落水位置互相错开，消减射流的集中强度，并在下游设消力塘来集中消杀下泄水流的能量，实践证明这是一种既安全又经济的泄洪消能方案。三河口水利枢纽与国内近年来建设的碾压混凝土拱坝泄洪能量比较见表 5.6－18。

表 5.6－18　三河口水利枢纽与国内近年来建设的碾压混凝土拱坝泄洪能量比较表

工程名称	坝高/m	最大下泄流量/(m³/s)	泄洪功率/MW	泄洪消能方式
万家口子	167.5	4985	6681	表孔、中孔/水垫塘
大花水	134.5	6740	5902	表孔、中孔/水垫塘
普定	75	6610	4858	表孔、底孔/水垫塘
蔺河口	100	3080	2321	表孔/水垫塘
三河口	145	7580	7280	表孔、底孔/水垫塘

鉴于此，三河口水利枢纽泄洪布置选用坝身泄洪 3 表孔＋2 底孔方案，采用表底孔联合泄洪、各孔水流水舌分散入水及下游设水垫塘消能的布置方式，同时在表底孔出口部位采用差动坎、窄缝扩散消能型式。

三河口水库大坝比较高，大坝检修需要设置水库放空设施，因此底孔主要承担放空水库的任务，同时在库水位超过汛限水位时参与泄洪。此外底孔还可兼顾施工期度汛，根据施工进度安排，第四年汛期坝体挡水，底孔过流，度汛设计洪水标准为 100 年一遇洪水，相应洪峰流量为 5420m³/s，坝前水位高程为 599.21m。

泄洪建筑物的泄量分配直接影响到水库运行、消能效果等多方面。根据以上设计原则，底孔尺寸选择时，一方面，对于碾压混凝土拱坝而言，坝体填筑要求不能出现影响坝体稳定和施工进度的较大孔口；另一方面，底孔须尽可能增大泄流量，以满足放空水库时有足够的过流能力，同时在泄洪时能分散表孔泄洪压力，并且能兼顾施工度汛期的过流要求。因此，在经过充分研究和比较后，选用 3 表孔＋2 底孔方案，即表孔孔口尺寸为 15m×15m（宽×高），堰顶高程为 628.00m；底孔孔口尺寸为 4m×5m（宽×高），底板高程为 550.00m 的布置，确定其表孔、底孔泄流量分配比见表 5.6－19。

在流量分配方面和国内同类工程相比，基本合理。因此，3 表孔＋2 底孔方案建筑物布置比较紧凑，金属结构设备安全可靠，同时能够有效地削减洪峰且集中解决消能问题。从比较结果和国内同类工程比较来看，大坝的泄流布置是合适的。

表 5.6-19   三河口水利枢纽表孔、底孔泄流量分配表

洪水标准	水库水位 /m	枢纽总泄量 /(m³/s)	表孔泄量 /(m³/s)	表孔泄量占枢纽总泄量的百分比/%	底孔泄量 /(m³/s)	底孔泄量占枢纽总泄量的百分比/%
设计洪水位 (p=0.2%)	644.7	7580	6020	79.4	1560.0	20.6
校核洪水位 (p=0.05%)	642.95	6610	5070	76.7	1540.0	23.3

5.6.4.2 泄洪建筑物体型设计

三河口水利枢纽工程泄洪建筑物为 2 级建筑物，泄洪建筑物设计洪水为 500 年一遇（$p=0.2\%$），相应洪峰流量 7430m³/s，相应下泄流量为 6610m³/s；校核洪水为 2000 年一遇（$p=0.05\%$），相应洪峰流量 9210m³/s，相应下泄流量为 7580m³/s。

1. 泄洪建筑物布置

泄洪建筑物由坝身泄洪表孔和放空泄洪底孔组成。泄洪表孔及放空泄洪底孔均布置在拱坝坝身。泄洪表孔采用浅孔布置型式，放空泄洪底孔相间布置在三个表孔之间，形成 3 表孔＋2 底孔的布置格局，见图 5.6-11。

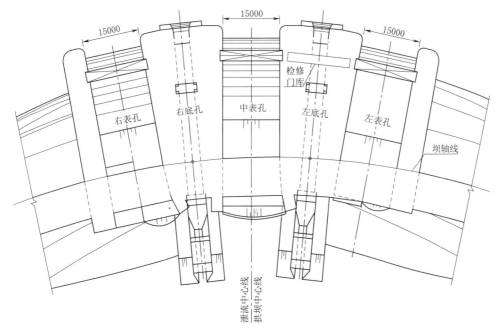

图 5.6-11   泄洪建筑物布置简图（单位：mm）

泄洪表孔采用浅孔布置型式，大坝顶部保留一定厚度的拱圈，不致因表孔开敞式泄洪对大坝的应力产生较大影响。放空泄洪底孔采用有压流孔身，布置于大坝坝身中下部。泄洪表孔最大下泄流量 6020m³/s，放空泄洪底孔最大下泄流量 1560m³/s。

泄洪建筑物均采用挑流方式消能，为减轻对坝脚及下游河床的冲刷，下游设置消力塘。

大坝表孔主要承担泄洪任务；大坝底孔主要承担工程建成后大坝检修时放空水库的任

务，大洪水时也承担泄洪任务，兼顾施工期度汛任务。三河口水库泄洪建筑物运行方式为：在小于 200 年一遇洪水时采用表孔泄洪，在 200 年一遇洪水及大于 200 年一遇洪水时，采用表底孔联合泄洪，泄洪时底孔为全开。

2. 泄洪建筑物体形设计

泄洪表孔布置于拱坝中心线附近，孔口尺寸 15m×15m（宽×高），堰顶高程 628.00m，泄洪表孔最大下泄流量 6020m³/s，最大单宽流量 133.78m³/(s·m)。

两个放空泄洪底孔布置在高程 550.00m，相间布置在三个泄洪表孔之间，最大下泄流量 1560m³/s，进口设置检修闸门，孔口尺寸 4m×6m（宽×高），出口设置弧形工作闸门，孔口尺寸 4m×5m（宽×高）。

（1）泄洪表孔体型设计。泄洪表孔由堰顶上游段堰面曲线、堰顶下游段堰面曲线、反弧段、出口挑坎组成。

参考同类工程经验及水工模型试验的成果，左、右表孔出口采用设置大俯角跌坎加分流齿坎的形式，中孔采用横向扩散的舌型挑坎，使每孔水舌都能做到上下分层、前后拉开，又有横向的扩散，尽可能地增大入水面积，使水垫塘得到充分的利用，增加其消能率，同时改善塘内水流流态，减小底板受到的冲击压力。

左表孔堰面宽度 15m，出口采用大俯角跌坎加分流齿坎的形式，坎槽宽度均为 7.5m。左侧为大俯角跌坎，齿槽俯角 45°，齿槽末端加设舌型折坎，出口高程 602.89m；右侧为分流齿坎，齿坎反弧半径 20m，挑角 0°，齿坎出口高程 611.17m。

中表孔采用舌型扩散挑坎，堰面宽度 15m，出口末端为圆弧加折流挑坎，挑坎反弧半径 20m，起挑角度为 32.5°，同时左侧边墙向外扩散，末端宽度增大至 16.5m。

右表孔堰面宽度 15m，出口亦采用大俯角跌坎加分流齿坎的形式，坎槽宽度均为 7.5m。左侧齿槽俯角 40°，齿坎反弧半径 18m，挑角 10°，齿坎出口高程 611.702m，右侧齿槽末端加设舌型折坎，出口高程 603.308m。

设计水位和校核水位泄洪时，表孔出口鼻坎末端（齿坎末端）流速达到 20～23m/s，为解决高速水流带来的过流面抗冲耐磨和气蚀等问题，表孔过流面采用 1m 厚的抗冲耐磨 C40 高强混凝土衬砌。

（2）放空泄洪底孔体型设计。底孔由进口段、中部有压流段和出口消能段三部分组成。

进口段设置倾斜的检修闸门槽，检修门槽中心线与水平线夹角为 83°，进口底板高程为 550.00m，孔口尺寸为 4m×6m（宽×高）。进口采用喇叭口型式，底板前沿为半径 2m 的 1/4 圆弧，侧墙和顶板均采用 1/4 的椭圆曲线。

中部有压段为平底，高程为 550.00m，孔身段为矩形断面，顶板为压坡形式，压坡坡比为 1：118.2（左底孔）和 1：121.12（右底孔），在尾部顶面设有 4.5m 长的压坡段，压坡坡比 1：6，压坡后出口孔口尺寸为 4m×5m（宽×高），出口弧门采用偏心铰弧门，弧门门槽为突扩突跌型，底部降低 1.0m，高程为 549.00m，两侧各向外扩宽 0.5m，宽度变为 5m，在底坎左右两边设置直径为 0.4m 的圆形通气孔。

出口采用带跌坎的窄缝挑流消能工，挑坎高程为 549.00m，为防止水流冲击弧门支承梁，收缩段置于支承梁下游，宽度由 5.0m 收缩为 2.0m，收缩比 0.4，收缩长度为

5m。为了避免水舌向心集中，窄缝收缩采用不对称式，内侧收缩 1.75m，外侧收缩

5m。为了避免水舌向心集中，窄缝收缩采用不对称式，内侧收缩 1.75m，外侧收缩 1.25m，内侧收缩角大于外侧。

5m。为了避免水舌向心集中，窄缝收缩采用不对称式，内侧收缩 1.75m，外侧收缩 1.25m，内侧收缩角大于外侧。

底孔泄洪时最大水头超过 90m，最大流速高达 40m/s 左右，高速水流带来的过流面抗冲耐磨及气蚀等问题尤为突出。设计参考类似工程，对底孔过流面全部采用复合不锈钢板衬砌，钢衬厚度为 24mm。

5.6.4.3　枢纽消能防冲方式研究

泄洪建筑物均采用挑流方式消能，为降低坝体泄水时对下游河床的冲刷影响，在下游消能区设置 200m 长的消力塘，末端设置二道坝，使消力塘内形成足够的水垫厚度，利于消能。

1. 消力塘型式选择

消力塘分为平底消力塘和反拱消力塘两种型式。消力塘的边墙高度根据水工模型试验中的塘内水面线结果，确定为 546.50m。

（1）平底消力塘。平底消力塘底板宽 70m，长 200m，厚度为 3.0m，底板顶面高程 514.00m，为防止高速水流冲刷，底板顶面 0.5m 厚采用 C50 高强混凝土，其余部分为 C30 钢筋混凝土。为避免泄洪水流的冲击、脉动及抬动作用掀起底板，消力塘底板布设 3 Φ 28 锚筋束进行加固，锚筋束入岩深 9.0m，间距、排距均为 3.0m，呈梅花形布置，锚筋束与底板表层钢筋焊接。底板设置纵横变形缝，缝内设一道铜止水和两道橡胶止水。

两岸岸坡高程 546.50m 以下采用贴壁式 C30 钢筋混凝土护坡，左岸护坡坡比随地形分别为 1:1.2 和 1:1，护坡混凝土厚度不小于 2m。消力塘右岸护坡在高程 531.00m 处设有直径 4.5m 的电站压力管道，要求两者同时开挖并同时浇筑混凝土；右岸护坡坡比为 1:0.5，护坡混凝土厚度不小于 2m。护坡坡面设 Φ 28 锚筋进行加固，锚杆入岩深度分别为 4.5m 和 6m，间距、排距 2m，相间布置。

为确保消力塘有足够的水垫厚度，在消力塘末端设置二道坝，坝顶高程 533.00m，坝底高程 511.00m，坝高 22m，坝顶宽 4m，坝底宽 20.4m，上游坡比 1:0.2，下游坡比 1:0.6。为使二道坝顶过流顺畅，坝顶角部修成圆弧形。

消力塘设置了独立的抽排系统。消力塘底板两侧设有纵向排水廊道，在拱坝坝后底板和二道坝内设有横向排水廊道，排水廊道断面为 2m×2.5m 和 2.5m×3.0m 的城门洞形，纵横排水廊道相连，各排水廊道底板下设有排水孔，在消力塘周边形成封闭排水网络。消力塘底板下部设有 5 条间距为 12m 的纵向 ϕ300 软式透水管，两岸高程 546.50m 以下的护坡及底板下部每隔 3m 布置一条横向 ϕ100 软式透水管，软式透水管下部设有排水孔，纵横软式透水管与排水廊道相连，渗水均汇入排水廊道。在消力塘右岸电站厂房上游侧布置有抽水泵站，泵站下部设有 9m×5m×6m（长×宽×深）的集水井，渗水流入集水井后，由水泵抽至消力塘下游。消力塘上游排水廊道与大坝高程 520.00m 基础灌浆廊道相连。

消力塘两岸 546.50m 以上边坡全部喷锚支护，喷 C20 混凝土厚 10cm，平底消力塘横剖面图见图 5.6-12。布设 Φ 25 锚杆，长 4.5m 和 6m，间排距 2.0m，坡面布置 5.0m 深 ϕ80 排水孔。

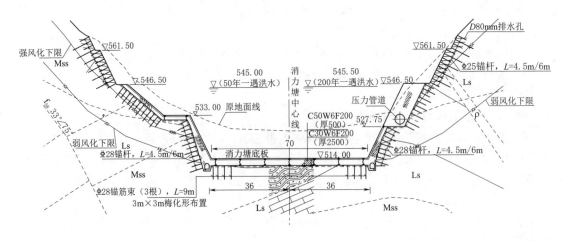

图 5.6-12　平底消力塘横剖面图（单位：m）

（2）反拱消力塘。反拱消力塘长 220m，宽 84.73m，深 19m，厚 2.5m。在上下游长度方向分为 22 个拱圈。反拱拱圈底板内径为 70m，中心角 64.84°，内侧弧长 79.15m，水平弦长 75m，内矢高 10.89m，拱圈最低点高程 514.00m，底板衬砌混凝土厚度为 2.5m 和 3.0m 两种。拱圈沿反拱底板横向分成 5 块，每块平均弧长 15.83m。反拱底板两端设混凝土拱座，拱座底面为水平面，宽 7.61m，高 11m，靠山体为铅直面，过流面与拱圈上端以 1∶0.6 的斜坡相接。

反拱消力塘从上游到下游等宽布置，考虑到发挥反拱底板块拱的作用及各板块局部稳定要求，垂直水流方向设横向直缝，每 10m 一条；顺水流方向设 5 条纵向键槽缝。缝内设一道铜止水和一道橡胶止水。

反拱消力塘底板范围内设置Φ28 系统锚杆，伸入基岩 6m，3m×3m 梅花形均匀布置。两侧拱座设置 1000kN 级预应力锚索，长度为 30m 和 38m 交错布置。消力塘内设置独立的抽排系统，两侧拱座及拱圈中间板块下部设纵向排水廊道，断面为 2m×2.5m（宽×高）和 2.5m×3.0m（宽×高），分别与二道坝内的排水廊道相连接，各排水廊道底板下设排水孔，在拱座、拱圈及两岸高程 546.50m 以下混凝土护坡与岩面之间布设 φ50 PVC排水管（3m×3m 梅花形布置）及排水沟，将各部分渗水均汇入消力塘中间板块下部的纵向排水廊道。在消力塘右岸电站厂房上游侧布置有抽水泵站，泵站下部设有 9m×5m×6m（长×宽×深）的集水井，渗水流入集水井后，由水泵抽至消力塘下游，形成消力塘反拱底板外围和二道坝内的封闭排水降压保护网络系统。消力塘上游排水廊道与大坝高程520.00m 基础灌浆廊道相连。

反拱消力塘横剖面图见图 5.6-13。

（3）消力塘消能效果比较。平底和反拱消力塘单位水体消能功率计算结果见表 5.6-20 和表 5.6-21。

根据目前国内工程经验，两种型式的消力塘都基本满足要求。

（4）消力塘型式比选。平底和反拱消力塘经济技术比较结果见表 5.6-22。

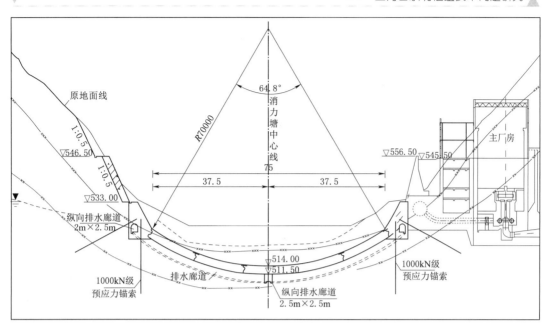

图 5.6－13　反拱消力塘横剖面图（单位：m）

表 5.6－20　　　　　　　　　**平底消力塘单位水体消能功率计算结果**

工　　况	泄洪功率 /MW	泄量 /(m³/s)	塘内水体 /万 m³	单位水体消能功率 /(kW/m³)
$p=0.05\%$（校核）	7280	7580	52.4	13.9
$p=0.2\%$（设计）	6293	6610	50.4	12.5
$p=0.5\%$（消能校核）	5794	6120	49.6	11.7
$p=2\%$（消能设计）	4339	4560	48.7	8.9

表 5.6－21　　　　　　　　　**反拱消力塘单位水体消能功率计算结果**

工　　况	泄洪功率 /MW	泄量 /(m³/s)	塘内水体 /万 m³	单位水体消能功率 /(kW/m³)
$p=0.05\%$（校核）	7280	7580	53.2	13.7
$p=0.2\%$（设计）	6293	6610	51.1	12.3
$p=0.5\%$（消能校核）	5794	6120	50.3	11.5
$p=2\%$（消能设计）	4339	4560	49.4	8.8

表 5.6－22　　　　　　　　　**平底和反拱消力塘技术经济技术比较结果**

项　目	平底消力塘	反拱消力塘	评价
主要工程量	石方开挖：328880m³ C30 混凝土：118132m³ 钢筋制安：4582t Φ25 锚杆：4144 根 Φ28 锚杆：5434 根 Φ28 锚筋束：2705 根	石方开挖：266530m³ C30 混凝土：157070m³ 钢筋制安：5434t Φ25 锚杆：10435 根 Φ28 锚杆：2047 根 1000kN 级锚索：490 束	平底占优

项　目	平底消力塘	反拱消力塘	评价
结构受力	底部采用平底，受力条件一般	底部采用反拱形式，受力条件较好	反拱占优
施工条件	施工简单、工程量和施工质量易于控制	施工难度大，工程量和施工质量较难控制	平底占优
工程投资/万元	14545	15918	相差 1373

由表 5.6-22 可知，虽然反拱消力塘结构受力较好，但其工程造价较平底消力塘大1373 万元，施工较复杂，又由于该工程通过拱坝坝身下泄水流的大部分能量是在消力塘内消耗掉的，且其位于大坝基础和坝肩抗力体附近，它的安全对于大坝等主体建筑物的安全至关重要，故推荐平底消力塘。

2. 消力塘体型设计

消力塘底板宽 70m，长 200m，厚度为 3.0m，底板顶面高程 514.00m，为防止高速水流冲刷，底板顶面 0.5m 厚采用 C50 高强混凝土，其余部分为 C30 钢筋混凝土。为避免泄洪水流的冲击、脉动及抬动作用掀起底板，消力塘底板布设 3 Φ 28 锚筋束进行加固，锚筋束入岩深 9.0m，间距、排距为 3.0m，呈梅花形布置，锚筋束与底板表层钢筋焊接。底板设置纵横变形缝，缝内设一道铜止水和一道橡胶止水。

两岸岸坡高程 546.50m 以下采用贴壁式 C30 钢筋混凝土护坡，左岸护坡在高程533.00m 设有一马道，马道以下护坡坡比为 1∶0.5，马道以上护坡坡比随地形分别为 1∶1 和 1∶1.2；右岸护坡在高程 531.00m 处设有直径 4.5m 的电站压力管道，压力管道和护坡同时开挖并同时浇筑混凝土，右岸护坡坡比为 1∶0.5，护坡混凝土厚度不小于 2.0m。护坡设 Φ 28 锚筋与基岩锚固，锚杆入岩深度分为 4.5m 和 6m，间距、排距均为 2.0m，相间布置。

坝后消力塘纵剖面图见图 5.6-14。

为确保消力塘有足够的水垫厚度，在消力塘末端设置二道坝，坝顶高程 533.00m，坝底高程 511.00m，坝高 22m，坝顶宽 4m，坝底宽 20.4m，上游坡比 1∶0.2，下游坡比1∶0.6。为使二道坝顶过流顺畅，坝顶角部修成圆弧形。

消力塘设置了独立的抽排系统。消力塘底板两侧设有纵向排水廊道，在拱坝坝后底板和二道坝内设有横向排水廊道，排水廊道断面为 2m×2.5m（宽×高）和 2.5m×3.0m（宽×高）的城门洞形，纵横排水廊道相连，在消力塘周边形成封闭排水网络。消力塘底板下部设有 5 条间距 12m 的纵向 φ300 软式透水管，两岸高程 546.50m 以下的护坡及底板下部每隔 3m 布置一条横向 φ100 软式透水管，纵横软式透水管与排水廊道相连，渗水均汇入排水廊道。在消力塘右岸电站厂房上游侧布置有抽水泵站，泵站下部设有9m×5m×6m（长×宽×深）的集水井，渗水流入集水井后，由水泵抽至消力塘下游。消力塘上游排水廊道与大坝高程 520.00m 基础灌浆廊道相连。

两岸 546.50m 以上边坡全部喷锚支护，喷 C20 混凝土厚 10cm，布设 Φ 25 锚杆，长4.5m 和 6m，间排距 2.0m，坡面布置 5m 深 φ80 排水孔。

（1）消力塘消能效果。消力塘单位水体消能功率计算结果见表 5.6-23。

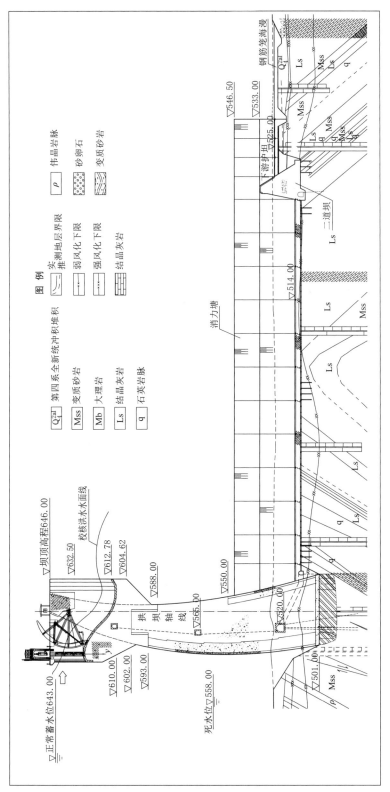

图 5.6 - 14 坝后消力塘纵剖面图（单位：m）

表 5.6-23 消力塘单位水体消能功率计算结果表

工 况	泄洪功率 /MW	泄量 /(m³/s)	塘内水体 /万 m³	消力塘单位水体能功率 /(kW/m³)
$p=0.05\%$（校核）	7280	7580	52.4	13.9
$p=0.2\%$（设计）	6293	6610	50.4	12.5
$p=0.5\%$（消能校核）	5746	6120	49.6	11.7
$p=2\%$（消能设计）	4206	4560	48.7	8.9

（2）消力塘抗浮稳定计算。抗浮稳定计算按下列五种情况计算：

1）宜泄 50 年一遇的消能防冲设计洪水流量。

2）宜泄 200 年一遇的消能防冲校核洪水流量。

3）宜泄 2000 年一遇的大坝校核洪水流量。

4）消力塘排水检修。

5）消力塘排水检修（排水失效）。

其中在检修工况时，考虑消力塘底板排水设施失效情况，用来校核底板的稳定。

消力塘抗浮稳定计算荷载组合见表 5.6-24。

表 5.6-24 消力塘抗浮稳定计算荷载组合

计 算 情 况	作 用 类 型				
	自重	时均压力	脉动压力	扬压力	地基锚固力
宜泄 50 年一遇消能防冲的设计洪水	√	√	√	√	√
宜泄 200 年一遇消能防冲的校核洪水	√	√	√	√	√
宜泄 2000 年一遇大坝校核洪水	√	√	√	√	√
消力塘排水检修	√			√	√
消力塘排水检修（排水失效）	√			√	√

消力塘抗浮稳定计算结果见表 5.6-25。

表 5.6-25 消力塘抗浮稳定计算结果表

设 计 状 况	不同类型作用力/kN					K_f	规范允许值
	自重	时均压力	锚固地基有效重	脉动压力	扬压力		
宜泄 50 年一遇消能防冲的设计洪水	14437	58541	19466	4974	64206	1.34	1.2
宜泄 200 年一遇消能防冲的校核洪水	14437	59485	19466	6491	65151	1.30	1.1
宜泄 2000 年一遇大坝校核洪水	14437	61940	19466	7334	67606	1.28	1.0
消力塘排水检修	14437	0.00	19466	0.00	30215	1.12	1.0
消力塘排水检修（排水失效）	14437	0.00	24640	0.00	37769	1.04	1.0

由上述计算可知，检修工况为消力塘底板抗浮稳定的控制工况。消力塘在检修工况且排水良好及失效时底板抗浮稳定计算值均大于 1，满足规范要求。在消能防冲设计洪水（$p=2\%$）和消能防冲校核洪水（$p=0.5\%$）时，消力塘底板抗浮稳定计算值均略大

于规范允许值，满足规范要求。消力塘在消能防冲设计、校核洪水时是基本安全稳定的。在大坝校核洪水（$p=0.05\%$）时，消力塘底板抗浮稳定计算值大于1，消力塘基本稳定，不会产生危及大坝和岸坡稳定的破坏。

（3）二道坝稳定应力计算。二道坝稳定应力计算工况和荷载组合见表5.6-26。

表 5.6-26 二道坝稳定应力计算工况和荷载组合

荷载组合	计算工况	荷载					
		自重	静水压力	冲击压力	扬压力	时均压力	地震荷载
基本组合	排水检修情况	√	√		√		
	50年一遇设计情况	√	√	√	√	√	
特殊组合	200年一遇校核情况	√	√	√	√	√	

二道坝抗滑稳定采用抗剪断强度公式：

$$K'=\frac{f'\sum W+c'A}{\sum P}$$

式中 K'——按抗剪断强度计算的抗滑稳定安全系数；

$\sum P$——作用于坝体上全部荷载对滑动平面的切向分值，kN；

f'——坝体混凝土与坝基接触面的抗剪断摩擦系数，$f'=1.0$；

c'——坝体混凝土与坝基接触面的抗剪断黏聚力，$c'=1.1$MPa；

A——坝基接触面截面积，m^2。

二道坝应力计算公式：

坝基截面上游坝踵垂直应力计算公式为：$\sigma_u=\frac{\sum W}{A}+\frac{\sum Mx}{J}$

坝基截面下游坝趾垂直应力计算公式为：$\sigma_y=\frac{\sum W}{A}-\frac{\sum Mx}{J}$

由表5.6-27可知，二道坝在消力塘排水检修工况、消能防冲设计洪水（$p=2\%$）及校核洪水（$p=0.5\%$）时上游坝踵应力均为压应力，抗滑稳定计算值均大于允许值，满足规范要求。

表 5.6-27 抗滑稳定和应力计算成果表

工 况	上游坝踵 $\sigma_上$/kPa	下游坝趾 $\sigma_下$/kPa	计算值 K'	允许值 $[K']$
排水检修工况	379.3	90.2		3
50年一遇设计工况	233.1	237.6	13.1	3
200年一遇校核工况	281.5	182.8	16.0	2.5

3. 二道坝下游防护

为防止下泄水流对二道坝下游河道的冲刷，在二道坝下游设置30m长C30钢筋混凝土护坦和50m长钢筋笼石海漫，护坦和海漫底面高程为525.00m，与河床高程基本一样。下游护坦宽77m、厚2m，两岸540m以下采用钢筋混凝土护坡，厚度1.5m，为防止高速水流冲刷，护坦表面0.3m厚采用C50高强混凝土，其下部设置0.4m厚粗砂垫层。护坦底板设置ϕ50 PVC排水孔，间排距3.0m。

为使下游水流顺畅，减轻下游冲刷，对海漫两侧岸坡根据地形进行了适当开挖修整。

5.6.4.4　水工整体模型试验

三河口水利枢纽工程开展了整体水工模型试验，通过试验验证了各建筑物设计体型及工程枢纽布置的合理性，进一步优化泄洪布置及体型设计，特别在不同泄洪工况下消能形式最终达到较好的消能效果。

1. 泄水建筑物泄流能力

（1）表孔泄洪能力。表孔不同水位流量及流量系数成果见表 5.6-28。表孔设计与试验的水位—流量关系曲线对比见图 5.6-15。

表 5.6-28　　　　　　　　　表孔不同水位流量及流量系数成果表

库水位/m	631.03	634.1	637.72	640.79	643.94	644.82
堰上水头/m	3.03	6.10	9.72	12.79	15.94	16.82
流量系数	0.410	0.425	0.438	0.448	0.455	0.457
流量/(m³/s)	430.73	1276.95	2642.62	4087.12	5771.9	6284.34

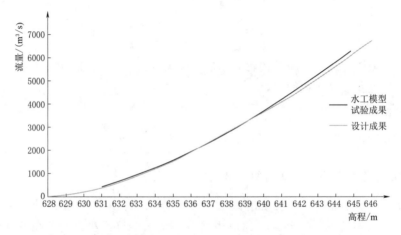

图 5.6-15　表孔设计与试验的水位—流量关系曲线对比

表孔流量系数为 0.410～0.457，随着库水位的升高而逐渐增大。

（2）底孔泄洪能力。底孔不同水位流量及流量系数成果见表 5.6-29。设计与试验的水位—流量关系曲线对比见图 5.6-16。

表 5.6-29　　　　　　　　　底孔不同水位流量及流量系数成果表

库水位/m	561.14	571.62	584.02	604.26	628.58	644.81
堰上水头/m	11.144	21.624	34.024	54.264	78.584	94.808
流量系数	0.702	0.781	0.841	0.861	0.883	0.886
流量/(m³/s)	415.21	658.12	881.02	1133.14	1394.41	1536.34

（3）表孔、底孔泄洪能力。由以上比较可以看出，设计水位时，实测表孔的泄量为 5210m³/s，比相应的设计值 5070m³/s 大 2.76%；校核水位时实测泄量为 6220m³/s，较相应的设计值 6020m³/s 大 3.32%，说明表孔过流能力满足设计要求。设计水位时，实测

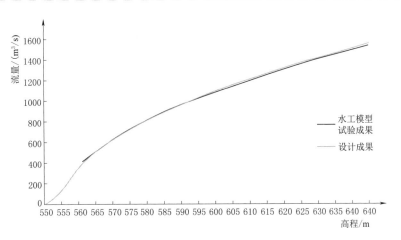

图 5.6-16 底孔设计与试验的水位—流量关系曲线对比

底孔的泄量为 1520m³/s，比相应的设计值 1540m³/s 小 1.30%；校核水位时实测泄量为 1535m³/s，较相应的设计值 1560m³/s 小 1.60%。考虑模型缩尺效应，原型泄流能力一般比模型试验值大 2%以上，因此，底孔泄流能力满足设计要求。

综上所述，三河口水利枢纽坝身泄洪建筑物泄洪能力满足要求。

2. 水面线及坝面压力分布

表孔堰面压力试验结果表明堰面无负压，堰型设计合理。底孔各部位压力均为正压，说明底孔体型设计合理。表孔和底孔各工况压强见图 5.6-17 和图 5.6-18。

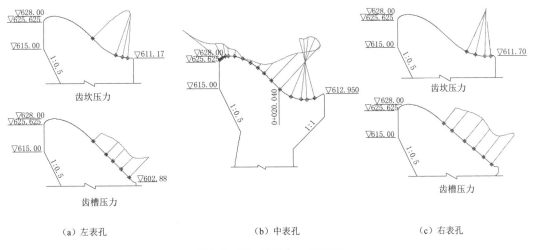

（a）左表孔　　　　　　　　　（b）中表孔　　　　　　　　　（c）右表孔

图 5.6-17 表孔各工况压强

3. 水流归槽及下游流态

表孔全开运行时，边孔水舌分为上下两层，中孔则为单层横向扩散水舌，各层水舌挑距各不相同。由设计及校核工况下的水舌平面形态可见，中孔水舌最高，挑距也最远，横向扩散宽度几乎与消力塘底宽相同；左右孔水舌挑距稍近，位于中孔水舌之下，扩散宽度各占消力塘的一半左右。各股水舌落水位置互相错开，挑距均不相同。试验观测了不同水

221

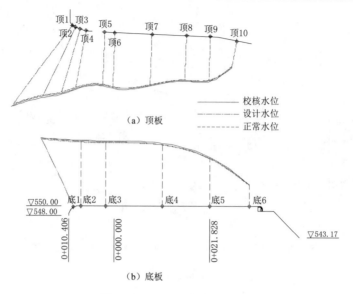

（a）顶板

—— 校核水位
—·— 设计水位
---- 正常水位

（b）底板

图 5.6-18 底孔各工况压强

位下表孔泄槽内的水流流速。在设计水位时，中表孔鼻坎末端流速约 20.54m/s，边表孔齿坎末端最大流速为 21.51m/s 左右，齿槽末端最大水流流速为 23.04m/s；校核水位时，中表孔鼻坎末端流速约 20.63m/s，边表孔齿坎末端最大流速为 21.85m/s，齿槽末端最大水流流速为 22.97m/s。表孔校核水位水舌轨迹见图 5.6-19。

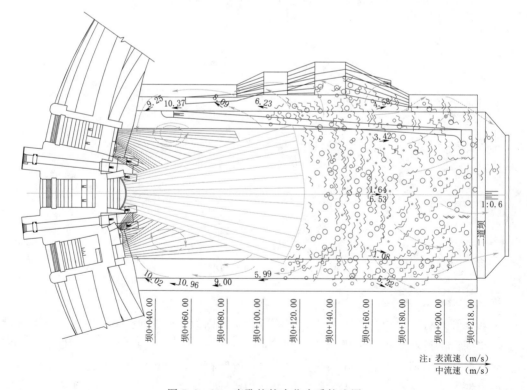

注：表流速（m/s）／中流速（m/s）

图 5.6-19 表孔校核水位水舌轨迹图

底孔在宽尾墩的作用下，底孔水舌呈直线纵向拉开，侧面呈扫帚状，各水位下水舌挑距相差不大，可见水舌外缘挑距 135m 左右，内缘挑距 25m 左右，纵向入水长度约 110m。在宽尾墩的导向作用下，两孔水舌接近平行，没有产生向心集中现象。底孔校核水位水舌轨迹见图 5.6-20。

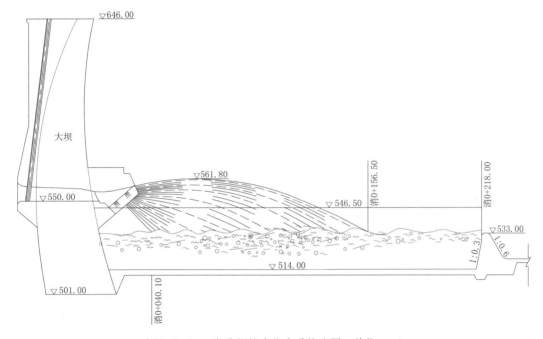

图 5.6-20　底孔校核水位水舌轨迹图（单位：m）

两个底孔泄流时，在水舌两侧有回流产生，消力塘内水流对称，没有水流折冲现象，水面波动很小。中表孔单孔泄流时，消力塘内水流横向分布均匀；而两边孔由于齿坎均设在右侧，对水流有向左侧的导向作用，因此左孔泄流时主流偏于消力塘左侧，右孔泄流时主流则靠近消力塘中部。同样，"右孔＋中孔"泄流时消力塘内横向流速分布比较均匀，而"左孔＋中孔"及"左孔＋右孔"泄流时，消力塘内主流均偏于左侧；表孔三孔全开时，消力塘末端左侧流速也略大于右侧。因此，试验建议表孔运行时按右孔、中孔、左孔的顺序开启。

在校核工况时，消力塘末端最高水面壅高达到 551.10m，在二道坝后水面均有不同程度的跌落，并在二道坝后产生淹没水跃，水跃长度约 25m。

校核洪水时，所有泄水建筑物全开泄洪，实测二道坝顶左侧底流速 10.6m/s，右侧底流速 7.83m/s，底流速大于表面流速；护坦末端断面左侧底流速 7.72m/s，右侧底流速 5.70m/s，且底流速小于表流速；护坦末端左岸最大表流速 9.61m/s，右岸边最大表流速 5.93m/s，至坝下 0＋450 断面流速分布趋于均匀。由于消力塘相对于下游河道而言整体偏左，二道坝后左岸岸坡向右偏折，因此左岸水流比较集中，与下游水流衔接不顺，局部有绕流和漩涡产生。对左岸边坡进行了适当扩挖后，试验结果表明，可以保证 200 年一遇洪水（消能防冲校核洪水）以下流量时，下游河道冲刷均较轻。

4. 泄洪雾化分析

在鼻坎修改时，为减轻下游雾化影响，已尽量避免表孔水舌互相碰撞，表孔与底孔水舌碰撞时不产生明显的溅水，尽管如此，高水头泄流消能的雾化问题仍是难以避免。根据各工况消力塘模型两侧及下游河道的溅水情况，对雾化程度和范围做如下估计：表孔泄洪时，消力塘内坝下 0＋040～0＋130 范围为水舌落水区，在坝下 0＋200 以上为水流溅射区，是主要的雾化源区，两岸高程 580.00m 以下溅水比较密集，为强雾化区（暴雨区），580.00m 以上至 605.00m，溅水逐渐稀少，为大雨至小雨区，高程 605.00m 以上雾化影响较小。在坝下 0＋200 断面至 0＋280 断面，模型上有明显湿痕，为中到大雨区；0＋280～0＋400 可能为小雨区。表孔单孔开启泄洪时，溅水范围与三孔全开时相同，但强度减弱。

底孔单独开启时，溅水程度较弱，溅水区主要集中在坝下 0＋110～0＋180 断面，溅水高程集中在 560.00m 以下，为中到大雨区，0＋180～0＋300 有零星溅水，为小到中雨区。

5. 水工模型试验验证结论

试验通过 1∶80 的物理模型，对三河口水利枢纽泄流建筑物的泄流能力、压力分布、流速分布、消力塘所受动水冲击压力和脉动压力、下游冲淤地形等水力学参数进行了观测，并着重对泄流建筑物体型进了修改和优化，结论及建议如下：

（1）设计水位时，实测表孔的泄量为 5210m³/s，比相应的设计值 5070m³/s 大 2.76%；底孔的泄量为 1520m³/s，比相应的设计值 1540m³/s 小 1.30%。校核水位时表孔泄量为 6220m³/s，较相应的设计值 6020m³/s 大 3.32%；底孔泄量为 1535m³/s，较相应的设计值 1560m³/s 小 1.60%。考虑模型缩尺效应，原型泄流能力一般比模型试验值大 2% 以上，因此表孔和底孔的过流能力均能满足设计要求。

（2）压力测试结果表明，表孔堰顶下游 8 号测点附近压力最低，最小压力（0.08×9.8)kPa，出现在设计及校核水位时。堰面最小压力满足规范要求，说明表孔堰面曲线设计是合理的。底孔各部位压力也均为正压。

（3）推荐方案中表孔鼻坎末端流速为 20.39～20.63m/s，边表孔齿坎末端流速为 19.91～21.85m/s，齿槽末端水流流速为 21.68～23.04m/s。底孔出口最大水流流速 38.5m/s，闸墩末端宽尾墩处水流流速为 33.5～37.0m/s。

（4）试验分别对底孔及表孔进行了多种方案的体型修改和优化，最终确定底孔出口采用不对称宽尾墩的形式，中表孔采用横向扩散的舌型挑坎，左、右表孔采用大俯角跌坎加分流齿坎的消能形式，并对消力塘体型进行了修改。各种运行工况下，推荐方案消力塘底板最大冲击压力（10.5×9.8)kPa，满足规范规定的不大于 15m 水柱的要求。

（5）推荐方案设计洪水时，消力塘底板脉动压力最大值 61.74kPa，与国内同类工程相当。其余工况最大脉动压力均小于 60kPa。表孔边孔单独开启时消力塘底板脉压小于中孔单独开启运行的工况，且底孔开启时各工况消力塘底板的脉压强度均有所减小。

（6）试验在二道坝后采用 30m 长的护坦接 20m 长钢筋笼海漫的防护形式，并对各组次下的水流流态及河道冲淤情况进行了详细的观测。结果表明，在 20 年一遇及其以下洪水时，下游河道仅有轻微冲刷；在 50 年一遇及 200 年一遇洪水时，局部钢筋笼被冲走，护坦末端最大冲深 4.0m，因此护坦末端齿墙深度应不低于 4.0m。进一步的试验表明，左岸岸坡适当扩挖后，可以保证 200 年一遇洪水（消能防冲校核洪水）以下流量时，下游河道冲刷均较轻。

（7）试验根据各工况时模型消力塘两侧及下游河道的溅水情况，对雾化程度和范围进行了估测，表孔泄洪时，在坝下 0+200 断面以上、高程 580.00m 以下为强雾化区（暴雨区）。底孔单独开启时，雾化程度较弱，溅水区主要集中在坝下 0+110～0+180 之间、高程 560.00m 以下区域。

（8）试验结果表明，三河口水利枢纽整体布置及消能方式是可行的。

5.6.5 引水口设计方案研究

5.6.5.1 工程引水任务需求

引汉济渭工程以汉江干流黄金峡水库及其支流子午河三河口水库为水源，在允许调水量情况下，在黄金峡水库断面调水 9.66 亿 m^3，在三河口水库断面调水 5.49 亿 m^3，共同满足调水 15 亿 m^3 的任务要求。当黄金峡泵站抽水流量小于受水区需水要求时，由三河口水库通过连接洞补充供水至秦岭隧洞；当黄金峡泵站抽水流量大于受水区需水要求时，多余的水量通过连接洞由三河口泵站抽水入三河口水库存蓄。三河口库内的供水是通过坝后电站"先发电、后供水"，发完电的尾水通过连接洞进入越岭隧洞段，供往关中受水区。

引汉济渭调水工程以远期多年平均调水量 15.0 亿 m^3 确定工程的建设规模，且引汉济渭工程的调水原则为"以供定需"。在发挥黄金峡水库调蓄库容，调水区与受水区四水源联合调节，在满足工程任务情况下，调水 15 亿 m^3 方案泵站抽水流量为 70m^3/s。根据调水 15 亿 m^3 方案的调节过程，水库内调向关中受水区的流量为 70m^3/s。

依据水利水电规划设计总院 2004 年 7 月编制的《全国水资源综合规划需水预测和节约用水技术细则》中关于生态基流的计算方法，修建三河口水库后，影响河段主要是坝址—堰坪河入河口段，河道长度约 20.3km，区间除了河道内生态用水外，干流无其他用水要求。所以根据多年平均流量的 10%，确定三河口水库坝址下游预留的生态基流为 2.71m^3/s。

根据引汉济渭工程量，确定黄金峡泵站、秦岭输水隧洞、三河口引水洞的供水流量均为 72.71m^3/s。

5.6.5.2 引水口布置设计方案

按照整个引汉济渭工程的任务和总体布局的要求，三河口水库作为两个水源地之一，需要设置专门的引水系统，三河口水利枢纽选定的坝址位于陕西省汉中市佛坪县与安康市宁陕县交界的子午河中游峡谷段，坝址区坝址处河谷呈 V 形，两岸地形基本对称，山体雄厚，自然边坡坡度 35°～50°。坝区河床高程 525.70～528.70m，谷底宽 79～87m，设计坝顶高程处河谷宽约 325m。

坝址区局部有二级基座阶地的残留堆积，堆积层上部为厚 1～2m 壤土，下部为卵砾石层。坝区河床砂卵石覆盖层厚 6.5～7.2m，最大厚度 11m。坝基岩体主要为变质砂岩夹薄层结晶灰岩，岩体表面强风化带垂直厚度 1～2m。强风化岩体属 Ⅴ 类坝基岩体；弱风化岩体属 Ⅲ 类坝基岩体；微风化岩体属 Ⅱ 类坝基岩体。坝基分布有 1 条断层 f_{14}，f_{14} 走向与坝轴线斜交，产状 $285°\angle 75°$，断层破碎带宽度 0.2m，断面平直，充填糜棱岩及断层泥。坝基无软弱夹层，发育的断层 f_{14} 与岩层产状没有形成不利于坝基抗滑稳定的组合，但断层破碎带和影响带岩体质量较差，属 Ⅴ 类坝基岩体。

在分析坝址地形、地质和水库的运行要求情况下，设计初步考虑了两种引水思路，一种为岸坡塔式方案，另一种为与大坝结合的方式。

岸坡塔式方案即在右坝肩岸坡开挖引水隧洞，进口修建专门的放水塔，经初步布置发现，岸坡塔式方案的隧洞要从大坝右坝肩的下部穿过，进口高程虽然与导流洞位置距离较远但在出口处与导流洞基本重合，且右坝肩下地质裂隙发育，断层较多，在施工电站压力管道时要与导流洞产生矛盾，在隧洞开挖时与电站的施工也产生相互影响。而采用与大坝结合的方式，隧洞在穿过大坝后，压力管道管床布置在坝后消力塘的边坡上部，不用隧洞开挖，在开挖消力塘后可以直接施工压力管道，与大坝和消力塘施工没有矛盾，施工方便，对工期没有较大影响。与大坝结合方式则是直接在坝身上修建放水塔，后接坝内埋管的型式。

经过初步的分析和比较，对主要建筑物之间的碰撞分析，施工工期的影响，在供水量相同的情况下，岸坡塔式方案因在山体里开挖岩石隧洞且右坝肩地质条件较差，成洞条件不好，与主要建筑物相互矛盾，影响工期；再对经济方案初步进行了比较，岸坡塔式投资较大，在隧洞施工时对电站施工影响较大，使电站工期加长，经过综合比较，推荐选择进水口与坝体结合的进水方式。

5.6.5.3　引水口体型设计

根据整个枢纽建筑物的布置特点，引水系统进水口布置于坝身右岸侧坝体中，进水口为竖井式，由直立式拦污栅、喇叭口、闸室等组成，进口高程 543.65m，设计引水流量 $72.71\text{m}^3/\text{s}$。闸室后接坝内埋管，出坝体后接压力主管道，主管道直径 4.5m，长度 142.39m，先后分别接电站岔管和减压阀岔管。为了引水水质和保护下游生物，有利用鱼类和其他生物生长，在综合分析后采用分层取水的方式。

进水口金属结构部分由拦污栅与进水闸两部分组成。为了保证电站的安全和下游引水的质量，进水口再设置一道拦污栅和一套机械清污设备。拦污栅全部高度为 101.85m，因进水口要兼顾出水口，在水流通过拦污栅时的流速小于 1m/s，分层取水口可有效避免产生涡流的发生。在拦污栅后接分层取水闸门，分层取水闸门分上下两部分，下部取水闸门由 5 节 9.8m×7.5m（高×宽）的叠梁门组成，控制高程 543.00～582.50m 的水层；其后部为上层取水口，5 扇叠梁门，控制高程 586.00～635.00m 的水层。取水闸门后部接连通竖井，竖井底部通过渐变段与进水闸相通，闸室宽 4.5m，设一孔口尺寸为 4.5m×7.5m（宽×高）的事故检修门。

事故检修门后采用椭圆圆弧曲线，空口高由 8.1m 渐变为 4.5m，后接 4.5m×4.5m 的方形压力洞，后与供水系统厂房压力管道相连。

供水系统进水口从充分利用水库效益和保护下游生态生物等多方面考虑，对三河口电站进水口工作闸门运行状况进行了模拟运行试验，运行方式为由高到低逐级减少。为保证

$72.71\text{m}^3/\text{s}$ 的引水流量，最少每一闸门上水深要达到 3.2m，在库水位达到 638.2m 时必须打开最上面一级的叠梁工作闸门。

进水口剖面设计图见图 5.6-21。

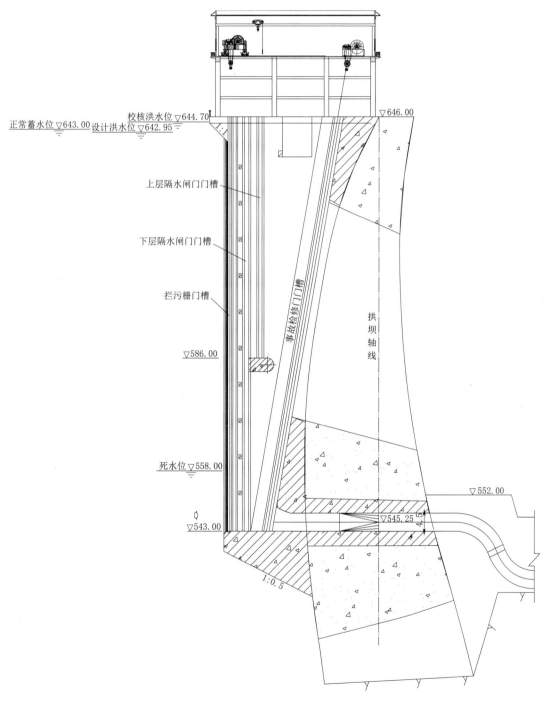

图 5.6-21 进水口剖面设计图（单位：m）

5.6.5.4 引水口设计特点

（1）上、下分层取水设计充分考虑下了工程在建成后水库的水温呈现垂直分布的特点，合理控制下泄水温对下游生态的影响，有利于对环境和生物的保护。

（2）在高坝高水头的情况下，采用上、下双层取水闸门在全国同类水利水电工程设计中属首次。在运行时，因为采用双层门槽设计，既方便运行管理，又方便叠梁门库和放水塔的布置。

（3）采用上、下双层闸门分层取水设计，有利于闸门安全运行和检修，减小了引水口安全风险。

（4）上、下双层闸门在上部闸门出现故障时，能及时打开下部闸门，保证工程供水和电站安全运行。

（5）事故检修门的轴线，斜向深入库区方向84°，有效地减少上部检修平台的长度，避免坝体向上游外悬过多，减少了进水口工程量，有利于结构抗震安全。

5.6.6 大坝交通布置及电梯井结构研究

5.6.6.1 大坝交通布置

三河口水利枢纽工程大坝为碾压混凝土拱坝，坝高145m，为了方便施工及后期运行管理，大坝交通布置采用坝内廊道、坝外交通桥及电梯相结合的方式满足工程交通要求。

坝体内部在520.00m、565.00m和610.00m布置三层廊道，在左右坝肩各设有4层灌浆隧洞，其中下部3层与大坝廊道相对应连接，最高一层位于坝顶位置。各层廊道均可满足灌浆、排水、监测、检查、维修、运行及坝内交通需要，且通过交通廊道和坝后交通桥连接。同时在坝后泄洪坝段右侧设一个电梯井通至坝顶，电梯井在各层廊道及监测耳洞高程均有停靠，满足坝体竖向交通要求。根据每层廊道的实际运行情况确定廊道断面，底层廊道高程520.00m断面为3.5m×4.0m（宽×高），中层廊道两岸灌浆部分断面为3.0m×4.0m（宽×高），中间交通及观测需要部分断面为2.5m×3.0m（宽×高），坝内廊道采用预制混凝土。灌浆隧洞除底层断面为3.5m×4.0m（宽×高）以外，其余断面均为3.0m×4.0m（宽×高）。下面3层灌浆隧洞采用全断面钢筋混凝土衬砌，衬厚0.4m，顶层灌浆隧洞原则只进行底板钢筋混凝土衬砌，衬厚0.4m；局部根据地质条件进行喷锚支护和全断面钢筋混凝土衬砌。

坝外交通在坝体后背坡设置交通桥，桥面宽1.2m，采用混凝土悬挑梁的形式。交通桥布置在高程520.00m、546.50m、565.00m、587.50m、610.00m、628.00m共6层。其中左岸高程546.50m和628.00m交通桥主要为左岸监测耳洞提供通道，桥至耳洞出口右侧1m结束；高程520.00m、565.00m、610.00m交通桥主要连接底层、中层、上层廊道出口，桥至廊道出口右侧1m结束。右岸546.50m和628.00m交通桥为监测右岸监测耳洞提供通道，桥至电梯井结束；587.50m交通桥为贯通桥，连接左右岸；520.00m、565.00m、610.00m交通桥主要连接底层、中层、上层廊道出口与电梯井的通道，桥从廊道出口左侧1m开始至电梯井结束。并且在左右坝后贴脚修建交通踏步，连接交通桥，整个坝体内外交通通畅，方便管理运行，见图5.6-22。

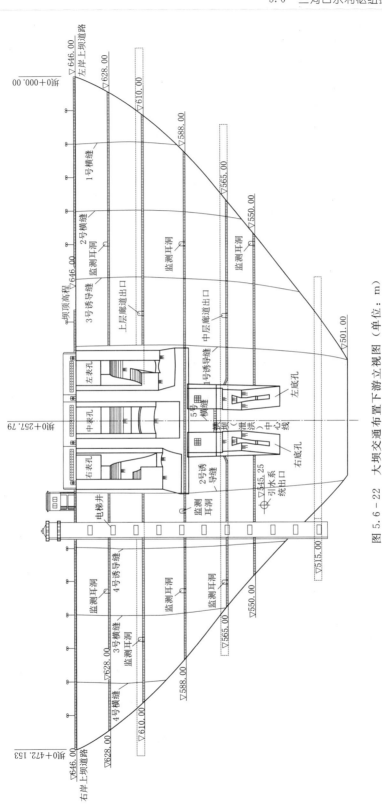

图 5.6 - 22　大坝交通布置下游立视图（单位：m）

5.6.6.2 大坝电梯井结构研究

随着我国社会经济的日益发展，人民生活水平的日益提高，对社会生活各方面的便利性要求越来越高。对关乎国计民生的基础设施建设工程，也提出了更高的要求，除工程建设应满足工程的基本运行功能外，对工程管理的智能化、现代化等方面的要求也越来越高。而电梯作为一种便利的交通设施，已不仅仅用于住宅、商城等城市交通，目前国内大中型水利枢纽、水电站工程在大坝、电站厂房内布设电梯也较为常见。

1. 大坝电梯设计标准和功能

三河口大坝电梯为三河口水利枢纽垂直交通的重要途径，具有连接坝体内部各层交通廊道，以及连通坝后电站厂区与坝顶交通的重要功能。

根据枢纽工程垂直向交通的实际需要确定大坝电梯设计的主要参数见表 5.6 - 30。

表 5.6 - 30 大坝电梯设计的主要参数表

序号	项目	内容	备注
1	设计用途	乘客、简易载货两用	考虑管理运行人员、抽排水设备、灌浆设备、材料等的运输
2	提升高度	130m	高程 516.00～646.00m
3	设计载荷	1600kg	
4	设计级别	1 级	

坝后交通电梯布置在右岸坝后，结构按 1 级水工建筑物设计，电梯井结构沿高程（516.00～646.00m）共分 7 站，分别在电梯井高程 515.00m 基础灌浆廊道、高程 546.50m 电站厂坪（电站经常性停靠位置）、高程 565.00m 交通观测廊道、高程 610.00m 交通观测廊道、高程 628.00m 交通观测廊道及高程 646.00m，行程 130m。为满足消防要求，每层间高度间隔 9～11m，设一个安全门，共设 10 个安全门。

2. 大坝电梯选型

经对国内多个已建项目调研，国内水利枢纽大坝电梯大多选 1.6t、载员 19 人；电站厂房电梯一般选 1t、载员 13 人。如仅作为大坝枢纽工作人员交通，可参照室内住宅电梯选型标准，选用 1t 是完全可以满足设计需求的。但是，大坝电梯往往承担更多的设计功能，除满足以上功能外，通常要综合考虑工程管理运行、施工期和检修期设备等，因此大坝电梯设计荷载宜根据具体功能具体设计，三河口大坝在考虑多种运行功能后，选择设计荷载 1.6t、考虑高程 515.00m 坝内廊道排水影响，电梯井开挖基础面高程为 516.00m。

3. 大坝电梯井布置

大坝电梯井一般可分为岸坡竖井式和坝后竖井（塔）式。岸坡竖井式一般位于大坝坝肩，或临近地下厂房，便于连通大坝与地下厂房，一般要求地质条件较好。其优点是，结构较为安全可靠，不受风、浪、冰冻、大坝泄洪等因素影响，受地震影响较小；其缺点是施工难度较大，通风条件较差，井内环境幽闭，舒适性较差。坝后竖井（塔）式，一般位于坝后靠近岸坡，多用于大坝枢纽无电站厂房，或电站厂房为地上厂房。其优点是施工条件较为便利，通风条件较好，可通过窗户提高井内楼梯间采光，改善井内整体舒适性，缺点是易受风、浪、冰冻及大坝泄洪等外界因素影响，受地震影响性大。

三河口大坝电梯井采用坝后竖井（塔）式。电梯井位于坝后大坝右岸，靠近河床，距离河床约30m，通过坝后交通桥连通电梯井与厂区道路。一般电梯井越靠近河床，井筒结构受大坝整体变形影响越大，电梯井越靠近坝肩，井筒结构受大坝整体变形影响越小，对结构稳定越有利，但基础开挖增大，施工难度增大。三河口电梯井在综合考虑大坝整体变形影响，基础开挖以及坝后交通布置等因素，选定电梯井位置。

4. 大坝电梯井结构研究

三河口大坝电梯井结构主要由电梯井室与楼梯间两部分组成。电梯井室包含电梯井和电梯前室，楼梯间包含楼梯、电缆井和通风井。井壁结构厚度为1m，高程610.00m以下部分结构与坝体整体浇筑，高程610.00m以上与坝顶铰接；上下游侧井壁宽度为7.4m，左右侧井壁宽度为8.1m。井底部高程516.00m下设1.8m×2.5m×2.6m（深×长×宽）的缓冲坑，坑壁结构采用0.3m厚的C30钢筋混凝土衬砌。区间检修爬梯共90阶，为钢筋混凝土结构；井内不同功能区隔墙厚度20～40cm，在满足功能分区的同时，增加井筒整体刚度。电梯井纵剖面及横剖面图见图5.6-23。

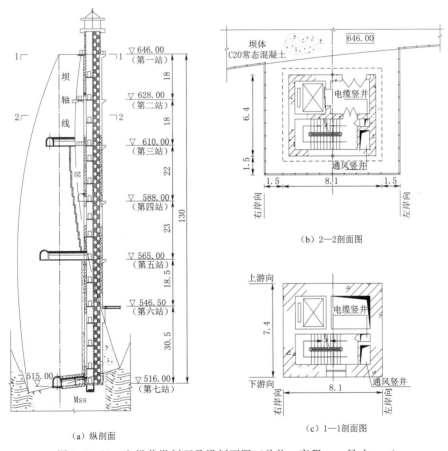

图5.6-23　电梯井纵剖面及横剖面图（单位：高程m，尺寸mm）

大坝坝后电梯井，作为一种薄壁高耸的坝后附属建筑物，其结构受力特性受到水库大坝运行的影响，相比大坝的整体体量，电梯井极为薄弱，因此大坝各运行工况产生的变形对电梯井顺水流方向的结构受力极为不利；同时电梯井薄壁高耸的结构型式，在地震作用下也是极为不利的。因此，三河口大坝电梯井的结构研究，主要内容有电梯井与大坝连接型式、大坝正常运行工况下电梯井结构受力特性、地震作用下电梯井结构受力特性等三个主要方面。

（1）电梯井与大坝连接型式。一般坝后电梯井与大坝整体浇筑，三河口大坝电梯井也采用电梯井混凝土与大坝混凝土整体浇筑的连接方式，电梯井基础嵌入坝内。三河口大坝为双曲拱坝，下游坝面为曲面，因此电梯井不能完全嵌入坝体，在高程 546.00m 逐渐脱离坝体。通常为了增加电梯井整体结构的刚度，减少高度方向自由端的长度，脱离坝体部分通常采用混凝土回填，连接大坝与电梯井。然而大坝在水推力、温度等荷载作用下，随着高度增加各个方向变形逐渐增大，坝顶变形最大，顺水流方向变形尤为明显。大坝电梯井之间回填高度增加，则电梯井受大坝变形影响增加，但电梯井自由端长度减小，受地震作用减弱；反之，回填高度减小，电梯井受大坝变形影响减小，但受地震作用增强。

据研究，大坝与电梯井之间，回填混凝土高度抬高，"可使电梯井结构与大坝整体性增强，能显著改善电梯井上游侧井壁应力状况，可使得拉应力区域随回填高程抬高而减小；电梯井下游侧井壁的应力变化受大坝顺河向位移影响较大，大坝整体顺河向应力位移发生在坝体河床坝段约 3/4 坝高处，致使随着回填高程的提高，下游侧井壁的拉应力区域逐渐增大。"这一点在三河口大坝电梯井的三维有限元计算成果中也得到证实。

由此可见，从结构受力的安全性及工程造价经济性方面考虑，选择合理、合适的回填高程是这一连接型式的关键。经过多次计算比较分析，三河口大坝电梯井回填高程为610.00m，同时应交通需要，在高程 628.00m 和 646.00m 处各设一座工作桥，工作桥在与大坝连接段采用滑动铰接，以减少连接段的应力。

另外，在实际工程中，电梯井与大坝的连接型式也有采用弹性支撑结构的连接型式，如东江水电站电梯井，其弹性支撑结构采用钢框架支撑结构，"通过钢框架与筒壁之间以及钢框架与牛腿支承面之间填塞的橡胶垫层来实现的，及由筒体自重产生的压缩变形、坝体的三向变位、地震力和温度作用等引起的变形，通过垫层得到缓冲和调整"，支承框架结构布置见图 5.6 - 24。这种结构形式较好地解决了各种变形对电梯井壁的影响，但其施工工艺较高，施工难度较大，同时支承结构的耐久性也需要时间证明，后期的维修与维护也存在一定难度。

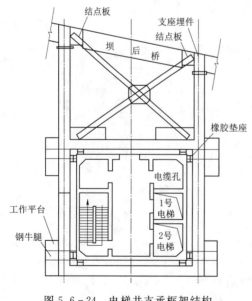

图 5.6 - 24　电梯井支承框架结构

（2）大坝正常运行工况电梯井结构受力特性。在大坝各种运行工况下，保证电梯井安全、有效运行，是电梯井结构设计的基本目的。由于受大坝运行的影响，电梯井受力结构较为复杂，三河口大坝采用三维有限元计算，建立大坝与电梯井整体结构的模型，并参考相关工程的计算结果，对大坝电梯井的结构受力特性可得到一般规律性的结论。

大坝与电梯井有限元整体模型见图 5.6-25。

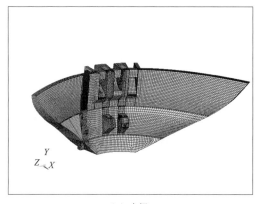

（a）大坝

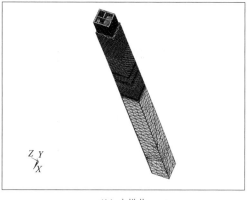

（b）电梯井

图 5.6-25 大坝与电梯井有限元整体模型

正常运行时分别考虑温升和温降两个工况：①工况 1：自重＋正常蓄水位＋相应下游水位＋泥沙压力＋温升。②工况 2：自重＋正常蓄水位＋相应下游水位＋泥沙压力＋温降。

对比分析位移计算结果，两个工况中电梯井 X 向位移（顺河向）整体指向下游，由底部至顶部逐渐增大，最大位移均发生在顶部。工况 1 时，X 向最大约 2.2cm；工况 1 时，X 向最大约 6.4cm，但底部 X 向位移指向上游，其值为 0.2cm；Y 向位移（竖直向）竖直向下，工况 1 时电梯井下游侧中间部分 Y 向位移竖直向下，最大值为 1.1cm，工况 2 时电梯井侧墙顶部 Y 向位移竖直向下，最大值为 2.3cm；Z 向位移（垂直河道向）整体不大。

对比分析位移计算结果，电梯井 X 向最大拉应力出现在约高程 546.00m 与坝体下游面连接处左侧墙底部以及高程 546.00～561.00m 电梯井左、右侧墙内部，最大拉应力值为 2.9MPa；电梯井高程 610.00m 处上游面拉应力值为 1.2MPa。Y 向最大拉应力出现在电梯井顶部，最大值为 1.7MPa。Z 向最大拉应力出现在高程 546.00m 下游面底部，最大拉应力值为 2.7MPa。电梯井 X 向应力图见图 5.6-26。

根据计算结果，可以明显看出，电梯井作为大坝附属建筑物，其位移变化规律主要受大坝变形规律的影响，由受到的大坝变形产生相应的应力应变。电梯井在高程 546.00～561.00m 各方向应力均较大，也即电梯井脱离坝体处，在实际施工图设计中，在此高程范围内加强了配筋。

（3）地震作用下电梯井结构受力特性。电梯井作为高耸的水工混凝土结构，在地震作用下，其自身振动较大，同时坝体发生振动时，其振动影响会被放大，其结构将承受更大的振动。因此，往往地震作用下工况是电梯井结构计算的控制性工况。有限元计算时，通常采用振型分解反应谱法进行计算，通过计算也可得出，在地震作用下电梯井所受应力应变均较正常运行工况时更大。地震作用时分为以下两个工况：①工况 1：自重＋正常蓄水位＋相应下游水位＋泥沙压力＋温升＋地震；②工况 2：自重＋正常蓄水位＋相应下游水位＋泥沙压力＋温降＋地震。

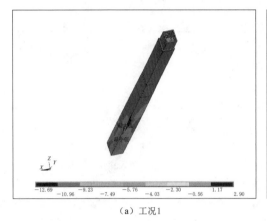

（a）工况1　　　　　　　　　　　（b）工况2

图 5.6 - 26　电梯井 X 向应力图

对比分析应力和位移结果，在地震作用下，电梯井中部墙体顶部 X 向位移最大，指向下游，其值为 7.7cm，整体应力较大部位，仍出现在高程 546.00～561.00m 范围，X 向最大拉应力达到 3.20MPa，Z 向拉应力最大值为 2.50MPa；而 Y 向拉应力达到 2.80MPa，出现在回填高程的顶部与电梯井连接处。电梯井 X 向应力图见图 5.6 - 27。

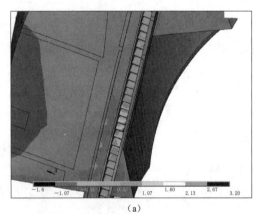
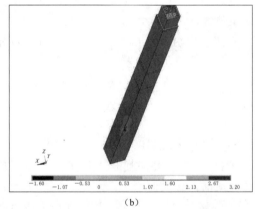

（a）　　　　　　　　　　　　　　　（b）

图 5.6 - 27　电梯井 X 向应力图

电梯井结构设计，尤其电梯井与拱坝坝体的连接是一个比较系统和全面的问题，电梯井结构与坝体采用何种连接方式，既能适应大坝变形又能保证电梯井足够的刚度，同时又能保证结构设计的合理性与经济性，需要设计者做更多的研究。

5.6.7　抽水发电系统布置方案研究

三河口坝后泵站设计抽水流量为 $18m^3/s$，装机容量 24MW，发电装机容量为 60MW，引水设计最大流量为 $18m^3/s$。

通过对可逆式水泵水轮机技术的进一步研究，同时对工程的运行特点以及水泵水轮机使用条件的分析，水泵电动机组与水轮发电机组相结合为水泵水轮机/电动发电机组，形成2台常规水轮发电机组和2台双向机组布置在一个厂房内，布置见图5.6-28。厂房横剖面（沿可逆式机组中心线）布置图见图5.6-29。

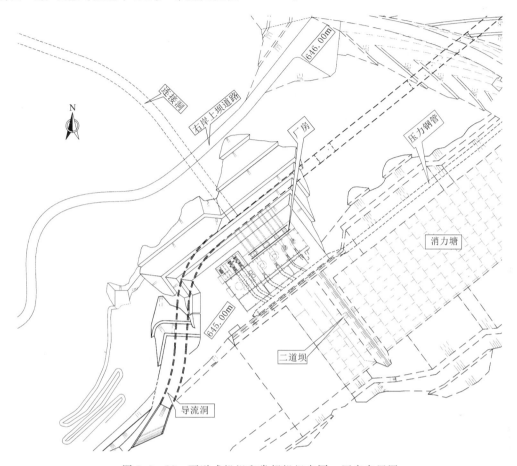

图 5.6-28　可逆式机组和常规机组在同一厂房布置图

5.6.7.1　流道系统设计研究

根据地形条件，厂房顺等高线布置比较合理，进水方向相对应就有两种布置方案。方案一：进水压力管道布置于河道侧，紧邻河道护坦，与厂房轴线平行，出水与导流洞改造尾水洞衔接。方案二：进水压力管道布置于山坡侧，与厂房轴线平行，出水设置尾水池，尾水池与连接洞衔接。三河口厂房具有尾水位高这样一个特点：如果修建地面尾水池，增加了主厂房的高度，尾水池与厂房的工程量较大，没有充分利用空间，并且方案一压力管道较短，所以从布置的协调性、经济性来比较，方案一较优。

导流洞经经济技术比较布置于右岸，如果导流洞、厂房尾水洞、连接洞等各自成体系，存在空间交错、高程衔接复杂、布置困难等因素，如果考虑将导流洞后期改造为常规发电机组尾水池（双向机组的前池），预留机组的尾水洞、进水压力管道、供水压力管道。在原导流洞的出口增设退水闸，使导流洞、尾水洞、放空洞成为三洞合一建筑物，能够节约投资，合理利用空间，是一个很新颖、有创意的设计布置思路，也是三河口抽水发电系统的一个特点。

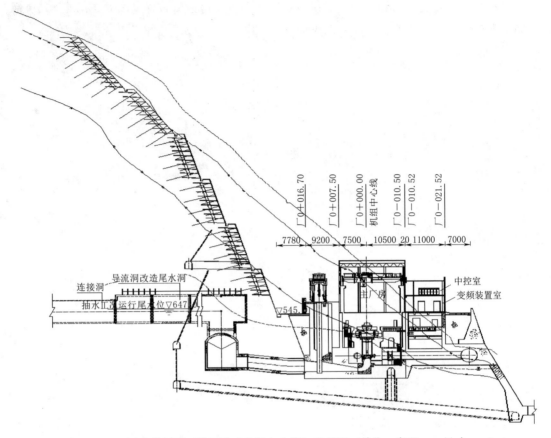

图 5.6-29　厂房横剖面（沿可逆式机组中心线）布置图（单位：高程 m，尺寸 mm）

通过对厂房布置的研究，将导流洞利用作为电站（泵站）的尾水（前池），这样在导流洞的设计中充分考虑到与常规机组、双向机组、尾水及减压调流阀管道的连接，提前对尾水压力管进行预留，并且使连接洞与导流洞通过竖井相连接，当导流洞运行结束，对导流洞出口段进行电站退水闸的改造。这样对于尾水水位高，机组安装高程低，并且是明厂房的这一厂房特性得到了最优最合理的布置。导流洞变成永临结合的建筑物，充分合理地利用了导流洞，节约了工程投资，但设计和施工有一定的难度，整个尾水系统是地下埋藏式的，而导流洞前期承担导流泄洪的任务，导流洞厂房封堵段及退水闸室在大坝下闸蓄水后才施工。

5.6.7.2　厂房布置研究

常规机组吸出高度−4.5m，双向机组吸出高度−16m，厂区地面高程需要满足防洪、排水、交通等，定为 545.5m，安装间高程与室外地坪同高，如果常规机组与双向机组因为安装高程的差异而错层布置的话，整个厂房的交通问题因为安全防火等设计将非常难以布设，最终将常规机组与双向机组安装高程均取为 531.00m，简化厂房的布置。

电气副厂房与主变室、室内 GIS 关系比较密切，为了尽量减少厂区的占地面积，对于副厂房的布置遵循与主厂房、主变室、室内 GIS 距离最近原则，只有这样，厂区枢纽布置才能够紧凑合理，经济性最优。故推荐副厂房上游侧，与主变室一列式布置。

厂房布置室内 GIS，室内主变。主变应尽可能与主厂房靠近，以缩短母线的长度。就此厂房而言，主变可以布置在主厂房的上游侧、端头侧这两种布置型式。对于三河口水利枢纽的地形条件，如果为了要降低厂房开挖边坡的高度，应该是主变、GIS 布置于主厂房端头最优；但是对于站址位置在坝后，又要不影响坝肩稳定，还要布置于导流洞出口之前，对总的厂区布置有一定限制。为了尽量减少供水系统厂房边坡开挖对大坝坝肩的影响，设计推荐室内主变、室内 GIS 布置于厂房安装间的上游。

供水阀室研究了布置于厂区外和布置于厂区内的方案。如果将供水阀室布置在厂区外，阀体消能的啸叫声对厂区的影响能降至最低，但是重新修建供水阀室的厂区，需要解决厂区排水、厂区边坡等问题，工程量较大，最终供水阀室布置在安装间下游侧是最为紧凑、节约工程量的布置方式。供水阀室安装减压调流阀、蝶阀、偏心半球阀等，为了合理利用厂房空间，将减压调流阀阀前的蝶阀放置于供水阀上游侧的安装间下层，这样充分利用了安装间下层的空间，供水阀室的跨度也不需要增加，节省工程投资。

根据研究成果，采用主厂房、副厂房布置于主机间上游侧，主变、GIS 室布置于安装间上游侧，供水阀室布置于安装间下游侧，使得整个厂房建筑物的布置就显得格外紧凑，并最大化地利用了空间，解决了设计存在的问题，可行并且节约工程投资。

5.6.7.3　厂区排水、交通、出线等布置研究

厂房为 2 级建筑物，防洪标准按 50 年一遇设计、200 年一遇校核。200 年一遇下泄流量护坦桩号 0+178 处对应水位 545.1m。为了方便交通，并且满足防洪及厂区自流排水要求，厂区室外高程定为 545.50m，防洪墙顶高程 546.50m。

大部分厂区位置在消力塘二道坝之后，对应 200 年一遇校核洪水位为 544.0m 以下，厂区在大坝泄流时，能够自流排水至河道，进场道路在厂区进场大门处以 6% 的坡度下降，自流排水可以解决大坝泄流或者强降雨时的厂区排水问题。而机组安装高程较低，地下水位线较高，坝肩的渗漏水对厂区后背边坡的安全问题存在一定影响。经过研究，在厂区边坡内设置排水廊道，将深层的裂隙渗漏水排出，边坡排水廊道分三层布置，上层的排水廊道排至马道的排水沟，最下层的排水廊道排至消力塘排水廊道中，以降低边坡内水渗透压力，确保边坡稳定安全。并且在边坡上设置排水孔，将浅层的地下水，渗漏水外排。降低边坡内水渗透压力，确保边坡安全稳定。

因厂区在强雾化区内，出线采用地埋式电缆廊道出线，厂区对外交通通道为三河口水利枢纽右岸低线进厂道路。

5.6.8　拱坝温控仿真分析与措施研究

拱坝大体积混凝土结构在施工过程中和运行期间，由于温度的变化而产生很大的拉应力，当拉应力超过混凝土容许抗拉强度时，就会出现裂缝，影响结构的整体性和耐久性。因此，进行大坝温控防裂研究和施工质量控制系统研究具有重要现实意义和工程实用价值。

碾压混凝土拱坝体型采用抛物线双曲拱坝，拱坝坝顶高程为 646.00m，坝底高程501.00m，最大坝高 145.0m，坝顶宽 9.0m，坝底拱冠厚 37.0m。坝顶上游弧长

500.900m，最大中心角 94.84°，位于高程 623.00m；大坝宽高比 2.93，厚高比 0.26，上游面最大倒悬度 0.18，下游面最大倒悬度 0.20。大坝控制高程几何参数见表 5.6-31。

表 5.6-31 大坝控制高程几何参数

高程 /m	拱冠处 厚度/m	拱端厚度/m		拱冠处曲率半径/m		半中心角/(°)		弧长/m	
		左岸	右岸	左岸	右岸	左岸	右岸	上游	下游
646.00	9.000	9.000	9.000	203.193	201.586	46.79	46.00	500.900	486.326
623.00	14.663	14.781	15.703	184.720	176.013	47.77	47.07	472.570	448.075
602.00	19.589	20.281	21.222	168.174	156.005	47.81	46.91	429.123	396.292
581.00	24.183	25.668	26.145	152.219	138.862	46.48	45.40	368.168	328.725
561.00	28.166	30.405	30.261	137.829	124.914	44.33	42.44	303.978	260.504
541.00	31.683	34.482	33.798	124.467	113.012	40.75	38.38	239.779	195.125
521.00	34.655	37.627	36.738	112.372	102.885	35.04	33.08	177.383	135.323
501.00	37.000	39.569	39.063	101.784	94.264	23.30	23.38	102.312	71.551

三河口坝址借用附近的佛坪县和宁陕县气象站观测资料，统计分析结果见表 5.6-32。

表 5.6-32 三河口坝址附近气象统计资料

月份	1	2	3	4	5	6	7	8	9	10	11	12	多年平均
平均气温/℃	1.9	3.5	8.3	14.0	18.1	21.6	23.8	23.3	18.3	13.4	8.0	3.3	13.1

5.6.8.1 有限元计算模型

依据实际工程中三河口水利枢纽大坝整体体型参数，建立碾压混凝土拱坝整体有限元分析数值模型，以计算拱坝温度场及应力场。坝体及坝基整体有限元模型如图 5.6-30 所示，其中坝体下部基岩厚度约 1.5 倍坝高，坝轴线上游侧顺河向范围约 1.5 倍坝高，下游侧顺河向范围约 1.5 倍坝高；坝体内部结构缝根据实际布置情况采用薄层单元进行模拟。整个计算域共离散为 107186 个节点、94180 个单元，其中坝体 75888 个节点、65344 个单元。有限元计算坐标系定义：X 轴横河向，由右岸指向左岸；Y 轴顺河向，自下游指向上游；Z 轴铅直向。三河口碾压混凝土拱坝坝体整体有限元模型如图 5.6-31 所示。碾压混凝土坝坝体分缝有限元计算模型如图 5.6-32 所示，拱坝剖面材料分区示意如图 5.6-33 所示。

5.6.8.2 拱坝（准）稳定温度场

大坝蓄水运行后，坝体年平均温度逐渐趋于稳定。稳定后的坝体温度将以稳定温度为中心，随外界温度的变化呈余弦状周期性变化。由图 5.6-34 可知，拱冠梁坝段基础约束区的（准）稳定温度自上游至下游一般为 11.0～16.1℃，其中强约束区内部平均温度为 13.5℃左右，弱约束区内部平均温度为 13.5℃左右，非约束区内部平均（准）稳定温度随高程上升分别为 13～16℃，平均温度为 14.5℃。

5.6.8.3 混凝土应力控制标准

根据《混凝土拱坝设计规范》的规定，施工期混凝土基础浇筑块水平向徐变温度应力可以采用有限元法计算，其应力控制标准按式（5.6-1）确定：

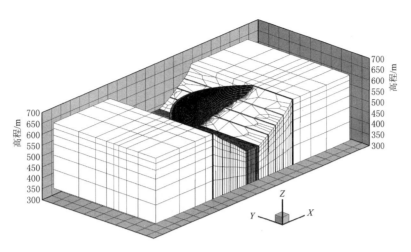

图 5.6-30　三河口碾压混凝土拱坝及坝基三维整体有限元模型

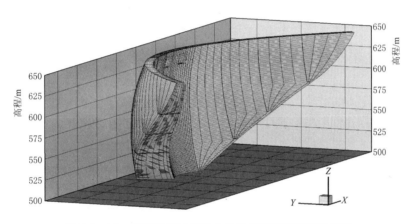

图 5.6-31　三河口碾压混凝土拱坝坝体整体有限元模型

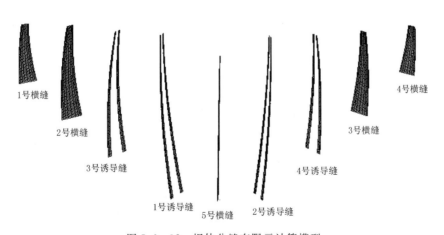

图 5.6-32　坝体分缝有限元计算模型

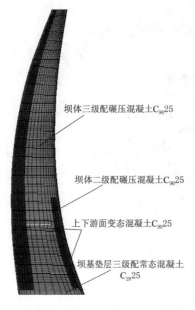

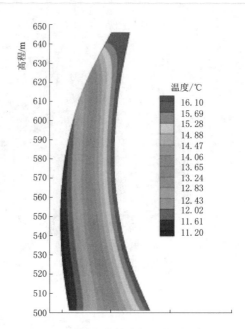

图 5.6-33　拱坝剖面材料分区示意图　　图 5.6-34　稳定温度场（拱冠梁剖面）

$$\sigma \leqslant \frac{\varepsilon_p E_C}{K_f} \qquad\qquad (5.6-2)$$

式中　σ——各种温差所产生的温度应力之和；

　　　ε_p——混凝土极限拉伸值；

　　　E_C——混凝土弹性模量；

　　　K_f——抗裂安全系数，本工程采用 1.8。

　　依据三河口试验成果报告推荐的碾压混凝土材料配合比及参数，经计算得到三河口碾压混凝土各龄期允许水平拉应力，见表 5.6-33。

表 5.6-33　　　　　　依据试验资料推求的碾压混凝土各龄期水平向允许拉应力

推荐的碾压混凝土材料		水平向允许拉应力/MPa	
		28d	90d
碾压混凝土三级配	$W/C=0.45$	1.03	1.51
常态混凝土三级配	$W/C=0.45$	1.45	
碾压混凝土二级配	$W/C=0.45$		1.77
变态混凝土二级配	$W/C=0.45$		1.74
变态混凝土三级配	$W/C=0.45$		1.60

　　由表 5.6-34 可知，由于早龄期碾压混凝土弹性模量普遍较低，早龄期碾压混凝土抗裂性能一般，14 天龄期碾压混凝土允许水平拉应力仍小于 1MPa。

　　在铅直拉应力作用下，在达到极限变形以前，混凝土即被拉开，因此允许铅直拉应力不能用式（5.6-2）计算，应根据抗拉强度来选取。根据碾压混凝土拱坝施工设计经验，水平施工缝的抗拉强度折减系数取 0.6，铅直拉应力控制标准的计算公式为

$$\sigma \leqslant \frac{rR_t}{K_f}$$

式中　σ——各种温差所产生的温度应力之和，MPa；

　　　R_t——混凝土抗拉强度标准值；

　　　r——水平施工缝的抗拉强度折减系数，取 0.6；

　　　K_f——安全系数，本工程取 1.8。

表 5.6－34　　　　　依据试验资料推求的碾压混凝土各龄期垂直向允许拉应力

推荐的碾压混凝土材料		垂直向允许拉应力/MPa	
		28d	90d
碾压混凝土三级配	$W/C = 0.45$		0.56
常态混凝土三级配	$W/C = 0.45$	0.483	
碾压混凝土二级配	$W/C = 0.45$		0.59
变态混凝土二级配	$W/C = 0.45$		0.58
变态混凝土三级配	$W/C = 0.45$		0.53

5.6.8.4　温度控制标准

（1）容许温差标准。根据相关规范、工程经验和基础温差应力有限元分析计算结果，拟定三河口水电站坝体碾压混凝土基础容许温差约束区为 14.5℃，弱约束区为 15.5℃。

（2）上下层温差标准。根据上下层温差应力分析结果，在间歇期超过 28 天的老混凝土面上继续浇筑混凝土时，老混凝土面以上 $1/4L$ 高度范围内的新浇混凝土与老混凝土的温差要求不大于 16℃。

（3）内外温差标准。为了防治坝体内外温差过大引起混凝土表面产生裂缝，施工中坝体内外温差要求控制在一定范围。参考国内部分工程经验，拟定内外温差为 16.5℃。

（4）允许最高温度。混凝土拱坝基础约束区允许最高温度取决于稳定温度、基础温差、内外温差和上下层温差等，为便于施工管理，将各种温差转化为坝体混凝土的允许最高温度，并作为施工期温度控制指标。根据三河口水电站典型坝段稳定温度场和温差控制标准，拟定典型坝段混凝土允许最高温度见表 5.6－35。

表 5.6－35　　　　　　　　　　典型坝段允许最高温度

坝段	温控分区	稳定温度/℃	控制温差/℃	容许最高温度/℃
	$(0\sim0.2)L$	13.5	14.5	28.0
拱冠梁坝段	$(0.2\sim0.4)L$	13.5	15.5	29.0
	$0.4L$ 以上	14.5	16.5	31.0

5.6.8.5　建议温控措施

综合拱冠梁单坝段模型仿真计算结果，对三河口碾压混凝土拱坝温控措施建议如下。

（1）开浇时间：根据拱坝混凝土不同开浇时间仿真计算结果分析确定，混凝土宜在低温季节开始浇筑。

（2）浇筑层厚度：根据浇筑进度安排，浇筑层厚建议采用 2～3m，其中约束区、孔口等部位可取 2m，非约束区部位可取为 3m。

（3）浇筑间歇期：正常工况下一般取为 5～7 天，最小间歇期不宜小于 3 天，最大浇筑间歇期不宜超过 14 天。

（4）浇筑温度：由于 5—9 月坝址处气温相对较高，由于新混凝土材料参数其最终绝热温升有所增加，建议应采取骨料预冷措施以降低混凝土浇筑温度，控制浇筑温度不超过 16℃；其他月份气温较低，温控难度相对较小，可采取自然入仓浇筑，综合采取温控措施控制浇筑温度，确保混凝土最高温度满足设计要求。

（5）高温季节采取混凝土预冷降低浇筑温度并采取通水冷却：施工期混凝土通水冷却过程中，冷却水管可采用聚乙烯 PVC 管，水管埋设时建议采用 1.5m×1.5m（水平×垂直）的水管布置形式，具体通水冷却措施见表 5.6－36。

表 5.6－36　　　　　三河口碾压混凝土拱坝各月参考浇筑温度及通水冷却要求

月份	平均气温/℃	浇筑温度①/℃	一期通水	二期通水
1	1.9	4.3		
2	3.5	6.1		
3	8.3	10.2		
4	14.0	16.2		
5	18.1	14.9	5—9 月通水冷却，水温 12℃，通水流量为 1.0～1.5m³/h，持续时间 20 天	冷却水温约 10℃，流量 1.0m³/h 左右，冷却至封拱温度
6	21.6	17.0		
7	23.8	18.3		
8	23.3	18.0		
9	18.3	15.0		
10	13.4	15.5		
11	8.0	10.0		
12	3.3	5.6		

① 5—9 月混凝土骨料需预冷。

一期通水：建议在 5—9 月进行一期通水冷却，通水时间可根据实际施工及气温情况进行微调，对骨料预冷效果无法满足要求情况下，应加强一期通水，控制最高温度。通水水温初步建议为 10～12℃，通水流量为 1.0～1.5m³/h，持续时间约 20 天。

二期通水：冷却通水水温可取 10～14℃，建议通水流量 1.0m³/h 左右，可根据实际降温情况调节流量大小，通水时间 40～60 天，直至混凝土温度冷却至拱坝封拱温度为止。

（6）封拱灌浆温度：根据坝址区气温情况，确定的三河口抛物线拱坝封拱温度见表 5.6－37。

表 5.6－37　　　　　　　　拱 坝 封 拱 温 度 表

高程/m	646	623	602	581	561	541	521	501
温度/℃	15	15	14	14	13	13	12	12

5.6.8.6 施工期拱坝温控仿真计算

（1）边界条件。此次温度计算中，所取基岩的底面及 4 个侧面为绝热面，基岩顶面与大气接触的为第 3 类散热面，坝体上下游面及顶面为散热面，两个横侧面为绝热面。应力计算中，所取基岩底面，左右侧面及上下游面为法向单向约束，坝体侧面及顶面自由。考虑施工过程的坝体自重荷载及温度荷载。

（2）温度仿真结果。基于上述边界条件及温控措施，拱坝整体施工期内部最高温度包络图见图 5.6-35；图 5.6-36 为拱冠梁剖面施工期最高温度包络图。

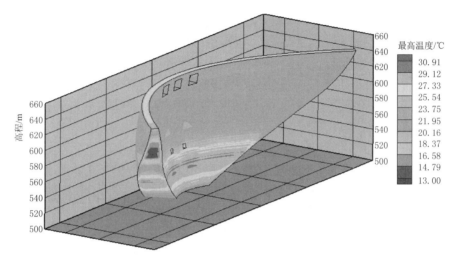

图 5.6-35　最高温度包络图

由拱坝整体温度仿真计算结果可知，最高温度主要出现在 5—9 月高温浇筑的混凝土部位，其内部出现的最高温度约达到 30.91℃，集中在高程 520～550m，约束区最高温度在 30℃左右高于约束区控制温度，自由区最高满足温度控制标准。

（3）应力仿真结果。基于温度场仿真计算结果，进行设计方案下的拱坝整体施工期应力场仿真计算。图 5.6-37 为三维整体横河向应力包络图，图 5.6-38 为三维整体顺河向应力包络图。

施工期温度应力计算结果表明：内部顺河向应力最大值约为 1.59MPa，发生在坝体与岸坡接触部位；内部横河向应力最大值约为 1.78MPa，发生在坝体与岸坡接触部位。从拱坝拱冠梁剖面顺河向最大应力包络图中可知，在拱冠梁坝段最大顺河向应力约为 1.02MPa，主要集中在坝顶部分，分析其原因为孔口附近的应力集中，能够满足应力控制要求。从拱坝拱冠梁剖面横河向最大应力包络图中可知，在拱冠梁坝段最大横河向应力约为

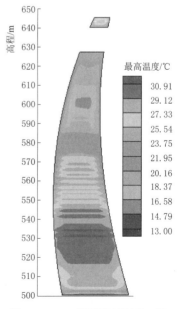

图 5.6-36　拱冠梁剖面施工期
最高温度包络图

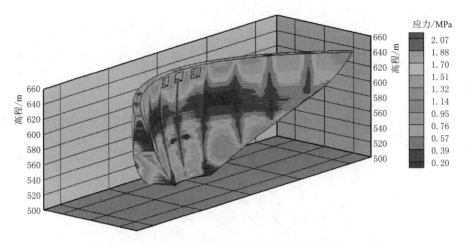

图 5.6 - 37　三维整体横河向最大应力包络图

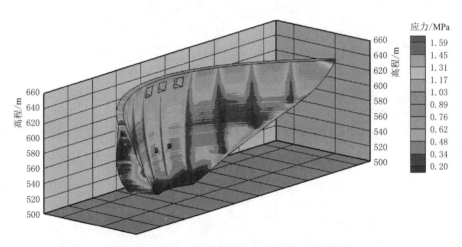

图 5.6 - 38　三维整体顺河向最大应力包络图

2.07MPa，主要集中在坝顶部分，分析其原因为孔口附近的应力集中。由顺河向最大应力包络图可知，应力最大值主要集中在坝体与岸坡接触部位，最大值约为 1.59MPa，不考虑应力集中区域，坝体应力可控制在 1.15MPa 以内，坝体顺河向应力满足应力控制标准。从拱坝上下游面的横河向最大应力包络图表明，坝体表面横河向应力水平总体不是很大，但在坝体与岸坡接触部分出现应力集中，应力最大值较大，约达到 2.07MPa，应力集中区域不大；由拱坝横河向最大应力包络图中可以看出，坝体整体在坝体上下游表面存在一定的大应力区，不考虑应力集中和长间歇期的影响，其应力最大值基本可以控制在 1.50MPa 左右，应力水平大致能满足温度应力控制要求。由其应力历程曲线可得，坝体内部横河向应力出现两个峰值，分别发生在一期冷却通水结束和二期冷却通水结束；而其表面应力最大值主要发生在冬季，由于坝体表面混凝土受外界气温影响较大，温度较低，而内部混凝土温度较高，导致坝体表面出现较大的拉应力，需进行表面保护及保温。坝体总体应力水平基本能够满足混凝土施工期允许拉应力控制要求。

5.6.9 坝区渗流分析研究

5.6.9.1 水文地质

坝轴线附近河床高程 524.80～526.50m，谷底宽 79～87m，河床覆盖层厚度 5.8～11.8m。坝址区基岩为志留系下统梅子垭组变质砂岩段变质砂岩、结晶灰岩，局部夹有大理岩及印支期侵入花岗伟晶岩脉、石英岩脉；表面断续覆盖有第四系人工堆积、冲积、冲洪积、坡洪积及崩坡积松散堆积物。

坝基：拱坝河漫滩宽约 68m，上覆砂卵石厚度 5～8.5m，应予以清除。坝基岩体上部以变质砂岩为主，下部为结晶灰岩。

左坝肩：下伏基岩主要由变质砂岩及结晶灰岩组成，局部夹透镜体状伟晶岩脉。

右坝肩：自然坡角 32°～56°，岩层走向与边坡夹角大于 60°，基岩裸露，主要由变质砂岩组成，局部为结晶灰岩，夹透镜状伟晶岩脉及石英脉。

1. 坝址区地下水类型及补给关系

坝址区地下水类型主要为第四系松散堆积层孔隙潜水和基岩裂隙水两种类型。

第四系孔隙潜水：分布于河谷漫滩及低级阶地上，含水层为中粗砂、卵（砾）石层，厚度 1～11m，主要接受大气降雨补给，向河流排泄。

基岩裂隙水：分布于河谷基岩强～弱风化带裂隙中，主要受大气降雨补给；河谷两岸地下水高于河水，向河流或沟谷下游以下降泉的形式排泄。

坝区泉水点多分布于两岸沟谷出口处，为下降泉，出露高程一般 670.00～855.00m，流量一般 7～12L/min。导流洞进口高程 530.00m 处有一下降泉（泉 3），渗水量为 1.0～1.5L/s，根据调查分析，泉水主要是从岩石接触面及断层破碎带渗出。坝址区左右岸地下水位远高于河床，呈现山高水高的特征。

2. 坝址区岩（土）体的渗透特性

根据前期河床抽水试验数据，河床砂卵石层渗透系数 $K=62\text{m/d}$，部分断层破碎带为糜棱岩夹断层泥，其渗透系数为 $2.82\times10^{-3}\sim3.54\times10^{0}\text{cm/s}$，属中等～强透水性。

根据坝址区钻孔压水试验成果可以看出：坝址区强风化及弱风化上部岩体透水率一般大于 10Lu，多为强～中等透水性，弱风化岩体下部及微风化上部岩体透水率一般在 1.5～9.5Lu，多为弱透水性，微风化岩体下部多为微透水性，微透水层埋深一般在 75～130m。根据坝轴线钻孔压水试验成果及拱坝地质剖面图，汇总坝基岩体透水率分布特征于表 5.6-38。

按照拱坝坝基防渗标准 1Lu，计算坝基及两坝肩渗漏总量 $Q_{总}=2461.1\text{m}^3/\text{d}$，占河流平均日来水量的 0.10%（日来水量 236.4 万 m^3）。根据《混凝土拱坝设计规范》的有关规定，建议防渗帷幕深入相对隔水层 3～5m，防渗下限按 $q\leqslant1\text{Lu}$ 控制时中坝线防渗帷幕深度为：左岸地面以下垂直深度 80～120m，水平宽度 160～170m；河床基岩面以下 80～85m；右岸地面以下垂直深度 85～140m，水平宽度 150～190m。同时应对贯穿坝线上下游的 f_{13}、f_{14}、f_{57} 等断层加强防渗处理。

表 5.6－38 拱坝坝基岩体透水率分布特征表

位置	透水特性	透水率标准/Lu	材料分区	孔内透水率区间值/Lu	透水率平均值/Lu
左岸	中等透水性	10～100	K4	10.60～11.90	11.03
	弱透水性	5～10		5.08～6.13	5.42
		3～5	K3	3.27～5.00	4.22
		1～3	K2	1.17～2.98	1.94
	微透水性	≤1	K1	0.17～0.98	0.53
河床	中等透水性	10～100	K5	—	—
	弱透水性	5～10		8.92	8.92
		3～5	K6	3.64～4.61	4.17
		1～3	K7	1.86～2.96	2.34
	微透水性	≤1	K8	0.87～0.96	0.92
右岸	中等透水性	10～100	K12	10.70～75.79	26.23
	弱透水性	5～10		5.13～8.74	6.80
		3～5	K11	3.25～4.97	4.25
		1～3	K10	1.10～2.95	2.05
	微透水性	≤1	K9	0.15～0.96	0.47

5.6.9.2 帷幕灌浆及坝基排水设计

碾压混凝土拱坝体型采用抛物线双曲拱坝，拱坝坝顶高程为 646.00m，坝底高程 501.00m，最大坝高 145.0m，坝顶宽 9.0m，坝底拱冠厚 37.0m。设置四层灌浆隧洞，高程分别为 646.00m、610.00m、565.00m、520.00m；灌浆隧洞断面为 3.0m×4.0m（宽×高），中下层灌浆隧洞采用全断面钢筋混凝土衬砌，衬厚 0.4m，顶层灌浆隧洞原则只进行底板钢筋混凝土衬砌，衬厚 0.4m；局部根据地质条件进行喷锚支护和全断面钢筋混凝土衬砌。

孔距、排距取决于浆液的有效扩散半径。根据工程类比，初步确定坝基及两坝肩部位为双排孔，孔距 2.5m，排距 1.2m。帷幕灌浆共 5.17 万 m。最终应以现场灌浆试验结果进行调整。

灌浆采用 P•O42.5 普通硅酸盐水泥，灌浆工艺采用孔口封闭，自上而下，小口径钻孔，孔内循环高压灌浆工艺。另外，为降低坝基扬压力在坝基灌浆廊道内靠下游侧布置一排排水孔，其孔深为帷幕灌浆深度的 0.5 倍，排水孔孔距均为 3.0m，孔径均为 110mm，孔斜 15°。为确保两坝肩的安全稳定，在坝顶和中层高程 610.00m 及 565.00m 廊道靠坝头 100m 范围内向下布置一排排水孔，向下为帷幕灌浆深度的 0.5 倍，孔距为 3.0m，孔径为 110mm。

5.6.9.3 渗流分析计算程序和单元模型

ADINA 非线性有限元分析软件由于其丰富的地质材料库、高效的非线性求解器、卓越的流固耦合分析功能，在水利水电工程的设计和计算分析中得到了广泛的应用，取得了较好的效果。

程序提供了 8~21 个可变节点的一般三维等参元。前 8 个节点是单元的角点，节点 9~20 对应于边中间节点，节点 21 是一个中心节点。该单元能用来作实体和厚壳的三维分析。把节点叠合在一起，能形成不规则单元。像二维单元一样，选择不同单元节点状态的这种特性，能有效地进行有限元的模型划分，采用三维 8 节点等参数元。

5.6.9.4 坝基三维有限元渗流场分析

1. 初始渗流场分析

拱坝轴线的谷底宽度 85~90m，正常蓄水位高程 643.00m 的河谷宽度 344~372m，河谷宽高比 3~3.2。由于左右两岸地下水位高，因此选取较大范围，左右宽度各取 1.5 倍坝高，横河向总宽约 850m；上游取 1 倍坝高，下游取至厂房下游，顺水流方向长约 570m；地基深度取坝底以下 1 倍坝高，坝顶以上岩体建模时不考虑，总高为 290m。根据坝轴线所在截面的吕荣值下限线，将左岸、右岸、河床以下坝基自下而上，从左至右分成 12 个渗透材料分区，考虑了左岸 F_{60} 断层和右岸 F_{14}、F_{57} 等断层，依据地形和岩层分块。图 5.6－39 中虚线框内区域为坝轴线截面的计算取值范围（比地质图扩大了）。表 5.6－40 给出了材料分区与坝基岩体透水率分布对应关系。

据此建立三维有限元模型，共划分节点 79043 个，单元 73070 个。坐标系选取：x 轴指向上游，y 轴指向右岸，原点位于拱坝拱冠梁上游面 A 点，z 轴竖直向上，O 点为大地高程。图 5.6－40 为初始渗流场三维有限元模型。

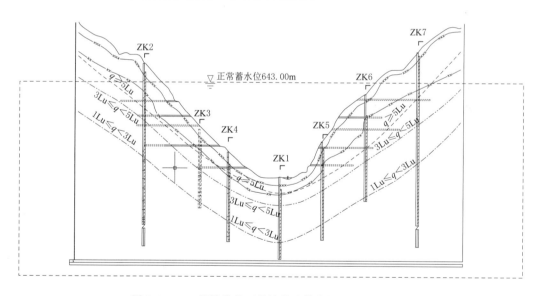

图 5.6－39　坝轴线截面的计算取值范围（虚线框区域）

2. 坝基三维初始渗流场反演分析

将坝轴线截面地下水位线的高度以及表 5.6－39 中的渗透系数作为坝基初始渗流场反演的依据，采用渗流场反演分析理论，ADINA 软件经反复迭代计算后的分区渗透系数表列于表 5.6－39 和表 5.6－40 中。

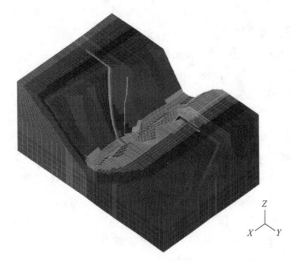

图 5.6-40　初始渗流场三维有限元模型

为说明计算边界水位确定和各岩体分区、断层渗透系数反演的合理性，以坝址区钻孔压水试验观测资料为参考，将天然渗流场反演计算获得的与钻孔位置相对应的计算水位列于表 5.6-41 中。将坝址区计算水位线（自由面）与根据钻孔压水试验数据拟合水位线进行对比，如图 5.6-41 所示。

由表 5.6-41 和图 5.6-43 可以看出，天然渗流场计算模型反演的钻孔位置的计算地下水位与实测地下水位吻合较好，坝址区计算水位线（自由面位置）与拟合的实际地下水位线分布规律基本一致。这表明天然渗流场计算模型反演成果良好，反演计算得到的各区渗透系数和断层渗透系数能够较好地反映坝址区的岩层渗透特性。

表 5.6-39　　　　　　　　　反演计算后的分区渗透系数表　　　　　　　　单位：$\times 10^{-7}$ m/s

材料区域号	渗透系数取值范围	渗透系数均值	渗透系数反演值
K1	0.17~0.98	0.53	0.18
K2	1.17~2.98	1.94	3.00
K3	3.27~5.00	4.22	5.00
K4	5.08~11.90	5.42	10.26
K5	8.92	8.92	12.80
K6	3.64~4.61	4.17	4.17
K7	1.86~2.96	2.34	2.34
K8	0.87~0.96	0.92	0.92
K9	0.15~0.96	0.47	0.47
K10	1.10~2.95	2.05	2.05
K11	3.25~4.97	4.25	4.25
K12	5.13~75.79	6.80	15.40

表 5.6-40　　　　　　　　　反演计算后的断层渗透系数表　　　　　　　　单位：m/s

断层	渗透系数取值范围	渗透系数均值	渗透系数反演值
断层 f_{13}	2.82×10^{-5}~3.54×10^{-5}	3.0×10^{-4}	3.0×10^{-4}
断层 f_{14}	2.82×10^{-5}~3.54×10^{-5}	3.0×10^{-4}	3.0×10^{-4}
断层 f_{57}	2.82×10^{-5}~3.54×10^{-5}	3.0×10^{-4}	5.0×10^{-5}
断层 f_{60}	2.82×10^{-5}~3.54×10^{-5}	3.0×10^{-4}	6.0×10^{-4}

钻孔编号	钻孔位置	孔口高程	地下水位埋深	地下水位	计算水位
ZK1	河床	526.60	0	526.6	526.6
ZK2	左岸	665.30	89.8	575.5	578.4
ZK3	左岸	584.70	40.8	543.9	539.7
ZK4	左岸	553.25	21.5	531.75	529.6
ZK5	右岸	571.80	41.7	530.1	535.3
ZK6	右岸	628.50	60.2	568.3	566.7
ZK7	右岸	680.70	48.9	631.8	629.5

表 5.6-41   天然渗流场有限元模型计算水位和钻孔水位的对比   单位：m

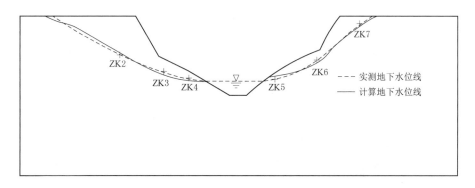

图 5.6-41   坝址区计算地下水位线与实测地下水位线（拟合）的对比图

3.运行期三维渗流场计算

建立三维运行期渗流场模型时，计算范围与初始渗流场模型范围一致。帷幕渗透系数取 1Lu，即 $1×10^{-7}$m/s，运行期渗流场有限元模型外表与初始渗流场有限元模型相同，同时对左岸 F_{60} 断层以及右岸 F_{14}、F_{57} 断层进行灌浆封堵处理，灌浆封堵后的断层渗透系数取值为 $1×10^{-7}$m/s，与坝基帷幕渗透系数相同。

运行期渗流场初步计算结果表明：

（1）断层灌浆封堵后拱坝中部高程坝肩帷幕以下区域出现水流绕渗现象，封堵后的断层部位表现出与帷幕相当的阻渗作用，渗流渗径长度明显加长，水头损失相对于未封堵时降低幅度进一步加大，更有利于拱坝坝肩区域的抗力体稳定。

（2）与运行期断层未灌浆的渗流场相比，厂房地基上部区域渗流虚区明显扩大，说明断层封堵后，厂房以上区域的抗力体受地下水影响较小，同时在厂房排水幕排水作用下，厂房边坡稳定性得到进一步加强。

综上所述，断层灌浆封堵后阻渗效果较明显，更有利于拱坝坝肩抗力体以及厂房边坡的稳定，坝基渗流稳定性得到有效提高，能够满足拱坝的渗控设计要求。坝基及厂房边坡排水渗流量（仅指排水孔幕排掉的）见表 5.6-42。

表 5.6－42 坝基及厂房边坡排水渗流量（仅指排水孔幕排掉的）

排水区域	每秒渗流量/(m³/s)	每时渗流量/(m³/h)	每天渗流量/(m³/d)
坝基	1.98×10^{-3}	7.13	171.12
厂房边坡	1.23×10^{-3}	4.43	106.32

5.6.9.5 结论及建议

（1）研究建立了坝址三维渗流场反演分析模型和三维稳定渗流场分析模型。反演计算了坝区初始渗流场，反演得到的三维初始渗流场自由面与原始地下水位线较为接近，反演计算得到的各区渗透系数和断层渗透系数能够较好地反映坝址区的岩层渗透特性。

（2）初始渗流场计算表明，两岸地下水位线较高，拱坝右岸地下水位较左岸高，右岸大部分抗力体被地下水浸泡，将给拱坝带来较大渗透体力，必须进行防渗处理；左岸近坝肩抗力体自高程 550.00m 以上已无地下水存在，对坝肩防渗要求偏低。另外，右岸坝肩附近分布了 3 条交叉断层，对渗控要求较高。一旦坝肩防渗帷幕和排水幕失效，这些断层将构成快速渗流通道，对右岸抗力体的稳定十分不利，必须进行有效的渗控设计。

（3）断层封堵后的运行期渗流场计算表明，封堵后的断层部位表现出与帷幕相当的阻渗作用，渗流渗径长度明显加长，水头损失相对于未封堵时降低幅度进一步加大，有效增加了拱坝坝肩区域的抗力体稳定性；厂房地基上部区域渗流虚区明显扩大，在厂房排水幕排水共同作用下，厂房边坡稳定性得到进一步加强。总之，断层灌浆封堵后，坝基渗流稳定性得到有效提高，能够满足拱坝的渗控设计要求。

综上所述，最终的坝基渗控设计方案在坝肩两岸抗力体和坝底基础中的渗流场渗透压力均较小，能够满足渗流稳定的设计要求。

帷幕、排水和断层的有限元网格（上游侧视图）见图 5.6－42。

图 5.6－42 帷幕、排水和断层的
有限元网格（上游侧视图）

5.6.10 三河口可逆机组选型研究

5.6.10.1 水泵水轮机提出的可行性

根据三河口水库的运行方式：当三河口水库向秦岭隧洞供水时，利用供水流量和泄放的生态流量进行发电，其最大流量为 72.71m³/s（其中供水最大流量 70m³/s，下游生态放水设计流量 2.71m³/s）；当黄金峡水利枢纽泵站抽水（通过黄三输水隧洞至秦岭隧洞进口汇流池）流量大于关中需水量（秦岭隧洞过水流量）时，多出的水量将补充入三河口水库，这种情况下需要用水泵进行抽水运行，以保证三河口水库的调蓄能力。因此，三河口水利枢纽的机组分别有抽水（向水库补水）和发电（向关中地区供水）两种功能要求，并且是发电时不抽水，抽水时不发电，两种运行方式不会同时进行，因此利用抽水蓄能技术中水泵水轮机和发电电动机把泵站抽水蓄水和电站发电供水结合在一起成为可能。此技术给工程提供了有力的技术支持。

5.6.10.2 水库扬程、水头、流量参数变化范围

三河口抽水扬程变化范围在 $29.8\sim96.44\mathrm{m}$，抽水量的变化范围在 $0\sim18\mathrm{m}^3/\mathrm{s}$；上下游水位差（供水发电水位）在 $10.3\sim99.30\mathrm{m}$ 变动，流量范围在 $1\sim72.71\mathrm{m}^3/\mathrm{s}$。

5.6.10.3 电站装机容量及装机台数

根据水能计算分析，确定电站（泵站）发电容量 60MW，其中：2 台水轮发电机组，单机容量为 20MW；2 台水泵水轮机/电动发电机组发电容量 20MW，单机容量为 10MW。水泵水轮机/电动发电机组抽水容量 24MW，单机抽水容量 12MW。

5.6.10.4 水泵水轮机参数选择

1. 比转速和转速选择

水泵水轮机的同步转速主要通过比转速进行确定。

水泵水轮机各个参数之间的合理组合，是三河口电站设计中极其重要的一环，首先是比转速的确定。比转速是水泵水轮机技术经济的综合性指标，它反映了转轮的尺寸形状、过流能力、汽蚀、效率性能，同时也反映了可逆式水泵水轮机的设计制造水平。随着比转速的提高，机组同步转速相应提高，机组重量减轻，造价降低和厂房尺寸缩小，但空蚀系数随着比转速的上升而增大，机组空蚀特性将变得不利。对国内目前已建的 200m 以下水头的部分抽水蓄能电站比转速及相关参数进行了统计，见表 5.6-43。

表 5.6-43　国内已建的 200m 以下水头的部分抽水蓄能电站比转速及相关参数表

项目		符号	单位	白山	白莲河	沙河	琅琊山	响水涧
电站所在省份				吉林	湖北	江苏	安徽	安徽
装机容量			MW	2×167.5	4×300	2×50	4×150	4×250
比转速	T	n_s	m·kW	219.75	166	169	213.9	149.34
	P	n_q	m·m³/s	55.93	50.21	52.3	56	49.85
额定转速	n		r/min	200	250	300	230.8	250
运行水头（扬程）	T	H_{max}	m	123.9	217	121	147	220.05
		H_r	m	105.8	197	97.7	126	190
		H_{min}	m	105.8	187	93.8	115.6	175.4
	P	H_{max}	m	130.4	220	123	152.8	222.77
		H_{min}	m	108.2	194	97	124.6	180
		H_{max}/H_{min}		1.205	1.134	1.268	1.226	1.238
最小吸出高度		H_s	m	−25	−52	−21	−32	−54
制造商				哈电	ALSTOM	ALSTOM	VATECH	哈电
模型验收时间				2003 年 4 月	2006 年 5 月	1999 年	2004 年	2009 年 6 月

机组在水泵工况的比转速为 48～60（m·m³/s 制），水轮机工况比转速为 188～226（m·kW 制），吸出高度为 -54～-9m，考虑到电站水头（扬程）变幅很大，从有利于机组稳定运行和减低汽蚀的可能性考虑，水泵设计工况的比转速应不大于 60（m·m³/s 制）。

由于该电站单机容量较小，设备的制造难度不大，主要问题是水泵水轮机模型转轮的研究。国内目前的抽水蓄能电站水头大部分在 200m 以上，而满足电站运行条件的水泵水轮机转轮没有现成的可用，需要根据电站的条件进行专门研发。为此，陕西省水利电力勘测设计研究院与京中水科水电科技开发有限公司（以下称"中水科"）签订了水泵水轮机组转轮的研发合同，以求水泵水轮机组获得良好的性能。中水科用计算流体数模计算和模型转轮的试验开发，给出三河口水泵水轮机在设计扬程 93.57m 时，水泵水轮机比转速为 $n_q = 50.3$（m·m³/s 制），额定转速 $n = 500r/min$，相应的比转速属中等参数水平，适合该电站特点。

2. 水泵最优工况点的确定

水泵水轮机转轮主要是按水泵工况来设计的。由于水泵水轮机不可能同时满足两种工况最优转速的条件，考虑到水泵工况最优效率点的扬程只为水轮机最优效率点水头的 77% 左右，因此，水泵工况最高效率点选择在满足工程运行要求前提下，尽可能偏向低扬程处，相应的水轮机工况运行范围才能较好地靠近高效区，使机组在运行概率较大的水轮机工况范围内，亦有较高的效率。通过模型试验开发的转轮水泵工况最优工况点的扬程为 96m，效率为 92.14%，在 83～96.44m（最大扬程）的扬程范围内，效率均高于 90%。

3. 机组功率

水泵水轮机组容量以抽水工况下的最大入力选择电机容量，水轮机工况按此容量确定相应的运行范围。该工程水泵工况运行扬程变幅极大，根据水泵水轮机模型研究结果，水泵最大入力发生在最小扬程、抽水流量最大的工况：扬程 70m，流量 12.24m³/s，水泵入力 9.9MW。根据相应规范要求并留有适当余量，选配电动机容量 12MW，据此对水轮机工况的各运行水头出力进行复核，机组最大发电容量为 10MW，选配 10MW 发电机满足要求。

4. 额定水头（水轮机工况）

与常规水轮机的设计不同，水泵水轮机先以满足水泵工况的扬程及流量参数要求进行转轮设计，然后对水轮机工况进行复核，适当调整转轮设计。因此，水轮机工况额定水头的选择是以机组稳定运行为前提，在保证供水流量的条件下，结合电站水头分布特点比较选定额定水头为 85m，相应水轮机工况额定出力 7.8MW，发电功率 7.5MW。水头大于 85m 的水轮机运行工况，按发电机设计最大功率 10MW 考虑。

5. 水泵水轮机水泵工况运行分析

根据中水科提供的水泵工况性能曲线，结合站上、站下特征水位变化情况，水泵工况工作点参数表见表 5.6-44。水泵工况 Q_p—H_p 及 Q_p—η_p 特性曲线见图 5.6-43，设计扬程 1 台、2 台水泵工况运行特性曲线见图 5.6-44。

从表 5.6-44 和图 5.6-44 可以看出，当水泵在设计扬程 93.57m（对应上游水位 638.08m）到低扬程 82.0m（对应上游水位 629.0m）这个区间内运行时，水泵水轮机以

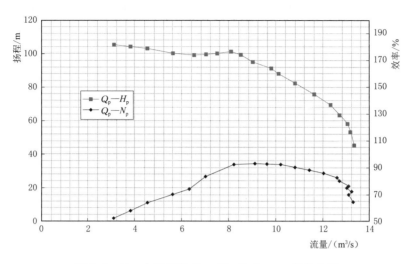

图 5.6－43 水泵工况 $Q_p—H_p$ 及 $Q_p—\eta_p$ 特性曲线

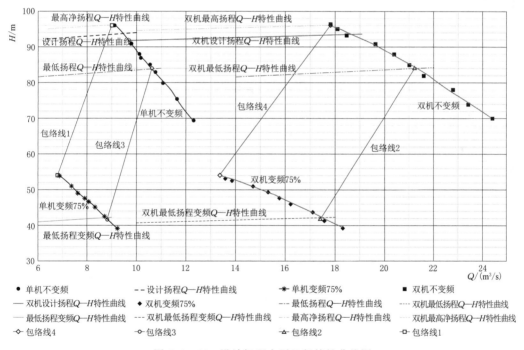

图 5.6－44 设计扬程水泵运行特性曲线图

额定转速 500rpm 运行，泵站最大抽水量为 $18.64\sim21.04\text{m}^3/\text{s}$，满足规划要求的 $18\text{m}^3/\text{s}$；而当水泵在低扬程 82.0m（对应上游水位 629.0m）到最低扬程 40m（对应上游水位 587.0m）这个区间内运行时，水泵水轮机采用变频方式运行，转速在 $500\sim375\text{r}/\text{min}$，泵站最大抽水量为 $21.04\sim18.10\text{m}^3/\text{s}$，大于规划要求的 $18\text{m}^3/\text{s}$；水泵在最低扬程 40m（对应上游水位 587.0m）以下，此时水泵水轮机不能投入运行。根据机组设备的特点，对多年调水调节过程结果进行复核，认为 40m 扬程以下不抽水对供水保证率产生的影响不大，可以舍去。水泵在扬程大于 96m（已接近最高扬程 96.44m）运行时，泵站最大抽水量 17.84m³/s，虽然小于规划要求的 18m³/s，但此时水库蓄水已达到高水位，距正常水位相差约 2m。从合理运行的角度分析，在相同的条件下，水库水位越高、补水的需求越小，库水位越低、补水需求越大。同时根据对年调水量调节计算成果分析，水库蓄水接近正常蓄水位时，有抽水运行的工况出现概率较低，因此，从设计扬程到最高扬程运行区间，水泵水轮机的抽水量亦可基本满足要求。

表 5.6 - 44　　　　　　　　　　　水泵工况工作点参数表

水泵运行方式	单泵流量/(m³/s)	总流量/(m³/s)	扬程/m	效率/%	水泵轴功率/kW	对应站上水位/m	备　注
单泵运行	9.34	9.34	93.42	91.5	9355	638.08	水泵工况设计净扬程 91.08m
2 泵并联运行	9.32	18.64	93.57	91.6	9340		
单泵运行	8.93	8.93	96.3	92.11	9159	640.96	水泵工况最高净扬程 93.96m
2 泵并联运行	8.92	17.84	96.44	92.1	9163		
单泵运行	10.54	10.54	85	91.17	9640	629	水泵工况最低净扬程 82m
2 泵并联运行	10.52	21.04	85.17	91.18	9640		
单泵运行	9.1	9.1	42.4	87	4351	587.0	最低净扬程（变频 75%）40m
2 泵并联运行	9.05	18.1	42.54	87.2	4331		

5.6.10.5　水泵水轮机主要性能参数及结构设计研究

泵工况运行特点：根据 54 年长系列抽水过程线，泵工况设计流量为 18m³/s。对 54 年旬抽水流量长系列过程，按照不同流量分区间进行统计分析，结果见表 5.6 - 45，各流量区间中不同水头段的抽水量见表 5.6 - 46。

表 5.6 - 45　　　　　　　　　泵站不同流量区间运行时间比率

流量区间/(m³/s)	多年平均运行天数/d	运行概率/%	流量区间/(m³/s)	多年平均运行天数/d	运行概率/%
0	310.39	84.98	10～15	6.20	1.70
0～5	8.46	2.32	15～18	34.17	9.35
5～10	6.04	1.65	合计	365.26	100.00

由表 5.6 - 45 可知，泵工况的多年平均开机运行概率较小。

表 5.6 - 46　　　　　　　　不同流量区间中不同水头段的抽水量

净水头/m	不同流量区间的抽水量/(万 m³/s)					
	0～3m³/s	3～6m³/s	6～9m³/s	9～12m³/s	12～15m³/s	15～18m³/s
0～5	0	0	0	0	0	0
5～10	0	0	0	0	0	0
10～15	0	0	0	0	0	0
15～20	0	0	0	0	0	0
20～25	0	0	0	0	0	0

净水头 /m	不同流量区间的抽水量/(万 m³/s)					
	0～3m³/s	3～6m³/s	6～9m³/s	9～12m³/s	12～15m³/s	15～18m³/s
25～30	0	0	0	0	0	17
30～35	0	0	0	0	0	0
35～40	0	0	0	0	0	17
40～45	0	0	0	0	0	17
45～50	0	0	0	0	14.61	17
50～55	0	0	0	0	0	17
55～60	0	0	0	0	12.81	68
60～65	0	0	0	0	0	0
65～70	0	0	0	32.30	0	66.34
70～75	4.96	4.98	19.18	0	0	204
75～80	6.10	10.57	0	21.72	0	151.49
80～85	11.42	17.85	44.44	31.44	27.71	285.62
85～90	15.40	42.03	52.29	75.38	122.99	846.26
90～95	2.15	11.58	29.17	30.65	38.24	831.24
95～100	0	19.31	0	20.83	54.52	524.56

5.6.11 变频方案研究

5.6.11.1 机组的运行条件

三河口抽水扬程变化范围 40～96.44m，流量范围 0～18m³/s；发电工况水头变化范围 10.3～99.50m，流量范围 1～72.71m³/s。

现有水泵水轮机/发电电动机组水泵工况可满足 70～96.44m 的扬程范围，15～18m³/s 流量区间；对于发电工况，机组满足 65～99.30m 的水头范围。对于更低扬程的抽水工况和更低水头的发电工况，水泵水轮机自身不能满足其要求。

水轮发电机组适应的水头范围 99.30～55m，其余水头段机组本身不能运行。

因此，要获得更宽的扬程变幅和水头变幅，机组需要采取变速运行方式。

5.6.11.2 宽扬程（水头）变幅机组的解决方案

宽扬程（水头）变幅机组解决方案主要包括：

（1）机组转轮及流道等本体部件对扬程（水头）范围的适应，在最高扬程（水头）与最低扬程（水头）相差较大的情况下可以保证机组的振动、汽蚀等在合理的范围内。

（2）采用其他辅助手段达到拓宽扬程适应范围的目的，例如针对不同扬程段采用调速技术等。

水泵水轮机转轮设计已经最大限度地考虑扩大转轮运行的范围来满足水库水头（扬程）变幅，其余扬程需采用调速技术满足工程要求。电机的调速方式有多种，作为水泵负载，工程常用的是变极调速和变频调速。

变极调速是通过改变定子绕组接线方式来改变电动机极数,从而实现电动机转速的变化。变极调速时,同时对调定子两相接线,这样才能保证调速后电动机的转向不变。变极调速的控制结构简单、价廉、可靠性高,效率良好。作为同步电机调速方案,变极调速最为简便易行。但变极调速方案获得的经济效益有限,其对机组本身要求较高,在发电电动机的结构设计、制造、运行维护上增加了难度;由于极数的限制,目前技术只能有两个转速,且不能连续变化,变极调速的水泵机组在 73~85m 扬程范围,受吸出高度的限制,机组不能实现抽水功能,与该工程使用条件差距较大。因此,变极调速方案不满足该工程的运行要求。

变频调速方式,是通过调节电动机转速,从而改变泵的特性和运行工况,确保水泵在水库高水位、低扬程段能在高效区稳定运行,避开高空化区,最终实现工程供水要求;变频调速方式调节范围大,可实现无级调速,变频调速的机组流量和扬程变化均具有连续性,所覆盖的水头、流量范围宽泛,其变频调速满足泵站设备安全稳定运行的要求,且具有节能降耗优势明显的优点,其变频调速是现代交流调速技术的主要方向。

因此,水泵水轮机/发电电动机组水泵工况采用变频调速技术以适应宽泛的扬程、流量变化。

为充分利用各水头段的水能,在水泵工况采用变频调速技术的前提下,为充分发挥电力电子技术的特点,适当扩展变频器的使用功能,采用四象限变频装置,实现水泵水轮机/发电电动机组及水轮发电机组发电工况的变频发电,使机组能够在不同水头条件下选用与之相适应的转速运行,提高机组的运行效率,改善机组的运行条件。这不但增加了供水流量调节的灵活性、提高供水保证率,而且增加了工程本身的经济效益。

综上所述,三河口水泵水轮机组在抽水工况及发电工况下,均采用扬程(水头)、流量连续变化且范围较宽泛的四象限变频调速方式。

5.6.11.3　变频调速技术方案

1. 机组调速范围

(1) 2 台水泵水轮机/发电电动机组。水泵工况:在额定转速 500r/min 下运行时,抽水机组容量 12MW。抽水扬程低于 70m 至最低 40m 扬程时,采用变频运行,机组的最低转速为 300r/min。

水轮机工况:在额定转速 500r/min 下运行时,额定发电容量 10MW。工作水头低于 65m 至最低 40m 水头时,机组不在额定工况运行,机组发出的电能频率也不是额定 50Hz,机组控制最大出力不大于 10MW,此时机组的最低转速为 300r/min。

水泵水轮机/发电电动机组变频运行时,单机放水流量约 11m³/s,两台机最大放水流量约 22m³/s。

(2) 2 台 20MW 水轮发电机组:在额定转速 375r/min 下运行时,额定发电容量 20MW,工作水头范围 99.30~55m;工作水头范围在 55~30m 时,机组不在额定工况运行,机组发出的电能频率也不是额定 50Hz,机组控制的最大出力不大于 10MW(容量小于变频器容量),此时机组的最低转速为 225r/min。

2 台常规水轮发电机组变频运行时,单机放水流量约 20m³/s,2 台机最大放水流量约 40m³/s。

2. 机组启动、运行方式

（1）水泵水轮机/发电电动机组启动。水泵水轮机/发电电动机组作抽水工况运行时，采用变频启动方式，2台水泵水轮机组各接1套变频装置，用于机组的启动和变速运行，其中任意1台变频器可以作为另1台水泵水轮机组的备用启动方式。

水泵水轮机/发电电动机组作发电工况运行时，采用两种启动模式：一种是变频器不投入运行的常规水轮发电机组开机模式，机组以额定转速运行，所发电力为额定频率和额定电压向电网送出；另一种是变频器投入运行的机组低转速运行模式，机组通过变频器与电网相连接，使机组在受变频装置控制条件下启动升速，低转速运行所发出的电力频率和电压均低于额定值，通过变频装置变为额定频率、额定电压后向电网输出。

（2）水泵水轮机/发电电动机组运行工况。由于该工程水泵水轮机/发电电动机组的主要任务是根据供水要求进行放水发电和向水库补水（抽水），受引汉济渭调水控制中心调度，故没有调相及调峰等功能要求，同时抽水和发电工况之间的转换次数较少，工况之间转换的时间充裕，自动化控制操作过程与抽水蓄能电站有所不同。

1）额定转速抽水：当水库处于补水期，且扬程在70m以上时，机组由电机驱动按（俯视）逆时针方向旋转，电机（电动工况）从电网吸收功率，以额定转速500r/min、额定电压10.5kV运行，驱动水泵水轮机（水泵工况）抽水。变频器不投入运行。

2）降转速抽水：当水库处于补水期，且扬程在70～40m，机组由电机（电动工况）驱动按（俯视）逆时针方向旋转。电机受变频器控制，变频器将电网10.5kV工频交流电转换为低频、低电压交流电送至电机，使得电机在低于额定转速下运行，电机（电动工况）再驱动水泵水轮机（水泵工况）抽水。变频器所降频率根据扬程的需要确定，最低频率不低于30Hz，机组相应转速不低于300r/min。

3）额定转速发电：当水库处于供水期，且水头在65m以上时，机组由水力驱动按（俯视）顺时针方向旋转，水泵水轮机以水轮机工况运行，驱动电机（发电工况）以额定转速500r/min、额定电压10.5kV运行，向电网输送功率。送出功率大小根据调度要求的供水流量确定。变频器不投入运行。

4）降转速发电：当水库处于供水期，且水头在65～40m，机组由水力驱动按（俯视）顺时针方向旋转，水泵水轮机（水轮机工况）驱动电机（发电工况）在低于额定转速下运转，机组最低运行转速不低于300r/min（相应频率不低于30Hz），电机发出低频、低电压的电力通过变频器逆变为50Hz和额定电压10.5kV的交流电向电网输送。送出功率大小根据调度要求的供水流量确定。

（3）水轮发电机组启动方式。水轮发电机组采用两种运行的启动模式：一种是机组以额定转速运行，所发电力为额定频率和额定电压向电网送出；另一种是机组低转速运行（适应超低水头工况）的启动，低转速运行所发出的电力频率和电压均低于额定值，通过变频装置转换为额定频率、额定电压后向电网送出。

1）额定转速运行的启动：进水阀平压并开启后，开启导叶至空载开度，机组升速至额定转速后投励磁、升压，同期合断路器，打开导叶带负荷。

2）低转速运行的启动：机组通过变频器与电网相连接，使机组在受变频装置控制条件下启动升速，打开导叶同时电机输出的低频、低电压交流电通过变频器逆变至 50Hz、额定电压的标准交流电，向电网输出功率。

（4）水轮发电机组运行工况。

1）额定转速发电：当水库处于供水期，且水头在 55m 以上时，机组以额定转速 375r/min、额定电压 10.5kV 运行，向电网输送功率。送出功率大小根据调度要求的供水流量确定，变频器这时不投入运行。

2）降转速发电：当水库处于供水期，且水头在 55～30m，机组在低于额定转速下运转，电机发出低频、低电压的电力，通过变频器逆变为 50Hz 和额定电压 10.5kV 的交流电向电网输送。送出功率大小根据调度要求的供水流量确定。

5.6.11.4　变频调速装置选择

适用于工程中泵负载的定子变频主要是交-直-交间接变频。交-直-交间接变频器先通过交-直变换器，把固定频率和电压的交流电网电压变换成直流，再通过直-交变换器把直流变换为频率和电压都可调的交流输出电压，两次变流。交-直-交变频器结构见图 5.6-45。

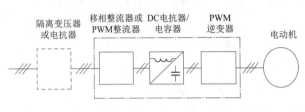

图 5.6-45　交-直-交变频器结构图

交-直-交变频根据变频器中的直流回路储能元件分为电压型和电流型变频器两种。

交-直-交电压型变频器，中间直流储能元件若采用电容器，负载变化时，直流电压和输出交流电压不突变，电机所需的无功电流由电容补偿提供，变频器的输入功率因数较高；中间直流储能元件若采用电感，则为交-直-交电流型变频器。

1. 交-直-交电流型变频器

电流型变频器负载变化时，电感中电流和逆变器输出交流电流不随着突变，电机侧的无功电流需要电网提供，功率因数低，随负载的降低而下降，电源自然换相，网侧电流谐波大，谐波使电动机损耗增加，转矩脉动大；负载自然换相要求电动机工作在超前功率因数区，变频装置容量大，过载能力低；负载自然换相要求电动机定子绕组漏感小，电动机短粗、转动惯量大需特殊设计。

由于电流型变频器装置功率因数低、谐波大，要求装设庞大的无功补偿装置和吸收装置，设备多、占地非常大、维护麻烦、电抗器发热和损耗大等特点，因此，电流型变频器装置仅应用于大容量抽水蓄能机组的启动。

2. 交-直-交电压型变频器

（1）目前，适合于大功率的风机、泵和压缩机传动的是多级单元串联的电压源型变频器，由低压 IGBT 器件（1700V）或高压 IEGT 器件（4500V）构成，具有以下优点。

1）通过多级级联，不需要采取均压措施，输出较高电压，可达到 10kV 甚至更高，目前，电压源型变频器的最大功率及电压已达 67.5MW、13.8kV。

2）输出电压的电平数多，更重要的是等效 PWM 调制频率高，电压畸变率小。

3）由于电平数多，相对于输出电压的电压波形跳变幅值小，电压上升梯度 dv/dt 也很小，因而，不需要提高电动机的绝缘水平，直接使用普通电机，对输出电缆的长度也没有特殊要求。

4）输入整流桥数多，通过输入变压器副边绕组移相，等效整流脉波数多，交流进线电流谐波非常小，且功率因数不低于0.95。

5）当某一桥故障时可将该桥旁路，同时采用"中性点偏移技术"，通过适当调整三个相电压间的相位关系，继续维持三相输出线电压的平衡，并减小电压降低程度，因而其可靠性较高。

6）单个功率单元结构很简单，和低压变频装置单元基本相同，模块化设计、制造简单。

7）变频装置的逆变部分采用多电平的PWM技术，输出电压波形与正弦波形非常接近，电动机的转矩平稳。

8）整体效率较高，满负荷运行时，总体效率可达95%以上（含输入变压器）。

（2）多级单元串联的电压源型变频器也有如下缺点。

1）多级联数多，全控器件数量多，主电路复杂，因而出现故障的可能性增多，整机结构复杂。

2）储能电容接在单相逆变桥输入端，储能电容容量比三相逆变桥大。

3）多级串联数量多，相应储能电容器数也多，加之电容量大，多采用电解电容器。

4）整流变压器二次绕组多，加之移相要求，制造困难。二次绕组多导致电缆走线麻烦，要求使用干式变压器，置于变频器旁，变压器体积大。

3. 变频调速装置的系统组成

多级串联电压源型变频调速装置由激磁涌流柜、变压器柜、功率柜、控制柜、电抗器柜和水冷柜五大部分组成。

高压变频器输入采用干式移相变压器，为多级功率单元供电。功率单元串联叠加多电平，高压变频器的输出电压，由多个功率单元的输出电压串联叠加而形成。配置的高压变频器，其输出电压为10.5kV，由多级功率单元串联而成。每个功率单元的输出电压也为690V，同一相单元串联后，在变频器控制系统的控制下实现10.5kV输出。10kV变频器拓扑结构见图5.6-46。

5.6.11.5 结论

目前，国内中压大容量变频器在水利水电工程中，多数是用于抽水蓄能机组电动工况下的启动要求，并不参与机组运行；在大中型供水泵站项目中作为水泵工况的变频调速运行已经相对成熟；而该工程变频调速技术既用于电动工况的启动、变频抽水运行，也用于机组发电工况的变频发电运行，国内目前还没有成功运行的先例。

三河口水利枢纽变频调速技术的研究，不仅实现2台水泵水轮机组电动工况下的变频启动、变频抽水功能，还可年节约电能约100万kW·h；变频器功能的进一步扩展研究表明，在不大幅增加工程投资，不改变厂房土建工程量的前提条件下，将原两象限运行变频器扩展为四象限变频运行，不仅能实现2台水泵水轮机组在低水头下的变频发电功能，再适当改变接线，还能实现2台常规水轮发电机组在低水头下的变频发电功能。在调水10亿m³时，电站发电设备的年利用小时数提高约8.62%，电站多年平均发电量增加

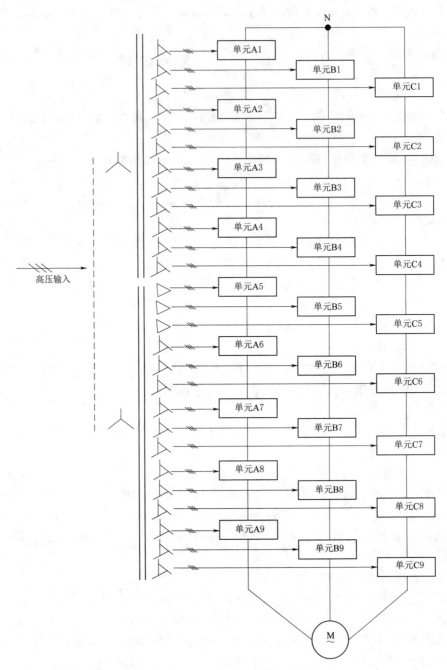

图 5.6-46　10kV 变频器拓扑结构图

1070 万 kW·h。

三河口变频调速技术的应用，扩大了机组运行水头变幅范围，解决了三河口水利枢纽水轮机宽水头变幅的技术难题，提高水轮机的效率，改善了机组的运行条件，增加水电站的经济效益，实现不同供水流量的组合，对提高供水保证率有利，为省内外其他新建或改建的类似工程提供了借鉴，有一定的指导意义。

260

5.7 秦岭输水隧洞技术问题研究

秦岭输水隧洞由黄三段和越岭段组成，全长98.3km。

黄三段隧洞长16.52km，由洞身段、出口控制闸、退水洞组成，起点位于黄金峡水利枢纽坝址下游左岸戴母鸡沟入汉江口北侧，进口接黄金峡泵站出水池，终点位于三河口水利枢纽坝后约300m处右岸的控制闸，最大埋深575m，沿线布设施工支洞4条。

越岭段隧洞长81.8km，起到接黄三段出口控制闸，出口位于关中黑河金盆水库右岸支沟黄池沟，最大埋深2000m，沿线布设施工支洞10条。

越岭段根据施工方法共分为：进口钻爆法施工段长26.1km，岭脊TBM法施工段长39.1km，出口钻爆法施工段长16.6km。

5.7.1 秦岭输水隧洞洞线选择

结合工程总体布局方案比选，秦岭输水隧洞黄三段对应于不同的黄金峡泵站站址（良心河、金水河、黄金峡水利枢纽坝后等）、不同的出口位置（三河口水利枢纽库内、三河口水利枢纽坝后），越岭段对应于不同的进口位置（三河口水利枢纽库内、三河口水利枢纽坝后）和出口位置（关中黑河金盆水库库内、金盆水库右岸支沟黄池沟），进行了不同布局方案的线路比较，推荐采用黄金峡泵站布置于黄金峡水利枢纽坝后，黄三段与越岭段隧洞在三河口水利枢纽坝后设置控制闸（室）连接，越岭段隧洞出口位于金盆水库右岸支沟黄池沟的方案。

基于以上总体布局方案，考虑秦岭输水隧洞与黄金峡水利枢纽和三河口水利枢纽之间的衔接关系及工程布置情况，按照黄三段和越岭段隧洞在三河口水利枢纽坝后连接位置的不同布置方案，秦岭输水隧洞分别布置了相对于子午河而言的左、右线方案，即连接位置在子午河左岸为左线方案，连接位置在子午河右岸为右线方案，经比较，右线方案隧洞总长98.3km比左线方案总长度短1.02km；右线方案Ⅰ～Ⅲ类围岩长度44.85km，Ⅳ类、Ⅴ类围岩长度20.65km；Ⅰ～Ⅲ类围岩长度与左线方案基本一致，Ⅳ类、Ⅴ类围岩长度右线方案比左线方案短1.02km；右线方案只需穿越椒溪河一次，左线方案需穿越子午河、汶水河及蒲河各一次；施工支洞长度右线方案比左线方案短110m；右线方案越岭段布置的0～3号支洞位于蒲河右岸，出渣可直接利用三河口—陈家坝的四级公路，左线方案需要修建跨河桥涵解决对外交通；左线方案秦岭输水隧洞工程总投资73.98亿元，右线方案秦岭输水隧洞工程总投资73.40亿元，右线方案比左线方案节省投资0.58亿元，综合比较后认为右线方案相对较优，秦岭输水隧洞推荐采用右线方案。

黄三段隧洞起点位于黄金峡水利枢纽坝后左岸，洞线沿东北方向穿越东沟河、马家沟、蒲家沟等地，到达三河口水利枢纽坝后300m处右岸，线路全长16.52km。越岭段自三河口水利枢纽坝后右岸通过控制闸（室）接黄三段，洞线在子午河右岸穿行约1.5km后穿越椒溪河，后穿行于蒲河西岸经石墩河镇、陈家坝镇、四亩地镇、柴家关村、木河、秦岭主峰、虎豹河的松桦坪、王家河的小王洞乡、双庙子乡及黑河东岸，于黑河金盆水库下游周至县马召镇东约2km的黄池沟内出洞，线路全长81.80km。

5.7.2　秦岭输水隧洞纵比降、横断面比选

5.7.2.1　纵比降比选

采用无压明流方式输水，秦岭输水隧洞纵比降不仅与自身横断面尺寸相关，还与黄金峡泵站抽水扬程、三河口水库死水位相互关联，涉及工程投资、年运行费用、工程效益等，引汉济渭工程总体布局方案论证时，秦岭输水隧洞进行了 1/1500、1/2000、1/2500、1/3000、1/3500 不同纵比降方案的比较，系统考虑了各部分工程间的相互作用关系和影响，择优选择秦岭输水隧洞纵比降采用 1/2500。

5.7.2.2　横断面比选

秦岭输水隧洞沿线穿越岩层岩性较好，其中黄三段全段及越岭段的上游段和下游段隧洞埋深相对较浅，具有方便布置施工支洞的地形条件，至各支洞口的交通运输条件也较为方便，因此，黄三段及越岭段的上游段和下游段隧洞采用钻爆法施工。越岭段隧洞中间穿越秦岭岭脊段埋深较大（最大达 2000m），施工支洞设置困难，且通风距离较长，钻爆法施工无法满足通风要求，因此中间段采用掘进机施工。

1. 钻爆法施工段横断面型式及尺寸

钻爆法施工段进行了圆拱直墙形、马蹄形和圆形 3 种横断面型式的比较，拟定的满足过水要求的各型式断面见图 5.7－1，各断面比较见表 5.7－1。

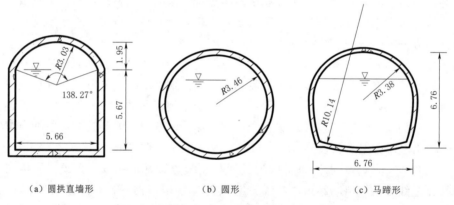

（a）圆拱直墙形　　　　　　　　（b）圆形　　　　　　　　　（c）马蹄形

图 5.7－1　秦岭输水隧洞钻爆法施工段不同横断面型式（单位：m）

表 5.7－1　　　　　秦岭输水隧洞钻爆法施工段不同断面型式综合比较表

断面型式	单位	圆拱直墙形	圆形	马蹄形	备　注
设计过流能力	m^3/s	70	70	70	
断面尺寸	$m \times m$	5.66×7.62	$R=3.46$	$R_1=3.38$ $R_2=10.14$	圆拱直墙式为宽×高
水深	m	5.67	5.15	4.98	
宽	m	5.66	6.92	6.76	
流速	m/s	2.18	2.33	2.31	

续表

断面型式	单位	圆拱直墙形	圆形	马蹄形	备　注
净空高	m	1.95	1.76	1.79	
净空比	%	20	20	20	
总面积	m^2	40.10	37.61	37.96	
受力均匀性		差	好	中	
洞内运输、衬砌		快	慢	一般	钻爆法施工
洞挖石方	万 m^3	4.98	4.60	4.77	
C25 混凝土衬砌	万 m^3	0.76	0.68	0.71	
隧洞喷 C20 混凝土	万 m^3	0.20	0.16	0.19	
弯轧钢筋量	t	1404.10	242.25	306.16	
挂网钢筋量	t	3.20	2.56	2.91	
洞身锚杆	根	1082	833	999	
洞身固结灌浆	m	4800	4000	4400	
洞身回填灌浆	m^2	6343	7247	7079	
曲面模板	万 m^2	2.43	2.17	2.26	
止水带	m	123.3	110.3	114.4	
聚乙烯泡沫板	m^2	38.1	34.0	35.7	
聚硫密封胶	m^3	0.05	0.05	0.05	
细部结构工程	万 m^3	0.76	0.68	0.71	
综合造价	万元/km	2829.22	1817.87	1947.50	

可以看出，圆形断面结构受力条件好，投资最少，但其施工条件差，圆拱直墙断面则是结构受力条件差，投资最多，但其施工条件好，马蹄形断面各项指标居中，就该工程而言，3 种断面没有明显的制约因素，均可选用，综合考虑隧洞沿线围岩条件、隧洞施工效率及工程投资等因素，秦岭输水隧洞钻爆法施工段确定采用马蹄形断面。

马蹄形断面包括两种标准形式：一种是顶拱内缘半径 R_1，侧拱及底拱内缘半径为 $R_2＝2R_1$（Ⅰ型）；另一种是顶拱内缘半径 R_1，侧拱及底拱内缘半径为 $R_2＝3R_1$（Ⅱ型）。

按照满足过流要求，对以上两种断面进行比较分析后认为，同一围岩情况下，Ⅰ型断面结构受力条件稍好，工程投资略省，但差别很小，Ⅰ型断面底拱内壁宽度 5.87m，Ⅱ型断面为 6.17m，考虑Ⅱ型断面底拱宽度较大，施工期洞内交通运输条件相对更好，确定采用Ⅱ型断面。

对于Ⅱ型断面，又对在侧拱底部采用不同半径倒角的断面进行了比较，拟订的满足过流要求的 3 种断面见图 5.7-2。

按照Ⅲ类围岩段衬砌厚度 35cm，Ⅳ类围岩段衬砌厚度 45cm，对以上 3 种断面分别进

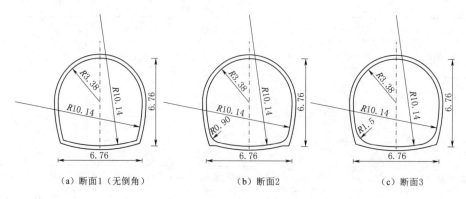

图 5.7-2　满足过流要求的 3 种断面（单位：m）

行了结构计算，结果表明，侧拱底部有倒角的断面 2 和断面 3 受力条件好于不带倒角的断面 1，有倒角断面的配筋量少于不带倒角的断面，且随着倒角半径增大，断面趋于圆形，其结构受力条件更加有利；3 种断面均能满足施工期单车运行的交通运输需要；各断面工程投资见表 5.7-2。从表 5.7-2 中可以看出，带倒角的断面 2 和断面 3 投资基本一致，而不带倒角的断面 1 投资相对较大。

表 5.7-2　　　　　　　　　　3 种断面工程量及投资比较表

围岩类别	项　　目		断面 1	断面 2	断面 3
Ⅲ	工程量	岩石洞挖/(m³/延米)	48.89	48.89	48.89
		衬砌 C25/(m³/延米)	8.34	8.43	8.63
		钢筋/(kg/延米)	353.8	179.7	178.5
	投资/元		15984	14798	14924
Ⅳ	工程量	岩石洞挖/(m³/延米)	53.36	53.36	53.36
		衬砌 C25/(m³/延米)	10.86	10.95	11.15
		钢筋/(kg/延米)	1366.5	633.4	631.2
	投资/元		25644	20460	20578

综合以上因素，考虑带倒角的断面 3（$R=1.5$m）马蹄形断面结构受力最优、投资适中，因此，确定钻爆法施工采用该断面，该断面内壁尺寸为：高 6.76m，宽 6.76m，其中顶拱半径 3.38m，侧拱及底拱半径 10.14m，侧拱与底拱连接的倒角圆弧半径 1.5m。

2. TBM 法施工断面型式及尺寸

TBM 法施工断面为圆形，依据《铁路隧道全断面岩石掘进机法技术指南》，敞开式掘进机刀盘直径计算公式为

$$D=d+(\sum h_i)\times 2$$

式中　D——刀盘直径；

d——工程最终要求的成洞洞径；

$\sum h_i$——预留变形量、初期支护厚度、二次衬砌厚度、施工误差之和。

秦岭隧洞越岭段 TBM 施工段复合式衬砌过水断面直径为 $d=6.92\text{m}$，减糙衬砌过水断面直径 $d=7.52\text{m}$。对于复合式衬砌段敞开式 TBM 的直径 $d=6.92$（基本内轮廓）$+2\times0.05$（预留变形量）$+2\times0.30$（衬砌）$+2\times0.15$（喷层）$+2\times0.05$（施工误差）$=8.02$（m）；对于减糙衬砌段：$d=7.52$（过水断面）$+2\times0.05$（预留施工误差）$+2\times0.08\text{m}$（喷混凝土）$=8.02$（m），因此确定敞开式 TBM 掘进机刀盘直径 8.02m。

根据各类围岩洞段预留变形量、喷锚及衬砌厚度不同，洞内径分别为：Ⅰ～Ⅱ类围岩减糙衬砌段 7.52m，Ⅲ类围岩衬砌段 7.02m，Ⅳ～Ⅴ类围岩衬砌段 6.92m。

5.7.3　隧洞洞身结构设计

5.7.3.1　一次支护设计

1. 钻爆法施工段

秦岭输水隧洞钻爆法施工段围岩以Ⅲ类为主，部分洞段为Ⅱ类围岩、Ⅳ类围岩，在断层带分布有Ⅴ类围岩。

按照地质勘查成果、依据《水利水电工程锚喷支护技术规范》（SL 377—2007）4.2.7 条及《锚杆喷射混凝土支护技术规范》（GB 50080—2001）5.3.3 条给出的评估围岩稳定状态的允许变形标准值，见表 5.7-3，按照弹塑性理论采用数值计算方法分析支护前后围岩的变形。围岩变形、应力采用莫尔-库仑本构模型进行分析，喷护及衬砌采用线弹性本构模型进行分析。

表 5.7-3　　　　　　　　　围岩稳定状态的允许变形标准值　　　　　　　　　　%

围岩类别	Ⅱ	Ⅲ	Ⅳ	Ⅴ
允许变形相对值	0.40	0.40～1.20	0.80～2.00	1.00～3.00

按照满足允许变形标准值的数值计算结果，同时参考越岭段试验洞支护设计施工情况，秦岭输水隧洞采用一次支护方案如下。

（1）穿越椒溪河底洞段。

Ⅲ类围岩段：顶拱及边墙喷 C20 混凝土厚 10cm，顶拱挂间距为 25cm×25cm 的 $\phi8$ 钢筋网，顶拱 120°范围内布设间排距为 1.2m×1.5m、2.5m 长 $\phi22$ 全螺纹砂浆锚杆。

Ⅳ类围岩段：顶拱及边墙设间排距为 1.2m×1.2m、长 3m 的系统锚杆，锚杆采取梅花形布置，其中顶拱 120°范围内布设的锚杆类型为 $\phi25$ 中空注浆锚杆，其余为 $\phi22$ 全螺纹砂浆锚杆，顶拱及边墙挂间距为 20cm×20cm 的 $\phi8$ 钢筋网，并设间距为 1m 的 I16 钢拱架支护，顶拱及边墙喷 C20 混凝土厚 21cm。

Ⅴ类围岩段，顶拱及边墙设间排距为 1.2m×1.0m、长 3.5m 的系统锚杆，锚杆采取梅花形布置，其中顶拱 120°范围内布设的锚杆类型为 $\phi25$ 中空注浆锚杆，其余为 $\phi22$ 全螺纹砂浆锚杆，并挂间距为 20cm×20cm 的 $\phi8$ 钢筋网，全断面设间距为 0.5m 的 I16 钢拱架支护，全断面喷 C20 混凝土厚 23cm。

（2）末端出口邻近黑河金盆水库 3km 洞段。

Ⅲ类围岩段：顶拱及边墙喷 C20 混凝土厚 10cm，拱部 120°设 $\phi22$ 砂浆锚杆，长 2.5m，间距 120cm×150cm，拱部挂 $\phi8$ 钢筋网，间距 25cm×25cm。

Ⅳ类围岩段：拱部 $\phi22$ 超前锚杆加固地层，锚杆长 4.0m，间距 0.3m，搭接长度不小于 1.0m，初期支护采用喷锚网、拱墙设 1 榀/1.2m 的工16 型钢钢架。顶拱及边墙喷 C20 混凝土厚 21cm，拱墙设 $\phi22$ 砂浆锚杆，长 3.0m，间距 1.2m×1.2m，拱墙挂 $\phi8$ 钢筋网，间距 20cm×20cm。

Ⅴ类围岩段：拱部 $\phi42$ 超前小导管注浆加固地层，小导管长 4.0m，间距 0.3m，搭接长度不小于 1.0m，初期支护采用喷锚网、全断面设 1 榀/0.8m 的工16 型钢钢架。全断面喷 C20 混凝土厚 23cm，拱墙设 $\phi22$ 砂浆锚杆，长 3.5m，间距 1.2m×1m，拱墙挂 $\phi8$ 钢筋网，间距 20cm×20cm。

（3）其余洞段。

Ⅱ类围岩段，全断面法开挖，顶拱及边墙喷射 C20 混凝土厚 10cm。

Ⅲ类围岩段，顶拱及边墙喷 C20 混凝土厚 10cm，顶拱挂间距为 250mm×250mm 的 $\phi8$ 钢筋网，顶拱 120°范围内布设间排距为 1.2m×1.5m、2.5m 长 $\phi22$ 全螺纹砂浆锚杆。

Ⅳ类围岩段，顶拱及边墙设间排距为 1.2m×1.2m、长 3m 的系统锚杆，锚杆采取梅花形布置，其中顶拱 120°范围内布设的锚杆类型为 $\phi25$ 中空注浆锚杆，其余为 $\phi22$ 全螺纹砂浆锚杆，顶拱及边墙挂间距为 200mm×200mm 的 $\phi8$ 钢筋网，并设间距为 1m 的 I16 钢拱架支护，顶拱及边墙喷 C20 混凝土厚 20cm。

Ⅴ类围岩段，顶拱及边墙设间排距为 1.2m×1.0m、长 3.5m 的系统锚杆，锚杆采取梅花形布置，其中顶拱 120°范围内布设的锚杆类型为 $\phi25$ 中空注浆锚杆，其余为 $\phi22$ 全螺纹砂浆锚杆，并挂间距为 200mm×200mm 的 $\phi8$ 钢筋网，设间距为 0.5m 的 I16 钢拱架支护，全断面喷 C20 混凝土厚 20cm。

为避免开挖后围岩变形侵占隧洞净空，根据开挖后变形计算成果，并参考《铁路隧道设计规范》相关规定，确定各类围岩中隧洞预留变形量。根据计算，Ⅲ类围岩变形较小，不再对该类围岩中隧洞预留变形量，Ⅳ类围岩计算最大垂直收敛变形量 4.4cm，设计预留变形量 6cm；Ⅴ类围岩计算最大垂直收敛变形量 6.7cm，设计预留变形量 8cm。

2. TBM 法施工段

（1）组装洞室。组装洞室设计长 514m，根据施工需要分为四段：后配套洞室长 100m，成洞尺寸 10.6m×16m，城门洞型；主机安装洞室长 82m，成洞尺寸 $r=10.5$m，拱部角度 106°42′58″，宽 13.85m，高 18.46m，城门洞型；步进洞室长 307m，成洞尺寸 7.72m×7.67m，城门洞型；出发洞室长 25m，成洞尺寸 $R=4.11$m，圆型。后配套洞室、主机安装洞室、步进洞室、出发洞室断面图分别见图 5.7-3、图 5.7-4、图 5.7-5、图 5.7-6。

组装洞室采用钻爆法施工，洞室围岩为Ⅱ类、Ⅲ类，一次支护设计如下。

后配套洞室：顶拱及边墙喷 C20 混凝土厚 10cm，挂间距为 250mm×250mm 的 $\phi8$ 钢筋网，并布设间排距为 1.2m×1.2m、4m 长锚杆，顶拱为 $\phi25$ 中空注浆锚杆，边墙为 $\phi22$ 砂浆锚杆，洞室预留变形量 5cm。

主机安装洞室：顶拱及边墙喷 C20 混凝土厚 10cm，并挂 250mm×250mm 的 $\phi8$ 钢筋网，顶拱布设间排距为 1.0m×1.0m、4m 长 $\phi25$ 中空注浆锚杆，上部边墙布设间排距为

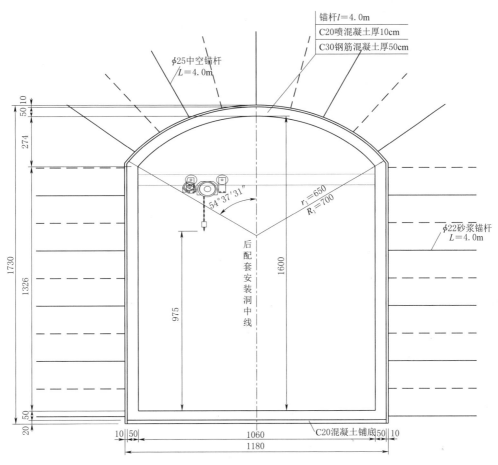

图 5.7－3　后配套洞室断面图（单位：cm）

$1.0\text{m}\times1.0\text{m}$、$4.5\text{m}$ 长 $\phi25$ 中空注浆锚杆，下部边墙布设间排距为 $1.2\text{m}\times1.2\text{m}$、$4\text{m}$ 长 $\phi25$ 中空注浆锚杆。

步进洞室：顶拱及边墙喷 C20 混凝土厚 10cm，挂间距为 $200\text{mm}\times200\text{mm}$ 的 $\phi8$ 钢筋网，并布设间排距为 $1.2\text{m}\times1.5\text{m}$、$3\text{m}$ 长 $\phi22$ 砂浆锚杆。

出发洞室：顶拱及边墙喷 C20 混凝土厚 10cm，顶拱挂间距为 $200\text{mm}\times200\text{mm}$ 的 $\phi8$ 钢筋网，并布设间排距为 $1.2\text{m}\times1.5\text{m}$、$3\text{m}$ 长 $\phi25$ 中空注浆锚杆。

（2）检修洞室。

检修洞室长 30m，洞室采用城门洞型，尺寸为 $9.35\text{m}\times10.0\text{m}$（宽×高），见图 5.7－7。

检修洞室采用钻爆法施工，岭南检修洞室围岩类别为 Ⅱ 类，岭北检修洞室围岩类别为 Ⅲ 类，其一次支护设计如下。

Ⅱ 类围岩洞室顶拱及边墙喷 C20 混凝土厚 10cm，顶拱挂间距为 $200\text{mm}\times200\text{mm}$ 的 $\phi8$ 钢筋网，局部随机布设间排距为 $1.2\text{m}\times1.2\text{m}$、$2.5\text{m}$ 长 $\phi25$ 中空注浆锚杆。

Ⅲ 类围岩洞室顶拱及边墙喷 C20 混凝土厚 10cm，并挂间距为 $200\text{mm}\times200\text{mm}$ 的 $\phi8$

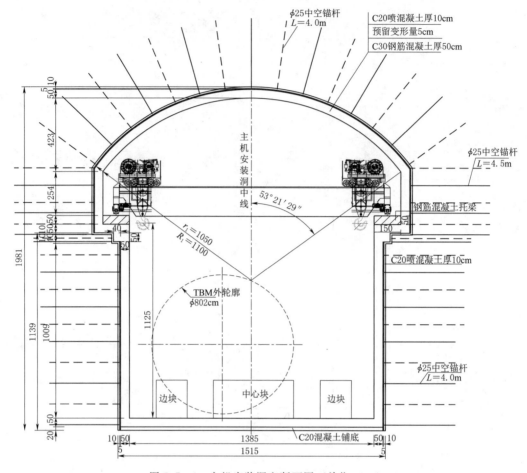

图 5.7-4　主机安装洞室断面图（单位：cm）

钢筋网，顶拱布设间排距为 1.2m×1.2m、3m 长 ϕ25 中空注浆锚杆。

（3）拆卸洞室。拆卸洞室长 50m，成洞尺寸 $r=10.5$m，拱部角度 106°42′58″，宽 $B=13.85$m，$H=18.46$m，为城门洞型，见图 5.7-8。

组装洞室采用钻爆法施工，洞室围岩类别为 Ⅱ～Ⅲ 类，其一次支护设计如下。

顶拱及边墙喷 C20 混凝土厚 10cm，并挂 200mm×200mm 的 ϕ8 钢筋网，顶拱布设间排距为 1.0m×1.0m、4m 长 ϕ25 中空注浆锚杆，上部边墙布设间排距为 1.0m×1.0m、4.5m 长 ϕ25 中空注浆锚杆，下部边墙布设间排距为 1.2m×1.2m、4m 长 ϕ25 中空注浆锚杆。

（4）TBM 掘进洞室。TBM 掘进洞室围岩类别包括 Ⅰ～Ⅴ 类，各类围岩洞段一次支护设计如下。

Ⅰ 类、Ⅱ 类围岩洞段：全断面喷 C20 混凝土厚 8cm。

Ⅲ 类围岩洞段：全断面喷 C20 混凝土厚 10cm，顶拱 90° 范围布设间排距为 1.2m×1.2m、3m 长 ϕ25 中空注浆锚杆，顶拱 180° 范围挂 200mm×200mm 的 ϕ8 钢筋网。预留变形量 5cm。

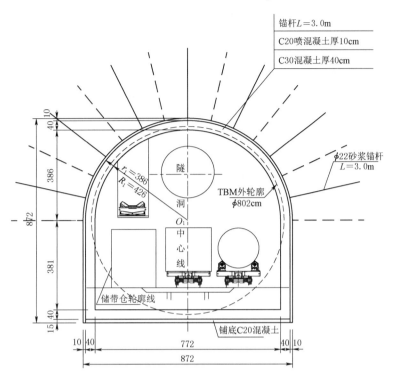

图 5.7-5 步进洞室断面图（单位：cm）

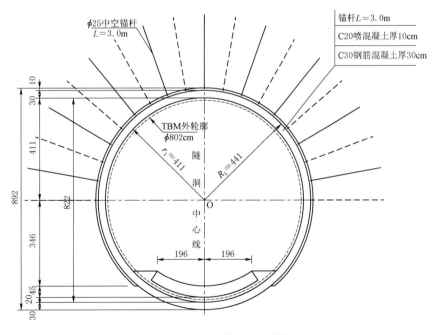

图 5.7-6 出发洞室断面图（单位：cm）

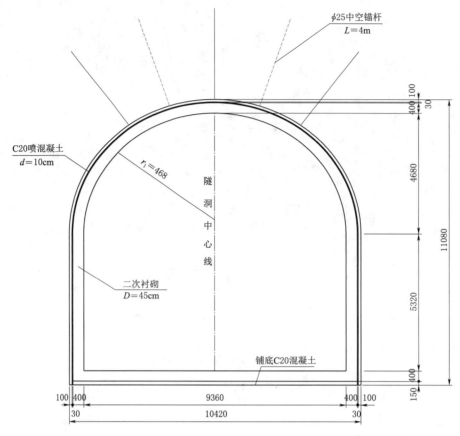

图 5.7-7　检修洞室断面图（单位：mm）

Ⅳ类围岩洞段：顶拱 120°范围设 $\phi42$ 超前小导管注浆加固地层，小导管长 3.5m，间距 0.3m，搭接长度不小于 1.5m。一次支护采用全断面喷 C20 混凝土厚 15cm，挂 200mm×200mm 的 $\phi8$ 钢筋网，顶拱 180°范围布设间排距为 1.0m×1.0m、3.5m 长 $\phi25$ 中空注浆锚杆，边墙布设间排距为 1.0m×1.0m、3.5m 长 $\phi22$ 砂浆锚杆，每 1.8m 设一榀 H125 钢拱架。预留变形量 5cm。

Ⅴ类围岩洞段：顶拱 120°范围设 $\phi42$ 超前小导管注浆加固地层，小导管长 3.5m，间距 0.3m，搭接长度不小于 1.5m。一次支护采用全断面喷 C20 混凝土厚 15cm，挂 150mm×150mm 的 $\phi8$ 钢筋网，顶拱 180°范围布设间排距为 1.0m×1.0m、3.5m 长 $\phi25$ 中空注浆锚杆，边墙布设间排距为 1.0m×1.0m、3.5m 长 $\phi22$ 砂浆锚杆，每 0.9m 设一榀 H150 钢拱架。预留变形量 5cm。

5.7.3.2　二次衬砌设计

根据地质勘查成果以及一次支护设计成果，按照隧洞不同运行工况及其荷载组合，以一次支护和二次衬砌联合受力的复合衬砌结构型式进行隧洞的结构计算。

计算选取不同围岩类别及不同隧洞断面尺寸的典型断面，采用有限元法进行计算（黄三段采用 SAP84 计算程序，越岭段采用 Midsa GTS 及 ANSYS 计算程序），经计算，确定的满足受力及裂缝开展宽度要求的二次衬砌结构配筋成果见表 5.7-4。

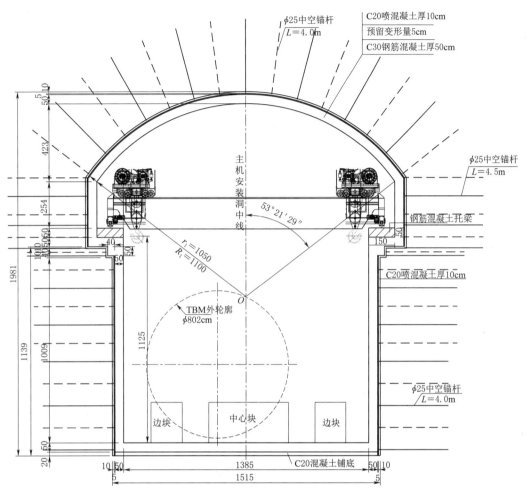

图 5.7－8　主机拆卸洞室断面图（单位：cm）

表 5.7－4　　　　　秦岭输水隧洞二次衬砌结构配筋结果表

施　工　方　法		C25 混凝土厚度/cm	单、双层配筋	受力钢筋/延米
钻爆施工段	Ⅱ类围岩	30	单层	5ϕ8
	Ⅲ类围岩	35	单层	5ϕ12
	Ⅳ类围岩	45	双层	5ϕ16
	Ⅴ类围岩	50	双层	5ϕ25
	穿越椒溪河底洞段	100	双层	5ϕ32
	末端邻近金盆水库洞段	60	双层	顶拱及侧墙 4ϕ22 墙脚及底板 6ϕ22
TBM施工段	组装洞后配套洞室	50		4ϕ25
	组装洞主机安装洞室	50		4ϕ25
	组装洞步进洞室	40		不配

施 工 方 法		C25 混凝土厚度/cm	单、双层配筋	受力钢筋/延米
TBM施工段	组装洞出发洞室	30		$3\phi22$
	检修洞室 Ⅱ类围岩	30		不配
	检修洞室 Ⅲ类围岩	35		不配
	拆卸洞室	50		$4\phi25$
	TBM施工段洞室 Ⅰ类围岩	无		
	TBM施工段洞室 Ⅱ类围岩	无		
	TBM施工段洞室 Ⅲ类围岩	30		不配
	TBM施工段洞室 Ⅳ类围岩	30		$3\phi22$
	TBM施工段洞室 Ⅴ类围岩	30		$4\phi22$

5.7.4 控制闸设计

控制闸位于三河口水利枢纽坝后右岸，是黄金峡和三河口两个水源水量输送和转换的控制点。控制闸由黄三段控制闸、越岭段控制闸、三河口连接洞控制闸、环向交通洞组成，上层为控制闸启闭机室，中层为交通洞，下层为输水隧洞。

5.7.4.1 控制闸门设置比较

控制闸比较了一闸（越岭段隧洞进口设控制闸门）、二闸（越岭段隧洞进口、连接洞末端设控制闸门）和三闸（越岭段隧洞进口、连接洞末端及黄三段隧洞末端均设控制闸门）三种方案，综合分析比较后认为三闸方案的水流流态和隧洞的运行环境相对较好。各种运行调度方式下，三洞各自独立，管理调度更灵活。工程投资较双闸方案多 453.82 万元，较单闸方案多 799.99 万元。在投资增加不多情况下，考虑三闸方案更有利于输水安全和运行管理，因此推荐采用三闸方案。

5.7.4.2 闸孔尺寸比较

按照满足过流能力要求，选取了闸孔宽7m和5m两种方案进行了比较，两方案闸室主结构为圆拱直墙型，竖向分三层布置，最大高度 24.02m。底层为闸室层，二层为交通层，三层为控制层。闸室为开敞式，底板为平底板，采用平板钢闸门。

经比较，孔宽7m较孔宽5m方案的工程投资多 156.37 万元，但孔宽7m方案对控制室过流有利，能相对减小水流不利影响，施工操作方便，洞室空间布置、工程运用检修及通风等方面更有利，因此，推荐采用孔宽7m方案。

5.7.4.3 控制闸交通层平面布置比较

控制闸为地下洞室结构，交通层平面布置进行了圆形和蛋形方案的比较。圆形布置的优点是结构紧凑、工程投资小，缺点是三个控制闸之间的间距较近、洞室围岩稳定差、工程措施费用高；蛋形布置的优点是加大了各闸室间的岩体厚度、利于洞室围岩的稳定，缺点是增加了交通洞的工程投资。考虑控制闸地下洞室纵横交错，规模较大，且开挖后形成的围岩应力及变形场极为复杂，洞室围岩的稳定性将是影响工程整体安全的重要问题之一。为此，对控制闸枢纽围岩安全稳定性做了专门的评价，结果表明，圆形方案黄三段闸室与越岭段闸室之间的岔洞顶部在 2.6m 深度范围内，围岩塑性区是贯通的；交通洞与三河口闸室左侧交叉处之前约 6.7m 的塑性变形，虽然深度方向并不大，但数值较大。改为蛋形方案后，普通洞室和闸室段的围岩应力和变形值都较为正常，无明显突变现象。从安全角度考虑，推荐采用蛋形方案。控制闸平面布置见图 5.7-9。

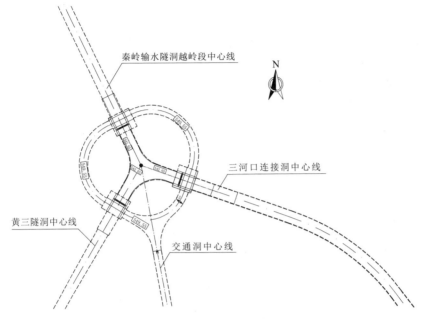

图 5.7-9　控制闸平面布置图（单位：m）

5.7.4.4　控制闸布置

1. 黄三段隧洞控制闸

黄三段隧洞控制闸位于秦岭隧洞黄三段末端，控制闸包括渐变段和闸室段两部分，采用 C25 钢筋混凝土结构。

渐变段为马蹄形断面过渡到矩形断面，马蹄形断面的尺寸为顶拱半径 $R_1 = 3.38m$，侧墙及底板半径 $R_2 = 2R_1 = 10.14m$，底板高程 542.65m；矩形断面的尺寸为 7.0m×6.9m（宽×高），底板高程 542.65m。渐变段长度为 12.0m，衬砌厚度 0.5m。

闸室为开敞式，平底板，底板高程 542.65m，闸孔净宽 7.0m，单孔，闸墩顶高程549.55m，闸墩高 6.9m，闸室长度 12.0m，闸室底板和边墩厚度均为 1.0m。闸室内设一道工作闸门，闸门尺寸 7.0m×5.39m（宽×高）。闸墩顶部临近渐变段侧布置交通桥连接对外交通洞，交通桥宽 6.0m，预制板简支结构，跨度 8.0m，桥面铺装 10cm 厚 C40 混凝土现浇层和 8cm 厚沥青混凝土，在临闸门侧布置栏杆。闸室上部设启闭机室，平面尺寸13.74m×12m，启闭机室层高程为 558.55m，顶拱和边墙喷 C20 混凝土厚 0.12m。启闭机室内设两台卷扬机，在临空侧布置栏杆。在闸室左侧设 0.8m 厚混凝土隔墙及楼梯间，楼梯间平面尺寸 4.98m×2.17m，共 4 跑，连接卷扬机层与闸室之间的交通。

控制闸后接三洞交汇连接段，连接段断面为圆拱直墙形，断面尺寸底宽 7.0m，直墙段高 6.9m，顶拱半径 4.52m，直墙段衬砌厚度 0.25m，喷 C20 混凝土厚 0.1m，顶拱喷

C20 混凝土厚 0.1m。

连接段三洞交点至秦岭隧洞黄三段方向、至三河口连接洞方向和至秦岭隧洞越岭段方向长度均为 22m，三个方向之间的夹角分别为 101.5165°、134.8762° 和 123.6073°，黄三段与三河口连接洞之间的转弯半径（内侧）、三河口连接洞与越岭段之间、越岭段与黄三段之间的转弯半径（内侧）均为 18m。

2. 越岭段隧洞控制闸

越岭段隧洞控制闸位于秦岭隧洞越岭段始端，控制闸包括闸室段和渐变段两部分，采用 C25 钢筋混凝土结构。

闸室为开敞式，平底板，底板高程 542.65m。闸孔净宽 7.0m，单孔，闸墩顶高程549.55m，闸墩高 6.9m，闸室长 12.0m。闸室底板和边墩厚度均为 1.0m。闸室内设一道工作闸门，闸门尺寸 7.0m×4.95m（宽×高）。闸墩顶部临近渐变段侧布置交通桥连接对外交通洞，交通桥宽 6.0m，预制板简支结构，跨度 8.0m，桥面铺装 10cm 厚 C40 混凝土现浇层和 8cm 厚沥青混凝土，在临闸门侧布置栏杆。闸室上部设启闭机室，平面尺寸13.74m×12m，启闭机室层高程为 558.55m，顶拱和边墙喷 C20 混凝土厚 0.12m。启闭机室内设两台卷扬机，在临空侧布置栏杆。在闸室左侧设 0.8m 厚混凝土隔墙及楼梯间，楼梯间平面尺寸 4.98m×2.17m，共 4 跑，连接卷扬机层与闸室间的交通。

渐变段为矩形断面过渡到马蹄形断面，马蹄形断面的尺寸为顶拱半径 $R_1 = 3.38$m，侧墙及底板半径 10.14m，底板高程为 542.63m。矩形断面的尺寸为 7.0m×6.9m（宽×高），底板高程为 542.65m。渐变段长度 12.0m，衬砌厚度 0.5m。

越岭段隧洞控制闸前为三洞交汇连接段。

3. 三河口连接洞控制闸

三河口连接洞控制闸位于三河口连接洞末端（出三河口水库水流方向），控制闸包括闸室段和渐变段两部分，采用 C25 钢筋混凝土结构。

闸室为开敞式，平底板，底板高程 542.65m。闸孔净宽 7.0m，单孔，闸墩顶高程为549.55m，闸墩高 6.9m。闸室长度 15.0m。闸室底板和边墩厚度均为 1.0m。闸室内设一道工作闸门，闸门尺寸 7.0m×5.16m（宽×高）。闸墩顶部临近渐变段侧布置交通桥连接对外交通洞，交通桥宽 6.0m，预制板简支结构，跨度 8.0m，桥面铺装 10cm 厚 C40 混凝土现浇层和 8cm 厚沥青混凝土，在临闸门侧布置栏杆。闸室上部设启闭机室，平面尺寸13.74m×12m，启闭机室层高程为 558.55m，顶拱和边墙喷 C20 混凝土厚 0.12m。启闭机室内设两台卷扬机，在临空侧布置栏杆。在闸室左侧设 0.8m 厚混凝土隔墙及楼梯间，楼梯间平面尺寸 4.98m×2.17m，共 4 跑，连接卷扬机层与闸室间的交通。

渐变段为马蹄形断面过渡到矩形断面，马蹄形断面的尺寸为顶拱半径 $R_1 = 3.38$m，侧墙及底板半径 $R_2 = 3R_1 = 10.14$m，底板高程为 542.65m，矩形断面的尺寸为 7.0m×6.9m（宽×高），底板高程为 542.65m。渐变段长度 12.0m，衬砌厚度 0.5m。

三河口连接洞控制闸后接三洞交汇连接段。

5.7.4.5　控制闸结构设计

1. 一次支护设计

采用三维有限元法对洞室稳定性进行计算分析，计算边界为：水平方向上洞室群各个

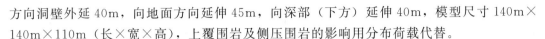

方向洞壁外延 40m，向地面方向延伸 45m，向深部（下方）延伸 40m，模型尺寸 140m×140m×110m（长×宽×高），上覆围岩及侧压围岩的影响用分布荷载代替。

由于模型所处区域的围岩类型为Ⅱ类围岩，开挖模拟过程先按照不考虑支护作用进行，模拟围岩开挖后的自稳变形。

经计算，洞室开挖结束后，围岩产生指向洞室内部的回弹变形，顶拱及底板以竖向位移为主，边墙以水平位移为主，形态基本正常。闸室与交通洞、闸室与输水洞、闸室与三岔连接洞的交叉处有应力、应变集中的现象，除小部分区域可能发生掉块外，大部分区域围岩应力、变形值都较为正常，无明显突变现象。洞室开挖后位移及收敛计算结果见表5.7-5。

表 5.7-5   洞室开挖后位移及收敛计算结果表

控制闸名称	黄三段	越岭段	三河口连接洞
顶拱最大沉降变形/mm	5.8	6.0	4.9
闸室垂直最大收敛变形/mm	20.4	20.6	12.8
闸室水平最大收敛变形/mm	20.7	19.4	21.4
垂直收敛最大变形相对值/%	0.091	0.091	0.057
水平收敛最大变形相对值/%	0.15	0.14	0.16
规范允许变形相对值/%	<0.20	<0.20	<0.20
最大塑性区厚度/m	2.4	2.3	2.5
变形评价	满足规定	满足规定	满足规定

从计算结果可以看出，闸室段在不支护情况下大部分区域的变形满足规范要求，只需要在局部可能发生破坏的地方进行支护。鉴于控制闸为多洞室交汇、交叉，根据《水利水电工程锚喷支护技术规范》的相关规定，一次支护按照降低一级围岩类别设计，结合数值计算分析结果，一次支护采用如下方案。

在三个控制闸闸室的顶拱和侧墙喷射 C20 混凝土，厚 0.12m，挂 $\phi8$、间距 150mm×150mm 的钢筋网，布设 4m 长的 $\phi22$ 系统锚杆，梅花形布置，间距 2m。

三洞交汇连接段的侧墙及顶拱喷射 C20 混凝土，挂 $\phi8$、间距 150mm×150mm 的钢筋网，厚 0.10m，顶拱布设 3m 长 $\phi22$ 系统锚杆，梅花形布置，间排距 1m。

闸室与交通洞、主隧洞均有交叉，施工后续洞室时难免对前期已施工支护的部分产生影响。为保证交叉部位洞口的稳定，对闸室与交通洞交汇口、闸室与主隧洞交汇口采取加强锁口锚杆的支护方式，锁口锚杆为砂浆锚杆 $\phi25$，长 6m，间距 0.8m，上倾角 15°，一排，距洞口开挖轮廓线 0.5m。锁口锚杆布设在顶拱和侧墙处。

2. 二次衬砌设计

控制闸为 1 级建筑物，围岩为Ⅱ类围岩。控制闸的闸室段（高程 549.55m 以下）和渐变段隧洞采用钢筋混凝土全断面衬砌，三洞交汇连接段只边墙段采用钢筋混凝土衬砌，混凝土强度等级采用 C25，其衬砌厚度分别为：闸室底板和边墩厚度 1.0m，三洞交汇连接段的厚度 0.25m，渐变段边墙衬砌厚度 0.5m。按限裂设计，钢筋混凝土结构最大裂缝宽度 0.3mm，按照不同运用工况及荷载组合，经计算，闸室和连接段衬砌结构的配筋及裂缝宽度验算均能满足规范要求，配筋结果为：闸室底板内外侧受力钢筋 5 Φ 22@200；闸室边墩内外侧受力配筋 5 Φ 22@200。连接段底板及边墙外侧受力钢筋 5 Φ 12@200。

5.7.4.6 交通洞设计

控制闸对外联系通道是交通洞，承担着永久对外交通、设备物资运输、控制闸通风通道等需求。

1. 道路等级标准

考虑交通洞平时车流量少，交通洞设计标准参照四级公路标准适当降低，其建筑限界尺寸按单车道考虑，交通洞尺寸为 5.0m×5.56m（宽×高），隧道尺寸可满足机电设备的尺寸要求。

2. 交通洞布置

交通洞全长 513.30m，进口与三河口泵站进场道路相连，进口处子午河 50 年一遇洪水位 536.08m，200 年一遇校核洪水位 538.03m，交通洞进口与三河口泵站进场道路衔接，进口高程取为 542.50m，出口位于控制闸处，高程为 549.55m。交通洞包括三河口泵站进场道路—控制闸的直线段和控制闸处环向交通段共两段，其长度分别为 305.25m 和 208.00m，隧洞比降分别为 1/40.634 和 0。

环向交通段包括三段圆弧段和三段控制闸处直线段，与 3 座控制闸连接。黄三段隧洞控制闸与三河口连接洞控制闸之间的圆弧段，其洞轴线半径为 24.50m；三河口连接洞控制闸与越岭段隧洞控制闸之间的圆弧段，其洞轴线半径为 26.50m；越岭段隧洞控制闸与黄三段隧洞控制闸之间的圆弧段，其洞轴线半径为 25.50m。黄三段隧洞控制闸两侧的连接直线段长度分别为 0.31m 和 1.04m，三河口连接洞控制闸两侧的连接直线段长度分别为 1.05m 和 0.39m，越岭段隧洞控制闸两侧的连接直线段长度分别为 0.39m 和 2.81m。

隧洞断面型式采用圆拱直墙形，底宽 5.0m，直墙段高 3.67m，顶拱段半径 2.6m，圆心角 148.12°。隧洞路面采用水泥混凝土路面，厚 0.30m，路面一侧设纵向排水沟，纵向坡度与隧洞一致，横向坡度 1.5%，排水沟尺寸 0.3m×0.22m（宽×高）。

交通洞进口采用仰斜式挡土墙结构，墙厚 2.0m，C25 钢筋混凝土现浇。明洞段边墙背后回填浆砌片石，为防地表水下渗和冲刷，洞顶采用设截水沟的措施。

交通洞洞口附近设柴油发电机房，1 台柴油发电机组作为备用电源布置在房内。结构形式为单层砖混结构，建筑面积 32.42m²，外墙面采用白色面砖饰面。

3. 一次支护设计

隧洞最大埋深 210m，地下水位距洞轴线最大垂直距离 160m，岩性为变质砂岩、结晶灰岩。

交通洞环向段为Ⅱ类围岩，直线段分为Ⅱ类和Ⅲ类围岩两部分。Ⅱ类围岩在顶拱和侧墙处喷射 C20 混凝土厚 10cm，顶拱处布设 φ22 的随机锚杆，梅花形布置，间距 1m。Ⅲ类围岩主要位于交通洞的进口处，支护方案采用在侧墙、顶拱喷射 C20 混凝土厚 10cm，顶拱布设长 3m 的 φ22 系统锚杆，梅花形布置，间距 1m。交通洞进口处布置锁口锚杆，锚杆长 3.0～4.0m、间距 1.5～2.0m。

4. 二次衬砌设计

交通洞为 1 级建筑物，混凝土强度等级采用 C25，仅在Ⅲ类围岩段设置衬砌，衬砌厚度 40cm，按照不同荷载组合进行计算，交通洞边墙及顶拱内、外侧配 5 ⌀ 14@200 配筋，衬砌结构的受力及裂缝开展宽度能满足规范要求。

5.8 引汉济渭工程水力过渡过程分析

5.8.1 基本资料

5.8.1.1 设计流量

秦岭输水隧洞最大设计流量为 70m³/s，多年平均调水量为 15 亿 m³，最大设计流量多年平均运行时间 35 天。三河口水库坝后连接洞为双向输水洞。三河口水库坝后电站发电时，尾水流向控制闸，进入秦岭隧洞，最大设计流量 70m³/s。三河口泵站抽水时，黄三段隧洞来水经控制闸流向泵站进水池，经泵站抽水入三河口水库，最大设计流量 18m³/s。三河口泵站与电站不同时工作。

5.8.1.2 纵横断面尺寸及进口、出口高程

1. 隧洞进口、出口底板高程及设计比降

秦岭隧洞黄三段全长 16.52km，进口与黄金峡泵站出水闸相连，出口与控制闸相接，进口洞底高程 549.26m，出口洞底高程 542.65m，设计纵比降 1/2500。

越岭段线路全长 81.80km，进口与控制闸相连，出口接位于关中的黄池沟配水枢纽，进口洞底高程 542.65m，出口洞底高程 510.00m，设计纵比降 1/2500。

三河口水库坝后连接洞线路全长 214m，一端与三河口泵（电）站进水池（尾水池）连接，另一端与控制闸连接。隧洞为平底，隧洞底板高程 542.65m。

2. 隧洞横断面尺寸

秦岭隧洞黄三段均采用钻爆法施工，横断面为马蹄形，断面尺寸 6.76m×6.76m。

秦岭隧洞越岭段采用钻爆法结合 TBM 施工。钻爆段横断面采用马蹄形断面，尺寸为 6.76m×6.76m；TBM 段横断面形式采用圆形。对Ⅰ类、Ⅱ类围岩洞段考虑减糙衬砌 $D=7.52$m，对Ⅲ类、Ⅳ类、Ⅴ类围岩洞段按复合衬砌结构设计 $D=6.92$m。

三河口水库坝后连接洞采用钻爆法施工，横断面为马蹄形，断面尺寸 6.94m×6.94m。

3. 越岭段隧洞渐变设计

根据水工隧洞过流要求，当隧洞洞身断面变化时应设置渐变段使水流平顺过渡，以减少能量损失。隧洞扩散渐变段的扩散角一般取 4°～8°，收缩渐变段的收缩角一般取 7°～11°。结合越岭段不同施工方法及洞室围岩情况和渐变段设计原则，确定越岭段渐变段设计参数如下。

（1）进口钻爆与 TBM 衔接渐扩段位于桩号 26+133～26+143，渐变段长度 10m，断面形式为由 6.76m×6.76m 的马蹄形渐扩为直径 $D=7.02$m 的圆形，衬砌形式为钢筋混凝土复合衬砌。

（2）TBM 段Ⅰ类、Ⅱ类围岩向Ⅲ类围岩过渡的渐缩段长度取 3m，直径由 7.52m 缩至 7.02m；Ⅲ类围岩向Ⅰ类、Ⅱ类围岩过渡的渐扩段长度取 3m，直径由 7.02m 扩至 7.52m；Ⅳ～Ⅴ类围岩向Ⅲ类围岩过渡的渐扩段长度取 3m，直径由 6.92m 扩至 7.02m；

上述渐变段衬砌形式均为钢筋混凝土复合衬砌。

（3）出口钻爆与 TBM 衔接渐缩段位于桩号 65+225～65+235，渐变段长度 10m，断面形式由直径 $D=7.52m$ 的圆形减缩至 $6.76m×6.76m$ 的马蹄形，衬砌形式为钢筋混凝土复合衬砌。

5.8.1.3　糙率选取

糙率 n 值是反映渠槽边界和水流因素对水流阻力影响的一个综合量，通常 n 值与渠槽表面粗糙程度直接相关。对 I 类、II 类围岩洞段考虑减糙衬砌，因此糙率按单一糙率选取 $n=0.014$。

5.8.2　恒定均匀流计算

秦岭输水隧洞黄三段、越岭段洞身段为无压明流长隧洞，洞内为缓流，过流能力按均匀流公式计算。均匀流水力要素计算成果见表 5.8-1 和表 5.8-2。

表 5.8-1　　　　　　　秦岭输水隧洞马蹄形断面均匀流水力要素计算成果表

流量 /(m³/s)	比降	糙率	水深 /m	过水面积 /m²	流速 /(m/s)	湿周 /m	水力半径 /m	总面积 /m²	净空比 /%	净空高度 /m
70	1/2500	0.014	4.98	30.36	2.31	14.80	2.10	37.90	19.90	1.78

表 5.8-2　　　　　　　秦岭输水隧洞 TBM 圆形断面均匀流水力要素计算成果表

流量 /(m³/s)	比降	糙率	隧洞直径 /m	水深 /m	过水面积 /m²	流速 /(m/s)	湿周 /m	水力半径 /m	总面积 /m²	净空比 /%	净空高度 /m
70	1/2500	0.014	6.92	5.15	30.03	2.33	14.41	2.08	37.61	20.2	1.77
70		0.014	7.52	4.74	29.52	2.37	13.80	2.14	44.42	33.53	2.78

5.8.3　恒定非均匀流水面线计算

5.8.3.1　隧洞出口水位高程

按照秦岭输水隧洞通过 70m³/s 流量时隧洞出口均匀流水深＋隧洞出口底板，并考虑向关中受水区供水的起点水位要求确定，出口设计水位取 514.88m。

5.8.3.2　计算工况

引汉济渭工程恒定非均匀流计算工况见表 5.8-3。

表 5.8-3　　　　　　　　引汉济渭工程恒定非均匀流计算工况表

序号	工　　况	黄三段流量 /(m³/s)	三河口连接洞 流量/(m³/s)	越岭段流量 /(m³/s)
1	黄金峡水库单独向秦岭输水隧洞供水	70	0	70
2	黄金峡和三河口水库同时向秦岭输水隧洞供水（黄金峡泵站单台机组供水）	11.67	58.33	70
3	三河口水库单独向秦岭输水隧洞供水	0	70	70
4	黄金峡泵站同时向秦岭输水隧洞和三河口水库供水	70	−18	52

5.8.3.3 计算方法

水面线推求采用差分方程分段试算法,步骤是在给定步长情况下根据上下游断面能量试算水深,根据缓流特点,分段自下游向上游每 100m 为一个步长推求。

5.8.3.4 计算结果

1. 黄金峡水库单独向秦岭输水隧洞供水工况水面线推求

(1) 越岭段。隧洞出口设计水位 514.88m,经计算,除进口段 0+000~26+133、出口段 62+225~81+779 为均匀流外,其余洞段属 a_1、b_1 型壅降水曲线,由于断面尺寸频繁变化,导致壅水和降水曲线交替出现,净空面积为 21.2%~33.53%,满足设计要求。

(2) 黄三段。黄三段通过流量 70m³/s 时,发生 b_1 型降水曲线,末端控制闸前水深为 4.91m,和黄三段洞内正常水深 4.98m 相差很小,可按均匀流考虑。进口底板高程 549.26m,设计水位 554.24m,出口底板高程 542.65m,设计水位 547.56m。

2. 黄金峡和三河口水库同时向秦岭输水隧洞供水(黄金峡泵站单台机组供水)工况水面线推求

(1) 越岭段。此工况下越岭段水面线与黄金峡水库单独向秦岭输水隧洞供水工况的水面线相同。

(2) 黄三段。经计算,末端闸前水深 4.895m,闸底板高程 542.65m,末端水位 547.55m,临界水深 0.97m,正常水深 1.57m,发生 a_1 型壅水曲线,净空面积比进口最大为 78.83%,末端最小为 21.26%,满足设计要求,进口底板高程 549.26m,水位高程 550.83m。

(3) 三河口连接洞。经计算,控制闸处水深为 4.90m,大于临界水深 2.34m,洞内产生 b_0 降水曲线。净空面积比电站尾水池端最小,为 20.71%、控制闸端最大,为 22.01%,满足设计要求。电站尾水池端水位 547.63m,控制闸端水位 547.55m。

3. 三河口水库单独向秦岭输水隧洞供水工况水面线推求

经计算,三河口坝后连接洞内产生 b_0 降水曲线,净空面积比电站尾水池端最小为 21.38%,控制闸端最大为 23.31%,满足设计要求,电站尾水池端设计水位 547.67m,控制闸端水位 547.55m。

4. 黄金峡泵站同时向秦岭输水隧洞和三河口水库供水工况水面线推求

(1) 越岭段。洞内正常水深 3.873m,控制闸前水深为 3.887m,始端设计水位为 546.52m,出口设计水位 513.87m,水面线形式与越岭段通过流量 70m³/s 时相似。

(2) 黄三段。洞内正常水深 4.98m,末端控制闸前水深为 3.887m,末端水位 546.54m,正常水深大于临界水深 2.64m,洞内产生 b_1 降水曲线,进口水位 554.22m、净空面积比最小为 20.25%,末端最大为 38.34%,满足设计要求。

(3) 三河口坝后连接洞。控制闸处水深为 3.89m,大于临界水深 1.21m,洞内产生 b_0 降水曲线,控制闸端水位 546.54m,净空面积比最小为 40.12%,泵站前池端水位 546.52m,净空面积比最大为 40.37%,满足设计要求。

5.8.4　非恒定流计算

5.8.4.1　计算工况

1. 系统起运过程的水力过渡过程计算

系统起运过程的水力过渡过程包括以下 3 种工况，各工况计算参数见表 5.8－4。

表 5.8－4　　　　　引汉济渭工程系统起运过程水力过渡过程计算工况表

序号	工　　况		黄金峡泵站运行台数	黄金峡泵站流量 /(m³/s)	黄三段流量 /(m³/s)	三河口泵（电）站流量 /(m³/s)	三河口连接洞流量 /(m³/s)	越岭段流量 /(m³/s)
1	黄金峡单独向秦岭输水隧洞供水	始	0	0	0	0	0	0
		终	6	70	70	0	0	70
2	三河口水库单独向秦岭输水隧洞供水	始	0	0	0	0	0	0
		终	0	0	0	70	70	70
3	黄金峡泵站同时向秦岭输水隧洞和三河口水库供水	始	0	0	0	0	0	0
		终	6	70	70	−18	−18	52

2. 系统切换过程的水力过渡过程计算

系统切换过程的水力过渡过程包括以下 6 种工况，各工况计算参数见表 5.8－5。

表 5.8－5　　　　　引汉济渭工程系统切换过程水力过渡过程计算工况表

序号	工　　况		黄金峡泵站台数	黄金峡泵站流量 /(m³/s)	黄三段流量 /(m³/s)	三河口泵（电）站流量 /(m³/s)	三河口连接洞流量 /(m³/s)	越岭段流量 /(m³/s)
4	黄金峡泵站单独向秦岭输水隧洞供水切换至三河口水库单独向秦岭输水隧洞供水	始	6	70	70	0	0	70
		终	0	0	0	70	70	70
5	三河口水库单独向秦岭输水隧洞供水切换至黄金峡泵站单独向秦岭输水隧洞供水	始	0	0	0	70	70	70
		终	6	70	70	0	0	70
6	三河口水库单独向秦岭输水隧洞供水切换至黄金峡泵站同时向秦岭输水隧洞和三河口水库供水	始	0	0	0	70	70	70
		终	6	70	70	−18	−18	52
7	黄金峡泵站同时向秦岭输水隧洞和三河口水库供水切换至三河口水库单独向秦岭输水隧洞供水	始	6	70	70	−18	−18	52
		终	0	0	0	70	70	70
8	黄金峡泵站同时向秦岭输水隧洞和三河口水库供水切换至黄金峡泵站和三河口水库同时向秦岭输水隧洞供水	始	6	70	70	−18	−18	52
		终	1	11.67	11.67	58.33	58.33	70

续表

序号	工　况		黄金峡泵站台数	黄金峡泵站流量/(m³/s)	黄三段流量/(m³/s)	三河口泵（电）站流量/(m³/s)	三河口连接洞流量/(m³/s)	越岭段流量/(m³/s)
9	黄金峡泵站和三河口水库同时向秦岭输水隧洞供水切换至黄金峡泵站同时向秦岭输水隧洞和三河口水库供水	始	1	11.67	11.67	58.33	58.33	70
		终	6	70	70	−18	−18	52

3. 系统突然停运过程的水力过渡过程计算

系统突然停运过程的水力过渡过程包括以下 4 种工况，各工况计算参数见表 5.8-6。

表 5.8-6　　　　引汉济渭工程系统突然停运过程水力过渡过程计算工况表

序号	工　况		黄金峡泵站台数	黄金峡泵站流量/(m³/s)	黄三段流量/(m³/s)	三河口泵（电）站流量/(m³/s)	三河口连接洞流量/(m³/s)	越岭段流量/(m³/s)
10	黄金峡泵站单独向秦岭输水隧洞供水	始	6	70	70	0	0	70
		终	0	0	0	0	0	0
11	三河口水库单独向秦岭输水隧洞供水	始	0	0	0	70	70	70
		终	0	0	0	0	0	0
12	黄金峡泵站同时向秦岭输水隧洞和三河口水库供水	始	6	70	70	−18	−18	52
		终	0	0	0	0	0	0
13	黄金峡泵站和三河口水库同时向秦岭输水隧洞供水	始	1	11.67	11.67	58.33	58.33	70
		终	0	0	0	0	0	0

注　1. 表中三河口流量为正值时，代表水库向输水隧洞放水；为负值时代表泵站抽水向水库补水。
　　2. 泵站、电站机组依次开机，初步控制开机间隔时间 180s，分析计算时可优化调整。
　　3. 计算工况按照黄金峡泵站装机 7 台拟定（6 用 1 备），当装机台数变化时，进行相应调整。

5.8.4.2　计算方法

采用显式差分格式进行明渠渐变流数值计算。

5.8.4.3　调度原则

根据调算，建议除了在三河口电站单独向秦岭隧洞供水时可关闭黄三隧洞下游控制闸以缩短水流到达秦岭隧洞末端的时间，或者在部分隧洞段检修时运行需要关闭相应控制闸外，其余工况下汇流池处各控制闸都取常开状态，以防止开关闸不当导致汇流池处壅水，影响运行安全。

根据系统的布置，工况调整时，建议首先改变黄金峡泵站机组状态，三河口泵（电）站则进行响应调度。

5.8.4.4　计算结果

1. 工况 1

（1）由于三河口连接隧洞处可以退水，从安全考虑，当黄金峡泵站单独向秦岭隧洞供水时，应保持控制闸处三河口连接隧洞的控制闸为全开状态。

（2）为分析最不利的情况，同时考虑到操作的可行性，计算中假定黄金峡泵站以 3min 的时间间隔，依次开 6 台机组。按此操作程序，约 1.5h 秦岭隧洞开始进水，水位、流量开始增加，约 10.9h 来流到达秦岭隧洞下游。最后稳定于流量 $70m^3/s$ 的恒定流状态。

（3）该工况满足各隧洞净空面积比不小于 15％的安全要求。

2．工况 2

（1）为缩短水流到达秦岭隧洞末端的时间，当三河口泵（电）站单独向秦岭隧洞供水时，建议关闭控制闸处黄三隧洞的控制闸。

（2）为分析最不利的情况，同时考虑到操作的可行性，计算中假定三河口泵（电）站以 3min 的时间间隔，依次开 4 台机组放水。按此操作程序，秦岭隧洞很快开始进水，水位、流量开始增加，约 8.9h 来流到达秦岭隧洞下游。最后稳定于流量 $70m^3/s$ 的恒定流状态。

（3）该工况满足各隧洞净空面积比不少于 15％的安全要求。

3．工况 3

（1）当黄金峡泵站同时向秦岭隧洞和三河口水库供水时，三河口泵（电）站抽水时间不宜太早，否则会引起渠道干底。计算中取 2 台可逆机组在开机时间为 7200s、7800s 后开水抽水，实际运行中开机时间可更长。

（2）从安全考虑，当黄金峡泵站同时向秦岭隧洞和三河口水库供水时，应保持控制闸处三河口连接隧洞的控制闸为全开状态。如果在黄金峡泵站开机 1.5h 后该控制闸仍然关闭，则应在三河口泵（电）站抽水之前，以不超过 0.2m/min 的速度提起该闸。

（3）按拟定的操作程序时，约 1.5h 秦岭隧洞开始进水，水位、流量开始增加，约 11.5h 来流到达秦岭隧洞下游。最后稳定于流量 $52m^3/s$ 的恒定流状态。

（4）该工况满足净空面积比不少于 15％的安全要求。

4．工况 4

（1）运行方式转换时，应先开停黄金峡泵站机组，三河口泵（电）站按响应黄金峡泵站进行开停机。

（2）拟定黄金峡泵站以 3min 的时间间隔，依次停 6 台机组；三河口泵（电）站 2 台水轮机组的开机时间为 4800s、6600s，2 台可逆机组的开机放水时间为 8400s、9000s。实际运行中，黄三隧洞末端有流量监测系统时，可根据其流量情况进行操作。无流量监测系统时，三河口泵（电）站宜晚开机放水，以防产生最大流量。

（3）按拟定的操作程序时，秦岭隧洞在系统切换中略有波动，水位、流量总体是先下降后上升。$T=1.28h$ 时，上游出现最小流量 $44.8m^3/s$。约 $T=4.2h$ 时，下游水位、流量开始下降；约 $T=8.8h$ 时，下游水位、流量又开始上升，到计算结束 $T=24h$ 时，下游流量 $69.912m^3/s$。最后将重新稳定于流量 $70m^3/s$ 的恒定流状态。

（4）该工况满足净空面积比不少于 15％的安全要求。

5．工况 5

（1）运行方式转换时，应先开停黄金峡泵站机组，三河口泵（电）站按响应黄金峡泵站进行开停机。

(2) 黄金峡泵站以 3min 的时间间隔，依次开 6 台机组；在黄金峡泵站开始开机的同时，控制闸处黄三隧洞的控制闸以 0.5m/min 的速度开启；三河口泵（电）站为保证秦岭隧洞供水的稳定性，可尽量延迟减小流量的时间，根据调算，拟定三河口泵（电）站 2 台水轮机组的停机时间 1800s 和 3600s，2 台可逆机组的开机时间 5400s 和 6000s。实际运行中，黄三隧洞末端有流量监测系统时，可根据其流量情况进行操作，在黄金峡泵站来流到达汇流池时停机，以保证秦岭隧洞供水稳定；无流量监测系统时，三河口泵（电）站应早停机，以防黄三隧洞来流与三河口来流叠加产生最大流量。

(3) 控制闸处黄三隧洞的控制闸开启后，秦岭隧洞越岭段上游会出现最小流量 $13.0m^3/s$。约 $T=3.75h$ 时，秦岭隧洞越岭段下游流量开始减小，水位开始下降；约 $T=8.6h$ 时，下游达最小流量 $58.0m^3/s$，此后流量回升，最后将重新稳定于流量 $70m^3/s$ 的恒定流状态。

(4) 该工况满足净空面积比不小于 15% 的安全要求。

6. 工况 6

(1) 运行方式转换时，应先开停黄金峡泵站机组，三河口泵（电）站按响应黄金峡泵站进行开停机。

(2) 黄金峡泵站以 3min 的时间间隔，依次开 6 台机组；在黄金峡泵站开始开机的同时，控制闸处黄三隧洞的控制闸以 0.5m/min 的速度由全关开启到全开，三河口泵（电）站的 2 台可逆机组以 3min 的时间间隔停机。此后，三河口泵（电）站为保证秦岭隧洞供水的稳定性，可尽量延迟减小流量的时间，根据调算，拟定三河口泵（电）站 2 台水轮机组的停机时间 1800s 和 3600s，2 台可逆机组的开机时间 7200s 和 8400s。

实际运行中，黄三隧洞末端有流量监测系统时，可根据其流量情况进行操作，在黄金峡泵站来流到达汇流池时停机，以保证秦岭隧洞供水稳定；无流量监测系统时，三河口泵（电）站应早减小流量，以防黄三隧洞来流与三河口来流叠加产生最大流量。

(3) 由于控制闸处黄三隧洞的控制闸开启、三河口泵（电）站水泵水轮机机组停机，秦岭隧洞越岭段上游会出现最小流量 $0.0m^3/s$。约 $T=3.75h$ 时，秦岭隧洞越岭段下游流量开始减小，水位开始下降；约 $T=9.5h$ 时，下游达最小流量 $45.5m^3/s$，此后流量回升，最后将重新稳定于流量 $52m^3/s$ 的恒定流状态。

(4) 该工况满足净空面积比不小于 15% 的安全要求。

7. 工况 7

(1) 运行方式转换时，应先开停黄金峡泵站机组，三河口泵（电）站按响应黄金峡站进行开停机。

(2) 拟定黄金峡泵站以 3min 的时间间隔，依次停 6 台机组；三河口泵（电）站在黄金峡泵站停泵的同时以 3min 的时间间隔，依次停 2 台可逆机组；三河口电站 4 台机组开机发电的时间为 4800s、6600s、8400s、9000s。实际运行时，黄三隧洞末端有流量监测系统，可根据其流量情况进行操作。无流量监测系统时，三河口电站宜晚开机，以防产生最大流量。

(3) 按拟定的操作程序时，秦岭隧洞水位、流量总体上升。上游水位在系统切换中略有波动，$T=1.28$h 时，上游出现最小流量 $42.8\text{m}^3/\text{s}$。各节点流量有一定的波动，先降后升。约 $T=4.2$h 时，下游水位、流量开始上升，最后重新稳定于流量 $70\text{m}^3/\text{s}$ 的恒定流状态。

（4）该工况满足净空面积比不小于 15％的安全要求。

8．工况8

（1）运行方式转换时，应先开停黄金峡泵站机组，三河口泵（电）站按响应黄金峡站进行开停机。

（2）拟定黄金峡泵站以 3min 的时间间隔，依次停 5 台机组；三河口泵（电）站在黄金峡泵站停泵的同时以 3min 的时间间隔，依次停 2 台可逆机组；三河口电站 3 台机组开机发电的时间为 4800s、6600s、8400s。实际运行时，黄三隧洞末端有流量监测系统，可根据其流量情况进行操作。无流量监测系统时，三河口电站宜晚开机，以防产生最大流量。

（3）按拟定的操作程序时，秦岭隧洞水位、流量总体上升。上游水位在系统切换中略有波动，$T=1.28$h 时，上游出现最小流量 $45.5\text{m}^3/\text{s}$。各节点流量有一定的波动，先降后升。约 $T=4.2$h 时，下游水位、流量开始上升，最后重新稳定于流量 $70\text{m}^3/\text{s}$ 的恒定流状态。

（4）该工况满足净空面积比不小于 15％的安全要求。

9．工况9

（1）运行方式转换时，应先开停黄金峡泵站机组，三河口泵（电）站按响应黄金峡站进行开停机。

（2）黄金峡泵站以 3min 的时间间隔，依次开 5 台机组；在黄金峡泵站开始开机的同时，三河口泵（电）站的 1 台可逆机组停机。此后，三河口泵（电）站为保证秦岭隧洞供水的稳定性，可尽量延迟减小流量的时间，根据调算，拟定三河口泵（电）站 2 台水轮机组的停机时间 1800s 和 3600s，2 台可逆机组的开机时间 7200s 和 8400s。

实际运行中，黄三隧洞末端有流量监测系统时，可根据其流量情况进行操作，在黄金峡泵站来流到达汇流池时停机，以保证秦岭隧洞供水稳定；无流量监测系统时，三河口泵（电）站应提前减小流量，以防黄三隧洞来流与三河口来流叠加产生最大流量。

（3）由于三河口泵（电）站水泵水轮机机组停机，秦岭隧洞越岭段上游出现最小流量 $42.5\text{m}^3/\text{s}$。约 $T=3.75$h 时，秦岭隧洞越岭段下游流量开始减小，水位开始下降，最后稳定于流量 $52\text{m}^3/\text{s}$ 的恒定流状态。

（4）该工况满足净空面积比不小于 15％的安全要求。

10．工况10

（1）黄金峡泵站断电后，全系统逐步退水，各渠段最后趋于上、下游干底的状态。约 $T=4.5$h 时，秦岭隧洞越岭段下游水位、流量开始下降；约 $T=19.07$h 时，下游流量减小到 $5\text{m}^3/\text{s}$；到计算结束 $T=24$h 时，下游流量 $2.259\text{m}^3/\text{s}$。

（2）该工况满足净空面积比不小于 15％的安全要求。

11．工况11

（1）三河口泵（电）站黄金峡泵站甩负荷后，全系统逐步退水，各渠段最后趋于上、下游干底的状态。约 $T=3.75\text{h}$ 时，秦岭隧洞越岭段下游水位、流量开始下降；约 $T=16.2\text{h}$ 时，下游流量减小到 $5\text{m}^3/\text{s}$；到计算结束 $T=24\text{h}$ 时，下游流量 $1.359\text{m}^3/\text{s}$。

（2）该工况满足净空面积比不小于 15% 的安全要求。

12. 工况 12

（1）黄金峡泵站 6 台水泵、三河口泵（电）站 2 台可逆机组突然断电后，全系统逐步退水，各渠段最后趋于上、下游干底的状态。

（2）三河口泵（电）站可逆机组突然断电后，秦岭隧洞越岭段水位、流量有短暂上升，$T=0.5\text{h}$ 后受黄金峡泵站突然断电影响开始下降。约 $T=6.0\text{h}$ 时，秦岭隧洞越岭段下游水位、流量开始下降；约 $T=18.9\text{h}$ 时，下游流量减小到 $5\text{m}^3/\text{s}$；到计算结束 $T=24\text{h}$ 时，下游流量 $2.237\text{m}^3/\text{s}$。最后趋于上、下游干底的状态。

（3）该工况满足净空面积不少于 15% 的安全要求。

13. 工况 13

（1）黄金峡泵站 1 台水泵断电，三河口泵（电）站 1 台可逆机组和 2 台水轮机组甩负荷后，全系统逐步退水，各渠段最后趋于上、下游干底的状态。

（2）三河口泵（电）站可逆机组突然断电后，秦岭隧洞越岭段水位、流量有短暂上升，$T=0.5\text{h}$ 后受黄金峡泵站突然断电影响开始下降。约 $T=3.75\text{h}$ 时，秦岭隧洞越岭段下游水位、流量开始下降；约 $T=17.5\text{h}$ 时，下游流量减小到 $5\text{m}^3/\text{s}$；到计算结束 $T=24\text{h}$ 时，下游流量 $1.947\text{m}^3/\text{s}$。

（3）该工况满足净空面积比不小于 15% 的安全要求。

5.8.5 结论与建议

对引汉济渭工程输水隧洞运行调度不同工况下的水力过渡过程进行了分析，结论及建议如下。

（1）在系统各种流量切换中，建议遵循应先调度三河口泵站机组，三河口泵（电）站按响应三河口站进行开停机的原则。

（2）由于汇流池处各种闸门操作都可能引起黄三隧洞、三河口连接隧洞、秦岭隧洞越岭段等 3 条输水隧洞内的水力波动，因此，建议运行中汇流池处的各闸门主要取常开状态，以增加调蓄容积，防止水力波动，并防止关闸不当导致汇流池处水位壅堵，影响运行安全。仅在三河口电站单独向秦岭隧洞供水时可关闭黄三隧洞下游控制闸以缩短水流到达秦岭隧洞末端的时间，或者在部分隧洞段检修时运行可关闭相应控制闸。

（3）根据调算结果，建议运行中控制闸处黄三隧洞、秦岭隧洞的控制闸开、关速度不得超过 0.5m/min，三河口连接隧洞的控制闸的开、关速度不得超过 0.2m/min。

（4）计算表明，在正常运行时，在不同流量运行时，只要按程序调度，黄三隧洞、三河口连接隧洞、秦岭隧洞越岭段等 3 条输水隧洞内过流断面均满足净空面积比不少于 15% 的要求。

实际运行中，黄三隧洞末端有流量监测系统时，可根据其流量情况进行开停机操作，以保证秦岭隧洞供水稳定；无流量监测系统时，三河口泵（电）站应早停水轮机或开水泵，或者晚开水轮机或停水泵，以防产生最大流量。

（5）计算表明，在黄金峡泵站水泵事故断电，三河口泵（电）站水泵事故断电，或者三河口泵（电）站水轮机甩负荷的情况下，各隧洞可从秦岭隧洞越岭段退水，满足净空面积比不少于 15％的安全要求。

（6）在系统起运、系统切换、系统突然断电停运过程，由于秦岭隧洞越岭段泄水，因此没有出现需要紧急开启退水闸退水的情况，但不排除运行中因秦岭隧洞越岭段泄水不畅（如发生隧洞堵塞、隧洞首段控制闸开度不够等情况），故退水闸可作为非常保护措施。

下　篇

第6章 引汉济渭工程施工规划

6.1 施工总体布置研究

6.1.1 施工交通

6.1.1.1 对外交通

黄金峡水利枢纽、秦岭输水隧洞进口至控制闸段对外交通不便，考虑到大河坝镇的对外交通条件非常便利，根据前期施工和后期运行的需要，新建大河坝镇到黄金峡坝址进场道路。考虑黄金峡水利枢纽及秦岭输水隧洞进口至控制闸段施工期的施工运输强度需要及后期运行、检修及管理的要求，大黄公路按照公路三级标准设计，路面宽取 6.5m，长度17.987km，前期作为施工主干道，兼顾秦岭输水隧洞进口至控制闸段和黄金峡的进场路，为泥结石路面，后期改建为沥青混凝土路面。该道路起点位于大河坝镇，沿途经过黄金峡水利枢纽、秦岭输水隧洞段的 1 号、2 号、3 号支洞，终点位于黄金峡水利枢纽左岸坝肩处，既是黄金峡水利枢纽、秦岭输水隧洞进口至控制闸段施工时共同使用的进场道路，又是运行期黄金峡水利枢纽、秦岭输水隧洞进口至控制闸段的对外交通和运行管理道路。秦岭输水隧洞 4 号支洞和控制闸附近有佛石公路通过。

三河口水利枢纽对外交通方便，坝址处有佛石公路通过，路面宽度约 6.5m，公路等级为四级，佛石公路北接 108 国道，南连 210 国道；西安—汉中高速公路从上坝址下游约4km 处的大河坝镇通过，对外交通便利，满足对外交通和物资运输要求。

控制闸以后洞段工程区岭南位于陕南省安康市宁陕县与汉中市佛坪县交汇地段，岭北位于西安市周至县。工程区有佛坪—宁陕公路及 108 国道通过，佛坪—宁陕公路接 108 国道；佛坪—宁陕公路途经椒溪河支洞、0 号支洞、0_{-1} 号支洞、1 号支洞，6 号支洞及 7 号支洞洞口附近有 108 国道通过，隧洞出口有关中环线通过。

6.1.1.2 场内交通

黄金峡水利枢纽、三河口水利枢纽和秦岭输水隧洞场内交通运输主要满足施工要求，兼顾运行管理。结合工程布置使各施工区段场地间交通运输畅通，永久和临时、前期和后期相结合，形成场内公路网。

黄金峡水利枢纽场内交通总长为 27.00km、交通桥 3 座。三河口水利枢纽场内交通总长为 19.95km、交通桥 4 座。秦岭输水隧洞黄三段场内交通总长为 14.30km；秦岭输水隧洞越岭段 43.71km 需要改建。

6.1.2　施工供电

6.1.2.1　供电规划的原则

（1）根据工程等级，确定该工程整体施工负荷为二级负荷，根据地方电网现状，取得两路电源极其困难，只能建设专用的架空线路供电。隧洞施工期间，排水、隧洞内的紧急通风及照明负荷按一级负荷设计，因供电负荷不大，按供配电系统设计规范，设置柴油发电机作为备用电源。

（2）为保证供电可靠性，施工用电电源首先选择地方电网的变电站。

（3）施工用电的功率因数，根据《全国供用电规则》及《功率因数调整电费办法》的规定，无功功率采取就地平衡的原则。容量小于 3150kVA 的主变压器，补偿后的功率因数主变压器高压侧按 0.85 设计。容量在 3150kVA 及以上的主变压器，补偿后的功率因数主变压器高压侧按 0.9 设计。

6.1.2.2　地方电网的现状及供电电源的选择

2012 年引汉济渭工程黄金峡水利枢纽、三河口水利枢纽及秦岭隧洞，总施工用电负荷约 21300kW，用电负荷的容量超出了 35kV 电压等级的供电能力，故只能从附近的 110kV 变电站出线供电。

根据现场调查，黄金峡附近已建成或者规划的 110kV 变电所共有三座：①位于黄金峡西侧洋县东南的贯溪变电所，该变电所电源引自洋县 220kV 变电所供电，距黄金峡水利枢纽约 40km；②位于大河坝北侧佛坪县三教殿的 110kV 变电所，该变电所属规划新建，距黄金峡水利枢纽直线距离约 32km，距三河口水利枢纽直线距离约 24km；③佛坪县大河坝 110kV 变电所，规划安装 2 台额定容量均为 31.5MVA、电压为 110/35/10kV 三相三线圈有载调压电力变压器，该变电站的供电由佛坪三教殿的 110kV 变电所 110kV 母线"π"接供电。

以上三座变电所的供电容量均可满足引汉济渭施工用电负荷需求，但因贯溪变电所、佛坪三教殿变电所距黄金峡水利枢纽、三河口水利枢纽及秦岭隧洞黄三段的供电距离较远，用 35kV 供电电压损失大，电能质量难以满足要求，故不予考虑由其供电。而大河坝 110kV 变电所，由于大河坝附近的地方工业负荷不大，主要为农用负荷，且该变电所距最近的三河口水利枢纽用电点约 5km，距黄金峡水利枢纽负荷点最远约 20km，供电距离短。故从供电容量、供电距离及供电质量来看均能满足各施工区施工用电需求。

故此确定大河坝 110kV 变电所为引汉济渭黄金峡水利枢纽、三河口水利枢纽及秦岭隧洞黄三段的施工用电电源，规划从大河坝 110kV 变电所 35kV 及 10kV 母线出专线引接供电。

6.1.2.3　施工供电方案

1. 黄金峡水利枢纽

黄金峡水利枢纽施工高峰期用电负荷为 6500kW，规划在黄金峡水利枢纽右岸设 35kV 变电站一座，装设两台额定容量均为 5000kVA，电压为 35/10kV 的双线圈有载调压电力变压器。

变电站的供电，规划从大河坝 110kV 变电所，架设一回 35kV 专用线路（简称大黄线），导线型号 LGJ - 150，线路亘长约为 14.8km。至末端 35kV 电压降约 5.7%。

黄金峡水利枢纽各工区的施工用电均由此 35kV 变电站的 10kV 母线出专线供电。

为保证大坝施工期排水一级负荷的用电需求，设一台 400kW 柴油发电机作为备用电源。

枢纽施工区共设 10kV 配电变压器 12 台，架设 10kV 专用输电线路约 10km。

2. 三河口水利枢纽

三河口水利枢纽在施工高峰期最大用电负荷约为 9000kW，规划在三河口水利枢纽大坝右岸下游约 600m 处，设 35kV 变电站一座，装设两台额定容量均为 8000kVA，电压为 35/10kV 的双线圈有载调压电力变压器。

变电站的供电，规划采用从大河坝 110kV 变电所架设一回 35kV 专用线路（简称大三线）供电，导线型号 LGJ - 150，线路亘长约为 4.5km。

三河口水利枢纽各工区的施工用电，均由此 35kV 变电站 10kV 母线出专线供电。

3. 秦岭输水隧洞

（1）黄三段供电。共布置 4 个施工点，总用电负荷 5800kW，用电负荷等级按二级设计。根据对地方电网现状的调查分析，选择大河坝镇在建的 110kV 变电所作为主要施工电源。

对于隧道进口及 1 号支洞段距黄金峡水利枢纽较近，故规划从黄金峡水利枢纽处 35kV 施工变 10kV 母线引接。

对于 2 号支洞段的施工供电，规划从大黄线 35kV 线路"T"接供电。

对于 3 号及 4 号支洞段的施工供电，规划从大河坝 110kV 变电所 10kV 母线分别出一路专线供电。

为确保事故停电时，各洞内施工区紧急通风、排水、照明等一级负荷的用电需要，初拟在 1～4 号支洞施工区，各配备 500kW 柴油发电机组 1 台，共 8 台，以确保洞内施工供电的安全及可靠性。

（2）越岭段。钻爆法施工负荷和 TBM 施工负荷均为二级负荷，采用一路可靠电源供电；为保证施工安全，施工单位应自设备用电源。

岭南部分：在 3 号支洞（五根树）附近新建 35/20/10kV 变电所一座，其 35kV 电源引自龙王坪 110kV 变电站；在五根树变电所 35kV 电源线路上"T"接一路 35kV 电力线路至 0 号支洞，"T"接点位于四面地。0 号、0₋₁ 号、1 号支洞由 35kV"T"接线供电，2 号支洞由 35kV 电源线供电，3 号支洞由五根树变电所接引 20kV 及 10kV 电源供电，在 4 号支洞口新建 10/10kV 箱式调压站一座、其 10kV 电源引自五根树变电所。椒溪河支洞由三河口水利枢纽的 35kV 施工电源线路延伸供电。

岭北部分：在林业检查站新建 35/20/10kV 变电所一座，其 35kV 电源由王翠线"T"接。6 号支洞由林业检查站变电所接引 20kV 及 10kV 电源供电，5 号支洞由林业检查站变电所接引 10kV 电源供电。7 号支洞由 35kV 板翠线"T"接 35kV 电源供电。出口端由黑河变电站接引 10kV 专线电源供电。

6.1.3 料场规划

6.1.3.1 黄金峡水利枢纽

1. 混凝土骨料需要量

黄金峡主体工程及导流工程混凝土合计 127.89 万 m^3，考虑施工损耗后，工程混凝土总量为 136.8 万 m^3。计入供应黄三段隧洞 1 号、2 号支洞施工区混凝土骨料 27.7 万 t，共需生产砂砾石成品料约 328.7 万 t，其中，粗骨料 223.5 万 t，砂 105.2 万 t。

2. 天然料源

黄金峡水利枢纽工区主要有史家村、史家梁、高白沙、白沙渡 4 个砂砾石料场，距黄金峡坝址 0.5~5km。

黄金峡水利枢纽根据各天然砂砾石料源的分布、储量、级配特点、质量、开采运输条件、经济分析及工程需求与使用特点，史家村、史家梁、高白沙、白沙渡 4 个砂砾石料场均可作工程混凝土骨料料源。

根据工程需求，结合砂石加工系统布置位置、分期导流施工方案、上下游及左右岸交通、料场开采经济性与可行性，选择史家梁、高白沙料场为主料场，史家村砂砾石料场作为备用料场。

3. 人工骨料料源

黄金峡人工骨料料源分布的石料场共两处，分别为锅滩料场、郭家沟料场。锅滩料场位于良心河口左岸的基岩斜坡上，距上坝址约 2.5km。郭家沟料场位于良心河支流东沟河河口右岸山坡，距上坝址约 5.5km。

从运距上看，锅滩料场占优势。两处石料场质量均满足规范要求，锅滩料场运距较近，故选用锅滩料场作为推荐料场。

4. 骨料碱活性研究

（1）天然骨料碱活性试验成果。黄金峡水利枢纽选择的混凝土骨料天然料场主要为汉江河道的史家村、史家梁、高白沙天然料场。长江科学院采用砂浆棒快速法试验进行检测。

试验结果表明，砂样均为非活性骨料，除一组粗骨料为非活性骨料，其余粗骨料均为具有潜在危害性反应的碱活性骨料。

（2）骨料碱活性的抑制。长江科学院按委托任务进行了骨料碱活性抑制措施研究，采用掺加粉煤灰、控制混凝土中总碱量等措施进行了抑制试验。工程采用砂浆棒快速法、混凝土棱柱体快速法检验实际抑制效果。

1）砂浆棒快速法。从"砂浆棒快速法"进行碱活性抑制效能试验结果来看，粉煤灰掺量不小于 15% 时，即可有效抑制天然骨料的碱-骨料反应危害，粉煤灰掺量越大，抑制效果越好。为了确保工程安全和长期耐久性，工程应使用低碱水泥（碱含量小于 0.60%），控制混凝土总碱量不大于 2.5kg/m^3，并掺入不小于 15% 的粉煤灰。

2）混凝土棱柱体快速法。根据现行规范、黄金峡天然骨料抑制试验初步成果、相关工程试验成果和工程实际经验，考虑工程经济性，工程可采用汉江天然砂砾料作为混凝土骨料。为确保工程安全和长期耐久性，工程应使用低碱水泥（碱含量小于 0.60%），控制

混凝土总碱量不大于 2.5kg/m³，并掺入适量（不少于 20％）粉煤灰抑制骨料的碱-骨料反应。

5. 料场选择

综合以上分析，天然砂砾石骨料或花岗岩人工骨料均能满足黄金峡工程混凝土骨料的技术质量要求与储量要求；天然砾石为具有潜在危害性反应活性骨料，抑制骨料碱活性试验表明，在混凝土中掺加粉煤灰等措施后能有效抑制碱骨料反应，可作为黄金峡枢纽工程的混凝土骨料；经济综合比较中天然砂砾石骨料具有优势，鉴于国内外多个工程采用天然砂砾石作为混凝土骨料的长期实践、黄金峡天然砂砾石仅粗骨料含有少量碱活性骨料及天然骨料碱活性抑制试验的有效性，天然砂砾石作为黄金峡水利枢纽工程的主要混凝土骨料料源优于人工骨料料源。

部分采用人工骨料的料源方案因采用的人工骨料混凝土量较少，粗骨料的外购方案投资总量低，且在部分结构混凝土采用不含碱活性骨料的人工骨料有利于提高工程的可靠性，因此采用天然砂砾石为主、部分采用人工骨料的混凝土骨料料源方案。

6.1.3.2 三河口水利枢纽

（1）骨料需要量。工程混凝土总量为 135 万 m³，所需骨料为 297.4 万 t，其中粗骨料为 194.8 万 t，细骨料为 102.6 万 t。

（2）工程料源。工程前期设计过程中共勘察了 6 个天然砂砾料场、3 个人工料场。其中可行性研究阶段以天然砂砾料为重点，初步设计阶段以人工骨料为重点。

天然骨料料源：三河口水利枢纽工程区附近主要勘察了 6 个砂砾料场（I_1 号、I_2 号、I_3 号、I_4 号、I_5 号、I_6 号）。

综合考虑运距、储量、质量、级配和开采运输条件选用 I_1 号、I_4 号作为混凝土骨料料场，I_5 号料场为备用料场。

人工骨料料源：共勘察了 3 个石料场，编号依次为二郎砭 II_3 号人工骨料场、柳树沟 II_5 号人工骨料场、柳木沟 II_6 号人工骨料场。

（3）骨料的碱活性研究。详见 6.3.3.2。

（4）料场选择研究。详见 6.3.3.3。

6.1.3.3 秦岭输水隧洞

1. 黄三段

黄三段所需天然建筑材料主要为混凝土骨料。工程混凝土总量 22.1 万 m³，所需骨料 54.1 万 t，其中粗骨料 34.6 万 t，细骨料 19.5 万 t。输水隧洞围岩的块体平均密度取 2.6t/m³，加工成品率按 0.72 考虑，需要利用输水隧洞开挖原岩 28.9 万 m³。

经现场勘探，黄三段可利用的Ⅱ类、Ⅲ类围岩开挖量约 48.3 万 m³；根据《水利水电工程天然建筑材料勘察规程》（SL 251—2015）规定的储量要求，开挖料可利用量仅能满足加工 45.2 万 t 加工成品砂石料。其余骨料采用外购。因此考虑混凝土骨料 45.2 万 t 利用洞挖料加工，9.0 万 t 就近外购，即 17％的混凝土骨料采用外购解决。

（1）可利用开挖料分析。该段隧洞以 IF_{11-3} 断层（桩号 9＋337）为界，可分为南、北两大区段，IF_{11-3} 断层以南为南区段，IF_{11-3} 断层以北为北区段。南区段（0＋000～9＋337）主要为侵入岩区，岩性分布相对稳定；北区段（9＋337～16＋481）主要为变质岩区，分布不稳定，均一性差。

从岩性分布特征及基本质量指标看，南区段岩性分布相对稳定，各项指标满足规程要求，可利用性程度高。而北区段岩性均一性较差，分布不稳定，其中云母片岩、变质砂岩岩石基本指标不满足规程要求，为不可利用岩石；灰岩段及花岗岩侵入段开挖量很小，可利用性低；硅质岩虽然强度满足要求，但根据三河口水利枢纽二郎砭人工骨料场试验成果，该种岩石具有碱活性，不宜作为隧洞衬砌混凝土骨料。

（2）南区洞挖料与黄金峡水利枢纽料场比选。

黄金峡水利枢纽工程在坝址上下游3km范围内选定了史家村、史家梁、高白沙及白沙渡等天然砂砾料料场；选定锅滩渡口石料场作为人工骨料料场。4个砂砾石料场粗骨料存在碱活性，不宜用作隧洞衬砌混凝土的骨料。人工骨料为闪长岩，为非碱活性骨料，质量指标基本符合规范要求。锅滩渡口石料场距离1号支洞区直线距离为2.5km，距离2号支洞工区为14km，距离3号工区21km，距离4号工区为27km。黄三隧洞混凝土骨料需要量主要集中在2号、3号工区。料场开采加工单价高于直接利用隧洞开挖料，选择锅滩渡口石料场为黄三隧洞提供骨料显然不经济。

黄三段隧道南区开挖料加工混凝土骨料可利用率较高，运距较锅滩渡口石料场近，且直接利用开挖料可降低石料开采单价。因此，黄三段工程1号支洞区、2号支洞区选用该段工程的开挖料作为混凝土骨料的料源。

（3）南区洞挖料与三河口水利枢纽料场比选。

三河口水利枢纽最终选择的料场为坝址上游10km的柳木沟石料场人工骨料料场。柳木沟Ⅱ$_6$号人工骨料场花岗岩为非碱活性骨料，但该料场距离3号施工支洞直线距离约15km，距离4号施工支洞直线距离约10km，运输距离远。柳木沟料场位于三河口水库库区，如果需要使用柳木沟料场的骨料，需在三河口水库蓄水前使用或设临时堆放场储存骨料，三河口蓄水3个月后库水位达到558m，蓄水4个月后库水位达到567m。黄三段3号、4号支洞施工区（包括控制闸）需柳木沟料场提供骨料，在三河口水利枢纽工程下闸蓄水前储存至临时堆放场。

综上分析，黄三段隧洞工程选用南区工程的开挖料作为混凝土骨料的料源，不足部分由三河口水利枢纽和黄金峡水利枢纽料场供应。

2. 越岭段

越岭段所需天然建筑材料主要有混凝土骨料和少量的块石料。工程混凝土量102.64万 m³。

（1）天然砂砾料料场。岭南砂、砾石主要分布在工程沿线的蒲河河滩上，主要分布在三河口、石墩河附近的蒲河河滩内。岭北砂、砂砾主要来源于马召附近的黑河和周至附近的渭河。

（2）人工骨料料场。岭南主要由九关沟料场供应。岭北主要由工程沿线王家河山坡岩石及甘峪湾水门沟内岩石自采加工供应。

（3）洞挖料。岭南段岩性分布相对稳定，各项指标满足规程要求，可利用性程度高；岭北段岩性均一性较差，分布不稳定。岭南段可利用岩性为石英闪长岩、花岗闪长岩、花岗岩、石英片岩、大理岩、片麻岩、变粒岩、石英岩等；岭北段可利用的岩性为变质砂岩、角闪石英片岩、花岗闪长岩、片麻岩、大理岩等。完整性较好的Ⅰ类、Ⅱ类、Ⅲ类围岩可以利用。

秦岭隧洞越岭段洞挖开挖料（包括主洞、施工支洞等）总计 582.91 万 m³，其中主洞开挖料 448.75 万 m³，施工支洞开挖料 134.16 万 m³，作为人工骨料原岩的可利用量总计约 270.03 万 m³，约占隧洞总开挖量的 46.3%。

结合各料场分布、储量、质量和加工条件，岭南各工区所需混凝土骨料从石墩河、三河口及九关沟料场开采，同时利用部分洞挖料加工；岭北各工区所需混凝土骨料从王家河及黑河料场开采，同时利用部分洞挖料加工。

6.1.4　弃渣场规划

6.1.4.1　黄金峡水利枢纽

详见 6.4.2.4。

6.1.4.2　三河口水利枢纽

详见 6.3.2.3。

6.1.4.3　秦岭输水隧洞

1. 黄三段

该工程石方明挖、石方洞挖共计 101.1 万 m³；其中利用 2 号渣场堆渣量 24.2 万 m³，加工混凝土骨料，其余开挖料弃渣。渣场共堆存弃渣 76.9 万 m³，堆存松方 104.6 万 m³。渣场特性详见表 6.1-1。

表 6.1-1　　　　　　　　黄 三 段 渣 场 特 性 表

渣场	渣场面积 /m²	堆渣高程 /m	堆渣量 /万 m³	弃渣量 /万 m³	弃渣来源
1 号渣场			25.5	25.5	良心沟沟口
2 号渣场	78720	602～550.00	32.9		良心河左岸
3₋₁ 号渣场	56402	636～610.00	31.3	31.3	沙坪河滩
3₋₂ 号渣场	23277	685～633.00	10.4	10.4	坪河支沟安沟
4 号渣场	41978	570～540.00	37.4	37.4	王家沟
合计	200377		137.5	104.6	

2. 越岭段

该工程石方明挖、石方洞挖共计 586.4 万 m³；没有土石方回填，岭南工区利用 50 万 m³、岭北工区利用 20 万 m³，开挖料作为混凝土骨料，其余开挖料为弃渣。

渣场共堆存弃渣 516.4 万 m³。共布置渣场 8 处。渣场特性详见表 6.1-2。

6.1.5　施工工厂设施

6.1.5.1　黄金峡水利枢纽

（1）砂石加工系统。工程在史家梁布置一套砂石加工系统，成品料堆活容积可满足高

表 6.1－2　　　　　　　　　　越 岭 段 渣 场 特 性 表

渣场名称	渣场面积 /亩	堆渣高度 /m	堆渣量（实方） /万 m³	弃 渣 来 源
马家滩渣场	138.9	624～652	68.8	椒溪河支洞工区 0 号支洞工区
郭家坝渣场	101.4	682～695	16.5	0₋₁号支洞工区
四亩地渣场	56.6	753～767	18.5	1 号支洞工区
凉水井渣场	248.9	779～808	29.7	2 号支洞工区 3 号支洞工区钻爆法
五根树渣场	76.5	835～842	20.9	3 号支洞工区支洞段
柴家关渣场	333.0	895～922	115.6	3 号支洞工区 TBM 段 4 号支洞工区
双庙子渣场	275.6	938～963 964～990	208.9	5 号支洞工区 6 号支洞工区 7 号支洞工区
黄池沟渣坝	206.75	510～557	37.5	出口工区
合计	1437.5		516.4	

峰期 7 天用量。考虑黄金峡及部分黄三隧洞的混凝土高峰时段月浇筑强度为 7.3 万 m³，根据混凝土高峰浇筑强度计算出，砂石加工系统的生产规模为 19 万 t/月；砂石料加工系统各工段处理和生产能力分别为：砂石系统处理能力 600t/h，砂石系统生产能力 550t/h，破碎车间处理能力 450t/h。

（2）混凝土拌和系统。根据施工总进度要求，混凝土高峰期月浇筑强度为 6.9 万 m³，小时生产能力为 207m³。拌和设备选 3 座 HL115－3F1500 混凝土拌和楼，布置在坝址上游史家村。拌和楼铭牌生产能力 345m³/h。

（3）生活及办公区。工程平均上劳人数为 1500 人，高峰期总人数约 1800 人。生活办公营地设在史家村，由于场地有限，采用集中盖楼房布置。考虑到史家村生产生活区为后期运行管理站，为方便后期改建施工，该处在场地平整时，将部分场地高程按坝顶高程控制。

另外还设有混凝土预制厂、钢木加工厂、机械修配保养厂、金属结构加工厂、综合仓库、综合实验室等辅助加工厂。

6.1.5.2　秦岭输水隧洞黄三段

（1）砂石加工系统。工程混凝土总量 22.1 万 m³，其中 18.4 万 m³ 混凝土骨料采用人工骨料供应。拟将砂石加工系统布置在 2 号渣场附近。毛料处理能力 150t/h，成品料生产能力 76t/h，成品砂生产能力 37t/h。

（2）混凝土拌和系统。根据施工总进度要求，该工程混凝土施工高峰月强度为 7370m³。根据各工区的混凝土施工强度需要，在 1 号、2 号、3 号支洞工区分设一生产能

力为 60m³/h 混凝土搅拌站，4 号支洞拌和系统的生产能力为 100m³/h。

6.1.5.3 三河口水利枢纽

详见 6.3.2.3。

6.1.5.4 秦岭输水隧洞越岭段

（1）砂石加工系统。根据工程的总体布置及与相关工程区的位置关系，工程分别与岭南及岭北共同使用两套砂石加工系统。

石墩河镇砂石料加工系统：在石墩河镇政府附近布置一套砂石加工系统，秦岭隧洞的椒溪河支洞、0～4 号支洞工区使用该砂石加工系统。

王家河砂石料加工系统：在王家河沟内布置一套加工系统，秦岭隧洞的 5～7 号支洞及出口工区使用该砂石加工系统。

（2）混凝土拌和系统。根据施工总进度要求，工程混凝土施工高峰月强度为 22204m³。根据各工区的混凝土施工强度需要，在椒溪河支洞、0～2 号、4 号、5 号、7 号支洞及出口工区分设一处 60m³/h 混凝土搅拌站，3 号、6 号支洞工区拌和系统的生产能力为 100m³/h。

6.2 总工期研究

6.2.1 工期规划

6.2.1.1 工期规划原则及依据

（1）严格执行基本建设程序，遵照国家政策、法令和有关规程、规范。

（2）结合工程实际，对控制性工程和关键项目进行重点研究，通过采取合理施工方案，缩短工程建设周期。

（3）施工总进度计划在分析了工程所在地区自然条件、社会经济条件和工程施工特性的基础上，依据合理性工期编制。

（4）在分析、掌握基本资料的基础上，尽可能采用先进施工技术、施工设备。最大限度组织均衡生产，力争全年施工，加快施工进度。

（5）根据枢纽布置、施工导流、度汛以及施工强度等，参照国内施工水平，编制施工总进度计划。

（6）依据水工枢纽布置图及汇总工程量、主要建筑物结构布置及工程量。

（7）《水利水电工程施工组织设计规范》（SL 303—2004）。

6.2.1.2 施工阶段划分

根据工程特征及不同阶段施工特点，工程总进度划分为四个阶段：工程筹建期、施工准备期、主体工程施工期、工程完建期。

6.2.1.3 工程筹建期

引汉济渭工程筹建期安排在筹建年（开工前一年）1 月至第二年 9 月共计 33 个月，筹建期主要进行对外交通、部分场内交通、施工用电、通信、征地、移民及招投标、TBM 采购运输，砂石加工系统、混凝土系统，为承包单位进场开工创造条件。

6.2.1.4　工程总工期

引汉济渭工程控制工期为秦岭输水隧洞椒溪河至出口工区段，施工总工期为 78 个月。黄金峡水利枢纽总工期 53 个月，其中准备期 8 个月，主体工程施工期 44 个月，工程完建期为 1 个月。秦岭输水隧洞黄三隧洞段总工期 59 个月，其中准备期 15 个月，主体工程施工期 42 个月，工程完建期为 2 个月。秦岭输水隧洞越岭洞段总工期 78 个月，其中准备期 3 个月，主体工程施工期 73.3 个月，工程完建期为 1.7 个月。三河口水利枢纽总工期 54 个月，其中准备期 18 个月，主体工程施工期 34 个月，工程完建期为 2 个月。

6.2.1.5　各分项工程施工工期

1. 黄金峡水利枢纽施工工期

（1）施工准备期。施工准备期从第二年 10 月一期低围堰开始填筑到第三年 5 月一期土石围堰施工完成，工期为 8 个月。

施工准备期主要完成的项目包括：一期低围堰填筑及拆除；纵向围堰基础开挖及混凝土浇筑；纵向围堰坝段高程 428.30m 以下混凝土浇筑；一期土石围堰开挖及填筑；左岸坝肩开挖；砂石加工系统及混凝土系统；施工供水、供电系统；黄金峡大桥及部分场内道路。

（2）主体工程施工期。主体工程施工期为第三年 6 月至第七年 1 月，共 44 个月。

左岸一期主体工程在纵向导墙及上游、下游土石围堰（全年围堰）的围护下进行施工。第三年 6—8 月进行一期基坑开挖；第三年 8 月至第四年 6 月进行泄洪冲沙底孔坝段高程 441.00m 以下混凝土浇筑；9 月底完成弧形闸门安装，泄洪冲沙底孔坝段具备过流条件。第三年 9 月至第四年 3 月进行电站纵向导墙及导墙坝段混凝土浇筑；厂房上游围堰混凝土浇筑安排在第四年 6—10 月施工；厂房下游围堰安排在第四年 10 月填筑；11 月初，一期土石围堰拆除。

主河床于第四年 11 月初截流，12 月中旬，完成二期围堰防渗墙施工。第四年 12 月至第五年 2 月进行二期基坑开挖；第五年 5 月底溢流坝段浇筑至高程 414.50m，消力戽及护坦混凝土浇筑完成；第五年 6—10 月，坝体度汛；第六年 4 月底，坝体全线上升至高程 443.00m，汛期由表孔泄流度汛，坝体继续浇筑，第六年 7 月溢流坝浇筑至坝顶高程 455.00m；第六年 8 月至第七年 2 月进行溢流坝段弧形闸门安装。

第三年 6—9 月进行泵站及厂房基础开挖；第五年 5 月，泵站及厂房坝段浇筑至坝顶高程 455.00m；第五年 5 月底至第六年 4 月进行泵站机组安装调试；第五年 7 月至第六年 5 月进行电站机组安装调试；第六年 4—5 月，二期围堰拆除，第六年 11 月厂房上、下游围堰拆除，11 月下旬泄洪冲沙底孔下闸蓄水；第七年 1 月泵站和电站全部机组投产。

（3）工程完建期。工程完建期为第七年 1 月 3 台发电机组及 7 台泵站机组投产到第七年 2 月底表孔坝段弧形闸门安装完成，施工期为 1 个月。主要完成表孔坝段弧形闸门安装。

（4）施工关键线路。根据黄金峡水利枢纽主体及临时建筑物的布置格局和施工设计，该工程控制工期的施工关键线路为：准备工程开工→一期低围堰施工→纵向围堰及一期围堰施工→一期基坑开挖→泄洪冲沙底孔坝段、导墙坝段、厂房上游围堰及电站纵向导墙混凝土浇筑及金属结构安装→一期围堰拆除，二期围堰填筑，主河床截流→上、下游围堰防渗及二期基坑抽水→二期基坑开挖→溢流坝段混凝土浇筑→泄洪冲沙底孔下闸蓄水→机组投产→表孔坝段弧形闸门安装完成，工程完工。

2. 三河口水利枢纽施工工期

（1）施工准备期。第二年 11 月至第四年 4 月为准备期，准备期进行导流洞、砂石料加工系统、施工道路、临时房建、供电线路等施工。第三年 11 月中旬截流。

（2）主体工程施工期。主体工程施工期安排在第四年 5 月至第七年 2 月底，共 34 个月。第四年 5—7 月进行基坑开挖；第四年 8 月进行基础固结灌浆；第四年 9 月至第六年 6 月，进行坝体混凝土浇筑，第六年 6 月混凝土浇筑至 646m；第六年 7—8 月进行剩余表孔混凝土施工；第六年 9—11 月进行坝顶完善和金属结构安装施工；第六年 12 月至第七年 2 月进行高程 585.00m 以上接缝灌浆。

供水系统土石方开挖安排在第四年 1—6 月，压力管道、交通洞和连接洞等施工安排在第四年 1—12 月；厂房混凝土施工安排在第五年 1—10 月，11 月进行桥机安装，12 月开始机组安装，第六年 3 月底完成第一台机组安装，第六年 12 月底完成全部机组安装。尾水洞及退水闸安排在导流洞下闸后施工。

导流洞封堵时间安排在第四年 11 月至第五年 3 月。

（3）工程完建期。工程完建期为第七年 3—4 月，主要进行工程扫尾工作，并为工程验收做好准备。

（4）施工关键线路。该工程碾压混凝土拱坝相对其他项目规模大，技术要求高，施工强度大，故碾压混凝土拱坝为该工程施工总进度的控制性工程项目。三河口水利枢纽工程施工的关键线路主要内容为：前期准备→导流洞施工→蒲家沟渣场防护及其他准备工程→基坑开挖及坝基处理→基础固结灌浆→基础混凝土浇筑→坝体混凝土施工→金属结构安装→高程 585.00m 以上接缝灌浆。

3. 秦岭输水隧洞

（1）工程准备期。准备期安排 3 个月，在准备期内根据业主提供的对外交通、施工用电、施工用水、通信及施工场地，由施工单位完成施工现场所需的风、水、电、施工道路、筛分、拌和系统、工厂设施及场地准备等临时设施，并根据各工区特点准备各工区水泥、砂石料、钢筋等材料，为顺利开工做好准备。

（2）主体工程施工期。黄 1 号支洞工区：1 号支洞施工安排在第二年 9 月至第三年 1 月中旬，共 4.5 个月，1 号支洞控制的主洞施工时间为第三年 1 月中旬至第五年 11 月中旬，共 34 个月，分别从 1 号支洞上下游工作面进行洞室开挖、衬砌及灌浆。

黄 2 号支洞工区：2 号支洞施工安排在第二年 9 月至第三年 4 月，共 8 个月，2 号支洞控制的主洞施工时间为第三年 5 月至第六年 6 月，共 38 个月，分别从各支洞上下游工作面进行洞室开挖、衬砌及灌浆。

黄 3 号支洞工区：3 号支洞工区为该工程的控制段，3 号支洞施工时间安排在第二年 9 月至第三年 9 月共 13 个月，3 号支洞控制的主洞上游段安排在第三年 10 月第七年 1 月共 40 个月，主要进行 3 号支洞上游段的开挖衬砌机灌浆；3 号支洞控制的主洞下游段安排在第三年 10 月至第六年 11 月中旬共 37.5 个月，主要进行 3 号支洞下游段的开挖衬砌机灌浆。

黄 4 号支洞工区：4 号支洞施工时间安排在第二年 9 月至第三年 2 月中旬共 5.5 个月，4 号支洞控制的主洞上游段安排在第三年 2 月中旬至第六年 10 月中旬共 44 个月，主要进行 4 号支洞上游段的开挖衬砌机灌浆；4 号支洞控制的主洞下游段开挖安排在第三年 2 月中旬至第三年 10 月中旬共 8 个月，4 号支洞控制的主洞下游段衬砌、灌浆安排在第四年 8 月中旬至第五年 4 月中旬共 8 个月。

控制闸工区：安排在第三年 10 月中旬至第五年 7 月中旬进行，历时 21 个月。

椒溪河工区：椒溪河支洞施工安排在第一年 10 月至 12 月中旬施工，共 2.3 个月，椒溪河支洞控制的主洞施工安排在第一年 12 月中旬至第四年 6 月初共 29.8 个月。

钻爆工区：钻爆段支洞（0、0_{-1}、1、2、3、6、7）施工安排在第一年 10 月至第三年 3 月中旬共 17.6 个月，各支洞施工完成后，分别从各支洞两个工作面进行各段主洞施工，钻爆段主洞施工安排在第二年 5 月中旬至第六年 4 月中旬共 46.7 个月。

岭南 TBM 工区：3 号支洞施工安排在第一年 4 月至第三年 6 月中旬共 26.4 个月，4 号支洞施工安排在第一年 10 月至第四年 8 月下旬共 34.7 个月。

TBM 工作面安排在第三年 12 月初至第七年 9 月中旬施工，历时 45.4 个月。其中，TBM 组装洞施工历时 6 个月；TBM 设备组装调试历时 2 个月；TBM 掘进施工历时 34.4 个月；TBM 拆卸洞施工历时 2 个月；TBM 拆卸历时 1 个月。

岭北 TBM 工区：5 号支洞施工安排在第一年 10 月至第四年 12 月共 38.1 个月，6 号支洞施工安排在第一年 10 月至第三年 2 月中旬共 16.6 个月，TBM 施工安排在第三年 2 月中旬至第七年 11 月初施工，历时 56.7 个月。其中，TBM 组装施工历时 6 个月；TBM 设备组装调试历时 2 个月；TBM 掘进施工历时 47.7 个月；TBM 拆卸历时 1 个月。

（3）工程完建期。工程完建期为 2 个月，主要进行 TBM 拆卸及整个工程的扫尾工作，并通水试运行、工程竣工验收。

（4）施工关键线路。秦岭输水隧洞施工控制段为岭北 TBM 工区。其施工关键线路如下：

该工程控制工期项目为 6 号施工支洞向上游岭北 TBM 施工段落，关键线路为 6 号施工支洞进口明挖→6 号施工支洞洞挖→6 号施工支洞上游工作面 TBM 组装洞室洞挖→6 号施工支洞上游工作面 TBM 组装调试→6 号施工支洞上游工作面 TBM 掘进→6 号施工支洞上游工作面主洞衬砌及灌浆→TBM 拆卸→通水试运行及验收。

6.2.2 工期衔接

引汉济渭工程为系统性工程，工程工期安排围绕通水发挥工程效益，同时考虑各分项工程互相影响。主要控制因素如下。

6.2.2.1 三河口水利枢纽下闸因素

（1）椒溪河支洞施工问题。秦岭隧洞椒溪河支洞位于三河口水利枢纽工程库区，其他支洞均不受三河口水利枢纽下闸影响。椒溪河支洞设防水位 565.88m，进口高程 575.45m，而三河口下闸后度汛标准为 100 年一遇洪水，相应水位为 597.50m，高于椒溪河支洞进口高程。如果椒溪河支洞不具备封堵条件，则三河口水利枢纽蓄水会导致河水进入秦岭隧洞，带来不可预计的损失。因此秦岭隧洞椒溪河支洞控制段工期安排需要考虑三河口水利枢纽下闸因素。

（2）黄金峡、三河口水利枢纽骨料供应。黄金峡水利枢纽混凝土粗骨料采用汉江天然砂砾料，根据试验确定有碱活性，前期设计阶段厂房结构混凝土粗骨料计划采用三河口水利枢纽柳木沟料场的人工骨料。三河口下闸后度汛标准为100年一遇洪水，相应水位为597.50m，高于料场终采高程，且2号施工桥及相应的交通工程亦低于度汛水位，存在工期衔接问题。

6.2.2.2 秦岭隧洞整体完工因素

由于秦岭隧洞越岭段工期为控制性工期，秦岭隧洞黄三段、黄金峡水利枢纽、三河口水利枢纽提前完工无法产生供水效益，而且会造成前期投资过大的问题。因此秦岭隧洞黄三段和黄金峡水利枢纽开工时间需考虑秦岭隧洞整体完工因素。

6.2.2.3 工期衔接

根据以上分析秦岭隧洞椒溪河支洞开工时间不迟于第二年12月，前期设计阶段为避免地下工程施工的工期风险，安排于第一年3月开工。黄金峡水利枢纽开工日期根据秦岭隧洞完工时间结合施工导截流确定不迟于第三年9月开工。秦岭隧洞黄三段开工时间根据秦岭隧洞越岭段完工时间确定不迟于第二年9月开工。三河口水利枢纽工程开工日期根据秦岭隧洞完工时间结合施工导截流安排确定不迟于第二年9月开工。黄金峡水利枢纽需要由三河口水利枢纽柳木沟料场提供的混凝土粗骨料需要于下闸前提前储存。

6.3 三河口水利枢纽施工方案研究

6.3.1 三河口水利枢纽施工导流方案研究

引汉济渭三河口水利枢纽于2010年进行可行性研究设计，2012年进行初步设计，导流方案研究经历了可行性研究阶段的枯水期围堰挡水、导流洞过流方案到初步设计阶段的全年围堰挡水、导流洞过流的导流方案演变。

6.3.1.1 设计条件

1. 水文条件

三河口水利枢纽坝址以上控制流域面积2186km^2，占子午河全流域的72.6%，多年平均降水量891mm。子午河的径流主要由降雨形成，具有年际变化较大，年内分配不均的特点。丰水期7—10月4个月径流量占年径流量的68.6%，枯水期11月至3月5个月径流量仅占年径流的11.7%。子午河的洪水是由暴雨形成的，洪水具有峰高、量大的特点，一次洪水过程一般为4～6天。坝址处全年及分期洪水流量见表6.3-1。

表6.3-1 坝址处全年及分期洪水流量表

分期	不同洪水频率下的洪水流量/（m^3/s）				
	1%	2%	5%	10%	20%
11月至次年5月	1170	971	695	580	414
全年	5240	4410	3340	2550	1790

2. 地形地貌

三河口水利枢纽位于子午河中游的椒溪河、蒲河、汶水河三河交汇处下游的中低山峡谷区，地势北高南低，高程 $500 \sim 1300\text{m}$。河谷呈不对称的 U 形发育，谷底宽度 $50 \sim 100\text{m}$，凹岸边坡陡峻，基岩裸露，凸岸下部边坡平缓，河流发育有不连续的一至四级堆积基座阶地。阶地堆积物具二元结构，上部壤土，下部砂卵（砾）石。一级阶地前缘高出河床 $3.0 \sim 15.0\text{m}$，阶面宽度 $18 \sim 80\text{m}$，阶地堆积物厚 $3 \sim 10\text{m}$；二级阶地前缘高出河床 $20 \sim 40\text{m}$，阶面宽度 $20 \sim 70\text{m}$，阶地堆积物厚 $3 \sim 8\text{m}$；三级阶地前缘高出河床 $60 \sim 90\text{m}$，阶面宽度 $10 \sim 20\text{m}$，阶地堆积物厚 $3 \sim 10\text{m}$；四级阶地前缘高出河床 $95 \sim 110\text{m}$，阶面宽度 $35 \sim 80\text{m}$，阶地堆积物厚 $2 \sim 10\text{m}$。河谷两岸植被良好，缓坡地带及坡脚有坡崩积的壤土夹碎石覆盖，层厚小于 10m。

3. 工程地质

（1）围堰工程地质。上游围堰区域两岸山体雄厚，基岩裸露，左岸边坡自然坡角 $26° \sim 35°$，右岸边坡自然坡角 $35° \sim 50°$，河床河漫滩宽约 79m。河床覆盖厚一般为 $4 \sim 9\text{m}$ 的冲积堆积砂卵石层，左岸坡脚表面分布有薄层崩坡积碎石土，厚度 $1.5 \sim 3.0\text{m}$，结构松散。下伏基岩为大理岩及变质砂岩。强风化垂直厚度河床一般为 $1 \sim 3.5\text{m}$，左岸 $7 \sim 11.5\text{m}$，右岸 $8 \sim 12.5\text{m}$；弱风化带垂直厚度河床一般为 $9 \sim 1\text{m}$，左岸 $13 \sim 18\text{m}$，右岸 $17 \sim 22\text{m}$。构造不发育，主要以裂隙为主，在围堰轴线下游约 30m 处发育 f_{43} 断层，为横跨河谷高倾角断层，破碎带宽度 $0.8 \sim 1.5\text{m}$，影响带宽度 $3 \sim 8\text{m}$；右岸轴线上游约 45m 发育断层 f_{42}，破碎带宽度 $0.2 \sim 0.4\text{m}$，影响带宽度 $0.5 \sim 1\text{m}$。上述断层规模较小，距围堰较远，影响较小。

（2）导流洞工程地质。导流洞位于右岸基岩斜坡坡脚上，埋深 $3 \sim 82\text{m}$，沿线出露地层为志留系下统梅子垭岩组变质砂岩段：以结晶灰岩及变质砂岩为主，局部夹有石英脉及花岗伟晶岩脉。洞身段大多位于弱～微风化岩体中，岩体完整性较好，岩层产状走向 $310° \sim 330°$，$SW \sim NE \angle 45° \sim 67°$，在桩号 $0+498$ 处为背斜轴部，受其影响，局部岩体相对破碎，但对洞室稳定影响不大。导流洞工程地质分段及评价见表 6.3 - 2。洞身段大多位于地下水位以下，地下水分布主要受裂隙及断层控制，表现为基岩裂隙水，从裂隙中滴水或串珠状、线状流水，导流洞内涌水量为 $10 \sim 20\text{m}^3/\text{d}$。

表 6.3 - 2　　　　　　　　　　导流洞工程地质分段及评价表

地质桩号	工 程 地 质 特 征	围岩类别	围岩稳定程度
$0+020.3 \sim$ $0+071.2$	进口段：上覆人工堆积及崩坡积碎、块石及冲积卵石，下伏大理岩及变质砂岩，强风化岩体 $f_a=0.5\text{MPa}$，弱风化岩体 $f_a=3.0\text{MPa}$。进口自然坡角 $45° \sim 60°$，裂隙、断层的组合对边坡稳定无影响，天然边坡基本稳定，仅局部存在塌落掉块		
$0+071.2 \sim$ $0+120$	洞室围岩为变质砂岩夹大理岩，岩层单层厚度 $10 \sim 30\text{cm}$，弱风化，岩体较完整，裂隙较发育，多闭合。岩层走向与洞线方向夹角 $71°$，洞室位于地下水位以下，洞顶以上围岩垂直厚度 $11.6 \sim 40.1\text{m}$。洞室围岩属局部稳定性差的 Ⅲ 类围岩，开挖后有小范围坍塌，侧壁较稳定，建议 $f=3$；$k_0=10\text{MPa/cm}$，$\beta_e=0.35$。在水平距离 $0+110.7$ 处发育 f_{42} 逆断层，产状为 $60° \angle 55°$，规模较小，断层破碎带围岩为极不稳定的 Ⅴ 类岩体。建议 $f=0.4$，$k_0=0.8\text{MPa/cm}$，$\beta_e=0.8$	Ⅲ	局部稳定性差

续表

地质桩号	工程地质特征	围岩类别	围岩稳定程度
0+120～0+150	洞室围岩为变质砂岩夹大理岩，岩层单层厚度10～30cm，微风化，岩体完整，裂隙不发育，多闭合。岩层走向与洞线方向夹角大于60°，洞室位于地下水位以下，洞顶以上围岩垂直厚度40.1～57.4m。洞室围岩属基本稳定的Ⅱ类围岩，建议$f=5$，$k_0=18MPa/cm$，$\beta_e=0.2$	Ⅱ	基本稳定
0+150～0+267.9	洞室围岩为变质砂岩夹大理岩，岩层单层厚度10～30cm，弱风化，岩体较完整，裂隙较发育，多闭合。岩层走向与洞线方向夹角大于60°，洞室位于地下水位以下，洞顶以上围岩垂直厚度41.3～78.2m。洞室围岩属基本稳定的Ⅱ类围岩，建议$f=5$，$k_0=18MPa/cm$，$\beta_e=0.2$。在水平距离0+228.1处发育f_{43}逆断层，产状为45°～60°∠67°～77°，断层带宽度0.8～1.5m，影响带宽度5～8m，断层破碎带为极不稳定的Ⅴ类围岩。建议$f=0.4$，$k_0=0.8MPa/cm$，$\beta_e=0.8$	Ⅱ	基本稳定
0+262.9～0+335.4	洞室围岩为结晶灰岩、大理岩及变质砂岩，夹薄层伟晶岩脉，层厚10～30cm，微风化，岩体较完整，裂隙不发育，多呈闭合状，洞室位于地下水位以下。主要发育四组裂隙，产状分别为：①走向310°～330°，倾向NE或SW，倾角60°～85°；②走向350°～0°，倾向NE或SW，倾角36°～60°；③走向0°～20°，倾向NW或SE，倾角50°～80°；④走向30°～70°，倾向NW或SE，倾角35°～77°，裂隙宽1～5mm，充钙质及岩屑，裂面较平直，延伸小于5m。发育2条逆断层f_3：300°∠52°，f_5：225°∠65°，破碎带宽度10～30cm，充填糜棱岩及断层泥，断面光滑，延伸长度大于10m。洞室围岩属基本稳定的Ⅱ类围岩，建议$f=5$，$k_0=18MPa/cm$，$\beta_e=0.2$	Ⅱ	基本稳定
0+335.4～0+346.9	断层破碎带：发育一条规模较大的断层f_{44}，233°∠70°～86°，断层带宽度3.6m；影响带宽度6～8m，基础部分最大宽度11.5m。夹断层泥及糜棱岩，围岩属极不稳定Ⅴ类。建议$f=0.4$，$k_0=0.8MPa/cm$，$\beta_e=0.8$	Ⅴ	极不稳定
0+346.9～0+419.9	洞室围岩为结晶灰岩，夹薄层伟晶岩脉，微风化，洞室位于地下水位以下，主要发育四组裂隙，产状分别为：①走向310°～320°，倾向NE或SW，倾角55°～82°；②走向330°～340°，倾向NE或SW，倾角60°～85°；③走向0°～10°，倾向NW或SE，倾角70°～85°；④走向80°～90°，倾向NW或SE，倾角50°～75°，裂隙宽1～3mm，大多闭合或充钙质及岩屑，裂面较平直，延伸小于5m。发育2条逆断层，产状为：f_7：113°∠76°，f_{25}：111°∠80°，破碎带宽度10～20cm，充填糜棱岩及断层泥，断面光滑，延伸长度大于10m。洞室围岩属基本稳定的Ⅱ类围岩。$f=5$，$k_0=18MPa/cm$，$\beta_e=0.2$	Ⅱ	基本稳定
0+419.9～0+496.4	洞室围岩岩性为结晶灰岩，微风化，岩体较完整，裂隙不甚发育，大多呈闭合状。岩体呈中厚层状，岩层走向与洞线方向夹角大于65°，洞顶以上围岩厚度44.5～61.3m。洞室位于地下水位以下。主要发育四组裂隙，产状分别为：①走向270°～290°，倾向NE或SW，倾角47°～85°；②走向300°～310°，倾向NE或SW，倾角56°～81°；③走向340°～350°，倾向NE或SW，倾角27°～84°；④走向10°～20°，倾向NW或SE，倾角25°～81°，裂隙宽1～2mm，大多闭合或充钙质，裂面较平直，延伸小于10m。本段共发育7条逆断层及一条平移断层，破碎带宽度小于0.5m，充填糜棱岩及断层泥，断面光滑，延伸长度大于5m。受其影响岩体较破碎，围岩局部稳定性差。洞室围岩属局部不稳定的Ⅲ类。$f=3$，$k_0=10MPa/cm$，$\beta_e=0.35$	Ⅲ	局部稳定性差

地质桩号	工 程 地 质 特 征	围岩类别	围岩稳定程度
0+496.4～0+624.9	洞室围岩岩性为结晶岩夹灰变质砂岩，微风化，岩体较破碎，裂隙不甚发育，大多呈闭合状。呈中厚层状，岩层走向与洞线方向夹角大于 65°，洞顶以上围岩厚度 44.5～61.3m。洞室位于地下水位以下。洞室稳定。主要发育四组裂隙，产状分别为：①走向 270°～290°，倾向 NE 或 SW，倾角 47°～85°；②走向 300°～310°，倾向 NE 或 SW，倾角 56°～81°；③走向 340°～350°，倾向 NE 或 SW，倾角 27°～84°；④走向 10°～20°，倾向 NW 或 SE，倾角 25°～81°，裂隙宽 1～2mm，大多闭合或充钙质，裂面较平直，延伸小于 10m。0+253.5～0+292.3 发育一小背斜，岩性为变质砂岩与结晶灰岩互层，微风化～新鲜。本段共发育 7 条逆断层，破碎带宽度小于 0.5m，充填糜棱岩及断层泥，断面光滑，延伸长度大于 5m。受其影响岩体较破碎，围岩局部稳定性差。洞室围岩属局部不稳定的 Ⅲ 类。$f=3$，$k_0=10MPa/cm$，$\beta_e=0.35$	Ⅲ	局部稳定性差
0+624.9～0+667.5	洞室围岩岩性以结晶灰岩为主，局部夹有伟晶岩脉及薄层变质砂岩，弱～微风化，岩体较完整，裂隙较发育。岩层走向与洞线方向夹角大于 65°，洞顶以上围岩厚度 20.0～44.5m。洞室位于地下水位以下，围岩不稳定。主要发育四组裂隙，产状分别为：①走向 270°～290°，倾向 NE 或 SW，倾角 35°～80°；②走向 300°～320°，倾向 NE 或 SW，倾角 25°～85°；③走向 30°～50°，倾向 NE 或 SW，倾角 35°～75°；④走向 70°～90°，倾向 NW 或 SE，倾角 39°～85°，裂隙宽 1～5mm，充填钙质及岩粉，裂面较平直，延伸小于 10m。共发育 1 条逆断层及 2 条平移断层，破碎带宽度小于 0.5m，充填糜棱岩及断层泥，断面光滑，延伸长度大于 5m。受其影响岩体较破碎，洞室围岩不稳定。洞室围岩属局部不稳定的 Ⅲ 类。$f=3$，$k_0=10MPa/cm$，$\beta_e=0.35$	Ⅲ	局部稳定性差
0+667.5～0+679.6	洞室围岩岩性以结晶灰岩为主，夹有伟晶岩脉，弱风化，岩体较破碎，裂隙较发育。岩层走向与洞线方向夹角大于 65°，洞顶以上围岩厚度 5.0～9.6m。洞室位于地下水位以下。该段发育 f_6 逆断层，破碎带宽度小于 0.5m，充填岩屑，断面光滑，延伸长度大于 5m。受其影响岩体较破碎，洞室围岩不稳定。洞室围岩属极不稳定的 Ⅴ 类，建议 $f=0.5$，$k_0=1MPa/cm$	Ⅴ	极不稳定
0+679.5～0+708.7	出口明渠段：表层为崩坡积碎石夹壤土、人工堆积碎块石及冲积卵石，厚度 1～6m，下伏基岩为结晶灰岩，夹石英岩脉，中厚层状，裂隙发育，强风化厚 3～6m	—	—

4. 枢纽布置

三河口水利枢纽工程等别为 Ⅱ 等，工程规模为大（2）型，水库大坝按 1 级建筑物设计、泄洪建筑物为 2 级，次要建筑物放水洞（管）为 3 级，临时建筑物为 4 级。

可行性研究阶段推荐坝址为上坝址，采用单心圆等厚度碾压混凝土双曲拱坝，坝顶高程 646.00m，坝基置于微风化基岩上部，坝基最低高程 501.00m，最大坝高 145.0m。碾压混凝土拱坝泄洪建筑物为坝顶中部的开敞式溢流堰和底部的 2 孔泄洪放空底孔。顶部溢流堰设 3 孔开敞式泄洪闸，每孔净宽 15m，总宽 45m。放空底孔进口底板高程 550.00m，水平布置，出口断面为 4m×5m 的方形，在坝体上游面设一检修平门，坝体下游面设一工作弧门，其后接出口明流段。消力塘宽 70m、长 200m，采用 C20 钢筋混凝土浇筑，底板厚度 4m。

坝后电站装机容量为 45MW，设计最大引水（送入秦岭输水隧洞）流量 70m³/s，满足下游生态需要的放水设计流量 2.71m³/s。电站厂房紧邻大坝下游侧右岸边坡上，纵向垂直于河道布置，进水口位于坝体上。主要建筑物包括：主厂房（含安装间、主机间、副厂房、GIS室）、尾水建筑物、变压器室、开关厂以及进厂公路。泵站共安装4台立式离心水泵电动机组，单台机组设计流量5m³/s，配套电机功率6.3MW，泵站总装机功率25.2MW。泵站厂房垂直于河道布置在坝后消力池右岸，位于电站下游侧，从上游至下游依次布置电站副厂房、电站主厂房、泵站进水池（兼作电站尾水池）、泵站主厂房及副厂房。泵站由控制闸经长332.5m的连接洞引水侧向接入泵站进水池。进水池长45.5m，宽31.6m。泵站进水侧布置4孔进水检修闸，配套单向门机1台，在靠近消力池侧设泄水冲沙闸门1扇，配液压启闭机，在冲沙闸旁设置宽20m的溢流堰，堰顶高程548.10m，作为三河口泵站事故情况下的安全泄水设施，泄流冲砂及溢流直接泄入大坝后消力池。

6.3.1.2 导流设计

1. 导流方案选择

三河口水利枢纽大坝为碾压混凝土拱坝，坝址处河谷呈V形，两岸山体雄厚，覆盖层薄，岩石完整坚硬，具备成洞的自然条件。在选择导流方式时，进行了隧洞导流和分期导流的比较。

一次拦断河床隧洞导流方式具有导流程序简单、基坑施工干扰小的优点。缺点是导流洞投资大，上游围堰高度大，填筑工程量大。

分期导流方案先围右岸底孔坝段，填筑全年挡水围堰，左岸河床过流。当坝体浇筑过底孔后，填筑二期围堰，由底孔过流，进行左岸混凝土施工。该方案的优点是不用修导流洞、投资小，缺点是纵向围堰受河道狭窄的条件限制无法采用，需要采用混凝土纵向围堰。

根据以上分析，采用隧洞导流方式更符合工程实际。

2. 导流标准

根据《水利水电工程施工组织设计规范》（SL 303—2004）的规定，导流建筑物级别为4级，相应土石围堰导流标准为10～20年一遇洪水。子午河下游两河口水文站有1963—2011年实测洪水资料，水文资料系列较长；采用10年一遇洪水标准调洪后上游水位为567.11m，20年一遇洪水调洪后围堰上游水位为574.0m，20年一遇洪水围堰较10年一遇洪水围堰高6.89m，围堰工程量及投资相差较大，所以按10年一遇洪水考虑。

3. 洞径选择

针对隧洞导流方式，按10年一遇洪水进行了6m×8.4m、10m×14m、14m×19.6m洞径的导流洞方案比较。根据调洪结果分析上游水位分别为581.07m、563.31m、549.88m，相应的围堰高度分别为58.07m、40.31m、26.77m。导流建筑物直接投资分别为7176万元、6557万元和8737万元。导流洞经济洞径比较曲线图见图6.3-1。

由经济洞径曲线分析可知，导流洞断面由6m增加到10m，导流工程费用变化不大，洞径大于10m，导流工程费用随洞径增大呈较快增长趋势。根据经济洞径曲线，结合围堰工程规模，实际导流洞按8m×11m进行设计。

4. 导流流量选择

在可行性研究设计阶段针对10年一遇洪水进行了枯水期围堰和全年围堰比较。

枯水期围堰施工导流规划方案：第二年11月至第三年5月进行基坑开挖和坝体514m

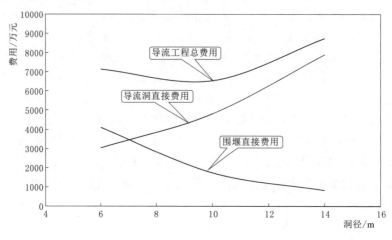

图 6.3-1 导流洞经济洞径比较曲线图

以下混凝土浇筑；第三年6月至第三年10月，大坝停工，基坑过水，汛后进行基坑清理；第三年11月至第四年5月，坝体挡水、导流洞过流，进行高程514.00～580.00m混凝土浇筑；第四年6月至第四年10月，坝体挡水、导流洞与底孔联合过流，进行高程580.00～595.00m混凝土浇筑；第四年11月至第五年5月，坝体挡水、导流洞过流，进行高程595.00～646.00m混凝土浇筑；第五年5月至第五年12月坝体挡水、导流洞过流，进行表孔常态混凝土浇筑和金属结构安装；第六年1月至第六年5月，坝体挡水、泄洪底孔过流，进行导流洞封堵。

全年围堰施工导流规划方案：第二年10月至第四年5月，由围堰挡水、导流洞过流，进行基坑开挖及高程602.00m以下混凝土浇筑；第四年6月至第四年9月进行高程602.00～617.00m混凝土浇筑，导流洞与泄洪底孔联合过流；第四年10月至第五年5月，坝体挡水、导流洞过流，进行高程604.00～646.00m混凝土浇筑及表孔混凝土浇筑；第五年6月至第五年9月，由坝体挡水、底孔过流，进行接缝灌浆和金属结构安装。

从表6.3-3可以看出，采用全年围堰方案投资较枯水期围堰方案多500万元，但是工期可缩短7个月、提前投产发电产生效益，而且基坑开挖及基础混凝土强度适中，工期容易保障。同时全年围堰可以避免枯水期围堰方案汛期坝体过水易产生表面裂缝的风险。因此，综合考虑施工进度、施工强度以及汛期影响等因素，采用10年一遇洪水作为导流标准。

表 6.3-3   导流方案综合比较表

方 案 编 号			枯水期围堰	全年围堰
导流方式			隧洞导流枯水期过水围堰	隧洞导流全年围堰
泄水及挡水建筑物	泄水建筑物	型式	导流洞	导流洞
		断面尺寸（宽×高）	8m×11.3m	8m×11.3m
		洞数	1	1
		长度/m	600	665
		工程量（石方洞挖/混凝土）/m³	77660/15740	84674/16955

方　案　编　号			枯水期围堰	全年围堰
泄水及挡水建筑物	围堰	型式	土石围堰	土石围堰
		上游、下游坡比	上游1:2.5，下游1:2	上游1:2.25，下游1:1.5
		最大高度（上游/下游）/m	18.6/6.0	42.8/6.0
		工程量（上游/下游）/m³	74000/7260	413000/4240
基坑清理费用/万元			329.9	
导流建筑物造价/万元			2667.5	3497.4
工期/月			61	54

5. 导流建筑物设计

导流建筑物包括导流隧洞和上游、下游围堰。

（1）导流隧洞。根据坝址区的河床地形，将导流洞布置在河道右岸。洞室围岩为变质砂岩、结晶灰岩、大理岩，局部夹有石英岩脉及伟晶岩脉。洞身围岩以Ⅱ类、Ⅲ类为主，占67%；进出口附近围岩为Ⅳ类、Ⅴ类，占33%。

导流洞长570m，进口高程531.40m，出口底板高程为526.00m，洞底设计比降0.009。洞身为城门洞型，尺寸8m×11m。Ⅳ类、Ⅴ类围岩洞段采用C25钢筋混凝土全断面衬砌，衬厚0.8m；Ⅱ类、Ⅲ类围岩段，由于度汛期间流速约24m/s，为了防止洞身汛期遭洪水破坏，洞身采用C25混凝土衬砌，边顶拱厚0.5m，底板厚0.6m。出口采用平底扩散消能。扩散段长度20m，由导流洞出口8m宽扩散至20m。为便于下闸封堵，在导流洞进口布置封堵塔，塔顶高程551.50m，塔长10m、宽15m。

（2）围堰。上游围堰采用土石围堰，堰顶高程569.00m，最大堰高42.8m，堰体主要由堆石、复合土工膜防渗体及上游护坡组成，围堰顶宽6.0m，上游边坡1:2.25，下游边坡为1:1.5。

下游围堰布置于导流洞出口与大坝之间，采用土石围堰，堰顶高程为532.00m，最大堰高6.5m，围堰顶宽4.0m，堰体下游边坡1:2.25，上游边坡为1:1.5。堰体主要由堆石和防渗土工膜、混凝土截渗墙组成，下游围堰基础采用混凝土截渗墙，混凝土截渗墙厚0.8m，墙深12m，深入基岩0.5m。

6. 截流设计与下闸蓄水

截流时段选在汛后的11月，截流标准为10年一遇月平均流量30.2m³/s，截流戗堤顶高程532.50m。根据坝址交通及地形条件，龙口位置选在左岸的主河槽处，采用自右向左单戗进占的立堵方式进行截流。经初步计算龙口最大落差约2.2m，最大流速约3.5m/s。截流采用开挖石渣，最大石渣粒径0.5m。

根据施工总进度安排，拟定于第五年1月导流洞下闸，水库蓄水。下闸流量为10年一遇1月日平均标准流量7.05m³/s。蓄水计划按各月份75%保证率的流量计算，蓄水至水库死水位558m，相应库容0.23亿m³，蓄水时间约80天。

6.3.1.3　小结

在三河口水利枢纽前期设计过程中，对施工导流进行经济洞径分析、对枯水期围堰和全年围堰两个方案的对比，选择10年一遇洪水作为洪水标准，全年围堰挡水，8m×11m 隧洞导流的方案，使工期缩短7个月，并保证了基坑施工强度的均衡性。

6.3.2　三河口水利枢纽施工总布置方案优化研究

6.3.2.1　施工布置特点及场地布置条件

三河口水利枢纽工程主要由碾压混凝土拱坝、坝身泄洪表孔、泄水底孔、供水系统以及导流洞等组成。枢纽建筑物中碾压混凝土拱坝规模较大，其他工程规模相对较小，施工总布置需要综合考虑料场、施工工厂设施、弃渣场及营地等因素，同时需要综合考虑项目标段划分、场地使用时段等。

工程区地处秦岭腹地，属高山峡谷地形，坝址附近河段比较平顺，河谷呈 V 形，两岸山体高峻，地形较陡，右岸有石佛公路通过，工程区河道狭窄，缺少较为宽阔的场地，临建设施因地制宜，分散布置。

6.3.2.2　布置原则

（1）根据"利于施工、安全可靠、方便生活、便于管理"的原则，统筹安排主体工程施工区、施工工厂区、生活区及施工道路的整体布局及分区布置规划。

（2）节省用地、少占耕地。尽量利用荒山、冲沟及坡地，力求布置紧凑。

（3）充分利用工程周边现有设施和加工修配企业能力，结合利用部分工程永久建筑设施。

（4）生产生活区布置符合国家颁布的有关环境保护和水土保持条例，遵守环境保护法规，减免对库坝区环境的影响及污染。

（5）各辅助设施及场内道路的布置应简洁、合理、避免重复运输，以减少能源、材料消耗。

（6）考虑工程投资和可利用场地条件，压缩非生产人员，减少工地人数，压缩辅助企业用地。

6.3.2.3　布置规划

1. 施工总体布置

在进行施工总体布置时根据枢纽布置、料场选择重点研究了枢纽区混凝土系统布置、营地布置及砂石料加工系统的场地选择。

2. 混凝土生产系统布置

可行性研究阶段混凝土拌和系统集中布置于下游桥附近场地，碾压混凝土及常态混凝土均由该系统供应。该方案优点为混凝土生产系统布置集中、占地面积小，缺点是550m以上混凝土运输需要运至左岸坝肩溜槽进料口，不利于节能。

在初步设计阶段结合料场规划及场地条件设两处拌和系统。

枢纽下游永久交通桥布置低高程混凝土拌和系统满足供水系统及高程 550.00m 以下混凝土供应。低位系统所生产的混凝土生产能力为 390m³/h，配置 HL240 型混凝土拌和楼 2 座，HZS240 拌和站 2 座，拌和系统理论生产能力 960m³/h。系统内由下至上共设有高程为 580.00m、570.00m、560.00m 和 538.00m 等平台。搅拌楼、拌和站布置在高程 538.00m；拌和站骨料仓布置在高程 570.00m 及 560.00m 平台；水泥、粉煤灰罐布置在高程538.00m；成品料堆布置在高程580.00m。

枢纽上游0.9km处布置柳树沟高位混凝土拌和系统满足高程550.00m以上坝体混凝土供应。高位拌和系统生产能力为332m³/h，配置HL240型混凝土搅拌楼2座，HZS240型拌和站1座，柳树沟混凝土系统理论生产能力720m³/h。混凝土出料高程638.00m，系统内由上至下共设有高程为643.00m、638.00m、和633.00m等平台。搅拌楼布置在高程633.00m；水泥、粉煤灰罐布置在高程638.00m；外加剂车间布置在高程633.00m；成品料堆布置在高程643.00m。

3. 砂石加工系统规划

砂石加工系统设计生产能力650t/h，需要最小占地面积约3.3万m²。在设计过程中考虑了八字台场地及黄泥包场地两个布置方案。

八字台场地主要利用坝肩开挖弃渣和导流洞开挖弃渣堆填而成。该场地具有场地开阔，利于砂石加工系统布置的优点，但是毛料运距远，导致骨料单价略高。该砂石加工系统由毛料受料仓，破碎车间，筛分楼，成品料堆，胶带机运输系统等组成。

黄泥包场地位于柳木沟料场下游800m，该位置地形较缓，相对开阔。进行砂石加工系统布置时可利用地形条件分台阶布置粗碎、中细碎车间及成品料堆，系统地面高程586.00m至610.00m。粗碎车间、中细碎车间、第一筛分车间、第二筛分车间布置高程610.00m，制砂车间布置高程600.00m。成品料仓共设5个料仓，其中粗骨料仓3个、砂仓2个，均布置于高程586.00m。

综合场地布置条件、砂石料加工场地最终选择采用黄泥包场地布置砂石加工系统。

4. 施工营地规划

该工程施工高峰期人数为2500人，规划生产生活区建筑面积24000m²。在设计过程中施工生活区研究了集中布置于枢纽下游左岸瓦房坪和在枢纽下游左岸枫筒沟、枢纽上游石墩河分区布置的方案。

瓦房坪营地位于枢纽下游2km子午河左岸，场地相对开阔、坡度较缓，可以满足营地集中布置的需要；但是营地处在柜子岩滑坡的中上部。柜子岩滑坡体总方量约460万m³，属大型基岩滑坡，该滑坡天然状况稳定，饱和状态不稳定。

枫筒沟营地位于枢纽下游左岸1km的枫筒沟，场地为利用弃渣形成的场坪。地形相对开阔，但是需要考虑营地防洪。

柳树沟营地位于枢纽上游左岸1km的柳树沟，可用地块相对平缓，可利用面积小。

石墩河营地位于坝址上游约12km的石墩河镇，场地平坦开阔；距离料场和砂石加工系统距离较近。

根据以上场地条件、水工建筑物布置和施工总布置等综合考虑，虽然在瓦房坪集中布置施工营地场平工程量小、便于管理，但是营地位于滑坡体中上部、有一定安全风险。营地分散布置于枫筒沟、柳树沟和石墩河，虽然管理不便，但是各营地距相应生产区较近。

综合考虑场地安全、场地布置条件及管理，营地分别布置于枫筒沟、柳树沟和石墩河。

5. 弃渣场规划

该工程土石方开挖共计411.27万m³（自然方），弃渣量为233.93万m³（自然方），折合松方为 314.49 万 m³。

根据工程所在区域的地形条件和弃渣规划原则，该工程共设置 2 个弃渣场。大坝上游西湾弃渣场和大坝下游蒲家沟弃渣场。上游西湾弃渣场位于坝址上游蒲河右岸，距坝址约 4.5km，渣场面积约 20.05 万 m²，堆存大坝岸坡岩石、料场剥离料、导流洞开挖料及临时道路开挖料，堆存量约 208.58 万 m³（松方）。下游蒲家沟弃渣场位于坝址下游右岸蒲家沟内，距坝址约 2.3km，渣场面积约 6.1 万 m²，该渣场堆存除大坝河床及部分岸坡岩石、引水系统及基坑清理的开挖料，堆存量约 105.91 万 m³（松方）。

6.3.2.4　小结

三河口水利枢纽总体布置规划分别经过可行性研究阶段《前期准备工程总体规划报告》《三河口水利枢纽前期准备工程（二）初步设计》等多次审查，得到水利水电规划总院、陕西省水利厅、陕西省引汉济渭办以及水电十五局、水电三局相关专家的帮助和支持，使目前的施工总体布置更加合理。

6.3.3　三河口水利枢纽混凝土骨料选择研究

砂石骨料为混凝土最主要的原材料，一般分为天然砂石料和人工骨料。料场的选择与规划对工程的投资、顺利建设均起制约性作用，而料场选择的因素很多，要考虑料源的运距、交通运输条件、天然料场的级配、人工料场的覆盖层厚度、可加工性、碱活性等因素。在三河口水利枢纽设计过程中详细地进行了天然骨料和人工骨料的比选，最终确定柳木沟人工料场。

6.3.3.1　混凝土工程量及骨料需要量

1. 混凝土工程量

三河口水利枢纽为碾压混凝土坝，混凝土用量 135.16 万 m³，分项统计见表 6.3 - 4。

表 6.3 - 4　　　　　　　　　　混凝土工程量统计表

工程部位	工程量/万 m³	工程部位	工程量/万 m³
大坝	128.61	临时工程	3.65
供水系统	2.90	合计	135.16

该工程大坝混凝土以三级配混凝土为主，消力塘及供水系统以二级配混凝土为主。各级配混凝土用量见表 6.3 - 5。

表 6.3 - 5　　　　　　　　　　各级配混凝土用量表

混凝土级配	混凝土量/万 m³	占百分比/%	混凝土级配	混凝土量/万 m³	占百分比/%
碾压三级配	76.29	56	一级配	2.20	2
碾压二级配	17.99	13	合计	135.16	100
常态二级配	38.68	29			

2. 工程需要混凝土级配及数量

该工程大坝混凝土以三级配混凝土为主，消力塘及供水系统以二级配混凝土为主。统计的各级配砂石骨料用量见表 6.3 - 6，大石、中石、小石及砂的用量比例分别为 0.11、

0.28、0.25、0.35。

表 6.3-6   混凝土成品骨料用量表

混凝土品种	成品骨料数量/万 t	粗骨料配合比及数量			砂率及数量
		$D=80\sim40mm$	$D=40\sim20mm$	$D=20\sim5mm$	
碾压三级配	167.84	30%	40%	30%	34%
		33.23 万 t	44.32 万 t	33.23 万 t	57.06 万 t
碾压二级配	39.58		50%	50%	38%
			12.27 万 t	12.27 万 t	15.04 万 t
常态二级配	85.10		50%	50%	33%
			28.51 万 t	28.51 万 t	28.08 万 t
常态一级配	4.84			100%	50%
				2.42 万 t	2.42 万 t
所需骨料总量	297.36	33.23 万 t	85.10 万 t	76.43 万 t	102.60 万 t

注   每立方米混凝土按需混凝土粗细骨料2.2t计。

6.3.3.2 三河口水利枢纽料场概况

该工程前期设计过程中共勘察了6个天然砂砾料场、5个人工料场。其中可行性研究阶段重点以天然砂砾料为重点，初步设计阶段以人工骨料为重点。

1. 天然砂砾场

6个砂砾石料场分别位于蒲河、椒溪河及子午河河漫滩；主要由第四系全新统近期冲积（Q_4^{2al}）的漂石、卵石、砾石和砂组成。

I_1号料场位于坝区上游八子台村附近的蒲河的河漫滩，为洪积堆积，滩面高程为554.00~535.00m，距坝区5.0km左右。砂砾石层中砂的含量约21.26%，卵石、砾石含量78.74%；料场地下水位埋深0.5~2.5m。卵、砾石主要成分为结晶灰岩、变质砂岩及花岗岩等，卵砾石多呈次圆状，分选性较差，最大粒径可达1.0m。

I_2号料场选在古庙岭村附近椒溪河的河漫滩，料场滩面高程为595.00~574.00m，距离坝区8.0~11.0km。砂砾石层中砂的含量约26.07%，卵石、砾石含量约73.93%。地下水位埋深0.5~2.0m。卵、砾石主要成分为结晶灰岩、变质砂岩及大理岩等，卵砾石磨圆度较好，呈亚圆状，分选性一般，最大粒径可达0.8m。

I_3号料场选在八亩田村附近椒溪河的河漫滩，为洪积堆积，料场滩面高程为560.00~543.00m，距离坝区5.0~7.0km。砂砾石层中砂的含量约24.61%，卵石、砾石含量约75.39%。地下水位埋深0.5~3.5m。卵石、砾石主要成分为结晶灰岩、变质砂岩、花岗岩及大理岩等，卵砾石磨圆度较好，呈亚圆状，分选性一般，最大粒径可达0.9~1.0m。

I_4号料场选在三河口村附近椒溪河与蒲河的交汇地带的河漫滩，料场滩面高程为543.00~530.00m，距离坝区4.50km左右。砂的含量约21.68%，卵石、砾石含量约78.32%。地下水位埋深0.5~1.9m。卵石、砾石主要成分为结晶灰岩、变质砂岩、大理岩及花岗岩等，卵砾石磨圆度较好，呈亚圆状，分选性一般，最大粒径可达1.0m。

I₅号料场选在坝址下游艾心村附近子午河河漫滩，料场滩面高程为 505.00～489.00m，距离坝址约 10.0km。砂的含量约 26.11%，卵石、砾石含量约 73.89%。地下水位埋深 0.5～1.2m。卵石、砾石主要成分为结晶灰岩、变质砂岩、硅质岩及花岗岩等，卵砾石磨圆度一般，呈次圆状，分选性一般，最大粒径可达 0.8～1.0m。

I₆号料场选在坝址上游回龙寺村附近蒲河河漫滩，料场滩面高程为 662.00～638.00m，距离坝址约 15.0km，运距较远，推荐为备用料场。砂的含量约 14.08%，卵石、砾石含量约 85.92%。地下水位埋深 0.5～1.2m。卵石、砾石主要成分为结晶灰岩、变质砂岩及花岗岩等，磨圆度一般，呈次圆状，分选性较差，最大粒径可达 1.5m。

各料场总的特点是：地下水位以上厚度一般 0.5～3.0m，地下水位以下厚度均大于 5.0m，汛期料场大部分被洪水淹没；单块面积小，河谷狭窄，储量较少，位置较分散。各料场均有简易公路相连，开采运输较为方便。6个料场砂的级配曲线见图 6.3-2，从砂料颗分级配曲线可以看出 I₁号、I₂号、I₃号、I₅号料场的砂为中细砂，I₄号料场的砂为中砂，I₆号料场的砂为中粗砂，符合混凝土细骨料要求。混凝土细骨料（砂）I₁号、I₂号、I₃号、I₄号、I₅号、I₆号料场筛分砂料含泥量和孔隙率偏大、堆积密度偏小，其他各项技术指标符合《水利水电工程天然建筑材料勘察规程》（SL 251—2000）对混凝土细骨料的质量要求，筛分砂作为混凝土细骨料使用时应进行洗泥。混凝土粗骨料（砾石）I₁号、I₂号、I₃号、I₄号、I₅号、I₆号料场筛分砂砾石孔隙率及含泥量偏大、细度模数偏小，其余各项技术质量指标基本符合 SL 251—2000 对混凝土粗骨料的质量要求。

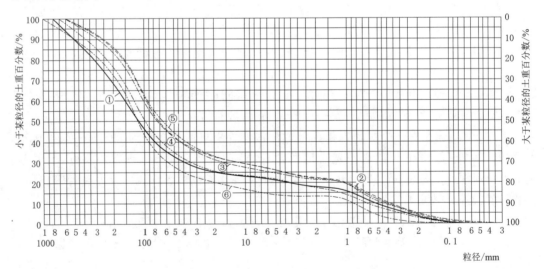

图 6.3-2　砂砾石料场砂料颗分级配曲线

①—I₁号料场；②—I₂号料场；③—I₃号料场；④—I₄号料场；⑤—I₅号料场；⑥—I₆号料场

2011 年 6 月 19—20 日，召开引汉济渭三河口水利枢纽工程施工组织设计专题论证会，鉴于坝址区附近天然骨料分布比较分散（主要分布在坝区上下游狭长的河道上）、超粒径含量偏高、各料场砂砾级配平衡度差、主要在水下开采等不利条件，提出三河口碾压混凝土坝的骨料宜采用以人工骨料为主。根据专家意见，陕西省水利电力勘测设计研究院勘察分院针对人工骨料进行了进一步的地质勘察工作。

2. 人工料场

三个人工料场分别为二郎砭Ⅱ₃号人工骨料场、柳树沟Ⅱ₅号人工骨料场、柳木沟Ⅱ₆号人工骨料场。

二郎砭Ⅱ₃号人工骨料场：位于坝址下游左岸的鸡公寨山梁上，距坝址直线距离2.0km左右。该料场分布高程950.00～1220.00m，高于河床430～730m，属基岩斜坡，山体地形较陡，露岩性为奥陶系～志留系斑鸠关组［(O～S)b］硅质板岩及石英岩。

柳树沟Ⅱ₅号人工骨料场：位于左坝肩上游冲沟柳树沟左岸，距离坝址直线距离230～690m，料场分布高程650.00～850.00m，出露岩性为变质砂岩及结晶灰岩，局部夹有大理岩，岩性相变较大。

柳木沟Ⅱ₆号人工骨料场：位于坝址上游黄泥包附近的左岸山梁上，距坝址约9.0km，分布高程580.00～800.00m，地形较陡，山体高度大于200m，料场基岩裸露，山体雄厚，料场储量较大。出露岩性为印支期混合花岗岩，以石英、斜长石为主，内含有肉红色的钾长石斑晶及黑云母等暗色矿物，夹有薄层条带状石英岩脉，中粗粒结构，块状构造，致密坚硬；料场局部夹有少量变质砂岩，硬度较大，单层厚度0.4～0.8m，岩性变化较大。

3. 骨料的碱活性研究

陕西省水利电力勘测设计研究院研究了骨料的碱活性，分别委托中国水电顾问集团西北勘测设计研究院检验测试中心和西安建筑科技大学建筑工程材料检验中心进行了碱活性试验及抑制试验。

(1) 碱活性试验。Ⅰ₁号、Ⅰ₂号、Ⅰ₃号、Ⅰ₄号天然砂砾料场根据西安建筑科技大学建筑工程材料检验中心测试成果，砂砾石无碱活性物质。Ⅰ₅号、Ⅰ₆号天然骨料砂浆试件14天膨胀率在0.1%～0.2%，28天膨胀率相对14天增加了1倍以上，而且超过0.2%，认为其含有一定的活性成分。

二郎砭Ⅱ₃号人工骨料砂浆试件14天膨胀率均大于0.2%，为具有潜在碱-硅酸反应的活性骨料。柳树沟Ⅱ₅号骨料场变质砂岩砂浆试件14天膨胀率为0.1%～0.2%，试件观测时间延至28天后的测试结果膨胀率较大为0.280%，为具有潜在碱-硅酸反应的活性骨料。柳木沟Ⅱ₆号骨料场花岗岩砂浆试件14天膨胀率均小于0.1%，为非活性骨料。

(2) 碱活性抑制试验。按《水工混凝土耐久性技术规范》（DL/T 5241—2010）对抑制措施有效性的评定办法，当掺合料在某掺量下使28天龄期试件的膨胀率小于0.10%时，认为抑制有效。根据检测结果推测，要满足抑制要求，二郎砭人工骨料需要掺入25%的粉煤灰。

如果根据ASTM C1567抑制评价方法（即14天膨胀率小于0.10%），认为抑制有效。对艾心村和两河口天然骨料，掺入20%粉煤灰均可满足抑制性要求。

6.3.3.3 料场比较

1. 天然砂砾料比选

砂石料源选择以料场至枢纽距离较近，天然级配接近工程所需骨料的级配且满足设计用量为基本原则。根据以上基本原则，制定料源供应计划时，着重考虑四个方面：①了解工程的骨料需用的数量和地理分布位置情况；②详细对比各个料场的储量、质量、级配和开采运输条件；③不占或少占农田，不拆迁或少拆迁现有生活、生产建筑物；④对环境影响小，水土保持工程量小。

由于 I_5 号料场及 I_7 号料场具有碱活性，I_3 号料场运距较远，考虑利用 I_1 号及 I_4 号料场作为推荐的天然砂砾料场。

2. 人工骨料比选

柳树沟人工料场、二郎砭石料场及柳木沟人工料场的优缺点比较见表 6.3-7。

表 6.3-7　　　　　　　　　　　人工骨料料场比较表

料场	柳树沟人工料场	二郎砭人工料场	柳木沟人工料场
优点	(1) 储量丰富，可满足要求； (2) 位于坝址上游，运距较近	(1) 储量丰富，可满足要求； (2) 位于坝址下游，运距较近； (3) 岩性较单一，岩脉相对较少；无用层剥离量较小	(1) 不存在碱活性； (2) 储量丰富，可满足要求； (3) 料场场地开阔，开采条件较好； (4) 岩性较单一，岩脉相对较少
缺点	(1) 存在碱活性； (2) 距筒大公路较近，开采对道路运输影响较大； (3) 覆盖层及强风化层厚，剥离量较大，开采条件一般； (4) 岩相变化大，夹有多重岩脉； (5) 需新建 2.45km 道路	(1) 存在碱活性； (2) 料场分布高程过高，运输较差； (3) 砂石加工厂距生活办公区较近，噪声影响大； (4) 位于坝址下游，水保环评问题较大； (5) 需新建 3.15km 道路，新建 3km 便道	(1) 距坝址 9.0km，运距较远； (2) 位于坝址上游，汛期及下闸后对交通运输有一定影响，需考虑堆存部分骨料； (3) 需改建 1.5km 道路，新建 0.2km 道路，新建 2 座临时桥

综合以上分析：柳树沟料场具有碱活性且开采条件较差，二郎砭料场硅质板岩具有碱活性。虽然通过碱活性试验，通过掺配粉煤灰可以达到抑制碱活性的要求。但是《水利水电工程合理使用年限及耐久性设计规范（送审稿）》中已明确提出应选用无碱活性的骨料，所以从工程运行的安全性考虑，推荐柳木沟人工料场作为人工骨料料场。

3. 人工骨料与天然骨料比选

人工骨料与天然骨料两种料源质量及储量均满足设计要求，均适宜机械化开采。两种骨料的优缺点比较见表 6.3-8。

表 6.3-8　　　　　　　　　　天然骨料与人工骨料优缺点比较表

项目	天 然 骨 料	人 工 骨 料
优点	(1) 每立方米混凝土骨料综合单价较人工骨料略低； (2) 混凝土单价较低	(1) 料源集中，管理方便； (2) 开采不受汛期影响，可连续均匀生产； (3) 人工骨料拌制的碾压混凝土抗分离性好，可碾性好
缺点	(1) 料场开采受汛期影响； (2) 料场大部分为水下开采，开采较困难； (3) 料场较分散，施工管理困难； (4) 超径石含量较大，需破碎； (5) 需要添加石粉	(1) 每立方米混凝土骨料综合单价较天然骨料略高； (2) 料场高程较高，料场临时道路较长； (3) 运距较远

通过对地质推荐的 5 个天然砂石料和 3 个人工砂石料料场进行比较，分析认为该工程天然料场较分散，多为水下开采，开采受汛期洪水影响，较难保证混凝土浇筑强度的要求，而柳木沟人工砂石料料场的石料质量较好，开采和运输条件较优越，同时料场附近有适宜的场地可供布置骨料加工系统，虽然骨料单价略高，但可保证成品料供应和混凝土的质量，因此推荐采用柳木沟人工砂石料料场为该工程的混凝土骨料料场。前期施工项目混凝土用料较少，人工砂石料料场不具备生产的能力，可以采用运距较近的 I_4 号天然砂石料料场。

6.3.3.4 小结

在项目前期设计过程中通过对料场的研究，最终选择柳木沟人工料场作为推荐料场，经过实践证明是合适的。

6.4 黄金峡水利枢纽施工方案研究

6.4.1 黄金峡水利枢纽施工导流方案的研究

施工导流设计是水利水电工程枢纽总体设计的重要组成部分，是选定枢纽布置、枢纽建筑物的型式、施工程序及施工总进度的重要因素之一。水利枢纽工程施工受河道水流变化的约束，施工导流的作用是控制水流，形成工程的施工干地。导流设计要妥善解决从初期导流到后期导流施工全过程中的挡水和泄水问题，牵涉到施工分期、导流建筑物类型的选择与布置、截流及围堰工程、施工期通航、施工期度汛、施工期蓄水、导流洞的封堵、第一台机组发电的日期等重大问题。由于施工导流系统涉及的内容众多，因此一个工程的导流方案往往并不是唯一的，如何从备选方案中选择出最优方案是一个值得分析研究的重大决策问题。

6.4.1.1 施工导流设计条件

1. 地形地质条件

黄金峡水利枢纽工程坝址区位于汉江干流上游良心河口与子午河口之间的汉江黄金峡峡谷河段。地貌形态属中低山区，坝址区两岸冲沟较发育，切割较深的冲沟内有长年溪流，流量随季节变化较大。坝址区河谷呈深切 V 形，谷底宽度 $160\sim300m$，高程 $401.00\sim412.00m$。左岸山坡地形相对较缓，天然坡度 $37°\sim40°$，右岸地形上缓下陡，高程 640.00m 以上天然坡度约 $26°$，下部天然坡度约 $45°$，局部达 $50°$以上。坝区地形相对完整，两岸坡植被茂盛，边坡大部分基岩裸露。坡面零星分布有残、坡积堆积碎石土，厚度 $0.5\sim3.0m$，右岸有残留三级阶地分布。河流比降 $1.6‰$，河水流向自西北向东南，受石泉水库水位影响，该段河流水位变化较大。

坝址处河床段地形平坦，表层覆盖河床冲积卵石层，夹薄层砂砾石，厚度一般 $6\sim12m$，该层承载力特征值 $f_k=400kPa$。河床段基岩面起伏不大，最大高差 $3\sim4m$，无大的深河槽分布。下伏基岩岩性为中粒花岗片麻岩，强风化厚度 $1\sim5m$，岩体破碎；弱风化厚度 $5\sim13m$，岩石饱和抗压强度为 68MPa，岩体质量为 Ⅲ 级，岩体纵波速度平均值为 3238m/s，为较破碎岩体。下部微风化岩体完整，单轴饱和抗压强度为 75MPa，为 Ⅱ 级工程岩体，岩体纵波速度平均值为 4257m/s，岩体完整系数为 0.66，属较完整岩体。岩体透水率一般 1～3Lu，属弱透水。

2. 水文气象条件

汉江上游属亚热带气候，冬季寒冷少雨雪；夏季炎热多雨。气候特点是四季分明，雨量充沛。多年平均降水量一般为 800～1000mm。坝址处多年平均气温 14.5℃，极端最高气温 39.4℃，极端最低气温−11.9℃；多年平均降水量 806.4mm，多年平均风速 1.2m/s，多年平均最大风速 10.7m/s。

汉江径流年内分配不均匀，汛期（7—10 月）径流量占全年径流量的 64.08%，其中 7—9 月径流量占全年径流量 52.94%，而 12 月至次年 2 月径流量仅占年径流量的 6.34%。该流域山高坡陡，岩层的透水性较小，使得洪水汇流速度快，洪水具有陡涨陡落的特点。

黄金峡水利枢纽坝址设计洪水计算成果见表 6.4 - 1；施工分期设计洪水成果见表 6.4 - 2。

表 6.4 - 1　　　　　　　　黄金峡水利枢纽坝址设计洪水计算成果表

特征值	p/%									
	0.1	0.2	0.33	0.5	1	2	3.3	5	10	20
Q_m/(m³/s)	26400	24100	22400	21100	18800	16400	14600	13200	10800	8290
W_{24}/亿 m³	17.30	15.80	14.70	13.90	12.40	10.90	9.81	8.89	7.33	5.72
W_{72}/亿 m³	33.40	30.60	28.50	26.90	24.10	21.20	19.10	17.30	14.30	11.20
W_{120}/亿 m³	40.60	37.40	34.90	33.00	29.50	26.10	23.50	21.50	17.80	14.10

表 6.4 - 2　　　　　　黄金峡水利枢纽坝址施工分期设计洪水成果表　　　　　　单位：m³/s

分　　期	频率/%				
	2	3.33	5	10	20
10 月至次年 5 月	7960	6830	5930	4430	2990
10 月 11 日至次年 4 月 10 日	3160	2740	2410	1840	1290
12 月至次年 3 月 20 日	521	457	407	319	232
10—11 月	5890	4990	4290	3120	2020
3 月 21 日至 5 月	6720	6310	5490	2680	1620

6.4.1.2　导流方式的选择

黄金峡水利枢纽的施工导流方式选择除了考虑坝址区地形地质条件及汉江洪水特性外，主要还考虑了以下因素。

（1）地形条件。黄金峡坝址河谷呈深切不对称 V 形，谷底宽度约 180m，谷底高程 402.00～413.00m，河谷形状系数为 4.5。

（2）地质条件。河床覆盖层深度不大，最大深度约 12m。覆盖层以砂砾卵石为主，含有漂石。河床及两岸基岩为花岗片麻岩，右岸岩体风化小，完整性好，成洞条件好于左岸。

（3）水文条件。汉江洪水具有陡涨陡落的特征，汛期 10 年一遇洪峰流量达 10800m³/s，要求分流建筑物的规模较大。

（4）库容条件。高程445.00m以下库容约1.27亿 m^3，在研究隧洞导流方案时，考虑水库的调蓄作用可以降低围堰的规模。

（5）枢纽建筑物布置特点。黄金峡水利枢纽的挡水、泄水和发电建筑物全部布置在河床内，以纵向导墙为界划分为两部分，且泄水建筑物占据了河床的大部分位置。泵站和电站结构复杂，施工时间长，根据总进度要求，施工导流设计应保证泵站和电站全年干地施工条件。

（6）工期和投资。该工程的导流泄水建筑物宜永临结合布置，这样可以缩短工期，降低投资，早日发电。

根据以上因素分析，该工程比选了两种导流方式：分期导流方式和一次拦断隧洞导流的导流方式。

6.4.1.3　导流建筑物级别及洪水标准

根据《水利水电施工组织设计规范》（SL 303—2004）和《水利水电工程施工导流设计规范》（SL 623—2013），导流建筑物级别应根据其保护对象、失事后果、使用年限和工程规模划分。

黄金峡水利枢纽工程大坝按2级建筑物设计，泵站按1级建筑物设计，电站厂房按3级建筑物设计。当采用土石围堰时，其相应的设计洪水应取10～20年一遇的标准；当采用混凝土围堰时，其相应的设计洪水应取为5～10年一遇的标准。

一期子围堰是枯水期围堰，主要作用是保护混凝土纵向围堰和一期上游、下游土石围堰施工。最大堰高9.6m，使用年限约半年，因此，一期子围堰的级别为5级，其洪水标准取枯水期5年一遇洪水。

一期上游、下游围堰，混凝土纵向围堰，电站上游拱围堰及纵向围堰，二期上游、下游围堰根据规范要求，导流建筑物级别选择为4级，导流标准选择为10年一遇的洪水。

根据坝型及坝前拦洪库容，坝体临时度汛洪水标准采取全年20年一遇洪水。

6.4.1.4　导流方案的研究比选

1. 分期导流方案

分期导流方案采用三期基坑的分期导流方式：左岸一期基坑利用一个枯水期子围堰挡水，完成纵向混凝土大导墙和一期上游、下游土石围堰的施工，在此围堰围护下，进行底孔坝段、电站混凝土拱围堰、电站导墙及电站泵站基础混凝土施工。一期施工期间由右侧束窄河道泄流。

截流后进行右岸二期基坑的施工，利用二期枯水期上游、下游土石围堰及一期混凝土纵向大导墙的围护，浇筑溢流表孔坝段、升船机坝段及右岸挡水坝段，汛期溢流表孔坝段停工，汛后继续浇筑。二期枯水期泄水建筑物为泄洪冲沙底孔，汛期为泄洪冲沙底孔加表孔坝段缺口。

左岸三期基坑在上游混凝土拱围堰和电站导墙的围护下，进行电站、泵站剩余混凝土浇筑及机组安装。

分期方案施工导流平面布置图见图6.4-1。

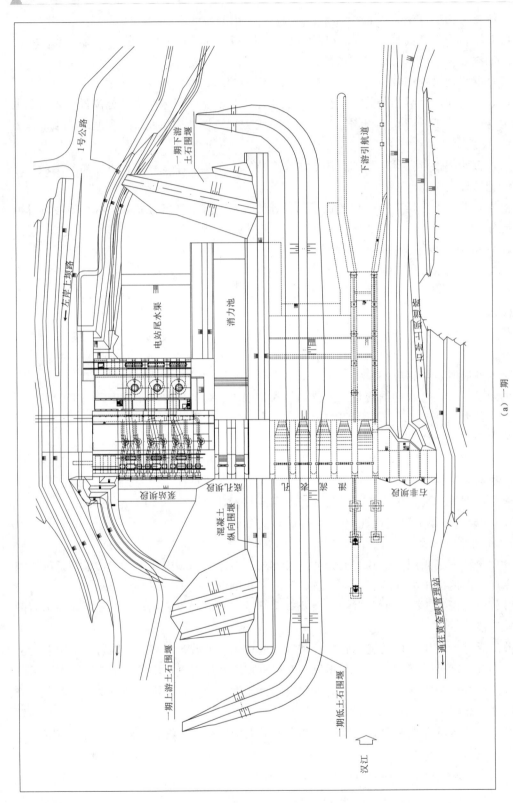

（a）一期

图 6.4-1（一） 分期方案施工导流平面布置图（单位：m）

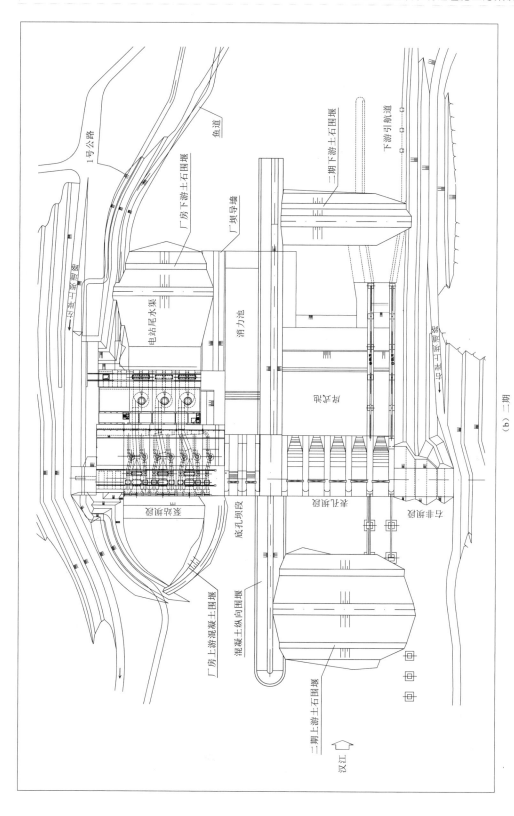

（b）三期

图 6.4-1（二） 分期方案施工导流平面布置图（单位：m）

2. 一次拦断隧洞导流方案

一次拦断隧洞导流方案为了节省投资采用导流洞与永久泄洪洞结合布置。由于靠近左岸布置有泵站和电站，且根据地质资料显示，右岸的地质条件优于左岸，为了避免建筑物交叉干扰，导流泄洪洞布置于右岸。隧洞为城门洞型，断面尺寸 16m×19m，顶拱角 120°。洞身段长 557m，进口高程 410.00m，出口高程 406.66m，洞底比降 6‰。

导流标准采取 10 年一遇洪水，施工时段为枯水期（10 月至次年 5 月），相应洪峰流量为 4430m³/s，经调洪计算，堰前水位 439.50m，导流洞最大下泄流量为 3700m³/s。围堰型式采取土石过水围堰，围堰堰顶高程 441.00m，围堰轴线长度 272.5m，最大堰高 38m。围堰顶宽 5.0m，堰体主要采用堆石渣，上游面及顶面下游面采用 C20 钢筋混凝土护面，厚 1.0m，下游采用钢筋笼石护坡，尺寸为 200cm×200cm×100cm，边坡 1:2。

电站围堰为 4 级建筑物，主要包括上游混凝土拱围堰、电站混凝土小导墙和下游围堰。基坑保证电站厂房全年施工，设计标准为 10 年一遇洪水，设计流量为 10800m³/s。经计算，上游混凝土拱围堰堰顶高程 434.00m。根据上游基坑布置确定拱围堰尺寸：$R=80.0m$，$L=133.80m$。顶宽 3.5m，最大堰高 42.0m。电站上游混凝土拱围堰在完成施工期挡水任务后，可拆除至 425.00m 高程作为进水口拦砂坎。纵向围堰利用挡水坝段及电站混凝土导墙，导墙的纵向长度根据厂房顺水流方向长度、下游围堰的底宽及下游基坑的布置确定为 145m，其中临时段 55m。纵向导墙永久段的顶部高程为 434.00m，临时段顶部高程为 418.50m，临时段纵向坡比约 0.282。混凝土纵向小导墙顶宽度 5.0m，最大高度 42.0m。

上游过水围堰典型剖面图见图 6.4 - 2。

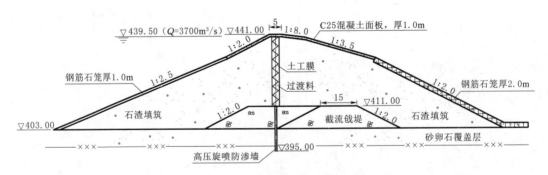

图 6.4 - 2　上游过水围堰典型剖面图（单位：m）

第一年和第二年导流洞施工；第二年汛后截流。截流后在枯水期过水围堰围护下，完成上游拱围堰、电站导墙施工及基坑开挖；汛期导流洞、过水围堰堰面过流，汛后继续坝体施工；第三个汛期在上游拱围堰、电站导墙的围护下，电站泵站继续施工，导流洞、溢流坝段和底孔坝段过流；第四个汛前坝体浇筑至设计高程，汛期进行机组安装。导流规划见表 6.4 - 3。

表 6.4-3 导流规划表

起止日期	设计标准	设计流量/(m³/s)	过水通道	挡水建筑物相应时段最高水位/m	主要施工项目
第一年3月至第二年9月	p=20%(全年)	8290	原河道	洞前围堰水位417.60	导流洞施工
第二年10月至第三年5月	p=10%(枯水期)	4430	导流洞	上游过水围堰水位439.50	大坝施工
第三年6月至第三年9月	p=10%(全年)	10800	导流洞堰面	水位447.40	坝体停工
第三年10月至第四年5月	p=10%(枯水期)	4430	导流洞	上游过水围堰水位439.50	大坝施工电站泵站施工
第四年6月至第四年9月	p=10%(全年)	10800	导流洞底孔及表孔坝段	电站围堰水位432.95	底孔及表孔坝段汛前浇筑至高程422.00m,坝体停工电站泵站施工
第四年10月至第五年5月	p=10%(枯水期)	4430	导流洞	坝体水位439.50	坝体施工电站泵站施工
第五年6月至第五年12月	p=5%(全年)	13200	导流洞泄洪底孔表孔	坝体水位445.40	坝体浇筑到顶金结安装机组安装

隧洞导流方案施工导流设计图见图 6.4-3。

3. 导流方案比选

由于施工导流方案与枢纽布置等因素密切相关,因此,对两个施工导流方案结合枢纽布置、工期以及工程投资进行了全面比较,见表 6.4-4。

表 6.4-4 施工导流方案综合比较表

项 目	分期导流方案	一次拦断隧洞导流方案
工程地质条件	河床覆盖层厚度不大,隧洞成洞条件较好,两方案地质条件上均可行	
枢纽布置	泄洪建筑物为2孔泄洪冲沙底孔,5孔溢流表孔	泄洪建筑物为2孔泄洪冲沙底孔,4孔溢流表孔,1条泄洪洞(导流洞改建)
围堰座数	9	5
围堰与永久建筑物结合情况	(1)混凝土纵向大导墙围堰上纵段和坝身段兼作泄洪冲沙底孔与溢流表孔之间的隔墙; (2)电站上游拱围堰后作为电站拦砂坎使用; (3)电站纵向混凝土小导墙围堰兼作厂坝导墙	(1)电站上游拱围堰后期拆除至高程425.00m,作为电站拦砂坎使用; (2)电站纵向混凝土小导墙围堰兼作厂坝导墙
投资	建筑工程、机电设备、金属结构及安装和导流工程投资共22.11亿元	建筑工程、机电设备、金属结构及安装和导流工程投资共23.31亿元
总工期	52个月	60个月
优点	(1)导流建筑物与坝体结合,降低了导流工程投资,围堰规模相对较小; (2)工期短,投资少; (3)发电时间较隧洞导流方案提前8个月	(1)导流洞结合泄洪洞布置,节省了泄洪坝段宽度,减少了左岸岸坡开挖,使枢纽布置更加紧凑合理; (2)施工干扰小,工期易保证
缺点	施工干扰大,强度较大	(1)导流洞断面和围堰规模较大; (2)坝体两次度汛,汛后基坑清理工作量大; (3)工期长,投资大

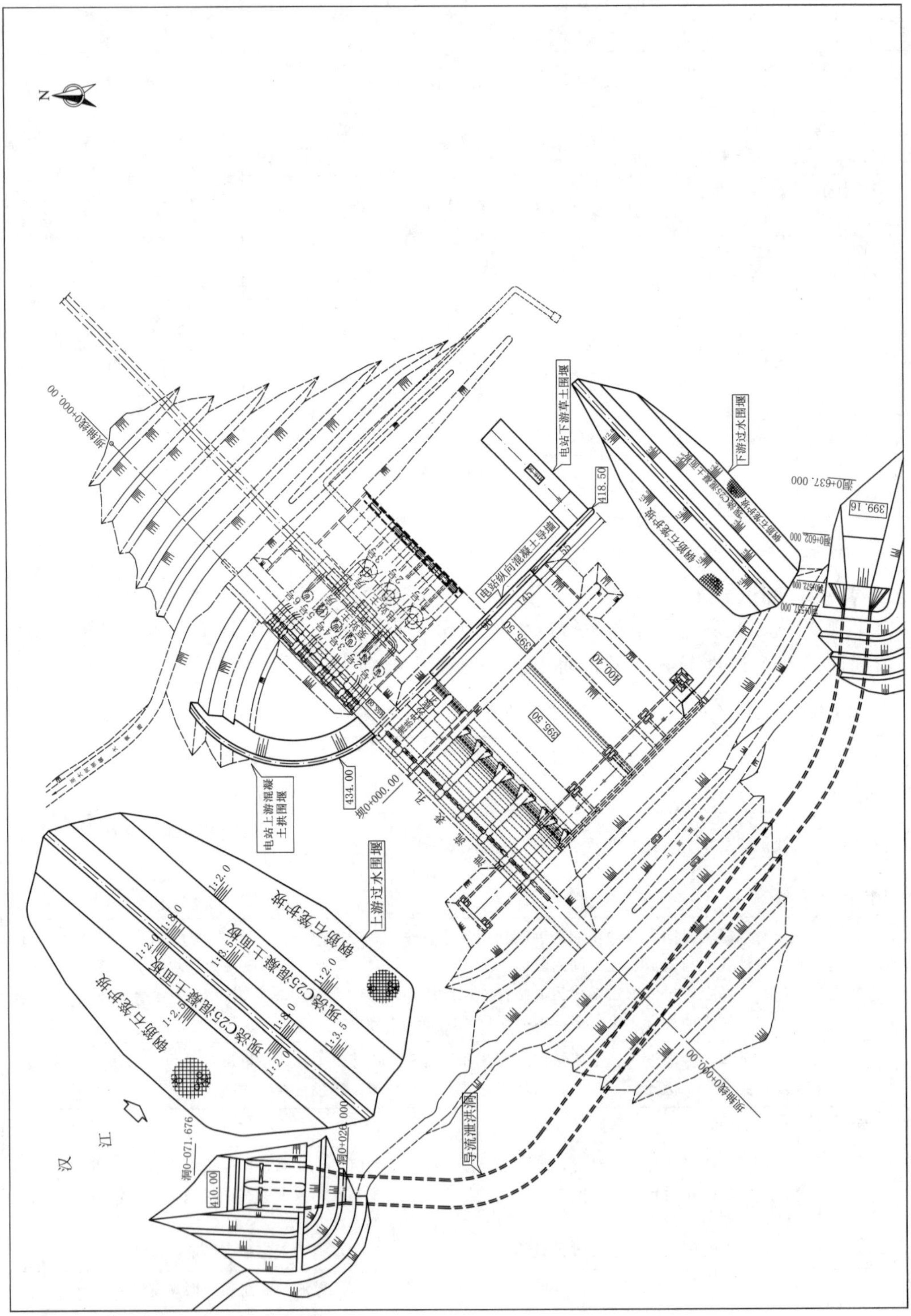

图 6.4-3　隧洞导流施工导流设计图

从施工角度看，两种方案都是可行的。经过计算分析比较，一次拦断隧洞导流洞方案中导流洞结合泄洪洞布置，节省了泄洪坝段宽度，减少了左岸岸坡开挖，使枢纽布置更加紧凑合理，且施工干扰小，工期易保证。但导流洞（断面净尺寸16m×19m）和围堰规模大，坝体两次度汛，汛后基坑清理工作量大。总工期60个月，建筑工程、机电设备、金属结构及安装和导流工程投资共23.31亿元。而采用分期导流方案，施工干扰大，工期紧，但导流建筑物规模相对较小，总工期52个月，建筑工程、机电设备、金属结构及安装和导流工程投资共22.11亿元。

综上所述，分期导流方案工期比一次拦断隧洞导流方案工期提前8个月，且发电时间比导流洞方案提前8个月，投资节省约9000万元。经不同导流方式的枢纽布置综合比选，结合工程坝址区的枢纽布置特点，同时考虑到坝址区的地形、地质、水文以及早日运行等因素，该阶段推荐分期导流方式。

6.4.1.5 导流规划

左岸一期基坑导流时段为第一年11月中旬至第四年10月11日。第一年11月中旬至第二年4月10日：利用枯水期子围堰挡水，完成纵向混凝土大导墙和一期上游、下游土石围堰的施工。第二年4月11日至第三年10月10日：在一期全年围堰的保护下，施工项目有：两孔泄洪冲沙底孔、电站混凝土导墙、电站泵站部分混凝土及左岸挡水坝段。来水主要由束窄后的原河床下泄。临时挡水建筑物有：枯水期子围堰、纵向大导墙及上游、下游土石围堰等。子围堰的导流标准按5年一遇枯水期流量为1290m³/s设计，上游水位412.40m。土石围堰的导流标准按10年一遇全年流量为10800m³/s设计，上游水位424.30m。

右岸二期基坑导流时段为第三年10月10日至第四年4月10日。第三年11月初截流，截流后进行右岸二期基坑的施工。施工项目有：溢流表孔坝段、升船机坝段及右岸挡水坝段。上游来水主要从泄洪冲沙底孔下泄。主要临时挡水建筑物有：上游、下游土石围堰及一期混凝土纵向大导墙。导流标准按10年一遇枯水期流量为1840m³/s设计，上游水位419.30m。

左岸三期电站基坑导流时段为第四年4月11日至第四年11月。施工项目有：电站泵站剩余混凝土浇筑、机组安装及左岸挡水坝段。主要临时挡水建筑物有：电站纵向混凝土导墙、上游混凝土拱围堰及下游围堰。导流标准按10年一遇全年流量为10800m³/s设计，上游水位423.80m。

第四年汛前泄流表孔坝段浇筑至高程410.50m停工过流，洪水从泄洪冲沙底孔及泄流表孔坝段明渠下泄，汛后继续泄流坝段混凝土浇筑，第五年汛期洪水由泄洪冲沙底孔及泄流表孔下泄，此时坝体基本浇筑至坝顶高程。

施工导流规划表见表6.4-5。

6.4.1.6 导流建筑物设计

1. 子围堰的设计

子围堰为5级建筑物，其主要作用为纵向混凝土导墙和一期上游、下游土石围堰提供干地施工的条件。其标准取5年一遇的枯水期洪水，施工时段为第一年11月中旬至第二年4月10日，设计流量为1290m³/s。

表 6.4-5　　　　　　施 工 导 流 规 划 表

分期	时　段	挡水建筑物	过水通道	设计标准	导流流量 /(m³/s)	施工项目
一期	第一年11月中旬至第二年4月10日	子围堰	右岸束窄河床	p=20% (枯水期)	1290	纵向混凝土大导墙及一期上游、下游土石围堰
	第二年4月11日至第三年10月10日	纵向混凝土大导墙及一期上游、下游土石围堰	右岸束窄河床	p=10% (全年)	10800	泄洪冲沙底孔,电站部分混凝土,泵站部分混凝土
二期	第三年10月11日至第四年4月10日	二期上游、下游土石围堰、纵向混凝土大导墙;电站纵向导墙、上游混凝土拱围堰及下游围堰	泄洪冲沙底孔	p=10% (枯水期)	1840	表孔坝段混凝土浇筑至高程410.50m,升船机及挡水坝段同时上升,电站及泵站混凝土继续施工
三期	第四年4月11日至第四年11月	电站上游拱围堰、电站纵向导墙及下游围堰	泄洪冲沙底孔、表孔坝段明渠	p=10% (全年)	10800	表孔坝段停工,电站及泵站施工
	第四年12月至第五年2月		泄洪冲沙底孔	p=10% (枯水期)	319	表孔坝段浇筑至高程427.00m,电站及泵站机组安装
后期导流	第五年3月至第五年5月	坝体	泄洪冲沙底孔	p=10% (枯水期)	2680	高程427.00m以上表孔坝段、升船机及右挡水坝段混凝土浇筑
	第五年6月至第五年9月		泄洪冲沙底孔及泄流表孔	p=10% (全年)	10800	表孔及升船机坝段金结安装

　　子堰的设计考虑到少占河道的过流宽度和尽量减小堰高的因素,研究比选了草土围堰和土工格栅围堰。两种堰型都具有可行性,但考虑到草土围堰水下施工困难,工艺陈旧,而土工格栅围堰是新型技术,施工简单、可靠且造价省。经计算,草土围堰投资2358.40万元,土工格栅围堰投资2326.30万元。因此,推荐采用土工格栅围堰。

　　根据河道的覆盖层厚度及纵向大导墙的开挖要求,子围堰与纵向导墙的净距不少于30m。子围堰轴线总长度705.0m,顶宽15m,堰顶高程413.60~412.00m。

　　纵向坡比为0.0037,迎水面与背水面坡比均为1:0.25,最大堰高9.6m。基础防渗采用高压旋喷防渗墙,防渗墙厚度为0.60m,深入基岩内的深度应不小于0.5m。

　　2. 一期上下游土石围堰

　　一期围堰为4级建筑物,为了争取工期,充分利用汛期时间浇筑混凝土,降低施工强度,一期基坑土石围堰按全年挡水设计,施工时段为第二年4月11日至第三年10月10日,设计流量10800m³/s,汛期洪水全部由束窄的原河床下泄。经计算,一期上游围堰堰顶高程425.50m,最大堰高18.0m;一期下游围堰堰顶高程420.60m,最大堰高16.1m。

上游、下游土石围堰上部采用土工膜防渗，基础采用高压旋喷防渗墙，防渗墙厚度为0.60m，在其迎水面侧各设铅丝笼块石护坡防冲，厚度1.0m。

3. 混凝土纵向大导墙围堰

（1）地形地质条件。纵向大导墙位于河道中间，沿河道呈纵向布置，为两期围堰的纵向挡水建筑物。地貌单元为河漫滩，地形平坦，表层覆盖河床冲积卵石层，厚度6～11m，卵石粒径一般4～8cm，最大60cm，卵石岩性以花岗岩及变质岩为主，卵石含量大于40%。该层承载力基本值400kPa，渗透系数60m/d，属强透水层。下伏基岩面起伏不大，纵向坡降约2%。下伏花岗片麻岩强风化厚度1.5～4.5m，岩体较破碎。以下弱风化厚度7～14m，饱和抗压强度68MPa，岩体纵波速度2500～3500m/s，岩体质量分级为Ⅲ级，属较完整岩体。下部微风化基岩，岩体较完整，属Ⅱ类工程岩体。建议将建基面置于弱风化岩体上。弱风化岩体透水率一般1～3Lu，属弱透水岩体。

（2）围堰结构设计。纵向混凝土大导墙围堰为一期、二期共用的导流建筑物，总长度主要由消力池长度，上游、下游土石围堰底宽及基坑布置等确定为440m，可分为上纵段175m、坝身段155m和下纵段110m，上纵段和坝身段为底孔坝段和溢流表孔坝段之间的导墙，施工完工后作为永久建筑物，下纵段为临时段，工程完工后拆除。

纵向混凝土大导墙上纵段和坝身段的顶部高程为425.50m，下纵段高程从425.50～421.00m，纵向坡比0.041。墙顶宽度5.0m，导墙最大高度33.5m。基础坐落在花岗片麻岩弱风化岩层上。

4. 二期上下游土石围堰

二期围堰为4级建筑物，二期基坑施工时段为第三年的10月11日至第四年4月10日，设计流量1840m³/s。经计算，确定上游围堰堰顶高程420.80m，最大堰高19.30m；下游围堰堰顶高程411.00m，最大堰高7.5m。围堰上部防渗采用土工膜防渗，基础采用高压旋喷防渗墙，防渗墙厚度为0.60m。在其迎水面侧各设铅丝笼块石护坡防冲，厚度1.0m。截流戗堤位于围堰轴线的上游，戗堤轴线与围堰轴线相距约26m。戗堤顶高程411.00m，上游侧坡比为1:2.0，下游侧坡比为1:1.5。

5. 三期电站围堰

三期围堰为4级建筑物，主要包括上游混凝土拱围堰、电站混凝土小导墙和下游围堰。三期基坑保证电站厂房全年施工，施工时段为第四年的4月11日至第四年11月，设计流量10800m³/s。经计算，确定上游混凝土拱围堰堰顶高程425.00m。根据上游基坑布置确定拱围堰尺寸：半径68.0m，长度91m。顶宽3.5m，底宽14.0m，最大堰高35.0m。电站上游混凝土拱围堰在完成施工期挡水任务后，可作为进水口拦砂坎。

纵向围堰利用挡水坝段及电站混凝土导墙，导墙的纵向长度根据厂房顺水流方向长度、下游围堰的底宽及下游基坑的布置确定为93.5m，其中临时段35m。纵向导墙永久段的顶部高程为425.00m，临时段顶部高程为421.00m，临时段纵向坡比约0.118。混凝土纵向小导墙顶宽度5.0m，最大高度35.0m。

下游横向围堰采用土工格栅围堰，围堰堰顶高程420.60m，最大堰高9.6m，顶宽18m，坡比1:0.25。

6.4.1.7　小结

通过对该工程的施工导流方案研究分析可知：在大流量级的河流上修建水利枢纽，施工导流条件差，导流程序复杂难度大，结合永久泄洪建筑物布置导流泄洪工程，选择技术可行、经济合理的导流方案，对降低工程造价、缩短施工工期、提高工程质量、保证施工安全具有重要意义。

6.4.2　黄金峡施工总体布置方案研究

6.4.2.1　地理位置及交通条件

黄金峡水利枢纽位于陕西省洋县境内汉江干流黄金峡出口以上约 3km 处，工程区现状仅有乡村道路可到达工程区附近，但该道路路况较差，避车困难；在桑溪镇附近有铁矿的运输车辆在使用该道路，无法满足施工期及后期运行的交通需要。

因黄金峡水利枢纽区位于石泉水电站库尾，而石泉水电站对外交通方便，因此进行了水路运输与公路运输的比较。根据石泉水电站的全年水位消落过程线及工程施工期的运输强度要求，该段河道不具备全年水路运输的能力，且无法到达坝址附近。另外水路运输需购置船只、设置码头及增加倒运次数。根据比较分析，在该段道路采用水路运输保证率低，费用高于公路运输，因此最终选择全年使用公路运输。

河道水位无法满足工程运输强度要求；铁路站点距离工程区较远；经过综合对比，考虑到大河坝镇有高速公路、省国道等多条等级公路，对外交通条件非常便利，而且是三河口水利枢纽的所在地，根据前期施工和后期运行的需要，计划新建大河坝镇到黄金峡坝址的进场道路。

6.4.2.2　施工布置特点及场地布置条件

黄金峡水利枢纽主要由混凝土坝、泄洪消能建筑物、抽水建筑物、发电建筑物等组成。其中坝体及电站规模较大，其他工程规模相对较小，建筑物布置集中，施工干扰较小。

该段河道两岸山势较陡，可利用场地主要为两岸沟道出口处平缓地带以及附近村落，主要包括左岸坝址上游良心沟沟口场地、左岸坝址下游戴母鸡沟场地、右岸上游史家村场地等，其中史家村场地高程较高，满足施工期防洪度汛要求，且面积较大，因此考虑将施工期主要施工辅助企业及办公生活区设置于此。

6.4.2.3　布置原则

（1）施工总布置在有利于主体工程施工的前提下，应尽量不影响当地群众的正常生活。

（2）严格执行国家的土地政策，充分利用荒坡地及滩地，少占或不占用耕地布置生产、生活设施。

（3）生产生活区布置符合国家颁布的有关环境保护和水土保持条例，遵守环境保护法规，减免对库坝区环境的影响及污染。

（4）根据各施工时段及施工特点，在布置上应利于生产、方便生活，易于管理。

（5）施工场区布置尽可能集中靠近坝址，各辅助设施及场内道路的布置应简洁、合理、避免重复运输，以减少能源、材料消耗。

（6）集中与分散相结合，永久与临时相结合，保证生产，方便生活。

（7）考虑工程投资和可利用场地条件，压缩非生产人员，减少工地人数，压缩辅助企业场地。

6.4.2.4 布置规划

1．施工总体布置规划

该工程枢纽布置相对集中，坝区附近场地较为狭窄，因此根据场地条件及料场分布，按照集中与分散相结合的原则，施工场地主要分两个区布置。枢纽区以拦河坝为施工控制对象，在枢纽上游右岸史家村布置混凝土拌和站、办公生活区、辅助企业、仓库等。场地高程按坝顶高程控制，并根据地形，取 460.00m、445.00m、432.00m。在枢纽左岸下游1.5km 的史家梁布置砂石骨料筛分系统，负责史家梁料场及史家村料场的砂石料的加工及存储，场地高程 432.00m，远高于该处河道施工期河道水位。

史家村场地中部有史家沟穿过，涉及沟道排水，施工期 4% 频率最大流量 7.07m³/s，因此该阶段考虑设置两道 1.5m×1.5m 盖板涵将沟道洪水导出。

2．混凝土生产系统布置

根据施工总进度要求，混凝土高峰期月浇筑强度为 6.9 万 m³，小时浇筑强度为207m³。拌和设备选 3 座 HL115-3F1500 混凝土拌和楼，布置在坝址上游史家村。拌和系统每日两班生产。建筑面积为 2000m²，考虑骨料储备，占地面积为 25000m²，场地高程 432.00m。

3．砂石加工系统规划

该工程高峰期混凝土月浇筑强度为 6.9 万 m³，根据总体布置，砂石加工系统布置在坝址下游右岸史家梁附近的坡地上，考虑到秦岭输水隧洞黄三段的施工需要，砂石加工系统的生产规模为 19 万 t/月，建筑面积为 2000m²，占地面积为 30000m²。

系统主要设施有：毛料受料仓、破碎车间、筛分楼、成品料堆、胶带机运输系统等。筛分系统每日两班生产。

4．施工营地规划

该工程平均上劳人数为 1500 人，高峰期总人数约 1800 人。生活办公营地设在史家村，由于场地条件有限，因此考虑采用多层砖混结构，减少占地系数。建筑面积为18000m²，占地面积为 10000m²，其中建筑面积 4885m² 后期作为永久管理站。场地高程 460.00m。

5．弃渣场规划

根据左右岸弃渣量及弃渣条件，在大坝下游左岸的戴母鸡沟、大坝上游左岸的良心沟、大坝上游右岸的党家沟和大坝下游右岸的史家梁规划弃渣场，面积分别为 160000m²、102000m²、110000m² 和 77000m²。其中良心沟弃渣场位于库内死水位以下，因此不计入弃渣占地；而史家梁弃渣场仅计入堆置在史家梁料场取料料坑以上部分的占地。

该工程土石方开挖共计 387.42 万 m³（自然方），其中 28.82 万 m³（压实方）用于围堰填筑，弃渣量为 481.97 万 m³（松方）。根据该工程的工区划分，左岸开挖量 20.06 万 m³（压实方）用于一期围堰填筑外，74.94 万 m³ 弃至良心沟弃渣场，50 万 m³ 弃至史家梁弃渣场，剩余弃至戴母鸡沟弃渣场；右岸开挖量 8.77 万 m³（压实方）用于二期围堰填筑外,另外弃渣量中 50 万 m³ 弃至史家梁弃渣场,剩余弃至党家沟弃渣场。

6.4.2.5　小结

黄金峡水利枢纽建筑物布置集中,受现场场地条件限制,生产生活区主要布置于右岸上游史家村处,砂石料系统布置于大坝下游史家梁处。弃渣场主要为左岸上游良心沟、左岸下游戴母鸡沟、右岸党家沟、右岸下游史家梁。

黄金峡水利枢纽总体布置规划经过可行性研究阶段审查,总体布置方案合理。

6.5　秦岭输水隧洞施工方案研究

6.5.1　秦岭输水隧洞不良地质洞段施工预案研究

6.5.1.1　控制闸以前洞段

根据地质成果分析,该工程隧洞施工中可能遇到的不良地质问题包括断层破碎带围岩稳定、挤压塑性变形、岩爆、突涌水等;在隧洞施工过程中,根据围岩分类,结合开挖揭露围岩情况,及时做好超前地质预报,对施工中可能出现的不良地质问题进行预测,并采取适宜的施工技术措施,以保证隧洞施工的安全性和经济可靠性。

1. 不稳定围岩洞段的处理措施

根据地质分析成果,该工程不稳定围岩洞段主要包括断层带及影响带、软弱围岩大变形洞段,属极不稳定和不稳定的Ⅴ类、Ⅳ类围岩。根据工程施工经验,该类围岩洞段开挖存在塌方、涌水和大变形等安全风险,因此,隧洞施工中应对不稳定围岩段进行预测,采取稳妥的施工方法和工程处理措施。结合已建类似工程成功经验,对不稳定围岩洞段采取如下处理措施。

(1) 加强超前地质预报。根据隧洞预测围岩分类,在隧洞开挖至不稳定围岩洞段前,采用地质雷达法、瞬变电磁等综合物探技术以及超前地质钻探进行地质超前预报,预测掘进前方地质情况,并结合已有的地质资料确定适宜的处理措施。

(2) 采用短台阶、小进尺、弱爆破光面爆破开挖技术。

(3) 及时安装监测设施,增加监测频次。

(4) 依据开挖揭露围岩特性及监测资料分析,复核原设计支护结构的安全性,及时调整支护参数。

2. 突涌水洞段的处理措施

根据水文地质分析成果,隧洞围岩的富水性划分为中等富水区、弱富水区、贫水区 3 个区,其中贫水区占总长度的 76.7%,中等富水区和弱富水区占总长度的 23.3%。中等富水区主要分布在区域性断裂带,在开挖过程中,洞壁以线状流水、滴水为主,局部可能产生较大集中涌水;弱富水区主要分布在裂隙相对密集区,在开挖过程中,洞壁以线状流水、滴水为主,局部可能产生集中涌水。

根据水文地质特点,结合已建工程处理突涌水成功经验,该工程处理突涌水应遵循预测先行、预防为主、及时处理、措施适宜、确保安全的原则。依据隧洞开挖后涌水点的水压、流量大小,分别采用引排、封堵和排堵结合等措施。

3. 岩爆洞段的处理措施

岩爆一般是指在高地应力区，隧洞开挖过程中由于岩体弹性应变能量释放，造成岩体发生的一种带有爆裂声响的岩层开裂、岩石或岩块沿一定方向弹射出或坠落的一种地质灾害现象。根据地质勘查成果，从隧洞分布岩石特点看，（二长）花岗岩、角闪斜长片麻岩、石英闪长岩、硅质岩等岩质硬脆，岩体总体较完整，围岩应力不易释放，发生岩爆的可能性较大，而其他岩石不易产生岩爆问题。埋深超过 200m 的一般洞段可能发生轻微岩爆，仅在桩号为 5+850～6+235、8+560～8+680 埋深超过 450m 岩体完整干燥的 Ⅱ 类围岩洞段可能发生中等岩爆。

隧洞钻爆法开挖岩爆防治主要从降低岩爆部位的能量集中水平和提高围岩抗冲击能力入手。根据该工程钻爆施工过程可能发生轻微和中等岩爆的特点，结合已建工程处理岩爆经验，对于岩爆洞段可采取如下处理措施。

（1）采用控制爆破技术。采用全断面、短进尺控制光面爆破开挖，以减少围岩表面层应力集中，减少岩爆发生或降低岩爆等级。

（2）改善围岩应力。每次开挖循环爆破后应及时向掌子面及附近洞壁喷洒高压水或利用炮眼及锚杆孔向岩体深部注水，以降低围岩强度，增强其塑性，减弱其脆性，最终降低岩爆的剧烈程度。

（3）加强围岩支护。在掌子面开挖后及时进行支护，采用临时支护与永久支护相结合的支护方式，必要时采取加强支护措施。

6.5.1.2 控制闸以后洞段

1. 钻爆法不良地质的施工对策

对可能在施工过程中出现的地质灾害，其重要的对策之一是进行地质预报和测试工作，提前探明地质，为输水洞施工提供可靠的依据。对下述可能出现的地质问题采取的对策如下。

（1）断层破碎带。采取超前地质预报手段，进一步判明地质情况，获取施工中掌握的参数，采取相应的处治措施。通过采用超前钻机进行预注浆，加固地层，防止涌水，必要时采用双液浆进行止水。加强监控量测，当监控量测显示开挖后隧洞的变形速度或变形值按监控量测评价系统评价需采取处理措施时，可进行注浆加固并加强初期支护等措施。

（2）岩爆或高地应力段处理。根据地质资料，隧洞施工中可能产生岩爆。结合秦岭公路、铁路的施工经验，施工中应采取：向岩面喷水、喷雾或深孔注水办法，保持岩层表面湿度，降低岩面脆性或岩石硬度，及时喷锚网支护，减少围岩暴露时间，减小片剥造成的安全隐患，对施工设备和施工人员加强防护和安全教育，减少不必要的安全事故。加强地质监测和预报，及早采取措施减少事后对策。

（3）用水地段处理。在涌水地段，主要采取以下对策：

1）加强超前红外探水和超前地质钻探工作，经常检测地下水流量、流速、水压和水温变化情况，判断前进方向地层含水情况，有无涌水的可能。

2）在探测确认前方有可能发生涌水时，可采取超前管棚或帷幕注浆的方法，对围岩进行加固，设置止水墙，再进行隧道开挖。

3）准备足够的物资和排水设备，以备急用。

2. TBM 通过特殊地层及不良地质的处理方法

在通过特殊地层及不良地质段时，无论遇到什么情况，超前地质预报是关键，只有有了超前预报，才能针对具体的地质条件提出相应的施工措施。

（1）基岩裂隙水。该隧洞存在较大的基岩裂隙水，对于敞开式 TBM 在能保证隧洞开挖稳定的情况下，可以先掘进通过，然后再进行注浆堵水。

（2）地质构造向斜核部涌水。该隧道地下水发育，在向斜核部可能发生突然涌水，在超前探明水量后，根据水量的大小，敞开式 TBM 可以利用自身的超前注浆系统对围岩进行预注浆堵水，然后再推进掘进，水量小时可掘进通过后对围岩实施径向注浆。

（3）断层。敞开式 TBM 具备了处理断层的能力，TBM 施工时技术人员能够对地质进行客观细致地描述，可以方便地采取安装钢拱架、打设锚杆、喷射混凝土、必要时对围岩进行注浆加固等措施，利用新奥法进行施工，安全可靠。在需要加强支护的条件下，可以通过扩挖边刀来加大开挖轮廓，从而能够加厚喷层，提供初期支护的安全性、可靠性。

（4）断层破碎带地段 TBM 掘进措施。TBM 掘进至断层破碎带时，由于工作面附近围岩破碎、松散，TBM 刀盘顶在工作面上暂不后退，更不能在无推进力的状态下转动刀盘掘进，否则会造成刀盘前部围岩大范围坍塌，形成孔穴，处理难度增大，延误工期。

喷射混凝土，及时封闭已开挖段落围岩，对不同围岩地质条件的洞段，喷射混凝土厚度及时调整，确保围岩变形受到控制和主机撑靴不会撑垮围岩监控测量及时反馈，若围岩收敛得不到控制，增强支护体系强度。

及时对坍塌区域利用铁皮封堵，喷射混凝土封闭，及时快速灌注混凝土，对范围大且坍塌于护盾上的空腔，先对坍塌做好稳固处理，回填时在混凝土内加入适量速凝剂。

及时调整设备的技术参数，降低对岩面的压力，减少围岩扰动，保护围岩，避免剥落坍塌量。

（5）断层加固。TBM 设备通过断层后，利用隧道径向灌浆尽快加固围岩，并加强该段隧道的支护和衬砌方式。

（6）物探分析异常段。针对物探异常段，预测可能存在的情况为富水或围岩比较破碎，采取敞开施工时，开挖分析物探异常的准确原因，设定出合理的支护参数，能够采取如加设钢材架、注浆堵水、加强其他支护等措施，确保 TBM 的安全施工。

6.5.2　秦岭输水隧洞施工总体布置方案研究

6.5.2.1　控制闸前洞段

1. 施工支洞布置条件分析

根据主隧洞布置及沿线地形条件分析，主隧洞桩号 0+000～7+000 洞段左侧有良心河和东沟河通过，沿良心河和东沟河两岸有支沟和台地分布，且有大黄公路从附近经过，支洞布置条件较好；主隧洞桩号 0+000～2+000 洞段右侧有戴母鸡沟通过，戴母鸡沟两岸陡峻狭窄，左岸有乡村道路，但距大黄公路较远，交通条件差，支洞布置条件相对较差；桩号 10+000 以后洞段沿沙坪河左岸和子午河右岸布置，均可利用临河一侧地形较低的特点布置施工支洞；桩号 7+000～10+000 洞段为穿越山脊洞段和桩号 12+000～13+000

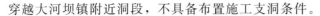

穿越大河坝镇附近洞段，不具备布置施工支洞条件。

2. 施工支洞总布置方案比选

经过对该工程地形地质条件分析，结合主隧洞工程布置及工程控制性工期要求，对施工支洞总布置初选了4个方案进行比选。

（1）支洞总布置方案一。该方案为可行性研究阶段施工支洞布置方案的优化，仍布置有4条施工支洞，支洞总长2323m。1号施工支洞位于隧洞右侧戴母鸡沟右岸支沟内，与主洞交汇处对应桩号0＋455.09，平面布置与主洞垂直，支洞长264m，平均纵坡4.95%；2号施工支洞位于主隧洞左侧东沟河左岸，与主洞交汇处对应桩号5＋079.20，平面布置与主洞垂直，支洞长793m，平均纵坡－7.03%；3号施工支洞位于主隧洞右侧沙坪河右岸，与主洞交汇处对应桩号10＋248.49，平面布置与主洞夹角58°，支洞长993m，平均纵坡－9.15%；4号施工支洞位于主隧洞右侧子午河右岸，与主洞交汇处对应洞桩号15＋426.88，支洞长273m，平均纵坡2.59%。支洞断面均为城门洞形，断面尺寸均为6.8m×6.0m。支洞总布置方案一支洞设计指标见表6.5－1。

表6.5－1　　　　　　　　　支洞总布置方案一支洞设计指标表

编号	位置	主洞桩号	支洞间距/m	主支洞交叉点高程/m	设计防洪水位/m	进口高程/m	支洞长度/m	平均纵坡/%	控制主洞施工长度/m
	进口	0.000		549.23					
1号	戴母鸡沟右岸	0＋455.09	455.09	549.05		536.00	264	4.95	455
									2577
2号	东沟河左岸	5＋079.20	4624.11	547.20	601.28	603.00	793	－7.03	2047
									2850
3号	沙坪河右岸	10＋248.49	5169.28	545.13	635.04	636.00	993	－9.15	2320
									2229
4号	子午河右岸	15＋426.88	5178.39	543.06	531.80	536.00	273	2.59	2950
									1054
	出口	16＋481.16	1054.28	542.65					
	合计						2323		16481

（2）支洞总布置方案二。该方案共布置3条施工支洞，即为总布置方案一取消3号施工支洞，其他支洞布置同方案一。支洞总布置方案二各支洞设计指标见表6.5－2。

表6.5－2　　　　　　　　　支洞总布置方案二各支洞设计指标表

编号	位置	主洞桩号	支洞间距/m	主支洞交叉点高程/m	设计防洪水位/m	进口高程/m	支洞长度/m	纵坡/%	控制主洞施工长度/m
	进口	0.000		549.23					
1号	戴母鸡沟右岸	0＋455.09	455.09	549.05		536.00	264	4.95	455
									2577
2号	东沟河左岸	5＋079.20	4624.11	547.20	601.280	603.00	793	－7.03	2047
									4913

编号	位置	主洞桩号	支洞间距 /m	主支洞交叉点 高程/m	设计防洪 水位/m	进口高程 /m	支洞长度 /m	纵坡 /%	控制主洞施工 长度/m
4 号	子午河 右岸	15+426.88	10347.68	543.06	531.800	536.00	273	2.59	5434
									1054
	出口	16+481.16	1054.28	542.65					
	合计						1330		16481

（3）支洞总布置方案三。该方案共布置 3 条施工支洞，为减少 2 号支洞间控制主洞掘进长度，将总布置方案二的 2 号支洞移至主洞桩号 6+720.78，其他与总布置方案二同。支洞总布置方案三各支洞设计指标见表 6.5-3。

表 6.5-3　　　　　　　　　支洞总布置方案三各支洞设计指标表

编号	位置	主洞桩号	支洞间距 /m	主支洞交叉点 高程/m	设计防洪 水位/m	进口高程 /m	支洞长度 /m	纵坡 /%	控制主洞施工 长度/m
	进口	0.000		549.23					
1 号	戴母鸡 沟右岸	0+455.09	455.09	549.06		536.00	264	4.96	455
									3597
2 号	东沟河 左岸	6+644.77	6189.68	546.59	611.000	656.00	1268	−8.63	2593
									3893
3 号	子午河 右岸	15+426.88	8782.11	543.07	531.800	536.00	273	2.60	4889
									1054
	出口	16+481.16	1054.28	542.65					
	合计						1805		16481

（4）支洞总布置方案四。该方案共布置 3 条施工支洞，即总布置方案一取消 2 号施工支洞，其他支洞布置同总布置方案一。支洞总布置方案四各支洞设计指标见表 6.5-4。

表 6.5-4　　　　　　　　　支洞总布置方案四各支洞设计指标表

编号	位置	主洞桩号	支洞间距 /m	主支洞交叉点 高程/m	设计防洪 水位/m	进口高程 /m	支洞长度 /m	纵坡 /%	控制主洞施工 长度/m
	进口	0.000		549.23					
1 号	戴母鸡沟 右岸	0+455.09	455.09	549.05		536.00	264	4.95	455
									5262
2 号	马家沟 右岸	10+248.49	9793.39	545.13	635.040	636.00	993	−9.15	4532
									2229
3 号	子午河 右岸	15+426.88	5178.39	543.06	531.800	536.00	273	2.59	2950
									1054
	出口	16+481.16	1054.28	542.64					
	合计						1530		16481

（5）支洞总布置方案比选。施工支洞总布置方案技术参数比较见表6.5-5。

表6.5-5 施工支洞总布置方案技术参数比较表

编号	指标	单位	方案一	方案二	方案三	方案四
1	施工支洞条数	条	4	3	3	3
2	支洞设计断面	m²	42.36	42.36	42.36	42.36
3	施工支洞长度	m	2323	1329	1804	1530
4	最大通风距离	m	3313	5707	5161	5262
5	最大开挖长度	m	2950	5434	4889	5525
6	主洞开挖工期	月	22	41	37	42
7	临建量投资	万元	1794	1017	1555	1142
8	工程投资	万元	44197	45642	46179	45494
9	优点		（1）工程总投资小； （2）施工难度小； （3）通风难度较小； （4）工期最短	临建工程投资最小	临时建筑物工程量最小	与方案二相当
10	缺点		临时建筑物工程量大	（1）工程总投资较高； （2）施工难度最大； （3）通风难度最大； （4）工期最长	（1）工程总投资最高； （2）施工难度大； （3）通风难度大； （4）工期较长	与方案二相当

支洞总布置方案一共布置4条支洞，支洞总长度为2323m，相对其他方案，支洞长度最长，但洞内及洞外运距均最短，主洞投资最低。该方案单工作面最长开挖长度为2950m，最大通风距离为3643m，施工难度及通风难度相对其他布置方案均最小，工期最短，施工安全风险相对较小。

支洞总布置方案二和总布置方案四各布置3条支洞，支洞总长度分别为1330m、1530m，两方案支洞长度相近，较方案一缩短约1000m，但其单工作面最大开挖距离分别达到5434m和5525m，最大通风距离分别达到5707m和5262m。依据目前国内同类工程施工经验，钻爆法无轨运输施工风管式通风距离一般控制在3km左右。通风距离越长越难保证洞内施工环境，不仅对通风设备要求更高，对施工管理水平也更高。根据国内施工单位的平均水平，实现如此长距离单工作面掘进难度很大，且施工工期最长，投资较高，增大施工安全风险。

支洞总布置方案三也布置3条支洞，施工支洞长度为1805m，为缩短2号支洞与3号支洞控制主洞掘进长度，将总布置方案二的2号支洞向下游移，但受地形条件限制（越向下游移动支洞出口高程越高，为保证支洞坡度，只能增加支洞长度），调整范围有限，单工作面最大开挖长度仍达到4889m，最大通风距离仍达到5161m，未能有效解决单工作面施工距离过长的问题。因运距最远，该方案投资最高。

综合以上分析，从工程投资、工期、施工通风条件和控制施工安全等因素考虑，施工支洞布置方案一最优，该阶段施工支洞总布置方案推荐支洞总布置方案一。

3. 主隧洞工程施工

根据隧洞工程布置、施工支洞布置及工期要求，主隧洞工程共分4个施工作业区，8

个钻爆施工作业面。1号施工支洞作业区包括 D&B1、D&B2 施工工作面，2号施工支洞作业区包括 D&B3、D&B4 施工工作面；3号施工支洞作业区包括 D&B5、D&B6 施工工作面，4号施工支洞作业区包括 D&B7、D&B8 施工工作面。主洞独头最大开挖长度 2950m，位于4号施工支洞 D&B7 施工工作面；最大通风长度 3643m，位于2号施工支洞 D&B4 施工工作面。主洞施工分区、分段示意图见图 6.5-1。

　　主隧洞主要工程量有洞挖石方 85.08 万 m³，喷混凝土 3.96 万 m³，衬砌混凝土 15.62 万 m³，回填灌浆 14.26 万 m²，固结灌浆 5.46 万 m。

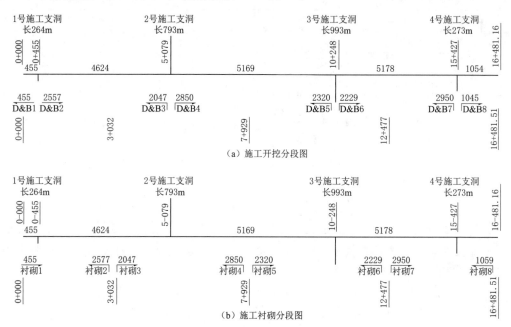

图 6.5-1　主洞施工分区、分段示意图（单位：m）

6.5.2.2　控制闸以后段

　　1. 钻爆法的适应性

　　秦岭隧洞钻爆法施工段全长 42.697km，通过的主要地层为闪长岩、变粒岩、大理岩、花岗岩、片麻岩、片麻岩夹石英片岩等，以硬质岩为主，岩体完整程度较破碎～较完整，节理裂隙不发育～较发育，强富水～弱富水，岩石抗压强度 23.7～242MPa，其中 Ⅱ～Ⅲ 类围岩长 32.589km，占钻爆段 76.33%，Ⅳ～Ⅴ 类围岩长 10.108km，占钻爆段 23.67%。Ⅱ～Ⅲ 类围岩完整性较好，有一定的自稳能力，同时秦岭隧道钻爆段过水断面 6.76m×6.76m，平均开挖断面 46.94～52.12m²，断面适中，钻爆法具有较好的适应性，能够发挥其快速掘进的优势；Ⅳ～Ⅴ 类围岩及断层带采用台阶法或弧形导坑开外留核心土的施工方法并配以必要的超前加固措施，该方法被实践证明是行之有效的。

　　2. 钻爆法的研究结论

　　通过对秦岭隧洞钻爆法快速掘进技术（钻孔、爆破、锚喷支护及二次衬砌等）、施工方法（全断面法及台阶法）、不良地质的施工对策（断层破碎带、突涌水、岩爆及高地应力）、施工组织（施工通风及排水）等的研究表明：

（1）施工中采用先进的钻孔、爆破、支护及衬砌技术，加强管理，借鉴国内成熟经验，完全可以实现钻爆法快速掘进，起到事半功倍的效果。

（2）全断面法及台阶法等不同施工方法研究表明，在Ⅰ～Ⅲ类围岩采用全断面法、在Ⅳ～Ⅴ类围岩采用台阶法或弧形导坑开外留核心土的施工方法是可行的，也是行之有效的。

（3）在断层破碎带、突涌水、岩爆及高地应力等不良地质地段加强超前地质预报工作，判断前进方向工程地质及水文地质条件，以便采用有效的超前加固措施。

（4）通过对施工通风方案的研究，通过工程类比，该工程采用长管路压入式通风方式是可行的。

（5）通过对施工排水方案的研究，秦岭隧洞各斜井反坡施工工区，洞内利用移动或固定泵站将水集中抽排至洞外，出口顺坡及各斜井坡施工工区，排水以自然排水为主的方案是可行的。

综上所述，秦岭隧洞施工采用2台TBM＋钻爆法的施工方案，其中钻爆段总长42697m，包括进出口、10座支洞（总长22367m）及与其相连的主洞钻爆段。该施工方案技术上是可行的，经济上是合理的。

3. TBM的适应性

该隧洞TBM施工段涉及主要地层为花岗岩、闪长岩、变砂岩、石英岩、千枚岩等多种岩层，岩体受地质构造影响较重，地质均匀性较差。岩石饱和抗压强度从30MPa到133MPa，其中Ⅰ～Ⅲ类围岩占78.47%，Ⅳ～Ⅴ类围岩占21.53%。从地层情况来看，TMB适应性良好，对于部分不稳定的断层破碎带，结合超前地质预报，通过TMB自身超前预注浆等设备进行超前预加固及加强初期支护等措施，TBM具备安全快速通过的能力。通过TBM自身具有的硬岩切削能力及不断提高性能的辅助施工设备，TMB既能在硬岩地层掘进，也能适应在部分软弱地层中掘进。而目前敞开式掘进机不断完善的强大支护系统，已经使其能够完全胜任在该种地层中的施工，因此，秦岭隧洞岭脊段采用TBM掘进。

4. TBM的适应性分析结论

通过对秦岭隧洞TBM的适应性、机型、技术参数、后配套、通风方案、运输方式、引进方式、不良地质的施工对策及风险控制等方面的研究，得出以下结论：

（1）秦岭隧洞TBM施工段涉及的主要地层以硬质岩为主，岩石风化程度为弱风化～未风化，完整程度为较完整～完整，属于硬岩～中硬岩地层，TBM施工段以贫水区和弱富水区为主，因此秦岭隧洞采用敞开式掘进机是适应的，能够发挥其快速掘进的优势。

（2）通过对有轨、无轨及皮带运输不同运输方式的比较分析，结合该工程出碴量大、连续运输距离长、TBM开挖后为粉末状等特点，同时考虑秦岭生态区对环保的要求，采用皮带运输系统。这不但提高了出渣的效率，而且大大降低了洞内空气的污染，技术上是可行的，经济上是合理的。

（3）通过对施工通风管路压入式、管路抽出式、压入抽出混合式等不同方案的计算比较，借鉴秦岭铁路平导长距离独头通风科研成果，该工程采用技术成熟、效率高、耗能少的压入式通风方式是可行的。

（4）通过对断层破碎带、突涌水、岩爆及高地应力等不良地质地段施工对策分析，认为施工中一方面加强超前地质预报工作，判断掘进方向工程地质及水文地质条件；另一方面利用敞开式 TBM 不断完善的强大支护系统采取有效的超前加固措施，是可以安全顺利通过的。

（5）秦岭隧洞 TBM 施工段主要穿越花岗岩、闪长岩、变砂岩、千枚岩等多种岩层，完整程度为较完整～完整，属于硬岩～中硬岩地层，岩体受地质构造影响较重，地质均匀性较差，并且 TBM 连续施工的距离长，单台掘进长度达 20km，这些对掘进机刀盘、主轴承、后配套及机械装备等均有较高的要求，为更好地适应秦岭隧洞复杂的地质条件，降低施工风险，该工程 TBM 采用新制造方式是合适的。

综上所述，秦岭隧洞施工采用 2 台 TBM＋钻爆法的施工方案，在秦岭岭脊地段采用两台 TBM 分别自 3 号和 6 号斜井相向施工，总长 39.082km（其中岭南岭脊 TBM 工区 19.102km，岭北岭脊 TBM 工区 19.980km），技术上是可行的。

5. 总体施工方案

依据引汉济渭秦岭隧洞可行性研究报告的总体布局，秦岭隧洞施工采用 2 台 TBM 施工（施工总长度 39082m）为主，钻爆施工（施工总长度 42697m）为辅的施工方案。出口、10 座支洞（总长 22367m）、TBM 组装（拆卸）洞室、支洞与其相连的主洞钻爆段采用钻爆法施工。其中椒溪河、0 号、0_{-1} 号、1 号、2 号、7 号支洞为钻爆法施工区施工支洞，辅助施工主洞。3 号、6 号支洞为 TBM 设备进洞通道，TBM 通过支洞运至井底组装；4 号、5 号支洞为 TBM 中间辅助通风支洞，当 TBM 施工通过 4 号、5 号支洞后，出渣、进料、通风管道等分别改为从 4 号、5 号支洞进出；TBM 拆卸洞设在岭脊地段两台 TBM 贯通面附近，施工拆卸时先将 TBM 沿掘进相反方向倒推 30m，然后通过开挖刀盘侧下方小导洞进入前方 30m 已掘进成洞地段，进行拆卸洞室施工，最后两台 TBM 先后在拆卸洞内拆卸运出。

岭脊 TBM 施工段拟采用二台 φ8.02m、敞开式硬岩掘进机掘进施工，连续皮带机出渣＋有轨进料的运输方案。由于岭脊段围岩较好，基本采用复合衬砌或减糙衬砌，局部围岩较差地段采用加强支护，二次衬砌采用同步衬砌。岭南岭脊 TBM 设备通过 3 号支洞运至井底，在洞内完成调试后向进口方向掘进。施工支洞平面布置示意见图 6.5－2。

6. TBM 选型

秦岭隧洞 TBM 施工段涉及主要地层以硬质岩为主，岩石风化轻微～中等，完整程度为较完整～完整，属于硬岩～中硬岩地层，岩石饱和抗压强度从 30MPa 到 133MPa，岭南围岩透水性较差，绝大部分处于贫水区，岭北围岩透水性较差，绝大部分处于弱富水区，TBM 施工段 Ⅰ～Ⅲ 类围岩占该段的 78.47％，Ⅳ～Ⅴ 类围岩占 21.53％，围岩的自稳能力较好。

（1）敞开式掘进机适应性分析。敞开式 TBM 适应于较完整～完整、有较好的自稳性的硬岩地层（30～150MPa），特别是在硬岩、中硬岩掘进，强大的支撑系统为刀盘提供足够的推力，能充分地发挥出优势。由于开挖和支护分开进行，使敞开式 TBM 刀盘附近有足够的空间来安装一些临时、初期支护的设备如钢拱架安装器、锚杆钻机、超前钻机、喷射混凝土设备等，并可以应用新奥法原理及时、有效地对不稳定围岩进行支护，具备通过

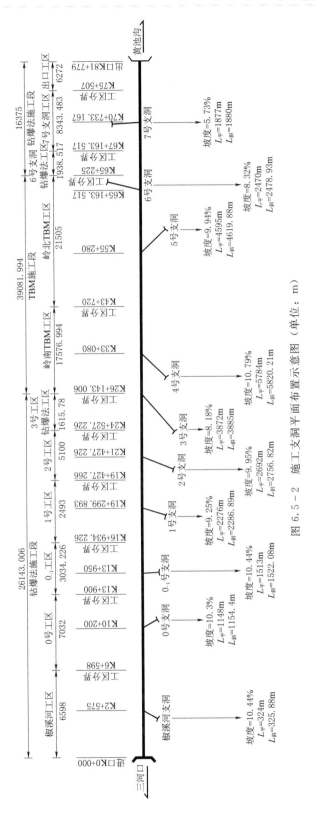

图 6.5 - 2　施工支洞平面布置示意图（单位：m）

较弱围岩、断层等不良地质的能力,可独立地完成不良地质地段的掘进。该隧洞洞身段涉及的地层以硬质岩为主,围岩的自稳能力较好,岩壁能够为 TBM 支撑提供足够的反力,能充分发挥出快速掘进的优势,建议秦岭隧洞采用敞开式掘进机。

(2) 双护盾掘进机适应性分析。在发挥掘进速度的前提下,双护盾掘进机主要适用于较完整、有一定自稳性的软岩～硬岩地层(30～90MPa),而秦岭隧洞采用 TBM 施工段地层以硬质岩为主,饱和抗压强度从 53.5MPa 到 96MPa,岩体较完整且能够提供 TBM 支撑反力,虽采用双护盾掘进机技术上也是可行的,但由于岩石抗压强度较高,秦岭隧洞大部分地段采用锚喷支护,而双护盾全隧洞采用钢筋混凝土管片支护必然造成很大程度的浪费及延长工期,且双护盾设备造价较高,经经济技术比较后,建议该工程不采用双护盾掘进机。

(3) 单护盾掘进机适应性分析。在发挥掘进速度的前提下,单护盾掘进机主要适用于有一定自稳性的软岩(5～60MPa)。秦岭隧洞岩石饱和抗压强度从 30MPa 到 133MPa,单护盾掘进机不适合这种地层且工程投资较高,建议该工程不采用单护盾掘进机。

(4) 复合式盾构适应性分析。复合式盾构主要适用复合地层,如上硬下软,即上部为土层、下部为岩石的地层。在软土地段还可以利用封闭系统对掌子面进行封闭处理,以稳定掌子面。而秦岭隧洞采用 TBM 施工段地层以硬质岩石为主,虽然复合式掘进机可以在该地层中施工,但复合式掘进机造价昂贵,在该地层中不能发挥最好的作用,建议该工程不采用复合式盾构机。

不同掘进机的优缺点对比见表 6.5-6。

表 6.5-6 不同掘进机的优缺点对比表

TBM 类型	敞开式	双护盾	单护盾	复合式盾构
适应范围	硬岩、中硬岩	较完整的软岩	软岩、破碎岩层、土	软岩。破碎岩层、土、不均匀土层或岩层
掘进速度	掘进速度快,但在围岩破碎时很慢,对围岩的变化非常敏感	能够保持在一个较稳定的高速度下掘进,对地层的变化相对没有敞开式敏感	相对较低,在德国和西班牙的山岭岩石隧道中也达到了平均 400m/月以上	相对较低,在德国和西班牙的山岭岩石隧道中也达到了平均 400m/月以上
施工安全	采用初期支护,较安全	采用长护盾及管片衬砌保护,安全	采用长护盾及管片衬砌保护,安全	采用长护盾及管片衬砌保护及掌子面封闭系统,安全
掌子面封闭	采用平面刀盘,利用平面刀盘稳定掌子面	采用平面刀盘,利用平面刀盘稳定掌子面	采用平面刀盘,利用平面刀盘稳定掌子面	采用掌子面封闭系统稳定掌子面
出渣方式	皮带机,出渣速度快,适合长距离掘进	皮带机,出渣速度快,适合长距离掘进	皮带机,出渣速度快,适合长距离掘进	螺旋输送机,在长距离掘进时,掘进一定距离后需进行检修或更换螺旋输送机
衬砌同步施工	复杂、困难,影响掘进速度	技术成熟	技术成熟	技术成熟
衬砌质量	采用符合衬砌,现浇,质量好	管片衬砌,采用螺栓连接,施工缝多,相对较差,后期管片也可能会出现错台、裂缝	管片衬砌,采用螺栓连接,施工缝多,相对较差,后期管片也可能会出现错台、裂缝	管片衬砌,采用螺栓连接,施工缝多,相对较差,后期管片也可能会出现错台、裂缝

续表

TBM 类型	敞开式	双护盾	单护盾	复合式盾构
防排水	可以排、堵结合，可靠性高	一般采用以堵为主，拼装缝多，可靠性较低，在裂隙水发育时，可能使管片承受水压，拼装缝可能漏水	一般采用以堵为主，拼装缝多，可靠性较低，在裂隙水发育时，可能使管片承受水压，拼装缝可能漏水	一般采用以堵为主，拼装缝多，可靠性较低，在裂隙水发育时，可能使管片承受水压，拼装缝可能漏水
监控量测	能对隧道变性进行量测	不能	不能	不能
结构耐久性	好	较好	较好	较好
超前支护	灵活	不灵活	不灵活	需停机后特殊处理
进度	300～500m/月	300～800m/月	300～450m/月	20～350m/月
掘进机造价	每米直径大约110万欧元，还与后配套有关	为敞开式的1.2～1.3倍	介于敞开式与双护盾式之间	介于敞开式与双护盾式之间
隧道造价	较高	高	高	较高

本隧洞洞身 TBM 段主要穿越石英片岩、花岗岩、闪长岩、变砂岩、千枚岩等多种岩石，其岩石饱和抗压强度见表 6.5－7。

表 6.5－7　　　　　　　　　秦岭隧洞 TBM 施工段围岩特性

围岩分类	岩　性	分级评判主要参数		
		岩石饱和抗压强度/MPa	岩体完整性系数	岩石耐磨性/(1/10mm)
Ⅰ	花岗岩	133.0	＞0.75	＜5
Ⅱ	花岗岩	114.0	0.75～0.65	
	闪长岩	100.2		
Ⅲ	花岗岩	114.0	0.65～0.45	
	闪长岩	73.9		
	石英片岩	97.9		
	变砂岩	73.9		
Ⅳ	花岗岩	30～60	0.45～0.30	
	闪长岩			
	变砂岩			
	石英岩			
	绿泥绢云千枚岩			
	碎裂岩及糜棱岩	30～60	0.30～0.25	
	炭质千枚岩	15～30		
Ⅴ	第四系松散物及断层泥砾带	＜15	＜0.25	

根据《铁路隧道全断面岩石掘进机法技术指南》（铁建设〔2007〕106 号），开敞式掘进机适用岩石整体较完整～完整，有较好自稳性的硬岩地层（50～150MPa），而该工程除局部断层及断层影响带围岩较破碎、抗压强度较低外，其余岩石饱和抗压强度均为 30～133.0MPa，故推荐秦岭隧洞采用敞开式 TBM。

7. 施工支洞布置方案比选

根据引汉济渭工程总体布置方案，秦岭隧洞全长 81.779km，为超长距离输水隧洞，结合国内相关专家对秦岭隧洞施工方法的论证意见，即秦岭隧洞岭脊段采用 2 台 TBM 施工，两端进出口段采用钻爆法施工的意见，对秦岭隧洞施工支洞布置方案进行比选。

经过对该工程地形地质条件分析，结合主隧洞工程布置、施工方法及工程控制性工期要求，分为进口钻爆段、出口钻爆段和岭脊 TBM 施工段三部分对施工支洞布置方案进行比选分析。

（1）进口钻爆段。采用钻爆法施工隧道的独头施工通风距离一般在 4.5km 以内，在此基础上，结合进口钻爆段沿线地形地貌、地质条件及施工方法、工期等因素，同时考虑进口位于三河口水库坝后右侧山体内，没有施工工作面，因此综合考虑对隧洞进口钻爆法施工段共布设 6 条施工支洞，作为辅助施工进口钻爆段支洞。对于独头通风距离大于4.5km 的段落，通过采用进口通风设备并结合科研工作，在技术上是可以实现的。

（2）出口钻爆段。该段落施工支洞布置条件较差，考虑到采用进口通风设备并结合科研工作，钻爆法独头通风距离可达到 6km 左右，并结合沿线地形地貌、地质条件及施工方法、工期等因素，同时考虑出口本身具有一个施工工作面，出口钻爆法施工段共布设 2条施工支洞，与出口同时施工出口钻爆段。

（3）岭脊 TBM 段施工支洞方案。鉴于秦岭隧洞进出口钻爆法施工段支洞选择相对较容易，且该段工程工期、通风、出渣等均不是制约工程施工的控制性因素。制约工程工期、通风、出渣、进料等岭脊约 39km 的 TBM 施工段，该段隧洞穿越秦岭主峰，地形起伏较大，施工支洞设置特别困难，施工通风、出渣、反坡排水距离长等是工程难点。因此，岭脊段辅助坑道选择及如何布置，成为秦岭隧洞岭脊段能否安全实施、风险降低到最小的关键。以下针对岭脊段辅助坑道的比选进行详细论述。

1）岭脊 TBM 段不设辅助坑道，其平面布置示意见图 6.5 - 3。

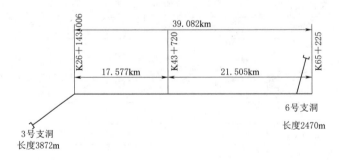

图 6.5 - 3　无辅助坑道平面布置示意图

施工布置：岭脊段约 39km 采用 2 台敞开式 TBM 进行施工，2 台 TBM 分别从岭南 3号及岭北 6 号支洞运输进入主洞，于井底进行组装、调试、掘进，岭脊交汇处作为拆卸洞室进行拆卸转场。存在问题如下。

a. 3号支洞工区施工通风距离为21.449km，6号支洞工区施工通风距离为23.975km，据调研及施工通风阶段性科研报告可知，岭脊段不设辅助坑道时，TBM施工段的通风方式理论可采用纵向接力通风、钢风管加柔性风管、玻璃钢风管加柔性风管、风道加柔性风管以及混合式通风方式实现，但目前国内外均无类似工程实例，施工通风风险较大。

b. 3号、6号支洞工区出渣采用固定皮带运输机＋连续皮带运输机方式出渣，两台连续皮带运输机出渣距离长达17.577km及21.505km，洞内皮带运输机功率较大，实施较为困难，出渣风险较大。

c. 秦岭隧洞控制性工期为岭脊TBM施工段，岭脊段地质条件较为复杂，且2台TBM单机连续掘进长达约20km，施工中存在不确定因素较多，施工及工期风险较大。

d. 岭脊段长约39km，运营期检修较为困难。

综上所述，当岭脊段不设置辅助坑道时，其施工通风、工期、出渣、排水等风险较大，因此不采用该方案。根据2009年陕西省引汉济渭工程秦岭特长隧洞设计方案论证会专家意见，为解决施工通风难题，TBM施工区段各设1座通风井是必要的。

2）岭脊TBM段设置辅助坑道。岭脊段约39km采用2台敞开式TBM进行施工，2台TBM分别从岭南3号及岭北6号支洞运输进入主洞，于井底进行组装、调试、掘进，岭脊交汇处施作拆卸洞室进行拆卸转场运出。岭南、岭北TBM施工长度分别为17.577km和21.505km，结合岭脊段地形地貌，考虑到施工通风、出渣、排水等因素，并结合越岭段技术方案专家论证会意见，为解决岭脊段施工通风难题，岭脊段TBM施工区各设1座通风井是必要的（岭南TBM段设4号支洞，岭北TBM段设5号支洞）。以下针对竖井、有轨斜井、无轨斜井等不同形式的辅助坑道方案进行论述。

a. 竖井加横通道方案。施工布置：由于岭脊段埋深大且洞线上方位于环境保护核心区域，采用竖井方案时需同时设置横通道，以便将竖井口放置在环保区外，以满足施工及环保要求。采用该方案时，4号竖井井深600m，井底与主洞水平距离为1600m，与主洞交汇里程为K33＋080；5号竖井井深550m，井底与主洞水平距离1500m，与主洞交汇里程为K56＋100。竖井加横通道方案平面布置示意图如图6.5－4所示。

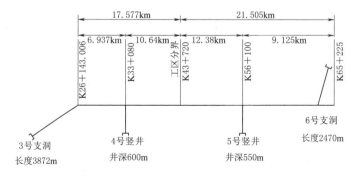

图6.5－4　竖井加横通道方案平面布置示意图

优缺点为：①施工通风距离缩短，降低施工通风风险。岭脊段辅助坑道采用竖井方案后，施工通风长度被分为四段，其长度分别为 10.809km、12.840km、14.430km、11.595km。施工通风长度分布较均匀，且在工程中可以实现。②提供检修洞室能力。设置竖井后，可以通过竖井横通道与主洞交汇处预留检修通道，以进行设备检修，降低 TBM 单机连续掘进距离过长的风险。③为 TBM 施工提供超前地质预报。通过竖井及横通道的施工，为 TBM 掘进机通过该段提供地质超前预报作用。④竖井方案其井深为 550~600m，且不在主洞正上方，需通过 1500~1600m 的横通道连接，竖井及横通道施工难度较大。（类似工程实例：终南山公路隧道 2 号竖井深 661m，直径 11.2m，3 号竖井深 395m，直径 11.5m，均已成功实施并投入运营）。⑤出渣、进料均从 3 号、6 号支洞进出，出渣、进料距离较长，费用较高。⑥竖井辅助主洞施工能力差，且不能作为后期检修通道，运营期检修较为困难。⑦施工时需要配备专门的竖井提升设备。⑧工程规模相对较小，工程总造价相对较低。

b. 倾角为 21°有轨运输支洞方案。施工布置：采用倾角为 21°（即坡度为 37%）的有轨运输支洞方案时，4 号支洞长 1709m，与主洞交汇处为 K33+080；5 号支洞长 1598m，与主洞交汇处为 K56+100。此方案中，有轨支洞可以作为出渣、进料、施工通风辅助坑道。倾角为 21°有轨运输支洞方案平面布置示意见图 6.5-5。

图 6.5-5 倾角为 21°有轨运输支洞方案平面布置示意图

优缺点为：①施工通风距离缩短，降低施工通风风险。岭脊段辅助坑道采用 21°有轨支洞方案后，施工通风长度被分为四段，其长度分别为 10.809km、12.349km、13.978km、11.595km。施工通风长度分布均匀，且在工程中可以实现。②提供检修洞室能力。可以在有轨支洞与主洞交汇处预留检修通道，以进行设备检修，降低 TBM 单机连续掘进距离过长的风险。③为 TBM 施工提供超前地质预报。通过有轨支洞的施工，为 TBM 掘进机通过该段提供地质超前预报作用。④有轨支洞长度较长（斜长达 1709m、1598m），坡度较陡（37%），其自身建井难度较大。（类似工程实例：海石湾煤矿斜井全长 1780m，坡度 46.63%，断面大小约 18.6m²；清水营煤矿斜井全长 1518m，坡度 46.63%，断面大小约 15m²，均已成功实施并投入运营）。⑤当 TBM 通过 4 号、5 号支洞后，出渣、进料改移至 4 号、5 号支洞进入，起到节省工程投资及降低风险的作用。⑥有轨支洞辅助主洞施工能力较差，且不能作为后期检修通道，运营期检修较为困难。⑦由于有轨支洞坡度较大（大于 25%），施工时需配备特殊卷扬机设备及特殊皮带机（带挡板的皮带机)。⑧工程规模相对较小,工程总造价相对较低。

c. 倾角为14°有轨运输支洞方案。施工布置:采用倾角为14°(即坡度为25%)的有轨运输支洞方案时,4号支洞长2500m,与主洞交汇处为K35+000;5号支洞长2200m,与主洞交汇处为K55+300。此方案中,有轨支洞可以作为出渣、进料、施工通风辅助坑道。倾角为14°有轨运输支洞方案平面布置示意见图6.5-6。

图6.5-6 倾角为14°有轨运输支洞方案平面布置示意图

优缺点为:①施工通风距离缩短,降低施工通风风险。岭脊段辅助坑道采用14°有轨支洞方案后,施工通风长度被分为四段,其长度分别为12.729km、11.220km、13.780km、12.395km。施工通风长度分布均匀,且在工程中可以实现。②提供检修洞室能力。可以在有轨支洞与主洞交汇处预留检修通道,以进行设备检修,降低TBM单机连续掘进距离过长的风险。③为TBM施工提供超前地质预报。通过有轨支洞的施工,为TBM掘进机通过该段提供地质超前预报作用。④有轨支洞倾角为14°(即坡度为25%),支洞长度大于2km,分别为2.5km和2.2km,自身建井施工难度较大,且长度大于2km的有轨支洞工程实例较为罕见。⑤当TBM通过4号、5号支洞后,出渣、进料改移至4号、5号支洞进入,起到节省工程投资及降低风险的作用。⑥有轨支洞辅助主洞施工能力差,且不能作为后期检修通道,运营期检修较为困难。⑦由于支洞较长,施工时需要配备两套卷扬机设备,但出渣时无须采用特殊皮带。⑧工程规模相对较小,工程总造价相对较低。

d. 无轨运输支洞方案。施工布置:采用无轨运输支洞方案时,4号支洞长5784m,与主洞交汇处为K33+080;5号支洞长4595m,与主洞交汇里程为K55+280。此方案中,无轨支洞可以作为出渣、进料、施工通风辅助坑道,并具备较强的辅助主洞施工能力。无轨运输支洞方案平面布置示意图见图6.5-7。

优缺点为:①施工通风距离缩短,降低施工通风风险。岭脊段辅助坑道无轨支洞方案后,施工通风长度被分为四段,其长度分别为16.129km、11.104km、16.155km、12.415km。施工通风长度分布较均匀,且在工程中可以实现。②提供检修洞室能力。可以在无轨支洞与主洞交汇处预留检修通道,以进行设备检修,降低TBM单机连续掘进距离过长的风险。③为TBM施工提供超前地质预报。通过有轨支洞的施工,为TBM掘进机通过该段提供地质超前预报作用。④无轨支洞虽然长度较长,但坡度较缓,施工难度相对较小,自身施工风险相对较低。⑤当TBM通过4号、5号支洞后,出渣、进料改移至

图 6.5 - 7　无轨运输支洞方案平面布置示意图

4 号、5 号支洞进入，起到节省工程投资及降低风险的作用。⑥无轨支洞辅助主洞施工能力较强，且从工期考虑，具备辅助主洞施工的时间，可以降低工期风险。⑦无轨支洞可以作为后期检修通道，运营期检修较为方便。⑧工程规模较大，工程总造价较高。

岭脊段辅助坑道设置方案比较见表 6.5 - 8。

表 6.5 - 8　　　　　　　　　岭脊段辅助坑道设置方案比较表

方案比较项目		竖井	有轨支洞		无轨支洞
			倾角 21°	倾角 14°	
最大通风距离 /km	岭南	12.840	12.349	12.729	16.129
	岭北	14.430	13.978	13.780	16.155
提供 TBM 设备检修		√	√	√	√
提供超前地质预报		√	√	√	√
辅助坑道功能	通风	√	√	√	√
	出渣	×	√	√	√
	进料	×	√	√	√
	排水	×	√	√	√
辅助主洞施工		×	×	×	√
运营期检修		×	×	×	√
自身建井难度		较高	高	高	较易
特殊设备		竖井提升设备	卷扬机＋特殊皮带机	两套卷扬机	
工程投资估算 /万元	岭南	26852	27455	26808	33471
	岭北	30039	30514	29774	34352

注　工程投资含洞内出渣、特殊设备、自身建井费用。

3）结论。对以上各种辅助坑道布置方案进行组合比较，结合施工通风风险、工期风险、工程投资、支洞实施的难易程度、现场试验洞的现状及运营期隧洞的检修等因素综合考虑，秦岭隧洞岭脊段施工支洞推荐采用无轨支洞（4 号支洞）＋无轨支洞（5 号支洞）的实施方案。采用该方案时，尽管工程投资较大，但支洞施工较易，可兼作运营期检修通道，满足通风、出渣、进料、TBM 检修等功能，可以对主洞 TBM 段做较长洞段的地质超前预报，并具备辅助主洞施工的作用。

第7章 引汉济渭工程移民、环境
保护及水土保持

7.1 移民安置规划中重点问题研究

7.1.1 移民补偿标准研究

引汉济渭的补偿补助标准与其他水利工程一样，处于十分重要的基础地位，它直接关系到移民群众的切身利益，同时也关系到移民安置工作能否顺利开展，及时制定、出台符合实际、利于操作的补偿（补助）标准十分必要，也是移民安置工作首先要解决好的问题。

引汉济渭工程自 2007 年年底开始前期调查工作以来，陕西省移民办和引汉济渭办经过慎重研究，多方征求意见，决定对试点范围内的补偿补助暂按临时控制标准执行，待国家批复移民规划后，为移民统一按照批复标准补足差额部分。移民补偿标准先后经历了两个阶段，分别是 2010 年 4 月省移民办印发的《关于印发三河口水库移民安置试点实施各类项目补偿（补助）临控标准的通知》和 2014 年 4 月陕西省库区移民工作领导小组办公室和陕西省引汉济渭工程协调领导小组办公室印发的《引汉济渭工程建设征地移民安置实施各类项目补偿（补助）标准的通知》。以上两个标准的颁布和运行，很好地解决了需要先期开展搬迁所涉及补偿兑付问题，顺利解决了搬迁标准问题，实施了试点工作项目投资的有效控制，同时推进了引汉济渭工程移民搬迁持续高效地运行，保证了移民安置投资概算控制。

7.1.1.1 补偿标准的制定依据

引汉济渭工程的补偿（补助）标准制定的依据是各项法律、法规和规范，按照我国水利工程目前补偿标准需要依据的法律法规主要包括以下几个方面。

（1）国家的法律法规。主要包括《大中型水利水电工程建设征地补偿和移民安置条例》（国务院令第 679 号）、《中华人民共和国土地管理法》（2004 年 8 月 28 日修订实施）、《水利工程设计概（估）算编制规定》、《中华人民共和国耕地占用税暂行条例》（国务院令第 511 号）等。

（2）地方配套的法律法规。主要包括《陕西省实施〈中华人民共和国土地管理法〉办法》（2000 年 1 月 1 日起施行）、《陕西省人民政府关于贯彻〈中华人民共和国耕地占用税暂行条例〉的有关规定》、《陕西省人民政府办公厅关于印发全省征地统一年产值及区片综合地价平均标准的通知》（陕政办发〔2010〕36 号）等。

（3）建设征地区社会经济的基础资料。主要包括社会经济统计年报、材料信息价格、村组基本情况等。

7.1.1.2　主要实物补偿标准的制定计算办法

1. 土地的补偿标准

土地测算按照建设征地区域涉及乡镇前三年的统计报表分析，以三年平均亩产量加权平均后乘以主产品产值，副产品产值按照主产品的 10％计算，考虑农产品产值递增因素计算到规划水平年得到。用以上计算的成果和《陕西省人民政府办公厅关于印发全省征地统一年产值及区片综合地价平均标准的通知》（陕政办发〔2010〕36 号）进行对比，取两者的高值。

2. 林地和林木的补偿标准

依据《陕西省征用占用林地及补偿费征收管理办法》（陕西省人民政府 1994 年 9 月 8 日）第三章第十三条第一、第四款规定，关于林地补偿费：乔木林（用材林）按当地中等耕地单位面积平均年产值的 2～3 倍补偿；珍贵树种林地、经济林地按 5～6 倍补偿；灌木林地按乔木林（用材林）的 40％～60％补偿；关于林地安置补助费：以安置的人口为依据，按照当地中等耕地单位面积平均年产值的 2～4 倍补偿。

按照《陕西省征用占用林地及补偿费征收管理办法》（陕西省人民政府 1994 年 9 月 8 日）第三章第十三条第二款规定，成熟林按出材量实际价值（出材量和平均售价）补偿 50％～100％；有收益的经济林木按前 3 年平均产值的 3～4 倍补偿；对发挥防护效益的灌木林参照人工幼林标准补偿，人工幼林按照实际造林投资的 3～4 倍补偿。

3. 房屋的补偿标准

在建设征地区内选取具有典型代表性的框架、砖混（一类和二类）、砖木、土木结构房屋，进行各类房屋重置价的测算。

根据 2014 年 3 月在洋县、佛坪、宁陕三县收集到的《汉中市各县（区）建安工程材料价格信息》（2013 年 12 月刊）和《安康工程造价管理信息》（2013 年 12 月刊）两份材料，结合《陕西省建筑装饰工程价目表》（陕建发〔2009〕1999 号）、《陕西省建设工程工程量清单计价费率》（2009）及《陕西省住房和城乡建设厅关于调整房屋建筑和市政基础设施工程税率的通知》（陕建发〔2012〕232 号）确定房屋重置价中的材料价格、人工费、劳动保险费、企业利润及税金等费用，并按市场价格调差得出各类结构房屋的重置价格。

工程的典型房屋测算标准分别为：

（1）框架和砖混结构：进户门（钢质），房屋内部毛墙毛地、无装修（包含上下水）；

（2）砖木和土木结构：进户门（木质），房屋内部毛墙毛地、无装修（包含上下水），木框玻璃窗户。

通过对黄金峡和三河口建设征地区内的各类房屋重置价的计算，测算价格从高到低均依次为宁陕县、佛坪县、洋县。按照同库同标准及同工程同标准的处理原则，黄金峡水库的房屋测算补偿标准按引汉济渭工程统一测算值进行计列。其中框架结构房屋仅黄金峡库区有实物量，因此该类型补偿（补助）标准按照对洋县的框架结构典型房屋的测算结果进行计列。

7.1.1.3 补偿标准制定的几点经验

1. 依法依规

补偿标准的制定过程中做到依法依规是最基本的要求。依法依规制定补偿标准是保障水利水电工程依法移民的基本原则和规范，凡是国家有规定的，必须严格执行，不得随意突破国家标准规定。依法依规移民的好处是既能保障移民应有的合法权益，又能保障项目建设符合国家的规定。目前，我国水利水电工程移民的技术规范相对比较完善，无论地方政府、项目法人，还是移民都要遵循法律法规、履行自己的义务、享有自己的权益。按照一定的程序和法律规范要求进行移民设计，处理各种利益关系都应该在法律的基础上进行。移民规划的标准制定要从实际出发，执行好政策，做到有依据、合规定。

2. 公平、公正、公开

补偿标准制定过程中，要始终坚持"公平、公正、公开"的原则。补偿标准最终实施时要公开面对移民、面对地方政府。在制定的过程中，其计算基础数据的来源、计算的依据和计算的办法均本着公平、公正、公开的原则，既能消除移民群众的顾虑，又能让地方政府参与到标准制定中。标准制定的是一个集思广益、实事求是的过程。采用这种方式制定的标准，通过审定向社会公开，能够得到广大移民认可。说明这是一种非常成功和有效的标准制定原则和方式。

3. 充分调研

补偿标准制定的基本资料，需要到工程修建地区做深入的调查研究，采集第一手的数据，才能够真实有效地反映社会经济状况，才能够实事求是地反映当地的价格水平，才能符合当地的实际。因此，引汉济渭工程补偿标准制定过程中，在佛坪县、宁陕县、洋县分别成立调查工作组，紧密配合当地物价、农业、建筑、乡镇干部，查阅年检，市场调查，统计成果，取得最基本的和最真实的数据，为制定出合适的标准打下坚实的基础。

4. 因地制宜

补偿标准制定还要因地制宜，也就是说引汉济渭工程有些补偿标准是为了满足和适应工程和实际发生的问题需要而产生的标准。例如饮水及电力入户补助费，这项费用主要是用于移民搬迁后饮水及电力配套的安装费用，按照人均 400 元计列。这项补助标准的产生是基于工程建设地位于陕南地区，饮水电力配套设施装配往往不能够及时和不在规划范围，需要单独收取相关费用而设置的一项补助标准。

补偿补助标准的项目与实物调查一致，引汉济渭调查时房屋装修是以项目和面积来登记的，这种统计方式是引汉济渭工程特点之一，在实施过程中，由于装修项目种类繁多，为了统一标准，便于沟通，需要化繁为简，统一标准，既能够照顾群众的利益，又能够具有可操作性。

7.1.1.4 小结

移民补偿标准，关系着移民的切身利益，科学合理符合实际的补偿标准，能够让移民群众从被动移民的搬迁过程里适应和安定下来，也能够顺利推动工程的实施，是参与工程利益共享的一种重要的途径，必须十分重视和非常圆满地完成。

7.1.2 移民安置问题研究

移民安置在水利水电工程中具有非常重要的地位，移民安置工作是保证水利水电工程顺利实施的保障，做好水利水电工程建设征地移民安置规划必须结合工程当地实际，正确运用法律法规，深入调查分析，充分考虑移民意愿，全面考虑各方利益，科学规划。

7.1.2.1 引汉济渭移民安置规划

1. 规划设计依据

法律法规主要包括：《大中型水利水电工程建设征地补偿和移民安置条例》（国务院令第 679 号）、《水利水电工程建设征地移民设计规范》（SL 290—2009）、《中华人民共和国土地管理法》（2004 年 8 月 28 日修订）、《陕西省人民政府办公厅关于进一步加强大中型水库移民安置工作的通知》（陕政办发〔2008〕122 号）、《土地利用现状分类》（GB/T 21010—2017）等。

基础资料主要包括经济和近三年社会发展统计年鉴，涉及乡、村、组的农业统计年报资料，安置区基本情况资料，地方政府制定的水库移民安置方案。

2. 农村移民安置指导思想

坚持工程建设、移民安置与生态保护并重，充分尊重移民意愿，维护社会的和谐稳定。贯彻开发性移民方针，采取前期补偿、补助和后期生产扶持的办法，因地制宜、合理开发当地资源，逐步形成适宜安置区的产业结构，保证"搬得出、稳得住、能致富"，妥善安置移民。

3. 农村移民安置规划原则

根据资源地域分布的实际情况，借鉴陕西省境内已建大中型水库移民安置方面的成功经验，并结合该地区实际情况，拟定该水库移民安置的原则是：

（1）以人为本，保障移民的合法权益，满足移民生存与发展的需求。

（2）坚持"三为主"移民安置原则，即以有土安置为主、大农业安置为主、本县安置为主。

（3）在安置区调整一份与当地村民相同等的承包地、宅基地、自留地，不断改善移民生活、生产的条件，通过发展生产，不断增加移民经济收入，提高移民生活水平。

（4）顾全大局，服从国家整体安排，兼顾国家、集体、个人利益。正确处理国家、地方和移民个人之间的关系，尊重移民的意愿，坚持政府意向和群众意愿相结合的原则。

（5）坚持开发性移民方针。充分利用库区、安置区的自然资源，大力发展种植业、养殖业和农副产品加工业，调整农业产业结构，不断提高移民的粮食和经济收入，使移民搬迁后的生活尽快达超搬迁前的水平。

（6）因地制宜，统筹规划。坚持综合开发和优化利用资源的原则。移民环境容量分析和规划方案的拟订不仅要综合考虑安置地区自然资源条件、经济发展水平和经济发展规划，还要考虑对安置地原居民的影响程度，以及考虑移民生产、生活习惯和水平，并且在安置后耕地资源的数量和质量配置上，移民与安置区居民相一致。

（7）对淹没区内的耕地、居民点等，具有防护条件的，应当在经济合理的前提下，考虑采取修建防护工程等防护措施，减少淹没损失。

（8）农村移民安置要与当地的经济发展、资源开发、水土保持和环境保护相结合，促进安置区经济的可持续发展和生态环境的良性循环。

（9）对安置区的交通、供水供电和文化、教育、卫生等设施，在考虑原有的水平和移民安置后的情况下，应按有关规定进行经济合理地调整配置。

7.1.2.2 引汉济渭工程移民安置总体思路

引汉济渭工程移民搬迁安置时既要考虑到地方政府从社会发展角度不愿意这部分社会资源转移或者流失，又要考虑群众生活习惯难以改变、故土难离不愿意远迁的基本想法。因此，工程搬迁安置的总体思路是按照以下方式进行：

（1）佛坪县、宁陕县、洋县、周至县均采用移民安置在本县境内的方向进行设计和规划，最大程度地切合当地政府的发展思路和移民的意愿。

（2）因地制宜科学规划，采用集中安置、分散安置、自主安置、集镇安置等多渠道并用的安置方式进行移民安置。

（3）坚持大农业安置为主的安置思路，有条件的移民可采用其他方式进行生产安置。

（4）充分利用库周剩余资源，搬迁安置与生产安置协调一致。

本着以上几点设计总体思路，引汉济渭工程的移民安置最终设计成果为：

引汉济渭工程搬迁安置移民 10375 人，其中集镇安置 4244 人，农村安置 6131 人。农村安置中集中安置点安置 2872 人，自主安置 978 人，分散安置 2281 人。详见表 7.1-1。

表 7.1-1　　　　　　　　　　引汉济渭工程移民搬迁安置规划表　　　　　　　　　单位：人

工程项目		农村搬迁人口安置规划				集镇搬迁人口安置规划			合计
		分散安置	农村集中安置	自主安置	小计	集镇单位	农村进集镇人口	小计	
黄金峡水库	库区	1012	1558	629	3199	692	1113	1805	5004
	坝区	92			92				92
	集中安置点新址			15	15	143		143	158
	库周交通复建区								
	小计	1104	1558	644	3306	835	1113	1948	5254
三河口水库	库区	496	1230	334	2060	177	1962	2139	4199
	坝区								
	集中安置点新址		84		84	157		157	241
	库周交通复建区	85			85				85
	小计	581	1314	334	2229	334	1962	2296	4525
秦岭输水隧洞		446			446				446
其他工程		150			150				150
合计		2281	2872	978	6131	1169	3075	4244	10375

引汉济渭工程生产安置移民 9401 人，其中大农业安置 4868 人，自谋职业安置 1596 人，黄金峡水库库尾防护生产安置 2937 人。详见表 7.1-2。

表 7.1－2　　　　　　　　　　引汉济渭工程农村移民生产安置规划表　　　　　　　　单位：人

生产安置规划	黄金峡水库		三河口水库		秦岭隧洞	其他工程	小计
	库区	坝区	库区	坝区			
大农业有土安置	1506	108	2715	74	315	150	4868
自谋职业安置	885		711				1596
库尾防护工程	2937						2937
小计	5328	108	3426	74	315	150	9401

7.1.2.3 移民安置的特点及思考

1. 三河口水库移民安置地处陕南山区基础设施工作量大，水电路配套难度大

引汉济渭工程三河口水库地处秦岭南麓的佛坪县和宁陕县，这里高程约 640m，属于秦岭深山区，佛坪县和宁陕县的山地面积占到土地面积的 90% 左右，其地貌特点是"九山半水半分田"。由于这种特殊的地理条件，在移民安置中选择集中安置点和集镇新址将会受到很大的限制，寻找相对平坦、易于布置、工程量小的地点对移民规划设计是一项巨大的挑战。需要参与规划设计的地方政府和设计单位在移民安置点选址时做大量的现场踏勘和比较。

设计思路是首先考虑备选地点有无地质灾害问题，其次要考虑修建安置点的场地适宜性，最后还要考虑配套的水、电、路的难度系数。例如三河口水库在选择农村集中安置点时，原先准备多修建几个中小型安置点来就近安置移民，可是备选的安置点总有一些方面不满足需要。有的安置点地质、场地方面条件好可是海拔高，修建道路工程量巨大；有的安置点水电路条件好，可是有地质滑坡隐患；有的安置点地理位置好，水电路方便可是周边边坡处理及地基处理投资大，总有一些不尽人意之处。因此，在陕南山区有限的条件下如何能够尽可能地节约用地，节省投资，因地制宜选择安置点是很大的挑战。最终经与地方政府多次工作协调，按照移民意愿，调整工作思路，移民集镇和集中安置点人员多，分散安置人员少。三河口水库安置成果是在条件适宜的地方修建三个集镇安置点，即梅子、石敦河、十亩地；六个农村集中安置点，即寇家湾、干田梁、油坊坳、徐家城、五四村、马家沟。

2. 移民搬迁意愿变更、地方政府发展规划调整

引汉济渭工程建设周期较长，自 2009 年编制完成《建设征地移民安置规划大纲》之后，随着时间的推移和社会的发展，移民安置设计中遇到的一个问题是移民搬迁去向意愿的变更和地方政府发展规划思路的调整，这个问题的发生是十分正常也是不可避免的。

移民搬迁意愿变更的原因：由于移民对搬迁的期望发生变化。比方说原先只考虑安置地点距离的远近和生活便利程度，而随着周边环境和情况发生变化后，例如有新的集镇或城镇的规划，移民就会考虑问题能否享受周边基础配套、集镇经济发展的龙头效应、未来发展趋势等问题，三河口水库移民安置呈现出以集镇迁建为中心，以农村集中安置点为补充的安置地点分布格局，就是移民搬迁意愿发生变更的表现。

地方政府规划调整的原因是随着地方经济的发展，规划思路与布局调整，原先移民安置的布局和方式有所变更。城镇化进程同样影响着引汉济渭工程移民安置，作为一种发展

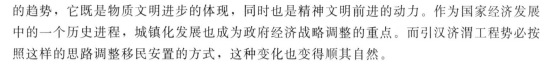

的趋势，它既是物质文明进步的体现，同时也是精神文明前进的动力。作为国家经济发展中的一个历史进程，城镇化发展也成为政府经济战略调整的重点。而引汉济渭工程势必按照这样的思路调整移民安置的方式，这种变化也变得顺其自然。

3. 三河口水库生产安置容量不足，以林地资源进行补充

集镇安置可以很好地解决生活和发展的问题，而随之而来的因为山区群众靠山吃山的生活习惯改变需要过程，远迁后需要解决生产安置的问题。在生产安置设计时需要考虑周边可供利用的耕地资源有限的现状。根据三河口水库处于陕南山区的特征，将林地作为山区群众重要经济来源的一部分，将其纳入生产安置标准与耕地资源共同解决生产安置是切合当地实际的一种生产安置方式。

4. 黄金峡水库移民安置意愿集中，做好统筹协调工作十分重要

黄金峡水库地处洋县，是陕南汉中盆地东缘，古为"汉上明珠"。修建水库后，处于峡谷段的群众希望借水库移民的机会搬迁至县城周边。随着城镇化进程的深入，希望在县城周边安置的移民意愿呈现集中的态势，而洋县县城周边的安置点容量有限，难以接纳大量移民的集中迁入。移民规划设计根据情况，做好统筹协调，充分调查研究，最大利用安置容量，合理引导移民意愿，最终选定 1 个集镇金水集镇，10 个农村集中安置点：五郎庙、孤魂庙、草坝、万春、柳树庙Ⅰ、柳树庙Ⅱ、二柳树庙Ⅲ、磨子桥、张村、常牟。选定的这 10 个农村集中安置点都是地处洋县县城周边，交通便利，经济条件较好，环境容量充足，移民接纳程度高的地点，移民搬迁到这里后，能够很快适应并融入当地社会。

5. 充分利用库周剩余资源

水库修建后，淹没的人口和耕地数量不是完全成比例分布，一般说来淹没人口多的村组淹没耕地也相对多，搬迁安置时会考虑生产安置的方式和地点需要和搬迁安置配套，即移民生产和居住位置基本协调，要处于合理的耕作半径之内，这样的搬迁思路同时也可以避免库周剩余大量资源而移民远迁居住的困局。

按照库周剩余资源充分利用的原则，移民安置去向与原先村组耕地布局和人口居住地点有很大关系。例如黄金峡水库黄家营镇菜坝村，由于移民居住在汉江边，而大部分耕地位于淹没区之外，该村的移民搬迁人口远大于生产安置人口，在耕地资源充分利用设计条件下，搬迁去向是需要本村或相邻村组后靠，而当地村民搬迁意愿是在县城周边安置，这就产生了不一致的矛盾。最终解决方式是采用以下思路：坚持充分利用库周资源的原则，努力改善本村基础设施条件，鼓励移民本村后靠；既是生产人口又是搬迁人口的移民按照意愿到县城周边安置；有生存技能且不在县城周边大农业生产安置的移民可安置到县城周边集中安置点或自主安置。

7.1.2.4 小结

做好水利水电工程建设征地移民安置规划设计首先就要做好与当地情况的结合，制定与当地情况一致的设计原则和思路，遵循各项政策法规，结合当地社会经济与发展规划，深入调查分析，从多个方面进行考虑，减少矛盾和规避不稳定因素，做好宣传和引导工作。

7.1.3　引汉济渭工程移民安置点场地选址及设计要点分析

7.1.3.1　引言

移民安置工程是水电项目开发建设的重要组成部分，更是关系到库区稳定、人民安居乐业的民生工程，其重要性不言而喻。引汉济渭工程移民安置项目共涉及三河口库区 9 个移民安置点、黄金峡库区 11 个移民安置点的规划设计，从已基本完工的移民安置点来看，其基本达到了安置目标、满足了移民生活生产的需要。但从城市规划和建筑设计的角度来看，仍有诸多问题值得探讨和优化。现从引汉济渭移民安置点规划及单体建筑设计的角度，着重讨论山地移民安置点场地选址及场地设计。

7.1.3.2　移民安置点规划依据、指导思想与原则

1. 规划依据

（1）相应的法规及规程规范。

（2）基础资料：①移民安置区所在地的农业区划报告。②移民安置点地形图、工程地质、水文地质、地形地貌。③移民安置区有关地质地貌、水文气象、土壤植被等自然环境，自然资源的观测、统计资料。④移民安置区有关人口、资源利用、文卫交通、社会经济等社会环境、资源后备的调查、统计资料。⑤移民安置区所在地土地利用现状。⑥地方有关单位如土地管理局、粮食局、供电局、林业局、城建局等有关部门的相关规定。

2. 指导思想

以城镇体系规划为指导，依靠水库建设，统筹协调水利工程与当地经济繁荣、移民区建设与生态环境保护、移民区建设与农村发展之间的关系，合理布局移民区各类用地和配套设施；坚持可持续发展战略，立足现实、兼顾长远发展，采取"统一规划，分期开发"的发展思路，把移民区建设成为功能布局合理、基础设施完善的现代化新城镇的组成部分；同时结合当地目前的社会经济发展水平和条件，综合考虑迁建移民的生产、生活需求，妥善解决相关问题，使移民能安居乐业，维持社会稳定。

3. 规划原则

（1）坚持总体规划与村镇规划相结合的原则。通过移民安置集镇的全面建设，参考集镇总体规划，当前新农村建设的标准来进行规划和建设，为规划期末整个安置点的新农村建设打好基础。

（2）建筑与生态和当地文化相结合的原则。保护生态环境，使安置点的建筑风貌与环境景观和陕南小镇镇区融为一体，建设与保持相互促进，以利于环境和经济的持续发展。

（3）线性集中开发的原则。合理地规划公共服务设施和基础设施，对于其他的功能组团以总体为指导进行布局，以便于现状土地的合理使用。

（4）坚持近期发展与远期目标相结合的原则。

7.1.3.3　库区山地移民选址的影响因素

移民安置用地选址应符合抗震设防和防灾减灾的要求，避开地震活动断层分布地带和可能发生洪涝、山体滑坡、泥石流、崩塌等地质、气象灾害的区域；应有利于生产、方便生活、具有适宜的卫生条件；同时严格控制占用耕地，尽量使用闲散地、未利用用地等，节约集约利用土地。

如何合理开发利用山地，是当下一个重要的、值得深入研究的课题，从建筑学专业的角度来看，山地建筑设计的核心是竖向设计。引汉济渭库区移民各安置点前期选址，陕西省水利电力勘测设计研究院经多次实地踏勘、比选、分析地块环境条件，尤其是三河口库区安置点，因地域条件，安置点多为山地条件相对复杂、地形高差、土质情况、用地形状等制约条件各异，因此三河口库区山地安置点比黄金峡库区安置点平缓场地的设计难度大，如何满足使用需要的同时处理好与环境相协调的相对关系，避免肆意地破坏生态环境，不惜代价地盲目开山，从而造成不必要的造价增加同时又破坏了原有的地形风貌，丧失了山地建筑的意义成了设计关键。

引汉济渭库区移民搬迁安置区选址影响因素见表 7.1-3。

表 7.1-3   引汉济渭库区移民搬迁安置区选址影响因素

分析问题	影 响 因 素	
引汉济渭库区移民搬迁安置区选址影响因素	地质环境	地表坡度
		地貌类型
		活断层
		岩土体类型
		灾害点密度
		灾害点规模
		降水量
		汇水面积
		植被覆盖率
		人类工程活动
	土地资源	耕地类型
		人均可整理耕地面积
		耕作半径
	水资源	水资源量
		水质
	交通条件	与国道、省道距离
		与县道、乡道距离
	区位条件	与所属建制镇距离
		与所属城市、县城距离
		产业发展区前景

7.1.3.4 移民空间感受与建筑布局

建筑布局涉及规划设计层面的各个方面。但影响移民空间感受最为明显的，还是对各种建筑间距的控制和移民集镇街巷空间形态的把握。

1. 移民空间行为与交通组织

因山地地形和有限用地面积的限制，移民点规划设计在交通组织上往往倍感受限，以三河口库区佛坪县五四安置点为例，道路布置受地形、地势限制，设计过程中以满足最低的消防疏散及通行要求为标准，而作为空间艺术感受的主要部分，往往也显得较为单薄。山地场平后以台地为主，分层处理是建筑群适应坡地地形的一种处理手法，结合建筑处理来设置主次要出入口的竖向设计方法，完成与外界道路的必要性交通通行。

面临用地紧张，且地形限制较大等不利因素，单独分区和分路在山地移民安置建筑群规划中显得不够经济。因此，在竖向关系上，把可以满足居民社会活动需求的公共服务中心等，设置在必要性交通路线的地带上，并与建筑群其余道路系统进行有机结合，平衡居民需要与用地紧张的矛盾。

2. 山地属性与建筑间距

影响移民规划设计的第一要素就是移民安置规划大纲中所确定的安置目标。因安置人口和户数的要求，安置区大都具有较大的建筑密度，因此其建筑间距、日照间距、视觉卫生间距等相关规划指标相对平原地区来说也处于低位。此时，如何结合山地地形属性，来获得最为合理的日照间距、景观间距等，将是值得注意的问题。

根据《镇规划标准》（GB 50188—2007）中 6.0.2～6.0.4 条关于居住用地的选址和规划布置中要遵守的规定，以及各省、自治区、直辖市对本辖区范围内不同地区、不同类别的住户制定的用地面积、容积率指标、朝向、间距等标准，结合本镇区的具体情况予以确定。

三河口移民安置点多位于陕南山地地区，设计过程中我们根据实际情况适当降低规范所给出的适宜值，但从营造优越的空间环境角度出发，通过以下设计手段来改善和提高间距要求：

（1）前期场平规划时，考虑单体建筑布置的要求。在做场地台地划分时，尽可能地考虑单体建筑的户型、户数及高度等因素，合理划分台地大小。

（2）根据地形坡度现状，将前后台地建筑平行错位增大景观穿透面，可适当调整朝向增大相邻建筑侧边距和避免视觉直视。

（3）合理控制下台地建筑高度，避免视觉完全遮挡。

3. 宅基地划分方式与街巷空间

移民安置点形成后，多以村镇级的规模存在，相对之前的散点户而言，其显著变化就是形成了街巷的概念。如何规划和打造有空间艺术感的街巷，将是移民安置规划设计的一个重点。

但是整体引汉济渭移民安置点设计过程中，为了符合当地移民传统居住习惯，宅基地划分追求方正规整、权属清晰，且多呈一字排开状，待到建筑建设完成后，宅基地的划分方式使建筑群体的空间组合关系比较呆板和单一，缺乏空间上的自由感和灵动感。

4. 山地移民区建设特点

山地移民区与平原居住区最大的区别就在于地形条件的差异。平地居住区（黄金峡库区）少有地形的限制，而山地地形起伏多变，具有其独特的视觉特点，景观层次丰富。山地地形的起伏、坡度变化、地势的陡峭平缓、地质环境、沟壑水面等因素，导致山地居住区在结构型式、建筑布局、空间组织、道路选线、绿化设计、工程施工等方面的设计要比平原居住区的设计更为复杂，面临更多的限制与挑战。

7.1.3.5 竖向设计思路

1. 道路系统竖向设计

道路系统的设计应结合场地地形条件。建立布局合理、线形灵活、等级明确的道路网结构体系。道路选线受地形、地貌、工程技术经济等条件的限制，随山形地貌自由灵活布局。道路纵坡设计是整个片区竖向设计的关键点，关系到整个场地竖向、土方，甚至投资，在保证安全的前提下，需作适当的调整，灵活使用规范规定。山地道路如果片面强调平、直，就会增加土方工程量而造成浪费。

山地道路与通常意义上宽阔的城市道路不同，反而很类似于较低等级的公路。在车速较低的山地建筑小区或建筑群内部的车行路，往往纵坡大路段较短，转弯较多。

2. 建筑与地形结合

建筑与坡地地形的关系，有与等高线平行、垂直、斜交三种方式。一般将建筑摆放成与等高线平行或斜交的方式，既顺应地形、减少挖填、经济合理，又可以依山就势、错落有致、创造良好的视觉景观效果。

此外，建筑有多个高度的基地接触面，可以从多个地面标高直接进入建筑。比如有高差的建筑前后都有车行道。即可创造丰富的空间关系，又可使建筑间互不遮挡。

3. 场地分台

一般在地势平缓区在考虑道路竖向设计标高时尽可能与原地形相适应即可。而在三河口库区安置点地势高低起伏的地区，在考虑道路竖向设计标高时必须结合土石方工程进行设计，正确处理好挖、填关系。在考虑挖、填关系时，应立足少填少挖，挖填接近就地平衡。如果自然地形、变化较大，必须进行较大的挖填方才能满足场地竖向布置要求时，应在保证挖、填方总量最小且达到基本平衡，并应遵循下列几项原则：

（1）多挖少填。由于填方不易稳定，且往往导致建筑地基工程量增多。而挖方区则可降低地基工程造价，如果弃土方便，可考虑多挖少填。

（2）重挖轻填。把重型建筑物、构筑物放在挖方地段，而把轻型道路、绿化、广场等放在填方地段。

（3）上挖下填。这有利于创造下坡运土的条件，更好地适应地形。

（4）避免重复填挖。

4. 建筑竖向处理

在三河口库区五四安置点山地环境中设计，山地居住区建筑布置较平地复杂，进行竖向设计时应尽可能保持原始地形。山地、丘陵地区建筑布置切忌追求对称和平面形式。地形起伏的建筑群布置，应考虑各建筑之间因高程不同形成各自的屋脊、沿窗、阳台等透视关系的秩序感，避免杂乱无章。对建筑的设计可用错层、跃层、筑台，利用地形分层筑台、退台、爬坡、叠落等多种灵活的手法处理。

7.1.3.6 小结

本节针对引汉济渭库区山地移民安置点场地设计，从场地选址、竖向、道路与建筑处理要素入手，在工程实践的基础上，对山地库区移民安置点设计进行了初步的研究与探讨。做好库区山地移民安置点设计，需要多角度分析场地、合理竖向设计、建筑与地形结合。力求设计经济合理，创造出高质量人居生活环境，建立与自然环境和谐共处的生态移民社区。

7.2 环境保护问题研究

7.2.1 工程对水环境的影响及水环境保护措施

7.2.1.1 水温影响及减缓措施

1. 水库水温预测

引汉济渭调蓄工程黄金峡水库、三河口水库修建后，由于水库水深远远大于河道水深，使水库的水温结构在垂向分布和年内周期循环中均发生改变，进而对水库的化学和生物特性产生相应影响。水库水温的分布与水库所在地特性（气温、天然水温、流量和泥沙量）以及水库特性（调节性能、泄水方式和泥沙淤积）等因素有关，其分布形式按垂向温度结构型式，一般分成混合型、分层型、过渡型等三种类型。对于水库水温结构的判别通常采用径流-库容比法，预测公式如下：

$$\alpha = \frac{W_{年}}{V_{总}} \qquad (7.2-1)$$

$$\beta = \frac{W_{洪}}{V_{总}} \qquad (7.2-2)$$

式中　$W_{年}$——多年平均入库年径流量，m^3；

　　　$V_{总}$——水库总库容，m^3；

　　　$W_{洪}$——一次洪水量，m^3；

　　　α、β——判断参数。

判别标准：①$\alpha < 10$ 时，水库水温为稳定分层型；②$10 < \alpha < 20$ 时，水库水温为过渡型；③$\alpha > 20$ 时，水库水温为混合型。

对于分层型水库，如果遇到 $\beta > 1$ 的洪水，将出现临时混合现象；但如果 $\beta < 0.5$ 时，洪水对水库水温的分布结构没有影响。

根据式（7.2-1）和式（7.2-2），对黄金峡水库、三河口水库水温结构判别结果为：黄金峡水库 $\alpha = \frac{78.86}{2.36} = 33.42 > 20$，因此黄金峡水库为水温混合型水库，即水库水温与天然河道水温基本一致；三河口水库 $\alpha = \frac{86500}{68130} = 1.27 < 10$，为水温分层型水库，即水库水温随水深变化。三河口水库库区一次洪水过程一般为 4～6 天，主峰历时 2～4 天。洪水频率为 0.5％时 72h 的设计洪水洪量为 4.2 亿 m^3，相应的 β 值为 0.6＞0.5。由此分析，一般情况下，三河口入库洪水不会破坏水库水温结构，但若出现类似于 200 年一遇的特大洪水甚至更大洪量规模的洪水时，水库水温会出现临时性的混合现象。

通过类比分析，对三河口水库水温垂直分布采用垂向一维水温模型，进行水温模拟，可满足预测需要。预测公式如下：

$$\frac{\partial T}{\partial t} + \frac{\partial}{\partial t}\left(\frac{TQ_v}{A}\right) = \frac{1}{A}\frac{\partial}{\partial z}\left(AD_z\frac{\partial T}{\partial z}\right) + \frac{B}{A}(u_i T_i - u_0 T) + \frac{1}{\rho A C_p}\frac{\partial(A\varphi_z)}{\partial z} \qquad (7.2-3)$$

其中
$$\rho = 1000 - 1.955 \times 10^{-2}(T - 4.0)^{1.68}$$

式中　　T——单元层温度，℃；

T_i——入流温度，℃；

B——单元层水平面面积，m^2；

D_z——垂向扩散系数，m^2/s；

u_i——入流速度，m/s；

u_0——出流速度，m/s；

ρ——水体密度，kg/m^3；

C_p——水体比热，$kJ/(kg \cdot ℃)$；

φ_z——太阳辐射通量，W/m^2；

Q_v——通过单元上边界的垂向流量，m^3/s，由单元内的质量守恒可得。

预测结果表明，三河口水库建库后，坝前水温的变化较大，4—10月表层水温均呈现逐月增长态势。2025年丰水年库区坝前表层水温2月最低，为9.5℃；10月坝前表层水温最高，为25.7℃；年内温差最大为16.2℃；三河口水库坝前水温预测结果见表7.2-1，坝前水温垂向分布情况见图7.2-1，下泄水温与坝前水温比较见表7.2-2。

表7.2-1　　　　　　　　　三河口水库坝前水温预测结果（2025年）　　　　　　单位：℃

典型年	月份	不同高程下的坝前水温										
		620.00m	610.00m	600.00m	590.00m	580.00m	570.00m	560.00m	550.00m	540.00m	530.00m	520.00m
10%	1	10.2	10.1	10.1	10.1	10.1	10.1	10.0	10.0	9.9	9.7	9.5
	2	9.5	9.0	8.3	7.7	7.4	7.1	6.9	6.9	6.8	6.7	6.6
	3	10.5	9.8	8.5	7.7	7.1	6.6	6.4	6.3	6.2	6.2	6.2
	4	11.4	10.4	8.7	7.5	6.7	6.1	5.8	5.7	5.6	5.6	5.6
	5	14.7	13.0	10.2	8.5	7.3	6.9	6.3	6.1	5.9	5.8	5.7
	6	16.5	15.8	12.2	10.0	8.4	7.5	6.8	6.5	6.2	6.1	6.0
	7	20.5	17.8	13.5	11.0	9.1	7.8	7.0	6.6	6.3	6.1	6.0
	8	21.8	19.3	15.0	12.3	10.2	8.6	7.6	7.0	6.6	6.3	6.1
	9	23.1	20.7	16.1	13.3	11.1	9.2	8.1	7.4	6.9	6.6	6.4
	10	25.7	23.2	18.2	15.1	12.6	10.4	9.1	8.2	7.6	7.3	7.0
	11	19.8	17.9	14.0	11.6	9.7	9.1	8.5	8.1	7.8	7.3	6.9
	12	15.4	13.9	10.9	9.0	7.6	7.1	6.6	6.3	6.1	5.7	5.4
50%	1	9.9	9.9	9.8	9.8	9.8	9.6	9.6	9.6	9.6	9.4	9.2
	2	8.7	8.4	7.7	7.3	7.2	7.1	7.1	7.1	7.1	7.0	6.9
	3	10.8	10.1	9.0	8.4	8.2	8.1	8.0	8.0	8.0	8.0	7.9
	4	13.5	12.5	10.9	9.9	9.6	9.4	9.4	9.4	9.4	9.4	9.4
	5	15.2	14.0	11.9	10.0	9.0	8.5	8.2	8.0	8.0	7.9	7.9
	6	17.8	16.4	13.8	11.2	9.9	9.1	8.6	8.4	8.2	8.1	8.1
	7	23.0	21.2	17.7	14.1	12.1	11.0	10.3	9.9	9.7	9.5	9.5

续表

典型年	月份	不同高程下的坝前水温										
		620.00m	610.00m	600.00m	590.00m	580.00m	570.00m	560.00m	550.00m	540.00m	530.00m	520.00m
50%	8	24.3	21.6	18.1	14.9	13.0	11.8	11.0	10.4	10.0	9.7	9.7
	9	25.6	22.4	18.8	15.8	13.9	12.6	11.6	10.9	10.5	10.1	10.0
	10	27.1	23.3	19.6	16.7	14.8	13.4	12.3	11.5	11.0	10.6	10.4
	11	17.5	15.0	12.7	10.8	9.6	8.7	7.9	7.4	7.1	6.8	6.7
	12	13.8	11.9	10.0	8.5	7.5	6.8	6.3	5.9	5.6	5.4	5.3
90%	1	11.8	10.6	10.6	10.6	10.5	10.5	10.4	10.1	9.9	9.9	9.5
	2	10.4	9.7	9.2	8.9	8.5	8.3	8.0	7.7	7.4	7.3	7.1
	3	11.2	10.6	9.8	9.2	8.8	8.4	7.9	7.5	7.3	7.0	6.9
	4	11.7	11.3	10.2	9.4	8.8	8.3	7.6	7.2	6.9	6.6	6.5
	5	14.5	13.6	11.7	10.2	8.8	8.0	7.2	6.8	6.5	6.2	6.1
	6	18.7	17.4	14.7	12.5	10.4	9.3	8.4	7.9	7.5	7.2	7.0
	7	22.2	20.5	17.1	14.4	11.7	10.3	9.3	8.7	8.2	7.9	7.7
	8	23.1	21.9	18.7	16.0	13.5	11.7	10.5	9.6	9.0	8.5	8.3
	9	23.9	23.0	19.8	17.1	14.6	12.7	11.2	10.2	9.5	9.0	8.7
	10	24.6	23.9	20.8	18.1	15.7	13.5	11.9	10.7	10.0	9.4	9.1
	11	25.2	24.5	30.2	27.1	24.6	22.2	20.6	19.3	18.5	17.9	17.6
	12	18.3	17.8	28.3	25.8	23.9	22.1	20.9	19.9	19.3	18.9	18.7
95%	1			8.7	8.4	8.3	8.2	8.2	8.1	8.1	8.1	8.1
	2			6.8	6.1	6.1	5.7	5.5	5.5	5.5	5.5	5.5
	3			9.2	8.0	7.9	7.2	6.9	6.8	6.8	6.8	6.8
	4	13.2	12.8	11.7	10.0	9.9	8.8	8.4	8.3	8.3	8.3	8.3
	5	14.5	14.1	12.8	10.6	9.2	8.0	7.4	7.0	6.9	6.8	6.8
	6	17.8	17.3	15.6	12.9	10.6	9.0	8.3	7.7	7.4	7.4	7.3
	7	22.4	22.1	19.9	16.3	12.9	10.9	9.3	9.1	8.7	8.6	8.5
	8	21.2	20.6	18.6	15.2	12.0	10.2	9.2	8.5	8.1	8.0	7.9
	9	20.5	20.0	18.0	14.7	11.6	9.8	8.3	8.2	7.9	7.8	7.7
	10			19.6	19.6	19.6	18.2	16.1	14.4	12.9	11.8	11.0	10.5
	11			16.3	16.3	16.3	15.5	14.4	13.5	12.6	11.9	11.3	10.9
	12			11.5	11.5	11.5	11.2	10.7	10.3	9.9	9.5	9.1	8.8

2. 水库下泄低温水影响及分层取水措施规划

预测 2025 年工程建成后，三河口水库丰水年下泄水温变幅为 −3.47～6.23℃，平水年水温变幅为 −3.21～6.63℃，枯水年水温变幅为 −3.5～4.87℃。下游河道年平均水温升高 0.85℃。平均降温最明显的是 4—7 月，最大降温 3.5℃，水温波动向后推迟了 1 个月左右。

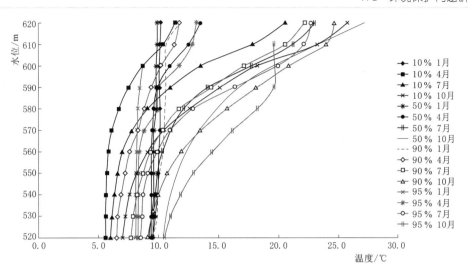

图 7.2 - 1　三河口水库坝前水温垂向分布情况（2025 年）

表 7.2 - 2　　　　　三河口水库工程调水前后下泄水温比较（2025 年）　　　　　单位：℃

月份	典 型 年											
	10％			50％			90％			95％		
	调水前	调水后	调水后—调水前	调水前	调水后	调水后—调水前	调水前	调水后	调水后—调水前	调水前	调水后	调水后—调水前
1	3.69	9.92	6.23	2.51	9.14	6.63	2.77	7.64	4.87	0.43	7.27	6.84
2	3.11	8.63	5.52	3.97	8.28	4.31	4.05	5.54	1.49	2.59	6.37	3.78
3	6.35	11.91	5.56	5.82	8.30	2.48	7.57	8.76	1.19	6.03	6.16	0.13
4	13.63	9.23	−4.40	12.30	13.60	1.30	13.31	11.81	−1.50	13.86	12.93	−0.93
5	19.35	14.28	−5.07	15.89	15.22	−0.67	18.59	15.42	−3.17	17.60	17.21	−0.39
6	22.27	18.55	−3.72	20.85	20.29	−0.56	20.38	19.04	−1.34	19.52	19.09	−0.43
7	24.49	21.09	−3.40	23.71	22.69	−1.02	24.01	20.51	−3.50	23.98	20.68	−3.30
8	23.47	22.52	−0.95	23.25	23.13	−0.12	22.52	21.72	−0.80	20.51	21.11	0.60
9	20.77	19.64	−1.13	20.21	19.43	−0.78	19.44	17.58	−1.86	17.28	16.07	−1.21
10	16.89	14.98	−1.91	16.17	12.96	−3.21	14.88	13.64	−1.24	13.25	15.62	2.37
11	10.10	12.17	2.07	10.22	14.12	3.90	9.07	12.24	3.17	8.17	12.34	4.17
12	5.740	11.77	6.03	5.59	10.92	5.33	5.02	9.42	4.40	4.66	9.52	4.86

　　三河口水库为多年调节型水库，由于水库水温分层明显，温差较大，对于下游河段的低温影响较大。影响河流为坝址到堰坪河入河口（约 22km），堰坪河口以下对子午河的影响程度相对降低。汇入汉江干流后，由于汉江干流水量较大，对于汉江干流段水温的影响较为微弱，基本可以不再考虑低温水的影响。2025 年 10 月中旬至次年 3 月，三河口下泄水温高于天然水温。

　　根据调查，三河口水库坝下无灌溉取水，因此不存在下泄低温水对坝下游灌溉的影响，主要考虑低温水对鱼类的影响。子午河共有鱼类 32 种，鱼类组成亦以鲤科鱼类为主，共 18 种，占总种数的 56.25％。以鲤科为主的鱼类产卵期在 4—7 月。经预测，三河口水库下泄水温平均降温最明显的是 5—9 月，最大降温 3.75℃，水温波动向后推迟了 1 个月左右，水温变化将对鱼类生存繁殖产生不利影响，应采取保护措施。

为减免三河口水利枢纽下泄低温水对鱼类繁殖的不利影响，需要建设分层取水控制设施，以维持下游河段天然水温，保护下游生态系统的良性循环。

三河口水利枢纽电站设 3 台发电机组，共用 1 个进水口，布置于坝身右岸侧坝体中，设计引水流量 72.71m³/s，进水口宽 7.5m，底槛高程 543.65m。为防止水库下泄低温水影响，保护下游水生生物与鱼类，进水口错开设上层、下层两扇隔水闸门，隔水闸门前布置有 1 道拦污栅，隔水闸门后接引水隧洞，洞径 4.5m，其进口设 1 扇平面事故闸门。

进水口采用分层取水方式，进水口由拦污栅与进水闸两部分组成，拦污栅由 11 节高 9.2m、宽 8.5m 的分栅组成，由进水口地板高程 543.65m 一直到校核洪水位以上 644.85m，拦污栅全部高度为 101.2m，在拦污栅后接分层取水闸门。分层取水闸门错开布置为上下两层隔水闸门，先接下部取水闸门，下部取水闸门由 5 节 9m×8.5m（高×宽）的叠梁门组成，控制高程 543.65～588.65m 的水层；其后部为上层取水口，上部取水闸门形式与下部相同的叠梁门相同，控制高程 590.65～635.65m 的水层。根据水库运行方式，水库正常蓄水位 643.00m，最低取水位为 543.65m，取水位变幅 99.35m，通过分层取水闸门，隔开门顶以下的水、门顶过流引表层水，随着水位升降而下放或提起叠梁隔水闸门。当水位降到 588.65m 时提起下层隔水闸门，依次类推，反之下落各节叠梁闸门，以达到取水库表层水的目的。取水闸后部接连通竖井，竖井底部通过渐变段与进水闸相通，进水口顺水流方向总长 17.2m，经方形压力洞与供水系统厂房压力管道相连。

为保障下泄水温，在三河口水利枢纽下游电站尾水池位置设置 1 支电子温度计，监控水温信号与工程总调度室采取无线连接。

7.2.1.2　水质影响及减缓措施

1. 水库水质预测

根据黄金峡水库、三河口水库库区污染源调查结果，黄金峡库区有工业和城镇生活排污口，三河口库区无集中式排污口。经分析计算，规划年 2025 年，黄金峡库区废污水入河量为 282.25 万 t/a，主要污染物入河量为 COD 276.28t/a、氨氮 41.44t/a。水质预测采用河道一维水质模型，模型中采用带旁侧入流的一维圣维南方程和点源、面源汇入的一维对流扩散方程，即

水流连续方程：

$$B\frac{\partial h}{\partial t}+\frac{\partial Q}{\partial x}=q \tag{7.2-4}$$

水流动量方程：

$$\frac{\partial Q}{\partial t}+\frac{\partial uQ}{\partial x}+gA\frac{\partial z}{\partial x}+\frac{gn_{1d}^2 Q^2}{AR^{4/3}}=0 \tag{7.2-5}$$

污染物输移扩散降解方程：

$$\frac{\partial hc_i}{\partial t}+\frac{\partial huc_i}{\partial x}=\frac{\partial}{\partial x}\left(hE_x\frac{\partial c_i}{\partial x}\right)+S_{c_i} \tag{7.2-6}$$

其中
$$S_{c_i}=-k_ihc_i$$

式中　x——河道纵向坐标或河长，m；

　　　t——时间，s；

　　　A——河道断面面积，m^2；

　　　B——河宽，m；

　　　h——水深，m；

　　　z——水位，m；

　　　Q——流量，m^3/s；

　　　q——河道侧流汇入或流出的流量，m^3/s；

　　　u——断面平均流速，m/s；

　　　R——河道水力半径；

　　$n_{1\text{d}}$——河道糙率；

　　　E_x——河流污染物扩散系数；

　　　c_i——水质指标，在本书中，水质指标取 COD；

　　　S_{c_i}——水质指标的源和漏项；

　　　k_i——对应于 c_i 的衰减系数。

根据初始时刻干流各水文站和水位站的实测资料，以及水质断面的水质监测资料，通过插值内插出初始变量沿程分布，确定计算初始条件，结合实际确定糙率、扩散系数、降解系数等计算参数。采用 2011 年黄金峡、三河口库区水质现状监测资料进行模型验证，模拟值和实测值误差小于 4%，表明该模型模拟情况较好，应用于黄金峡及三河口水库水质模拟具有较高的可靠性。

水质预测中分别考虑 10%、50%、90% 和 95% 四种代表水文年，采用建库前后出入库流量及坝前水位过程作为水质预测的水文条件。

水质影响预测中选择高锰酸盐指数、氨氮作为指标。已有的污染源资料中污染物指标均采用 COD，汉江中 COD 和高锰酸盐指数间存在较好的比例关系，故用此比例关系将污水中 COD 浓度（达标排放为 100mg/L、不达标排放为 200mg/L）转换为高锰酸盐指数浓度，以高锰酸盐指数浓度代入模型进行计算。

经预测，2025 年黄金峡水库坝前代阳滩断面 2025 年该断面丰水年高锰酸盐指数变幅为 0.07～0.14mg/L，平水年变幅为 0.13～0.36mg/L，枯水年变幅为 0.39～0.40mg/L，特枯水年变幅为 0.59～0.68mg/L。2030 年该断面丰水年高锰酸盐指数变幅为 0.07～0.13mg/L，平水年变幅为 0.13～0.35mg/L，枯水年变幅为 0.38～0.41mg/L，特枯水年变幅为 0.59～0.68mg/L。

2025 年该断面丰水年氨氮浓度变幅为 0.03～0.05mg/L，平水年变幅为 0.05～0.14mg/L，枯水年变幅为 0.11～0.25mg/L，特枯水年变幅为 0.11～0.23mg/L。2030 年该断面丰水年氨氮浓度变幅为 0.04～0.06mg/L，平水年变幅为 0.04～0.13mg/L，枯水年变幅为 0.06～0.18mg/L，特枯水年变幅为 0.07～0.26mg/L。预测结果见表

7.2-3～表7.2-6。

表7.2-3 　　　　　2025年调水前后代阳滩断面高锰酸盐指数对比 　　　　单位：mg/L

典型年	10%			50%			90%			95%		
	调水前	调水后	调水后－调水前	调水前	调水后	调水后－调水前	调水前	调水后	调水后－调水前	调水前	调水后	调水后－调水前
枯	1.75	1.89	0.14	1.99	2.19	0.20	2.38	2.77	0.39	2.40	3.02	0.62
平	1.96	2.09	0.13	2.22	2.58	0.36	2.28	2.68	0.40	2.35	2.94	0.59
丰	1.88	1.95	0.07	2.44	2.57	0.13	2.37	2.77	0.40	2.50	3.18	0.68

表7.2-4 　　　　　2030年调水前后代阳滩断面高锰酸盐指数对比 　　　　单位：mg/L

典型年	10%			50%			90%			95%		
	调水前	调水后	调水后－调水前	调水前	调水后	调水后－调水前	调水前	调水后	调水后－调水前	调水前	调水后	调水后－调水前
枯	1.73	1.86	0.13	1.96	2.17	0.21	2.36	2.74	0.38	2.38	3.00	0.62
平	1.94	2.07	0.13	2.20	2.55	0.35	2.25	2.66	0.41	2.33	2.92	0.59
丰	1.86	1.93	0.07	2.42	2.54	0.13	2.34	2.74	0.40	2.48	3.16	0.68

表7.2-5 　　　　　2025年调水前后代阳滩断面氨氮浓度对比 　　　　单位：mg/L

典型年	10%			50%			90%			95%		
	调水前	调水后	调水后－调水前	调水前	调水后	调水后－调水前	调水前	调水后	调水后－调水前	调水前	调水后	调水后－调水前
枯	0.10	0.15	0.05	0.12	0.26	0.14	0.21	0.38	0.25	0.18	0.41	0.23
平	0.08	0.12	0.04	0.25	0.36	0.11	0.26	0.37	0.11	0.28	0.43	0.15
丰	0.21	0.24	0.03	0.23	0.28	0.05	0.35	0.42	0.13	0.37	0.48	0.11

表7.2-6 　　　　　2030年调水前后代阳滩断面氨氮浓度对比 　　　　单位：mg/L

典型年	10%			50%			90%			95%		
	调水前	调水后	调水后－调水前	调水前	调水后	调水后－调水前	调水前	调水后	调水后－调水前	调水前	调水后	调水后－调水前
枯	0.08	0.14	0.06	0.11	0.24	0.13	0.19	0.37	0.18	0.17	0.43	0.26
平	0.06	0.11	0.05	0.24	0.34	0.10	0.24	0.36	0.12	0.27	0.41	0.14
丰	0.19	0.23	0.04	0.22	0.26	0.04	0.33	0.39	0.06	0.41	0.49	0.07

因此，引汉济渭工程实施后，2025年、2030年各断面在丰水年、平水年、枯水年和特枯年，高锰酸盐指数和氨氮浓度呈增加的趋势；不同代表年枯水期浓度变幅最大，丰水期浓度变幅最小。各水平年预测结果均不改变该河段水体现状水质类别，符合该河段Ⅱ类水质目标要求。工程运行对黄金峡库区河段总体水质影响不大。

2025年三河口水库坝前刘家河坝断面丰水年高锰酸盐指数变幅为0.08～0.20mg/L，平水年变幅为0.13～0.24mg/L，枯水年变幅为0.18～0.21mg/L，特枯水年变幅为0.41～0.54mg/L。2030年该断面丰水年高锰酸盐指数变幅为0.08～0.10mg/L，平水年变幅为 0.14～0.21mg/L，枯水年变幅为 0.13～0.19mg/L，特枯水年变幅为 0.37～0.47mg/L。

2025 年该断面丰水年氨氮浓度变幅为 0.01～0.02mg/L，平水年变幅为 0.03～0.08mg/L，枯水年变幅为 0.08～0.09mg/L，特枯水年变幅为 0.08～0.11mg/L。2030 年该断面丰水年氨氮浓度变幅为 0.03～0.04mg/L，平水年变幅为 0.04～0.08mg/L，枯水年变幅为 0.08～0.10mg/L，特枯水年变幅为 0.08～0.10mg/L。

因此，2025 年、2030 年三河口水库坝址断面在丰水年、平水年、枯水年和特枯年，高锰酸盐指数和氨氮浓度调水后呈增加的趋势；不同代表年枯水期浓度变幅最大，丰水期浓度变幅最小。各水平年预测结果均不改变该河段水体现状水质类别，水质符合该河段地表水Ⅱ类水质目标要求，工程运行对三河口库区河段水质影响不大。

2. 对河段水环境容量的影响

水环境容量是指一定水体在规定的环境目标下所能容纳污染物的量，其大小与水体特征、水质目标及污染物特性等有关。按照水环境评价范围，对黄金峡水库及坝下游影响区、三河口水库及坝下游影响区进行调水前后水环境容量计算。

水库水环境容量以 COD、氨氮为指标，采用二维数学模型进行计算，污染物最大允许负荷量为

$$[m] = \left[\frac{C_\mathrm{S} - C_0 \exp\left(-k\,\dfrac{2L}{u}\right)}{\exp\left(-\dfrac{kL}{2u}\right)} \right] h \sqrt{\pi E_z u L / 2} \tag{7.2-7}$$

式中　$[m]$——污染物最大允许负荷量，t/a；

　　　C_S——控制标准，mg/L；

　　　C_0——起始断面处污染物浓度，mg/L；

　　　E_z——横向扩散系数，m²/s；

　　　k——污染物综合衰减系数，1/s；

　　　h——计算起始断面污染带平均水深，m；

　　　u——纵向流速，m/s；

　　　L——计算水体长度，m。

考虑不利影响，工程建设前均采用 90％保证率最枯月平均水文条件推求设计水量。经计算，在 90％保证率流量条件下，较建库前相比，2025 年黄金峡库区河段 COD 水环境容量减少 611.99t/a，减少率为 9.75％；氨氮减少 54.35t/a，减少率为 8.14％，水环境容量减小幅度较小。在相同污染负荷的情况下，建库后局部岸边水质将比建库前略有下降。2030 年较 2025 年水环境容量略有所下降。

黄金峡水库坝下河段水环境容量采用黄金峡坝址处最小生态下泄流量作为计算设计流量。根据计算，引汉济渭工程实施后，黄金峡坝址—白河 COD 环境容量有不同程度的变化。预测 2025 年调水后，黄金峡坝址—白河 COD 环境容量减少 5462.1t/a。

三河口水库 2025 年在 90％保证率流量条件下，较建库前相比，库区河段 COD 水环境容量减少 275.49t/a，减少率为 11.72％；氨氮水环境容量减少 25.10t/a，减少率为

9.92%，水环境容量减小幅度较小。在相同污染负荷的情况下，建库后局部岸边水质将比建库前略有下降。2030年较2025年水环境容量略有下降。三河口水库坝下游由于水量的减少，坝址至两河口河段水环境容量减少明显，建库前COD水环境容量为942.62t/a，氨氮为85.19t/a；建库后COD水环境容量减少137.27t/a，氨氮减少8.94t/a，减少程度分别为14.56%、10.49%。

3. 水库富营养化预测

水库建成后，由于库区水流减缓，水深增加，水体中氮磷等营养物质易积累，易引起水体中藻类和其他水生生物的繁殖增加，造成水中溶解氧减少，水质恶化。水库的营养化水平常用营养元素氮、磷物质浓度变化来进行判断，黄金峡、三河口水库富营养化预测采用狄龙（Dillon）模型，公式如下：

$$P = \frac{L(1-R)}{Hq} \tag{7.2-8}$$

式中　P——湖（库）中磷（氮）的年平均浓度，mg/L；

　　　L——入库面积负荷浓度，g/(m^2·a)；

　　　H——水库平均水深，m；

　　　q——水力冲刷率；

　　　R——滞留系数。

面积负荷总磷（总氮）浓度L，计算公式为

$$L = Q_{in}P_{in}/A$$

式中　Q_{in}——入流流量按多年平均流量取值，m^3/s；

　　　P_{in}——输入水库的总磷、总氮浓度，mg/L；

　　　A——水库表面积，m^2。

经预测计算，黄金峡、三河口水库建成后，高锰酸盐指数、总磷、总氮浓度均能达到《地表水环境质量标准》（GB 3838—2002）Ⅱ类水质标准。预测结果见表7.2-7和表7.2-8。

表7.2-7　　　　　　黄金峡水库各营养指标预测结果　　　　　　单位：mg/L

断面	水期	高锰酸盐指数	总磷	总氮
库区	枯水期	0.97	0.07	—
	丰水期	1.14	0.07	—
金水河	枯水期	0.85	0.04	0.47
	丰水期	0.91	0.08	—
酉水河	枯水期	0.97	0.01	0.48
	丰水期	1.19	0.06	—

表7.2-8　　　　　　三河口水库各营养指标预测结果　　　　　　单位：mg/L

断面	水期	高锰酸盐指数	总磷	总氮
库区	枯水期	0.0500	0.00071	
	丰水期	0.0464	0.00168	

断面	水期	高锰酸盐指数	总磷	总氮
汶水河	枯水期	0.0500	0.00071	
	丰水期	0.0464	0.00161	
椒溪河	枯水期	0.0536	0.00121	
	丰水期	0.0464	0.00186	
蒲河	枯水期	0.0464	0.00118	
	丰水期	0.0500	0.00121	

湖泊（水库）营养状态评价标准，见表 7.2-9 黄金峡水库全年总磷、高锰酸盐指数为中营养状态，入库支流金水河、酉水河丰、枯水期各指标均为中营养状态。三河口水库全库全年总磷、高锰酸盐指数为贫营养状态，入库支流汶水河、椒溪河以及蒲河各指标均为贫营养状态。综合来看，由于黄金峡水库为日调节水库，水体滞留系数较小，水库水交换较为频繁，三河口水库为年调节水库，调节性能较强，水库水交换缓慢，水体总磷、总氮本底浓度较低，因此，黄金峡和三河口水库运行期出现整体富营养化的可能性不大，但水库死水区、库汊的水体以及金水河、酉水河、椒溪河、汶水河、蒲河等库区主要支流在夏季适宜条件下不排除有富营养化的可能。

表 7.2-9　　　　　　　　　湖泊（水库）营养状态评价标准

营养状态	富营养指数	总磷含量 （以 P 计） /(mg/L)	总氮含量 （以 N 计） /(mg/L)	高锰酸盐指数 /(mg/L)	透明度 /m
贫	10	0.001	0.02	0.15	10
	20	0.004	0.05	0.4	5
中	30	0.01	0.1	1	3
	40	0.025	0.3	2	1.5
	50	0.05	0.5	4	1
富	60	0.1	1	8	0.5
	70	0.2	2	10	0.4
	80	0.6	6	25	0.3
	90	0.9	9	40	0.2
	100	1.3	16	60	0.12

4. 水质保护措施

施工期对施工产生的废污水进行处理和综合利用，减少排放量。施工营地生活污水采用接触氧化工艺进行处理。砂石料冲洗废水沉淀处理选用竖流式沉淀池工艺。混凝土拌和系统、机械停放场和综合加工厂废水经预处理后并入气浮装置一并处理；混凝土拌和冲洗碱性废水处理采用先中和后絮凝沉淀的处理方案。

运行期为确保黄金峡水库、三河口水库能长期满足引汉济渭工程引水的功能要求，必须采取一定的水源地保护措施。

（1）点源治理措施。黄金峡上游的洋县应深化工业污染防治管理模式，坚持分类指导，对水污染严重的企业结合技术改造和技术创新，推行清洁生产。有计划、分步骤地淘汰库区内技术水平低、资源消耗大、污染重的产业。库区周边、汉江干流沿岸地区禁止新上高水耗、重污染的行业，明确库区水域范围内不得新开工业排污口。

加快黄金峡库区洋县生活污水和生活垃圾处理设施建设和提标改造，力争在黄金峡水库蓄水前建成使用。对库区分散农村居民点，因地制宜，采用多种实用、经济的分散处理措施。如推行卫生堆肥厕所、土地处理系统等。

（2）面源治理措施。调整库区农业布局及农业结构、加大水源区农业无公害基地建设、推广节水灌溉、鼓励畜禽粪便的无害化处理和资源化利用。加强库区水土流失防治。禁止在水源保护区新建畜禽养殖场，对原有在饮用水水源（主要为湖库型水源地）保护区内的养殖业限期搬迁或关闭。重点建设天然林保护工程、宜林荒山造林和退耕还林（草）工程。建设库岸生态防护带。

（3）水生态修复措施。对库湾及岸边局部水质较差的水域，可采用种植水生植物的措施来净化水质。库周增加林草覆盖率。库周发展生态农业。入湖库支流生态恢复与保护工程一般采用生态滚水堰工程、前置库和河岸生态防护工程。

（4）管理措施。尽快完成黄金峡和三河口两个水库水源保护区的划分工作，制定切实可行的、目标明确的水源保护条例及其相应实施细则。加快建设和完善两个水库水环境监测站网，建立水质自动监测系统以及水质保护决策支持系统。

7.2.1.3　减水河段生态流量分析及保障措施

1. 减水河段生态需水量分析

引汉济渭调水 10 亿 m^3、15 亿 m^3 后，经分析计算，汉江干流黄金峡断面河道内多年平均减水比例分别为 7.3%、12.7%，石泉断面分别为 9.6%、14.4%，白河断面分别为 4.4%、6.7%；子午河三河口断面分别为 52%、63.5%。调水后下游各控制断面各月径流量总体均有所减小，减水时段主要为枯水期（11 月至次年 4 月）。对下游年径流量的影响程度是越往下游影响越小。主要减水范围为汉江干流黄金峡水库坝下至规划的白河坝址断面，共 374km 江段，白河以下为丹江口库区，调节能力强，引汉济渭调水对其影响已不大。子午河三河口水库坝下至子午河入汉江口，共 55km 江段。

水库最小下泄流量是维系河湖生态环境功能的最小需水量，是由生态基流、航运、水环境功能需求以及河道外生态用水等因素综合决定的。按照《水电水利建设项目河道生态用水、低温水和过鱼设施环境影响评价技术指南（试行）》（环评函〔2006〕4 号）、《河湖生态环境需水计算规范》（SL/T 712—2014），结合该工程特点，优先考虑坝下游鱼类生境需求。采用栖息地法、10% 平均流量法、近 10 年最小月平均流量法、Q90 法和 Tennant 法等，分析计算确定河道内最小生态流量。

黄金峡水库坝址最小下泄生态流量计算：采用栖息地法，满足黄金峡坝下游断面水生生境对流速、水深要求，坝下游流速为 0.6m/s 时对应流量为 15.8m^3/s，坝下游平均水深为 0.5m 时对应流量为 12.0m^3/s；采用 10% 平均流量法，黄金峡水库坝址处多年平均流量为 242m^3/s，坝下最小生态流量为 24.2m^3/s；采用近 10 年最小月平均流量法，计算出黄金峡水库坝下河段最小生态流量为 23.3m^3/s；采用 Q90 法计算黄金峡水库坝下河段

最小生态流量为 $32m^3/s$;采用 Tennant 法,非汛期按多年平均流量的 10% 计算,汛期按多年平均流量的 $20\%\sim30\%$ 计算,计算出黄金峡水库坝下河段非汛期最小生态流量为 $24.2m^3/s$,汛期为 $48.4\sim72.6m^3/s$。考虑到黄金峡水库开发任务中除供水、发电外,还有航运需求,因此确定水库最小下泄流量时,需综合考虑最小下泄生态基流、航运用水要求等。

综合分析,黄金峡水库下泄流量为 $38m^3/s$ 时,坝下游断面可以满足鱼类生境要求以及航运要求。因此,黄金峡水库最小下泄流量确定为 $38m^3/s$,根据汛期和非汛期坝下游河道内外需水要求的变化,拟定非汛期最小下泄流量为 $38m^3/s$;汛期,当坝址来水大于 $48.4m^3/s$,黄金峡泵站抽水量小于设计抽水能力时,按 $48.4m^3/s$ 下泄,当黄金峡泵站按设计抽水能力抽水时,按 $72.6m^3/s$ 下泄。

三河口水库坝址最小下泄生态流量:三河口水库生态基流采用近十年最小月平均流量法、Q90 法、10% 平均流量法三种方法计算,得出的生态基流分别为 $1.21m^3/s$、$2.81m^3/s$、$2.71m^3/s$。三河口水库坝下减水河段是坝址—堰坪河入河口段,河道长度 $22km$,河道内需水要求主要是生态用水,三河口水库坝址断面的河道生态基流为 $2.71m^3/s$。

2. 初期蓄水期及运行期水库下泄生态流量措施

黄金峡水库初期蓄水期间,水位由下闸开始至库水位上升至表孔堰顶高程 $425.00m$ 期间,底孔上游水头相对较低,可通过调控底孔弧门开度来下泄 $38m^3/s$ 的生态流量。库水位由表孔堰顶高程 $425.00m$ 上至死水位 $440m$ 期间,表孔上游水头相对较低,可通过调控表孔弧门开度来下泄生态流量。

黄金峡水库正常运行期间,水库水位在死水位 $440m$ 至正常蓄水位 $450m$ 之间,表孔、底孔上游水位相对较高,闸门应避免长期小开度运行。经分析,考虑在纵向围堰坝段设置生态放水闸,闸进口底板高程 $432.50m$,长度 $38m$,闸门后为明流泄槽段,用以在水库运行期泄放生态流量。

三河口水库初期蓄水期间,库水位由导流洞进口高程 $531.77m$ 蓄水至进水口高程 $543.00m$,按枯水期计算,约需要 8 天时间,为保证该时段顺利下放生态流量,设计在导流洞进口封堵塔闸门后侧墙上设置 $\phi800mm$ 旁通管,在初期蓄水期间,通过旁通管下放生态流量。在水库水位超过引水渠进口高程 $543.00m$ 后,关闭旁通管阀,进行导流洞堵头施工,通过供水系统下放生态流量。

三河口水利枢纽取水是通过进水口引水发电后入尾水池,或进入供水阀(不发电情况下)消能后进入尾水池。设计在三河口水利枢纽设下游生态放水管,管道外接于河道,放水管为 $DN600mm$ 钢管,在无人控制情况下可保证下泄生态水量不小于 $2.71m^3/s$。

3. 生态需水保障措施

运行期,水库管理单位黄金峡管理站、三河口管理站应将下泄生态流量的调度原则纳入工程调度方案,统一执行。水利主管部门应不定期进行核查,对水库的运行管理提供技术指导和行政监督。

为保障最小生态下泄流量,需配套生态流量无线监测系统,在下泄流量设施内设置一套在线监控设施,可选择高质量的超声波流量计,流量计具有自动数据储存功能,在线监控设施与大坝同时建设,初期蓄水前完成,运行期纳入监管范畴。

7.2.2　工程对生态环境的影响及生态预防保护措施

7.2.2.1　陆生生态影响及预防保护措施

1. 生态完整性影响评价

工程区地处秦岭地区，秦岭是我国南北气候分界线和重要生态安全屏障，具有涵养水源、维护生物多样性、水土保持及调节气候的重要生态服务功能。秦岭地区森林植被覆盖率高，生物多样性好。工程建设对于森林生态系统的影响主要是工程占地和水库淹没引起的林地植被的损失。林地是野生动物的重要栖息地，因此也间接地影响了野生动物的栖息、觅食和避敌。

工程对于林地的占用主要包括：黄金峡和三河口水库淹没及工程永久占用林地共 1414.12hm^2，其中枢纽淹没林地 1361.35hm^2，枢纽工程永久占用林地 45.23hm^2，输水沿线永久占用林地 7.51hm^2。根据现场调查，水库淹没区和工程占地区内的植被主要是柏木林、马尾松林、油松林、栓皮栎林、麻栎林等，这些植被是评价区内分布最为广泛的植被类型，且群落结构稳定。由于工程占用的森林面积仅为评价区森林面积的 0.38%，不会减少植物的物种丰富度。另外，工程占地和施工干扰会驱使林地中的动物向远离工区的地区迁移，可能使动物的分布发生改变，但不会对动物种类产生影响。因此工程建设对评价区森林生态系统功能影响很小。

工程占地和水库淹没会损失一部分农业植被，使其分布面积和生物量都有所减少，由于工程占用的农田面积占评价区总面积的比例较小，工程引起的农业生态系统功能的变化很小。

综合分析认为，评价区林地优势度值达到 65.42%，是评价区内主要的土地类型。工程实施后，对评价区自然体系产生的一定的影响，平均生产力减少了 1.90g C/(m^2·a)，林地和灌草地面积只减少了 0.14%，但对自然体系的生产能力、稳定状况及组分异质化程度影响不大，林地和灌草地仍占绝对优势，生态系统依然保持稳定。工程建设对评价区生态完整性不会产生明显影响。

2. 对陆生动植物的影响

黄金峡水库、三河口水库淹没和占地植被多为常见种，不会改变区系组成，但会减少局部的生物量与生产力。水库蓄水后，对库周植被具有正效应。对两栖和爬行类的生长和繁殖具有有利影响，兽类活动区域减少，施工噪声会对猛禽类产生驱赶作用，将影响其种类组成和空间分布。两水库蓄水淹没及工程施工占地对项目区国家级和省级保护种类没有影响，三河口水库将淹没 7 株古树名木。

引汉济渭输水隧洞工程永久占地 0.68hm^2，占地区的乔木都是一些当地常见的树种，不会改变区域的植被种类和区系组成，临时占地在施工结束后通过植被恢复与绿化可以得到一定恢复。输水隧洞施工期对陆禽、攀禽和鸣禽鸟类产生明显的驱赶影响。从而影响其分布格局，但主隧洞埋深较大，施工对这些动物基本没有影响。

3. 陆生动植物保护措施

工程施工过程中，结合水保措施，尽量减小开挖、取料对地表的扰动，减少资源消耗，征地范围之外的林木严禁砍伐。将开挖破坏与平整恢复有机结合，采用环境友好方案；临时堆料做到不占耕地，不影响河道行洪，工程弃渣按水保方案要求合理堆放并采取拦护措施；保存永久占地和临时占地的熟化土，为植被恢复提供良好的土壤。工程结束后，要对所有裸露面进行整平、覆土绿化，恢复土地原有功能。

在植被修复过程中，尽量保护施工占地区域原有森林生态系统的生态环境。根据工程对林地损失量，在异地栽培不少于原面积的林地，做到"损一补一"。对于三河口水库受影响的 7 株古树，采取就地清理、就地保护或迁地保护。保护耕地资源，工程完工后应尽量恢复原有耕地资源。开展生态监测和管理工程建设。

运行期黄金峡、三河口水库应保证下游生态需水，维持下游河道两岸植被的生态功能。

做好施工方式和时间的计划，力求避免在晨昏和正午爆破施工，减少施工噪声驱赶影响；避免施工区生活污水的直接排放，减少水体污染；在林区边的路段和隧道采用加密绿化带；在秦岭隧洞 4 号、5 号支洞洞口周围采用护栏设施，防止野生动物误入施工区；加强野生动物保护法的宣传教育，制定制度严禁猎杀捕食野生动物。施工临时占地结束后及时清理场地，尽可能地增加野生动物的栖息地。

7.2.2.2　水生生态影响及预防保护措施

1. 对水生生物及鱼类的影响

施工期枢纽工程基坑开挖、施工导流及大坝建设等，可能造成水环境质量下降，导致施工区河段浮游生物种类发生变化，底栖生物原有的栖息地破坏，生境缩小，生物量减少。对施工河段鱼类生长、觅食、繁殖和迁移会带来不利影响。

黄金峡水库初期蓄水期由 11 月开始，持续约 66 天，对下游水文情势影响较大，下游减水河段下泄水量明显减少，水域范围随之缩小，此时段为鱼类越冬期，鱼类饵料生物的分布区域缩小，造成坝下的鱼类资源量下降。三河口水库初期蓄水在 1—3 月，可能导致枯水季节水位下降幅度加剧，湿生植物生境面积缩小，鱼类的越冬场及栖息地消失，对鱼类的资源量影响较大。

水库蓄水后静水区域增加，坝上坝下水体透明度将增加，有利于浮游植物的垂直分布和增加光合强度。库区新淹没的陆生植物是水体营养素的重要来源，在一定程度和时间上将提供浮游生物的生长所需。建坝后库区和坝下一定河段浮游植物的种类数量将明显增加，浮游植物种类将从适应流水生活的类群演变成适应静水生活为主的优势类群。库区浮游甲壳动物及轮虫的数量和种类将随着藻类的数量变化而变化，库区底栖动物的种类会有所增多，螺类、蛭类、双壳类的生物量将会增加。水库底栖动物的多样性将显著提高。

水库建成后，由于库区河段水文情势发生较大变化，原来适应于底栖急流、砾石、岩盘底质环境中生活繁衍的鱼类，由于失去了摄食、生长、繁殖的场所，逐渐移向干流库尾上游或支流，其在库区的数量将减少，如中华倒刺鲃、多鳞铲颌鱼、齐口裂腹鱼、中华纹胸鳅、黄颡鱼、长吻鮠等鲿科鱼类以及鳅科部分种类等。适应于缓流或静水环境生活的鱼类如麦穗鱼、鳑鲏类、鲤鱼、鲫、棒花鱼、大银鱼及鳘类等，由于水库能够满足其繁殖条件，其数量将逐渐上升，成为库区的优势种类。

汉江上游江段分布的鱼类多具有干支流短距离洄游习性，黄金峡和三河口水库工程建设阻隔了这些物种的种群遗传交流，形成的水库环境将有利于鲤、鲫、麦穗鱼、中华鳑鲏等适应静水环境鱼类数量和比例增加，而不利于原有的这些洄游性鱼类生存。黄金峡大坝修建后，汉江陕西段干流原急流生态系统的连续性和完整性被破坏，鱼类上溯产卵的通道被隔断，导致汉江鱼类早期资源量下降。由于群体间不能进行双向遗传交流，坝上江段的鱼类，无论是在局部水域内能完成生活史的种类，还是半洄游性鱼类，其种质均将受到影响。子午河不存在产漂流性鱼类的产卵场，三河口水库主要是阻隔影响使鱼类交流减少，导致鱼类的遗传多样性降低。

黄金峡水库不存在下泄低温水对鱼类的影响。三河口水库为多年调节型水库，水库运行后在每年 3—11 月，水库垂向出现较大的水温分层梯度，表层水温较天然河道同期水温高，而底层水温则较低。经预测，三河口水库下泄水温平均降温最明显的是 5—9 月，最大降温 3.75℃，水温波动向后推迟了 1 个月左右，其下泄的低温水将影响下游以鲤科为主鱼类的生活繁衍。

2. 对保护鱼类和重要鱼类生境的影响

汉江上游分布有贝氏哲罗鲑和秦岭细鳞鲑，根据其分布区域特性，黄金峡、三河口水库建设不会对其产生影响。经实地调查，水库工程建设影响区未发现陕西省保护鱼类东方薄鳅、鳡、鳤、中华倒刺鲃等，但黄金峡水库运行期对汉江西乡段国家级水产种质资源保护区主要保护鱼类产生影响，详见环境敏感区影响评价内容。

在 20 世纪 80 年代，黄金峡河段是较大的产漂流性卵的产卵场，随着黄金峡大坝下游石泉水库建成运行，该处产漂流性卵的产卵场逐渐消失。在汉中三桥下游分布有产漂流性卵鱼类产卵场，但据黄金峡水库坝址较远，黄金峡水库对该产卵场影响较小。

工程影响河段共有 4 处产沉黏性卵的鱼类产卵场，其中黄金峡水库及坝下游分布有 3 处，分别位于洋县母猪滩、金水河入汉江口、子午河入汉江口；三河口水库坝下分布有 1 处。黄金峡水库调水后，坝下河段月平均水位与天然河道相比明显降低，降幅为 0.05～0.46m，黄金峡库区水位的升高将直接淹没原有产黏性卵及沉性卵鱼类产卵场，加之库区水位的频繁变动，使得库区边缘较难形成新的产卵场；坝下河段亦由于水位的剧烈变动使得其较难满足鱼类产卵繁殖。三河口水库由于常年下放 2.71m³/s 生态基流，对坝下游产卵场不会产生明显影响。汉江上游索饵场及越冬场主要集中于各库区，黄金峡、三河口两水库蓄水后，库区鱼类幼鱼索饵场面积将增大，鱼类的越冬场所将增加。

3. 水生生物及鱼类保护措施

(1) 水生生态环境保护。施工期提高施工人员环保意识。妥善处理工程弃渣、废水和生活污水。3—9 月为大多数鱼类产卵期，该时段应优化施工工期。干支流施工结束后要及时恢复原来的河床地貌，对于湿生植被破坏严重的区域要进行必要的修复。运行期保证坝下游生态需水量，并根据实际需要及时调整下泄流量，进行生态调度，制造"人工洪水"，刺激鱼类产卵。加强坝下游流量流速、鱼类资源、浮游生物、水质在枯水期的生态监测，发现问题可以及时反馈，防止生态需水不足而导致支流断流等严重后果产生，进一步做好运营期保护工作。

严格执行禁渔制度，加强监督管理，取缔电鱼、炸鱼、毒鱼等。根据各种保护对象的不同生命阶段和集群产卵、越冬及幼鱼索饵场所的具体分布情况和时间来划定禁渔期和禁渔区。

引水区鱼类保护措施。主要包括取水口拦鱼设施及水轮机的选择：在该工程取水口设置金属拦鱼栅、网和电栅。应用对鱼类友好的水轮机，以保护鱼类不被水轮机致死。

（2）鱼类资源恢复措施。引汉济渭工程黄金峡水库、三河口水库兴建对汉江干流上游、支流子午河水生生物均产生一定影响，特别是黄金峡水库位于汉江西乡段国家级种质资源保护区的实验区，大坝将实验区分割成两个独立的单元，阻断保护区内部分保护对象的洄游繁殖及上下游鱼类基因交流，加之子午河实验区上游三河口水利枢纽的建成，使得保护区的功能完整性下降，保护区的部分功能丧失。所以应采取必要的鱼类资源恢复措施，尽可能降低工程建设对保护区功能完整性造成的影响。

结合汉江上游鱼类分布情况，综合考虑该工程鱼类恢复措施包括鱼类增殖站、人工放流、黄金峡水利枢纽鱼道、活鱼运输车、捕捞过坝、人工鱼巢、三河口分层取水、资源救护与渔政管理、项目建设影响后评估、环境资源监测、专项研究等。

1）鱼类增殖站方案。综合各方面因素，增殖站初定建在洋县磨子桥镇汉江大桥处，面积约 300 亩，共建设亲鱼驯化培养池 20 个、鱼种池 40 个、仔鱼培养池 40 个、天然育苗孵育池 10 个、饵料培养池 10 个、蓄水池 1 个、繁殖车间 2000m²、产卵池 2 个、孵化环道 2 个、孵化缸 40 个、供水站 1 座、水处理系统 1 套以及相关仪器设备等。增殖的鱼类有：青鱼、草鱼、鲢、鳙、翘嘴红鲌、大鳍鳠、赤眼鳟、鳊、细鳞斜颌鲴、圆吻鲴、鳡、鲸、鳟、汉水扁尾薄鳅、大鲵、大鳞黑线鳘、方氏鲴等。

鱼类增殖区域主要为位于保护区内的石泉水库库区、黄金峡库区、子午河和三河口库区。三库区的面积分别为 37650 亩、18600 亩、20778 亩，合计水面面积为 75028 亩。按照平均每亩 5 尾放流。后期根据资源跟踪监测结果适时调整增殖放流方案。增殖站增殖鱼类通过组织人工放流方式将鱼类放入保护区河道及库区，计划年人工放流增殖鱼类 29.05 万尾，运行费用为 145.25 万元/a。

2）黄金峡水利枢纽鱼道方案。黄金峡水利枢纽最大坝高为 68m，属相对较低的坝型，且坝址所在江段相对较宽，沿岸较开阔、平缓，可以留出布置鱼道的空间。此外，采用鱼道方案有利于鱼类自由穿越大坝，顺利到达特定位置繁殖产卵和觅食。

结合黄金峡水利枢纽的特点，主要过鱼种类包括青鱼、草鱼、鲢、鳙等，其主要目的是连通鱼类洄游通道以及防止因大坝阻隔而导致的鱼类种群分化。过鱼时段一般为 3—4 个月，其中青鱼在每年的 5—7 月常由下游溯游至流速较高的场所产卵繁殖，草鱼一般在 4 月下旬即开始产卵，鲢鱼在 4 月中旬开始繁殖，鳙鱼的产卵期在每年的 4—6 月，因此黄金峡鱼道的主要过鱼季节为每年 4—7 月。

按结构型式，鱼道可分为池式鱼道、槽式鱼道和横隔板式鱼道（梯级鱼道），各类型鱼道特点如下。

池式鱼道：该鱼道很接近天然河道的情况，鱼类在池中的休息条件良好，但其适用水头很小，平面上所占位置较大，且要求有合适的地形，故其实用性受到一定的限制。

槽式鱼道：分为简单槽式和丹尼尔式两种，简单槽式为一条连接上下游的水槽，其中不设任何消能设施，仅靠延长水流途径和槽周糙率来消能，此型鱼道坡度很缓，长度很长，适用水头很小，故实际很少采用；丹尼尔式鱼道在槽壁和槽底设有间距甚密的阻板和砥坎，一般适用于较强劲的鱼类和水位差不大的地方。

横隔板式鱼道：是利用横隔板将鱼道上下游的总水位差分成许多梯级，并利用水垫、沿程摩阻及水流对冲、扩散来消能，达到改善流态、降低过孔流速的要求，横隔板式鱼道的水流条件易于控制，能用在水位差较大的地方，各级水池是鱼类休息的良好场所，且可调整过鱼孔的型式、位置、大小来适应不同习性鱼类的上溯要求，结构简单，维修方便，故近代鱼道大多采用此种型式。池式鱼道和横隔板式鱼道综合比较详见表7.2-10。

表 7.2-10　　　　　　　　　池式鱼道和横隔板式鱼道综合比较一览表

项目	池式鱼道（方案一）	横隔板式鱼道（方案二）	比选结果
过鱼设施布置难度	适宜布置于坝下尾水一侧，需要面积较大，要求有较平坦的地形，鱼道长度较长	适宜布置于坝下尾水一侧，对地形也有一定要求，所需面积相对较小，鱼道可通过人工建造方式建设，长度相对较短	方案二易于方案一
过鱼效果	可实现连续过鱼要求，池式鱼道很接近天然河道的情况，鱼类在池中的休息条件良好，对鱼类几乎无损伤。 但流量增大时水池水流紊动大，不能适用上游水位大变动，除非设计特别的进流控制闸等	可实现连续过鱼要求，横隔板式鱼道的水流条件易于控制，能用在水位差较大的地方，各级水池是鱼类休息的良好场所，且可调整过鱼孔的型式、位置、大小来适应不同习性鱼类的上溯要求。入口设计是关键	两种方案相当
适用性	上游水位：变幅小；物种：大多数鱼类	上游水位：变化可较大；物种：大多数鱼类，除了爬行类和需堰流激起跳跃的鱼类	方案二优于方案一
运行管理	与主体工程关联较大，洪水期时水池容易被淤积	结构简单，维修方便，易受电站大坝运行管理影响	方案二优于方案一
综合比较意见	从过鱼设施布置难易程度、过鱼效果、适用性及运行管理来看，横隔板式鱼道设施布置难度较小，受地形影响相对较小，可以适用上游水位较大的变化，对大多数鱼类都适用，且投资相对较少。因此，为满足工程过鱼可操作性，该工程过鱼设施宜采用横隔板式鱼道		

根据黄金峡水利枢纽所在河段河道地形及水位特点，选择横隔板式鱼道。鱼道隔板可以分为溢流堰式、淹没孔口式、垂直竖缝式和组合式。由于青鱼常在水的中、下层游泳，草鱼一般喜居于水的中下层，鲢和鳙均为中上层鱼类，因此隔板形式推荐采用矩形断面的垂直竖缝式鱼道。鱼道布置在左岸边坡上，全长约为2080m。主要建筑物有厂房集鱼系统、鱼道进口、过鱼池、鱼道出口及补水系统等。从上游到下游依次布置有上游高水位出口工作闸门、上游低水位出口工作闸门、防洪挡水门和下游进口检修门。分析多种因素，确定黄金峡水利枢纽鱼道主要结构设计参数见表7.2-11。

表 7.2-11　　　　　　　　黄金峡水利枢纽鱼道主要结构设计参数

序号	项　目	参　数	序号	项　目	参　数
1	鱼池宽度	2.5m	5	鱼道斜坡段坡比	1:40
2	鱼池长度	3m	6	池间落差	0.1m
3	鱼道池室水深	1.5～2.5m	7	上下游设计水位差	35～37.5m
4	过鱼孔设计流速	0.6～0.9m/s	8	鱼道运行流量	$1m^3/s$

3）三河口水库鱼类捕捞过坝方案。三河口水利枢纽建设对子午河半洄游性鱼类和非洄游性鱼类均存在阻隔效应，种群间遗传交流受阻，导致遗传多样性下降。子午河分布鱼类22种，无国家保护及濒危种类，且所有种类在汉江干流均有分布；三河口水利枢纽最

大坝高为145m，属中、高水头建筑物，从技术经济角度经比选，设计采用人工捕捞过坝方案来减小对鱼类阻隔影响。网捕过坝具有投入少、易于控制、操作方便灵活、费用较低等优点，可作为三河口水利枢纽上游鱼类产卵场亲鱼群体数量不足的补救措施。

三河口水利枢纽设计采取坝址下游捕捞鱼类，汽车运输至坝上河段放流的措施，以增进鱼类种质资源的基因交流，捕捞过坝方案技术目前应用较多，操作方法较成熟，经济适用。三河口水利枢纽主要捕捞过坝的鱼类包括：鲤、鲫、鲷类、鲌类、鲶、鳜、鳟、乌鳢、麦穗鱼、铜鱼以及青鱼、草鱼、鲢、鳙、黄颡鱼、齐口裂腹鱼等，每年捕捞期为鱼类繁殖盛期4月中旬至5月中旬的约1个月时间内。

对鱼类主要采用拦网与张网组合的形式进行捕捞，可在枢纽坝下河道拦截设置拦网和定置张网，拦网采用聚乙烯材料，根据子午河河宽，采用规格为1000m×20m（长×高），网目为5cm×5cm。定置张网网口1.5m×0.8m（宽×高），网长20m。通过拦网将河道的鱼类逼进只留一个口的定置张网中，在鱼少时，每天早晨起鱼一次；鱼多时，每天早晨和傍晚起鱼3～4次，一般每个工作日可捕鱼150kg左右。

将下游河段捕捞的鱼类采用渔船、集鱼渠道捕捞收集，再把鱼装入活鱼运输车，沿库区两岸的三陈路、筒大路等统一运送到坝上游的椒溪河、汶水河、椒溪河库尾处河段放流。每天在集鱼设施将鱼类收集满后即运至坝上河段，连续作业。根据实际调查，三河口水利枢纽上下游均有现状和在建交通道路为捕捞过坝运鱼车利用，可在大坝下游右岸电站尾水池下游选择合适地段河段设简易亲水踏步，上游椒溪河十亩地镇、蒲河石墩河镇、汶水河筒车湾镇水库回水末端处设简易亲水踏步，供捕捞、投放鱼类活动使用。

捕捞过坝方案需要在三河口水利枢纽建设船舶车辆管理站、通信监测系统等，需配备捕捞主要设备包括锚具、摩托艇、小船、网箱、活鱼运输车、水桶、充氧塑料袋、绳索等。三河口水利枢纽鱼类捕捞过坝主要设备及投资预算见表7.2-12。捕捞过坝流程详见图7.2-2。

表7.2-12　　　　　　　三河口水利枢纽鱼类捕捞过坝主要设备及投资预算

序号	项　目	单位	数　量
1	锚具	张	40
2	摩托艇	艘	2
3	小船	艘	12
4	网箱	个	10
5	拦网	m×m	1000×20（总长×高）
6	张网	m×m×m	20×1.5×0.8（长×宽×高）
7	水桶、绳索及充氧塑料编织袋等		
8	活鱼运输车	辆	2

4）人工鱼巢。设置人工鱼巢，是该工程运行期对鱼类资源及鱼类产卵场的一种保护措施。黄金峡以上河段、三河口水库坝下河段可设置人工鱼巢。采用人工设置棕丝鱼巢采集鲤、鲫、鲷、鲂、鲶等鱼类受精卵，经人工孵化进行养殖。

5）鱼类栖息地保护。将汉江干流黄金峡水库库尾以上249km天然河段，黄金峡库尾上游支流沮水、漾家河作为鱼类栖息地进行保护，设置卵石、砾石、移植水草等营造鱼类栖息生境，设立标志区界，在鱼类繁殖期划为禁渔区，开展长期水质、鱼类和水生生物等生态环境监测。在栖息地保护河段严格控制管理新建排污口、修建拦河大坝及水电开发等行为。

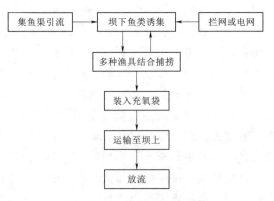

图 7.2-2　捕捞过坝流程图

6）分层取水措施。三河口水库垂向水温基本呈分层分布，库表水温高，库底水温低，为减轻水库下泄低温水对下游造成的不利影响，保护下游生态系统的良性循环，需要建设分层取水下泄生态流量放水控制设施，分别下泄表层和底层水，进行混合下泄。从 4 月中旬开始，逐渐减小底层水下泄量，按照每天水温上升不超过 1～2℃ 的速度进行调节，到 6 月中旬，使水温达到 20℃。促进鱼类性腺发育，并及时产卵。

7）资源救护与渔政管理。由于引汉济渭工程建设，进入鱼类栖息地保护区人员增加，保护性鱼类受到影响，应加大资源救护和渔政管理力度，对渔政管理救护和管理工作进行相应的补偿。

8）项目建设影响后评估。建议在引汉济渭工程建设完成后第三年，开展为期两年的汉江上游水生生物资源环境影响后评估工作。根据评估结果调整鱼类资源恢复措施，将工程的影响程度降至最低，达到社会经济与环境保护协调发展的目的。

7.2.3　对环境敏感区的影响及保护措施

经调查，引汉济渭黄金峡水利枢纽工程涉及陕西汉中朱鹮国家级自然保护区实验区，秦岭输水隧洞越岭段 4 号支洞洞口及施工区位于陕西天华山国家级自然保护区实验区，越岭段 5 号支洞洞口及施工区位于陕西周至国家级自然保护区实验区，越岭段 7 号支洞洞口及施工区位于陕西周至黑河湿地省级自然保护区实验区，详见表 7.2-13 和图 7.2-3。

7.2.3.1　对陕西汉中朱鹮国家级自然保护区的影响及保护措施

陕西朱鹮省级自然保护区由陕西省人民政府 2001 年批准建立，2005 年 7 月经国务院批准为陕西汉中朱鹮国家级自然保护区，该保护区位于陕西秦岭南坡，北界东起洋县姚家沟，西到城固县的梨子坪止；西界从梨子坪向东南方向下至大长沟，再至刘家坪、老庄村到城固县的西庙，过湑水转向东南直到秦家坝止；东界从姚家沟南下至两河，经腰庄到草坝村止；南界由草坝村向西浅山区山脚线直到保护区西界再沿湑水河和汉江两岸直到江树湾止。保护区涉及汉中市洋县和城固两个县，总面积 37549hm²，其中洋县 33715hm²，占 89.8%；城固县 3834hm²，占 10.2%。保护区主要保护对象是朱鹮及其栖息地。

黄金峡水库库尾淹没区和汉江洋县防护工程处于该保护区实验区，其中洋县防护工程，从溢水河汇入汉江口到洋县小峡口段，总长约 11km；黄金峡水库部分淹没区，起点是蔡坝村，终点到洋县县城，长度约 9.4km。工程在保护区占地总面积 327.33hm²，占保护区总面积的 0.88%，占实验区面积的 2.03%。

表 7.2－13　引汉济渭工程与自然保护区位置关系表

自然保护区名称	保护区内主要工程布置	工程与自然保护区直线距离			工程与保护区高差距离		
		核心区	缓冲区	实验区	核心区	缓冲区	实验区
陕西汉中朱鹮国家级自然保护区	黄金峡水库淹没保护区长度9.4km，面积252hm²	库尾距核心区边界直线距离约12km	库尾距缓冲区边界直线距离约9.5km	库尾位于实验区内	—	—	库尾位于实验区内，无垂直高差
	防护工程占地保护区长为75.33hm²	防护工程距核心区边界直线距离14km	防护工程距缓冲区边界直线距离12km	防护工程位于实验区内	—	—	防护工程位于实验区内，无垂直高差
陕西天华山国家级自然保护区	秦岭隧洞越岭段4号支洞口施工于保护区实验区内。4号支洞工区内布置有混凝土搅拌站、钢木加工厂、机械修配停放场、综合加工厂等。4号支洞口工区位于麻河两侧（高程约1200m）	4号支洞口施工区距核心区边界直线距离约4km	4号支洞口施工区距缓冲区边界直线距离约1km	4号支洞口施工区距实验区外边界直线距离约450m，施工道路距离实验区边界100～500m	支洞工区与核心区直线海拔相差100m	支洞工区与缓冲区直线海拔相差300m	支洞工区于实验区内，无垂直高差
陕西周至国家级自然保护区	秦岭隧洞越岭段5号支洞口施工于保护路关实验区内。5号支洞工区内布置有石料加工系统、混凝土搅拌站、机械修配停放场、综合加工厂等。5号支洞口工区位于王家河左岸，周至县小王洞乡北约100m处，高程约1084m）	5号支洞口工区距核心区边界直线距离约6.8km	5号支洞口工区距缓冲区边界直线距离约5km	5号支洞口工区位于实验区于实验区外边界直线距离约400m，施工道路距实验区边界4km	支洞工区与核心区海拔相差820m	支洞工区与缓冲区海拔相差530m	支洞工区于实验区内，无垂直高差
陕西周至黑河湿地省级自然保护区	秦岭隧洞越岭段7号支洞口施工于实验区内。在黑河右岸。7号支洞工区内布置有混凝土搅拌站、钢木加工厂、机械修配停放场、综合加工厂等（高程约800m）	7号支洞口工区距核心区边界直线距离约2.8km	7号支洞口工区距缓冲区边界直线距离800m，有山体阻隔	7号支洞口工区实验区外边界直线距离约450m	支洞工区与核心区海拔相差500m	支洞工区与缓冲区海拔相差300m	支洞工区于实验区内，无垂直高差

1. 对自然保护区的影响

洋县防护工程施工期对朱鹮的主要影响源为人为活动、施工机械噪声、灯光、废水污染等；影响区域主要为工程施工区及外扩 500m 左右农田、滩涂、池塘；影响时段主要为朱鹮游荡期内的 10 月末至 11 月初，工程施工期对朱鹮的觅食会产生一定程度的不利影响，但这种影响是暂时的，影响程度不大，采取一定的保护措施可以减轻这种影响。

黄金峡水库蓄水库尾和洋县防护工程位于保护区实验区内，将占用实验区面积 327.33hm²，占实验区总面积的 2.03%（其中水库淹没占实验区 1.56%）。水库蓄水后，原有溪流成为相对静止的水域，河漫滩大多消失，被淹没的实验区改变了原有的栖息环境，对朱鹮游荡期的觅食等活动会造成一定程度的不利影响。黄金峡水库蓄水后，保护区汉江水域面积增加了 252hm²，汉江湿地开阔度增加，也有利于朱鹮的觅食、活动、迁移。总体而言，由于工程实施引起的保护区生境特征变化区域，较整个游荡区而言比例很小，主要在水库库尾淹没区内，对朱鹮的影响较小。

2. 生态影响预防保护措施

为减免工程对朱鹮自然保护区的影响，应科学安排洋县防护工程施工时间，施工时间应安排在 12 月至次年 6 月初进行，根据朱鹮季节性迁移规律，此时间段朱鹮分布海拔较高，迁移到汉江一带低山平原活动，避开朱鹮的游荡期，从而减少防护工程的施工对其产生的不利影响。鉴于鸟类对噪声和光线特殊要求，施工尽可能在白天进行，晚上不施工；严禁高噪声设备在夜间施工，施工车辆在保护区内尽量减少鸣笛。工程施工器械的油污、施工营地生活污水禁止随意排放，保护汉江湿地水质。

3. 生态影响的恢复与补偿措施

施工结束后，进行施工区植被恢复，尤其是汉江沿岸湿地植被的恢复。保护朱鹮的现有栖息地，加强冬水田、溪沟、洲滩、水库等湿地的保护。森林植被恢复面积 4.44hm²。

在陕西汉中朱鹮国家级自然保护区范围内的芝溪河、党水河、酉水河朱鹮可能栖息的开阔沟道，因地制宜恢复湿地总规模 1770 亩，类型包括溪流湿地、浅水滩湿地、稻田湿地以及其他湿地植被等，营造多样适宜的朱鹮生境。

4. 生态影响的管理措施

根据调查，黄金峡库区黄安镇小渠村河段有较大面积的洲滩湿地，且该地距朱鹮的主要夜宿地之一草坝村较近，洋县防护工程施工期间，应注意加强施工人员管理，禁止施工人员惊扰、伤害保护区的朱鹮及其他野生动物。在保护区设置围栏 8km。

施工期及运行期加强对朱鹮生境质量及种群变化的监测。保护区内建设黄安监督监测点，选择典型的监测样带，对朱鹮种群及生境质量进行监测。保护区设置宣传碑 5 块、宣传牌 55 块。

7.2.3.2 对天华山国家级自然保护区的影响及保护措施

陕西天华山自然保护区是 2002 年 8 月由陕西省人民政府批准建立起来的，2008 年 1 月经国务院批准为天华山国家级自然保护区。该保护区是秦岭大熊猫、金丝猴和羚牛等珍稀野生动物的重要分布区。该保护区位于陕西秦岭中段南坡腹地麻河上游，东、南同陕西省宁陕县林业局接壤，西邻佛坪县，北与陕西周至国家级自然保护区以秦岭主脊为界。行政辖区属陕西省宁陕县。保护区东西宽 17.3km，南北长 24.5km，总面积 25485hm²。

1. 对天华山国家级自然保护区的影响

引汉济渭秦岭输水隧洞主隧洞越岭段呈南北向下穿保护区，其中下穿核心区 7640m，下穿缓冲区 2350m，下穿实验区 5400m，洞线埋深 520～2000m。4 号支洞及施工区、道路扩建工程位于该自然保护区实验区，占林地仅 0.73hm²，占该保护区总面积的 0.003%，占实验区的 0.007%。工程建设对自然生态系统功能影响甚微；森林资源损失很小，且为保护区常见植被类型，对栖息于森林中的动植物物种影响不大；大熊猫中心活动区域远离施工区域，不会影响到大熊猫的正常栖息。但是工程施工与人为干扰活动直接或间接地对一些动物物种栖息和季节性迁移产生不同程度的驱赶与阻隔作用。主隧洞施工主要为地下作业，采用 TBM 施工粉尘产生量较小，对外界环境影响很小。支洞施工废水如不处理直接排放，水质污染将影响保护区大熊猫等野生动物的饮水。

2. 生态影响避免与削减措施

施工道路、4 号支洞工区等临时占地要采取"永临结合"的方式，尽量缩小范围，减少对林地的占用。4 号支洞钻爆施工建议采用乳化炸药进行无声爆破，减少爆破震动和噪声对大熊猫等保护动物的干扰。合理安排施工时间，施工尽可能在白天进行，确需夜间施工的，严禁高噪声和强光设备在夜间施工，施工车辆在保护区内尽量减少鸣笛。施工废水禁止随意排放，保护麻河湿地水质。

3. 生态影响的恢复与补偿措施

施工结束后，对 4 号支洞和施工道路两侧、4 号支洞工区进行植被恢复。在"适地适树、适地适草"的原则下，树种、草种以选择当地优良的乡土树种、草种为主，适当引进新的优良树种草种，保证绿化栽植的成活率。把剥离的表层熟土回填至植被恢复区内，用作绿化带的覆土改造。根据大熊猫对生境的选择规律，施工结束后应在坡度平缓的地带，种植郁闭度适中的巴山木竹林，同时栽种一定数量的乔木，为其提供一定的隐蔽条件。

4. 生态影响的管理措施

加强施工人员的管理，禁止施工人员惊扰、伤害保护区的大熊猫及其他野生动物，施工人员除施工区域外不得随便进入保护区内。

施工期及运行期加强对大熊猫等保护动物的生境质量及种群变化情况的监测。建设天华山国家级自然保护区的磨房子监督监测点，选择典型的监测样带，对保护区保护物种种群及生境质量进行监测。扩建天华山国家级自然保护区柴家关检查站。设置 5km 围栏。设置宣传碑 4 块、宣传牌 25 块。

7.2.3.3 对周至国家级自然保护区的影响及保护措施

陕西周至自然保护区于 1986 年经西安市政府批准建立，1998 年经国务院批准为周至国家级自然保护区。保护区位于陕西秦岭中段北坡，东以南叉河为界与西安市小王涧林场相接，南以秦岭主梁为界分别与陕西佛坪国家级自然保护区、陕西省龙草坪林业局及宁西林业局相依，西以鱼肚河以西及湑水河以东的山脊为界与周至老县城自然保护区毗邻，北以明显的山梁、沟谷等与周至县厚畛子林场和西安市小王涧林场接壤。南北纵伸约 19km，东西横延约 65km，总面积 56393hm²。是我国川金丝猴的主要分布区之一。

1. 对周至国家级自然保护区的影响

秦岭主隧洞越岭段呈南北向下穿保护区,其中下穿核心区5940m,下穿缓冲区1980m,下穿实验区10840m,洞线埋深655～2000m。秦岭隧洞5号支洞洞口及施工区位于保护区实验区,占该保护区实验区总面积的0.007%,秦岭主隧洞越岭段从保护区下穿,对保护区景观无明显影响,工程施工对保护区金丝猴的栖息无直接影响,施工噪声惊扰、施工废水排放及人为干扰等其他因素可能对其产生一定的间接影响,其程度很小,影响是暂时的,加强施工期管理,可以削减工程对保护区金丝猴种群的影响。

2. 生态影响的避免与削减措施

施工道路、5号支洞工区等临时占地在施工结束后尽快恢复原地貌,尽可能减少对林地和农田的占用影响。支洞钻爆施工建议采用乳化炸药进行无声爆破,减少爆破震动和噪声对金丝猴的干扰。同时合理安排施工时间,严禁高噪声设备在夜间施工,施工车辆在保护区内尽量减少鸣笛。施工废水禁止随意排放,保护王家河水质。

3. 生态影响的恢复与补偿措施

施工结束后,进行施工区植被恢复。森林植被恢复面积1.69hm^2。做好保护区内扩建道路和河堤的围护衬砌,防止因山体滑坡造成河流堵塞。5号支洞对外运输道路沿着王家河河岸,施工弃渣运输可能会造成部分路段路基破损,施工结束后应对受损路基及河岸进行整治修复,防止雨季水土流失污染王家河水质,影响黑河水源地质量。

4. 生态影响管理措施

加强施工人员的管理,禁止施工人员惊扰、伤害保护区的金丝猴及其他野生动物,施工人员除施工区域外不得随便进入保护区内。在保护区设置10km围栏。施工期和运行期加强对金丝猴等保护动物的生境质量及种群变化情况的监测。建设陕西周至国家级自然保护区的东河口西大监督监测点,选择典型的监测样带,对保护区保护物种种群及生境质量进行监测。扩建保护区黄草坡检查站。

7.2.3.4 对黑河湿地省级自然保护区的影响及保护措施

陕西周至黑河湿地省级自然保护区是2003年由陕西省政府批准建立的省级自然保护区,保护区位于周至县南部,包括陈家河以下河段黑河库区和黑河入渭河口部分地区,总面积13125.5hm^2。该保护区是以保护黑河水库为主体的湿地生态系统类型保护区。

1. 对黑河湿地省级自然保护区的影响

隧洞越岭段呈南北向下穿保护区,其中下穿核心区5400m,下穿缓冲区3820m,下穿实验区2460m,洞线埋深135～1135m。秦岭隧洞7号支洞及支洞施工区位于保护区实验区内,占地1.05hm^2,占地类型为撂荒地,占保护区总面积的0.002%。支洞施工不同程度地改变了局部景观面貌,不会对湿地森林生态系统造成影响,总体上对野生动植物物种影响较轻。工程施工可能对湿地区域及湿地生态系统的栖息地多样化产生局部的破坏,湿地生态系统受到一定程度扰动,但施工地域并未对保护植物和湿地的中心分布区构成直接或间接的影响。

2. 生态影响的避免与削减措施

施工结束后,对7号支洞工区和施工道路两侧进行植被恢复。树种、草种的选择当地优良的乡土树种、草种为主,把剥离的表层熟土回填至植被恢复区内,用作绿化带的覆土改造。支洞钻爆施工建议采用乳化炸药进行无声爆破，减少爆破震动和噪声对大鲵、秦岭细鳞鲑和黑鹳的干扰。工程对保护动物的影响主要是噪声扰动，合理安排施工时间，严禁高噪声设备在夜间施工，施工车辆在保护区内尽量减少鸣笛。施工废水禁止随意排放，保护黑河湿地水质。

3. 生态影响的恢复与补偿措施

施工结束后，进行施工区植被恢复。森林植被恢复面积 $0.27hm^2$。做好保护区内扩建道路和河堤的围护衬砌，防止因山体滑坡造成河流堵塞。7 号支洞对外运输道路为国道 108，沿着黑河河岸，施工弃渣运输可能会造成部分路段路基破损，施工结束后应对受损路基及河岸进行整治修复，防止雨季水土流失污染黑河水源地质量。

4. 生态影响的管理措施

加强施工人员的管理，禁止施工人员惊扰、伤害保护区的大鲵、秦岭细鳞鲑及其他野生动物，施工人员除施工区域外不得随便进入保护区内。在保护区设置 7km 围栏。施工期和运行期加强对大鲵、秦岭细鳞鲑等保护动物的生境质量及种群变化情况的监测。建设陕西周至黑河湿地省级自然保护区陈河监督监测站。

7.2.3.5 对汉江西乡段国家级水产种质资源保护区的影响及保护措施

汉江西乡段国家级水产种质资源保护区由农业部 2010 年公告第 1491 号批准建立。该保护区位于陕西省汉中市的西乡县，保护区东南至石泉水库大坝，西南至支流牧马河乔山段，西至汉江洋县黄金峡的环珠庙，北至黄金峡金水河河口。以西乡石泉水库及其支流两岸岸坡最高历史水位线划定保护区范围，总面积为 $25.1km^2$。保护区涉及汉江干流和牧马河、子午河、白勉河、曾溪河 4 条一级支流，主要保护对象为黄颡鱼、齐口裂腹鱼、鲤鱼等。

黄金峡水利枢纽位于汉江西乡段国家级水产种质资源保护区实验区内，长约 26.5km 的黄金峡库区位于保护区实验区范围内；三河口水利枢纽坝址下距保护区实验区边界 28.5km。

1. 对水生生物的影响

黄金峡水库蓄水后，库区原有水生维管束植物生境完全淹没，短期内造成水生维管束植物数量下降；随着库区沿岸湿地面积大幅度增加，将使水生维管束植物在种类和数量呈现出上升的趋势。由于三河口大坝下游减水河段水量减少，湿生植物种类及数量将呈现下降趋势，其中对保护区子午河实验区影响较大。

黄金峡、三河口水库运行期，库区中适宜在静水及缓流中生活的浮游生物种类及数量有上升趋势；浮游植物从硅藻为优势种向绿藻和裸藻为优势种发展；浮游动物从原生动物、轮虫为优势种向枝角类、桡足类为优势种变化。三河口坝下游减水河段浮游生物种群结构发生改变，生物量减少。水库底栖生物生境得到改善，生物量总体上增加。

2. 对鱼类资源的影响

工程运行后对保护区部分保护对象的繁殖等产生一定影响，大坝阻隔使上下游鱼类无法得到有效交流，遗传多样性受到影响。

其中保护对象黄颡鱼、齐口裂腹鱼、鲤鱼，因水资源量减少会对其产生一定影响。工程运行对保护区鲇鱼、乌鳢、瓦氏黄颡鱼、鲫、三角鲂、团头鲂产黏性卵鱼类，以及翘嘴红鲌、蒙古鲌、鳡、大眼鳜、黄鳝等保护鱼类总体影响不大。工程运行后大坝的阻隔，对草鱼、赤眼鳟、鳤、鳊、鲢、鳙等产漂流性卵鱼类产生一定影响。

黄金峡和三河口水利枢纽运行后，保护区内现有产漂流性卵的鱼类产卵场被压缩到黄金峡以下河段，受精卵孵化流程更短，鱼类早期资源彻底消失。水资源量的大幅减少及目前的拦鱼设施对于仔、幼鱼的拦截效果较差，黄金峡河段鱼类繁殖期主要在 3—9 月，取水造成鱼苗死亡，资源量损失。

3. 对保护区功能完整性的影响

上游河段的连通性，可以使保护区及其上游河段鱼类得到有效交流，使保护区及其上游河段水产种质资源得到有效保护。

大坝的修建，造成河流生态系统及保护区的完整性破碎化，使得保护区整体功能完整性受到破坏，对鱼类造成最直接的不利影响是阻隔了洄游通道及阻碍上下游鱼类有效交流。

洄游通道的阻隔，使上下游鱼类无法有效交流，造成鱼类种群遗传多样性丧失，保护区对水产种质资源保护的整体功能下降。

4. 对鱼类"三场一通道"的影响

水库运行后，河流连通性阻断。现有产漂流性卵的鱼类产卵场被压缩到黄金峡以下河段，受精卵孵化流程更短，鱼类早期资源彻底消失。产沉性卵、黏性卵的鱼类产卵场由于库区水深过大也会消失。产黏性卵、沉性卵的坝上鱼类产卵场分别向库区库尾及其以上河流上移，坝下产黏性卵、沉性卵的鱼类产卵场由于下泄水量减少而萎缩和消失。三河口库区会产生水温分层现象，如果下泄底层低温生态水，在鱼类繁殖期水温过低，产卵场会遭受破坏。子午河两河口以下河段由于受减水和低温双重影响，产卵场会大幅度萎缩。

黄金峡、三河口水库坝下减水河段鱼类栖息地面积显著减小。原有产卵场面积萎缩或消失。4—6 月由于水位下降，流速减小，对于鱼类产卵洄游和性腺发育有显著影响。另外水库调蓄发电，每天河道水位频繁剧烈涨落和形成冲刷水，对于产黏性卵、沉性卵的鱼类产卵场、刚孵出的仔鱼产生较大的影响。对于幼鱼和成鱼影响较小。

库区越冬场和索饵场则会由于水位的上升及水资源量的增加有所增加，但在坝下游越冬场和索饵场面积会随着水资源量的减少而萎缩。

5. 水产种质资源保护措施

施工期要防止施工废水污染水体，避免造成局部范围内浮游生物生物量损失。施工过程中尽量做到不破坏河床、水库底质，对于无法避免的施工活动，应严格控制施工范围，尽量减少对底栖生物栖息地的破坏。严格控制施工面积，防止破坏范围的扩大。河床开挖、围堰施工时弃渣堆放要尽量减少对湿生植物的埋压。工程建设应尽量减少对河道中浅水缓流区影响，避开类似区域，最大限度地保证产黏性卵、沉性卵和浮性卵的鱼类产卵场的功能性。施工结束后要及时恢复原来的河床地貌，对于湿生植被破坏严重的区域要进行必要的修复。3—9 月为大多数鱼类产卵期，应合理安排施工时段，若必须在鱼类产卵期施工，应避免夜间施工。加强对施工人员的管理。严禁施工人员用电、毒、炸等手段非法捕捞。

运行期黄金峡、三河口水库实行生态调度，保证坝下游生态需水量，保护鱼类栖息地。在枢纽引水口建设拦鱼设施，防止鱼类受伤或致死。三河口水库建设分层取水设施，避免下泄低温水对鱼类的影响。黄金峡水利枢纽建设鱼道，三河口水利枢纽采取捕捞过坝方案减免枢纽对鱼类种群交流阻隔影响，因地制宜建设人工鱼巢、鱼类增殖站等，最大限度保护鱼类种群数量。加强鱼类资源监测和管理。

7.3 水土保持问题研究

陕西省引汉济渭工程地跨秦岭岭南中低山区、秦岭岭脊高中山区、秦岭岭北中低山区三个大的地貌单元，区域植被覆盖率高，生态环境现状较好。工程由两座山区水库（黄金峡水库、三河口水库）和一条 98km 的输水隧洞（秦岭输水隧洞）三大部分组成。在工程建设过程中，坝肩、道路及料场的开挖，将形成不同程度的裸露高陡边坡，与周围的自然生态极为不协调；大坝枢纽基础开挖、输水隧洞开挖以及其他工程的挖填平衡后将会产生约 1500 万 m^3 工程弃渣。水土保持作为生态文明重要组成部分，其建设功在当代、利在千秋。引汉济渭工程的弃渣及高陡边坡的综合防治是水土保持最重要的部分。

7.3.1 弃渣综合防治研究

7.3.1.1 弃渣场选址

弃渣场选址是在主体工程施工组织设计土石方平衡基础上，综合考虑地形、地貌、工程地质及水文地质条件，周边的敏感性因素，占地类型与面积，弃渣场容量、运距、运渣道路、防护措施及其投资，损坏水土保持设施数量及可能造成的水土流失危害，弃渣场后期利用方向等因素后进行选址的。

陕西省引汉济渭工程遵循"科学布局、减少占地，充分调研、科学比选，全面论证、统筹兼顾，因地制宜、预防为主，超前筹划、兼顾运行"的选址原则，共规划 17 个弃渣场：其中黄金峡水利枢纽工程布置 4 个弃渣场，三河口水利枢纽布置 2 个弃渣场，秦岭输水隧洞工程布置 11 个弃渣场（黄三段布置 2 个弃渣场、越岭段布置 9 个弃渣场）。

7.3.1.2 弃渣场的分类

弃渣场按地形条件、与河（沟）相对位置、洪水处理方式等，可分为沟道型、临河型、坡地型、平地型、库区型五类渣场。陕西省引汉济渭工程涉及其中的四种类型，分别为沟道型、临河型、坡地型及库区型（见表 7.3－1）。

表 7.3－1   引汉济渭工程弃渣场分类汇总表

弃渣场		特征	适用条件
沟道型	戴母鸡沟、良心沟、上蒲家沟、黄池沟弃渣场	弃渣堆放在沟道内、堆渣体将沟道全部或部分填埋	适用于沟底平缓、肚大口小的沟谷，其拦渣工程为拦渣坝（堤）或挡渣墙，视情况配套拦洪（坝）及排水（渠、涵、隧洞等）措施
临河型	史家梁、柴家关、凉水井、五根树、四亩地、郭家坝、双庙子1号、双庙子2号弃渣场	弃渣堆放在河流或沟道两岸较低台地、阶地和河滩地上，堆渣体临河（沟）侧底部低于河（沟）道设防洪水位，渣脚全部或部分受洪水影响	河（沟）道流量大，河流或沟道两岸有较宽台地、阶地或河滩地，其拦渣工程为拦渣堤

弃渣场		特 征	适用条件
坡地型	史家村弃渣场	弃渣堆放在宽缓平地、河（沟）道两岸阶（平）地上，堆渣体底部高程高于河（沟）中弃渣场设防洪水位	沿山坡堆放，坡度不大于25°且坡面稳定的山坡；其拦渣工程为挡渣墙
库区型	西湾、马家滩弃渣场	弃渣堆放在主体工程水库库区内河（沟）道两岸台地、阶地和河滩地上，水库建成后堆渣体全部或部分被库水位淹没	对于山区、丘陵区无合适堆渣场地，同时未建成水库内有适合弃渣的沟道、台地、阶地和滩地，其拦渣工程主要为拦渣堤、斜坡防护工程或挡渣墙

7.3.1.3 弃渣堆置考虑的因素

（1）弃渣场容量。弃渣场容量是指在满足安全稳定条件下，按照设计的堆置方式、堆渣坡比和堆渣高度，以松方为基础计算渣场占地范围内所容纳的弃渣量。陕西省引汉济渭工程弃渣以石方为主，根据各个单元工程的地质情况及施工工艺，各个渣场的容量均按照开挖自然方量的1.3～1.4倍确定。

（2）堆置高度与台阶高度。影响弃渣场堆置高度的因素较多，其中地基承载力为主要因素，引汉济渭工程弃渣场地基承载力的获取方式主要为查阅渣场地质资料。台阶高度为弃渣按照一定高度分台进行堆置后，台阶坡顶线至坡底线间的垂直距离。各台阶高度之和为堆置总高度，弃渣场设计时，设计堆置总高度应不大于地基承载的最大堆置高度。

（3）平台（马道）宽度。按照设计弃渣方式堆置后的平台宽度应根据弃渣物理力学性质、地形、工程地质、气象及水文等条件确定。根据引汉济渭工程弃渣的物理力学指标，设计单级堆置高度一般小于10m，平台（马道）宽度不小于3m。

（4）综合坡度。弃渣场渣体堆渣坡度（综合坡度）由弃渣场稳定计算确定。

（5）占地面积。弃渣场占地面积应综合堆渣量、地形、堆置要素、拦渣及截排水措施等因素确定，占地面积应包括堆渣占地、拦挡及排水工程占地。

7.3.1.4 弃渣场设计

1. 渣场级别及设计标准

参照《水土保持工程设计规范》（GB 51018—2014）、《水利水电工程水土保持技术规范》（SL 575—2012），弃渣场的级别根据堆渣量堆渣最大高度，以及弃渣场失事后对主体工程或环境造成的危害程度综合确定。弃渣场排洪工程的防洪标准根据弃渣场的级别确定。弃渣场级别及防洪标准见表7.3-2。

表7.3-2　　　　　　　　　弃渣场级别及防洪标准一览表

弃渣场名称		防洪标准（重现期/年）			渣场级别
		排洪工程		临时性拦挡防护工程	
		设计	校核	设计	
黄金峡水利枢纽工程	良心沟弃渣场	50			3级
	戴母鸡沟弃渣场	30	50		4级
	史家村弃渣场	50	100		3级
	史家梁弃渣场	50			3级

续表

弃渣场名称		防洪标准（重现期/年）			渣场级别
		排洪工程		临时性拦挡防护工程	
		设计	校核	设计	
三河口水利枢纽工程	西湾弃渣场			10	3级
	上蒲家沟弃渣场	50	100		3级
秦岭输水隧洞黄三段	3_1号弃渣场	30	50		4级
	2号弃渣场	30	50		4级
秦岭输水隧洞越岭段	马家滩弃渣场	30	50		4级
	郭家坝弃渣场	20	30		5级
	四亩地弃渣场	20	30		5级
	凉水井弃渣场	50	100		3级
	五根树弃渣场	20	30		5级
	柴家关弃渣场	30	50		4级
	双庙子1号弃渣场	30	50		4级
	双庙子2号弃渣场	30	50		4级
	黄池沟弃渣场	50	200		3级

2. 弃渣场总体布局

弃渣场的防治应建立起工程防治措施、植物防治措施与临时防护措施相结合的综合防治措施体系，有效遏制工程建设新增水土流失，恢复和改善工程建设区生态环境。引汉济渭工程弃渣场防治在考虑渣场地形、地质、容量和气象水文等因素的基础上，布置了适合当地的拦挡及排水工程，还充分考虑了当地土地资源紧缺的现状，对有条件的渣面尽可能进行土地复垦，既能科学合理解决工程弃渣问题，又能造福一方百姓。弃渣场综合防治措施体系见表7.3-3。

表7.3-3　　　　　　　　弃渣场综合防治措施体系表

弃渣场名称	弃渣堆置方案	拦挡工程	排洪工程	渣面恢复方案
良心沟弃渣场	3级阶梯式堆置：拦渣堤后1∶2起坡+3m宽马道	浆砌石拦渣堤+干砌石护坡	河道右岸排洪明渠+马道内侧排水沟	复耕
戴母鸡沟弃渣场	4级阶梯式堆置：浆砌石挡墙后预留后3m宽马道+1∶2起坡	浆砌石挡墙+浆砌石拱形骨架植草护坡	沟道左侧排洪明渠、箱涵+马道内侧排水沟	乔灌草植被恢复
史家村弃渣场	5级阶梯式堆置：钢筋石笼挡墙后预留后3m宽马道+1∶2起坡	钢筋石笼挡墙+干砌石护坡	弃渣边界排洪明渠+马道内侧排水沟	乔灌草植被恢复
史家梁弃渣场	2级阶梯式堆置：拦渣堤后1∶2起坡+3m宽马道	浆砌石拦渣堤+干砌石护坡+浆砌石拱形骨架植草护坡	弃渣边界排洪明渠+马道内侧排水沟	灌草植被恢复
西湾弃渣场	蒲河左岸4级、右岸2级阶梯式堆置：浆砌石挡渣墙后预留后3m宽马道+1∶2起坡	浆砌石挡渣墙		

弃渣场名称	弃渣堆置方案	拦挡工程	排洪工程	渣面恢复方案
上蒲家沟弃渣场	13级阶梯式堆置：挡渣墙后预留后马道＋1:1.5～1:4起坡	浆砌石挡渣墙＋预制混凝土块护坡、浆砌石骨架植草护坡	沟道左岸排洪暗涵＋明渠	乔灌草植被恢复
黄三2号弃渣场	拦渣堤后以1:1.5坡比起坡堆置至渣顶设计高程	浆砌石挡渣墙＋浆砌石护坡		复耕
黄三3_{-1}号弃渣场	12级阶梯式堆置，墙后水平堆置	浆砌石挡渣墙	排洪明渠	复耕
马家滩弃渣场	两级挡墙拦挡，墙后水平堆置	混凝土砌块＋土工格栅挡渣墙	排洪箱涵＋排洪明渠	复耕
郭家坝弃渣场	挡墙后水平堆置	堆石混凝土挡渣墙	排洪明渠	复耕
四亩地弃渣场	挡渣墙后以1:1.5坡比起坡堆置至渣顶设计高程	浆砌石挡渣墙＋浆砌石护坡		复耕
凉水井弃渣场	挡渣墙与渣面齐平	混凝土砌块＋土工格栅挡渣墙		复耕
五根树弃渣场	挡墙后水平堆置	浆砌石挡墙		复耕
柴家关弃渣场	挡墙后水平堆置	堆石混凝土挡渣墙	排洪明渠	复耕
双庙子1号弃渣场	挡墙后水平堆置	混凝土面板＋土工格栅挡墙	排洪明渠	乔灌草植被恢复
双庙子2号弃渣场	挡墙后水平堆置	混凝土面板＋土工格栅挡墙	排洪明渠	乔灌草植被恢复
黄池沟弃渣场	拦渣坝后水平堆置	堆石拦渣坝	排洪涵洞＋排洪明渠	乔灌草植被恢复

7.3.2　高陡边坡绿化方案

7.3.2.1　枢纽区坝肩边坡绿化方案

黄金峡及三河口水利枢纽工程级别为Ⅰ等工程，对应该区植被恢复与建设工程级别为1级。为满足该区绿化美化要求，使枢纽工程更好地融入当地自然景观当中，拟对大坝左、右岸坝肩建筑物等开挖裸露高边坡及马道采用"上攀下挂中灌"的方案进行绿化。

由于上述边坡主要为岩质边坡，立地条件较差，同时受机械限制，难以采用喷播植草方案，拟在开挖马道设置3排混凝土隔板，其中一排布置在距离坡脚0.3m处，与坡脚形成"上攀"植物载土槽；另外两排布置在坡顶处，相隔0.3m，形成"下挂"植物载土槽。混凝土隔板尺寸为0.2m×0.2m（宽×高），载土槽内回填含氮、磷、钾肥的复合营养土，营养土厚0.2m，槽内靠坡脚一侧扦插爬山虎，靠坡顶一侧扦插常春藤，株距均为0.3m，槽内撒播黑麦草草籽，播种量为80kg/hm²。

对马道混凝土隔板分隔出的剩余部分采取灌草绿化，形成"中灌"的绿化带。根据植物措施相关要求，覆营养土厚20cm，灌木采用马桑，栽植株行距1m；草种选择黑麦草，播种量为80kg/hm²。

7.3.2.2　柳木沟料场边坡绿化方案

为满足料场绿化要求，使料场更好地融入当地自然景观当中，设计对柳木沟料场开挖形成的位于水库正常蓄水位643.00m以上的裸露边坡及马道采用"上攀下挂中灌"的方案实施绿化，绿化总面积为3.81hm²。

对开挖的高边坡采取垂直绿化，种植爬山虎和常青藤。由于开挖的边坡主要为岩质边坡，立地条件差，无法直接栽植攀爬植物，拟在开挖形成的马道部位覆土，厚度30cm，马道总长度3720m，宽度为2.0~8.5m，在马道外侧设置1排预制混凝土隔板，单个隔板尺寸为1.0m×0.1m×0.5m（长×宽×高）。爬山虎布置在距离马道坡脚0.3m处，株距为0.3m，形成"上攀"植物；常青藤布置在距离马道外侧0.3m处，株距为0.3m，形成"下挂"植物；马道其余部位栽植紫穗槐并撒播龙须草，以此形成绿化带，紫穗槐株行距为1.0m×1.0m，栽植2排，草种选用龙须草，播种量80kg/hm²。

7.3.2.3　道路工程边坡绿化方案

引汉济渭工程在道路建设中，挖方路段形成裸露的路堑坡面，既破坏了植被，有损生态平衡，又极易受风雨等的侵蚀，导致水土流失，危及道路的安全。过去常采用浆砌条石或水泥喷浆等构造物进行护坡处理措施已不能满足将引汉济渭工程建设成为生态文明工程的需求，随着国家对生态文明建设的重视以及人们环保、审美意识的提高，需对裸露的坡面进行绿化处理，以防止坡面的侵蚀和风化，恢复自然植被，在绿化的同时起到美化的作用，以求达到"人在车中坐，车在画中行"的意境。

土壤和水分是植物生长的必要条件之一。对于岩质坡面，其硬度大、土壤少甚至无，植物生根、发育非常困难。因开挖后的岩质边坡大多较陡，在坡面上回填的种植基质往往难以固定，即使一时附着，还会因降雨、流水及大风等遭到流失，使种植基质连同生长的植物一起滑落、崩塌。因此，岩质边坡绿化需具备两个基本条件：①坡面上必须有植物能赖以持续生长的种植基质，②种植基质能永久固定在岩面上。

1.道路边坡绿化方案选择

岩质坡面传统的绿化方法是在坡脚栽植攀缘植物、坡顶栽垂吊植物或在岩面上挖种植槽或鱼鳞坑栽植攀缘、垂吊植物及花灌木等实现绿化。这些方法简单易行，但施工速度慢，养护困难，成活率低，重要的是岩面达到完全覆盖往往需要很长的时间。

挂网喷播植草是指在坡面上按一定的行距人工开挖楔形沟，在沟内回填适宜于草种生长的土壤、养料、土壤改良剂等种植基质材料，然后挂三维植被网，再覆盖基质材料喷播植草。

引汉济渭工程地处国家南水北调水源区，具有重要的战略地位，因此，在道路边坡绿化设计时，遵循国家倡导的生态文明建设理念，采用先进的挂网喷混植被护坡方案，并提高绿化标准，努力将引汉济渭工程建设为生态文明工程。

2.材料的选择

（1）基质材料。种植基质材料主要有土壤、有机质、化学肥料、保水剂、接合剂、pH缓冲剂、水及草种。

土壤：土壤可因地制宜，选择就近的沙壤、壤土或黄土。要保持干燥，过筛，去掉粗的颗粒物及杂物。

有机质：常采用的有机质有泥炭土，泥炭土有机物持水量很高，通气性良好，其独特的轻质、持水、透气和富含有机质特点，可蓄水、保水，防止板结，改善土壤物理结构，并保持肥效的持久力。

化学肥料：加入一定量的缓释全价肥有利于植物生长后期肥料的持续供应。

保水剂：岩体面基本上为不透水层面，易反射辐射热。因此，岩面上植物种子的发芽和生长对气候相当敏感，稍受干旱植物易凋败枯萎。此时加入保水剂是岩面上植物得以正常生长发育的关键。保水剂可吸收自身数百倍至数千倍的水分。这些水分不易被一般物理方法挤排出来，而植物根系却能吸收贮存在保水剂中的水分。保水剂可将偶尔的降雨迅速膨胀成凝胶将水分贮存起来，干旱时便慢慢地释放给根系。

接合剂与 pH 缓冲剂：为了避免雨、风、雪等因素对种植基质造成侵蚀、冲刷，必须在种植基质中加入适量的接合剂，以促使基质与岩面黏结和基质硬化。常用的接合剂是普通硅酸盐水泥。水泥呈碱性，一般来说对种子的生根、发芽是有害的，因此其用量必须控制得当。掺入水泥的同时，可加入一定量的碱性中和因子，如磷酸作为缓冲剂以调节基质 pH。

水：就近利用，用水量根据实际情况而定。

植物种子选择及配比：岩体坡面上种植基质厚度薄，环境恶劣，植物除因地制宜、选择适应当地气候的种类外，还要特别注意选择抗旱性、抗逆性强的品种。引汉济渭工程区域适合喷混绿化的草种主要有百喜草、黑麦草、龙须草、三叶草等。

（2）辅助材料。三维植被网采用约 15mm 的三维三层植被网，底网为两层，网包一层或约 18mm 的三维四层植被网，其底网为两层，网包两层，原材料为聚乙烯，质控抗拉强度分别为不小于 $(1.6\pm0.2)kN/m$，不小于 $(2.4\pm0.4)kN/m$，单位重量分别为 $300g/m^2$ 和 $350g/m^2$，幅度可选定。

U 形、J 形钢钉，起固定作用，用直径 6mm 钢筋预制。

无纺布作为植物养生网能防止种子和土壤受暴雨冲刷造成流失，也可适当遮阴，防止土壤干燥，使种子更容易发芽，无纺布可选 $16\sim20g/m^2$ 热合或热粘型无纺布。

3. 施工工艺

坡面修整：引汉济渭工程修建的道路因山势和征地等原因，一般都较陡急，修整前边坡因暴露风化，碎落，形式凹凸不平。在进行绿化前应按设计要求，对边坡不平整处进行人工修坡，清坡平整度宜控制好，并把坡顶和可视断面一并修整，保持坡体线条明畅。

挖沟：在岩石坡面上人工开挖楔形沟，楔形沟竖向保持直立，横向设置 5% 的倒坡以保证填土的稳定，沟间距离为 $300\sim400mm$。

回填基质材料：沟内回填富含有机肥料的基质材料，土壤和基材必须事先混合均匀，并保持一定的湿度。适当洒水以确保坡面潮湿，再挂三维网并用 U 形、J 形钉固定，网上撒细粒土经多次喷水沉降以覆盖网包。也可采用灌浆法对三维网灌浆，还可通过喷混机，将表土均匀喷到三维网上，直到全面覆盖三维网。

喷种：采用液压喷播机，将种子、保水剂、肥料、纤维混合料均匀喷播在坡面上，喷播完成后，视情况可撒少许细土覆盖表面。

覆盖：工程区雨水较多，可在喷种后覆盖无纺布以防止雨水冲刷，并可在干热季节适度遮阴，利于种子萌发。

养护：喷播后应浇水使土壤保持湿润状态。在春天 5～10 天左右发芽，一个月成坪。成坪后进入正常养护。

第8章　引汉济渭工程移民政策及经济研究

8.1　引汉济渭工程移民工作特点及政策

8.1.1　设计工作过程

引汉济渭工程是陕西省境内最大的水利工程之一，建设征地移民安置规划设计工作程序较全，前期工作成果审批规格较高，关注群体众多，设计成果丰富。将该工程建设征地移民安置规划设计工作过程梳理清楚，能够为以后其他水利水电工程建设征地移民安置规划设计工作提供借鉴。现简要介绍如下。

8.1.1.1　陕西省人民政府发布《停建通告》

按照《大中型水利水电工程建设征地补偿和移民安置条例》的规定，实物调查工作开始前，工程占地和淹没区所在地的省级人民政府应当发布通告，禁止在工程占地和淹没区新增建设项目和迁入人口，并对实物调查工作作出安排。2007年11月30日，陕西省人民政府正式颁发《陕西省人民政府关于禁止在三河口水库工程占地和淹没影响区新增建设项目和迁入人口的通告》（陕政发〔2007〕65号）。2008年6月27日，陕西省人民政府颁布了《陕西省人民政府关于禁止在黄金峡水库工程占地和淹没区新增建设项目和迁入人口的通告》。

8.1.1.2　编制《实物调查细则》

建设征地区实物调查是查明征地范围内土地以及地上附着物的种类、数量及权属，计算工程建设造成的征地损失，研究工程建设对地区经济影响等的重要依据。实物调查工作是建设征地移民安置规划设计的一项最基本的前期工作，关系到移民的个人利益和工程区的社会稳定，各方重视程度很高，为明确实物调查范围，说明实物调查项目，规范实物调查方法，统一实物调查标准，落实实物调查工作组织，安排实物调查工作计划，在实物调查正式开始之前需要设计单位编制完成《实物调查细则》，由项目业主报省人民政府主管部门审批。在引汉济渭工程可行性研究阶段刚开始，陕西省水利电力勘测设计研究院就编制完成了《实物调查细则》，由陕西省引汉济渭工程协调领导小组办公室上报给陕西省库区移民工作领导小组办公室。2007年11月23日，陕西省库区移民工作领导小组办公室以陕移发〔2007〕77号文件批复了《陕西省引汉济渭工程三河口水库淹没及工程占地实物指标调查细则》。2008年5月4日，陕西省库区移民工作领导小组办公室以陕移便函〔2008〕

24 号批复了《陕西省引汉济渭工程黄金峡水库淹没及工程占地实物指标调查细则》。

8.1.1.3 实物调查工作

引汉济渭工程建设征地实物调查工作由三河口水库开始，黄金峡水库其次，最后是秦岭输水隧洞，共为三步。后续根据移民安置单项工程的实施进展，适时完成了移民集中安置点新址、交通工程建设区、防护工程建设区等的实物调查工作。

就实物调查工作本身而言，大致实施了以下几步：

（1）设计单位埋设建设征地范围临时界桩。

（2）县人民政府组织，由业内知名专家和主设人员对参与调查的县、镇干部按照《实物调查细则》进行技术培训。

（3）从县政府土地、林业、城建、水利、交通、电力、文教、扶贫等各部门、各涉及乡镇、设计单位、业主单位等分别抽调人员，成立联合调查组。

（4）农村部分实物调查（包含：人口、土地、房屋、附属建筑物、零星树木等）。

（5）集镇部分实物调查（包含：集镇基本情况、人口、房屋、附属建筑物、零星树木等）。

（6）小型工业企业调查。

（7）基础设施专业项目调查（主要包括：交通设施、电力设施、水利设施、通信设施等）。

（8）村组基本情况调查。

（9）县域社会经济调查。

（10）文物情况摸底调查。

（11）矿产压覆情况摸底调查。

（12）实物调查成果权属人签字确认、公示和县级人民政府确认。

2011 年 6 月 30 日，宁陕县人民政府以宁政函〔2011〕40 号文对三河口水库淹没影响和工程占地区宁陕县实物调查成果予以确认。

2011 年 7 月 29 日，佛坪县人民政府以佛政函〔2011〕21 号文对三河口水库淹没影响区及工程占地区佛坪县实物成果予以确认。

2011 年 7 月 18 日，洋县人民政府以洋政字〔2011〕66 号文对黄金峡水库淹没影响及工程占地区洋县实物调查成果予以确认。

2011 年 7 月 28 日，周至县人民政府出具了《关于确认引汉济渭工程建设区实物指标的函》，对秦岭输水隧洞工程占地区周至县实物调查成果予以确认。

2011 年 7 月 29 日，宁陕县人民政府以宁政函〔2011〕56 号文对秦岭输水隧洞工程占地区宁陕县实物调查成果予以确认。

2011 年 7 月 29 日，洋县人民政府以洋政函〔2011〕18 号文对大黄路工程占地区洋县实物调查成果予以确认。

2011 年 7 月 29 日，佛坪县人民政府以佛政函〔2011〕20 号文对大黄路工程占地区佛坪县实物成果予以确认。

8.1.1.4 编制《陕西省引汉济渭工程建设征地移民安置规划大纲》

1. 《陕西省引汉济渭工程建设征地移民安置规划大纲》初稿

根据《大中型水利水电工程征地移民补偿和移民安置条例》（国务院令第 471 号）的

要求，在洋县人民政府、佛坪县人民政府、宁陕县人民政府及相关部门的参与下，开展了《引汉济渭工程建设征地移民安置规划大纲》的编制工作。通过收集资料和实地查勘、调查等程序，明确了移民安置任务，结合建设征地及拟选移民安置涉及区域自然资源、经济社会等实际情况，进行了移民环境容量的分析以及移民安置方案的拟订，经从技术经济、社会效益等方面认真分析、比较，并充分征求当地政府和移民部门以及移民个人对安置的意见。陕西省水利电力勘测设计研究院于 2009 年 5 月编制完成了陕西省引汉济渭工程黄金峡水库和三河口水库《陕西省引汉济渭工程建设征地移民安置规划大纲》，经征求三县人民政府意见后，上报审批。

2009 年 6 月 20—22 日，水利部水利水电规划设计总院会同陕西省库区移民工作领导小组办公室共同在西安市召开会议，对黄金峡水库、三河口水库《陕西省引汉济渭工程建设征地移民安置规划大纲》进行了审查，审查认为两个水库的移民安置规划大纲基本符合国家有关规定，经适当修改完善后，可作为开展建设征地移民安置规划设计工作的依据。

2. 县人民政府对安置方案的确认

2011 年 7 月 4 日，宁陕县人民政府以宁政字〔2011〕47 号文上报了《引汉济渭工程三河口水库宁陕县移民安置方案报告》，安康市人民政府以安政函〔2011〕56 号文予以确认。

2011 年 7 月 18 日，洋县人民政府以洋政字〔2011〕65 号文上报了《引汉济渭工程黄金峡水库移民安置方案报告》。

2011 年 7 月 29 日，佛坪县人民政府以佛政字〔2011〕41 号文上报了《引汉济渭工程三河口水库佛坪县移民安置方案报告》。

3.《陕西省引汉济渭工程建设征地移民安置规划大纲》批复

陕西省水利电力勘测设计研究院于 2011 年 8 月编制完成《陕西省引汉济渭工程建设征地移民安置规划大纲（审定本）》。2011 年 8 月 5 日，水利部联合陕西省人民政府以水规计〔2011〕461 号文予以批复。

8.1.1.5　编制可行性研究阶段《建设征地移民安置规划》

在实物调查、复核、确认成果和征求移民安置意愿并各县人民政府确认移民安置方案的基础上，依据批复的《引汉济渭工程建设征地移民安置规划大纲》，陕西省水利电力勘测设计研究院于 2012 年 1 月编制完成《陕西省引汉济渭工程可行性研究阶段建设征地移民安置规划设计报告（审定本）》。

2012 年 3 月，水利部水利水电规划设计总院于 2012 年以水总环移〔2012〕250 号文将《陕西省引汉济渭工程可行性研究阶段建设征地移民安置规划设计报告（审定本）》审核意见上报水利部。

2012 年 4 月，水利部以水规计〔2012〕134 号文将《陕西省引汉济渭工程可行性研究报告》审查意见上报国家发展改革委。

2012 年 6 月，国家发展改革委对《陕西省引汉济渭工程可行性研究报告》进行了咨询评估。

2014 年 9 月 28 日，国家发展改革委向陕西省发展改革委下发了发改农经〔2014〕2210 号文《国家发展改革委关于陕西省引汉济渭工程可行性研究报告的批复》。

8.1.1.6 编制初步设计阶段建设征地移民安置规划

引汉济渭工程初步设计阶段建设征地移民安置规划设计以征询移民意愿为前提,在陕西省人民政府、省库区移民工作领导小组办公室有关批复文件和市、县人民政府有关上报文件的基础上,遵循了可行性研究阶段移民安置规划大纲、移民安置规划专题整体方案。按照《大中型水利水电工程建设征地补偿和移民安置条例》(国务院令第471号)、《水利水电工程建设征地移民安置规划设计规范》(SL 290—2009)的阶段要求,采纳移民安置工作各相关单位宝贵意见,由陕西省水利电力勘测设计研究院投入征地移民、建筑、交通、电力通信、水利水电、工程造价、水保环评、规划、地勘、测量专业等人力资源,编制完成包含《陕西省引汉济渭工程初步设计阶段建设征地移民安置规划报告》(以下简称《初设移民规划》)在内的135册设计成果提交2014年11月29日至12月4日水利部水利水电规划设计总院在北京召开的评审会议审查。

2015年4月30日,水利部水利水电规划设计总院以水总设〔2015〕401号文将《水规总院关于报送陕西省引汉济渭工程初步设计报告审查意见的报告》上报水利部。

2015年4月29日,水利部向陕西省水利厅印发了水总〔2015〕198号文《水利部关于陕西省引汉济渭工程初步设计报告的批复》。

8.1.1.7 编制施工图阶段建设征地移民安置规划

引汉济渭工程施工图阶段建设征地移民安置规划设计工作正式开始于2015年2月,也就是水利部批复《引汉济渭工程初步设计报告》之后。施工图阶段设计工作已整三年,截至2018年2月,三河口水库移民安置工作已完成86.5%,黄金峡水库各项移民安置工作全面开工建设进入冲刺阶段。

施工图阶段建设征地移民安置规划设计内容主要如下。

1. 三河口水库

(1) 十亩地集镇实施方案和施工图、石墩河集镇实施方案和施工图,由于初步设计阶段移民安置方案变化较大,来不及完成上述两集镇初步设计报告修改工作,故在施工图阶段先完成了实施方案,并由陕西省移民办予以正式批复,之后再完成施工图设计。集镇水电路基础设施变更设计。

(2) 五四安置点、马家沟安置点、寇家湾安置点、干田梁安置点、油坊坳安置点、许家城安置点施工图设计以及设计变更。宁陕县政府就油坊坳安置点实施与引汉济渭公司签订了包干协议。

(3) 三陈路施工图及设计变更、筒大路施工图及设计变更、宁陕县村道工程中的生凤桥、豹子墩桥施工图,三河口水库各条村道工程施工图。

(4) 输变电设施复改建工程施工图。

(5) 移动、联通、广电、电信等通信线路复改建工程施工图。

(6) 宁陕县黑虎垭防护工程施工图。

(7) 分县、分项目移民资金分解报告。

2. 黄金峡水库

(1) 金水集镇实施方案和施工图。洋县政府就金水集镇迁建安置点实施与引汉济渭公司签订了包干协议。

（2）草坝安置点、孤魂庙安置点、万春安置点、常牟村安置点、张村安置点、柳树庙安置点、柳树庙Ⅱ安置点、柳树庙Ⅲ安置点、磨子桥村安置点、五郎庙村安置点施工图设计以及设计变更。

（3）108 国道金水淹没段改线新建工程施工图设计以及设计变更，洋县磨黄路田坝—槐珠庙段淹没部分抬高改建工程施工图设计以及设计变更，金水镇新址对外交通新建工程施工图设计以及设计变更，库区村道复建工程施工图设计，码头恢复工程施工图设计。

（4）黄金峡水库防护工程施工图设计以及设计变更，防护工程占地地类变更报告，防护工程地面附着物调查报告，沙河桥区域移民安置规划设计报告。

（5）输变电设施复改建工程施工图。

（6）移动、联通、广电、电信等通信线路复改建工程施工图。

（7）分县、分项目移民资金分解报告。

8.1.1.8　移民安置现场设计代表处

引汉济渭工程移民安置现场设计代表处于 2016 年成立。其宗旨是坚持在工程建设一线第一时间提供服务，及时将工程建设情况向省移民办、省引汉济渭公司汇报，确保第一时间解决现场遇到的实施过程中的各类技术问题。其工作内容涵盖了施工技术问题、细化生产安置方案、设计变更、技术交底、地质编录、地上附着物补充调查等方面。从技术角度保障了引汉济渭移民安置工作的顺利实施，设计服务工作得到了陕西省移民办、陕西省引汉济渭公司、汉中市移民办、安康市移民局的认可，是陕西省水利电力勘测设计研究院对外的窗口，能够在一定程度上提高设计单位知名度，在一定程度上扩大设计市场。

8.1.2　征地移民特点

8.1.2.1　涉及地域广

引汉济渭工程建设征地范围包括：水库淹没区和影响区（含防护工程）、枢纽工程建设区、农村移民集中安置点建设区、集镇迁建安置点建设区、库周交通恢复建设区、秦岭输水隧洞建设区、其他工程（大黄路等）建设区。该工程涉及三市四县，即西安市、汉中市、安康市和周至县、洋县、佛坪县、宁陕县。该工程是陕西省占地面积以及涉及地域最大的水利工程。引汉济渭工程建设征地总面积 79191 亩，包含永久征收 72349 亩，临时征用 6842 亩。

8.1.2.2　工程战线长

从时间上来说，从前期论证工作 2003 年开始到 2018 年已有 16 个年头，从空间上来看，从汉江干流黄金峡水库调水，经秦岭输水隧洞黄三段、越岭段送入秦岭北麓周至县黄池沟，南北跨度在 100km 以上；从移民安置角度看，建设征地与工程建设有着同样战线规模，在陕西省乃至全国范围来讲，都是很长的。

8.1.2.3　淹没损失大

征地范围中包括耕地 16134 亩、林地 25157 亩、人口 9736 人、房屋 666113m²、集镇 4 处、等级公路 98.04km、10kV 等级以上输电线路 115.32km、各类通信线路 546.37km、中小型工业企业 6 个、文物古迹 11 处、古树名木 7 株、淹没及蓄水影响中小型水电站 8 座等。倘若再算上黄金峡水库防护工程保护的人口 1.02 万人、耕地 0.95 万

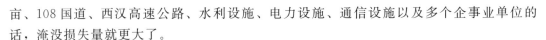

亩、108国道、西汉高速公路、水利设施、电力设施、通信设施以及多个企事业单位的话，淹没损失量就更大了。

8.1.2.4 移民安置任务艰巨

引汉济渭工程主要的移民安置任务有：生产安置人口9401人，需要调剂或者开发耕地约4700亩以解决有土安置问题；搬迁安置人口10375人，需要建设16个农村集中安置点和4个集镇迁建安置点来妥善搬迁安置移民；佛坪县三陈路复建工程，长度14.06km，等级三级；宁陕县筒大路复建工程，长度26.373km，等级四级；西汉高速佛坪连接线改线工程，长度16.8km，等级二级；三河口水库库区村道复建工程，长度19.52km；洋县108国道金水淹没段改线新建工程，长度3.118km，等级三级；洋县磨黄路田坝—槐珠庙段淹没部分抬高改建工程，改建7.29km，等级三级；洋县金水镇新址对外交通新建工程，长度1.8km，等级三级；黄金峡水库库区村道复建工程，长度21.09km；码头恢复工程26座；黄金峡水库库尾防护工程21.32km；三河口水库汶水河右岸黑虎垭段岸坡治理工程69.78m；三河口水库区恢复35kV电力线路10.5km，恢复10kV电力线路120km，中国移动线路91.76km，中国电信线路115.9km，中国联通线路78.08km，广电线路11.9km；黄金峡水库区恢复35kV电力线路1.13km，恢复10kV电力线路25.02km，中国移动线路43.3km，中国电信线路75.4km，中国联通线路74km，广电线路17.6km。移民安置总投资431189万元。

8.1.2.5 有土生产安置方案实施难度较大

以三河口水库为例，水库蓄水之后将现状位于河边的、路边的高质量水田淹没，剩余半高山区的旱坡地，按照设计规范分析计算生产安置环境容量基本可行，但在实施过程中，移民并不愿意接收剩余半高山区的旱坡地或者在安置点新址附近调剂的质量不高的耕地资源，而更愿意在其原村民小组剩余的淹没线以上的土地上发展生产，这就导致了已得到国家批复的移民安置规划在生产安置实施过程中会发生较大的变化，难度较大。从佛坪县、宁陕县实际操作的生产安置具体方案来看，印证了这一点。

8.1.2.6 移民安置意愿变化频繁

水利工程建设大致分为两半，一半为工程，另一半则是移民。并非移民安置有很高的技术难度，而是移民作为普通人，其想法是频繁变化的，设计工作往往跟不上移民意愿变化的节奏。最开始选择分散安置的移民，在看到建成的集镇迁建安置点或者农村集中安置点整齐的街道、宽敞的房子、完善的水电路等优越的环境之后，往往会改变其最初的选择，意愿变更为集中搬迁安置。最初选择一次性补偿安置的企业法人，在实施阶段往往会追求利益的最大化，转而改变安置意愿为复建方案。就连地方政府，也会在移民安置单项工程实施过程中，千方百计将原批复的设计标准要求提高，或者原批复的建设规模要求扩大。在实施阶段，移民安置意愿的频繁变化已经导致了数量可观的设计变更。这也许是水利水电工程移民的通病。

8.1.3 有关政策

8.1.3.1 依法依规做好移民安置规划设计

（1）程序必须到位。

发布《停建令》、公示确认实物调查成果、广泛征求移民和安置区意见这三个程序绝不能省略。只有政府发布了《停建令》，实物调查工作才可以开始。所有在《停建令》之前进行的实物调查工作均为摸底调查，《停建令》之后必须进行复核并确认。

（2）政策有规定的一定要按照规定去办。征地移民设计单位应严格服从省级以上有关政策规定，有关的规定应原文摘入报告，不允许按照自己的理解描述含义、进行解释和说明等。

（3）政策无明确规定的处理方式。政策无明确规定但有先例的项目，可参照当地类似项目的做法处理。政策无明确规定也无先例的项目，要和地方政府、项目法人协商确定。

8.1.3.2　加强沟通和协调很重要

《建设征地移民安置规划》是政府、项目法人、设计单位共同智慧的结晶。对于项目所在地人民政府提出的不合理要求，应及时向省移民主管部门汇报，以取得省移民专管部门的支持和理解。

8.1.3.3　有关技术关键点

1. 实物调查

基础资料必须是 1∶2000 或 1∶5000 地类地形图。地类地形图测绘要求执行《水利水电工程建设征地移民实物调查规范》附录 A 的规定。实物调查一定要做到现场调查，设计单位技术负责，应尽可能地采用新技术。

2. 规划标准

主要的规划标准有：居民点建设用地标准、居民点水电路等基础设施配套标准、宅基地标准等。国家有规定的，必须严格执行，不得随意突破国家标准上下限规定。专业项目复建标准严格执行三原原则，其中的原标准是指国家原有标准低于现行标准下限的，按现行标准下限执行。

3. 意愿征求

可行性研究阶段应征求每一户移民的意愿，安置区居民的意见应该与省移民主管部门共同商定征求单元（到村、到组或者到户）。移民意愿征求的内容主要包括：搬迁安置地点、配套的生活设施建设方案、生产安置方式、配套的生产设施建设方案。基础设施专业项目的复建方案一定要征求主管部门的意见。

4. 移民投资

严格执行水利部的相关规定，不得随意增减项目，项目所在位置也不得调整和改变。若确实需要项目增减的，应进行专门说明。

地价编制依据仅限于国务院、省级人民政府或省级人民政府授权的市人民政府出台的文件。其他市以及县级人民政府出台的文件不能列入编制依据（省级主管部门有授权的除外）。因为《中华人民共和国土地法》明确规定，可以实施土地征收的单位只有国务院和省级人民政府；国务院制定土地征收政策，各省、自治区、直辖市制定其辖区内土地征收综合地价标准。

农村居民点必须采用水利工程相关的概估算定额和办法，不得采用市政工程相关的概估算定额和办法；基础设施专业项目采用行业部门的概估算定额和办法；集镇迁建安置点可以采用市政工程相关的概估算定额和办法。

8.1.3.4 讲程序、守法规的重要性在移民规划设计中逐渐凸显

《中华人民共和国土地法》、《大中型水利水电工程建设征地补偿和移民安置条例》、《陕西省小型水库移民设计工作管理办法》、《水利水电工程建设征地移民安置规划设计规范》（SL 290—2009）等均明确了移民专业设计工作应遵循的法规和工作程序，在每一次评审会上设计工作程序是否完善都是评审的要点，工作程序完善是设计工作的基础，在此基础上即便出现小的缺陷也不影响基本同意这一结论，但如果程序不完善，移民规划就是空中楼阁。

8.1.3.5 沟通协调能力成为设计工作能力的组成部分

移民专业中的沟通协调能力是指与地方政府的沟通协调配合，对移民群众的政策宣传解释，向省级以上移民主管部门的汇报请示。这具体体现在：编制完成的建设征地移民安置规划应提前征求地方政府意见，但对于项目所在地人民政府提出的不合理要求，应及时向省移民主管部门汇报，以取得省移民专管部门的支持和理解等方面。建设征地移民安置规划是政府、项目法人、设计单位共同智慧的结晶。如果设计人员没有充分的沟通联系协调能力，是无法将各方的意见按照法规、技术规范的要求，合理地体现在设计成果之中的。

8.1.3.6 《大中型水利水电工程建设征地补偿和移民安置条例》修订之后的法律引用

2006 年 7 月 7 日，中华人民共和国国务院令第 471 号公布《大中型水利水电工程建设征地补偿和移民安置条例》；2017 年 4 月 14 日，中华人民共和国国务院令第 679 号公布《国务院关于修改〈大中型水利水电工程建设征地补偿和移民安置条例〉的决定》。法律意义上默认的是最新的有效力的文件，《大中型水利水电工程建设征地补偿和移民安置条例》后面不再括号注明引用 471 号令还是 679 号令。但在编写移民安置规划报告时，涉及投资估算章节写编制依据时，应该两个都写，以表明采用了同地同价征地补偿标准。

移民大纲没有取消，只是取消中央指定的地方审批，中央清理时已转为政府内部审批。《大中型水利水电工程建设征地补偿和移民安置条例》没有对此条作出修改，不存在恢复的问题。

8.2 引汉济渭工程水价分析

8.2.1 受水区概况及现状水价

陕西省引汉济渭工程属陕西省内跨流域调水工程，在进入净水厂前的水源及输水工程分为两期，其中一期工程由黄金峡水利枢纽、三河口水利枢纽及秦岭输水隧洞（黄三段、越岭段）三部分组成，输水至关中周至县境内的黄池沟；二期工程起点位于秦岭隧洞出口黄池沟，输水西至杨凌、东到渭南市华州区、北到富平、南至西安市鄠邑区，受水区面积1.4 万 km^2，二期工程由黄池沟配水枢纽、南干线、北干线及相应的支线工程组成。

引汉济渭工程的受水对象为：西安市、咸阳市、渭南市、杨凌区 4 个重点城市，西咸新区 5 座新城，兴平、武功、周至、鄠邑、长安、临潼、三原、高陵、阎良、华州、富平11 个中小城市，西安渭北工业园区（高陵、临潼、阎良 3 个组团），共计 21 个直接受水

对象。设计水平年 2030 年调水 15 亿 m³，扣除输水损失后进入关中配水系统的水量为 13.95 亿 m³，21 个受水对象净配水量 13.26 亿 m³。

2014 年 9 月，国家发展改革委以发改农经〔2014〕2210 号文批复了引汉济渭工程可行性研究报告。2015 年 4 月 29 日，水利部以水总〔2015〕198 号文批复了引汉济渭工程初步设计报告。

根据受水区各市县的现状水价，引汉济渭工程受水区城镇用水平均水价（用户最终负担价格）见表 8.2 - 1。可以看到，居民生活用水平均水价最低的是咸阳市（2.43 元/m³），最高的是杨凌区（3.53 元/m³），相差 1.10 元/m³，整个受水区平均为 2.94 元/m³；工业用水平均水价最低的是渭南市（3.00 元/m³），最高的是杨凌区（5.30 元/m³），相差 2.30 元/m³，整个受水区平均为 3.78 元/m³；行政事业单位用水平均水价最低的是咸阳市（3.08 元/m³），最高的是杨凌区（5.50 元/m³），相差 2.42 元/m³，整个受水区平均为 3.88 元/m³；经营服务用水平均水价最低的是渭南市（3.55 元/m³），最高的是杨凌区（5.50 元/m³），相差 1.95 元/m³，整个受水区平均为 4.28 元/m³；特种行业用水平均水价最低的是渭南市（5.60 元/m³），最高的是西安市（17.00 元/m³），相差 11.40 元/m³，整个受水区平均为 9.86 元/m³；受水区现行水价的比价关系为居民生活：工业：商业 = 1：1.28：1.46。

表 8.2 - 1　　　　　　　　　　引汉济渭工程受水区城镇用水平均水价

受水区	平 均 水 价/(元/m³)				
	居民生活	工业企业	行政事业单位	经营服务	特种行业
西安市	2.90	3.45	3.85	4.30	17.00
咸阳市	2.43	3.18	3.08	3.78	6.43
渭南市	2.90	3.00	3.10	3.55	5.60
杨凌区	3.53	5.30	5.50	5.50	10.40
受水区平均	2.94	3.78	3.88	4.28	9.86

注　本表根据各受水区相关市县的水价和用水量资料，经综合计算得到。

当前关中各个受水区的城镇自来水价与国内同类城市相比并不低，但依然不能弥补全部成本。根据西安市、咸阳市、渭南市、杨凌区三市一区的物价审计部门提供的自来水供水成本，西安市可以实现保本经营，杨凌区供水略有盈余，每年实现大约 5% 的利润，渭南市和咸阳市的现状水价均低于供水成本。其中，咸阳市平均自来水价格占成本的比重为71.7%，渭南市平均自来水价格占成本的比重为 46.5%。

另外，当前受水区各市县虽都已经开征污水处理费，平均在 0.9 元/m³ 左右，其中最高的为杨凌区 0.95～1.4 元/m³（居民生活用水 0.95 元/m³，工业及其他 1.40 元/m³），但普遍不能弥补污水处理厂 1～1.2 元/m³ 的运行成本，因此多数靠政府补贴维持运行，污水处理厂的利用率也较低。

8.2.2　受水区生活及工业供水水价承受能力分析

8.2.2.1　居民生活水价承受能力

居民生活对水价的承受能力，可用家庭水费支出占家庭收入比重和水价增长率与收入增长率比值两个尺度来衡量。

对水费支出占家庭收入比重，世界银行和一些国际信贷机构认为以 3%～5% 是比较合适，国内相关研究则认为 2.0%～3% 比较合适，国家南水北调水价研究认为这一比重以 2% 较合适。

根据陕西省统计局统计资料，陕西省及西安市 2009—2015 年城镇居民年均可支配收入统计见表 8.2-2。

表 8.2-2 陕西省及西安市 2009—2015 年城镇居民年均可支配收入统计表

年份	陕 西 省		西 安 市	
	城镇居民人均可支配收入/元	比上年增长率/%	城镇居民人均可支配收入/元	比上年增长率/%
2009	14129		18963	
2010	15695	11.1	22244	17.3
2011	18245	16.2	25981	16.8
2012	20734	13.6	29982	15.4
2013	22354	7.8	33100	10.4
2014	24366	9.0	36100	9.1
2015	26400	8.3	39007	8.1

从表 8.2-2 可看出，在 2012 年前，陕西省城镇居民人均可支配收入增长幅度大于 10%，2013 年后增长幅度降低到 10% 以下。根据这一统计资料预测，2015—2020 年增长率按 5%，2021 年后按 3% 估算，2020 年受水区城镇居民年均可支配收入约为 33690 元，2025 年为 39050 元。

按现状终端水价反推所占城镇居民人均年可支配收入比例约不到 1%。

国家南水北调水价研究采用占城镇居民年均可支配收入的 2% 作为测算标准，考虑引汉济渭受水区的实际情况，采用占城镇人均可支配收入的 1.5% 作为低限估算标准，1.8% 作为高限指标，按此计算低限终端水价为 39007×1.5%÷64.2=9.1(元/m³)，高限终端水价为 39007×1.8%÷64.2=10.9(元/m³)。

将预测终端水价与现状生活用水价格 2.94 元/m³ 比较，低限水价年均上涨率约为 10%，高限水价年均上涨率约为 12%，显著高于 3%～6% 的预期收入增长率。

8.2.2.2 工业水价承受能力

工业企业对水价的承受能力可按工业用水成本占工业总产值的比重来衡量。该指标与工业用水结构、用水水平、水资源紧缺程度等相关。世界银行和一些国际信贷机构认为，当该指标大于 3% 时将引起企业对用水量的重视。按 2025 年关中万元工业产值用水量 25m³，工业水价承受能力约为 12 元/m³。

8.2.3 引汉济渭工程水价成本分析

对引汉济渭工程，水价形成需要包括调水（原水）、输配水、水厂制水、市政管网等 4 个环节的建设和运行费用，最终还需加上水资源费、污水处理费以及自来水公司的供销差等。

8.2.3.1　环节水价

根据引汉济渭调水水源工程（包括正在实施的一期工程和正在报批的二期工程）经济评价，考虑建设期间建筑材料、人工费用以及征占地标准的变化，其成本水价为 2.8～3.0 元/m³。

净水厂净水环节成本水价：参照 2007 年编制完成的咸阳市供水规模为 30 万 t/d 水厂水价分析资料，净水环节水价成本约为 1.2 元/m³，考虑建设成本增加、运行人工成本增加，测算到 2020 年按低限 1.8 元/m³、高限 2.0 元/m³ 的环节水价测算。

城市管网改造环节成本水价：目前受水区都存在城市人口增加、供水范围扩大、原有供水系统不满足供水标准要求、已成管网管道需要更新改造，根据陕西省部分县城供水管道更新改造情况，若将供水区管网全部更新后，其成本为净水厂环节成本水价的 60% 以上，据此推断城市管网改造环节成本水价低限在 1.1 元/m³、高限在 1.5 元/m³ 左右。

水资源费目前居民生活水价采用 0.4 元/m³，非居民水价执行 0.72 元/m³，考虑按与城镇居民年均可支配收入上涨比例相当，则为 1.1 元/m³，低限按 0.8 元/m³、高限按 1.0 元/m³ 确定。

污水处理费现行标准为 0.95 元/m³，考虑新建污水处理设施、处理费用中材料价格及人工费用上涨，低限按 1.2 元/m³、高限按 1.5 元/m³ 确定。

按自来水行业统计资料，产销差率一般在 12% 左右，考虑管网经改造后的漏失率会有所减少，按 10% 估算。

按以上确定的测算环节水价，经估算后受水区终端用户水价下限为 8.50 元/m³、上限为 9.90 元/m³。

环节水价估算见表 8.2-3。

表 8.2-3　　　　　　　　　　　　　环 节 水 价 估 算 表

序号	水 价 环 节	测 算 依 据	取值区间/(元/m³)
1	原水水价（包括一、二期）	完成的可行性研究报告并预测项目建设期价格因素	2.80～3.00
2	净水环节水价	已成工程水价测算结果并考虑建设期价格上涨、运行费用增加	1.80～2.00
3	城市管网改造	现状改造成本及预测	1.10～1.50
4	水资源费	依据现状并预测	0.80～1.00
5	污水处理费	依据现状并预测	1.20～1.50
6	城市管网自来水产销差	按 10% 损失估算	0.80～0.90
	终端水价		8.50～9.90

8.2.3.2　引汉济渭工程水价成本

引汉济渭整体工程（包括一期、二期工程）静态投资约为 4399923 万元，其中工程部分投资 3644922 万元，建设征地移民补偿投资 632277 万元，环境保护工程投资 61746 万元，水土保持工程投资 60978 万元。

构成水价的成本包括经营成本、折旧费及财务费用。

工程的经营成本，包括材料费、燃料及动力费、修理费、职工薪酬、工程管理费、其他费用和固定资产保险费。

材料费为生产运行过程中实际消耗的原材料、辅助材料、备品备件等，根据水利部发布的《水利建设项目经济评价规范》（SL 72—2013），按固定资产原值的0.1%估算；燃料及动力费按《水利建设项目经济评价规范》（SL 72—2013）也按固定资产原值的0.1%估算；修理费主要包括工程日常维护修理费用和每年需计提的大修费基金等，按《水利建设项目经济评价规范》（SL 72—2013）按固定资产原值的1%估算；职工薪酬中职工工资按3.0万元/（人·a），职工福利费按工资总额的14%考虑，工会经费、职工教育经费、养老保险费、医疗保险费、工伤保险费、生育保险费、职工失业保险基金、住房公积金费率分别取工资总额的2%、2.5%、20%、9%、1.5%、1%、2%、10%计算，引汉济渭整体工程管理单位定员为1203人；工程管理费采用职工薪酬的1.5倍计算（规范规定为1~2倍）；其他费用指水利工程运行维护过程中发生的除职工薪酬、直接材料以外的与供水生产经营活动直接相关的支出，按材料费、燃料及动力费、修理费、职工薪酬合计的10%估算；固定资产保险费按固定资产价值的0.25%提取。

工程折旧费由固定资产原值按综合折旧率计算，折旧年限取为50年，残值率按5%计算。

财务费用主要是融资贷款利息，按照现行贷款，国内银行贷款年利率4.9%（2015年11月实行），建设期不还款，还贷年限按25年计算。

按以上费用计算标准计算的引汉济渭水源及输水至净水厂的供水成本为14.9~19.4亿元（运行初期财务费用高），成本水价约为1.54元/m³（达到设计水平年时，运行初期水价成本约为5.8元/m³）。

考虑税金、融资还贷及4%以上的财务基准收益率水平，成本水价1.54元/m³，水价在2.80~3.00元/m³基本合理。

8.2.4　引汉济渭工程一期、二期水价

引汉济渭一期工程由黄金峡水利枢纽、三河口水利枢纽及秦岭隧洞（黄三段、越岭段）三部分组成。2015年4月29日，水利部以水总〔2015〕198号文批复了引汉济渭工程初步设计报告。一期工程静态总投资1751253万元，其中工程部分投资1257359万元，建设征地移民补偿投资431189万元，环境保护工程投资30188万元，水土保持工程投资32517万元。批复推荐的一期工程供水水价为1.48元/m³，全部投资的财务内部收益率为4.84%。

根据前面分析，全部引汉济渭供水工程整体水价为2.80~3.00元/m³，则二期工程供水水价为1.32~1.52元/m³，在受水区群众水价承受能力范围内，同时也满足供水企业良性运转需求。

8.3　引汉济渭工程资金筹措方案研究

引汉济渭工程2012年开工建设，建设期为7年，2020年还是运行初期，不能达到设计水平，2025年才能发挥工程效益。因此，引汉济渭前期工作按照不同水平年工程效益

进行经济评价。

引汉济渭调水工程在基本不影响南水北调中线一期工程调水，到设计水平年 2025 年调水 10.0 亿 m³，扣除输水损失后进入关中配水系统的水量为 9.30 亿 m³。黄金峡泵站抽水电量为 1.87 亿 kW·h，三河口泵站抽水电量为 0.272 亿 kW·h。黄金峡电站设计水平年 2025 年多年平均发电量为 3.87 亿 kW·h，考虑有效电量及厂用电量因素后的上网电量为 3.83 亿 kW·h；三河口电站设计水平年 2025 年多年平均发电量为 1.353 亿 kW·h，考虑有效电量及厂用电量因素后的上网电量为 1.339 亿 kW·h。

设计水平年 2030 年调水 15.0 亿 m³，扣除输水损失后进入关中配水系统的水量为 13.95 亿 m³。黄金峡泵站抽水电量为 3.32 亿 kW·h，三河口泵站抽水电量为 0.365 亿 kW·h。黄金峡电站设计水平年 2030 年多年平均发电量为 3.51 亿 kW·h，考虑有效电量及厂用电量因素后的上网电量为 3.47 亿 kW·h；三河口电站设计水平年 2030 年多年平均发电量为 1.22 亿 kW·h，考虑有效电量及厂用电量因素后的上网电量为 1.208 亿 kW·h。

引汉济渭工程属地方项目，根据工程规模、建设任务和效益，工程建成后运行管理的性质确定为准公益型。按照准公益性项目的融资特点，其公益性投资主要从各级政府预算内资金、水利建设基金及其他可用于水利建设的财政性资金中安排，其经营性投资主要由项目法人通过银行贷款进行筹措。

8.3.1 引汉济渭工程市场前景与用户承受能力分析

8.3.1.1 受水区供水市场前景分析

引汉济渭工程受水区范围：关中地区渭河两岸的城市群工业和城镇、农村生活供水。受水区受水对象为 5 个重点城市、13 个县级城市和 8 个工业园区。2020 水平年选定的受水对象为：优先满足西安、宝鸡、咸阳、渭南、杨凌 5 个重点城市和 11 个县城需水。

受益区作为一个资源性缺水地区，在区内水资源开发利用已趋极限，可供水量已无太大增长的可能，为保持关中地区经济社会的可持续发展，只有实施跨流域调水，才能解决关中地区严重的缺水问题，其用水市场前景广阔。

8.3.1.2 居民生活可承受水价

1. 成本水价测算

根据《城市供水价格管理办法》，水利工程供水价格按照成本补偿、合理收益、优质优价、公平负担原则制定，其构成为供水生产成本、费用、税金和利润。经分析，本次测算引汉济渭主体工程供水生产成本 1.2 元/m³（含建设期利息）。

2. 利润水价测算

按照中华人民共和国水利部令第 4 号（颁布日期：2003 年 7 月 3 日）《水利工程供水价格管理办法》，根据国家经济政策以及用水户的承受能力，水利工程供水实行分类定价。水利工程供水价格按供水对象分为农业用水价格和非农业用水价格。农业用水是指由水利工程直接供应的粮食作物、经济作物用水和水产养殖用水；非农业用水是指由水利工程直接供应的工业、自来水厂、水力发电和其他用水。目前银行长期贷款利率为 6.55%，按照工业生活供水净资产利润率 9%（在长期贷款利率的基础上增加 2 个百分点），测算的工业生活供水水价为 1.8 元/m³。

3. 居民生活可承受水价分析依据及标准

根据世界银行和一些国际贷款机构的研究成果,家庭或个人水费支出占家庭收入或人均收入的比重一般在3%～5%,是比较合理可行的。联合国亚洲及太平洋经济社会委员会(ESCAP)建议居民用水的水费支出应不超过家庭收入的3%。我国的一些调查研究表明,当水费占家庭收入的1%时,对居民影响不大;当水费占家庭收入2%时,有一定影响;当水费占家庭收入的2.5%时,将引起居民对用水的重视,注意节约用水;当水费占家庭收入的5%时,将对居民用水产生较大影响,促使人们合理用水,节约用水。对不同规模的城市,不同收入的用户应采取不同指标,从国内经验看,水费支出一般占人均可支配收入的2.0%～2.5%。根据2003年水利部发展研究中心的《南水北调工程水价分析研究报告》,水费支出占居民可支配收入的比重为2%比较合适。

4. 受水区现状水费支出比重分析

根据2009年的相关数据,引汉济渭调水工程受水区的城镇居民水费支出占可支配收入的比重,见表8.3-1。表8.3-1中水价以本市居民自来水水价(最终负担价格,包括污水处理费和水资源费)为准,由于使用自备水源的城镇居民(比例较小)的用水支出要比使用公共供水的居民低一些,因此该表计算得到的水费支出占人均可支配收入比重可能略微偏高。可以看到,咸阳市和渭南市的水费支出占人均可支配收入的比重较低,分别为0.58%和0.50%;杨凌区的水费支出占人均可支配收入的比重略高,为0.7%,西安市水费支出占人均可支配收入的比重则最高,为0.8%。但整体来看,关中受水区水费支出占可支配收入比重不是很高,仍有一定的上涨空间。

表8.3-1 受水区城镇居民水费支出占可支配收入的比重分析

受水区	2009年人均可支配收入/元	水费支出/元	水价/(元/m³)	2009年人均居民用水量/(m³/a)	水费支出占人均可支配收入比重/%
西安	18963	151.13	2.90	52.11	0.80
咸阳	16404	94.85	2.43	39.03	0.58
渭南	13652	68.77	2.90	23.71	0.50
杨凌	19372	203.06	2.20	61.70	0.70

5. 居民可承受水价分析

受水区水价承受能力主要分析常住居民对终端水价的承受限度。

根据表8.3-1,各受水区用水量与收入加权平均值作为计算基础,人均年收入增长速度取2%,达到项目产生效益时人均年收入为20984元,按水费支出占全年收入不同比例计算的居民生活水价及综合水价见表8.3-2。

表8.3-2 项目发挥效益时的水价分析

序号	设计水平年时人均可支配年收入/元	水费占可支配收入比重/%	水费支出/(元/a)	年用水量/m³	居民生活水价/(元/m³)	综合水价/(元/m³)
1	20984	1.0	209.84	58.40	3.59	4.31
2	20984	1.1	230.82	58.40	3.95	4.74

序号	设计水平年时人均可支配年收入/元	水费占可支配收入比重/%	水费支出/(元/a)	年用水量/m³	居民生活水价/(元/m³)	综合水价/(元/m³)
3	20984	1.2	251.81	58.40	4.31	5.17
4	20984	1.3	272.79	58.40	4.67	5.61
5	20984	1.4	293.78	58.40	5.03	6.04
6	20984	1.5	314.76	58.40	5.39	6.47
7	20984	1.6	335.74	58.40	5.75	6.90
8	20984	1.7	356.73	58.40	6.11	7.33
9	20984	1.8	377.71	58.40	6.47	7.76
10	20984	1.9	398.70	58.40	6.83	8.19
11	20984	2.0	419.68	58.40	7.19	8.62
12	20984	2.1	440.66	58.40	7.55	9.05
13	20984	2.2	461.65	58.40	7.90	9.49

根据现状供水水价工业用水与生活用水的比值，工业水价平均比生活水价高21%，在设计水平年2025年给受水区所供9.01亿 m³ 水量中，城镇生活用水为2.40亿 m³，工业用水为6.61亿 m³，计算综合水价与生活水价比值为1.2。

表8.3-2中水价为最终到户水价，根据引汉济渭工程情况，此水价中包括：原水水价、水资源费、污水处理费、自来水厂制水成本、引汉济渭配水工程输水成本等。

受配套工程资料限制，配水工程输水成本仅为估算值。假设供水水价各个供水环节的水价及水资源费和污水处理费收取标准始终不变，反推的黄池沟出口断面原水水价见表8.3-3。

表8.3-3　在各个供水环节水价不变情况下反推的黄池沟出口断面原水水价

序号	水费占可支配收入的比重/%	居民生活水价/(元/m³)	综合水价/(元/m³)	反推的原水水价/(元/m³)
1	1.2	4.31	5.17	0.24
2	1.3	4.67	5.61	0.58
3	1.4	5.03	6.04	0.92
4	1.5	5.39	6.47	1.26
5	1.6	5.75	6.90	1.59
6	1.7	6.11	7.33	1.93
7	1.8	6.47	7.76	2.27
8	1.9	6.83	8.19	2.61
9	2.0	7.19	8.62	2.95
10	2.1	7.55	9.05	3.28
11	2.2	7.90	9.49	3.62

现状综合水价为 3.55 元/m^3，水费占可支配收入不到 1%，对居民心理作用不大。到 2025 水平年，随着居民收入水平的提高，生活水价经济承受能力虽有提高，但居民实际可接受的水价受目前的水价水平、水价承受心理预期以及可替代水源水价等因素影响，水价增长幅度不会大。因此，推荐 2025 水平年原水水价为 1.5 元/m^3，居民生活水价为 5.75 元/m^3，相当于占居民可支配收入的 1.6% 左右，基本可以被居民接受。

8.3.1.3 工业生产可承受水价

1. 分析依据及标准

工业企业对水价的承受能力主要根据工业用水成本占工业总产值的比重来分析。参考世界银行和一些国际金融机构的研究成果，全国城市工业用水的水费支出占城市工业总产值的比重约为 0.6%。南水北调工程水价分析研究依据国家经贸委、建设部的研究报告和《中国统计年鉴 2000》中工业企业的产值利润率数据分析，得到以下结论：在其他条件不变的前提下，我国工业用水成本控制在工业总产值的 1.5% 之内较为合理，可以保证工业的资本利润率高于银行贷款利率。

2. 工业供水水价的承受能力分析

工业企业可承受水价根据工业用水成本占工业产值比重来测算。根据世界银行和一些国际贷款机构研究成果，当工业水费支出（工业取水量×水价）占工业产值的比重为 3% 时，将引起企业对用水量的重视；达到 6.5% 时将引起企业对节水的重视，企业不仅节约用水、合理用水，并主动采取污水资源化、减污增效等措施，提高用水效率，同时还可促进缺水地区根据水资源承载能力调整产品结构和产业结构。该工程供水区工业水费支出指数的取值，要根据工程供水区水资源状况进行确定。我国一些地区工业水费支出指数一般取 2%。由于该工程供水区属于水资源相对紧缺地区，工业水费支出占工业总产值的比重可适当高一些，取 2%～3% 是合适的。

根据分析 2025 年工业万元增加值用水量分别为 35m^3/万元，按万元工业产值的 2.6% 计算水费支出，则万元增加值的水费支出为 260 元，则 2025 年单方水全口径水价承受能力为 7.43 元/m^3。即工业供水水价在 7.43 元/m^3 内都是可行的。

8.3.2 引汉济渭工程贷款能力与资金筹措方案

8.3.2.1 资金筹措与贷款能力测算依据

该项目贷款能力测算的主要依据文件如下：

（1）国务院发布的《国务院关于固定资产投资项目试行资本金制度的通知》（国发〔1996〕35 号）。

（2）1997 年国务院颁布的《水利产业政策》。

（3）国家发展改革委、建设部发布的《建设项目经济评价方法与参数》（第三版，发改投资〔2006〕1325 号）。

（4）国家计委发布《关于规范电价管理有关问题的通知》（计价格〔2001〕701 号）。

（5）财政部颁发的《水利工程管理单位财务会计制度》（〔94〕财农字 397 号）。

（6）《水利工程供水价格管理办法》（水利部令第 4 号，颁布日期为 2003 年 7 月 3 日）。

（7）国家现行财务、税收政策、规定等。

该项目在贷款能力的测算中，年供水量基本不变，依据不同的水价方案，在规定的贷款偿还期内，测算满足还贷条件的项目最大贷款能力和相应所需的资本金额度。国内银行贷款年利率 6.55%（2012 年 7 月 6 日实行），建设期不还款。短期贷款年利率 6.15%。还贷资金由全部的未分配利润、折旧费和计入成本的利息组成。贷款偿还按等额还贷计算。

8.3.2.2　基本测算方案拟订

1. 测算方案拟订原则

根据成本测算成果、市场调查情况、用户可承受的价格范围、价格主管部门批准的现行供水价格及供、受双方可能接受的价格方案分别进行测算，同时还应根据项目的具体情况分析拟订合理的贷款年限和达产率。

2. 达产率

引汉济渭工程虽然工程建成第一年就开始发挥效益，到 2025 年满负荷运行，但是供水效益的增加需要一个过程。为防止供水、用水的不确定性而带来的风险，测算拟订了三种达产率，即工程建成第二年（2020 年），调水量分别为 2.5 亿 m^3、5.0 亿 m^3 和 7.5 亿 m^3。

3. 供水水价及发电电价

供水水价（原水）按四种方案考虑，即 1.1 元/m^3、1.3 元/m^3、1.5 元/m^3 和 1.8 元/m^3。

1.1 元/m^3 为秦岭隧道出口断面单位供水成本水价。

1.3 元/m^3 为现状西安市黑河水库供水的原水水价 0.7 元/m^3 基础上考虑物价上涨等因素后的水价方案。

1.5 元/m^3 是按受益区人均可支配收入 1.4% 反推的水价（项目建议阶段推荐水价）。

1.8 元/m^3 是根据中华人民共和国水利部令第 4 号（颁布日期：2003 年 7 月 3 日）《水利工程供水价格管理办法》，按供水净资产计提利润，利润率按国内商业银行长期贷款利率加 2~3 个百分点确定该工程净资产达到 9% 时的水价。

考虑到现行黑河水库原水水价为 0.7 元/m^3，在工程建成后的 2019 年所拟定的水价应和现状水价相衔接。从西安市原水水价的上涨速率来看，2000 年前为 0.3 元/m^3，2004 年调整为 0.4 元/m^3，2005 年调整为 0.5 元/m^3，2007 年调整为 0.7 元/m^3，7 年间增加了 133%，年平均增长达 19%。从 2011 年计算，到 2019 年还有 8 年时间，按年均 7% 的速率估算，到 2019 年也可增加 0.6 元/m^3 以上，因此起步水价按 1.1 元/m^3 比较符合实际。到设计水平年 2025 年后达到设定水价。

发电电价暂按 0.3 元/（kW·h）一种电价计算。

4. 贷款偿还期

该工程规模大，工期长，贷款偿还期应为 20~25 年，分别按 20 年和 25 年两个贷款偿还期计算。

5. 最大贷款能力测算方法

以还贷期内各年扣除公积金后的累积盈余资金不能小于 0 作为最大贷款能力测算的条件，但考虑到该项目在运行初期供水量从 25000 万 m^3，逐步增加到设计配水量，为了克

服运行初期盈余资金少的制约因素，在前 5 年采用短贷的方式来弥补还贷需要的资金，即在前 5 年使盈余资金全部用于还贷，来计算出各供水方案的最大贷款能力。

6. 基本水价测算方案

根据上述因素，共组合形成 24 种测算方案。各方案对比的主要结论如下。

（1）不同达产率方案。贷款能力测算方案拟定了三个达产率，分别为 2.5 亿 m³、5.0 亿 m³ 和 7.5 亿 m³。对于贷款偿还期和水价相同的方案，随着达产率的提高，财务内部收益率、最大贷款能力逐渐增大。当达产率为 2.5 亿 m³ 时，贷款占静态投资的比例均达不到 30％，说明贷款能力较弱；当达产率为 5.0 亿 m³ 时，贷款占静态投资的比例基本在30％左右，比较合理；当达产率为 7.5 亿 m³ 时，各方案贷款占静态投资的比例平均达到近 40％，比例较大，贷款负担较重。

（2）不同贷款偿还期。该次贷款能力测算方案拟定了两个偿还期，分别为 20 年和 25年。对贷款偿还期 20 年，由于贷款偿还期较短，还款压力加大，资本金的比重较大，当还贷期增加到 25 年时，同一档次水价的贷款能力增加约 15％。由于项目投资较大，选用25 年更为合适。

（3）不同水价。该次测算方案拟定了四个水价，分别为 1.1 元/m³、1.3 元/m³、1.5元/m³ 和 1.8 元/m³。随着供水原水水价的提高，在还贷年限为 20 年时，可以增加的贷款额度约为 5000 万元；在还贷年限为 25 年时，可以增加的贷款额度约为 12000 万元。随着供水原水水价的提高，财务内部收益率、资本金内部收益率和投资利润率都随之增加。

7. 分段水价贷款能力测算方案

工程运行初期，受用户水价承受能力的影响，一步到位的水价不利于用水量的提升，分别按 1.5 元/m³ 和 1.8 元/m³ 计算，到 2030 水平年达到 2 元/m³，贷款期采用 25 年，贷款利率采用 6.55％，上网电价采用 0.30 元/(kW·h)，贷款能力测算结果见表 8.3-4。运行初期 2020 年供水量达到 5 亿 m³ 是有可能的，因此建议推荐方案三。

表 8.3-4　　　　　　　　　　分段水价贷款能力测算方案成果表

方案	初期供水量 /亿 m³	初期供水水价 /(元/m³)	贷款本金 /万元	建设期利息 /万元	总投资 /万元
方案一	2.5	1.5	402208	128952	1750760
方案二	2.5	1.8	499517	160151	1781959
方案三	5.0	1.5	771082	161296	1917238
方案四	5.0	1.8	859537	207868	1959676

通过以上分析，将分段水价贷款能力测算方案中的方案三作为推荐方案，初期水价为1.5 元/m³，考虑输水及净水损失 15％后为 1.725 元/m³，原水加输水、净水部分的水价1.6 元/m³ 后约为 3.325 元/m³，考虑配水管网的产销差率 12％和配水成本 0.6 元/m³后，水价约为 4.3 元/m³，加上水资源费和污水处理费后的综合销售水价约为 5.4 元/m³，折算的生活水价为 4.76 元/m³，群众年水费支出为 300 元，相当于占供水受益区群众年净收入的 1.4％左右。

供水区地处西北，供水面积大，群众的年可支配收入偏差较大，按占群众年可支配收入的 1.4%控制是合适的。

项目区的发电方式主要为火电厂发电，发电成本在 0.20 元/(kW·h) 以上。根据陕价价发〔2009〕133 号文，总装机容量 2.5 万 kW 及以上的水电机组（含以后新投产水电机组）上网电价按每千瓦时 0.303 元执行。上网电价暂定 0.3 元/(kW·h)。

8.3.2.3 方案合理性论证

引汉济渭工程属地方项目，根据工程规模、建设任务和效益，工程建成后运行管理的性质确定为准公益型。工程投资规模大，财务收入来源以工业生活供水收入为主，并有少量的上网售电收入。现实财务收入相对工程投资规模较少，工程偿债能力较差，尚需国家和地方投入部分投资项目资本金支持工程建设。

因此，初步设计阶段资金筹措方案分别拟定以下三个方案进行测算。

方案一，如维持国家发展改革委批复的贷款本金 56.9 亿元不变，其余投资均为资本金，满足还贷条件的供水水价为 1.40 元/m³。

方案二，如维持国家发展改革委批复的项目资本金 106.5 亿元不变，其余投资均利用贷款，满足还贷条件的供水水价为 1.63 元/m³。

方案三，初设阶段新增投资按可行性研究阶段国家发展改革委批复的资本金和贷款的比例共同解决，贷款比例不变，即 34.82%。满足还贷条件的供水水价为 1.48 元/m³。

综合考虑受水区水价承受能力和还贷要求，该阶段推荐引汉济渭工程供水水价为 1.48 元/m³，黄金峡电站上网电价为 0.30 元/(kW·h)。相应需资本金为 1141466 万元、占静态总投资约 65.18%，贷款额度为 771082 万元，建设期利息为 161296 万元，工程总投资为 1917238 万元。不同方案资金筹措方案成果见表 8.3-5。

表 8.3-5　　　　　　　　　　　不同方案资金筹措方案成果表

方案	供水水价 /(元/m³)	资本金 /万元	贷款本金 /万元	静态总投资 /万元	建设期利息 /万元	总投资 /万元	贷款占静态投资/%
方案一	1.40	1182096	569157	1751253	150550	1901803	32.50
方案二	1.63	1065112	686141	1751253	181493	1932746	39.18
方案三	1.48	1141466	609786	1751253	161296	1917238	34.82

8.3.3 引汉济渭工程财务评价分析

8.3.3.1 财务评价方法与准则

评价方法主要以国家计委和建设部颁发的《建设项目经济评价方法与参数》（第三版）和水利部 1994 年发布的《水利建设项目经济评价规范》（SL 72—94）中有关财务评价的规定进行评价。

总投资为固定资产投资、建设期利息和流动资金之和。

（1）固定资产投资。按 2014 年第四季度的价格水平测算，工程固定资产投资约为 175.13 亿元。

（2）建设期利息。贷款利息按复利计算，建设期利息计入固定资产价值为 161296 万元。

（3）流动资金。流动资金按经营成本的10％估算，金额为4689万元。流动资金全部采用自有资金，不考虑使用贷款。

8.3.3.2 财务收入

财务收入包括工业生活供水收入和水力发电收入两部分。

（1）工业生活供水收入。暂定初期供水水价为1.5元/m³，到2030水平年供水水价为2.0元/m³，初期供水量约为5.00亿m³，2025年供水量约为9.30亿m³，2030年供水量约为13.95亿m³。2025年供水收入为13.95亿元，2030年供水收入27.90亿元。

（2）水力发电收入。上网电价暂定0.3元/（kW·h）。设计水平年2025年上网电量分别为5.17亿kW·h，发电收入为1.55亿元；设计水平年2030年上网电量为4.683亿kW·h，发电收入为1.41亿元。

8.3.3.3 生存能力、清偿能力、盈利能力分析

1. 生存能力分析

财务生存能力应首先体现在有足够大的经营活动净现金流量，其次各年累计盈余资金不应出现负值。除工程正常运行的第一年，其他年份的净现金流量均大于0。工程投入运用后，每年累计盈余资金均大于或等于0。

项目从2024年（即工程投入运行第6年）开始，出现资金盈余，整个计算期内累计盈余资金达460亿元，说明项目具有一定的财务生存能力。

2. 清偿能力分析

（1）还款资金。该工程的还贷资金包括未分配利润、折旧费和计入成本的利息。折旧费的100％用于还贷，未分配利润先弥补上年亏损之后再用于还贷。当年还贷资金不足还贷部分采用短期借款偿还，短期借款年限最长为5年。

（2）借款还本付息。推荐方案拟利用国内银行贷款771082万元，贷款年利率5.90％，在建设期内共计支付贷款利息161296万元，该项资金已列入建设项目总投资中。

按本息平均摊还计算，每年等额还款70681万元，借款偿还期25年。除运行期前五年由于亏损外，其余各年利息备付率均大于1.0，各年偿债备付率均大于1.5，两者均满足规范大于1.0的要求。

（3）资产负债分析。资产负债率在生产期初最高为41.2％。随着项目效益的发挥及还清固定资产借款后，资产负债率在逐步下降，在还清贷款后，资产负债率变为0。

3. 盈利能力分析

利润总额为财务收入扣除总成本费用与销售税金附加。税后利润是为利润总额扣除所得税，所得税率为25％。

在财务收入与利润分配计算的基础上，进行不同资金的现金流量分析，项目投资财务现金流量、权益投资财务现金流量计算分析。经分析计算的财务评价指标见表8.3-6。

表8.3-6 推荐方案财务评价指标

序号	项　　目	单位	全部投资	自有资金
1	所得税前财务内部收益率	％	5.80	5.33
2	所得税后财务内部收益率	％	4.84	4.37

续表

序号	项　　目	单位	全部投资	自有资金
3	所得税前财务净现值	万元	745745	479116
4	所得税后财务净现值	万元	317862	123342
5	所得税前投资回收期	年	21.71	27.80
6	所得税后投资回收期	年	23.93	29.15
7	投资利润率	%	6.24	
8	资本金净利润率	%	7.16	

8.3.3.4　敏感性分析

项目的敏感性分析是通过预测项目主要因素单方面发生变化时，对所得税前全部投资的财务评价指标的影响程度，从中确定最主要的影响因素，制定合理的措施。对项目的固定资产投资、经营成本和售水收费单价三种因素分别进行提高或降低10%的变化幅度，来测定财务内部收益率受影响的变化程度（见表8.3-7），进而绘出财务评价敏感性分析图（见图8.3-1）。

表8.3-7　　　　　　　　　　　　　敏感性因素分析结果表

项目名称	固定资产投资		经营成本		售水收费单价	
	+10%	-10%	+10%	-10%	+10%	-10%
财务内部收益率/%	4.41	5.33	4.65	5.02	5.49	4.11

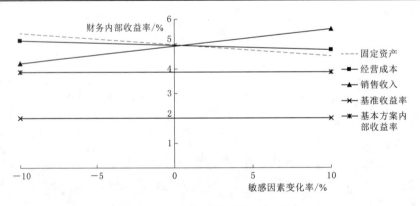

图8.3-1　财务评价敏感性分析图

由财务敏感性分析可知，各因素变化都不同程度地影响财务内部收益率，其中售水费单价的变化对财务内部收益率影响最大，而固定资产投资和经营成本的变化影响相对小些。因此，科学合理地确定收费标准是项目实施的关键，它直接影响着企业经济效益。与此同时也要控制投资，降低企业经营成本。

8.3.4　引汉济渭工程两部制水价方案初论

8.3.4.1　两部制水价概念及内涵

我国水利工程供水经历了从公益性无偿供水到有偿供水的阶段，水价改革逐步走向成熟，但目前的水价制度仍存在一些问题，如水价偏低、征收的水费低于供水成本、水费计收方式单一等。传统的单一制收费模式，一方面无法发挥水价的经济杠杆作用，无法有效地促进水资源的节约利用；另一方面，水利供水工程成本不能完全回收，导致工程不能正常运行。必须改革现有的单一制收费模式，采取科学、公平、合理而又可行的两部制水价模式。

引汉济渭工程是从陕南地区水资源相对富裕的汉江流域调水进入缺水严重的渭河关中地区，缓解渭河流域关中地区水资源短缺问题，改善渭河流域生态环境而计划兴建的重大基础建设项目，不同水文年份引汉济渭水源区可调出水量及受水区需水量都有相当大的不确定性，如不采取合理的水价制度，将会直接影响南水北调工程的正常运行。如实行单一计量水价，在供水量较大的时段，用水户的水费负担较重；在供水量较小的时段，水费收入又不足以弥补基本运行费用。这种不均衡性就会造成供水单位在部分年份或年度内部分季节水费收入不能满足供水生产的需要，不利于供水工程的正常维修养护，不利于供水单位的正常运行，从而不利于供水工程长期稳定地发挥供水效益。

按照我国现行的供水管理体制，城市自来水和水利工程供水是分开管理的，因此我国现行与水价相关的管理办法有两部，即《城市供水价格管理办法》（计价格〔1998〕1810号）和《水利工程供水价格管理办法》（中华人民共和国国家发展和改革委员会、中华人民共和国水利部令4号）。《城市供水价格管理办法》中规定的是容量水价和计量水价相结合的两部制水价，其计算公式为：两部制水价＝容量水价＋计量水价，其中容量水价用于补偿供水的固定资产成本（包括贷款利息），计量水价用于补偿供水的运营成本。《水利工程供水价格管理办法》所规定的是基本水价和计量水价相结合的两部制水价。

容量水价与计量水价相结合的两部制水价制度适用于城市供水企业（自来水公司、水厂）向用水户供水，不适用于跨流域调水工程，如南水北调工程。鉴于跨流域调水工程的投资构成、效益目标和沿线经济承受能力，引汉济渭工程水价宜采取基本水价＋计量水价的收费模式。

8.3.4.2　引汉济渭工程实行两部制水价的合理性及必要性

引汉济渭工程属于跨流域调水工程，该工程具有投资大、周期长、线路长、供水对象固定等特点，供水生产受供水和受水区沿线气候及水文条件影响大，且用水需求也随各受水区水文气候的变化，在不同季节、不同时段变化较大。面对如此复杂的情况，为防止供水、用水的不确定性而带来的风险，保证工程良性运行，实行两部制水价是相当必要的。

（1）实行两部制水价是建立稳定的成本补偿机制，保证引汉济渭工程良性运行的需要。引汉济渭工程投资规模巨大，其成本构成中固定成本所占比重较大，如果采用单一制价格制度，一旦用户的使用量大大减少，将使工程的成本难以得到有效补偿。实行两部制水价制度，由于有了基本水价的规定，用户只要根据自身需要配置了一定的输送容量或负荷，即使其实际使用量很少，甚至不用，也必须照付费用，而这部分固定收费可以保证工程的固定成本得到基本弥补，使生产者的成本弥补方式更加科学合理，对保障引汉济渭工程供水单位的正常运行和工程养护维修创造了基本条件，有利于提高工程的供水保证率，保障工程的良性运行。

（2）实行两部制水价是兼顾引汉济渭工程供用水双方利益、合理分担风险、提高供保证率的需要。同其他新建工程一样，引汉济渭工程在建设时也同样面临合理确定投资规模和生产规模的问题，以防止建设前将生产规模定得过、超过用户需求，造成投资浪费，或者将生产规模定得过小、低于用户需求，造成用户的正常需求不能得到及时有效的满足，从而产生不必要的经济社会风险等。而两部制水价制度可以在合理确定生产规模，明晰生产者和用户双方之间的风险边界，降低双方风险，增强双方的约束力和责任感等方面发挥作用。因为在两部制水价制度下，用户输送容量或者负荷利用率越高，其单位成本越低。

（3）实行两部制水价是充分发挥引汉济渭工程的功能作用，规范供水秩序，促进受水区水资源优化配置，有效缓解受水区水资源恶化状况的需要。在两部制水价制度下，由于用户要按照设计需求容量缴纳基本水费，而这部分费用与用不用水无关，当用水量达到设计用水量时，平均水价最低，这就从制度上鼓励用户在设计能力范围内多用水，充分发挥调水工程的功能作用，在工程供水容量范围内最大限度地使用调入水资源，特别是在受水区降水较多年份也能多调水用于补偿严重超采的地下水，逐渐恢复严重恶化的生态环境，缓解水资源日益恶化状况。

8.3.4.3　基于引汉济渭工程的两部制水价设计

根据《水利工程供水价格管理办法》的规定，基本水价和计量水价是水利工程供水两部制水价的两个组成部分。其中，基本水价按补偿供水直接工资、管理费用和一定比例的折旧费、修理费的原则核定；计量水价按补偿基本水价以外的水资源费、材料费等其他成本、费用以及计入规定利润和税金的原则核定；并且规定，实行两部制水价的水利工程，基本水费按用水户的用水需求量或工程供水容量收取，计量水费按计量点的实际供水量收取。

引汉济渭主体工程两部制水价由基本水价和计量水价构成，计算公式如下：

基本水价：
$$BP = \frac{SA + MC + 50\% \times (DI + RC)}{WV}$$

计量水价：
$$RP = P - BP$$

式中　P、BP、RP——为引汉济渭主体供水水价、基本水价、计量水价，元/m³；

　　　　SA——引汉济渭主体工程直接工资，万元；

　　　　MC——引汉济渭主体工程管理费，万元；

　　　　DI——引汉济渭主体工程折旧费，万元；

　　　　RC——引汉济渭主体工程维修费，万元；

　　　　WV——引汉济渭主体工程净水量或口门水量，万 m³。

对推荐方案下引汉济渭主体工程在运行期的基本水价和计量水价进行了测算。由于引汉济渭工程建设资金采用了债务性资金，且比重较大。为了降低引汉济渭工程的运行风险，增强工程的抗风险能力，保证工程经营单位的财务正常运转，应适当提高工程基本水费收入。因此，在上述方法的基础上，提取折旧比例从 30% 到 100%，测算了推荐方案下引汉济渭工程在运行期的两部制水价。测算结果详见表 8.3-8。

表 8.3-8   引汉济渭主体工程基本水价与计量水价

项目		折 旧 比 例							
		30%	40%	50%	60%	70%	80%	90%	100%
费用/万元	直接工资	1827							
	管理费	1746							
	折旧费	10650	14200	17751	21301	24851	28401	31951	35501
	维修费	5120	6826	8533	10239	11946	13652	15359	17065
	合计	19343	24599	29856	35113	40369	45626	50882	56139
秦岭隧洞出口水量/万 m³		93000							
基本水价/万元		0.208	0.265	0.321	0.378	0.434	0.491	0.547	0.604
计量水价/万元		1.292	1.235	1.179	1.122	1.066	1.009	0.953	0.896
基本水价所占比例/%		13.9	17.6	21.4	25.2	28.9	32.7	36.5	40.2
计量水价所占比例/%		86.1	82.4	78.6	74.8	71.1	67.3	63.5	59.8

从测算结果中基本水价与计量水价所占比重来看,随着提取折旧比例的增加,基本水价逐渐提高,当提取 100%折旧计入基本水价的情况下,基本水价占两部制水价的比例为 40.2%,有利于工程经营单位财务运转,从而保证工程良性运行。但是此方案的基本水价已达到 0.6 元/m³,不易被受水对象接受,因此提取 100%折旧方案不合适。由此可见,提取折旧比例不宜太小或者太大,本次建议提取 80%折旧,基本水价为 0.49 元/m³,计量水价为 1.01 元/m³。

8.3.5 小结

引汉济渭工程项目受水区关中地区城市集中,人口密集,工农业生产发达,科教力量雄厚,旅游资源丰富,是陕西省经济社会发展的主体、核心地带,在陕西省乃至西部大开发的全局中,具有重要的辐射带动作用。但是,关中地区水资源匮乏,多年平均水资源总量 62.18 亿 m³,人均占有水资源量仅为全国平均水平的 14%,耕地亩均水资源量为全国平均水平的 17%,属资源性缺水的贫水地区,水资源不足已严重制约了区域经济社会的发展。

根据陕西省经济社会发展中长期规划,关中地区重点培育和开发其优势产业,并依托关中地区的科技和经济优势,加快"一带一路"建设,使关中地区率先崛起,以关中带动陕南、陕北,进而实现全省经济社会的跨越式发展,实现建设西部强省的目标。要实现这一目标,必须有与之相适应的外部支撑条件,其中保证正常供水,满足需水要求是关键条件之一。

考虑受水区水价承受能力和还贷要求,该阶段推荐引汉济渭工程供水水价为 1.48 元/m³,黄金峡电站上网电价为 0.30 元/(kW·h)。相应该项目需资本金为 114.15 亿元、占静态总投资约 65.18%,贷款额度为 77.11 亿元,建设期利息为 16.13 亿元,工程总投资为 191.72 亿元。财务内部收益率为 4.84%,财务净现值为 317862 万元,投资回收期为 23.93 年,投资利润率为 6.24%,说明工程项目在财务上是可行的。

近年来，国务院及相关部委发布了多份文件，大力推动包括水利行业在内的基础设施建设与公共服务领域运用政府与社会资本合作模式（PPP 模式）。

PPP（public - private partnership）即公私合作伙伴关系，是指为了完成某个公共事业项目的投资、建设和运营，政府同私人部门之间形成的相互合作关系。根据我国实际情况，应将 PPP 进一步扩充为政府同一切社会资本（包括国有企业、外资企业、民营企业等）之间相互合作完成某个公共项目的一种模式。PPP 模式的主要特点为：①能够引入社会资本，扩大基础设施投资，减轻政府投资压力，增加公共服务的供给；②通过发挥社会资本的专业管理和创新能力等优势，提高建设效率和服务质量；③在政府与社会资本之间分担风险，最大化发挥各自风险规避优势，实现整体风险最小化。投资规模较大、需求长期稳定、价格调整机制灵活、具有市场化程度的基础设施及公共服务类项目，适宜采用 PPP 模式。

当前，大规模水利建设正在推进，尤其像引汉济渭工程对陕西而言是中华人民共和国成立以来最大的水利基础工程，其所有投资仅靠政府财政投入无法满足建设资金需求，此外水利行业长期存在的运行管护水平不高等问题也亟待解决，引入社会资本是解决这两个问题的重要手段。同时，水利产品和服务有着稳定可靠的社会需求，政府扶持力度较大，若收益水平能够达到一定要求，将是社会资本乐于进入的优质领域。因此，相关部门应着力研究针对引汉济渭工程的 PPP 模式，特别是对于引汉济渭二期输配水工程，直接涉及各地市供水利益及相应供水厂与输配水工程投资，可以对 PPP 模式做适当尝试。

后　　记

　　引汉济渭工程作为陕西省战略性跨流域水资源配置工程，对于关中地区社会经济的可持续发展意义重大，同时工程前期勘测设计涉及面广、影响因素多、系统复杂、技术难度大。

　　为解决制约和影响工程建设的关键技术问题，陕西省水利电力勘测设计研究院（以下简称"我院"）从20世纪90年代就开始了工程前期技术论证的相关工作，历经我院几代技术工作者的潜心研究和不懈努力，于2001年编制完成了《陕西省南水北调工程总体规划》，2006年编制完成了《陕西省引汉济渭调水工程规划》，2009年编制完成了《陕西省引汉济渭工程项目建议书》，2011年编制完成了《陕西省引汉济渭工程可行性研究报告》，2014年编制完成了《陕西省引汉济渭工程初步设计报告》。项目前期论证报告也先后经过中国国际工程咨询公司、江河水利水电咨询中心专家的技术咨询，项目建议书和可行性研究报告先后获全国优秀工程咨询成果一等奖和陕西省优秀咨询成果一等奖，并通过国家和陕西省的审批，目前工程已开工建设。

　　经过我院前期技术工作的反复研究和充分论证，先后解决了关中地区城市群非常复杂的水资源系统配置、长距离大流量调水线路选择、多水源多线路工程总体布局，以及大体积碾压混凝土高拱坝多功能枢纽布置、高扬程抽水与发电结合的水利枢纽联合布置、深埋超长大流量隧洞等前期设计关键技术问题。这些关键技术问题的成功解决，为工程的正式开工建设奠定了坚实的技术基础，也培养了一大批中青年专业技术人才，是我院建院60多年勘测设计历程中的里程碑项目，意义重大、影响深远。目前，引汉济渭工程正在紧张有序地施工建设中，相信在"十四五"期间，陕西省渭河流域关中地区人民的群众就可以畅饮清澈甘甜的汉江水了。

　　在本书的编著过程中，编著者夜以继日辛勤付出，我院新老技术工作者给予了全力帮助，同时，陕西省水利厅、陕西省水利发展调查与引汉济渭工程协调中心、陕西省引汉济渭工程建设有限公司，以及西安市、汉中市和安康市相关单位领导和同志们也给予了大力支持和帮助，对此，我谨代表陕西省水利电力勘测设计研究院和本书编委会，对大家表示最衷心的感谢！

陕西省水利电力勘测设计研究院院长

2021年10月

附　图　目　录

1 黄金峡水利枢纽

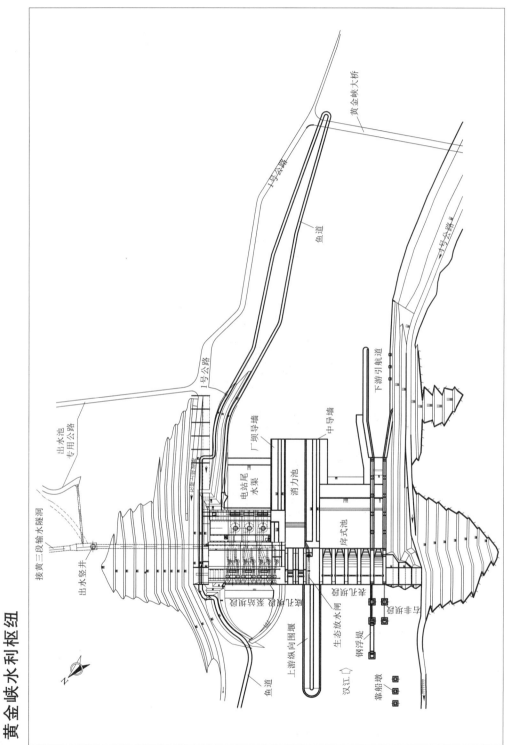

附图 1.1 黄金峡水利枢纽平面图

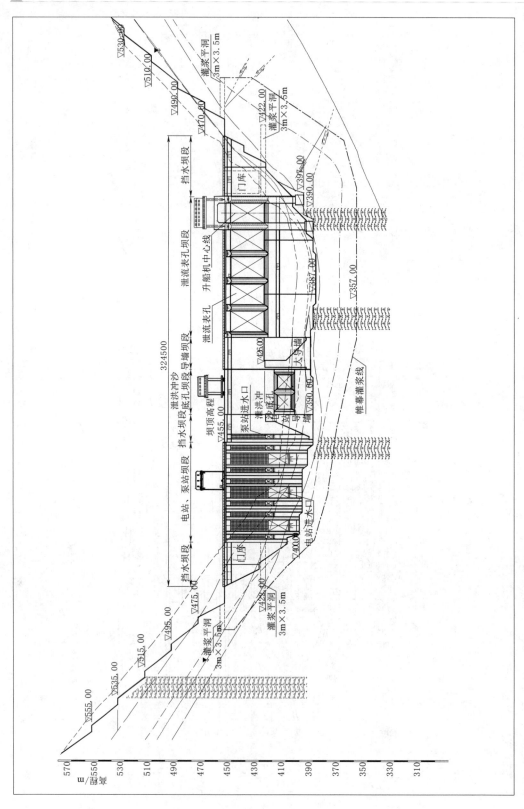

附图 1.2　黄金峡水利枢纽大坝上游立视图（单位：高程 m，尺寸 mm）

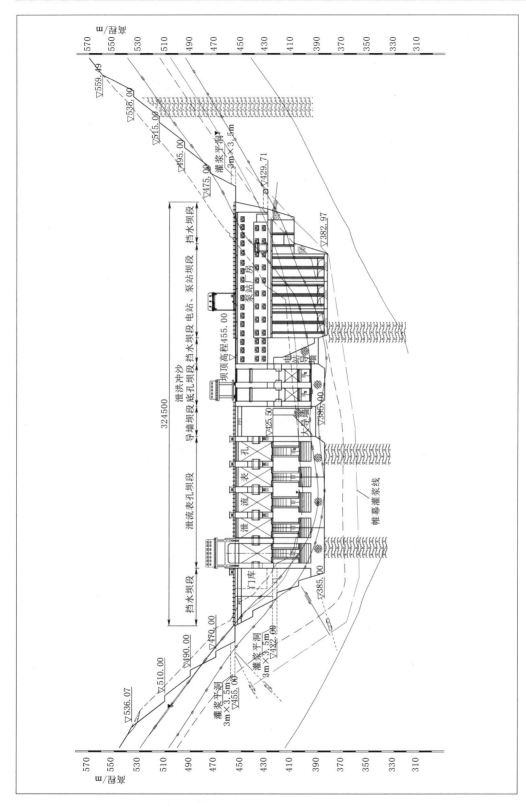

附图 1.3　黄金峡水利枢纽大坝下游立视图（单位：高程 m，尺寸 mm）

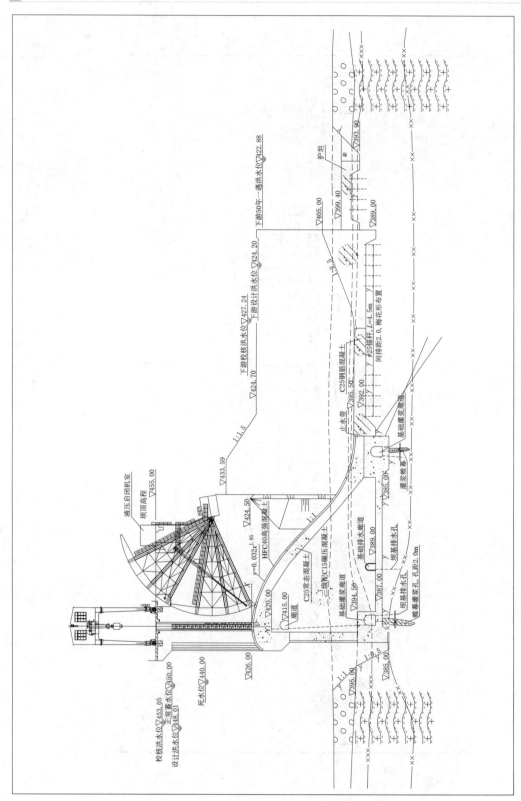

附图 1.4 黄金峡水利枢纽大坝表孔剖面图 （单位： m）

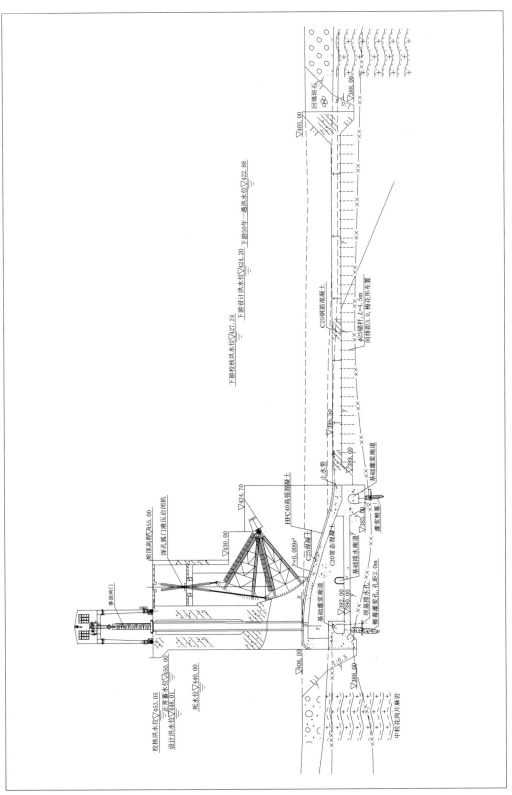

附图 1.5 黄金峡水利枢纽大坝底孔剖面图 (单位：m)

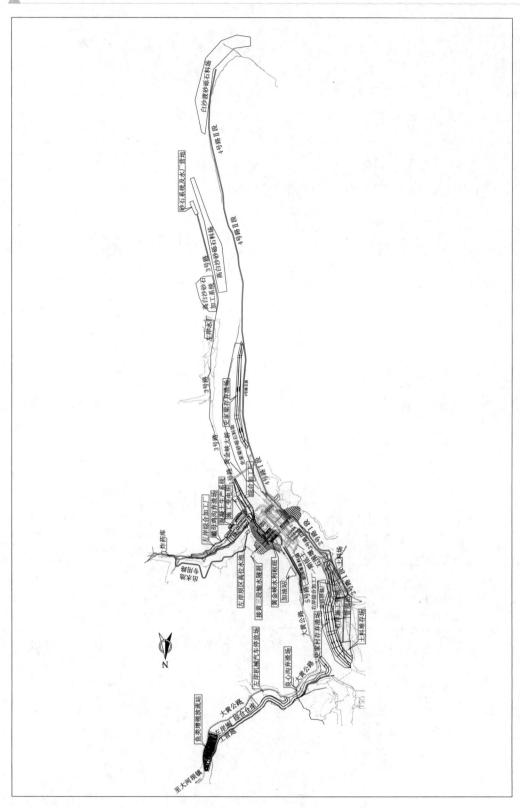

附图 1.6 黄金峡水利枢纽施工总布置图

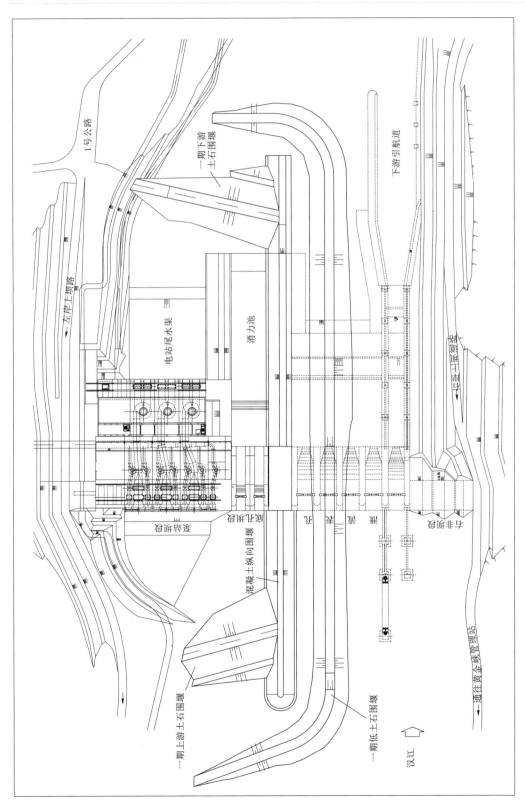

附图 1.7　黄金峡水利枢纽工程一期导流布置图

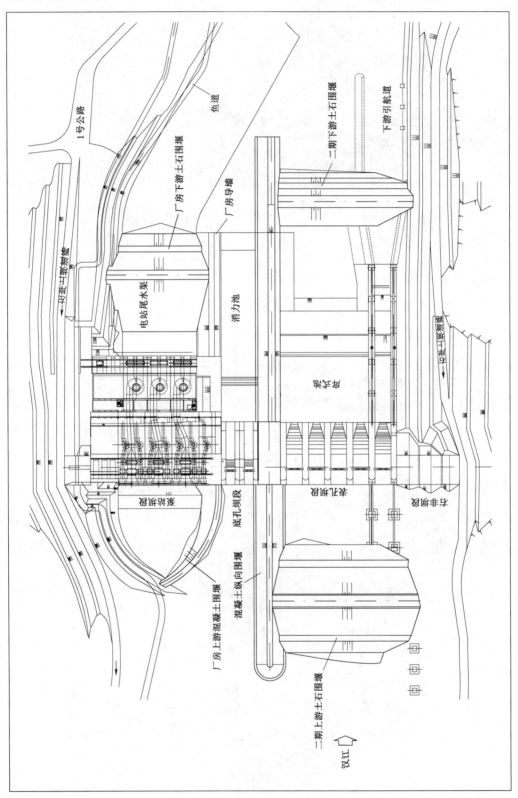

附图 1.8 黄金峡水利枢纽工程二期导流布置图

2 三河口水利枢纽

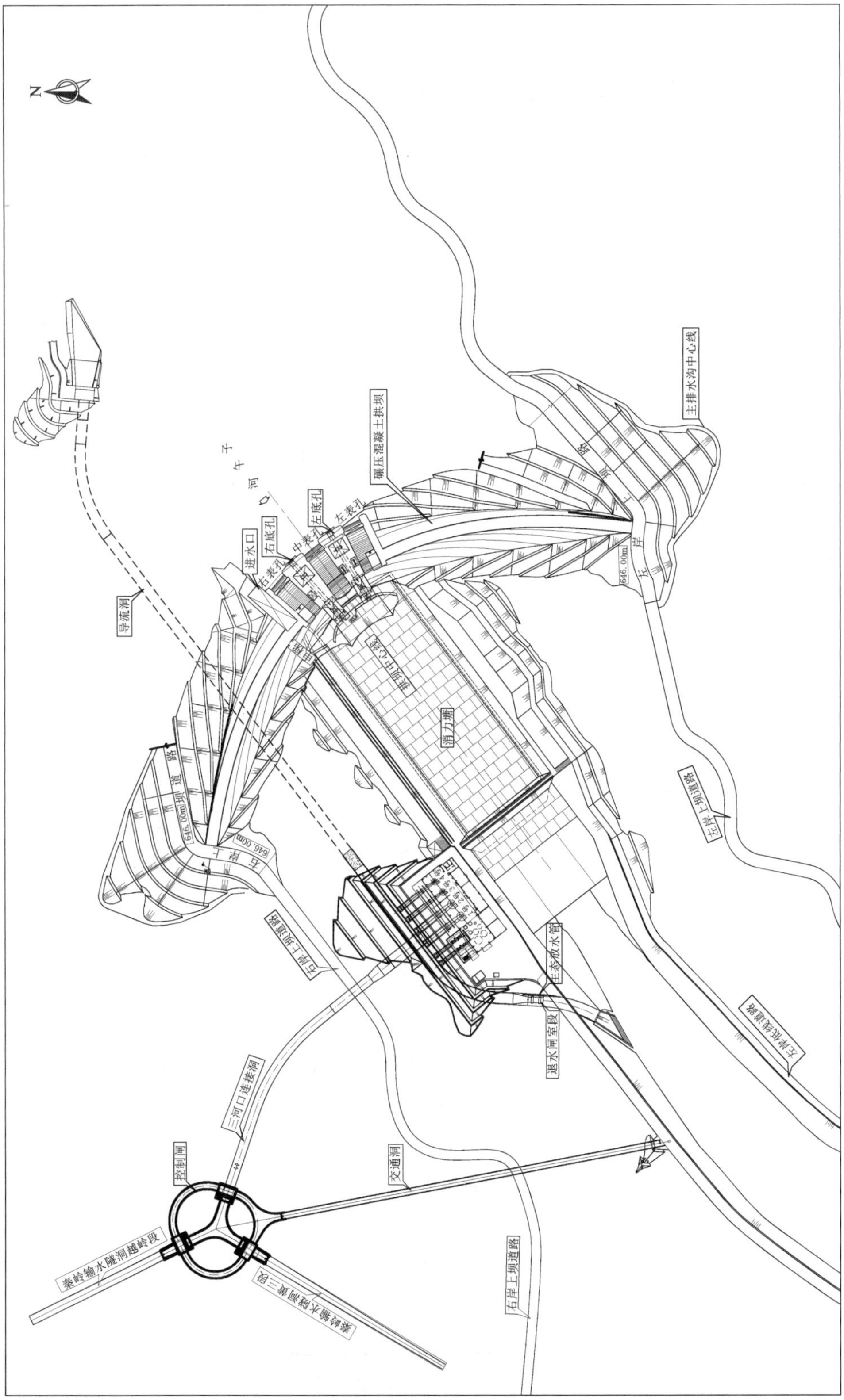

附图 2.1 三河口水利枢纽总平面布置图

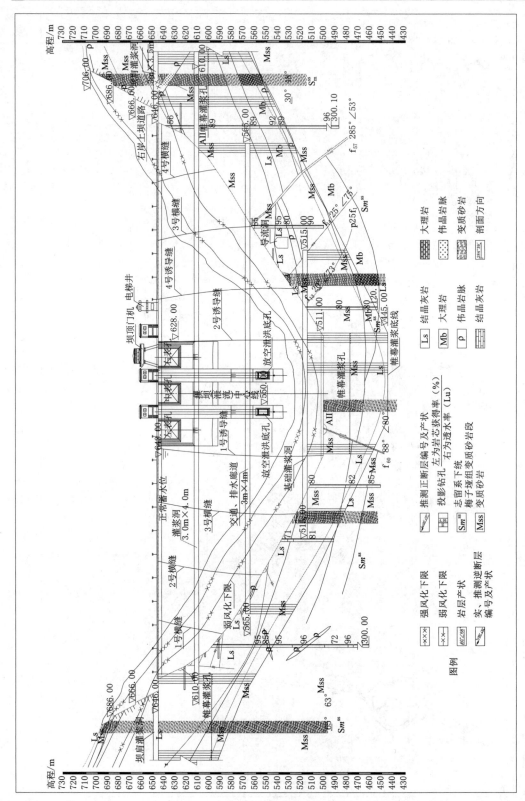

附图 2.2 三河口水利枢纽大坝上游立视图（单位：m）

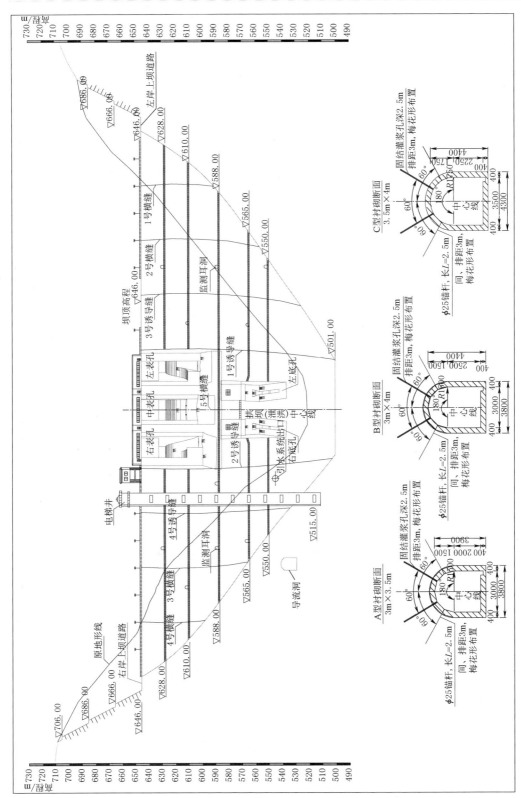

附图 2.3　三河口水利枢纽大坝下游立视图（单位：高程 m，尺寸 mm）

2　三河口水利枢纽

425

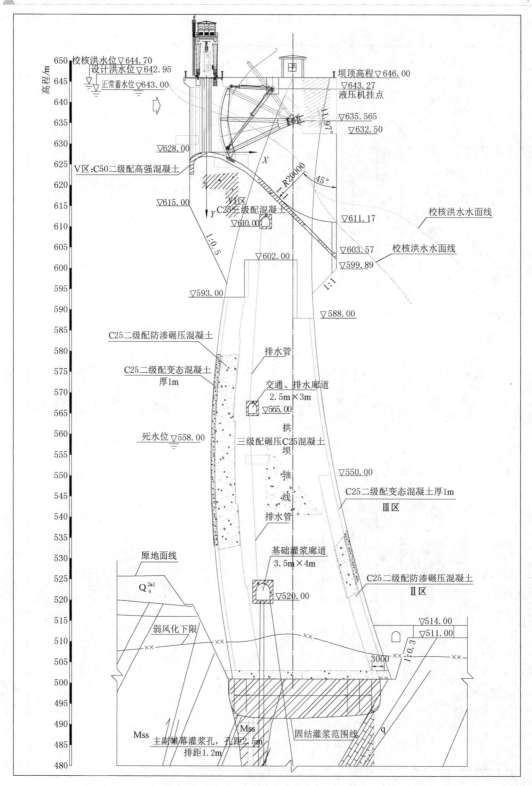

附图2.4 三河口水利枢纽泄洪表孔剖面图（单位：高程 m，尺寸 mm）

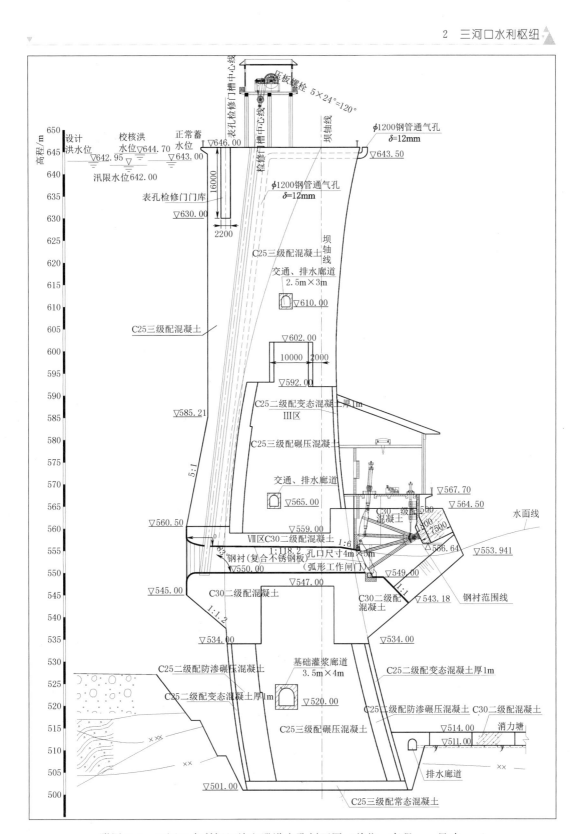

附图 2.5　三河口水利枢纽放空泄洪底孔剖面图（单位：高程 m，尺寸 mm）

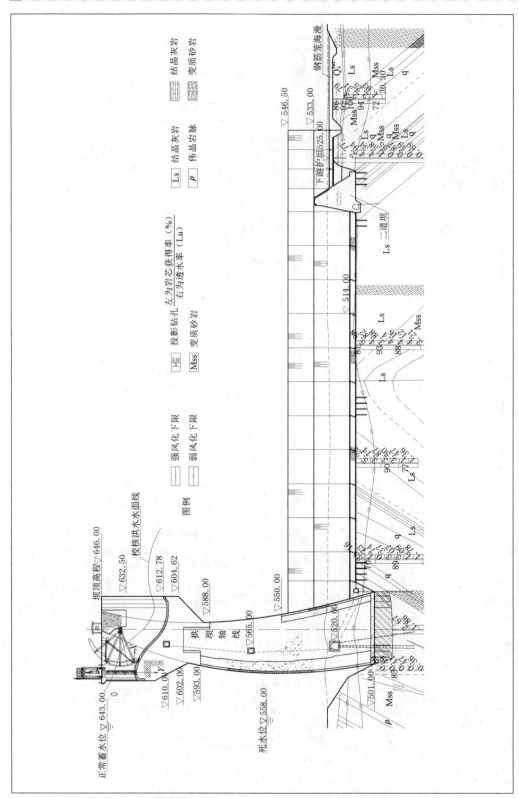

附图 2.6 三河口水利枢纽消力塘纵剖面图（单位：m）

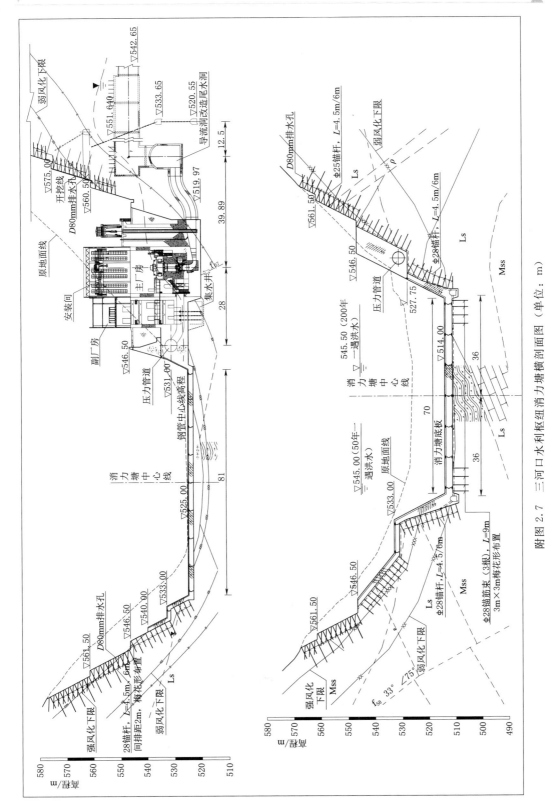

附图 2.7 三河口水利枢纽消力塘横剖面图（单位：m）

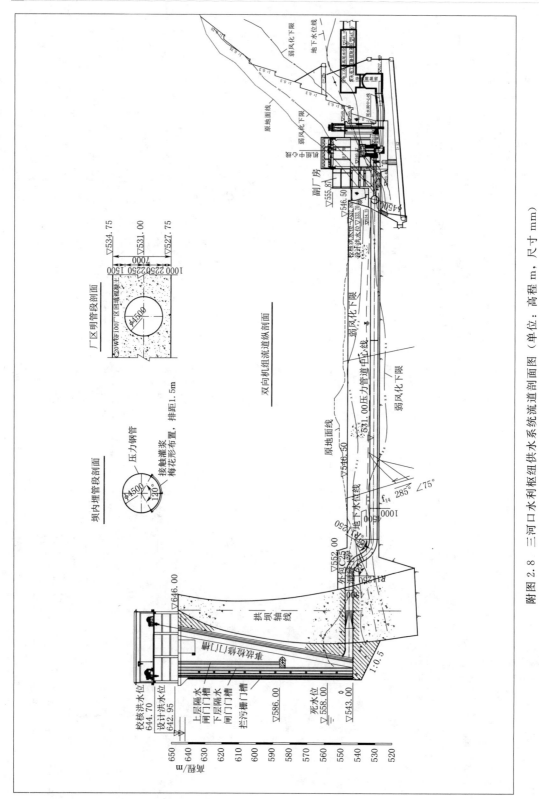

附图2.8 三河口水利枢纽供水系统流道剖面图（单位：高程 m，尺寸 mm）

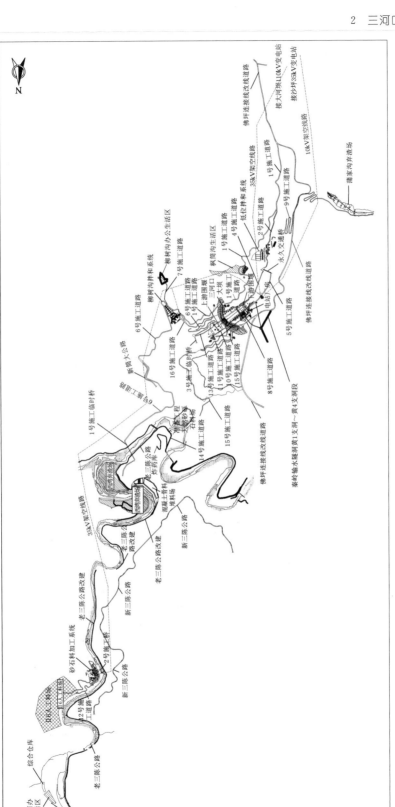

附图 2.9 三河口水利枢纽施工总平面布置图

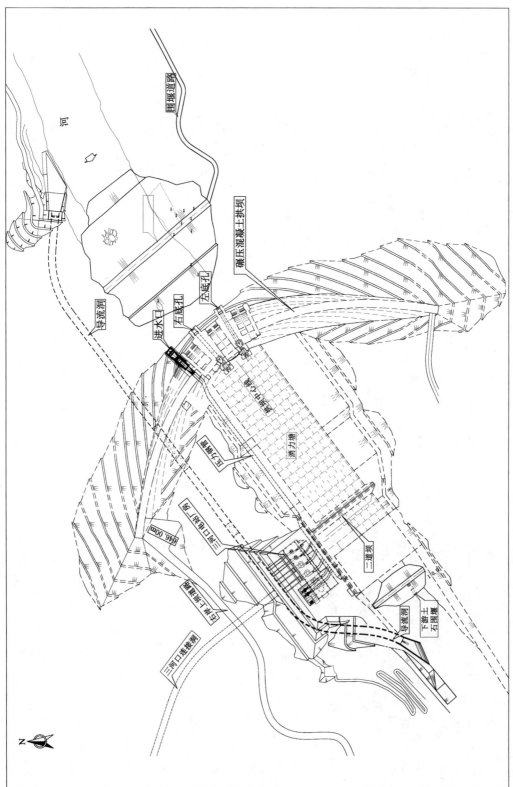

附图 2.10 三河口水利枢纽施工导流平面图

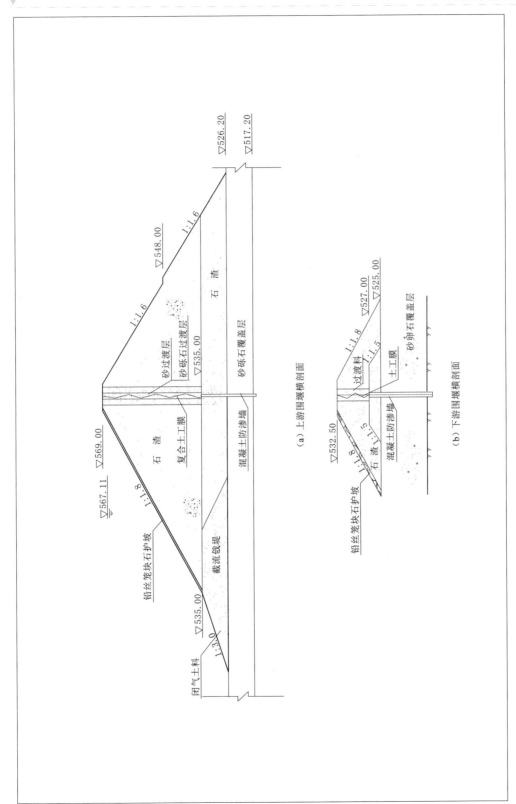

附图 2.11　三河口水利枢纽上下游围堰剖面图（单位：m）

3 秦岭输水隧洞

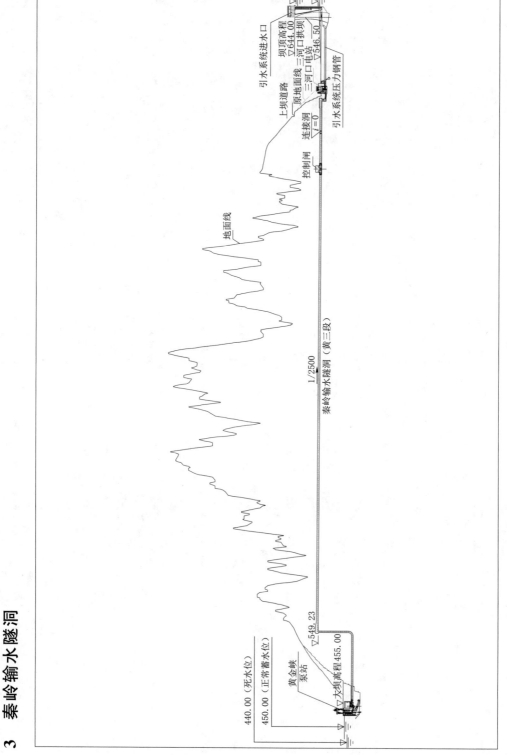

附图 3.1 秦岭输水隧洞纵断面图（单位：m）

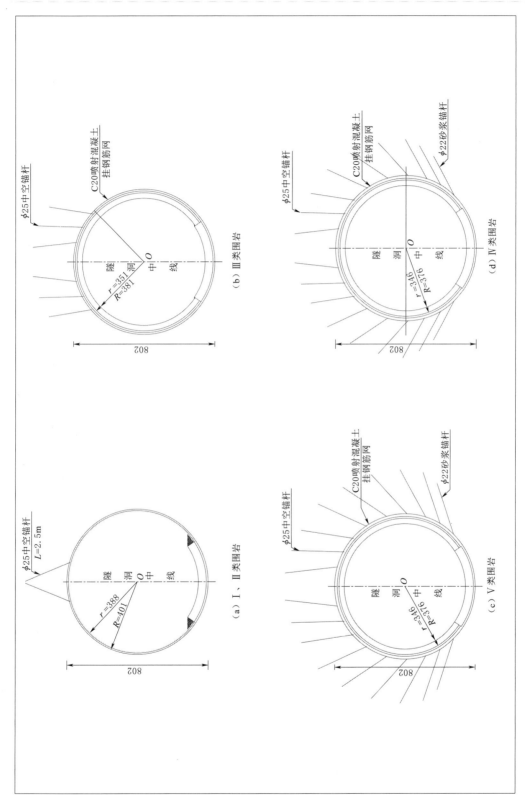

附图 3.2 秦岭输水隧洞 TBM 段衬砌断面图 (单位: cm)

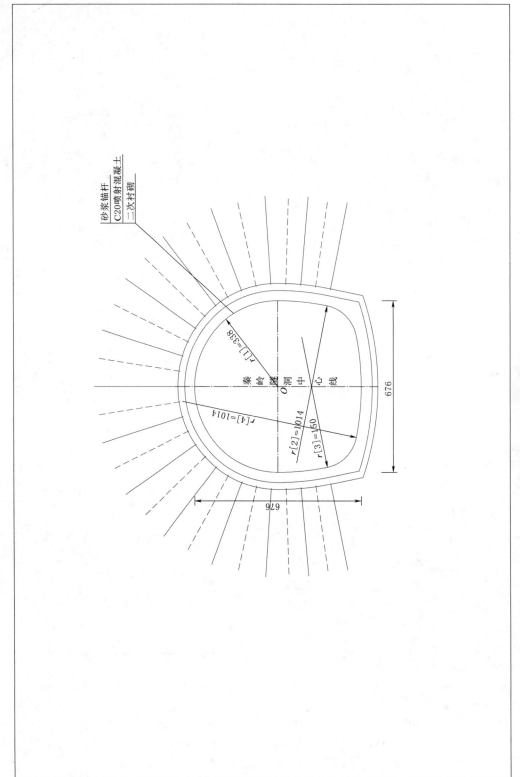

附图 3.3 秦岭输水隧洞钻爆段衬砌断面图（单位：cm）